普通高等教育机电类系列教材

# 精密机械设计

主编　庞振基　黄其圣
参编　王继平　卢　钢　吕丽娜　李永新
　　　陈雍乐　邢晓正　赵　英　洪海涛
　　　陶晓杰　董明利　谢　驰
主审　初允绵　陈文贤

机 械 工 业 出 版 社

本书对精密机械及仪器仪表中常用机构和零、部件的工作原理，适用范围，结构，设计计算方法，以及工程材料、零件几何精度的基础知识等诸方面，均作了较为详细的阐述。

全书除绪论外共分十六章，其中包括：精密机械设计的基础知识，工程材料和热处理，零件的几何精度，平面机构的结构分析，平面连杆机构，凸轮机构，摩擦轮传动和带传动，齿轮传动，螺旋传动，轴、联轴器、离合器，支承，直线运动导轨，弹性元件，联接，仪器常用装置和机械的计算机辅助设计。

本书是高等学校仪器仪表类专业精密机械设计课程的教材，亦可供有关专业师生和工程技术人员参考使用。

## 图书在版编目（CIP）数据

精密机械设计/庞振基，黄其圣主编. —北京：机械工业出版社，2000.7
（2023.12 重印）
普通高等教育机电类系列教材
ISBN 978-7-111-07901-9

Ⅰ.精... Ⅱ.①庞...②黄... Ⅲ.机械设计－高等学校－教材 Ⅳ.TH122

中国版本图书馆 CIP 数据核字（2000）第 04047 号

机械工业出版社（北京市百万庄大街22号 邮政编码 100037）
责任编辑：贡克勤 王玉鑫 版式设计：霍永明 责任校对：张 佳
封面设计：姚 毅 责任印制：单爱军
北京虎彩文化传播有限公司印刷

2023 年 12 月第 1 版第 24 次印刷
184mm×260mm · 26.5 印张 · 647 千字
标准书号：ISBN 978-7-111-07901-9
定价：55.00 元

电话服务 网络服务
客服电话：010-88361066 机 工 官 网：www.cmpbook.com
　　　　　010-88379833 机 工 官 博：weibo.com/cmp1952
　　　　　010-68326294 金 书 网：www.golden-book.com
封底无防伪标均为盗版 机工教育服务网：www.cmpedu.com

# 前 言

国家机械工业总局（原机械工业部）"九五"规划教材——《精密机械设计》一书，是应全国高等学校仪器仪表类专业教学指导委员会委托而组织编写的。

过去，仪器仪表类专业多开设有"精密机械零件"课程。在此之前，分别开设有"机械原理"、"金属材料及热处理"和"互换性与技术测量"等课程。由于各门课程是按照各自课程体系来组织教学的，因此，不但课程设置偏多，讲授分散，往往还会造成彼此脱节；而且，也不利于运用辩证唯物主义的观点，从机构的选型、工作能力、精度、结构等诸方面，较全面地去分析和研究精密机械中常用机构及其零、部件设计和计算的基本规律。

为了全面贯彻落实《中国教育发展和改革纲要》，推进面向21世纪高等工程教育的教学内容和课程体系的改革计划，在重新审定的全国高等学校仪器仪表类专业教学计划中，提出将上述四门课程合并为一门新的课程——精密机械设计，并于1997年6月开始，组织进行新教材的编写工作。

《精密机械设计》一书，是以精密机械中常用机构和零、部件为研究对象，从设计该类机构和零、部件时应具备的基础理论、基本技能和基本方法等方面组织教学内容，进一步优化教材结构，以期建立新的课程体系和教材体系。通过教学实践，全面培养学生工程设计能力和创造性，更好地适应市场经济和新技术发展的需要。

本书除了保持理论的系统性和基本内容外，还适当反映国内外先进技术在本门学科中的新成就，如除选编了某些新型机构和零、部件外，还将计算机辅助设计、优化技术等新的工程设计方法引入教材。

目前，各高等学校仪器仪表类等专业规定学习本门课程的学时数不尽一致，且对各章的具体教学要求、讲授重点也不尽相同，为了使该书具有较大的适用性，本书各章一般均按较高要求编写。希各院校使用时，视教学需求，对教材内容可作某些取舍或增补。

本书由庞振基、黄其圣教授主编。

参加本书编写的有天津大学庞振基（绪论，齿轮传动）；合肥工业大学黄其圣（精密机械设计的基本知识，直线运动导轨）；上海交通大学卢钢（工程材料和热处理，轴、联轴器、离合器）；四川大学王继平（零件的几何精度）；合肥工业大学陶晓杰（平面机构的结构分析）；重庆大学陈雍乐（平面连杆机构，联接）；天津大学赵英、吕丽娜（凸轮机构，弹性元件）；北京机械工业学院董明利（摩擦轮传动和带传动）；四川大学谢驰（螺旋传动，仪器常用装置）；中国科技大学邢晓正、李永新（支承）；上海交通大学洪海涛（机械的计算机辅助设计）。吕丽娜曾为本书绘制了部分插图。

本书由初允绵、陈文贤教授审阅，对本书提出了许多宝贵意见，在此深表谢意。

编者衷心希望广大读者对本书提出宝贵的意见和批评，对其中不妥之处予以指正。

编　者

1999 年 12 月 4 日

# 基本物理量符号表

$A$——面积

$a$——中心距，加速度，系数

$B$，$b$——宽度

$C$——系数，弹簧旋绕比，常数

$c$——系数

$D$，$d$——直径

$E$——弹性模量，能

$e$——偏心距

$F$——力，载荷

$f$——频率，摩擦系数，系数

$G$——切变模量，重力

$g$——重力加速度

$H$——高度

HBS——布氏硬度

HRC——洛氏硬度

HV——维氏硬度

$h$——高度，厚度

$I$——转动惯量

$I_a$——截面惯性矩

$I_p$——极惯性矩

$i$——传动比

$K$，$k$——系数

$L$——长度，寿命

$l$——长度，距离

$M$——力矩

$M_b$——弯矩

$m$——模数，质量，系数

$N$——循环次数

$n$——转速

$P$——功率，

$p$——压强，齿距

$R$——半径，锥距，可靠度

$r$——半径

$S$——安全系数

$[S]$——许用安全系数

$s$——厚度，弧长

$T$——转矩，温度，周期

$t$——摄氏温度，时间

$V$——体积

$v$——速度

$W$——截面系数，功

$x$，$y$，$z$——坐标轴符号

$Y$，$Z$——系数

$z$——齿数，个数

$\alpha$，$\beta$——角度

$\gamma$——角度，重度

$\delta$——角度，厚度，相对误差

$\Delta$——绝对误差

$\varepsilon$——应变，重合度

$\eta$——效率

$\theta$——角度

$\lambda$——变形量，挠度

$\mu$——泊松比，粘度

$\rho$——摩擦角，曲率半径

$\sigma$——正应力，拉应力

$\sigma_b$——抗拉强度

$\sigma_s$——屈服点

$\sigma_{bb}$——抗弯强度

$\sigma_c$——临界应力

$\sigma_p$——比例极限

$\tau$——切应力，角齿距

$\varphi$——角度

$\omega$——角速度

$x$——移距系数

$\psi$——系数，角度

# 目　　录

# 绪　论

随着生产和科学技术的发展，精密机械已经广泛地应用于国民经济和国防工业的许多部门，如各种精密仪器仪表，精密加工机床，医疗器械，计算机外围设备；仿生技术中的机械臂、机器人；宇航技术中的火箭、卫星以及雷达和通信设备伺服系统中的动力传动和精密传动等。因此，精密机械本身的完善程度，将直接影响各部门产品的质量和可靠度。

生产和科学技术的日益发展和创新，对精密机械及其产品无论在质量数量和品种上，都不断地提出更新和更高的要求。同时，也为精密机械这一门学科的发展，创造了更好条件，开辟了更加广阔的途径。

"机械"这个名词，我们是很熟悉的，一般认为它是"机器"和"机构"的总称。在工程实际中，常见的机构有连杆机构，凸轮机构，齿轮机构等。各种机构都是用来传递运动和力的可动装置。在日常生活和生产中，我们都会接触到许多机器，例如缝纫机、洗衣机、复印机、各种机床、汽车等。各种不同类型的机器，具有不同的形式、构造和用途，但通过分析不难看出，这些不同的机器，就其组成而言，却都是由各种机构组合而成，而机构是由构件组成的。机构中的构件可以是单一的零件，也可以是几个零件的组合体称为部件。所以，构件和零件是两个不同的概念，构件是"运动单元"，而零件是"制造单元"。

随着数学、电子学、自动控制、计算机等现代科学技术的巨大进步和发展，人类综合应用了各方面的知识和技术，不断创造出各种新型的精密机械及其产品。这类精密机械除具有使其内部各机构正常动作的先进控制系统外，有时还包含有信息采集、处理和传递系统。

"精密机械设计"课程，主要是研究精密机械中常用机构和常用的零件和部件。是从机构分析、工作能力、精度和结构等诸方面来研究这些机构和零、部件，并介绍其工作原理、特点、应用范围、选型、材料、精度以及设计计算的一般原则和方法。

本课程的主要任务：

1）使学生初步掌握常用机构的结构分析、运动分析、动力分析及其设计方法。

2）使学生掌握通用零、部件的工作原理、特点、选型及其计算方法，培养学生能运用所学基础理论知识，解决精密机械零、部件的设计问题。

3）培养学生具有设计精密机械传动和仪器机械结构的能力；以及对某些典型零、部件的精度分析，并提出改进措施。

4）使学生了解常用机构和零、部件的实验方法；初步具有某些零、部件的性能测试和结构分析能力。

5）使学生了解材料与热处理、公差与配合方面的基本知识，并能在工程设计中如何正确选用。

6）使学生初步掌握计算机辅助设计、优化技术、自动绘图在机械工程设计中的运用；以及某些典型机构及零、部件的程序设计方法。

由于本课程是一门理论与实践密切结合的设计性课程，因此，在教学过程中，除进行理论讲授外，尚安排有习题课（讨论课）、实验课、实物教学及课程设计等实践性教学环节。

这对于全面培养学生的分析问题和解决问题的能力，以及工程设计能力，是至关重要的。

机构和零、部件的种类众多，完成同一工作任务，可以选用不同类型的机构和零、部件。例如，传递两平行轴之间的运动，可以用带传动，也可以用圆柱齿轮传动；此外，同一种零件（如轴或齿轮），使用场合不同，其受力状况、设计原则和方法亦不尽相同。因此，在学习和工程设计的实践中，必须树立辩证观点，理论联系实际，学会具体问题具体分析的方法，在熟知和掌握各种机构和零、部件基本理论和基本知识的基础上，根据具体使用条件，合理地进行选型及采用正确的设计和计算方法。

在高等学校仪器仪表类专业的教学计划中，"精密机械设计"课程被列为主干课程，是该类型专业机械方面的最后一门技术基础课程。将综合运用工程力学、机械制图和本课程所学知识，来解决有关精密机械方面的设计问题。同时，该门课程又为学习有关专业课程准备了必要的条件。

# 第一章　精密机械设计的基础知识

## 第一节　概　　述

### 一、设计精密机械时应满足的基本要求

1. 功能要求　设计精密机械时首先应满足它的功能要求。例如仪器的监测、控制功能，自动显示和记录功能，数据处理功能，打印数据功能，误差校正和补偿功能等。

2. 可靠性要求　要使精密机械在一定的时间内和一定的使用条件下有效地实现预期的功能，则要求其工作安全可靠，操作维修方便。为此，零件应具有一定的强度、刚度和振动稳定性等工作能力。

3. 精度要求　精度是精密机械的一项重要技术指标，设计时必须保证精密机械正常工作时所要求的精度。如支承的回转精度，导轨的导向精度等。

4. 经济性要求　组成精密机械的零、部件能最经济的被制造出来，这就要求零件结构简单、节省材料、工艺性好，尽量采用标准尺寸和标准件。

5. 外观要求　设计精密机械时应使其造型美观大方、色泽柔和。

### 二、精密机械设计的一般步骤

精密机械与普通机械产品一样，都必须经过设计过程。产品设计大体上有三种类型：开发性设计，即利用新原理、新技术设计新产品；适应性设计，即保留原有产品的原理及方案不变，为适应市场需要，只对个别零件或部件进行重新设计；变参数设计，即保留原有产品的功能、原理方案和结构，仅改变零、部件的尺寸或结构布局形成系列产品。

新产品开发设计，从提出任务到投放市场的全部程序要经过下述四个阶段（图1-1）：

1. 调查决策阶段　在设计精密机械时，需进行必要的调查研究，了解用户的要求和意见，市场供销情况和前景，收集有关的技术资料及新技术、新工艺、新材料的应用情况。在此基础上，拟订新产品开发计划书。在设计开始阶段，应充分发挥创造性，构思方案应多样化，以便经过反复分析比较后作出决策，从中选取最佳方案。决策是非常关键的一步，直接影响设计工作和产品的成败。

2. 研究设计阶段　此阶段应在决策后开始，一般分两步

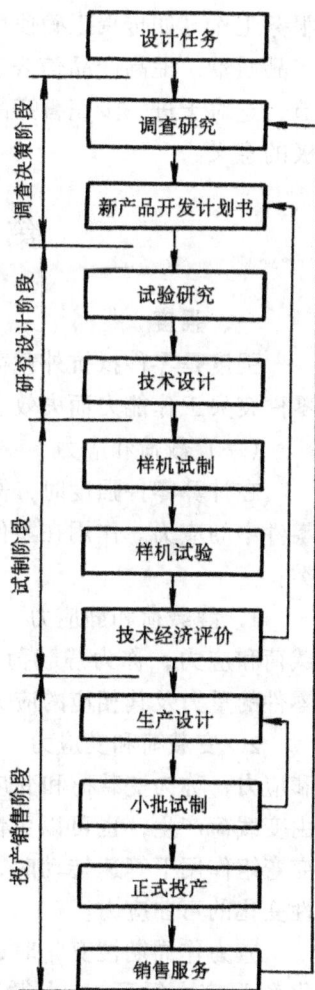

图 1-1　新产品开发设计程序

进行。第一步主要为功能设计研究，称为前期开发，任务是解决技术中的关键问题。为此，需要对新产品进行试验研究和技术分析，验证原理的可行性和发现存在的问题。第一步完成后，应写出总结报告、总布局图和外形图等等。第二步为新产品的技术设计，称为后期开发。第二步完成后，应绘出总装配图、部件装配图、零件工作图，各种系统图（传动系统、液压系统、电路系统、光路系统等）以及详细的计算说明书、使用说明书和验收规程等各种技术文件。以上各部分内容常需互相配合，设计工作也常需多次修改，逐步逼近，以便设计出技术先进可靠、经济合理、造型美观的新产品。在技术设计中，需进行大量的结构设计工作。为保证设计质量，分阶段进行设计的检查是十分必要的。

3．试制阶段  样机试制完成后，应进行样机试验，并作出全面的技术经济评价，以决定设计方案是否可用或需要修改。即使可用的方案，一般也需作适当修改，以便使设计达到最佳化。需要修改的方案，应检查数学、物理模型是否符合实际，必要时，改进模型后进行试验，甚至重新设计。

4．投产销售阶段  样机试验成功后，对于批量生产的产品，尚需进行工艺、工装方面的生产设计。经小批试制、用户试用、改进和鉴定后，即可投入正式生产和销售。开展销售服务工作（如传授正确使用方法、规定免费保修期限、定期跟踪检查等），不但有利于保证产品质量，提高产品信誉、开拓市场销路，而且可从市场反馈信息中，发现产品的薄弱环节，这对于进一步完善产品设计，提高产品可靠度，萌生新的设计构思，开发新产品都有积极的意义。

# 第二节  零件的工作能力及其计算

## 一、强度

强度是零件抵抗外载荷作用的能力。强度不足时，零件将发生断裂或产生塑性变形，使零件丧失工作能力而失效。

（一）载荷和应力

在计算零件强度时，需要根据作用在零件上载荷的大小、方向和性质及工作情况，确定零件中的应力。作用在零件上的载荷和相应的应力，按其随时间变化的情况，可分为以下两类：

1．静载荷和静应力  不随时间变化或变化缓慢的载荷和应力，称为静载荷和静应力（图1-2）。例如，零件的重力及其相应的应力。

2．变载荷和变应力  随时间作周期性变化的载荷和应力，称为变载荷和变应力（图1-3）。变应力既可由变载荷产生，也可以由静载荷产生，例如，轴在不变弯矩作用下等速转动时，轴的横截面内将产生周期性变化的弯曲应力。

应力作周期性变化时，一个周期所对应的应力变化称为应力循环。应力循环中的平均应力 $\sigma_m$、应力幅

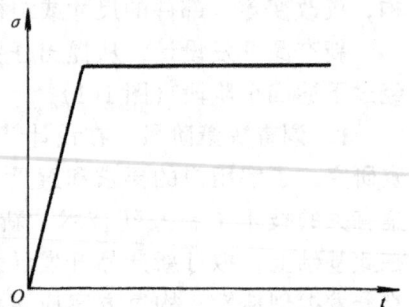

图 1-2  静应力

度 $\sigma_a$、循环特性 $r$ 与其最大应力 $\sigma_{max}$ 和最小应力 $\sigma_{min}$ 有如下的关系

$$\left.\begin{aligned}\sigma_m &= \frac{\sigma_{max} + \sigma_{min}}{2} \\[1mm] \sigma_a &= \frac{\sigma_{max} - \sigma_{min}}{2} \\[1mm] r &= \frac{\sigma_{min}}{\sigma_{max}}\end{aligned}\right\} \tag{1-1}$$

当 $r = -1$ 时，称为对称循环；当 $r \neq -1$ 时称为非对称循环，其特例是 $r = 0$，称为脉动循环。

在进行强度计算时，作用在零件上的载荷又可分为

（1）名义载荷 在稳定和理想的工作条件下，作用在零件上的载荷称为名义载荷。

（2）计算载荷 为了提高零件的工作可靠性，必须考虑影响零件强度的各种因素，如零件的变形、工作阻力的变动、工作状态的不稳定等。为计入上述因素，将名义载荷乘以某些系数，作为计算时采用的载荷，此载荷称为计算载荷。

（二）零件的整体强度

零件整体抵抗载荷作用的能力称为整体强度。判断零件整体强度的方法有两种，第一种是把零件在载荷作用下产生的应力（$\sigma$、$\tau$）与许用应力（$[\sigma]$、$[\tau]$）相比较，其强度条件为

$$\sigma \leqslant [\sigma] \quad \text{或} \quad \tau \leqslant [\tau] \tag{1-2}$$

而

$$[\sigma] = \frac{\sigma_{lim}}{[S_\sigma]}, \quad [\tau] = \frac{\tau_{lim}}{[S_\tau]}$$

式中　$\sigma_{lim}$、$\tau_{lim}$——零件材料的极限应力；

$\quad\quad$ $[S_\sigma]$、$[S_\tau]$——许用安全系数。

第二种是把零件在载荷作用下的实际安全系数与许用安全系数进行比较，其强度条件为

$$S_\sigma = \frac{\sigma_{lim}}{\sigma} \geqslant [S_\sigma] \quad \text{或} \quad S_\tau = \frac{\tau_{lim}}{\tau} \geqslant [S_\tau] \tag{1-3}$$

1. 静应力下的强度　静应力下零件的整体强度，可以使用上述两种判断方法中的任何一种。对于用塑性材料制成的零件，取材料的屈服极限 $\sigma_s$ 或 $\tau_s$ 作为极限应力对于用脆性材料制成的零件，取材料的强度极限 $\sigma_b$ 或 $\tau_b$ 作为极限应力。当材料缺少屈服极限的数据时，可取强度极限作为极限应力，但安全系数应取得大一些。

2. 变应力下的强度　在变应力作用下，零件的一种失效形式将是疲劳断裂，这种失效形式不仅与变应力的大小有关，也与应力循环的次数有关。表面无缺陷的金属材料的疲劳断裂过程可分为两个阶段，第一阶段是在变应力的作用下，零件材料表面开始滑移而形成初始裂纹；第二阶段是在变应力作用下初始裂纹扩展以致断裂。实际上，由于材料具有晶界夹渣、微孔以及机械加工造成的表面划伤、裂纹等缺陷，材料的疲劳断裂过程只经过第二阶

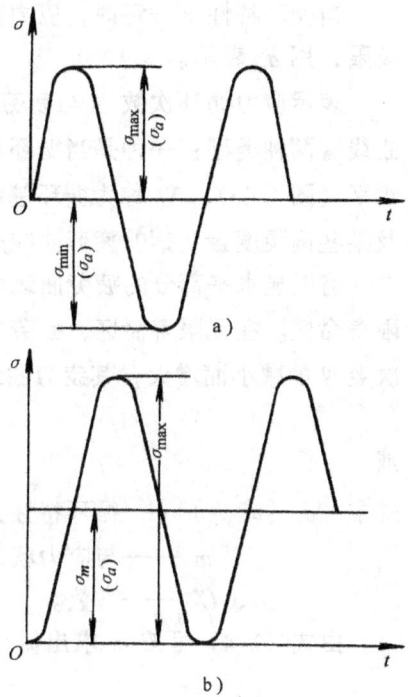

图 1-3　变应力

段。零件上的圆角、凹槽、缺口等造成的应力集中也会促使零件表面裂纹的生成和扩展。

当循环特性 $r$ 一定时，应力循环 $N$ 次后，材料不发生疲劳破坏时的最大应力称为疲劳极限，用 $\sigma_{rN}$ 表示。

表示应力循环次数 $N$ 与疲劳极限 $\sigma_{rN}$ 间关系的曲线称为应力疲劳曲线。金属材料的疲劳曲线有两种类型：一种是当循环次数 $N$ 超过某一值 $N_0$ 以后，疲劳极限不再降低，曲线趋向水平（图 1-4a），$N_0$ 称为循环基数。另一种疲劳曲线则没有水平部分（图 1-4b），有色金属及某些高硬度合金钢的疲劳曲线多属于这一类。

有明显水平部分的疲劳曲线可分为两个区域：$N \geqslant N_0$ 区为无限寿命区；$N < N_0$ 区为有限寿命区。在无限寿命区，疲劳极限是一个常数，而在有限寿命区，疲劳极限 $\sigma_{rN}$ 将随循环次数 $N$ 的减小而增大，其疲劳曲线方程为

$$\left. \begin{array}{c} \sigma_{rN}^m N = \sigma_r^m N_0 = C \\ \tau_{rN}^m N = \tau_r^m N_0 = C' \end{array} \right\} \tag{1-4}$$

或

式中 $\sigma_r$（或 $\tau_r$）——循环特性为 $r$，对应于无限寿命区的疲劳极限；

　　　　$m$——与应力状态有关的指数；

　　　　$C$、$C'$——常数。

由式（1-4）可按 $\sigma_r$ 求出循环次数为 $N$ 的疲劳极限

$$\sigma_{rN} = \sigma_r \sqrt[m]{\frac{N_0}{N}} = K_L \sigma_r \tag{1-5}$$

$$K_L = \sqrt[m]{\frac{N_0}{N}}$$

式中 $K_L$——寿命系数。

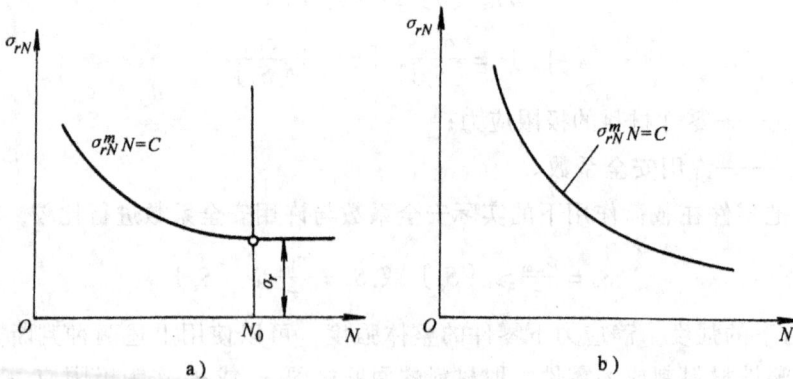

图 1-4 疲劳曲线

所谓无限寿命，是指零件承受的变应力低于疲劳极限 $\sigma_r$ 时，工作应力总循环次数可大于 $N_0$，但并不意味着零件永远不会失效。

零件处于变应力状态下工作时，通常以材料的 $\sigma_r$ 作为极限应力 $\sigma_{lim}$，然后用寿命系数 $K_L$ 来考虑零件实际应力循环次数 $N$ 的影响。

提高零件的疲劳强度可采取以下措施：①应用屈服极限高和细晶粒组织的材料；②零件

截面形状的变化应平缓，以减小应力集中；③改善零件的表面质量，如减小表面粗糙度，进行表面强化处理（表面喷丸、表面辗压）等；④减少材料的冶金缺陷，如采用真空冶炼，使非金属夹杂物减少。

（三）零件的表面强度

1. 表面接触强度　在精密机械中，经常遇到两个零件上的曲面相互接触以传递压力的情况。加载前两个曲面呈线接触或点接触，加载后由于接触表面的局部弹性变形，接触线或接触点扩展为微小的接触面积。如图 1-5a 所示，原为线接触的两圆柱体，加载后接触区域扩展为 $2ab$ 的小矩形面积；图 1-5b 所示的原为点接触的两球，加载后接触点扩展成直径为 $2a$ 的小圆面积。两个零件在接触区产生的局部应力称为接触应力。

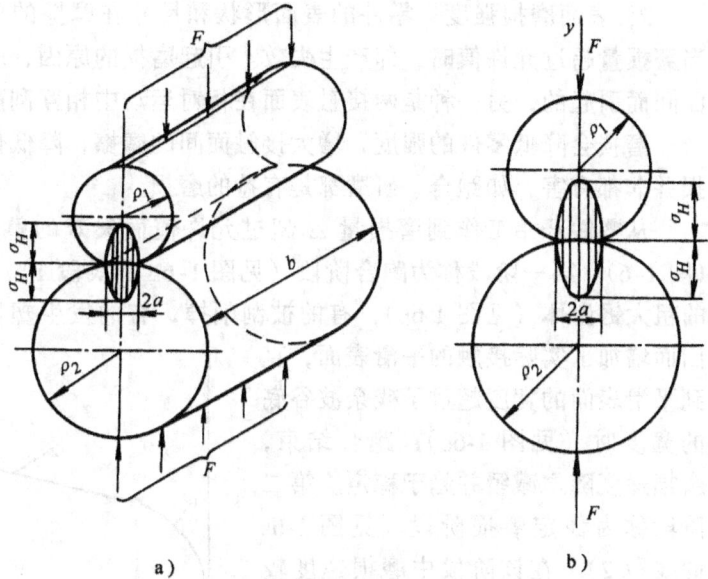

图 1-5　微小接触面积和接触应力

根据赫兹公式，轴线平行的两个圆柱体相压时，其最大接触应力可按下式计算，即

$$\sigma_H = \sqrt{F_u \Big/ \left[ \rho\pi \left( \frac{1-\mu_1^2}{E_1} + \frac{1-\mu_2^2}{E_2} \right) \right]} \tag{1-6}$$

式中　$\sigma_H$——最大接触应力；

　　　　$F_u$——接触线单位长度上的载荷，$F_u = F/b$；

　　　　$\rho$——两圆柱体在接触处的综合曲率半径，$1/\rho = 1/\rho_1 \pm 1/\rho_2$，其中正号用于外接触，负号用于内接触；

　　　　$E_1$、$E_2$——两圆柱体材料的弹性模量；

　　　　$\mu_1$、$\mu_2$——两圆柱体材料的泊松比。

当 $\mu_1 = \mu_2 = \mu$ 时，上式可简化为

$$\sigma_H = \sqrt{\frac{F_u}{\rho} \frac{E}{2\pi (1-\mu^2)}} \tag{1-7}$$

式中　$E$——两圆柱体材料的综合弹性模量，$E = 2E_1 E_2 / (E_1 + E_2)$。

当两个钢制球体在力 $F$ 作用下相压时（图 1-5b），最大接触应力 $\sigma_H$ 为

$$\sigma_H = 0.388 \sqrt[3]{\frac{FE^2}{\rho^2}} \tag{1-8}$$

在循环接触应力作用下，接触表面产生疲劳裂纹，裂纹扩展导致表层小块金属剥落，这种失效形式称为疲劳点蚀。点蚀将使零件表面失去正确的形状，降低工作精度，引起附加动载荷，产生噪声和振动，并降低零件的使用寿命。

8

提高表面接触强度可采取以下措施：①增大接触处的综合曲率半径 $\rho$，以降低接触应力；②提高接触表面的硬度，以提高接触疲劳极限；③提高零件表面的加工质量，以改善接触情况；④采用粘度较大的润滑油，以减缓疲劳裂纹的扩展。

2. 表面磨损强度 零件的表面形状和尺寸在摩擦的条件下逐渐改变的过程称为磨损，当磨损量超过允许值时，即产生失效。引起磨损的原因，一种是由于硬质微粒落入两接触表面间而引起的，另一种是两接触表面在相对运动中相互刮削作用而引起的。

磨损会降低零件的强度，增大接触面间的摩擦，降低传动效率和零件的工作精度。但磨损并非都有害，如跑合、研磨都是有益的磨损。

从零件开始工作到磨损量 $\Delta$ 超过允许值而失效的整个工作期间，可以分为三个阶段（图1-6）。第一阶段称为跑合阶段（见图1-6a曲线段1）。机械加工后在零件表面遗留下来的粗大锯齿体（见图1-6b），有的被刮削掉，有的发生塑性变形，填充了锯齿体的波谷底，因而增加了实际接触的平滑表面，直到平滑表面的宽度超过了残余波谷底的宽度时（见图1-6c），跑合结束，磨损速度随之减缓并趋于稳定。第二阶段称为稳定磨损阶段（见图1-6a曲线段2）。在该阶段中磨损速度较稳定，是零件的正常工作阶段。第三阶段称为崩溃磨损阶段（见图1-6a曲线段3）。在这一阶段，接触表面的磨损量超过了允许的数值，致使零件在工作中出现冲击，并降低运动精度，使零件很快失效。

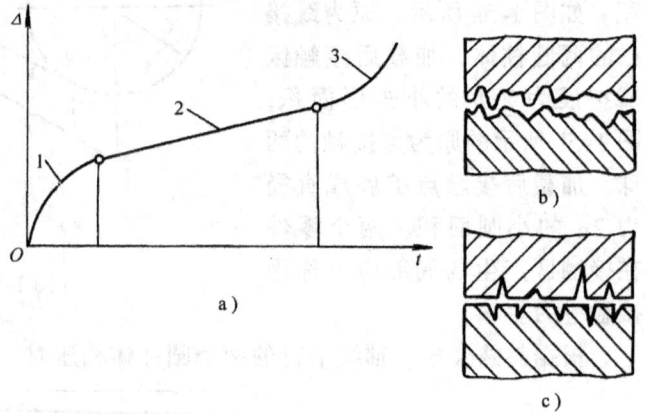

图1-6 零件的磨损阶段

减小磨损的基本方法有：①充分润滑摩擦表面，使接触表面部分或全部脱离接触；②定期清洗或更换润滑剂；③采用适当的密封装置；④合理选择摩擦表面材料。对于一对相互摩擦的零件，为了避免其中比较贵重的零件过早磨损，常把另一零件的摩擦表面选用减摩材料制造，以减小摩擦阻力。常用的减摩材料有巴氏合金、青铜、某些牌号的铸铁和塑料等；⑤用热处理、电镀、熔镀等方法提高接触表面的耐磨性；⑥合理减小摩擦表面的粗糙度，以改善摩擦面的接触情况。

由于影响磨损的因素很多，如载荷的大小和性质、相对滑动速度、润滑和冷却条件等，所以很难建立起有充分理论基础的抗磨损强度计算方法。通常根据摩擦表面的压强 $p$ 和与摩擦功成正比的 $pv$ 值，近似地判断零件的抗磨损强度，即令 $p$ 和 $pv$ 的计算值满足下列条件：

$$\left. \begin{array}{l} p \leqslant [p] \\ pv \leqslant [pv] \end{array} \right\} \tag{1-9}$$

式中 $v$——接触表面的相对滑动速度（m/s）；

$[p]$——许用压强（N/mm$^2$）；

$[pv]$——许用 $pv$ 值。

**二、刚度**

刚度是反映零件在载荷作用下抵抗弹性变形的能力。刚度的大小用产生单位变形所需要的外力或外力矩来表示。

由静载荷与变形关系所确定的刚度称为静刚度,而由变载荷与变形关系所确定的刚度称为动刚度。用金属材料制造的零件,其静刚度与动刚度的数值基本上是相同的;用某些非金属材料制造的零件,例如橡胶零件,在静载荷 $F_1$ 作用下的变形量 $\lambda_1$,将大于在变载荷(其载荷的最大值为 $F_1$)作用下的变形量 $\lambda_2$(如图1-7所示),因此其静刚度与动刚度是不同的。

对于某些零件,要求有足够的刚度,当零件的刚度不足时,将使互相联系的一些零件不能很好地协同工作,降低了零件的工作精度。例如在齿轮传动中,如果轴的刚度不足,将会破坏齿轮的正确啮合,引起齿轮的运动误差。

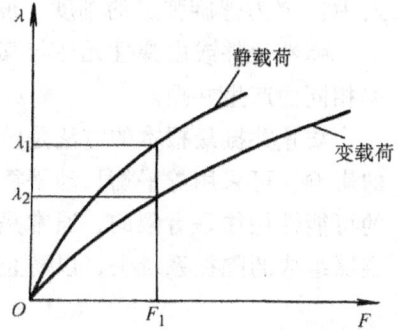

图1-7 橡胶零件的载荷—变形曲线

对于另外一些零件,则要求有一定的刚度,即在载荷作用下,零件应产生给定的变形。例如弹性元件、减震器等。满足刚度要求是这类零件设计计算的出发点。

由工程力学可知,零件刚度的大小与材料的弹性模量、零件的截面形状和几何尺寸有关,而与材料的强度极限无关。如图1-8所示的片簧,其刚度为

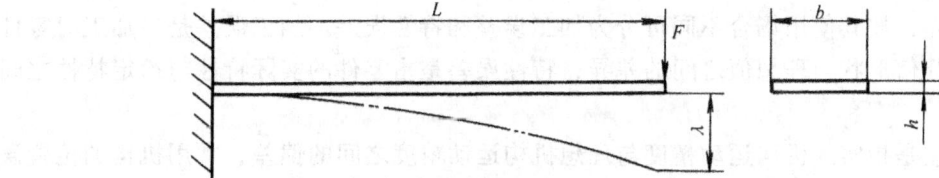

图1-8 片簧的刚度计算简图

$$F' = \frac{F}{\lambda} = \frac{3EI_a}{L^3} = \frac{Ebh^3}{4L^3} \tag{1-10}$$

式中　$L$——片簧的工作长度;

$I_a$——片簧的截面惯性矩,$I_a = bh^3/12$,其中 $b$ 为片簧的宽度;

$h$——片簧的厚度;

$E$——片簧材料的弹性模量。

由于碳素钢和高强度合金钢两者的弹性模量相差很小,所以,如对零件仅有刚度要求时,应选用价格低廉的碳素钢。提高零件刚度的有效措施是改变零件的截面形状和尺寸,缩短支承点间的距离,或采用加强筋等结构措施。

部件刚度受多种因素的影响,很难精确计算。因此,目前部件的刚度计算只是估算,即把计算求得的变形值与许用值加以比较。变形的许用值是根据试验或从实践中整理出来的统计资料而确定的。

### 三、振动稳定性

在变载荷作用下,零件将产生机械振动,如果零件的固有频率与载荷的频率相同时,将发生共振。一般情况下,共振将使零件丧失工作能力而失效。

任何零件都具有一定的刚度,同时又有一定的质量。因此,任何零件都有一定的固有频

率。例如，圆柱形拉压螺旋弹簧的固有频率为

$$\omega_n = \sqrt{\frac{F'}{m}K} \qquad (1\text{-}11)$$

式中，$F'$ 为螺旋弹簧的刚度；$m$ 为弹簧的质量；$K$ 为与螺旋弹簧两端固定方法有关的系数。

弹性元件或由弹性元件与其它零件组成的系统，固有频率较低，因而常常容易与载荷频率相同而产生共振。

防止共振最根本的方法是消除引起共振的载荷。例如，为消除回转零件的惯性力对振动的影响，可采用静平衡、动平衡或加平衡重的方法来解决。但是利用这个原理防止出现共振的可能性往往是有限的，通常是用改变零件的固有频率的方法来解决，或将零件安放在由减震器组成的隔振系统上，以防止共振的发生。

# 第三节　零件与机构的误差估算和精度

误差的概念可以用于不同的对象和不同的场合，故可把其概括地理解为实际值与理想值之间的差异。

在精密机械设计中，精度的高低是用误差的大小来度量的，误差越小，则精度越高。设计时必须保证精密机械正常工作所要求的精度。

**一、零件与机构的误差**

零件的误差，按其使用场合不同可分为加工误差和特性误差。加工误差是指加工时零件的实际尺寸或几何形状与理想值之间的差异；特性误差是指零件的实际特性与给定特性之间的差异。

机构的误差是指实际机构运动精度与理想机构运动精度之间的偏差，常用机构的位置误差和位移误差来表示。

所谓理想机构系指能绝对精确地实现给定运动规律的机构。但机构的各构件并非绝对刚体，各构件的尺寸也不可避免地存在制造误差，因此，理想机构并不存在，实际机构的运动与理想机构的运动总是有差别的。

机构的位置误差是当实际机构与理想机构的主动件位置相同时，两者从动件位置的偏差。如图 1-9 所示的曲柄滑块机构中，理想机构的初始位置为 $OA_0B_0$，滑块的初始位置在 $B_0$ 点，由于存在制造误差，当机构的主动件曲柄 $OA_0$ 的位置相同时，实际机构的位置为 $OA'_0B'_0$，滑块位置在 $B'_0$ 点，则 $B_0B'_0$ 即为该机构的初始位置误差 $\Delta S$。

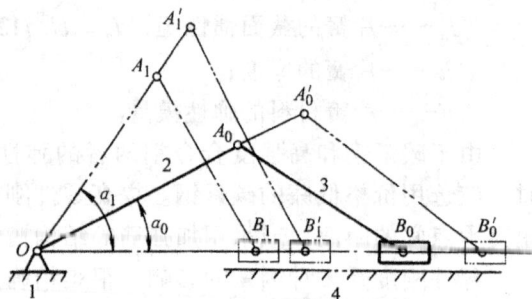

图 1-9　机构的位置和位移误差

机构的位移误差是指实际机构与理想机构的主动件位移相同时，两者从动件位移量的偏差。如图 1-9 所示，当主动件 $OA_0$ 和 $OA'_0$ 的位置角由 $\alpha_0$ 转到 $\alpha_1$ 后，理想机构从动件的位移为 $B_1B_0$，实际机构从动件的位移为 $B'_0B'_1$，故机构的位移误差 $\Delta S'$ 为

$$\Delta S' = B_1 B_0 - B'_0 B'_1 = B_1 B'_1 - B_0 B'_0$$

上式表示机构的位移误差等于机构在两个位置上的位置误差之差。

## 二、误差估算的基本方法

当零件或机构特性的解析式已知时，可采用全微分法计算其特性误差。

如图 1-8 所示之片簧，其弹性特性为

$$\lambda = \frac{4FL^3}{Ebh^3} = f\ (L,\ \ b,\ \ h,\ \ E) \tag{1-12}$$

对上式全微分即可求得片簧特性的绝对误差 $\mathrm{d}\lambda$ 为

$$\mathrm{d}\lambda = \frac{\partial f}{\partial L}\mathrm{d}L + \frac{\partial f}{\partial b}\mathrm{d}b + \frac{\partial f}{\partial h}\mathrm{d}h + \frac{\partial f}{\partial E}\mathrm{d}E$$

将上式写成增量形式，并略去高阶无穷小，则上式可写成

$$\Delta\lambda = \frac{\partial f}{\partial L}\Delta L + \frac{\partial f}{\partial b}\Delta b + \frac{\partial f}{\partial h}\Delta h + \frac{\partial f}{\partial E}\Delta E \tag{1-13}$$

片簧制成后，其长度、宽度、厚度和弹性模量产生的原始误差 $\Delta L$、$\Delta b$、$\Delta h$ 和 $\Delta E$ 为已知时，则片簧的特性误差可利用式（1-13）计算。而在设计片簧时，原始误差是以公差的形式给出，其实际误差的具体数值不能预知，即所有的原始误差都是随机变量，此时应采用数理统计的方法进行计算。即

$$\Delta\lambda = \sqrt{\left(\frac{\partial f}{\partial L}\Delta L\right)^2 + \left(\frac{\partial f}{\partial b}\Delta b\right)^2 + \left(\frac{\partial f}{\partial h}\Delta h\right)^2 + \left(\frac{\partial f}{\partial E}\Delta E\right)^2} \tag{1-14}$$

当绝对误差相同时，零件的工作范围越大，则零件的性能越好。因此，有时用相对误差来表示零件的特性误差。例如，片簧特性的相对误差，可用绝对误差 $\Delta\lambda$ 与其最大挠度 $\lambda_{max}$ 的比值来表示。即

$$\delta\lambda = \frac{\Delta\lambda}{\lambda_{max}} \tag{1-15}$$

对机构而言，其从动件的位置是主动件位置、机构各构件尺寸和形状的函数，可用下式表示

$$\varphi = f\ (q_1,\ \ q_2,\ \ \cdots q_n) \tag{1-16}$$

式中　　　　　$\varphi$——确定机构从动件位置的坐标；

$q_1$，$q_2$，$\cdots$，$q_n$——决定于机构主动件位置、各构件尺寸和形状的独立参变量。

当机构主动件存在位置误差和各构件存在原始误差 $\Delta q_i$（$i = 1 \sim n$）时，将使机构从动件产生位置误差。对式（1-16）全微分，并写成增量形式，可得出从动件的位置误差 $\Delta\varphi$ 为

$$\Delta\varphi = \sum_{i=1}^{n}\left(\frac{\partial f}{\partial q_i}\right)\Delta q_i \tag{1-17}$$

影响零件和机构特性的原始误差可归纳为以下三类：

（1）设计误差　这类误差产生在设计过程中，由于采用了近似机构代替理想机构，或采用了近似的假设，使得设计的零件或机构在原理上产生了误差，这种误差也称为原理误差。

（2）工艺误差　这类误差产生在制造过程中，是由于零件的加工、装配和调整不够准确而引起的。

（3）使用误差　这类误差产生在使用过程中，例如，零件配合表面间的磨损、载荷作用下的变形、环境温度变化而引起零件尺寸的改变以及振动等因素造成的误差。

零件和机构的误差估算方法，除上述介绍的微分法外，尚有其他多种方法，以适用于不同场合的需要，可参阅文献 [26]。

## 第四节 工 艺 性

为了使精密机械能够最经济地制造出来，在结构设计过程中，应经常注意到整体的结构工艺性和各个零件的工艺性。

工艺性良好的结构和零件应当是：①制造和装配的工时较少；②需要复杂设备的数量较少；③材料的消耗较少；④准备生产的费用较少。

结构工艺性与具体的生产条件有关，对于某一种生产条件下，工艺性很好的结构，在另一种生产条件下就不一定也是很好的。虽然如此，仍可提出下述一些通用的改善结构工艺性的原则：

1) 整个结构能很容易地分拆成若干部件，各部件之间的联系和相互配置应能保证易于装配、维修和检验；

2) 在结构中应尽量采用已经掌握并生产过的零件和部件，特别是尽量选用标准件。在同一个结构中，尽量采用相同零件；

3) 应使零件和部件具有互换性，在精度要求较高的情况下，可设计有调整环节，尽可能不采用选择装配。

零件工艺性也与具体的生产条件有关，改善零件工艺性的一般原则是：

1) 合理选择零件毛坯的种类。如模锻件、冲压件一般仅适用于大批量生产，在单件或小批量生产时，则不宜采用，以免模具造价太贵而提高零件成本。

2) 零件的形状应力求简单，尽可能减少被加工表面的数量，以降低加工费用。

3) 零件上的孔、槽等，应尽可能选用标准刀具来加工。

4) 在满足工作要求的前提下，合理地确定加工精度、表面粗糙度和热处理条件等。

## 第五节 标准化、系列化、通用化

在不同类型、不同规格的各种精密机械中，有相当多的零、部件是相同的，将这些零、部件加以标准化，并按尺寸不同加以系列化，则设计者毋须重复设计，可直接从有关手册的标准中选用。通用化是指系列之内或跨系列的产品之间，尽量采用同一结构和尺寸的零、部件，以减少零、部件种数，从而简化生产管理和获得较高的经济效益。

标准化、系列化、通用化通称"三化"。"三化"是长期生产实践和科研成果的可靠的技术总结。采用"三化"的重要意义是：①减轻设计工作量，以便设计人员把主要精力用于关键零、部件和机构的设计工作上；②便于安排专门工厂采用先进技术和设备，大规模集中生产标准零、部件，有利于合理使用原材料、保证产品质量和降低制造成本；③增大互换性，便于维修和管理工作；④有利于增加产品品种，扩大产品批量，达到产品的优质、高产和低消耗等。"三化"程度的高低也常是评定产品优劣的指标之一。"三化"是我国现行的很重要的一项技术政策。

我国现行标准分为国家标准（GB），专业标准和行业标准等。由于我国的国家标准正逐步与国际标准接轨，因此，新产品和出口产品应首先采用国际标准。

# 第六节  零件的设计方法及其发展

## 一、零件的设计方法

零件的设计方法有以下几种：

### （一）理论设计

利用物理、力学等基础课程及本课程的理论知识进行设计称为理论设计。它又可分为

1. 设计计算  根据载荷情况和给定的特性要求，由计算公式直接求出零件的某些主要几何尺寸。例如，在计算受拉伸载荷的圆形截面直杆的尺寸时，可直接利用工程力学公式求出其直径 $d$ 为

$$d \geqslant \sqrt{\frac{4F}{\pi[\sigma]}}$$

式中，$F$——作用在杆件上的载荷。

2. 校核计算  先根据其它方法（例如选用标准化或规格化的零件，或按结构空间的要求等）初步定出零件的尺寸和形状，然后用理论计算的方法，校核零件截面上的应力或其特性。

### （二）经验设计

根据对某类零件已有的设计和使用实践而总结出来的经验关系式，或者根据设计工作者的经验，采用类比的方法进行的设计称为经验设计。由于经验设计已经过实践的验证，因此具有较大的实用价值。通常，经验设计多用于目前尚不便进行理论分析计算的零件设计中。

### （三）模型实验设计

对于某些零件，先初步定出零件的尺寸和形状，做出模型，进行实验，根据实验结果再修改其尺寸，这种设计方法称为模型实验设计。模型实验设计借助实验弥补了理论上的不足，同时也消除了经验设计中不够科学的因素，但需要较大的工作量，所以一般用于理论上尚不成熟的关键性零件的设计。

随着计算机技术的进步，出现了计算机仿真技术，它是在计算机上进行模型试验的一种技术，与实际的模型试验相比较，它是一种既安全又经济的试验方法，在精密机械设计中的应用越来越广。

## 二、设计方法的新发展

现代产品的特点主要表现在广泛采用现代技术，对产品的功能、可靠性、效益提出了更为严格的要求，而这些要求的实现主要取决于设计。可靠性设计、优化设计、计算机辅助设计等新的设计方法的出现，适应和加速新产品的开发，使精密机械产品在功能上实现大的跨跃。

### （一）可靠性设计

1. 可靠性概念  按传统的强度设计方法（$\sigma \leqslant [\sigma]$ 或 $S \geqslant [S]$）设计的零件，由于材料强度、外载荷和加工尺寸等都存在着离散性，有可能出现达不到预定工作时间而失效的情况。因此，希望将出现这种失效情况的概率限制在一定程度之内，这就是对零件提出可靠性要求。采用可靠性设计能定量给出零件可靠性的概率值，排除主要的不可靠因素和预防危险

事故的发生，但也有可能出现大大超过预定工作时间而失效的情况，这意味着浪费和增加了生产成本。

可靠性是指产品在规定的条件下和规定的时间内，完成规定功能的能力。

可靠度是指产品在规定的条件下和规定的时间内，完成规定功能的概率，常用 $R_t$ 表示。

累积失效概率是指产品在规定的条件下和规定的时间内失效的概率，常用 $F_t$ 表示，有时也用 $P$ 表示。

设有 $N$ 个同样零件，在规定时间 $t$ 内有 $N_f$ 个零件失效，剩下 $N_t$ 个零件仍能继续工作，则

可靠度
$$R_t = \frac{N_t}{N} = \frac{N - N_f}{N} = 1 - \frac{N_f}{N}$$

累积失效概率
$$F_t = \frac{N_f}{N} = 1 - R_t$$

可靠度与累积失效概率之和等于 1。即

$$R_t + F_t = 1 \tag{1-18}$$

将 $F_t$ 对时间 $t$ 求导，得

$$f(t) = \frac{\mathrm{d}F_t}{\mathrm{d}t} = \frac{\mathrm{d}N_f}{N\mathrm{d}t}$$

$f(t)$ 称为失效分布密度。

失效分布密度 $f(t)$ 与时间 $t$ 的关系曲线为失效（寿命）分布曲线，常见的有正态分布、韦布尔分布、指数分布等多种。零件寿命、应力和工艺误差，材料寿命和极限应力等一般可认为按正态分布（见图 1-10）。

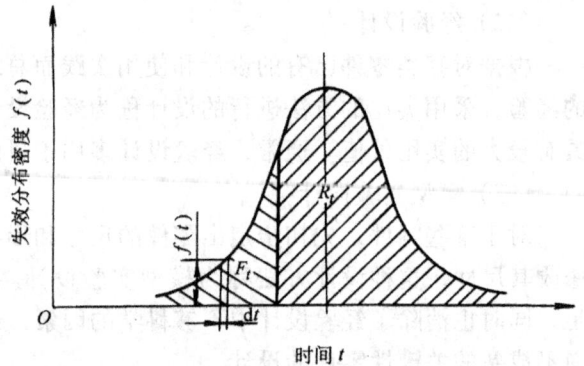

图 1-10  $f(t) - t$ 关系曲线

2．零件的可靠性设计  图 1-11 为零件工作应力和材料极限应力的随机变量统计分布曲线，横坐标代表零件工作应力和材料极限应力，纵坐标代表分布密度。从图中看出，材料的平均极限应力 $\bar{\sigma}_{\lim}$ 大于零件平均工作应力 $\bar{\sigma}_w$、平均安全系数大于 1、零件工作是可靠的。但从极限应力和工作应力的分布来看，在曲线相交的阴影区内有可能出现工作应力大于极限应力的情况，实际安全系数小于 1，零件工作是不可靠的。

零件的可靠性计算，是将工作应力和极限应力等参

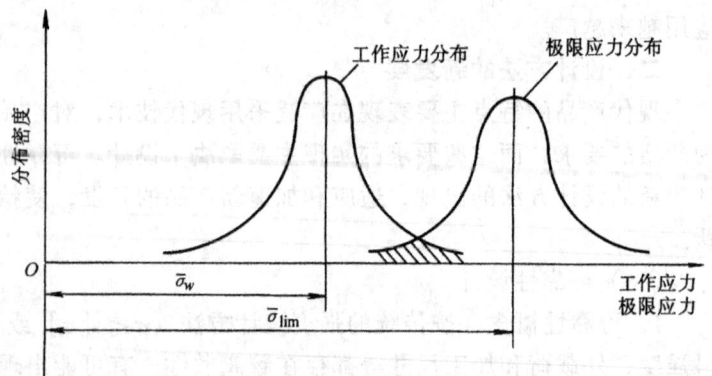

图 1-11  工作应力和极限应力分布曲线

数看作随机变量，根据它们的失效分布规律，运用概率论和数理统计的方法得出可靠性的定量指标。和强度、刚度等是零件的固有属性一样，可靠性也是零件的一个固有属性，其水平是随着设计、材料和制造方法的确定而确定的，这些因素若没有改善，就不能提高零件的固有可靠性水平。

设零件的工作应力 $\sigma_W$ 为正态分布，其均值为 $\overline{\sigma}_W$ 和标准离差为 $S_W$，材料极限应力 $\sigma_{\lim}$ 亦为正态分布其均值为 $\overline{\sigma}_{\lim}$ 和标准离差为 $S_{\lim}$，因 $\sigma_W$ 和 $\sigma_{\lim}$ 均为服从正态分布的随机变量，根据数理统计理论可知，由 $\sigma_{\lim} - \sigma_W = \sigma_z$ 构成的随机变量将服从一新的正态分布，其均值 $\overline{\sigma}_z$ 和标准离差 $S_z$ 为

$$\overline{\sigma}_z = \overline{\sigma}_{\lim} - \overline{\sigma}_W, \qquad S_z = \sqrt{S_{\lim}^2 + S_W^2}$$

当 $\sigma_z = \sigma_{\lim} - \sigma_W < 0$ 时，认为零件发生失效。

为了便于计算，应将新构成的正态分布转化为标准正态分布，因此，需对 $\overline{\sigma}_z$ 和 $S_z$ 进行变量置换，化为以 $S_z$ 为单位的变量，即

$$z = \frac{\overline{\sigma}_z}{S_z} = \frac{\overline{\sigma}_{\lim} - \overline{\sigma}_W}{\sqrt{S_{\lim}^2 + S_W^2}} \tag{1-19}$$

$z$ 为标准正态分布的随机变量。标准正态分布的标准离差等于 1。

上式称为联接方程，它将材料极限应力和零件工作应力之间的随机关系联接起来，根据计算得出的 $z$ 值，可从标准正态分布表（表 1-1）中查得可靠度 $R$。

应当指出，尽管疲劳强度更符合韦布尔分布，但由于按正态分布得到的联接方程简单可行，所以在零件疲劳强度可靠性计算中得到广泛采用。

**表 1-1　标准正态分布表**

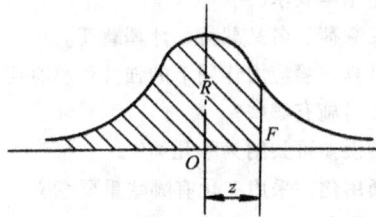

| $z$ | $R$ | $z$ | $R$ | $z$ | $R$ | $z$ | $R$ |
|-----|-----|-----|-----|-----|-----|-----|-----|
| 0.0 | 0.5000 | 0.9 | 0.8159 | 1.8 | 0.9641 | 2.7 | 0.9965 |
| 0.1 | 0.5398 | 1.0 | 0.8413 | 1.9 | 0.9713 | 2.8 | 0.9974 |
| 0.2 | 0.5793 | 1.1 | 0.8643 | 2.0 | 0.9773 | 2.9 | 0.9981 |
| 0.3 | 0.6179 | 1.2 | 0.8849 | 2.1 | 0.9821 | 3.0 | 0.9986 |
| 0.4 | 0.6554 | 1.3 | 0.9032 | 2.2 | 0.9861 | 3.5 | 0.9998 |
| 0.5 | 0.6915 | 1.4 | 0.9192 | 2.3 | 0.9893 | 4.0 | 0.99997 |
| 0.6 | 0.7257 | 1.5 | 0.9332 | 2.4 | 0.9918 | 4.5 | 0.99999 |
| 0.7 | 0.7580 | 1.6 | 0.9452 | 2.5 | 0.9938 | 5.0 | 1.0000 |
| 0.8 | 0.7881 | 1.7 | 0.9554 | 2.6 | 0.9953 | | |

### （二）机械优化设计

机械优化设计是利用现代数学、物理、力学的成就及电子计算机技术对各种机械设计问题如方案选择、参数匹配、机构设计、结构及系统设计等寻求最佳设计的一种理论和方法。

优化设计的基本思想是优选一组设计变量，在满足给定的约束条件下，达到目标函数的最优值（极大或极小）。其数学表达式为

要确定的设计变量为：$X = [x_1, x_2, \cdots, x_n]^T$

需满足的约束条件为：$g_u(X) \geqslant 0$，其中 $u = 1, 2, \cdots, m$

要达到的设计目标为：$W = F(X) \rightarrow \min$

在设计精密机械时，设计变量可以是构件尺寸、运动参数或节点位置坐标等。约束条件是对某些外形尺寸、位置的限制或强度、刚度等的限制。设计目标是根据精密机械的使用要求确定的，例如最小体积、最轻重量、最长寿命、最低成本等。

### （三）计算机辅助设计

"计算机辅助设计"简称 CAD，是将计算机具有运算快速准确、存储量大和逻辑判断功能强等特点与图形显示、自动绘图机等设备相结合，在人机交互作用下进行设计，是一门新兴的学科。

CAD 将人和计算机各自最好的特点结合起来，构成一个工作组合，这个组合比人或计算机单独工作时能力更强，工作得更好。属于创造性构思活动主要由人承担，而有关资料检索、计算、优化、绘图和制表等由计算机完成。

有关 CAD 可详见第十六章或参阅有关文献。

## 思考题及习题

1-1 设计精密机械时应满足哪些基本要求？

1-2 解释下列名词：静载荷、变载荷、名义载荷、计算载荷。

1-3 变应力作用下零件的强度计算与静应力作用下的强度计算有何区别？

1-4 改善零件强度和刚度的主要措施有哪些？

1-5 影响零件和机构特性的原始误差可归纳为哪几类？

1-6 什么是标准化、系列化、通用化？采用三化有哪些重要意义？

1-7 可靠性设计与传统设计的区别主要表现在哪些方面？

1-8 有一半径为 $r_1$ 的圆柱体分别与一平面及半径为 $r_2$ 的圆柱孔接触，假定接触物体的材料均为钢，单位接触线长度上的载荷 $F_u$ 相等，试判断哪一种接触情况下的接触应力较大？

[提示：当两圆柱体材料皆为钢时，$\mu = 0.3$，则 $\sigma_H = 0.418\sqrt{F_u E / \rho}$。]

1-9 已知某零件在对称循环应力下工作，$\sigma_{\max} = 350 \text{N/mm}^2$，$m = 9$，$N_0 = 5 \times 10^6$ 时的 $\sigma_{-1} = 300 \text{N/mm}^2$，该零件的工作年限为 2 年，每年工作 100 天，每天工作 5h，每分钟应力循环 16 次。试计算该零件工作时的安全系数为多大？

1-10 已知一种零件的工作应力为正态分布，其均值 $\bar{\sigma}_w = 480 \text{N/mm}^2$，标准离差 $S_w = 50 \text{N/mm}^2$；材料强度极限亦为正态分布，在正常制造工艺和工作温度范围时，强度极限的均值 $\bar{\sigma}_{\lim} = 720 \text{N/mm}^2$，标准离差 $S_{\lim} = 70 \text{N/mm}^2$。试①求平均安全系数 $S$；②计算可靠度 $R_t$ 和累积失效概率 $F_t$；③当由于不良的热处理工艺和工作温度变化引起材料的标准离差增大到 $S_{\lim} = 100 \text{N/mm}^2$ 时，求零件的可靠度 $R_t$ 和累积失效概率 $F_t$。

# 第二章　工程材料和热处理

## 第一节　概　　述

在精密机械中应用的材料，按用途的不同，可分为结构材料和功能材料两大类。结构材料通常是指工程上要求强度、韧性、塑性、硬度、耐磨性等力学性能的材料。功能材料是指具有电、光、声、热、磁等功能和效应的材料。按材料结合键的特点及性质，一般可分为金属材料、无机非金属材料和有机材料三大类。

金属材料是精密机械中最常用的材料，可分为黑色金属材料和有色金属材料。黑色金属材料是铁基金属合金，包括碳钢、铸铁及各种合金钢。其余的金属材料都属于有色金属材料。

无机非金属材料是指金属和有机物之外的几乎所有材料，作为结构材料，陶瓷是目前发展最快的无机非金属材料，陶瓷包括硅酸盐材料（玻璃、水泥、耐火材料、陶器和瓷器）及氧化物类材料，按其性能可分为高强度陶瓷、高温陶瓷、高韧性陶瓷、光学陶瓷和耐酸陶瓷等。

有机材料包括塑料、橡胶和合成纤维等。这类材料具有较高的强度，良好的塑性，耐腐蚀性，绝缘性和密度小等优良性能，是发展很快的新型材料。

无机非金属材料和有机材料，又可统称为非金属材料。

在精密机械设计中，如何正确选择所需材料是至关重要的，本章将重点介绍常用工程材料和热处理方面的有关基础知识。

## 第二节　金属材料的力学性能

### 一、应力极限

由静拉伸试验所得的应力极限，是静应力条件下强度计算时确定许用应力的依据。图 2-1 为低碳钢的应力—应变曲线。

1. 比例极限 $\sigma_P$　应力与应变成正比（$Oa$ 段）的最大应力称为比例极限。在这一区段加载后卸载，仍沿 $Oa$ 回至 $O$ 点，无残余变形，即材料处于弹性阶段。

2. 屈服极限 $\sigma_S$　继续加载，曲线 $ab$ 出现微小波动，应力几乎不变而应变增加，称为屈服阶段，屈服阶段的最低应力即为屈服极限。卸载时，沿 $be$ 线回至 $e$ 点，$Oe$ 即

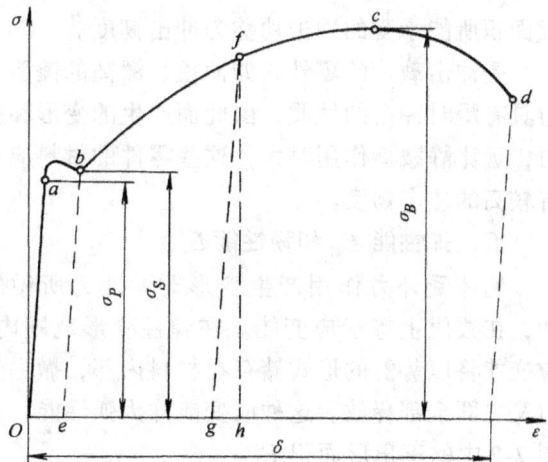

图 2-1　低碳钢的应力—应变曲线

残余变形。没有明显屈服现象的塑性材料，通常以永久塑性变形量为 0.2% 时的应力值定为屈服极限，用 $\sigma_{0.2}$ 表示。

3. 强度极限 $\sigma_B$　材料在断裂前的最大应力称为强度极限（图 2-1 的 $c$ 点）。对于普通结构钢，$\sigma_S/\sigma_B \approx 0.6$；对于调质钢和渗碳钢，$\sigma_S/\sigma_B \approx 0.7$。

若应力超过屈服极限（如 $f$ 点），卸载时将沿与 $Oa$ 平行的 $fg$ 直线下降，$Og$ 为永久塑性变形，$gh$ 为弹性变形。再次加载时，$\sigma - \varepsilon$ 曲线则变为 $gfcd$，相当于提高了屈服极限。这种在常温下经过塑性变形使材料强度提高、塑性降低的现象，称为冷作硬化。在精密机械中，常利用冷作硬化来提高零件的强度。冷拔、冷挤压、冷镦、冷轧等也都能得到冷作硬化的效果。经过冷作硬化的零件，其强度和硬度均能得到提高，但韧性则有所降低。

在变应力下的零件强度计算应以材料的疲劳极限 $\sigma_r$ 为依据，详见第一章。

**二、弹性模量 $E$**

在比例极限范围内，应力 $\sigma$ 与应变 $\varepsilon$ 成正比，比例常数 $E$（$=\sigma/\varepsilon$）即为弹性模量（剪切时为切变模量 $G$）。弹性模量的大小反映了材料抵抗变形的能力，因此是衡量材料刚度的性能指标。应当指出，不同钢种的弹性模量相差甚微，若为了提高刚度而采用合金钢，那将是无效的。

**三、延展性**

延展性是衡量材料塑性性能的指标，它包括伸长率和断面收缩率两项。

1. 伸长率 $\delta$　试件拉断后，标距内的伸长量与标距原长之比的百分率称为伸长率。$\delta > 5\%$ 者为塑性材料，$\delta < 5\%$ 者为脆性材料。试件长度为直径 5 倍者，记作 $\delta_5$；10 倍者记作 $\delta_{10}$。

2. 断面收缩率 $\psi$　试件拉断后，断裂处面积的缩小量与原面积之比的百分率称为断面收缩率。

伸长率或断面收缩率愈大，材料的塑性愈高。需要进行压力加工的零件，应选用塑性高的材料，以免加工时开裂。

**四、冲击韧度 $a_K$**

冲击韧度是衡量材料承受冲击载荷能力的性能指标。在有缺口的试件上，缺口底部单位截面积所能承受的冲击功称为冲击韧度。

受冲击载荷的零件（如冲模、锻锤的锤头、冲床的冲头、发动机的活塞杆等），由于外力具有瞬时冲击的性质，由此而产生的变形和应力，远比静载荷作用时大，这些零件的材料应具有较高的冲击韧度。

**五、弹性能 $E_e$ 和韧性能 $E_t$**

物体受外力作用产生变形时，外力所做的功，在数值上等于应变能。在弹性变形范围内，应变能将以势能的形式储存在材料内部，撤去外力又立即全部释放。这种应变能称为弹性能，见图 2-2 中的三角形面积 $E_e$。

若应力超过比例极限，材料就要产生永久变

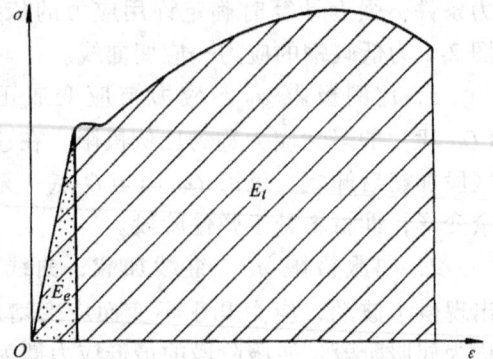

图 2-2　材料的最大弹性能和最大韧性能

形，应变能的大部分将消耗在材料的塑性变形上，并以热的形式散失。材料在断裂前所能吸收的能量称为韧性能，见图 2-2 中的面积 $E_t$。

用以储存能量的弹性元件，要求用弹性能大的材料制造；用以承受冲击载荷的零件，要求用韧性能大的材料制造。铸铁等脆性材料所能吸收的弹性能和韧性能均很低，故不能用于制造弹性元件和承受冲击载荷的零件。

**六、硬度**

硬度表示材料表面在一个小体积范围内抵抗弹性变形、塑性变形或破裂的能力。一般地说，材料硬度愈高，强度（包括接触强度）和耐磨性亦愈高；但塑性愈低。常用的硬度指标有：布氏硬度（HBS）、洛氏硬度（HRC——洛氏 C 标度硬度）和维氏硬度（HV）。

硬度的试验方法和技术条件，在国家标准中均有明确的规定。上述各种硬度指标，则是根据试验时载荷、压头和表示方法的不同而设定的，各种硬度值之间可以相互折算。HRC、HV 与 HBS 硬度值折算曲线见第八章。

硬度试验是力学性能试验中最简单易行的一种试验方法。为了能用硬度试验代替某些力学性能试验，生产上需要一个比较准确的硬度与强度的换算关系。实践证明，金属材料的硬度值与强度极限之间具有近似的相应关系，参考文献［7］中，列有常用金属材料的硬度与强度之间换算对照表。应当指出，对照表中的数据，都是对同类材料，在相同状态下和一定硬度范围内进行试验，并经过分析比较而归纳起来的，有一定的实用价值，但要求数据精确时，仍需通过试验测得。

金属材料在加工和使用过程中，其力学性能将受多种因素的影响，今以钢材为例，主要有：

（1）含碳量的影响　钢的含碳量愈高，材料的强度和硬度愈高，但塑性将显著降低，其切削性、锻造性、焊接性、导电性和导热性等亦随之降低。

（2）合金元素的影响　钢中加入某些合金元素，可以提高和改善其综合力学性能，并获得某些特殊的物理和化学性能。例如铬能与碳形成碳化铬，可提高钢的硬度、耐磨性、冲击韧性和淬透性；锰能提高钢的强度和淬透性；镍能与铬一起使钢获得高强度、耐热、耐蚀；钨能提高钢的硬度和韧性，是制造高速钢和耐热工具钢时不可缺少的合金元素。

（3）温度的影响　绝大多数钢在低温条件下强度有所增加，而塑性和冲击韧性则有所下降。一般而言，高温下强度和硬度均随温度的升高而降低，塑性则增高。

（4）热处理工艺的影响　不同的热处理工艺，将会使钢的强度、硬度、塑性、韧性等力学性能产生程度不同的变化。主要热处理工艺应用详见第四节。

# 第三节　常用的工程材料

精密机械中常用的工程材料有黑色金属、有色金属、非金属材料和复合材料等。

**一、黑色金属**

1. 碳钢与合金钢　碳钢按其含碳量的不同，分为低碳钢、中碳钢和高碳钢。合金钢是冶炼时人为地在钢中加入一些合金元素，如锰（Mn）、硅（Si）、铬（Cr）、镍（Ni）、钼（Mo）、钨（W）、钒（V）、钛（Ti）、铌（Nb）、锆（Zr）、稀土元素（RE）等，以提高钢的力学性能、工艺性能或物理性能、化学性能。根据加入合金元素总量的不同，合金钢可分为低合金钢、中合金钢和高合金钢。

碳钢的价格低廉、便于获得，容易加工，碳钢通过含碳量的增减和不同的热处理，它的性能可以得到改善，能满足一般生产上的要求。因此，对于受力不大，基本上承受静载荷的零件，均可选用碳素结构钢；当零件受力较大，承受变应力或冲击载荷时，可选用优质碳素结构钢。由于碳钢存在着淬透性低，且不能满足一些特殊的性能要求，如耐热、耐低温（低温下有高韧性）、耐腐蚀、高耐磨性等，而限制了它的使用。当零件受力较大，承受变应力，工作情况复杂，热处理要求较高时，可选用合金钢。

2. 铸钢　铸钢与锻钢的力学性能大体相近，与灰铸铁相比，其减振性差、弹性模量、伸长率、熔点均较高，铸造性能差（铸造收缩率大，容易形成气孔）。铸钢主要用于制造承受重载、形状复杂的大型零件。

3. 灰铸铁　灰铸铁中的碳大部分或全部是以自由状态的片状石墨形式存在，断口呈灰色，故称灰铸铁。灰铸铁成本低，铸造性好，可制成形状复杂的零件，且具有良好的减振性能。灰铸铁本身的抗压强度高于抗拉强度，故适用于制造在受压状态下工作的零件。但灰铸铁的脆性很大，不宜承受冲击载荷。

4. 球墨铸铁　球墨铸铁中的碳是以球状石墨形式存在，具有较高的延展性和耐磨性。球墨铸铁的强度比灰铸铁高，接近于碳素结构钢，而减振性优于钢，因此多用于制造受冲击载荷的零件。

### 二、有色金属

有色金属及其合金具有许多可贵的特性，如减摩性、耐蚀性、耐热性、导电性等。在精密机械中多做为耐磨、减摩、耐蚀或装饰材料来使用。

1. 铜合金　铜具有良好的导电性、导热性、耐蚀性和延展性。常用的铜合金有黄铜、青铜等。黄铜是铜与锌的合金，青铜是合金中加入的主要元素为锡、铅等。黄铜可铸造也可锻造，有良好机械加工性能。含锡量小于8%的锡青铜适用于压力加工，含锡量超过10%的锡青铜适于铸造。当青铜中不含锡而含铝、铍、锰等其他元素，可改善铜合金的力学性能和耐蚀、耐磨性能，如铝青铜的强度比黄铜和锡青铜都高，且价格便宜，常用来制造承受重载、耐磨的零件。铍青铜经淬火和人工时效处理后，强度、硬度、弹性极限和疲劳极限均能有较大的提高，具有良好的耐蚀性、导电和导热性和无磁性，是制造某些弹性元件的极好材料，但它的成本较高，非重要零件不宜采用。

2. 铝合金　铝的密度小（约为钢的1/3），熔点低，导热、导电性良好，塑性高，纯铝的强度低。铝合金不耐磨，可用镀铬的方法提高其耐磨能力。铝合金的切削性能好，但铸造性能差。铝合金不产生电火花，故可用作贮存易燃、易爆物料的容器比较理想。

3. 钛合金　钛和钛合金的密度小，高、低温性能好，并具有良好的耐蚀性，故在航空、造船、化工等工业中得到了广泛应用。

### 三、非金属材料

在精密机械和仪器仪表中，除了大量应用各种金属材料外，还经常使用各种非金属材料，如工程塑料、橡胶、人工合成矿物等。

1. 工程塑料　工程塑料是以天然树脂或人造树脂为基础，加入填充剂、增塑剂、润滑剂等而制成的高分子有机物。其突出的优点是密度小、质量轻，耐腐蚀性能好，容易加工，可用注塑、挤压成型的方法制成各种形状复杂，尺寸精确的零件。

工程塑料按其成型工艺的特点，可分为热塑性塑料和热固性塑料。热塑性塑料在加工成型中经过三个步骤，即：加热塑化（使塑变为粘状液体）；流动成型（即在压力下注入模具中）；冷却固化为制成品。上述过程可反复进行。热固性塑料，则在加热加压过程中发生化学反应而固化，这种成型的固化反应是不可逆的，故已固化的塑料是不能重复使用的。

常用的热塑性塑料有：聚酰胺（尼龙）、聚甲醛、聚碳酸脂、氯化聚醚、有机玻璃和聚砜等。热固性塑料有酚醛塑料、氨基塑料等。

塑料品种繁多，而且不断出现新的品种，如可满足某些特殊要求而具有特殊性能的塑料——医用塑料等。

为了提高塑料零件的机械强度和耐磨、耐油性能、防止老化和静电聚集，还可在塑料表面电镀及涂覆。

2. 橡胶　橡胶除具有较大的弹性和良好的绝缘性之外，尚有耐磨损，耐化学腐蚀、耐放射性等性能。

3. 人工合成矿物　使用较多的人工合成矿物有刚玉和石英。刚玉俗称宝石，它的成分是三氧化二铝（$Al_2O_3$），硬度仅次于钻石。纯的宝石是无色，但由于杂质的渗入会具有红、蓝、黑、褐等不同颜色。天然宝石十分珍贵，大多用作装饰品，而工业用宝石大多采用人工合成制品，而且已能大量生产。渗入氧化铬和二氧化钛的宝石是红宝石，渗入氧化钛和氧化铁的宝石是蓝宝石。目前，我国仪器仪表和钟表行业一般多使用红宝石来制造微型轴承，如一些电表、航空仪表、某些百分表和钟表等中的宝石轴承。由于宝石的弹性模量、硬度都很高，宝石轴承的孔可以加工得十分光洁，它与钢制轴颈之间的摩擦系数很小，这样可使其在工作中摩擦损耗极小，从而可长期保持仪器仪表的原始精度，并提高了使用寿命。此外，许用纪录仪也采用了有毛细管的红宝石作纪录笔尖，因红宝石十分耐磨，因而笔尖不会在短期内磨损而始终保持光滑耐用。宝石轴承已有了国家标准，使用时可查阅参考文献[19]。

石英是一种透明的晶体，有天然与人工合成的两种。现多用人工合成的石英晶体，成份为二氧化硅，是一种六棱柱形多面体，两端呈角锥形。石英晶体是一个各向异性体，具有压电效应。如果将石英晶体按要求制成一定规格的石英晶片，则它具有固定的振动频率，当晶片的固有频率与外加电场的交电频率相同时，晶片会产生谐振，利用这个特性，可制成石英振荡器。目前，电子钟、电子表以及各种频率计中的晶体振荡器，都是由石英晶体制成的。此外，石英还是多种新型压力、力传感器的优良材料。

### 四、复合材料

复合材料是由两种或两种以上性质不同的金属材料或非金属材料，按设计要求进行定向处理或复合而得的一种新型材料。复合材料有纤维复合材料、层选复合材料、颗粒复合材料、骨架复合材料等。工业中用的较多的是纤维复合材料，这种材料主要用于制造薄壁压力容器。再如，在碳素结构钢板表面贴覆塑料或不锈钢，可以得到强度高而耐蚀性能好的塑料复合钢板或金属复合钢板。目前，复合材料除已普遍用于各种容器外，在汽车、航空航天工业也已被采用。随着科学技术的发展，复合材料的应用将日趋广泛。

关于各种材料的力学性能、产品规格等，可参阅工程材料手册和文献[19]。常用材料的应用举例见表2-1。

表 2-1　常用材料的应用举例

| 材 料 类 别 | | 应 用 举 例 或 说 明 |
|---|---|---|
| 碳素钢 | 低碳钢（$w_C \leqslant 0.25\%$） | 铆钉、螺钉、连杆、渗碳零件等 |
| | 中碳钢（$w_C > 0.25\% \sim 0.60\%$） | 齿轮、轴、蜗杆、丝杠、联接件等 |
| | 高碳钢（$w_C > 0.60\%$） | 弹簧、工具、模具等 |
| 合金钢 | 低合金钢（合金元素总含量（质量分数）小于等于 5%） | 较重要的钢结构和构件、渗碳零件、压力容器等 |
| | 中合金钢（合金元素总含量（质量分数）大于 5% ~ 10%） | 飞机构件、热镦锻模具、冲头等 |
| | 高合金钢（合金元素总含量（质量分数）大于 10%） | 航空工业蜂窝结构、液体火箭壳体、核动力装置、弹簧等 |
| 一般铸钢 | 普通碳素铸钢 | 机座、箱壳、阀体、曲轴、大齿轮、棘轮等 |
| | 低合金铸钢 | 容器、水轮机叶片、水压机工作缸、齿轮、曲轴等 |
| 特殊用途铸钢 | | 分别用于耐蚀、耐热、无磁、电工零件、水轮机叶片、模具等 |
| 灰铸铁 | 低牌号（HT100、HT150） | 对机械性能无一定要求的零件，如盖、底座、手轮、机床床身等 |
| | 高牌号（HT200 ~ HT350） | 承受中等静载的零件，如机身、底座、泵壳、法兰、齿轮、联轴器、飞轮、带轮等 |
| 球墨铸铁 | （QT400-18 ~ QT900-2） | 要求强度和耐磨性较高的零件，如曲轴、凸轮轴、齿轮、活塞环、轴套、犁刀等 |
| 特殊性能铸铁 | | 分别用于耐热、耐蚀、耐磨等场合 |
| 铜 合 金 | 铸造铜合金　铸造黄铜（ZCu） | 分别用于轴瓦、衬套、阀体、船舶零件、耐蚀零件、管接头等 |
| | 铸造青铜（ZCu） | 分别用于轴瓦、蜗轮、丝杠螺母、叶轮、管配件等 |
| | 变形铜合金　黄铜（H） | 分别用于管、销、铆钉、螺母、垫圈、小弹簧、电气零件、耐蚀零件、减摩零件等 |
| | 青铜（Q） | 分别用于弹簧、轴瓦、蜗轮、螺母、耐磨零件等 |
| 轴承合金（巴氏合金） | 锡基轴承合金（ZSnSb） | 用于轴承衬，其摩擦系数低，减摩性、抗烧伤性、磨合性、耐蚀性、韧性、导热性均良好 |
| | 铅基轴承合金（ZPbSb） | 强度、韧性和耐蚀性稍差，但价格较低，其余性能同 ZSnSb |
| 塑 料 | 热塑性塑料（如聚乙烯、有机玻璃、尼龙等）热固性塑料（如酚醛塑料、氨基塑料等） | 用于一般结构零件、减摩和耐磨零件、传动件、耐腐蚀件、绝缘件、密封件、透明件等 |
| 橡 胶 | 普通橡胶特种橡胶 | 用于密封件、减振件、防振件、传动带、运输带和软管、绝缘材料、轮胎、胶辊、化工衬里等 |

# 第四节　钢的热处理

钢的热处理是通过加热、保温、冷却的操作方法，使钢的组织结构发生变化，以获得所需性能的一种工艺方法。

热处理工艺与一般铸造、锻造和机械加工工艺不同。铸、锻造和机械加工是为了获得一定形状、一定尺寸精度的零件；而零件在热处理前后，形状和尺寸几乎无多大变化，但其内部结构却发生了质的变化，这种变化对零件的内在质量和使用性能影响颇大。因此，热处理工艺在精密机械中被广泛采用，一些重要零件如齿轮、主轴、弹簧，以及刀具、模具和量具等，在加工过程中都需经过热处理，才能使用。

除钢以外，铸铁和某些铜合金、铝合金也能通过热处理改变其力学性能。

根据加热、保温、冷却条件的不同和对钢的性能的要求不同，钢的热处理有下述一些主要类型。

## 一、普通热处理

1. 退火　将钢加热到稍高于临界温度，并在该温度下保持一定时间，然后随炉缓慢冷却。退火的目的是软化钢件，以便进行切削加工；细化晶粒，改善组织以提高钢的力学性能；消除残余应力，以防止钢件的变形、开裂。

铸件、锻件、焊接件、热轧件、冷拉件等在制造过程中，将聚集有残余应力。如果这些应力不予消除，会引起钢件在一定时间以后，或在随后的切削加工中产生变形或裂纹。

如果仅是为消除钢件中的残余应力，可进行低温退火。其操作过程是：将钢件随炉缓缓加热（$100 \sim 150℃/h$）至 $500 \sim 650℃$，经一段时间保温后，随炉缓慢冷却（$50 \sim 100℃/h$）至 $300 \sim 200℃$ 以下出炉。钢件在低温退火过程中并无组织变化，残余应力主要是通过在 $500 \sim 650℃$ 保温后的缓冷过程消除的。

2. 正火　加热温度和保温时间与退火相似，不同的是正火在空气中冷却，冷却速度大于退火时的冷却速度，故可获得比退火后的组织更细些，从而得到较高的力学性能（硬度和强度均比退火后高）。正火的目的是用于普通结构零件的最终热处理（不再进行淬火和回火；用于低、中碳素结构钢的预热处理，以获得合适的硬度，便于后续的切削加工。

3. 淬火　将钢加热到临界温度以上的某一温度，经保温后投入水、盐水或油中迅速冷却。淬火的目的是提高零件的硬度和耐磨性。

普通淬火处理是将整个零件，按上述淬火过程进行淬火。这种热处理方式亦称整体淬火。整体淬火后的零件会有较大的内应力，因此淬火后必须进行回火。

4. 回火　将淬火以后的零件，重新加热到临界温度以下的某一温度，保持一段时间，然后在空气或油中冷却。回火的目的是消除淬火时因冷却过快而产生的内应力，以降低钢的脆性，使其具有一定的韧性。因而回火不是独立的工序，它是淬火后必定要进行的工序。

根据加热温度不同，回火可分为：

低温回火：加热温度为 $150 \sim 250℃$，目的是在保持高硬度的前提下降低淬火应力和脆性，用于需要高硬度（$59 \sim 62$HRC）的工具和受强烈摩擦的零件，如切削工具、模具和滚动轴承等。

中温回火：加热温度为 $300 \sim 450℃$，目的是消除淬火后的内应力，获得较高的弹性、一定的硬度和韧性，用于需要一定的硬度（35~45HRC）、好的弹性和一定韧性的零件，如弹簧、热压模具等零件。

高温回火：加热温度为 500~650℃，目的是消除淬火后的内应力，获得较高的韧性和塑性，但硬度较低（200~350HBS）。通常把淬火后经高温回火的热处理过程称为"调质处理"。一些重要的零件，如主轴、连杆、丝杠、齿轮等均需调质处理。调质处理还可使零件切削加工性能获得改善。

除了上述三种常用的回火方法外，某些高合金钢还在 640~680℃进行软化回火。某些量具等精密工件，为了保持淬火后的高硬度及尺寸稳定性，有时需在 100~150℃进行长时间的加热（10~50h），这种低温长时间的回火称为尺寸稳定处理或时效处理。人工时效一般在油浴炉中进行，这样可使零件加热均匀又不致造成氧化。

某些零件淬火后须进行冷处理，方法是把淬冷至室温的零件继续放入到 -70~-80℃（也可冷至更低的温度）的冷槽中冷冻，保持一段时间。获得低温的办法是采用干冰（固态 $CO_2$）和酒精的混合剂或冷冻机冷却。采用此法时必须防止产生裂纹，故可考虑先回火一次，然后冷处理，冷处理后再进行回火。冷处理的目的是使零件尺寸稳定，提高硬度、耐磨性和寿命。

## 二、表面热处理

1. 表面淬火　表面淬火主要是通过快速加热与立即淬火冷却相结合的方法来实现的。即利用快速加热使钢件表面很快地达到淬火的温度，而不等热量传至中心，即迅速予以冷却，如此便可以只使表层被淬硬，而中心仍留有原来塑性和韧性较好的退火、正火或调质状态的组织。实践证明，表面淬火用钢的含碳量以 0.40%~0.50% 为宜。如果含碳量过高，则会增加淬硬层的脆性，降低心部的塑性和韧性，并增加淬火开裂的倾向。相反，如果含碳量过低，则会降低表面淬硬层的硬度和耐磨性。

根据加热的方法不同，表面淬心主要有：感应加热（高频、中频、工频）表面淬火，火焰加热表面淬火，电接触加热表面淬火，以及电解液加热表面淬火等。工业中应用最多的为感应加热表面淬火。

感应加热表面淬火目前已有专用设备。感应电流透入工件表层的深度主要取决于电流频率，频率愈高，电流透入深度愈浅，即淬透层愈薄。因此，可选用不同频率来达到不同要求的淬硬层深度。

生产中一般可根据工件尺寸大小和所需淬硬层的深度来选用感应加热的频率，见表 2-2。

**表 2-2　感应加热方式的适用范围**

| 加热方式 | 淬硬层深度/mm | 适用范围 |
| --- | --- | --- |
| 高频加热<br>（电流频率 100~500kHz，<br>常用为 200~300kHz） | 0.5~2.5 | 中小型零件加热，如中小模数齿轮，中小型圆柱零件 |
| 中频加热<br>（电流频率 500~10000Hz，<br>常用为 2500~8000Hz） | 2~10 | 直径较大的轴类零件，大中等模数齿轮 |
| 工频加热<br>（电流频率 50Hz） | 10~20 | $\phi300mm$ 以上大型零件 |

感应加热表面淬火的工件表面不易氧化和脱碳，变形小，淬硬层易于控制，淬火操作容易实现机械化和自动化，生产率高。因此，感应加热表面淬火在工业上获得日益广泛的应用，对于大批量的流水生产极为有利。但设备较贵，维修、调整比较困难，形状复杂的零件不宜用此法进行淬火，感应器难以制造。

表面淬火适用于要求表面硬度高、内部韧性大的零件，如齿轮、蜗杆、丝杠、轴颈等。

2．化学热处理　化学热处理是将工件置于一定介质中加热和保温，使介质中的活性原子渗入工件表层，以改变表层的化学成分和组织，从而使工件表面具有某种特殊的力学或物理、化学性能的一种热处理工艺。与表面淬火相比，不同之处在于：表面层不仅有组织的变化，而且有成分的变化。

化学热处理工艺较多，如渗碳、氮化、碳氮共渗等，渗入的元素不同，会使工件表面所具有性能也不同。

（1）渗碳　渗碳是向钢件表面层渗入碳原子的过程。其目的是使工件在热处理后表面具有高硬度和耐磨性，而心部仍保持一定强度以及较高的韧性和塑性。

按照采用的渗碳剂不同，渗碳法可分为气体渗碳、固体渗碳、液体渗碳三种。其中气体渗碳法生产率高，劳动条件好，渗碳质量容易控制，并易于实现机械化和自动化，故在当前工业生产中得到广泛的应用。

气体渗碳法是将工件置于密封的加热炉（如井式气体渗碳炉）中，通入气体渗碳剂，在900～950℃加热、保温，使活性碳原子渗入表面层。

渗碳主要用于低碳钢、低碳合金钢的工件。对于某些齿轮、轴、活塞销、万向联轴器等要求表面层的硬度、耐磨性、疲劳强度和心部的韧性和塑性都很高的重载零件，渗碳后尚需进行淬火和低温回火。

（2）氮化　氮化是向钢件表面层渗入氮原子的过程。其目的是提高表面层的硬度和耐磨性，并提高疲劳强度和抗腐蚀性。

目前，应用最为广泛的是气体氮化法。它是利用氨气加热时分解出活性氮原子，被钢吸收后在其表面形成氮化层，并向心部扩散。氨的分解从200℃以上开始，同时铁素体对氮有一定的溶解能力，所以气体氮化一般在500～570℃下进行。结束后随炉降温到200℃以下，停气出炉。

氮化通常利用专门设备或井式渗碳炉内进行。氮化前须将调质后的零件除油净化，入炉后应先用氨气排除炉内空气。

氮化能获得比渗碳淬火更高的表面硬度、耐磨性、热硬性、疲劳强度和抗腐蚀性能。氮化后不再淬火，变形小。氮化主要用于硬度和耐磨性高，以及不易磨削的精密零件，如齿轮（尤其是内齿轮）、主轴、镗杆、精密丝杠、量具、模具等。

（3）碳氮共渗（氰化）　碳氮共渗是向钢的表层同时渗入碳和氮的过程，习惯上又称为氰化。目前以中温（700～800℃）气体碳氮共渗和低温（＜570℃）气体碳氮共渗（即气体软氮化）应用较为广泛。

中温气体碳氮共渗与渗碳比较有很多优点，不仅加热温度低，零件变形小，生产周期短，而且渗层具有较高的耐磨性、疲劳强度和一定的抗腐蚀能力。不足之处在于中温气体碳氮共渗工艺较难控制，处理后工件表层易出现孔洞和黑色组织，且较脆等，尚待进一步研究解决。

气体软氮化是一种较新的化学热处理工艺。与一般气体氮化相比，不仅处理时间可显著缩短，且零件变形很小，处理前后零件精度无显著变化。除具有较高的耐磨、耐疲劳、抗擦伤等性能外，软氮化还有一个突出的优点，就是氮化层不但很硬，而且有一定的韧性，不易发生剥落现象。

气体软氮化处理不受钢种的限制，它适用于碳素钢、合金钢、铸铁以及粉墨冶金材料等。现已普遍用于模具、量具以及各种耐磨零件的处理，效果良好。不足之处在于氮化表层中铁氮化合物的层厚比较薄，仅 0.01 ~ 0.02mm；其热分解气体中具有一定毒性，尚需研究解决。

## 第五节　表面精饰

表面精饰是指在金属零件的表面附上一层覆盖层，以达到防蚀、装饰等目的。通常可分为电镀、化学处理和涂漆等三种。

### 一、电镀

1. 镀铬　适用于钢、铜及铜合金、铝及铝合金。镀铬层的化学稳定性高，外观颜色好，在潮湿大气中颜色不变，有较高的硬度和耐磨性。镀铬层抛光后反射率较高。由于铬的深度能力和扩散性差，因此不适于镀复杂零件。

2. 镀镍　镍在大气中十分稳定、对碱、弱酸和各种盐类均有较高的抵抗能力，并有良好的导电性。镍有磁性，不适宜镀防磁零件。

镀镍适用于钢、铜合金和铝合金。镍镀层可作镀铬层的底层和导电零件和弹性元件的保护层。

3. 镀镉　适用于钢、铜合金和铝合金。镀镉层对碱和稀硫酸的化学稳定性好。主要用于仪器直接受海水作用和饱含海水蒸气的大气条件下的零件。

4. 镀锌　适用于钢、铜合金和铝合金。锌镀层属于阳极镀层，对钢质零件起电化学保护作用，在潮湿大气及含工业废气的环境中，锌比镉防腐能力强。锌镀层有中等硬度，但耐磨性较低。

5. 镀银　适用于铜合金零件，具有良好的化学稳定性和导电性，反射率可达 90% 以上。但氯气、硫化物与银作用可使其变黑，不宜镀于直接与橡胶接触的零件。

### 二、化学处理

金属零件表面的化学处理方法主要是氧化和磷化。氧化是在零件表面上形成氧化膜，磷化是在零件表面上生成一层在大气中较稳定的磷酸盐膜。常用类型有：

1. 黑色金属的氧化与磷化　黑色金属的氧化膜较薄，厚度约 $1.5\mu m$，不影响零件的尺寸精度，但保护能力差，适用于仪器内部的零件。黑色磷化膜层结晶细，色泽均匀，呈黑灰色，厚度约 $2 \sim 4\mu m$，不影响尺寸精度，膜层与基体结合牢，耐磨性强，保护能力强。氧化-磷化处理可用于精密铸件上，经钝化和浸油处理，可提高其防腐能力。

2. 铝及铝合金的阳极氧化　用于保护和装饰性覆盖层。在大气条件下极为稳定，与基体金属结合牢固，耐热性好、膜层较硬、耐磨，是涂漆的良好底层。经钝化处理后，可提高化学稳定性。不能用于镶有钢、铜及铜合金的铝及铝合金零件上。

3. 铜及铜合金氧化　膜层为黑色，与基体金属结合牢固，但耐磨性、防腐能力不强，在大气条件容易变色。黄铜用氨液氧化后能获得良好的氧化膜层，但膜层薄、稳定性差，但表面不易附着灰尘，适用于与光学零件接触的零件及形状复杂零件。电解氧化的膜层较厚，稳定性强，但易附着灰尘，故不宜用于与光学零件接触的零件。

**三、涂漆**

涂漆是在金属制品的表面上涂以清漆或磁漆的薄膜，使制品表面与外界环境中的有害物质隔开，对制品起着保护和装饰作用。也有的是起到消光作用或绝缘作用。

# 第六节　材料的选用原则

在精密机械设计中，合理地选用材料是一个重要的环节。因同一零件如采用不同的材料来制造，则零件的尺寸、结构、加工方法等都会有所不同。因此，正确选用零件的材料，对保证和提高产品的性能和质量，降低成本，有着十分重要意义。

选择材料时，应主要考虑：使用要求、工艺要求和经济要求。

**一、使用要求**

使用要求一般包括：①零件所受载荷和应力的大小、性质和分布情况；②对零件尺寸和质量的限制；③工作状况（如零件所处的环境介质、工作温度、摩擦性质等）。

按使用要求选用材料的一般原则是：

1）若零件的尺寸取决于强度，且尺寸和质量又受到某些限制时，应选用强度较高的材料。

2）若零件的尺寸取决于刚度，则应选用弹性模量较大的材料。碳素结构钢和合金结构钢的弹性模量相差甚小，为提高刚度而选用后者是没有意义的。当截面积相同，改变零件形状能得到较大的刚度，如某些空心轴结构的应用。

3）若零件的尺寸取决于接触强度，应选用可以进行表面强化处理的材料，如调质钢、渗碳钢、渗氮钢等。

4）滑动摩擦下工作的零件，为减小阻力应选用减摩性能好的材料。在高温下工作的零件，应选用耐热材料。在腐蚀介质中工作的零件应选用耐腐蚀材料等。

由于通过热处理可以有效的提高和改善金属材料的性能，因此，在选用材料时，应同时考虑采用何种热处理工艺，以充分发挥材料的潜力。

**二、工艺要求**

各种材料具有不同的加工性能，选用材料时必须要考虑零件加工的工艺方法、生产条件和毛坯的制取方法等。形状复杂、尺寸较大的零件难以锻造。如果采用铸造，也必须考虑材料的铸造性能，在结构上也必须要符合铸造要求。对于锻件，也要视批量大小而决定采用模锻或自由锻。

对于尺寸较小的齿轮坯、蜗杆、轴类等旋转体零件，可采用钢、铜合金、铝合金棒料，直接进行机械加工。对于形状简单、薄壁、高度或深度小的零件，如生产批量较大时，可考虑采用低碳钢、铜、铝等塑性好的材料，由压力加工成形。

在自动机床上进行大批量生产的零件，应考虑材料的切削性能要好（易断屑、刀具磨损小、表面光滑等）。

选择材料时，还必须考虑材料的热处理工艺性能（淬透性、淬硬性、变形开裂倾向性、回火脆性等）。

### 三、经济要求

选择材料时，必须考虑到生产的经济性和材料的相对价格，不应片面选用优质材料。在满足使用要求和工艺要求前提下，应尽可能选用普通材料和价格低廉的材料，以降低生产成本。

对于加工批量大的小型零件，加工费用在总成本中占有很大比重，影响经济效益的主要是零件的加工费。此时，应考虑材料的加工性和零件的结构工艺性。

零件的不同部位有时对材料有不同的要求，要想使用一种材料来满足不同的要求，往往难于实现。设计者可根据局部品质的原则，在不同的部位上采用不同的材料或采用不同的热处理工艺，使各部位的要求得到满足。如滑动摩擦支承中，只有与轴颈接触的表面处要求减摩性，此时可在轴套或轴瓦的内表面（与轴颈相接触的表面）上，浇铸上减摩性好的轴承合金，而不必将整个轴套或轴瓦都用减摩材料制造。局部品质也可以用渗碳、表面淬火、表面喷镀和表面碾压等方法获得。

### 思考题及习题

2-1 表征金属材料的力学性能时，主要有哪几项指标？

2-2 金属材料在加工和使用过程中，影响其力学性能的主要因素是什么？

2-3 常用的硬度指标共有哪些？

2-4 列出低碳钢、中碳钢、高碳钢的含碳量范围是多少？

2-5 什么是合金钢？钢中含有合金元素 Mn、Cr、Ni、Ti，对钢的性能有何影响？

2-6 有色金属共分几大类？具有哪些主要特性？

2-7 工程塑料突出的优点是什么？

2-8 常用的热处理工艺有哪些类型？

2-9 钢的调质处理工艺过程是什么？其主要目的是什么？

2-10 镀铬和镀镍的目的是什么？

2-11 选择材料时，应满足哪些基本要求？

# 第三章 零件的几何精度

## 第一节 概 述

零件的几何参数，包括尺寸、形状及位置参数等等。加工后，零件的实际几何参数对其理想参数的变动量，称为加工误差；而实际几何参数近似于理想几何参数的程度，称为几何精度，因此，零件的加工误差愈小，则其几何精度愈高。

零件的加工误差，按其几何特征的不同可分为如下三类：

1. 尺寸误差 尺寸误差是加工后零件的实际尺寸与理想尺寸之差。如轴类零件的直径及长度尺寸的误差均属此类。

2. 几何形状误差 几何形状误差是指零件的实际几何形状（一般指各种线、面）与理想形状的差别，它又可分为：宏观几何形状误差（简称形状误差），中间几何形状误差（表面波度）；微观几何形状误差（表面粗糙度）。

表面形状误差的波距较大，表面粗糙度的波距较小，表面波度则介于两者之间，如图3-1所示。这三种几何形状误差的成因不同，对使用的影响也不一样，应分别对待和处理。

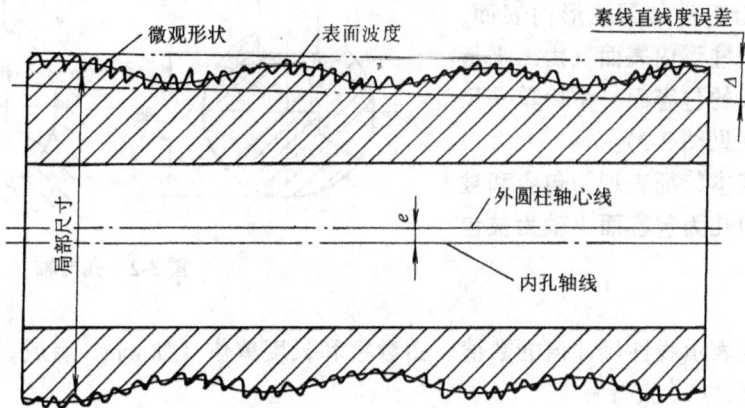

图 3-1 零件的几何误差

具有几何参数误差的零件，必将影响其预定的使用功能。因此，设计时应视其功能要求的严格程度规定一个合理的允许零件几何参数的变动量——公差，将几何参数误差控制在公差范围内，以满足零件的几何精度和互换性要求。

所谓互换性是指在同一规格的一批零件或部件中，任取其一，不需任何挑选、调整或修配，就能装在仪器上，达到规定的功能要求，这样的一批零件或部件称为具有互换性。例如，钟表、手表中的零件损坏了，可迅速换上一个同规格的零件，以恢复其使用功能。之所以如此方便，是因为这些零件具有互换性。

仪器制造中的互换性，通常包括几何参数（如尺寸、形状等）、力学性能（如硬度、强度）和理化性能（如化学成分、线膨胀系数）等方面的互换性。本章只讨论几何参数的互换性。

几何参数的互换性用几何参数的公差来保证，如尺寸公差、形状和位置公差、表面粗糙度参数和表面波纹度参数的允许值等。公差值大小应根据功能要求和经济性权衡而定。实际几何参数是否合格，应通过技术测量所得结果来判断。

互换性按其互换性程度分为完全互换和不完全互换。前者要求零、部件在装配时不需要挑选、调整和附加修配；后者，则允许零、部件在装配前进行预先分组，对应组内的零、部件才可互换，而且只适用于厂内组织生产采用。

互换性是组织现代化工业生产的重要技术经济原则。它有利于在工业中广泛地组织协作，进行高效率的专业化生产，对产品设计、制造、使用和维修等方面都具有重要的意义。

## 第二节　极限与配合的基本术语和定义

基本术语及定义是"极限与配合"标准的基础，是统一设计、工艺和检验人员共识的技术语言，应予正确理解和掌握。

### 一、轴与孔

轴　通常指工件的圆柱形外表面，也包括其它非圆柱形外表面（由二平行平面或切面形成的被包容面）中由单一尺寸确定的部分（见图3-2）。

孔　通常指工件的圆柱形内表面，也包括其它非圆柱形内表面（由二平行平面或切面形成的包容面）中由单一尺寸确定的部分（见图3-2）。

孔与轴的基本特征表现为包容和被包容的关系，即孔为包容面，轴为被包容面。

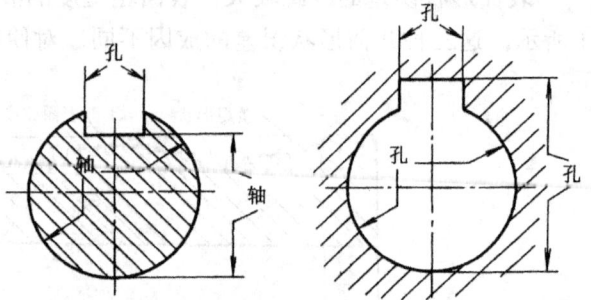

图3-2　孔与轴

### 二、尺寸

以特定单位表示线性尺寸值的数值。由数字和长度单位（如 mm）组成，如 $\phi50$mm。

（一）基本尺寸（$L$，$l$）

通过它应用上下偏差算出极限尺寸的尺寸。它是根据使用要求，通过强度、刚度计算和结构等方面的考虑，并按标准尺寸选取确定的。

（二）实际尺寸（$L_a$，$l_a$）

通过测量获得的某一孔、轴的尺寸。由于存在测量误差，所以实际尺寸并非尺寸的真值；同时，由于存在形状误差，工件同一表面的不同部位的实际尺寸往往是不相等的。因此，一个孔或轴的任意横截面中的任一距离，即任何两相对点之间测得的尺寸称为局部实际尺寸。

（三）极限尺寸

一个孔或轴允许的尺寸的两个极端。孔或轴允许的最大（或最小）尺寸称为最大极限尺寸（$L_{max}$、$l_{max}$）或最小极限尺寸（$L_{min}$、$l_{min}$）。实际尺寸应位于其中，也可达到极限尺寸。

（四）最大实体尺寸（MMS）和最大实体极限（MML）

孔或轴具有允许的材料裕量为最多时状态下的极限尺寸称为最大实体尺寸。而对应于孔或轴最大实体尺寸的那个极限尺寸称为最大实体极限，即轴的最大极限尺寸；孔的最小极限尺寸。

（五）最小实体尺寸（LMS）和最小实体极限（LML）

孔或轴具有允许的材料裕量为最少时状态下的极限尺寸称为最小实体尺寸。而对应于孔或轴最小实体尺寸的那个极限尺寸称为最小实体极限，即轴的最小极限尺寸；孔的最大极限尺寸。

### 三、尺寸偏差和尺寸公差

（一）尺寸偏差（简称偏差）

某一尺寸减其基本尺寸所得的代数差。如最大（或最小）极限尺寸减其基本尺寸所得的代数差称为上偏差（ES、es）或下偏差（EI，ei）；上偏差和下偏差统称为极限偏差；实际尺寸减其基本尺寸所得的代数差称为实际偏差。偏差可以是正，负或零值。实际偏差应位于极限偏差范围之内。

（二）尺寸公差（简称公差）

允许尺寸的变动量。它是最大极限尺寸减最小极限尺寸之差或上偏差减下偏差之差。是一个没有符号的绝对值，其计算公式如下：

孔的公差 $Th = L_{max} - L_{min} = ES - EI$

轴的公差 $Ts = l_{max} - l_{min} = es - ei$

上述"尺寸"、"偏差"以及"公差"之间的关系如图3-3所示。

（三）零线和尺寸公差带（简称公差带）

1．零线　在极限与配合图解（简称公差带图）中，表示基本尺寸的一条直线，以其为基准确定偏差和公差。正偏差位于其上，负偏差位于其下（见图3-4）。

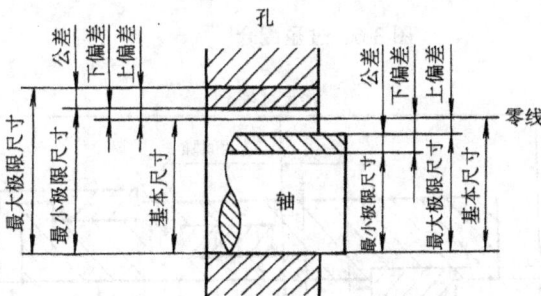

图3-3　极限与配合示意图　　　　图3-4　公差带图解

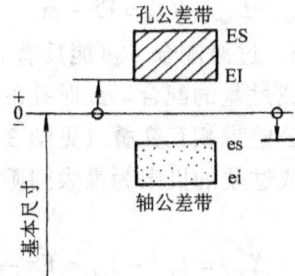

2．公差带　在公差带图中，由代表上偏差和下偏差或最大极限尺寸和最小极限尺寸的两条平行直线所限定的一个区域，见图3-4。

由此可见，公差带是由"公差带大小"和"公差带位置"两个要素组成的。前者由标准公差确定，后者由基本偏差确定。

3．标准公差　在国标"极限与配合"中所规定的任一公差，用"IT"表示。

4．基本偏差　在国标"极限与配合"制中，确定公差带相对零线位置的那个极限偏差（上偏差或下偏差）。一般为靠近零线的那个偏差。当公差带在零线上方时，基本偏差为下偏差；当位于零线下方时，基本偏差为上偏差（见图3-4），孔为下偏差（EI），轴为上偏差（es）。

## 四、配合

基本尺寸相同的，相互结合的孔或轴公差带之间的关系称为配合。

### （一）间隙或过盈

孔的尺寸减去相配合的轴的尺寸之差为正称为间隙；若为负称为过盈。

### （二）配合的种类

根据相配合的孔、轴公差带的关系，可分为间隙配合，过渡配合和过盈配合三类。

1. 间隙配合　具有间隙（包括最小间隙等于零）的配合。此时孔的公差带在轴的公差带之上（见图3-5），所得间隙的极限为最大间隙（$X_{max}$）和最小间隙（$X_{min}$）。

$$X_{max} = L_{max} - l_{min} = ES - ei$$

$$X_{min} = L_{min} - l_{max} = EI - es$$

图 3-5　间隙配合

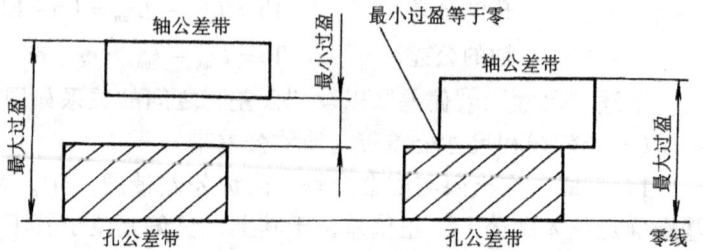

2. 过盈配合　具有过盈（包括最小过盈等于零）的配合。此时孔的公差带在轴的公差带之下（见图3-6），所得过盈的极限为最大过盈（$Y_{max}$）和最小过盈（$Y_{min}$）。

$$Y_{max} = L_{min} - l_{max} = EI - es$$

$$Y_{min} = L_{max} - l_{min} = ES - ei$$

图 3-6　过盈配合

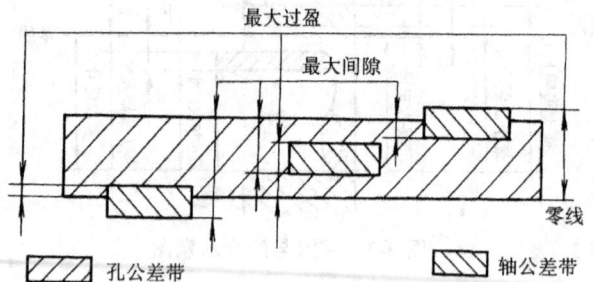

3. 过渡配合　可能具有间隙或过盈的配合。此时孔的公差带与轴的公差带相互交叠（见图3-7），所得间隙或过盈的极限为最大间隙和最大过盈。

$$X_{max} = L_{max} - l_{min} = ES - ei$$

$$Y_{max} = L_{min} - l_{max} = EI - es$$

4. 配合公差（$T_f$）　允许间隙或过盈的变动量。它等于组成配合的孔、轴公差之和，即 $T_f = T_h + T_s$，是一个没有符号的绝对值。也可按下式计算：对间隙配合 $T_f = X_{max} - X_{min}$；对过盈配合 $T_f = Y_{min} - Y_{max}$；对过渡配合 $T_f = X_{max} - Y_{max}$。

图 3-7　过渡配合

## 五、极限制与配合制

经标准化的公差与偏差制度称为极限制。同一极限制的孔和轴组成配合的一种制度称为

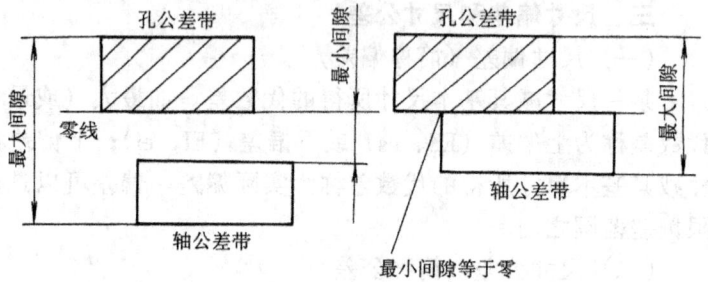

配合制。标准规定有两种配合制：基孔制配合和基轴制配合，它们是规定配合系列的基础。

（一）基孔制配合

基本偏差为一定的孔的公差带，与不同基本偏差的轴的公差带形成各种配合的一种制度。基孔制配合的孔为基准孔，其基本偏差为下偏差（EI），且为零，即孔的最小极限尺寸与基本尺寸相等，用 H 表示，见图 3-8a。

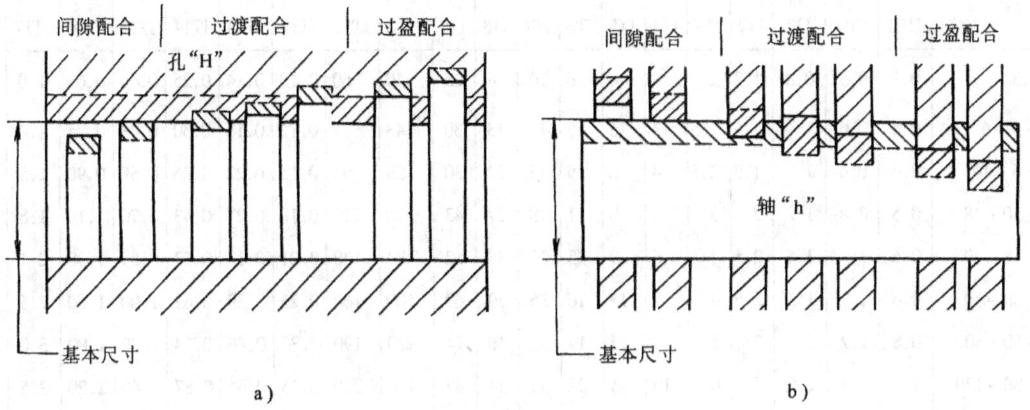

图 3-8　配合制

（二）基轴制配合

基本偏差为一定的轴的公差带，与不同基本偏差的孔的公差带形成各种配合的一种制度。基轴制配合的轴为基准轴，其基本偏差为上偏差（es），且为零，即轴的最大极限尺寸与基本尺寸相等，用 h 表示，见图 3-8b。

按照孔、轴公差带相对位置的不同，两种配合制度都可形成间隙配合，过渡配合和过盈配合三类配合。

# 第三节　光滑圆柱件的极限与配合及其选择

"极限与配合"标准是一项应用广泛、涉及面大的重要基础标准。它适用于圆柱及非圆柱形光滑工件尺寸。该新国标由 GB/T1800·1—1997，GB/T1800·2—1998，GB/T1800·3—1998 三部分组成，分别等效采用国际标准 ISO286—1：1988 中的相应部分，以取代 GB1800—79。它的主要特点是着眼于形成配合的孔、轴公差带组成要素（"公差带大小"与"公差带位置"）的标准化，即规定了标准公差系列与基本偏差系列。

## 一、标准公差系列

标准公差是指极限与配合制中所规定的任一公差。它由标准公差等级和基本尺寸所决定。

标准公差等级就是确定尺寸精确程度的等级，即同一公差等级对所有基本尺寸的一组公差被认为具有同等精确程度。标准公差等级代号用符号"IT"和数字组成，如 IT7。

在基本尺寸 ≤500mm 内标准规定了 IT01、IT0···IT18 共 20 个标准公差等级；在基本尺寸大于 500～3150mm 内规定了 IT1 至 IT18 共 18 个标准公差等级。从 IT01 到 IT18，等级依次降低，公差值依次增大。

对于基本尺寸≤500mm 段，其标准公差数值如表 3-1 所列。

**表 3-1 标准公差数值**（尺寸≤500mm）

| 基本尺寸/mm | 公 差 等 级 | | | | | | | | | | | | | | | | | |
| --- | --- | --- | --- | --- | --- | --- | --- | --- | --- | --- | --- | --- | --- | --- | --- | --- | --- | --- |
| | （单位 μm） | | | | | | | | | | | | （单位 mm） | | | | | |
| | IT01 | IT0 | IT1 | IT2 | IT3 | IT4 | IT5 | IT6 | IT7 | IT8 | IT9 | IT10 | IT11 | IT12 | IT13 | IT14 | IT15 | IT16 | IT17 | IT18 |
| ≤3 | 0.3 | 0.5 | 0.8 | 1.2 | 2 | 3 | 4 | 6 | 10 | 14 | 25 | 40 | 60 | 0.10 | 0.14 | 0.25 | 0.40 | 0.60 | 1.0 | 1.4 |
| >3～6 | 0.4 | 0.6 | 1 | 1.5 | 2.5 | 4 | 5 | 8 | 12 | 18 | 30 | 48 | 75 | 0.12 | 0.18 | 0.30 | 0.48 | 0.75 | 1.2 | 1.8 |
| >6～10 | 0.4 | 0.6 | 1 | 1.5 | 2.5 | 4 | 6 | 9 | 15 | 22 | 30 | 58 | 90 | 0.15 | 0.22 | 0.36 | 0.58 | 0.90 | 1.5 | 2.2 |
| >10～18 | 0.5 | 0.8 | 1.2 | 2 | 3 | 5 | 8 | 11 | 18 | 27 | 43 | 70 | 110 | 0.18 | 0.27 | 0.43 | 0.70 | 1.10 | 1.8 | 2.7 |
| >18～30 | 0.6 | 1 | 1.5 | 2.5 | 4 | 6 | 9 | 13 | 21 | 33 | 52 | 84 | 130 | 0.21 | 0.33 | 0.52 | 0.84 | 1.30 | 2.1 | 3.3 |
| >30～50 | 0.6 | 1 | 1.5 | 2.5 | 4 | 7 | 11 | 16 | 25 | 39 | 62 | 100 | 160 | 0.25 | 0.39 | 0.62 | 1.00 | 1.60 | 2.5 | 3.9 |
| >50～80 | 0.8 | 1.2 | 2 | 3 | 5 | 8 | 13 | 19 | 30 | 46 | 74 | 120 | 190 | 0.30 | 0.46 | 0.74 | 1.20 | 1.90 | 3.0 | 4.6 |
| >80～120 | 1 | 1.5 | 2.5 | 4 | 6 | 10 | 15 | 22 | 35 | 54 | 87 | 140 | 220 | 0.35 | 0.54 | 0.87 | 1.40 | 2.20 | 3.5 | 5.4 |
| >120～180 | 1.2 | 2 | 3.5 | 5 | 8 | 12 | 18 | 25 | 40 | 63 | 100 | 160 | 250 | 0.40 | 0.63 | 1.00 | 1.60 | 2.50 | 4.0 | 6.3 |
| >180～250 | 2 | 3 | 4.5 | 7 | 10 | 14 | 20 | 29 | 46 | 72 | 115 | 185 | 290 | 0.46 | 0.72 | 1.15 | 1.85 | 2.90 | 4.6 | 7.2 |
| >250～315 | 2.5 | 4 | 6 | 8 | 12 | 16 | 23 | 32 | 52 | 81 | 130 | 210 | 320 | 0.52 | 0.81 | 1.30 | 2.10 | 3.20 | 5.2 | 8.1 |
| >315～400 | 3 | 5 | 7 | 9 | 13 | 18 | 25 | 36 | 57 | 89 | 140 | 230 | 360 | 0.57 | 0.89 | 1.40 | 2.30 | 3.60 | 5.7 | 8.9 |
| >400～500 | 4 | 6 | 8 | 10 | 15 | 20 | 27 | 40 | 63 | 97 | 155 | 250 | 400 | 0.63 | 0.97 | 1.55 | 2.50 | 4.00 | 6.3 | 9.7 |

## 二、基本偏差系列

（一）基本偏差代号

用拉丁字母表示，孔用大写（A…ZC），轴用小写（a…zc），各 28 个，组成了孔、轴基本偏差系列，见图 3-9。

由图可知：对轴 a～h 的基本偏差为上偏差 es，k～zc 为下偏差 ei；对孔 A～H 的基本偏差为下偏差 EI，K～ZC 为上偏差 ES。

js 与 JS 是公差带对称分布于零线的两侧，其偏差为 $\pm\dfrac{IT}{2}$。j 与 J 是公差带不对称分布于零线的两侧。H 是 EI＝0，表示基准孔，h 是 es＝0，表示基准轴。

除 j、J 和 js、JS（严格地说，两者无基本偏差）外，基本偏差的数值与选用的标准公差等级无关。

（二）公差带与配合的代号及其表示

1．公差带代号及其表示　公差带代号用基本偏差字母和公差等级数字组成，例如，H7 为孔的公差带代号；h7 为轴的公差带代号。公差带的表示方法用基本尺寸后跟所要求的公差带代号或对应的偏差值表示，例如，孔 φ50H8 或 $\phi 50_{0}^{+0.039}$ 或 φ50H8 $\binom{+0.039}{0}$；轴 φ50f7 或 $\phi 50_{-0.050}^{-0.025}$ 或 φ50f7 $\binom{-0.025}{-0.050}$。

2．配合代号及其表示　配合代号用孔、轴公差带代号按分数形式组成，分子为孔的

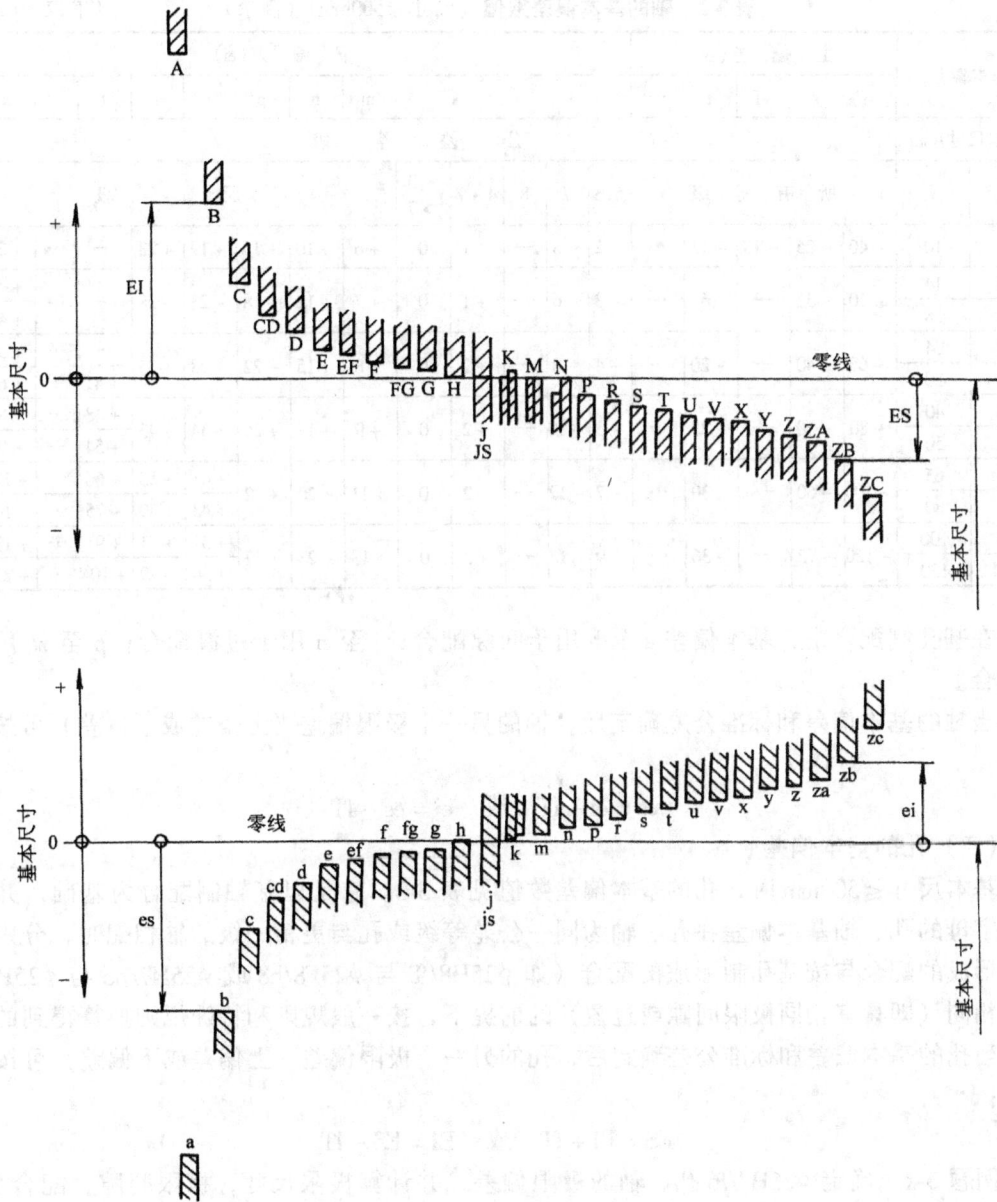

图 3-9 基本偏差系列示意图

公差带代号，分母为轴的公差带代号，例如 $\dfrac{H8}{f7}$ 或 H8/f7。配合的表示方法用相同的基本尺寸

后跟孔、轴公差带代号表示，例如，基孔制配合 $\phi 50\,\dfrac{H7}{g6}$ 或 $\phi 50H7/g6$；基轴制配合 $\phi 50\,\dfrac{K7}{h6}$ 或 $\phi 50K7/h6$。

（三）轴的基本偏差

基本尺寸 ≤500mm 时，轴的基本偏差数值见表 3-2。它是以基孔制配合为基础，并根据 GB/T1800·3—1998 附录 A 给出的经验公式计算、修约圆整而成。

**表 3-2 轴的基本偏差数值**（尺寸≤500mm）（摘录）　　　　　（单位：μm）

| 基本偏差 | | 上偏差(es) | | | | | 下偏差(ei) | | | | | | | | | | | | | |
|---|---|---|---|---|---|---|---|---|---|---|---|---|---|---|---|---|---|---|---|---|
| | | d | e | ef | f | … | j | | | k | | m | n | p | r | s | t | … | x | … |
| 基本尺寸/mm | | 公 差 等 级 | | | | | | | | | | | | | | | | | | |
| 大于 | 至 | 所有等级 | | | | | 5.6 | 7 | 8 | 4~7 | ≤3 >7 | 所有等级 | | | | | | | | |
| 6 | 10 | -40 | -25 | -18 | -13 | … | -2 | -5 | — | +1 | 0 | +6 | +10 | +15 | +19 | +23 | — | … | +34 | … |
| 10 | 14 | -50 | -32 | — | 16 | … | -3 | -6 | — | +1 | 0 | +7 | +12 | +18 | +23 | +28 | — | … | +40 | … |
| 14 | 18 | | | | | | | | | | | | | | | | | | +45 | |
| 18 | 24 | -65 | -40 | — | -20 | … | -4 | -8 | — | +2 | 0 | +8 | +15 | +22 | +28 | +35 | — | … | +54 | … |
| 24 | 30 | | | | | | | | | | | | | | | | +41 | — | +64 | |
| 30 | 40 | -80 | -50 | — | -25 | … | -5 | -10 | — | +2 | 0 | +9 | +17 | +26 | +34 | +43 | +48 | … | +80 | … |
| 40 | 50 | | | | | | | | | | | | | | | | +54 | | +97 | |
| 50 | 65 | -100 | -60 | — | -30 | … | -7 | -12 | — | +2 | 0 | +11 | +20 | +32 | +41 | +53 | +66 | … | +122 | … |
| 65 | 80 | | | | | | | | | | | | | | +43 | +59 | +75 | | +146 | |
| 80 | 100 | -120 | -72 | — | -36 | … | -9 | -15 | — | +3 | 0 | +13 | +23 | +37 | +51 | +71 | +91 | … | +178 | … |
| 100 | 120 | | | | | | | | | | | | | | +54 | +79 | +104 | | +210 | |

在基孔制配合中，基本偏差 a 至 h 用于间隙配合；j 至 n 用于过渡配合；p 至 zc 用于过盈配合。

当轴的基本偏差和标准公差确定后，轴的另一个极限偏差（上偏差或下偏差）可按下式计算：

$$es = ei + IT \quad 或 \quad ei = es - IT$$

（四）孔的基本偏差

基本尺寸≤500mm 时，孔的基本偏差数值见表 3-3。它是以基轴制配合为基础，并根据同一字母的孔、轴基本偏差在孔、轴为同一公差等级或孔与更精一级的轴相配时，分别按基轴制形成的配合与按基孔制形成的配合（如 φ25H8/f8 与 φ25F8/h8 或 φ25H7/p6 与 φ25P7/h6）性质相同（即具有相同极限间隙或过盈）的前提下，按一般规则和特殊规则换算得到的。

当孔的基本偏差和标准公差确定后，孔的另一个极限偏差（上偏差或下偏差）可按下式计算：

$$ES = EI + IT \quad 或 \quad EI = ES - IT$$

**例题 3-1** 确定 φ25H7/f6 孔、轴的极限偏差，并计算极限尺寸，极限间隙、配合公差，并画出公差带图。

**解** 查表 3-1 得，在基本尺寸大于 18 至 30mm，IT6 = 13μm，IT7 = 21μm。

孔 φ25H7：基本偏差 EI = 0，ES = EI + IT7 = +21μm

轴 φ25f6：基本偏差 es = -20μm（由表 3-2），ei = es - IT6 = -33μm

孔：　　　　$L_{max} = L + ES = 25.021mm$,　　$L_{min} = L + EI = 25mm$

轴：　　　　$l_{max} = l + es = 24.98mm$,　　$l_{min} = l + ei = 24.967mm$

$$X_{max} = ES - ei = +54μm, \quad X_{min} = EI - es = +20μm$$

$$T_f = T_h + T_s = (21 + 13)\ μm = 34μm$$

公差带图见图 3-10a。

**例题3-2** 确定 φ25K7/h6 孔、轴的极限偏差，并计算极限尺寸，极限间隙或过盈，配合

**表 3-3 孔的基本偏差数值**（尺寸≤500mm）（摘要）　　　　（单位：μm）

| 基本偏差 | | 上偏差 (ES) | | | | | | | | | | | | | | | | | | | Δ/μm | | | | | |
|---|---|---|---|---|---|---|---|---|---|---|---|---|---|---|---|---|---|---|---|---|---|---|---|---|---|---|
| | | D | E | EF | F | … | J | | | K | | M | | N | | P到ZC | P | R | S | T | | | | | | |
| 基本尺寸 mm | | 公差等级 | | | | | | | | | | | | | | | | | | | ITh | | | | | |
| 大于 | 至 | 所有等级 | | | | | 6 | 7 | 8 | ≤8 | >8 | ≤8 | >8 | ≤8 | >8 | ≤7 | >7 | | | | 3 | 4 | 5 | 6 | 7 | 8 |
| 6 | 10 | +40 | +25 | +18 | +13 | … | +5 | +8 | +12 | -1+Δ | — | -6+Δ | -6 | -10+Δ | 0 | 在>7级的相应数值上增加一个Δ值 | -15 | -19 | -23 | — | 1 | 1.5 | 2 | 3 | 6 | 7 |
| 10 | 14 | +50 | +32 | — | +16 | … | +6 | +10 | +15 | -1+Δ | — | -7+Δ | -7 | -12+Δ | 0 | | -18 | -23 | -28 | — | 1 | 2 | 3 | 3 | 7 | 9 |
| 14 | 18 | | | | | | | | | | | | | | | | | | | | | | | | | |
| 18 | 24 | +65 | +40 | — | +20 | … | +8 | +12 | +20 | -2+Δ | — | -8+Δ | -8 | -15+Δ | 0 | | -22 | -28 | -35 | — | 1.5 | 2 | 3 | 4 | 8 | 12 |
| 24 | 30 | | | | | | | | | | | | | | | | | | | -41 | | | | | | |
| 30 | 40 | +80 | +50 | — | +25 | … | +10 | +14 | +24 | -2+Δ | — | -9+Δ | -9 | -17+Δ | 0 | | -26 | -34 | -43 | -48 | 1.5 | 3 | 4 | 5 | 9 | 14 |
| 40 | 50 | | | | | | | | | | | | | | | | | | | -54 | | | | | | |
| 50 | 65 | +100 | +60 | — | +30 | … | +13 | +18 | +28 | -2+Δ | — | -11+Δ | -11 | -20+Δ | 0 | | -32 | -41 | -53 | -66 | 2 | 3 | 5 | 6 | 11 | 16 |
| 65 | 80 | | | | | | | | | | | | | | | | | -43 | -59 | -75 | | | | | | |
| 80 | 100 | +120 | +72 | — | +36 | … | +16 | +22 | +34 | -3+Δ | — | -13+Δ | -13 | -23+Δ | 0 | | -37 | -51 | -71 | -91 | 2 | 4 | 5 | 7 | 13 | 19 |
| 100 | 120 | | | | | | | | | | | | | | | | | -54 | -79 | -104 | | | | | | |

公差，并画出公差带图。

**解**　查 3-1 得，在基本尺寸段 >18mm 至 30mm，IT6 = 13μm，IT7 = 21μm。

孔 φ25K7：基本偏差 ES = -2μm + Δ = （-2 + 8）μm = +6μm（见表 3-3），EI = ES - IT7 = （+6 - 21）μm = -15μm

轴 φ25h6：基本偏差 es = 0，ei = es - IT6 = -13μm

孔：$L_{max} = L + ES = 25.006mm$，$L_{min} = L + EI = 24.985mm$

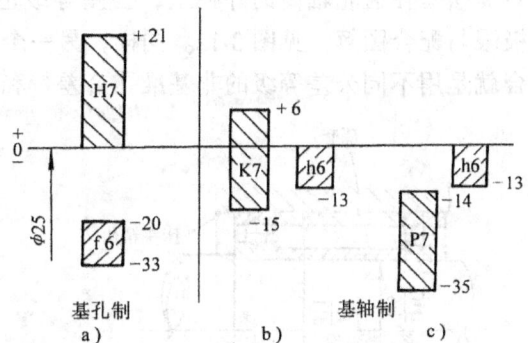

图 3-10 孔轴公差带图

轴：　　　$l_{max} = l + es = 25mm$，　$l_{min} = l + ei = 24.987mm$

$$X_{max} = ES - ei = +19μm，\quad Y_{max} = EI - es = -15μm$$

$$T_f = T_h + T_s = 34μm$$

公差带图见图 3-10b）。

**例题 3-3**　确定 φ25P7/h6 孔、轴的极限偏差，并计算极限尺寸，极限过盈，配合公差，并画出公差带图。说明配合制和配合类别。

**解**　查表 3-1 得，在基本尺寸段大于 18 至 30mm，IT6 = 13μm，IT7 = 21μm。

孔 φ25P7：基本偏差 ES = -22μm + Δ = （-22 + 8）μm = -14μm（见表 3-3），EI = ES - IT7 = （-14 - 21）μm = -35μm

轴 φ25h6：基本偏差 es = 0，ei = es - IT6 = -13μm

孔：　　　$L_{max} = L + ES = 24.986mm$，$L_{min} = L + EI = 24.965mm$

轴：
$$l_{\max} = l + es = 25\text{mm}, \quad l_{\min} = l + ei = 24.987\text{mm}$$
$$Y_{\max} = EI - es = -35\mu m, \quad Y_{\min} = ES - ei = -1\mu m$$

$T_f = T_h + T_s = 34\mu m$。公差带图见图 3-10c)。

### 三、极限与配合的选择

正确、合理地选择极限与配合，有利于保证产品质量、降低生产成本，促进互换性生产。它主要包括：确定配合制、公差等级和配合种类。

#### （一）配合制的选择

标准中规定了两种基准制配合。选用时应从结构、工艺以及经济性等方面综合考虑、权衡而定。

1）一般情况下应优先选用基孔制配合。因为采用基孔制配合可以减少专用刀、量具的规格和数量。基轴制配合通常只用于具有明显经济效益的场合，例如，直接采用冷拉钢材作轴，不再加工，或在同一基本尺寸的轴上需装配几个不同配合的零件时才采用。

2）与标准件配合时，配合制的选择通常依标准件而定。例如，与滚动轴承内圈配合的轴应采用基孔制配合；与滚动轴承外圈配合的孔应采用基轴制配合。

3）为了满足配合的特殊需要，允许采用任一孔、轴公差带组成配合。例如，C616 车床床头箱齿轮轴筒和隔套的配合（图 3-11）。由于齿轮轴筒的外径已根据和滚动轴承配合的要求选定为 $\phi60js6$；而隔套的作用只是隔开两个滚动轴承，作轴向定位用。为了装拆方便，它只需松套在齿轮轴筒的外径上，公差等级也可选更低些，故其公差带选为 $\phi60D10$，相应的极限与配合图解，见图 3-12。同样，另一个隔套与床头箱孔的配合选为 $\phi95K7/d11$。这类配合就是用不同公差等级的非基准孔公差带和非基准轴公差带组成的。

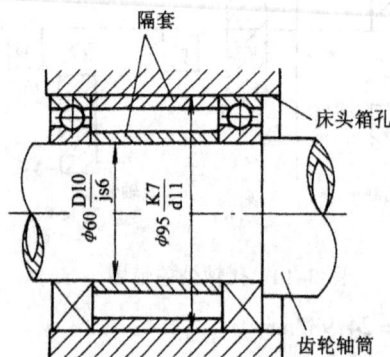

图 3-11 任一孔轴公差带组成配合

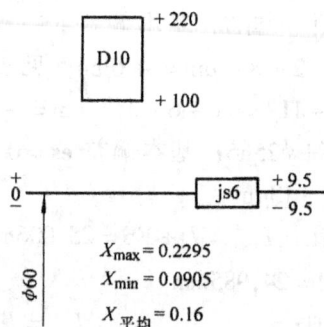

图 3-12 隔套与轴的公差带图

#### （二）公差等级的选择

公差等级的选用是否合理，直接影响零件的使用要求和经济性。选用的原则是：

1）在满足使用要求的前提下，尽量选用较低的公差等级。

2）对于基本尺寸≤500mm 的配合时，由于孔比同级轴的加工困难，当标准公差等级≤IT8 时，采用孔比轴低一级相配合；标准公差等级 > IT8 或基本尺寸 > 500mm 的配合时，采用同级孔、轴相配合。

公差等级的选择方法通常采用类比法。选择时，应熟悉各公差等级的一般应用场合（见

表 3-4），以及公差等级与加工方法的大致关系（见表 3-5）作为参考。

**表 3-4　公差等级的应用**

| 应用 | 公差等级 | | | | | | | | | | | | | | | | | | |
|---|---|---|---|---|---|---|---|---|---|---|---|---|---|---|---|---|---|---|---|
| | 01 | 0 | 1 | 2 | 3 | 4 | 5 | 6 | 7 | 8 | 9 | 10 | 11 | 12 | 13 | 14 | 15 | 16 | 17 | 18 |
| 量块 | ━ | ━ | ━ | | | | | | | | | | | | | | | | | |
| 量规 | | | ━ | ━ | ━ | ━ | ━ | ━ | ━ | | | | | | | | | | | |
| 配合尺寸 | | | | | | | ━ | ━ | ━ | ━ | ━ | ━ | ━ | ━ | | | | | | |
| 特别精密零件的配合 | | | | ━ | ━ | ━ | ━ | | | | | | | | | | | | | |
| 非配合尺寸 | | | | | | | | | | | | | | ━ | ━ | ━ | ━ | ━ | ━ | ━ |
| 原材料公差 | | | | | | | | | | ━ | ━ | ━ | ━ | ━ | ━ | ━ | ━ | ━ | | |

**表 3-5　各种加工方法的加工精度**

| 加工方法 | 公差等级 | | | | | | | | | | | | | | | | | |
|---|---|---|---|---|---|---|---|---|---|---|---|---|---|---|---|---|---|---|
| | 01 | 0 | 1 | 2 | 3 | 4 | 5 | 6 | 7 | 8 | 9 | 10 | 11 | 12 | 13 | 14 | 15 | 16 |
| 研磨 | ━ | ━ | ━ | ━ | ━ | ━ | | | | | | | | | | | | |
| 珩 | | | | | ━ | ━ | ━ | ━ | ━ | | | | | | | | | |
| 圆磨、平磨、拉削 | | | | | | ━ | ━ | ━ | ━ | | | | | | | | | |
| 金刚石车、镗 | | | | | | | ━ | ━ | ━ | | | | | | | | | |
| 铰孔 | | | | | | | | ━ | ━ | ━ | ━ | | | | | | | |
| 车、镗 | | | | | | | | | ━ | ━ | ━ | ━ | ━ | | | | | |
| 铣 | | | | | | | | | | ━ | ━ | ━ | ━ | | | | | |
| 刨、插、滚压、挤压 | | | | | | | | | | | | ━ | ━ | | | | | |
| 钻孔 | | | | | | | | | | | | ━ | ━ | ━ | | | | |
| 冲压 | | | | | | | | | | | | ━ | ━ | ━ | ━ | ━ | | |
| 压铸 | | | | | | | | | | | | | ━ | ━ | ━ | ━ | | |
| 粉末冶金成型 | | | | | | | | ━ | ━ | ━ | | | | | | | | |
| 粉末冶金烧结 | | | | | | | | | ━ | ━ | ━ | | | | | | | |
| 砂型铸造、气割 | | | | | | | | | | | | | | | | | ━ | ━ |
| 锻造 | | | | | | | | | | | | | | | ━ | ━ | ━ | ━ |

**（三）配合的选择**

配合的选择就是确定满足使用要求的相配孔、轴的公差带代号。在选定好配合制，并根据使用要求（极限间隙或过盈）确定出孔轴公差等级后，配合的选择实际上只需确定出相配件的基本偏差代号即可。

对于间隙配合，由于孔的公差带始终在轴的公差带上方，相配件的基本偏差的绝对值等于最小间隙，故可按最小间隙确定相配件的基本偏差代号。对于过盈配合，由于孔的公差带始终位于轴的公差带之下，故可按最小过盈量和基准件的公差所得的计算值（即基孔制配合时相配轴的基本偏差 $ei = + (|Y_{min}| + Th)$；基轴制配合时相配孔的基本偏差 $ES = - (|Y_{min}|$

$+T_s$))来选定相配件的基本偏差代号。对于过渡配合,当所需 $X_{max}$ 和 $Y_{max}$ 不同时,孔、轴公差带重叠程度也不同,因此只能根据 $X_{max}$ 和 $Y_{max}$ 计算出相配件的上、下偏差,并取其中靠近零线的那个偏差值来确定相配件的基本偏差代号。

1. 配合的选择方法　配合的选择方法有计算法,试验法和类比法三种:

(1) 计算法　就是按零件的使用要求,根据一定的理论和公式计算出所需的间隙或过盈,并依此确定适当的配合。例如,用作滑动轴承的是间隙配合,可根据流体润滑理论计算出形成油膜润滑的最小间隙,来选择适当的配合。对于过盈配合,可按弹塑性变形理论和公式,计算出保证可靠传递转矩的最小过盈和不致使零件产生的内应力超出材料屈服极限的最大过盈,进而选定适当的配合。

(2) 试验法　就是通过专门试验确定所需的间隙或过盈,进而选定适当的配合。用试验法较为可靠,但成本较高,只适用于特别重要的配合的选择。

(3) 类比法　就是参照同类产品中经过生产实践验证的已用配合的实用情况,结合所设计产品的使用要求类比确定所需的配合。它是生产实际中最常用的选择配合的方法。

2. 用类比法选择配合的步骤

(1) 确定配合类别　首先必须熟悉各类配合的特性和应用,再根据结合件间的相对运动情况及结构特点(有无附加紧固件)来确定。

间隙配合的特性是具有间隙。它主要用于结合件间有相对运动的配合(包括转动或移动),也可用于一般的定位配合或虽无相对运动却要求装拆方便的配合。

过盈配合的特性是具有过盈。它主要用于结合件间没有相对运动,且靠过盈量保证相对静止或传递转矩的配合。过盈量小时,只作精确定位用,亦可加键、销紧固件传递转矩;过盈量大时,靠孔轴结合力传递转矩。前者可以拆卸,后者不能拆卸。

过渡配合的特性是可能具有间隙,也可能具有过盈,但所得间隙或过盈量均较小。它主要用于定位精确并要求拆卸的相对静止的联接。若附加键、销等紧固件,亦可传递转矩。

具体选择配合时可参见表 3-6。

**表 3-6　配合类别选择表**

| 无相对运动 | 需传递转矩 | 精确定心 | 不可拆卸 | 过　盈　配　合 |
| | | | 可　拆　卸 | 过渡配合或基本偏差为 H(h)的间隙配合加键、销紧固件 |
| | | 不　需　精　确　定　心 | | 间隙配合加键、销紧固件 |
| | 不　需　传　递　转　矩 | | | 过渡配合或过盈量较小的过盈配合 |
| 有相对运动 | 缓　慢　转　动　或　移　动 | | | 基本偏差为 H(h)、G(g)等间隙配合 |
| | 转动、移动或复合运动 | | | 基本偏差为 A~F(a~f)等间隙配合 |

(2) 确定相配件的基本偏差代号　配合类别确定后,再根据工作条件来考虑配合的松紧程度,并参照实例具体确定与基准件相配的孔或轴的基本偏差代号。

对于间隙配合,松紧程度主要应考虑运动特性,运动条件,运动精度,润滑条件及工作温度等因素。用于间隙配合的基本偏差代号为 a~h(A~H)。例如,基本偏差代号 a~c(A~C)可得到特大间隙,适用于不重要的配合或高温及工作条件较差的配合。如管道法兰联接配合采用 H12/b12；基本偏差 f（F）可得到中等间隙，能保证良好的液体摩擦，适用于 IT5～IT9 级的齿轮箱、泵、小电机中的滑动轴承配合，如 H8/f7；基本偏差 h（H）可得到最小间隙为零的配合，适用于低速轴向滑动或要求精确定心并便于拆卸的配合。如车床尾架顶尖套筒与尾座体，万能工具显微镜中的轴与孔，光学仪器中变焦系统的轴与孔，照相机中镜片与镜座等的配合均采用 H6/h5。

对于过盈配合，松紧程度主要应考虑负荷特性、负荷大小，材料许用应力、工作温度及装配条件等因素。用于过盈配合的基本偏差代号为 p～zc（P～ZC）。基本偏差 p～r（P～R）可得到过盈量不大的轻型过盈配合，常用于负荷轻，需要时可以拆卸，并有定位精度要求的定位配合，如卷扬机的绳轮与齿圈的配合为 H7/p6；减速箱的蜗轮与轴的配合为 H7/r6。s～t（S～T）可得到中等过盈量的中型过盈配合，适用于中等负荷，不需拆卸的过盈配合，如蜗轮轮缘与轮毂的配合为 H6/s5，可传递不大的转矩。u～v（U～V）可得到大过盈量的重型过盈配合，适用于重负荷，并承受冲击载荷时的永久性或半永久性过盈配合，如火车轮和轴的配合为 H7/u6，可传递较大转矩而不需加紧固件。x～z（X～Z）可得到更大的过盈量的特重过盈配合，须经专门试验后才可应用。

对于过渡配合，松紧程度主要应考虑定心精度要求及装卸要求等因素。过渡配合的公差等级不能太低，一般选 IT5～IT8。用于过渡配合的基本偏差为 js～n（JS～N）。js（JS）可得到平均间隙较小的较松过渡配合，适用于略有过盈的定位配合，如滚动轴承内圈与轴颈，航空仪表及乌氏干涉仪中轴与轴承等的配合均采用 H6/js6。k（K）可得到平均间隙近于零的配合，适用于稍有过盈的定位配合，如齿轮孔与轴，精密仪器，光学仪器，航空仪表中的轴与滚动轴承的配合均采用 H7/k6。n（N）可得到较大平均过盈，很少得到间隙的较紧过渡配合，适用于定心精度要求高，受冲击载荷，不常拆卸的配合，如冲床齿轮和轴的配合，一般大修时才拆卸，采用 H7/n6 配合，加键后可传递转矩和承受冲击负荷。

在对照实例选取配合时，应根据具体条件的不同，对间隙或过盈应作适当修正，见表 3-7。

**表 3-7 不同工作条件影响配合间隙或过盈的趋势**

| 具 体 情 况 | 过盈增或减 | 间隙增或减 | 具 体 情 况 | 过盈增或减 | 间隙增或减 |
|---|---|---|---|---|---|
| 材料强度小 | 减 | — | 装配时可能歪斜 | 减 | 增 |
| 经常拆卸 | 减 | — | 旋转速度增高 | 增 | 减 |
| 有冲击载荷 | 增 | 减 | 有轴向运动 | — | 增 |
| 工作时孔温高于轴温 | 增 | 减 | 润滑油粘度增大 | — | 增 |
| 工作时轴温高于孔温 | 减 | 增 | 表面趋向粗糙 | 增 | 减 |
| 配合长度增大 | 减 | 增 | 单件生产相对于成批生产 | 减 | 增 |
| 配合面形状和位置误差增大 | 减 | 增 | | | |

对于 ≤500mm 常用尺寸段应优先选用优先配合。表 3-8 为优先配合选用说明。表 3-9 为基孔制配合中轴的基本偏差的特性及选用说明（当采用基轴制配合时，只需将表中轴的基本偏差改为孔的基本偏差即可），可供设计时参考。

表 3-8　优先配合选用说明

| 优先配合 | | 说　明 |
|---|---|---|
| 基孔制 | 基轴制 | |
| $\dfrac{H11}{c11}$ | $\dfrac{C11}{h11}$ | 间隙非常大，用于很松的、转动很慢的动配合；要求大公差与大间隙的外露组件；要求装配方便的很松的配合，相当于旧国标 D6/dd6 |
| $\dfrac{H9}{d9}$ | $\dfrac{D9}{h9}$ | 间隙很大的自由转动配合，用于精度非主要要求时，或有大的温度变化、高转速或大的轴颈压力时，相当于旧国标 D4/de4 |
| $\dfrac{H8}{f7}$ | $\dfrac{F8}{h7}$ | 间隙不大的转动配合，用于中等转速与中等轴颈压力的精确转动；也用于装配较易的中等定位配合，相当于旧国标 D/dc |
| $\dfrac{H7}{g6}$ | $\dfrac{G7}{h6}$ | 间隙很小的滑动配合，用于不希望自由转动，但可自由移动和滑动并精密定位的配合；也可用于要求明确的定位配合，相当于旧国标 D/db |
| $\dfrac{H7}{h6}$　$\dfrac{H8}{h7}$　$\dfrac{H9}{h9}$　$\dfrac{H11}{h11}$ | $\dfrac{H7}{h6}$　$\dfrac{H8}{h7}$　$\dfrac{H9}{h9}$　$\dfrac{H11}{h11}$ | 均为间隙定位配合，零件可自由装拆，而工作时一般相对静止不动，在最大实体条件下的间隙为零，在最小实体条件下的间隙由公差等级决定<br>H7/h6 相当于旧国标 D/d；H8/h7 相当于旧国标 D3/d3<br>H9/h9 相当于旧国标 D4/d4；H11/h11 相当于旧国标 D6/d6 |
| $\dfrac{H7}{k6}$ | $\dfrac{K7}{h6}$ | 过渡配合，用于精密定位，相当于旧国标 D/gc |
| $\dfrac{H7}{n6}$ | $\dfrac{N7}{h6}$ | 过渡配合，允许有较大过盈的更精密定位，相当于旧国标 D/ga |
| $\dfrac{H7}{p6}$ | $\dfrac{P7}{h6}$ | 过盈定位配合，即小过盈配合，用于定位精度特别重要时，能以最好的定位精度达到部件的刚性及对中性要求，而对内孔承受压力无特殊要求，不依靠配合的紧固性传递摩擦负荷。<br>H7/p6 相当于旧国标 D/ga～D/jf |
| $\dfrac{H7}{s6}$ | $\dfrac{S7}{h6}$ | 中等压入配合，适用于一般钢件；或用于薄壁件的冷缩配合，用于铸铁件可得到最紧的配合，相当于旧国标 D/je |
| $\dfrac{H7}{u6}$ | $\dfrac{U7}{h6}$ | 压入配合，适用于可以承受高压入力的零件，或不宜承受大压入力的冷缩配合 |

**例题 3-4**　设基本尺寸为 $\phi30mm$ 的孔、轴配合，要求保证间隙在 $+20\sim+76\mu m$ 之间，试确定孔、轴公差带与配合代号。

**解**

1）选择配合制：拟确定采用基孔制配合，即基准孔的基本偏差代号为 H。

2）确定相配孔、轴的公差等级：

$$T_f = T_h + T_s = X_{max} - X_{min} = （76 - 20）\mu m = 56\mu m$$

若设 $T_h = T_s = T_f/2 = 28\mu m$。查表 3-1 可知，在基本尺寸段大于 18 至 30mm 内，公差值 $28\mu m$ 介于 IT7（$21\mu m$）～ IT8（$33\mu m$）之间，属于 ≤IT8 较高公差等级段。故选定孔为 IT8（$33\mu m$），轴为 IT7（$21\mu m$）。此时，实选配合公差为（33 + 21）$\mu m = 54\mu m$，与要求的配合公差 $56\mu m$ 很接近。

3）确定相配轴的基本偏差代号：在间隙配合中，相配件的基本偏差值可由 $X_{min}$ 确定，即相配轴的基本偏差 $es = -X_{min} = -20\mu m$，据此查表 3-2 得轴的基本偏差代号为 f。

4）确定孔、轴公差带代号与配合代号：由上可得：孔的公差带代号为 $\phi30H8$，轴的公差带代号为 $\phi30f7$。孔与轴结合的配合代号为 $\phi30H8/f7$。

由此所得配合的最大间隙为 $+74\mu m$，最小间隙为 $+20\mu m$，能满足设计要求。

表 3-9　轴的基本偏差选用说明

| 配　合 | 基本偏差 | 特　性　及　应　用 |
|---|---|---|
| 间　隙　配　合 | a、b | 可得到特别大的间隙，应用很少 |
| | c | 可得到很大的间隙，一般适用于缓慢、松弛的动配合，用于工作条件较差（如农业机械），受力变形，或为了便于装配，而必须保证有较大的间隙时，推荐配合为 H11/c11，例如光学仪器中，光学镜片与机械零件的连接；其较高等级的 H8/c7 配合，适用于轴在高温工作的紧密动配合，例如内燃机排气阀和导管 |
| | d | 一般用于 IT7～IT11 级，适用于松的转动配合，如密封盖、滑轮、空转皮带轮等与轴的配合。也适用于大直径滑动轴承配合，如透平机、球磨机、轧滚成型和重型弯曲机，以及其它重型机械中的一些滑动轴承 |
| | e | 多用于 IT7～IT9 级，通常用于要求有明显间隙，易于转动的轴承配合，如大跨距轴承、多支点轴承等配合。高等级的 e 轴适用于大的、高速、重载支承，如涡轮发电机、大型电动机及内燃机主要轴承、凸轮轴轴承等配合 |
| | f | 多用于 IT6～IT8 级的一般转动配合。当温度影响不大时，被广泛用于普通润滑油（或润滑脂）润滑的支承，如齿轮箱、小电动机、泵等的转轴与滑动轴承的配合，手表中秒轮轴与中心管的配合（H8/f7） |
| | g | 配合间隙很小，制造成本高，除很轻负荷的精密装置外，不推荐用于转动配合，多用于 IT5～IT7 级，最适合不回转的精密滑动配合，也用于插销等定位配合，如精密连杆轴承、活塞及滑阀、连杆销，光学分度头主轴与轴承等 |
| | h | 多用于 IT4～IT11 级。广泛用于无相对转动的零件，作为一般的定位配合。若没有温度、变形影响，也用于精密滑动配合 |
| 过　渡　配　合 | js | 偏差完全对称（±IT/2），平均间隙较小的配合，多用于 IT4～IT7 级，要求间隙比 h 轴小，并允许略有过盈的定位配合，如联轴节、齿圈与钢制轮毂，可用木锤装配 |
| | k | 平均间隙接近于零的配合，适用于 IT4～IT7 级，推荐用于稍有过盈的定位配合，例如为了消除振动用的定位配合，一般用木锤装配 |
| | m | 平均过盈较小的配合，适用于 IT4～IT7 级，一般可用木锤装配，但在最大过盈时，要求相当的压入力 |
| | n | 平均过盈比 m 轴稍大，很少得到间隙，适用于 IT4～IT7 级，用锤或压入机装配，通常推荐用于紧密的组件配合，H6/n5 配合时为过盈配合 |
| 过　盈　配　合 | p | 与 H6 或 H7 配合时是过盈配合，与 H8 孔配合时则为过渡配合，对非铁类零件，为较轻的压入配合，当需要时易于拆卸。对钢、铸铁或铜、钢组件装配是标准压入配合 |
| | r | 对铁类零件为中等打入配合，对非铁类零件，为轻打入的配合，当需要时可以拆卸。与 H8 孔配合，直径在 100mm 以上时为过盈配合，直径小时为过渡配合 |
| | s | 用于钢和铁制零件的永久性和半永久性装配，可产生相当大的结合力。当用弹性材料，如轻合金时，配合性质与铁类零件的 p 轴相当，例如套环压装在轴上、阀座等的配合。尺寸较大时，为了避免损伤配合表面，需用热胀或冷缩法装配 |
| | t | 过盈较大的配合。对钢和铸铁零件适于作永久性结合，不用键可传递转矩，需用热胀或冷缩法装配。例如联轴节与轴的配合 |
| | u | 这种配合过盈大，一般应验算在最大过盈时，工件材料是否损坏，要用热胀或冷缩法装配。例如火车轮毂和轴的配合 |
| | v、x y、z | 这些基本偏差所组成配合的过盈量更大，目前使用的经验和资料还很少，须经试验后才应用，一般不推荐 |

## 第四节　形状与位置公差及其选择

形状和位置误差对零件使用功能有很大的影响。为了充分满足零件的功能要求，保证零件的互换性和经济性，除给定尺寸公差外，还必须对零件的形状和位置误差加以限制，合理规定相应的形状和位置公差。形位公差项目和图样的标注方法按形位公差国家标准 GB/T1182—1996 的规定，其形位公差项目见表 3-10；被测要素、基准要素的标注要求及符号见表 3-11。

**表 3-10　形位公差项目的符号**

| 公　差 | | 特征项目 | 符号 | 有或无基准要求 |
|---|---|---|---|---|
| 形　状 | 形　状 | 直线度 | — | 无 |
| | | 平面度 | ▱ | 无 |
| | | 圆　度 | ○ | 无 |
| | | 圆柱度 | ⌀ | 无 |
| 形状或位置 | 轮　廓 | 线轮廓度 | ⌒ | 有或无 |
| | | 面轮廓度 | ⌓ | 有或无 |
| 位　置 | 定　向 | 平行度 | // | 有 |
| | | 垂直度 | ⊥ | 有 |
| | | 倾斜度 | ∠ | 有 |
| | 定　位 | 位置度 | ⊕ | 有或无 |
| | | 同轴（同心）度 | ◎ | 有 |
| | | 对称度 | = | 有 |
| | 跳　动 | 圆跳动 | ↗ | 有 |
| | | 全跳动 | ↗↗ | 有 |

### 一、基本概念

（一）要素

是指零件上的特征部分——点、线或面，见图 3-13。它是规定形位公差的具体对象。

零件上实际存在的要素称为实际要素；图样上具有几何意义的要素称为理想要素。

构成零件几何外形的要素称为轮廓要素；由轮廓要素取得的圆心，球心，轴线或中心平面和中心线称为中心要素。

图样上给出了形状或（和）位置公差的要素称为被测要素；用来确定被测要素方向或位置的要素称为基准要素。基准分为基准点、基准线和基准平面。

表 3-11　被测要素、基准要素的标注要求及符号

| 说　　明 | | 符　　号 |
|---|---|---|
| 被测要素的标注 | 直　接 | ⊥↓⁄⁄⁄⁄⁄ |
| | 用字母 | A ⁄⁄⁄⁄⁄⁄⁄ |
| 基准要素的标注 | | Ⓐ⁄⁄⁄⁄⁄⁄⁄ |
| 基准目标的标注 | | $\frac{\phi2}{A1}$ |
| 理论正确尺寸 | | 50 |
| 包容要求 | | Ⓔ |
| 最大实体要求 | | Ⓜ |
| 最小实体要求 | | Ⓛ |
| 可逆要求 | | Ⓡ |
| 延伸公差带 | | Ⓟ |
| 自由状态（非刚性零件）条件 | | Ⓕ |
| 全周（轮廓） | | ⟲ |

仅对其本身给出形状公差的要素称为单一要素；对其它要素有功能关系，给有位置公差的要素称为关联要素。

（二）形位公差带

限制实际要素变动的区域称为形位公差带。实际要素必须位于形位公差带内方为合格。

形位公差带具有规定的形状、大小、方向和位置，由零件的功能和互换性要求来确定。

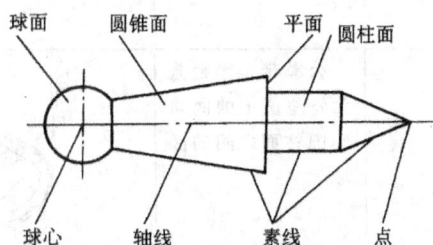

图 3-13　零件的几何要素

根据被测要素的特征和结构尺寸，公差带形状有如下几种主要形式：

圆内的区域；圆柱面内的区域；球内的区域；两同心圆之间的区域；两同轴圆柱面之间的区域；两平行直线之间的区域；两等距曲线之间的区域；两平行平面之间的区域以及两等距曲面之间的区域。其中，前三种形式属于圆形公差带；后几种属于非圆形公差带。

公差带大小（宽度或直径）由公差值决定。公差带方向为公差带宽度或直径方向，由图样上给定方向所决定。公差带的位置由功能要求所决定，有固定和浮动两种形式。

形位公差中某些项目的公差带定义和标注示例，见表 3-12。

**表 3-12  形位公差带定义和标注示例**

| 项目 | 公差带定义 | 公差带示意图 | 标 注 示 例 |
|---|---|---|---|
| 直线度 | 1. 在给定平面内：公差带是距离为公差值 $t$ 的两平行直线之间的区域 | | |
| 直线度 | 2. 在任意方向上：公差带是直径为公差值 $t$ 的圆柱面内一区域 | | |
| 平面度 | 公差带是距离为公差值 $t$ 的两平行平面之间的区域 | | |
| 圆度 | 公差带是在同一正截面上半径为公差值 $t$ 的两同心圆间的区域 | | |
| 圆柱度 | 公差带是半径差为公差值 $t$ 的两同轴圆柱面之间的区域 | | |
| 线轮廓度 | 公差带是包络一系列直径为公差值 $t$ 的圆的两包络线之间的区域，该圆圆心应位于理想轮廓上。即公差带是相距为公差值 $t$ 的两等距曲线 | | |

（续）

| 项目 | 公差带定义 | 公差带示意图 | 标注示例 |
|------|-----------|-------------|---------|
| 平行度 | 在给定方向上当给定一个方向时，公差带是距离为公差值 $t$，且平行于基准平面（或直线）的两平行平面之间的区域 | | |
| 垂直度 | 在任一方向上公差带是直径为公差值 $t$，且垂直于基准平面的圆柱面内的区域 | | |
| 同轴度 | 公差带是直径为公差值且与基准线同轴的圆柱内的区域 | | |
| 位置度 | 点的位置度公差带是直径为公差值 $t$，以点的理想位置为中心的圆或球心的区域 | | |
| 圆跳动 | 1. 径向圆跳动：公差带是垂直于基准轴线的任意测量平面内半径差为公差值 $t$ 且圆心在基准线上的两个同心圆之间的区域 | | |
| | 2. 端面圆跳动：公差带是与基准轴线同轴的任意一直径位置的测量圆柱面上，沿母线方向宽度为 $t$ 的圆柱面区域 | | |

## 二、公差原则

零件的实际状态取决于尺寸、形状和位置误差的综合影响。为了保证设计要求，如何根据总的几何精度要求合理地分配尺寸公差，形状公差和位置公差，以及正确评定它们的量值，关键在于必须明确尺寸公差与形状和位置公差之间的关系，即它们相互有关或无关。确定和处理尺寸公差与形状和位置公差的理论基础就是公差原则：独立原则和相关要求。

### （一）有关术语及定义

**1. 局部实际尺寸（$D_a$，$d_a$）** 在实际要素的任意正截面上，两对应点之间测得的距离，见图3-14。

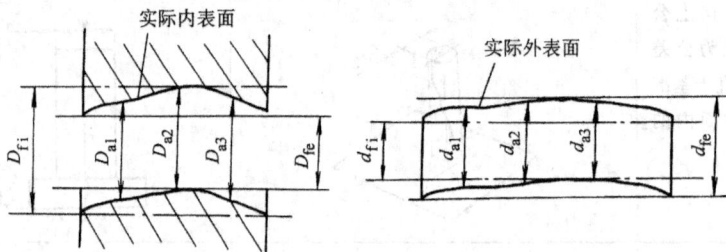

图3-14 局部实际尺寸和单一要素作用尺寸

**2. 作用尺寸** 反映实际尺寸与形状或位置误差综合影响的一个当量值。

（1）体外作用尺寸 对于单一要素，是指在被测要素的给定长度上，与实际内表面外相接的最大理想面或与实际外表面外相接的最小理想面的直径或宽度。见图3-14（$D_{fe}$或$d_{fe}$）。

对于关联要素，该理想面的轴线或中心平面必须与基准保持图样给定的几何关系。其尺寸为$D'_{fi}$或$d'_{fi}$，见图3-15。

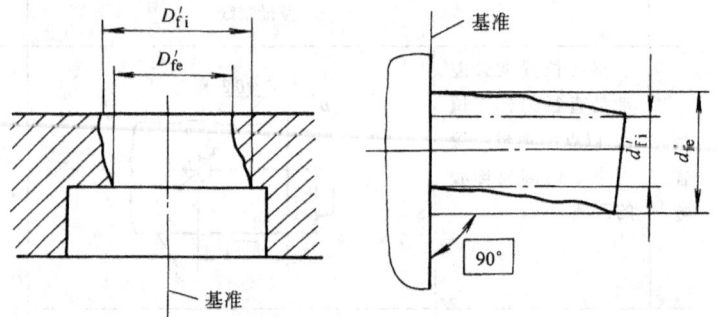

图3-15 关联要素作用尺寸

（2）体内作用尺寸 对于单一要素，是指在被测要素的给定长度上，与实际内表面体内相接的最小理想面或与实际外表面体内相接的最大理想面的直径或宽度$D_{fi}$或$d_{fi}$（见图3-14）。

对于关联要素，该理想面的轴线或中心平面必须与基准保持图样给定的几何关系。其尺寸分别为$D'_{fi}$或$d'_{fi}$（见图3-15）。

**3. 状态** 状态就是由图样规定的一种极限情况。

（1）最大实体状态（MMC）和最大实体尺寸 最大实体状态是指实际要素在给定长度上处处位于尺寸极限之内，并具有实体最大时的状态。

实际要素在最大实体状态下的极限尺寸称为最大实体尺寸$D_M$或$d_M$，即内表面为最小极限尺寸，外表面为最大极限尺寸。

（2）最小实体状态（LMC）和最小实体尺寸 最小实体状态是指实际要素在给定长度上处处位于尺寸极限之内，并具有实体最小时的状态。

实际要素在最小实体状态下的极限尺寸称为最小实体尺寸 $D_L$ 或 $d_L$，即内表面为最大极限尺寸，外表面为最小极限尺寸。

（3）最大实体实效状态（MMVC）和最大实体实效尺寸 最大实体实效状态是指在给定长度上，实际要素处于最大实体状态且其中心要素的形状或位置误差等于给出公差值时的综合极限状态。

最大实体实效状态下的体外作用尺寸称为最大实体实效尺寸 $D_{MV}$ 或 $d_{MV}$，即外表面 $d_{MV} = d_M + t$（见图 3-16）；对于内表面 $D_{MV} = D_M - t$（见图 3-17）。

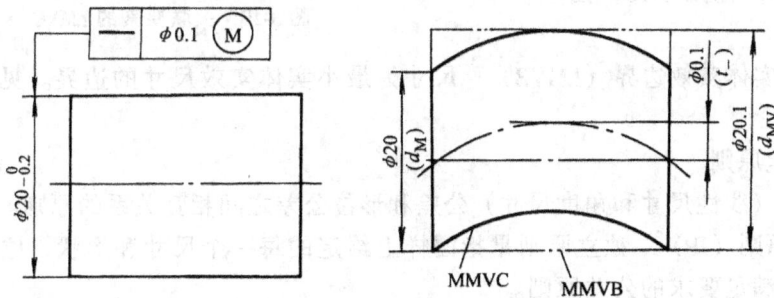

图 3-16 单一要素的 MMVC

（4）最小实体实效状态（LMVC）和最小实体实效尺寸 最小实体实效状态是指在给定长度上实际要素处于最小实体状态，且其中心要素的形状或位置误差等于给出公差值时的综合极限状态。

最小实体实效状态下的体内作用尺寸称为最小实体实效尺寸 $D_{LV}$ 或 $d_{LV}$，即对外表面 $d_{LV} = d_L - t$（图 3-18）；对内表面 $D_{LV} = D_L + t$（图 3-19）。

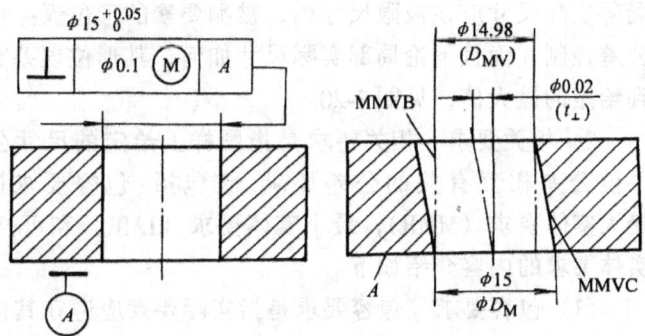

图 3-17 关联要素的 MMVC

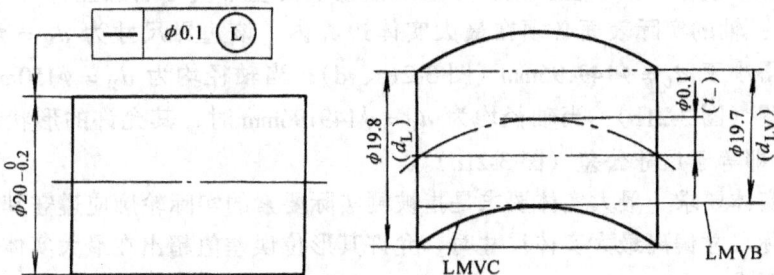

图 3-18 单一要素的 LMVC

4. 边界 由设计给定的具有理想形状的极限包容面。该极限包容面的直径或距离称为边界尺寸。

（1）最大实体边界（MMB）尺寸为最大实体尺寸的边界，见图 3-21。

（2）最小实体边界（LMB）尺寸为最小实体尺寸的边界。

（3）最大实体实效边界（MMVB）尺寸为最大实体实效尺寸的边界，见图 3-16、图 3-17。

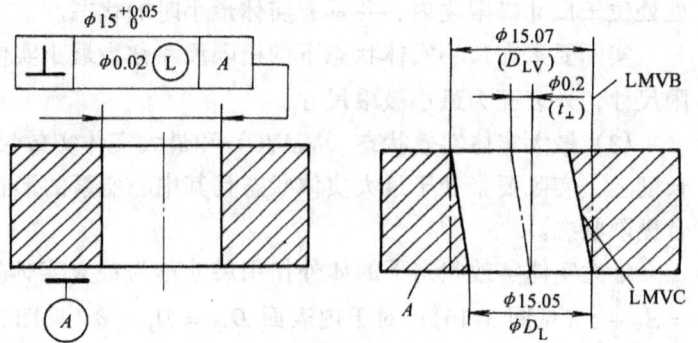

图 3-19 关联要素的 LMVC

（4）最小实体实效边界（LMVB） 尺寸为最小实体实效尺寸的边界。见图 3-18、图 3-19。

（二）公差原则

确定尺寸（线性尺寸和角度尺寸）公差和形位公差之间相互关系的原则。

1. 独立原则（IP） 独立原则是指图样上给定的每一个尺寸和形状、位置要求均是独立的，应分别满足要求的公差原则。

尺寸公差与形位公差遵守独立原则时，在图样上不注出任何附加符号，如ⓔ、Ⓜ、Ⓛ、0Ⓜ 和Ⓡ等。此时，要素的局部实际尺寸应在极限尺寸内，被测要素的形位误差由形位公差控制，而且不论局部实际尺寸如何，其形位误差允许达到给定的最大值，见图 3-20。

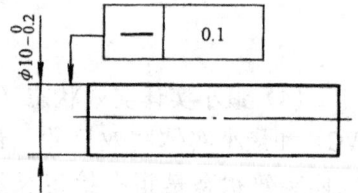

图 3-20 独立原则标注示例

2. 相关要求 相关要求是指图样上给定的尺寸公差和形位公差相互有关的公差要求。它包括：包容要求（ER），最大实体要求（MMR），最小实体要求（LMR）和可逆要求（RR）。现仅就包容要求和最大实体要求的内容介绍如下。

（1）包容要求 包容要求是指实际要素应遵守其最大实体边界，其局部实际尺寸不得超出最小实体尺寸的一种公差要求。

包容要求仅适用于单一要素（如圆柱表面或两平行平面），且有配合性能要求的场合。其实质是用尺寸公差控制形状误差。

采用包容要求的单一要素应在其尺寸极限偏差或公差带代号后加注符号"ⓔ"，见图 3-21a。其要求是：轴的实际表面必须在最大实体边界内，该边界尺寸为 $d_M = \phi 150mm$，其局部实际尺寸不得小于 $d_L = \phi 149.96mm$（图 3-21c、d）；当轴径均为 $d_M = \phi 150mm$ 时，其允许的形状误差为零（图 3-21b）；当轴径均为 $d_L = \phi 149.96mm$ 时，其允许的形状误差可达到最大值 0.04mm，即等于尺寸公差（图 3-21d）。

（2）最大实体要求 最大实体要求是指被测实际要素的实际轮廓应遵守其最大实体实效边界，当其实际尺寸偏离最大实体尺寸时，允许其形位误差值超出在最大实体状态下给出的公差值的一种要求。

最大实体要求仅适用于中心要素，且保证装配互换的场所。

最大实体要求的符号为"Ⓜ"。当应用于被测要素时，应在被测要素形位公差框格中的公差值后标注符号"Ⓜ"，见图 3-22a；当应用于基准要素时应在形位公差框格内的基准字母代号后标注符号"Ⓜ"，如

| ⊕ | $\phi t$Ⓜ | $A$Ⓜ |

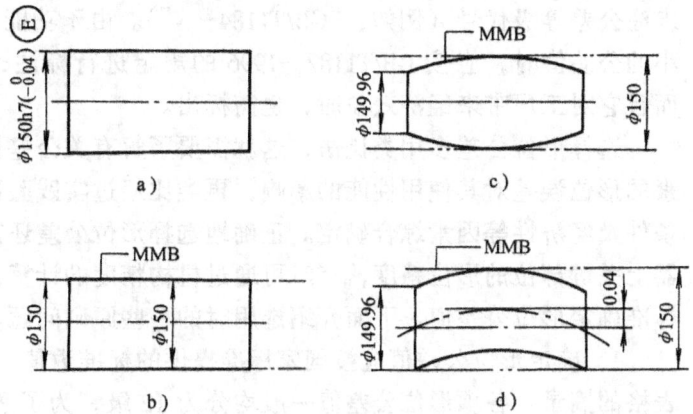

图 3-21 包容要求示例

1) 最大实体要求应用于被测要素。图 3-22a 表示轴 $\phi 20_{-0.3}^{\ 0}$ 的轴线直线度公差采用最大实体要求。当被测要素处于最大实体状态时，其轴线直线度公差为图样上的给定值 $\phi 0.1\text{mm}$（图 3-22b）。

该轴应满足下列要求：① 实际尺寸应在 $\phi 19.7 \sim \phi 20\text{mm}$ 范围内；②实际轮廓不得超出最大实体实效边界，即 $d_{\text{fe}}$ 不大于 $d_{\text{MV}}$（$d_{\text{MV}} = d_{\text{M}} + t = (20 + 0.1)\ \text{mm} = \phi 20.1\text{mm}$）；③ 当该轴处于 LMC 时，其轴线直线度误差允许达到最大值，即等于图样给出值 $\phi 0.1\text{mm}$ 与轴的尺寸公差 0.3mm 之和 0.4mm（图 3-22c）。

图 3-22d 为表达上述关系的动态公差图。

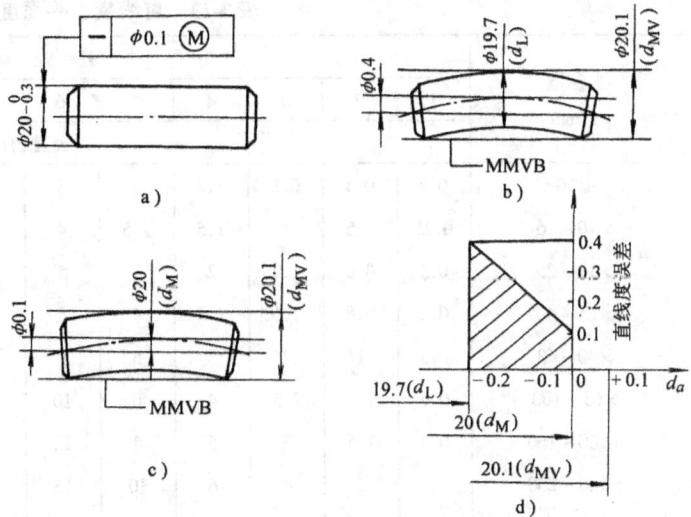

图 3-22 最大实体要求用于被测量要素示例

2) 最大实体要求应用于基准要素。当最大实体要求应用于基准要素时，基准要素应遵守相应的边界（MMVB 或 MMB）。若基准要素的实际轮廓偏离其相应边界，即其体外作用尺寸偏离其相应的边界尺寸，则允许基准在一定范围内浮动，其浮动范围等于基准要素的体外作用尺寸与其相应的边界尺寸之差（实例详见 GB/T16671—1996 中附录 B）。

对于关联被测要素采用最大实体要求时，若给出的位置公差值为零，则称为零形位公差，如

| ⊕ | $\phi 0$Ⓜ | $A$ |

此时，被测要素的 MMVB 等于 MMB；$D_{\text{MV}}$（$d_{\text{MV}}$）等于 $D_{\text{M}}$（$d_{\text{M}}$）。

### 三、形位公差值的选择

正确合理地确定形位公差项目和公差值，对保证机器或仪器的功能要求，提高经济效益至关重要。

图样上是否注出形位公差，应视零件的功能要求而定。如果零件所要求的形位公差值符合工厂的常用精度等级时，不必注出，通常也不检查。但应按 GB/T1184—1996《形状和位置

公差中未注公差值》的规定确定出所需的未注公差等级代号，并在标题栏附近标出标准号和未注公差等级代号（例如，"GB/T1184—K"）。由于功能原因，某要素要求比"未注公差值"小的公差值时，应按 GB/T1182—1996 的规定进行标注；如功能要求允许大于未注公差值，而且它对工厂带来经济效益时，也需标出。

选择形位公差多用类比法，这就需要了解有关公差标准。具体选择时应分析零件上各要素的形位误差对其使用性能的影响，再类比经过实践验证的同类机构，并兼顾工艺性、测量条件及经济性等因素综合确定。正确地选择形位公差还需要有一定的实践经验。对仪器和机器上关键部位的形位精度，有时可通过机构精度的计算，得出有关形位误差的允许值，再按标准确定形位公差值。下面介绍选用时的一些原则问题。

1. 确定形位公差值应按国家标准提供的标准数值　表 3-13 ~ 表 3-16 是标准中有关公差表格的摘录。各项形位公差值一般均分为 12 级，为了适应高精度零件的需要，圆度和圆柱度公差数值增设了一个"0"级。按主参数所在尺寸分段及形位公差等级即可查出有关标准公差值。位置度公差未分级，只给出位置度系数（表 3-17），并据以计算和选择标准值。

### 表 3-13　直线度、平面度

| 主参数 L/mm | 公差等级 | | | | | | | | | | | |
|---|---|---|---|---|---|---|---|---|---|---|---|---|
| | 1 | 2 | 3 | 4 | 5 | 6 | 7 | 8 | 9 | 10 | 11 | 12 |
| | 公差值/μm | | | | | | | | | | | |
| ≤ 10 | 0.2 | 0.4 | 0.8 | 1.2 | 2 | 3 | 5 | 8 | 12 | 20 | 30 | 60 |
| > 10 ~ 16 | 0.25 | 0.5 | 1 | 1.5 | 2.5 | 4 | 6 | 10 | 15 | 25 | 40 | 80 |
| > 16 ~ 25 | 0.3 | 0.6 | 1.2 | 2 | 3 | 5 | 8 | 12 | 20 | 30 | 50 | 100 |
| > 25 ~ 40 | 0.4 | 0.8 | 1.5 | 2.5 | 4 | 6 | 10 | 15 | 25 | 40 | 60 | 120 |
| > 40 ~ 63 | 0.5 | 1 | 2 | 3 | 5 | 8 | 12 | 20 | 30 | 50 | 80 | 150 |
| > 63 ~ 100 | 0.6 | 1.2 | 2.5 | 4 | 6 | 10 | 15 | 25 | 40 | 60 | 100 | 200 |
| > 100 ~ 160 | 0.8 | 1.5 | 3 | 5 | 8 | 12 | 20 | 30 | 50 | 80 | 120 | 250 |
| > 160 ~ 250 | 1 | 2 | 4 | 6 | 10 | 15 | 25 | 40 | 60 | 100 | 150 | 300 |
| > 250 ~ 400 | 1.2 | 2.5 | 5 | 8 | 12 | 20 | 30 | 50 | 80 | 120 | 200 | 400 |
| > 400 ~ 630 | 1.5 | 3 | 6 | 10 | 15 | 25 | 40 | 60 | 100 | 150 | 250 | 500 |
| > 630 ~ 1 000 | 2 | 4 | 8 | 12 | 20 | 30 | 50 | 80 | 120 | 200 | 300 | 600 |

主参数 L 图例

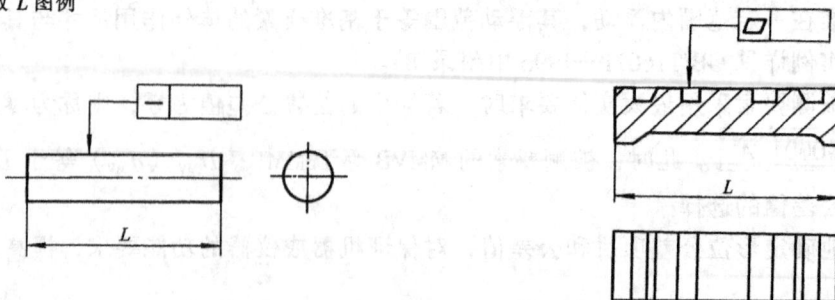

**表 3-14  圆度、圆柱度**

| 主参数 d（D）/mm | 公差等级 | | | | | | | | | | | | |
|---|---|---|---|---|---|---|---|---|---|---|---|---|---|
| | 0 | 1 | 2 | 3 | 4 | 5 | 6 | 7 | 8 | 9 | 10 | 11 | 12 |
| | 公差值/μm | | | | | | | | | | | | |
| ≤3 | 0.1 | 0.2 | 0.3 | 0.5 | 0.8 | 1.2 | 2 | 3 | 4 | 6 | 10 | 14 | 25 |
| >3～6 | 0.1 | 0.2 | 0.4 | 0.6 | 1 | 1.5 | 2.5 | 4 | 5 | 8 | 12 | 18 | 30 |
| >6～10 | 0.12 | 0.25 | 0.4 | 0.6 | 1 | 1.5 | 2.5 | 4 | 6 | 9 | 15 | 22 | 36 |
| >10～18 | 0.15 | 0.25 | 0.5 | 0.8 | 1.2 | 2 | 3 | 5 | 8 | 11 | 18 | 27 | 43 |
| >18～30 | 0.2 | 0.3 | 0.6 | 1 | 1.5 | 2.5 | 4 | 6 | 9 | 13 | 21 | 33 | 52 |
| >30～50 | 0.25 | 0.4 | 0.6 | 1 | 1.5 | 2.5 | 4 | 7 | 11 | 16 | 25 | 39 | 62 |
| >50～80 | 0.3 | 0.5 | 0.8 | 1.2 | 2 | 3 | 5 | 8 | 13 | 19 | 30 | 46 | 74 |
| >80～120 | 0.4 | 0.6 | 1 | 1.5 | 2.5 | 4 | 6 | 10 | 15 | 22 | 35 | 54 | 87 |
| >120～180 | 0.6 | 1 | 1.2 | 2 | 3.5 | 5 | 8 | 12 | 18 | 25 | 40 | 63 | 100 |

主参数 d（D）图例

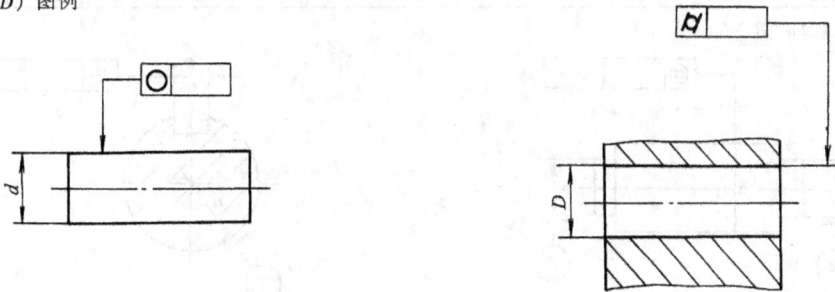

**表 3-15  平行度、垂直度、倾斜度**

| 主参数 L, d（D）/mm | 公差等级 | | | | | | | | | | | |
|---|---|---|---|---|---|---|---|---|---|---|---|---|
| | 1 | 2 | 3 | 4 | 5 | 6 | 7 | 8 | 9 | 10 | 11 | 12 |
| | 公差值/μm | | | | | | | | | | | |
| ≤10 | 0.4 | 0.8 | 1.5 | 3 | 5 | 8 | 12 | 20 | 30 | 50 | 80 | 120 |
| >10～16 | 0.5 | 1 | 2 | 4 | 6 | 10 | 15 | 25 | 40 | 60 | 100 | 150 |
| >16～25 | 0.6 | 1.2 | 2.5 | 5 | 8 | 12 | 20 | 30 | 50 | 80 | 120 | 200 |
| >25～40 | 0.8 | 1.5 | 3 | 6 | 10 | 15 | 25 | 40 | 60 | 100 | 150 | 250 |
| >40～63 | 1 | 2 | 4 | 8 | 12 | 20 | 30 | 50 | 80 | 120 | 200 | 300 |
| >63～100 | 1.2 | 2.5 | 5 | 10 | 15 | 25 | 40 | 60 | 100 | 150 | 250 | 400 |
| >100～160 | 1.5 | 3 | 6 | 12 | 20 | 30 | 50 | 80 | 120 | 200 | 300 | 500 |
| >160～250 | 2 | 4 | 8 | 15 | 25 | 40 | 60 | 100 | 150 | 250 | 400 | 600 |
| >250～400 | 2.5 | 5 | 10 | 20 | 30 | 50 | 80 | 120 | 200 | 300 | 500 | 800 |
| >400～630 | 3 | 6 | 12 | 25 | 40 | 60 | 100 | 150 | 250 | 400 | 600 | 1 000 |
| >630～1 000 | 4 | 8 | 15 | 30 | 50 | 80 | 120 | 200 | 300 | 500 | 800 | 1 200 |

主参数 L, d（D）图例

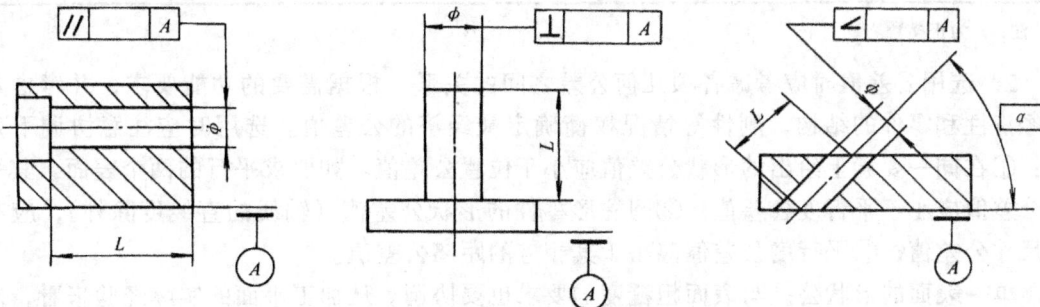

表 3-16 同轴度、对称度、圆跳动和全跳动

| 主参数<br>$d\,(D)$，$B$，$L$/mm | 公差等级 | | | | | | | | | | | |
|---|---|---|---|---|---|---|---|---|---|---|---|---|
| | 1 | 2 | 3 | 4 | 5 | 6 | 7 | 8 | 9 | 10 | 11 | 12 |
| | 公差值/$\mu$m | | | | | | | | | | | |
| ≤1 | 0.4 | 0.6 | 1.0 | 1.5 | 2.5 | 4 | 6 | 10 | 15 | 25 | 40 | 60 |
| >1~3 | 0.4 | 0.6 | 1.0 | 1.5 | 2.5 | 4 | 6 | 10 | 20 | 40 | 60 | 120 |
| >3~6 | 0.5 | 0.8 | 1.2 | 2 | 3 | 5 | 8 | 12 | 25 | 50 | 80 | 150 |
| >6~10 | 0.6 | 1 | 1.5 | 2.5 | 4 | 6 | 10 | 15 | 30 | 60 | 100 | 200 |
| >10~18 | 0.8 | 1.2 | 2 | 3 | 5 | 8 | 12 | 20 | 40 | 80 | 120 | 250 |
| >18~30 | 1 | 1.5 | 2.5 | 4 | 6 | 10 | 15 | 25 | 50 | 100 | 150 | 300 |
| >30~50 | 1.2 | 2 | 3 | 5 | 8 | 12 | 20 | 30 | 60 | 120 | 200 | 400 |
| >50~120 | 1.5 | 2.5 | 4 | 6 | 10 | 15 | 25 | 40 | 80 | 250 | 250 | 500 |
| >120~250 | 2 | 3 | 5 | 8 | 12 | 20 | 30 | 50 | 100 | 200 | 300 | 600 |
| >250~500 | 2.5 | 4 | 6 | 10 | 15 | 25 | 40 | 60 | 120 | 250 | 400 | 800 |

主参数 $d\,(D)$、$B$、$L$ 图例

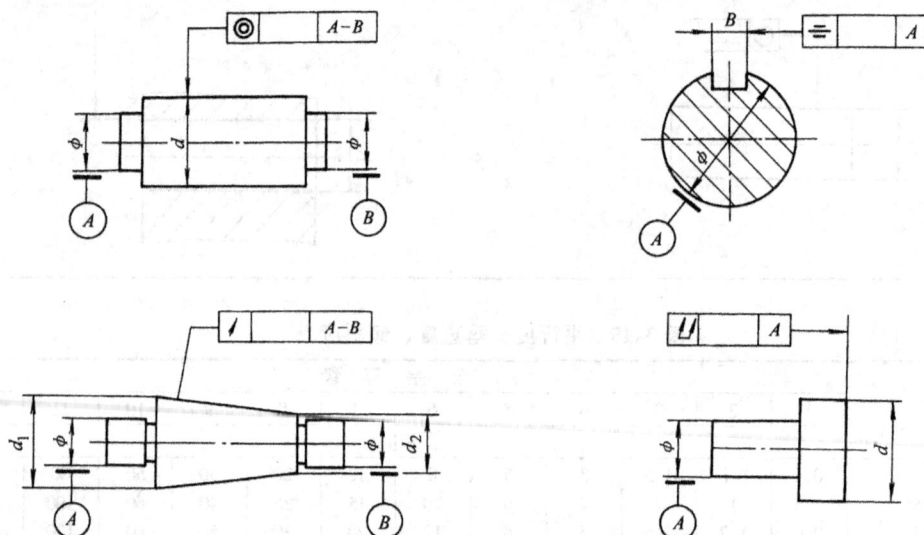

当被测要素为圆锥面时，取 $d=\dfrac{d_1+d_2}{2}$

表 3-17 位置度数系 （单位：$\mu$m）

| 1 | 1.2 | 1.5 | 2 | 2.5 | 3 | 4 | 5 | 6 | 8 |
|---|---|---|---|---|---|---|---|---|---|
| $1\times10^n$ | $1.2\times10^n$ | $1.5\times10^n$ | $2\times10^n$ | $2.5\times10^n$ | $3\times10^n$ | $4\times10^n$ | $5\times10^n$ | $6\times10^n$ | $8\times10^n$ |

注：$n$ 为正整数。

2. 选用公差值时应考虑各项几何公差之间的关系　根据需要的功能要求，并考虑加工的经济性和零件的结构，刚性等情况权衡确定最经济的公差值。选用时应注意协调下列情况：①在同一要素上给出的形状公差值应小于位置公差值。如要求平行的两个表面，其平面度公差值应小于平行度公差值；②圆柱形零件的形状公差值（轴线的直线度除外），应小于其尺寸公差值；③平行度公差值应小于其相应的距离公差值。

单一表面的形状公差与表面粗糙度的要求也要协调。从加工平面的实际经验来看，通常表面粗糙度约占形状公差（直线度、平面度）的 $1/4\sim1/5$。因此，对中等尺寸和中等精度的

零件，可参考这一关系选取公差值。

3．确定形位公差值时要考虑零件的结构特点和工艺性　对于刚性差的零件（如细长轴、薄壁件等）和距离远的孔轴等，由于加工和测量时都较难保证形位精度，故选用形位公差时，在满足零件功能的前提下，可适当降低 1～2 级选用。如：孔相对于轴；细长比较大的轴或孔；距离较大的轴或孔；宽度较大（一般大于 1/2 长度）的零件表面；线对线和线对面相对于面对面的平行度；线对线和线对面相对于面对面的垂直度。

# 第五节　表面粗糙度及其选择

表面粗糙度是指加工表面上具有较小间距和峰谷所组成的微观几何形状特性。一般它是由所采用的加工方法和其他因素形成的。表面粗糙度直接影响零件的配合性质、疲劳强度、耐磨性、抗腐蚀性以及密封性等使用性能，也影响外观质量。因此，表面粗糙度也是评定零件和产品质量的重要指标，因此，设计中应合理给出零件的粗糙度要求。

**一、基本术语**

（一）取样长度 $l$

用于判别具有表面粗糙度特征的一段基准线长度称为取样长度。规定和选择这段长度是为了限制和减弱表面波纹度对表面粗糙度测量结果的影响。

（二）评定长度 $l_n$

评定轮廓表面粗糙度所必须的一段长度称为评定长度。它可包括一个或几个取样长度，一般取 $l_n = 5l$。规定评定长度是为了充分合理地反映表面不均匀性对表面粗糙度特性的影响。

（三）轮廓中线 $m$

用于评定或测量表面粗糙度参数值的基准线。它包括轮廓最小二乘中线和轮廓算术平均中线。

1．轮廓最小二乘中线　是指具有几何轮廓形状并划分轮廓的线，且在取样长度内使轮廓线上各点的轮廓偏距的平方和为最小的基准线。见图 3-23a）。

2．轮廓算术平均中线　是指具有几何轮廓形状，在取样长度内与轮廓走向一致，并划分轮廓使上下两边的面积相等的基准线，见图 3-23b），即

$$F_1 + F_3 + \cdots + F_{2n-1} = F_2 + F_4 + \cdots + F_{2n}$$

**二、评定参数及其数值**

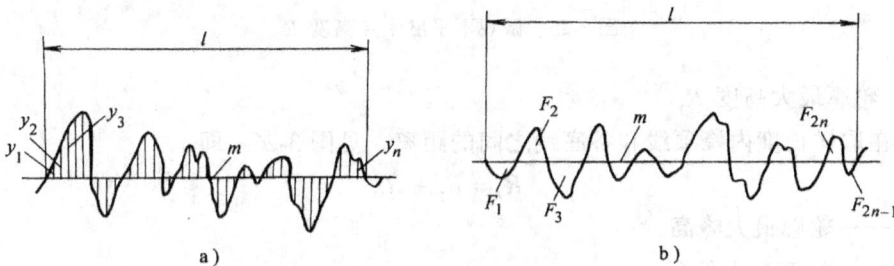

a）　　　　　　　　　　b）

图 3-23　轮廓中线

表面粗糙度国家标准 GB1031—1995 规定了三类评定参数，即高度参数（$R_a$、$R_z$ 和 $R_y$），间距参数（$S_m$，$S$），及形状参数（$t_p$）。其中高度参数为主参数，余者为附加参数。

（一）轮廓算术平均偏差 $R_a$

是指在取样长度 $l$ 内，轮廓偏距（$y_i$）绝对值的算术平均值，见图 3-24。

$$R_a = \frac{1}{l} \int_0^l |y| \, dx \tag{3-1}$$

或近似为

$$R_a \approx \frac{1}{n} \sum_{i=1}^n |y_i| \tag{3-2}$$

式中　$n$——在取样长度内所测点的数目。

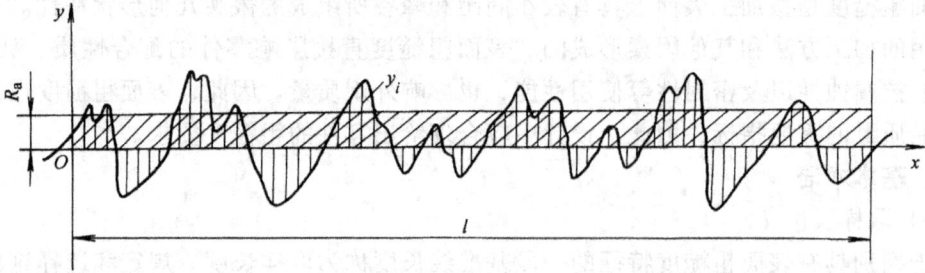

图 3-24　轮廓平均偏差 $R_a$

（二）微观不平度十点高度 $R_z$

在取样长度内 5 个最大的轮廓峰高（$y_{pi}$）的平均值与 5 个最大的轮廓谷深（$y_{vi}$）的平均值之和，见图 3-25，即

$$R_z = \frac{\sum\limits_{i=1}^5 y_{pi} + \sum\limits_{i=1}^5 y_{vi}}{5} \tag{3-3}$$

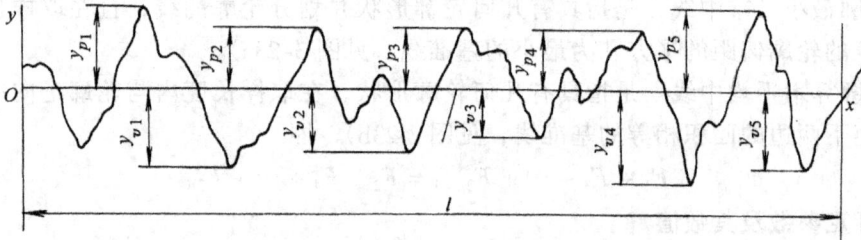

图 3-25　微观不平度十点高度 $R_z$

（三）轮廓最大高度 $R_y$

是指在取样长度内峰顶线和谷底线之间的距离，见图 3-26。即

$$R_y = R_p + R_m \tag{3-4}$$

式中　$R_p$——轮廓最大峰高；

　　　$R_m$——轮廓最大谷深。

$R_a$、$R_z$、$R_y$ 数值系列和推荐选用的取样长度 $l$、评定长度 $l_n$ 值见表 3-18。

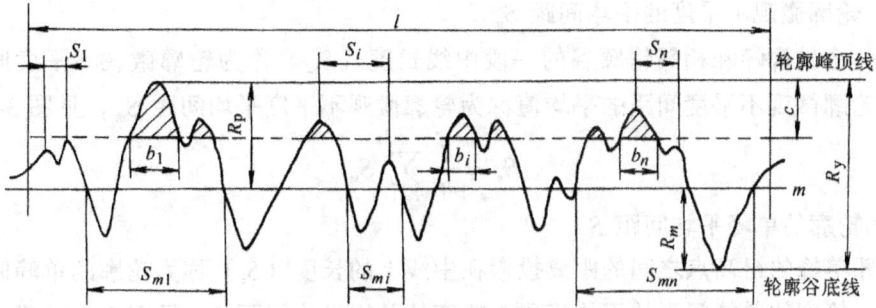

图 3-26　轮廓最大高度、轮廓微观不平度的平均间距 $S_m$ 和轮廓单峰平均间距 $S$

表 3-18　$R_a$、$R_z$、$R_y$ 数值和推荐选用对应的 $l$、$l_n$ 值（摘自 GB/T1031—1995）

| $R_a/\mu m$ | 系列 | 0.012 | | 0.025　0.050　0.1 | | |
|---|---|---|---|---|---|---|
| | 补充系列 | 0.008　0.010　0.016　0.020 | | 0.032　0.040　0.063　0.080 | | 0.125　0.160 |
| $(R_z,\ R_y)/\mu m$ | 系列 | 0.025　0.05　0.1 | | 0.2　　0.4 | | 0.8 |
| | 补充系列 | 0.032　0.040　0.063　0.080 | | 0.125　0.160　0.25　0.32　0.50 | | 0.63 |
| 取样长度 $l/mm$ | $R_a$ | 0.08 | | 0.25 | | 0.80 |
| | $R_z,\ R_y$ | 0.08 | | 0.25 | | 0.80 |
| 评定长度 $l_n/mm$ | $R_a$ | 0.4 | | 1.25 | | 4.0 |
| | $R_z,\ R_y$ | 0.4 | | 1.25 | | 4.0 |
| $R_a/\mu m$ | 系列 | 0.2　0.4　0.8　1.6 | | | 3.2　6.3 | |
| | 补充系列 | 0.25　0.32　0.50　0.63　1.00　1.25　2.0 | | | 2.5　4.0　5.0　8.0　10.0 | |
| $(R_z,\ R_y)/\mu m$ | 系列 | 1.60　3.2　6.3 | | | 12.5　25　50 | |
| | 补充系列 | 1.00　1.25　2.0　2.5　4.0　5.0　8.0　10.0 | | | 16.0　20　32　40 | |
| 取样长度 $l/mm$ | $R_a$ | 0.8 | | | 2.5 | |
| | $R_z,\ R_y$ | 0.8 | | | 2.5 | |
| 评定长度 $l_n/mm$ | $R_a$ | 4.0 | | | 12.5 | |
| | $R_z,\ R_y$ | 4.0 | | | 12.5 | |
| $R_a/\mu m$ | 系列 | 12.5　25　50 | | | 100 | |
| | 补充系列 | 16.0　20　32　40　63　80 | | | | |
| $(R_z,\ R_y)/\mu m$ | 系列 | 100　　200 | | | 400　800　1600 | |
| | 补充系列 | 63　80　125　160　250　320 | | | 500　630　1000　1250 | |
| 取样长度 $l/mm$ | $R_a$ | 8.0 | | | | |
| | $R_z,\ R_y$ | 8.0 | | | | |
| 评定长度 $l_n/mm$ | $R_a$ | 40.0 | | | | |
| | $R_z,\ R_y$ | 40.0 | | | | |

（四）轮廓微观不平度的平均间距 $S_m$

含有一个轮廓峰和相邻轮廓谷的一段中线长度（$S_{mi}$）称为轮廓微观不平度间距。在取样长度内轮廓微观不平度间距的平均值称为轮廓微观不平度平均间距 $S_m$，见图 3-26。即

$$S_m = \frac{1}{n} \sum_{i=1}^{n} S_{mi} \qquad (3-5)$$

（五）轮廓的单峰平均间距 $S$

两相邻单峰的最高点之间的距离投影在中线上的长度（$S_i$）称为轮廓的单峰间距。在取样长度内，轮廓的单峰间距的平均值称为轮廓的单峰平均间距 $S$，见图 3-26，即

$$S = \frac{1}{n} \sum_{i=1}^{n} S_i \qquad (3-6)$$

$S_m$ 和 $S$ 的数值系列为：0.006，0.0125，0.025，0.05，0.1，0.2，0.4，0.8，1.6，3.2，6.3，12.5mm。

（六）轮廓支承长度率 $t_p$

是指在取样长度内，一平行中线的线与轮廓相截所得到的各段截线长度之和与取样长度之比（图 3-26）。写成公式为：

$$t_p = \frac{b_1 + b_2 + \cdots\cdots + b_n}{l} \qquad (3-7)$$

上式中 $t_p$ 多用百分数的形式表示。

$t_p$ 的数值系列为：10%，15%，20%，25%，30%，40%，50%，60%，70%，80%，90%。由于 $t_p$ 值是对应于不同水平截距 $C$ 而给定的，因此，选用 $t_p$ 值时必须同时给出 $C$ 值。$C$ 值可用微米表示或用 $k_y$ 的百分数表示，即 $k_y$ 的 5%，10%，15%，20%，25%，30%，40%，50%，60%，70%，80%，90%。

$t_p$ 值能直接反映工件表面的耐磨性。

### 三、表面粗糙度的符号、代号及其注法

表面粗糙度的符号、代号及其数值标注见表 3-19。

表 3-19　表面粗糙度的符号、代号及其标注（摘自 GB/T131—93）

| 符　号 | 意　　义 | $R_a$ 值 的 标 注 | | | |
|---|---|---|---|---|---|
| | | 代　号 | 意　义 | 代　号 | 意　义 |
| $\sqrt{\phantom{x}}$ | 基本符号，表示表面可用任何方法获得，当不加注表面粗糙度参数值或有关说明（例如：表面处理、局部热处理状况等）时，仅适用于简化代号标注 | $\sqrt{\phantom{3.2}}^{3.2}$ | 用任何方法获得的表面粗糙度，$R_a$ 的上限值为 3.2μm | $\sqrt{\phantom{3.2max}}^{3.2max}$ | 用任何方法获得的表面粗糙度，$R_a$ 的最大值为 3.2μm |
| $\bigvee$ | 基本符号上加一短划，表示表面是用去除材料的方法获得。例如：车、铣、钻、磨、剪切、抛光、腐蚀、电火花加工、气割等 | $\sqrt{\phantom{3.2}}^{3.2}$ | 用去除材料方法获得的表面粗糙度，$R_a$ 的上限值为 3.2μm | $\sqrt{\phantom{3.2max}}^{3.2max}$ | 用去除材料方法获得的表面粗糙度，$R_a$ 的最大值为 3.2μm |

（续）

| 符 号 | 意 义 | $R_a$ 值 的 标 注 | | | |
|---|---|---|---|---|---|
| | | 代 号 | 意 义 | 代 号 | 意 义 |
| ∀ | 基本符号加一小圆，表示表面是用不去除材料的方法获得，例如铸、锻、冲压，变形、热轧、冷轧、粉末冶金等<br>或者是用于保持原供应状况的表面（包括保持上道工序的状况） | 3.2/∀ | 用不去除材料方法获得的表面粗糙度，$R_a$ 的上限值为 $3.2\mu m$ | 3.2max/∀ | 用不去除材料方法获得的表面粗糙度，$R_a$ 的最大值为 $3.2\mu m$ |
| | | 3.2<br>1.6/∀ | 用去除材料方法获得的表面粗糙度，$R_a$ 的上限值为 $3.2\mu m$，下限值为 $1.6\mu m$ | 3.2max<br>1.6mm/∀ | 用去除材料方法获得的表面粗糙度，$R_a$ 的最大值为 $3.2\mu m$，$R_a$ 的最小值为 $1.6\mu m$， |

$R_z$、$R_y$ 值的标注

| 代 号 | 意 义 | 代 号 | 意 义 |
|---|---|---|---|
| $R_y 3.2$/∀ | 用任何方法获得的表面粗糙度，$R_y$ 的上限值为 $3.2\mu m$ | $R_y 3.2max$/∀ | 用任何方法获得的表面粗糙度，$R_y$ 的最大值为 $3.2\mu m$ |
| $R_z 200$/∀ | 用不去除材料的方法获得的表面粗糙度，$R_z$ 的上限值为 $200\mu m$ | $R_z 200max$/∀ | 用不去除材料方法获得的表面粗糙度，$R_z$ 的最大值为 $200\mu m$ |
| $R_z 3.2$<br>$R_z 1.6$/∀ | 用去除材料的方法获得的表面粗糙度，$R_z$ 的上限值为 $3.2\mu m$，下限值为 $1.6\mu m$ | $R_a 3.2max$<br>$R_a 1.6min$/∀ | 用去除材料方法获得的表面粗糙度，$R_z$ 的最大值为 $3.2\mu m$，最小值为 $1.6\mu m$ |
| 3.2<br>$R_y 12.5$/∀ | 用去除材料方法获得的表面粗糙度，$R_a$ 的上限值为 $3.2\mu m$，$R_y$ 的上限值为 $12.5\mu m$ | 3.2max<br>$R_y 12.5max$/∀ | 用去除材料方法获得的表面粗糙度，$R_a$ 的最大值为 $3.2\mu m$，$R_y$ 的最大值为 $12.5\mu m$ |

其它要求的标注

| 取样长度的标注 | 需指定加工方法的标注 | $S$、$S_m$、$t_p$ 值 的 标 注 | |
|---|---|---|---|
| 标注在符号长边的横线下面 | 用文字标注在符号长边的横线上面 | 标注在符号长边的横线下面的括号内，数值写在相应符号的后面 | |
| $\frac{a}{2.5}$ | $\overset{铣}{a}$ | $\frac{a}{(S_m 0.050)}$ | $\frac{a}{(t_p 70\%, C 50\%)}$ |

注：$R_a$ 是常用参数，在表面粗糙度符号上方只需标注数值，不必标出代号"$R_a$"。对于 $R_z$ 和 $R_y$ 不仅要标出数值，还应标注参数代号。

表面粗糙度在图样上标注方法：例如，在同一图样上，每一表面一般只标注一次代[符] 号，并尽可能靠近有关的尺寸线，当地位狭小或不便标注时，可引出标注，如图 3-27a 所示；中心孔的工作表面，键槽工作面，倒角、圆角的表面粗糙度代号，可以简化标注，如图 3-27b 所示。

**四、表面粗糙度的选择**

零件表面粗糙度的选择主要包括评定参数和参数值的选择。

（一）评定参数的选择

1. 高度参数的选用　在常用的参数范围内（$R_a$ 为 $0.025 \sim 6.3\mu m$，$R_z$ 为 $0.100 \sim 25\mu m$），优先选用 $R_a$，以便于采用触针式测量仪器和标准比较样块，并与世界上绝大多数采用 $R_a$ 的国家取得一致。

当工厂现有测量仪器只能测 $R_z$，或粗糙度要求特别高或特别低（$R_z > 6.3\mu m$，$R_z < 0.025\mu m$）时，由于这些范围所用的测量仪器适用于测量 $R_z$ 值，则应选用 $R_z$ 参数。

当某些表面很小或为曲面时，由于测不到计算 $R_z$ 所需的 5 个最大峰高和 5 个最大谷深，或规定很粗的表面粗糙度，或从某些功能要求考虑，如有疲劳强度要求等，可选用 $R_y$ 参数。

当除有疲劳强度要求外，还有耐磨性等其他功能要求时，可同时选用 $R_a$ 和 $R_y$ 或 $R_z$ 和 $R_y$ 两个高度参数，以控制多功能的要求。但 $R_a$ 与 $R_z$ 不能同时选用。

2. 间距参数 $S_m$ 和 $S$ 的选用 根据某些功能需要，如涂漆性能，抗腐蚀性，抗振性，避免深度冲压成形时引起裂纹，减小流体流动摩擦阻力等要求，需选用 $S_m$ 和 $S$ 来控制表面微观不平度横向间距的细密度。

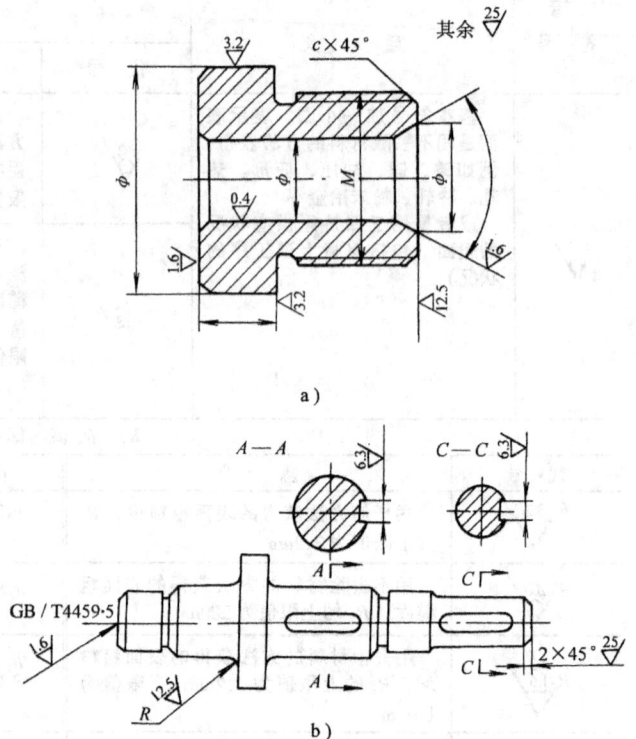

图 3-27 表面粗糙度图样标注示例

3. 形状参数 $t_p$ 的选用 当零件表面有高的耐磨性和接触刚度、强度等功能需要时，应附加形状参数 $t_p$ 的要求。

（二）表面粗糙度参数值的选择

总的选用原则是：在满足功能要求的前提下，尽量选用较大的表面粗糙度参数值，以降低制造成本，取得良好的经济效益。选择时通常参考零件的加工方法用类比法确定。对高度参数值应考虑下列关系权衡而定。

1）同一零件上工作表面的粗糙度参数值应小于非工作表面的粗糙度参数值。

2）摩擦表面比非摩擦表面的粗糙度参数值要小；滚动摩擦表面比滑动摩擦表面的粗糙度参数值要小；运动速度高、单位压强大的摩擦表面应比运动速度低、单位压强小的摩擦表面的粗糙度参数值要小。

3）承受变载荷的表面及最易产生应力集中的部位（如圆角，沟槽），表面粗糙度参数值要小。

4）配合性质要求高的结合表面，配合间隙小的配合表面以及要求联接可靠、受重载的过盈配合表面等，均应选较小的表面粗糙度参数值。

5）配合性质相同，零件尺寸越小，粗糙度参数值应越小；同一公差等级，小尺寸比大尺寸，同一尺寸的轴比孔的表面粗糙度参数值要小。

6）运动精度要求高的表面和接触刚度要求好的表面，粗糙度参数值要求小。

表面粗糙度的适用范围见表 3-20。

**表 3-20　表面粗糙度的适用范围**

| 表面粗糙度 | | 表面状况 | 适　用　范　围 |
|---|---|---|---|
| $R_a/\mu m$ | $R_z/\mu m$ | | |
| 100 | 400 | 刀痕明显 | 粗加工后的表面。一般很少采用，多用于精加工前的预加工 |
| 25 | 100 | 可见刀痕 | 粗加工表面中比较精确的一级，应用范围较广，一般用于非结合表面，如轴端面，倒角，钻孔，齿轮及带轮的侧面，键槽的非工作表面，垫圈的接触面，不重要的安装支承面，螺钉、铆钉孔表面等 |
| 12.5 | 50 | 可见加工痕迹 | 半精加工表面。不重要零件的非配合表面：如支柱、轴、支架、外壳、衬套、盖等的端面。紧固件的自由表面：飞轮、带轮、联轴器、凸轮、偏心轮的侧面，平键及键槽上下面，楔键侧面，花键非定心表面，齿轮顶圆表面。不重要的铰接配合表面 |
| 6.3 | 25 | 微见加工痕迹 | 半精加工表面。和其他零件联接而不形成配合的表面：外壳、座架、盖、凸耳端面、扳手和手轮的外圆。要求有定心及配合特性的固定支承表面：定心的轴肩，键和键槽的工作表面。不重要的紧固螺纹的表面，轴与毡圈摩擦面，非传动用的梯形螺纹、锯齿形螺纹表面。低速（30~60r/min）工作的滑动轴承和轴的摩擦表面。张紧链轮、导向滚轮孔与轴的配合表面。低速下工作的支承轴肩、止推滑动轴承及中间垫片的工作表面等 |
| 3.2 | 12.5 | 不见加工痕迹 | 接近于精加工表面。要求粗略定心的配合表面及固定支承表面：衬套、轴承和定位销的压入孔。不要求定心及配合特性的活动支承面：活动关节，花键结合，8级齿轮的齿面，传动螺纹工作面，低速转动（30~60r/min）的轴颈，楔形键及槽的上下面，轴承盖凸肩表面（对中用），端盖内侧面。V带轮槽的表面，电镀前金属表面，滑块及导向面等 |
| 1.6 | 6.3 | 可辨加工痕迹的方向 | 要求保证定心及配合特性的表面：锥销与圆柱销的表面，与/PO级精度滚动轴承配合的孔，中速转动（60~120r/min）的轴颈，过盈配合的孔（H7），间隙配合的孔（H8、H9），花键轴上的定心表面。不要求保证定心及配合特性的表面：高精度的活动球状接头表面，支承垫圈，磨削齿轮齿面等 |
| 0.80 | 3.2 | 微辨加工痕迹的方向 | 要求长期保持所规定配合特性的7级轴和孔的配合面，高速转动（1200r/min以上）的轴颈和衬套工作面，间隙配合中7级孔（H7），7级齿轮工作面，7~8级蜗杆齿面，滚动轴承颈。要求保证定心及配合特性的表面：滑动轴承轴瓦的工作表面，阻尼阀的针身。不要求保证定心及结合特性的活动支承面：一般机械导杆及推杆表面，工作时受反复应力的重要零件，在不破坏配合特性下工作要保证其耐久性和疲劳强度所要求的表面：受力螺栓的圆柱表面，曲轴和凸轮轴的工作表面。较大重要零件过盈配合面。发动机气门的圆锥面。与橡胶油封相配合的轴表面 |
| 0.40 | 1.6 | 不可辨加工痕迹的方向 | 工作时承受反复应力的重要零件表面。保证零件的疲劳强度、防腐性和耐久性，并在工作时不破坏配合特性的表面：轴颈表面，活塞和柱塞表面，要求气密的表面和支承表面，圆锥定心表面。IT5、IT6公差等级配合的表面。3、4、5级精度齿轮的工作表面。/P4级精度滚动轴承配合的轴颈。液压缸和柱塞的表面。齿轮泵轴颈 |
| 0.20 | 0.80 | 暗光泽面 | 工作时承受较大反复应力的重要零件表面。保证零件的疲劳强度、防腐性及耐久性的一些表面：活塞销的表面，液压传动用孔的表面，保证精确定心的锥体表面，喷油器针阀体的密封配合面 |
| 0.10 | 0.40 | 亮光泽面 | 特别精密的滚珠轴承套圈滚道，滚动轴承的滚珠及滚柱表面，摩擦离合器的摩擦表面，工作验规的测量表面 |
| 0.050 | 0.20 | 镜状光泽面 | 特别精密或高速的滚动轴承的滚珠及滚柱表面，量仪中中等精度间隙配合零件的工作表面，柴油机喷油泵柱塞和柱塞套的配合表面 |
| 0.025 | 0.10 | 雾状镜面 | 仪器的测量表面。量仪中高精度间隙配合零件工作表面。尺寸超过100mm的量块工作表面 |
| 0.012 | 0.050 | 镜面 | 量块的工作表面，高精度测量仪器的测量面，光学测量仪器中金属镜面，高精度仪器摩擦机构的支承面 |

## 思考题及习题

3-1  何谓互换性？按互换程度可分为几类？它们的区别是什么？

3-2  试判断下列说法是否正确：

(1) 零件的互换性程度愈高愈好。

(2) 具有互换性的零件，必须制成完全一样。

(3) 公差是零件尺寸允许的最大偏差。

(4) 过渡配合可能有间隙，也可能有过盈。因此，过渡配合可能是间隙配合，也可能是过盈配合。

(5) 某孔的实际尺寸小于相配轴的实际尺寸，则形成过盈配合。

(6) 基孔制配合就是先加工孔，基轴制配合就是先加工轴。

3-3  根据表中已给出的数据，试求空格中的数值。

（单位：mm）

| 孔 或 轴 | 最大极限尺寸 | 最小极限尺寸 | 上 偏 差 | 下 偏 差 | 公 差 | 尺 寸 标 注 |
|---|---|---|---|---|---|---|
| 孔：$\phi10$ | 9.985 | 9.970 | | | | |
| 孔：$\phi18$ | | | | | | $\phi18^{+0.017}_{+0.006}$ |
| 孔：$\phi30$ | | | + 0.012 | | 0.021 | |
| 轴：$\phi40$ | | | − 0.050 | − 0.112 | | |
| 轴：$\phi60$ | 60.041 | | | | 0.030 | |
| 轴：$\phi85$ | | 84.978 | | | 0.022 | |

3-4  查表和计算确定下列三对孔、轴配合的极限间隙或极限过盈，配合公差，画出公差带图，并说明所属何种配合制及哪类配合。

  (1) $\phi50H8/f7$    (2) $\phi30K7/h6$    (3) $\phi180H7/u6$

3-5  已知下列三对轴、孔配合的极限间隙或极限过盈，试分别自拟配合制，并确定孔、轴尺寸的公差等级，选择适当的配合种类。

(1) 配合的基本尺寸 $\phi25$mm，$X_{max} = + 0.086$mm，$X_{min} = + 0.020$mm。

(2) 配合的基本尺寸 $\phi40$mm，$Y_{max} = − 0.076$mm，$Y_{min} = − 0.035$mm。

(3) 配合的基本尺寸 $\phi60$mm，$Y_{max} = − 0.053$mm，$X_{max} = + 0.023$mm。

3-6  根据规定的形位公差等级：圆跳动公差等级为 7 级；圆柱度公差等级为 7 级；对称度公差等级为 9 级。试在图 3-28 中所标形位公差框格内，填入相应的形位公差数值。

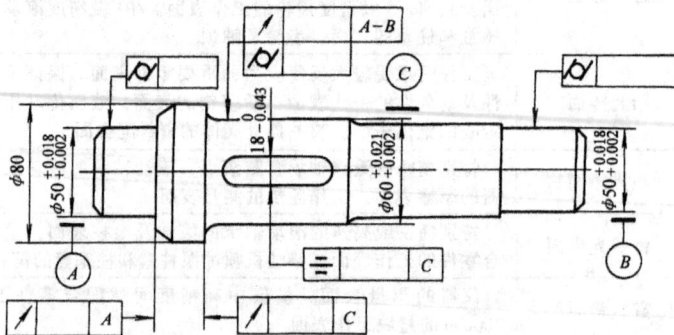

图 3-28  题 3-6

3-7 将下列各项形位公差和表面粗糙度要求，标注在图 3-29 中所示图样上。

（1）左端面的平面度公差为 0.01mm。

（2）右端面对左端面的平行度公差为 0.04mm。

（3）$\phi70$mm 孔的尺寸公差带为 H7，该孔对左端面的垂直度公差要求是：当孔为 $\phi70$mm 时，垂直度误差为零，其允许的最大值不得大于尺寸公差。

（4）$\phi210$mm 外圆面的尺寸公差带为 h8，同时它对 $\phi70$H7 孔的同轴度公差为 0.03mm，并遵守独立原则。

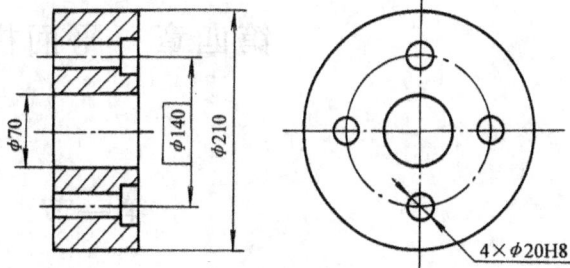

图 3-29 题 3-7

（5）$4\times\phi20$H8 孔对左端面（第一基准）和 $\phi70$H7 孔轴线（第二基准）的位置度公差为 0.15mm，被测要素和基准要素均采用最大实体要求。

（6）$\phi70$H7 孔的表面粗糙度 $R_a$ 的上限值为 $0.8\mu m$；$\phi210$h8 外圆面的 $R_a$ 的上限值为 $1.6\mu m$；其余表面的 $R_a$ 上限值为 $3.2\mu m$。（该零件采用切削加工）

3-8 图 3-30 所示为一套筒垂直度公差的四种标注方法。试按表中所列要求，于空格内分别进行填写。

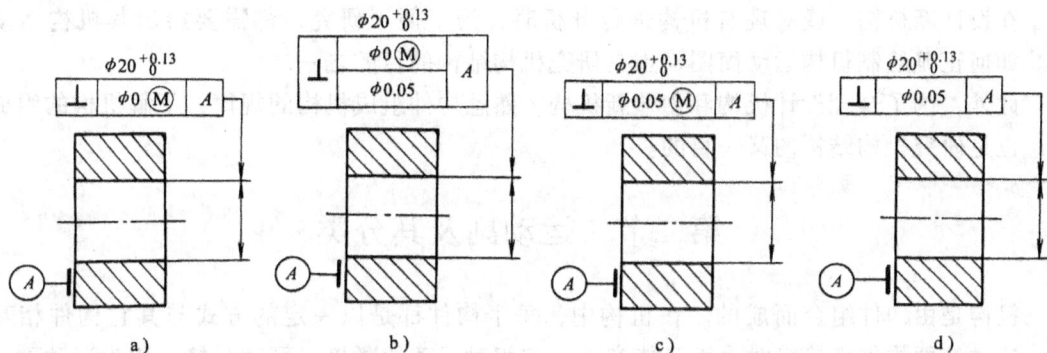

图 3-30 题 3-8

| 图序号 | 公差原则或要求 | 理想边界 | 边界尺寸 | 孔为 $D_M$ 时的垂直度公差/mm | 孔为 $D_L$ 时允许的垂直度误差值/mm |
|---|---|---|---|---|---|
| 图 3-30a | | | | | |
| 图 3-30b | | | | | |
| 图 3-30c | | | | | |
| 图 3-30d | | | | | |

# 第四章 平面机构的结构分析

## 第一节 概 述

机构是按一定方式联接的构件组合体，是用来传递运动和力或改变运动的形式，为了达到这些目的，机构必须具有确定的运动。在设计新机构时，首先应判断所设计的机构能否运动；如果能够运动，尚需判断在什么条件下各构件间具有确定的相对运动。因此，研究机构结构的目的之一，就在于探讨机构运动的可能性及其具有确定运动的条件。

现今应用的机构，其型式和具体结构是各种各样的，对它们逐一地分析研究是极为繁琐的，而且实际上也无此必要。因此，研究机构结构的另一目的，就在于将上述繁多的机构，根据其各自的结构特点加以分类，并按这种分类，来建立对其进行运动分析和动力分析的一般方法。

在设计新机构，或对现有机构进行分析时，为了便于研究，都需要绘出其机构运动简图。如何正确绘制机构运动简图，也是研究机构结构的目的之一。

此外，为了合理设计机构和创造新机构，熟悉构件组成机构的规律，了解机构的组成原理，也是研究机构结构的又一目的。

## 第二节 运动副及其分类

机构是由构件组合而成的。在机构中，每个构件都是以一定的方式与其它构件相互联接。这种使两构件直接接触，而又能产生一定相对运动的联接（可动联接）称为运动副。例如轴颈与轴承之间的联接，滑块与导槽之间的联接和轮齿与轮齿之间的联接等都构成运动副。构件之间的接触不外乎点、线、面三种。例如滚珠轴承的滚珠与内外座圈之间为点接触；互相啮合的轮齿之间为点或线接触；而轴颈与轴承或滑块与导槽之间为面接触。这些构成运动副的点、线、面称为运动副要素。

按照组成运动副两构件间的相对运动是平面运动还是空间运动，可把运动副分为平面运动副和空间运动副。由于常用的机构中大多数为平面运动副，所以本节将主要讨论平面运动副的有关问题。

由工程力学可知，构件作任意平面运动时，其运动可分解为三个独立运动：沿 $x$ 轴的移动、沿 $y$ 轴的移动和绕垂直于 $xOy$ 平面的轴转动。这三个独立运动也可以用图 4-1 所示的三个独立参变量（任一点 $A$ 的坐标 $x$ 和 $y$，以及任一直线的倾角 $\alpha$）来描述。当 $x$ 值变化时，构件将沿 $x$ 轴移动；当 $y$ 值变化时，构件将沿 $y$ 轴移动；当 $\alpha$ 值变化时，构件将在坐标平面内转动。我们把构件所具有的独立运动数目（或确

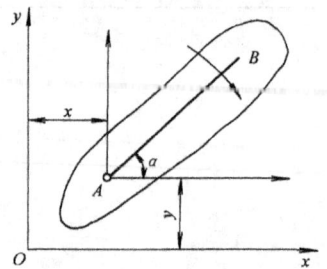

图 4-1 平面运动系

定构件位置的独立参变量的数目）称为自由度。显然，作平面运动的自由构件具有三个自由度。

当构件与另一构件组成运动副后，由于构件间的直接接触，使某些独立运动受到限制，自由度便随之减少。对独立运动所加的限制称为约束。每加上一个约束，构件便失去一个自由度；加上两个约束，构件便失去两个自由度。两构件间约束的多少和约束的特点，完全取决于运动副的型式。

具有两个约束而相对自由度为一的平面运动副如图 4-2 所示，图中 $xOy$ 为运动平面。

图 4-2a 所示的运动副，构件 2 相对于构件 1 沿 $x$ 轴和 $y$ 轴的两个相对移动受到约束，构件 2 只能绕垂直于 $xOy$ 平面的轴相对转动。这种具有一个独立相对转动的运动副称为转动副。轴颈和轴承间的联接、铰链的联接都构成转动副。

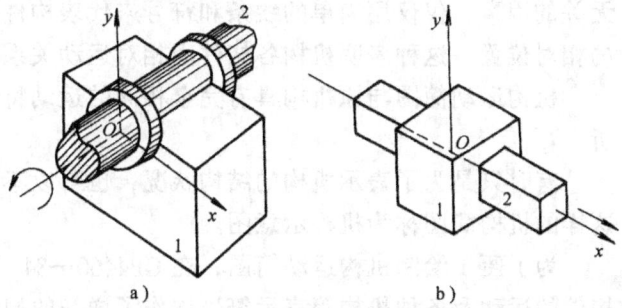

图 4-2  相对自由度为一的平面运动副

图 4-2b 所示的运动副，构件 2 沿 $y$ 轴的相对移动和绕垂直于 $xOy$ 平面的轴相对转动受到约束，构件 2 相对于构件 1 只能沿 $x$ 轴方向相对移动。这种具有沿一个方向独立相对移动的运动副称为移动副。一般矩形导轨的运动件和承导件就构成这样的移动副。

具有一个约束而相对自由度等于 2 的平面运动副如图 4-3 所示。在这种由曲线构成的运动副中，构件 2 沿公法线 $n$-$n$ 方向的移动受到约束，构件 2 相对于构件 1 可以沿接触点切线 $t$-$t$ 的方向独立移动，还可以同时绕点 $A$ 独立转动。这种具有两个独立相对运动的运动副，其一般型式如图 4-3a 所示，圆柱齿轮啮合时轮齿间的联接、滚子与凸轮轮廓之间的联接都属于这种情况；当构件 2 接触轮廓的曲率半径趋于零，则演化成图 4-3b 所示的型式，尖底从动件与凸轮轮廓之间的联接就构成这种运动副。

约束一个相对转动而保留两个独立相对移动的运动副是不可能存在的。因为只要两构件一旦直接接触，沿接触点公法线相对移动的可能性即被取消（如图 4-3 所示，构件 2 沿 $n$-$n$ 向下运动将受到构件 1 的限制；如沿 $n$-$n$ 向上运动则两构件将脱离接触而不再成为运动副了）。因此，从相对运动来看，平面运动副不外乎上述三种型式。

按照接触的特性，通常把运动副分为高副和低副。点接触或线接触的运动副称为高副；面接触的运动副称为低副。不难看出，上述平面运动副中，具有两个约束的运动副（转动副和移动副）都是面接触；具有一个约束的运动副（图 4-3）都是点或线接触。因此，在平面机构中，平面低副具有两个约束，平面高副具有一个约束。

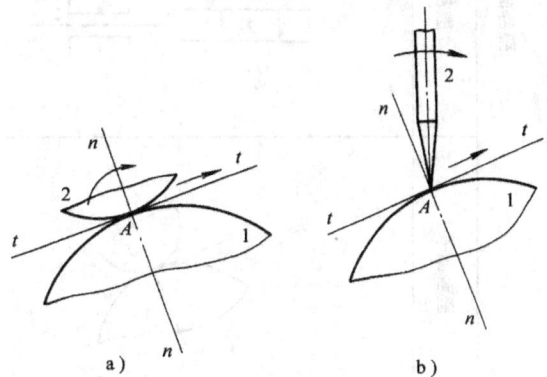

图 4-3  相对自由度为 2 的平面运动副

## 第三节 平面机构的运动简图

因为机构各构件间的相对运动，只取决于机构中的所有运动副的类型、数目及其相对位置（即回转副的中心位置，移动副的中心线位置和高副接触点的位置），而与构件的外形、组成构件的零件数和运动副的具体结构无关。因此，分析机构运动时，可不考虑那些与运动无关的因素，仅仅用简单的线条和符号来代表构件和运动副，并按一定比例表示各运动副间的相对位置。这种表明机构各构件间相对运动关系的简单图形称为机构运动简图。

机构运动简图与原机构具有完全相同的运动特性，可根据该图对机构进行运动和动力分析。

有时只是为了表示机构的结构状况，也可以不要求严格地按比例来绘制简图，而通常把这样的机构简图称为机构示意图。

为了便于绘制机构运动简图，在 GB4460—84 "机构运动简图符号" 中对运动副、构件、构件的运动及各种机构等表示符号均作了详细的规定，表 4-1 摘自该标准中部分内容，供参阅。

**表 4-1　运动副、构件的表示法**

| 运动副名称 | | 两运动构件所形成的运动副 | 两构件之一为机架时所形成的运动副 |
|---|---|---|---|
| 平面运动副 | 转动副 | | |
| | 移动副 | | |
| | 平面高副 | | |

| 运动副名称 | 两运动构件所形成的运动副 | 两构件之一为机架时所形成的运动副 |
|---|---|---|
| 空间运动副 螺旋副 |  |  |
| 空间运动副 球面副及球销副 |  |  |

| 双副元素构件 | 三副元素构件 | 多副元素构件 |
|---|---|---|
|  |  |  |

构件

绘制机构运动简图时，首先要搞清楚所要绘制机械的结构和动作原理，然后从原动件开始，按照运动传递的顺序，仔细分析各构件相对运动的性质，确定运动副的类型和数目；在此基础上合理选择视图平面，通常选择与大多数构件的运动平面相平行的平面为视图平面；选取适当的长度比例尺 $\mu_l$ [$\mu_l$ = 实际尺寸（单位为 m）/图上长度（单位为 mm）]，按一定的顺序进行绘图，并将比例尺标注在图上。绘制机构示意图的方法与上述类似，但不需按比例绘图。

下面举例说明机构运动简图的画法：

**例题 4-1** 试画出图 4-4a 所示油泵机构的运动简图。

**解** 此机构主要由圆盘 1、导杆 2、摇块 3 和机架 4 等四个构件组成，其中构件 1 为原动件，构件 4 为机架。该机构的工作情况是：当回转副 B 在 AC 中心线的左边时，从机架 4 的右孔道吸油；当 B 在 AC 中心线的右边时，经机架 4 的左孔道排油。

构件 1 与构件 4 和构件 2、构件 3 与构件 4 分别在 A、B、C 点构成转动副，构件 2 与构件 3 组成移动副它们的导路沿 BC 方向。

机构组成情况清楚后，选择适当的投影面和比例尺，定出各转动副的位置即可绘出机构运动简图，如图

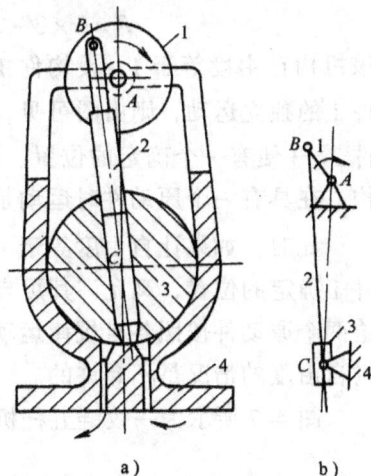

a)

b)

图 4-4 油泵机构

68

4-4b 所示。

# 第四节　平面机构的自由度

## 一、机构自由度

若干构件以运动副联接而成的系统称为运动链。运动链分为闭式链和开式链两种类型。如果组成运动链的每个构件至少包含两个运动副要素，这种运动链便称为闭式链，如图 4-5a 所示。如果运动链中有的构件只包含一个运动副元素（图 4-5b），便称为开式链。生产中通常应用的机械多属闭式链，而铰接臂机器人则属于开式链。

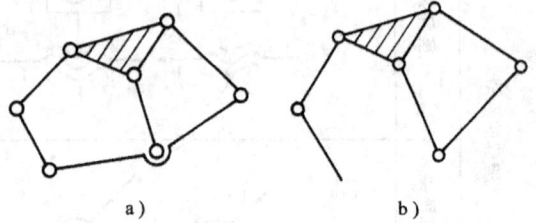

图 4-5　运动链

将运动链的一个构件固定为机架，另一个或几个构件（作为原动件）作独立运动时，其余构件（为从动件）即随之作确定的运动，该运动链便成为机构。显然，不能运动或无规则乱动的运动链，都不能成为机构。我们把机构中各构件相对于机架的所能有的独立运动的数目称为机构的自由度。不难看出，机构的自由度与构件总数、运动副的类型和数量有关。

设某一平面机构，共包含有 $N$ 个构件，$p_L$ 个低副和 $p_H$ 个高副。这 N 个构件中有一个构件固定不动作为机架，其余活动构件数为 $n = N - 1$。这 $n$ 个活动构件在未用运动副联接之前具有 $3n$ 个自由度，当用 $p_L$ 个低副和 $p_H$ 个高副联接之后，便受到 $2p_L + p_H$ 个约束（每个低副引入两个约束，每个高副引入一个约束）。显然，各构件相对机架的独立运动数，亦即机构自由度，应为活动构件自由度的总数与运动副引入的约束总数之差，即

$$F = 3n - 2p_L - p_H \tag{4-1}$$

## 二、机构具有确定运动的条件

图 4-6 所示为一铰链四杆机构。$n = 3$，$p_L = 4$，$p_H = 0$，由式（4-1）得

$$F = 3 \times 3 - 2 \times 4 - 0 = 1$$

该机构自由度等于 1，设构件 1 为原动件，参变量 $\varphi_1$ 表示构件 1 的独立运动，则由图可见，每给出一个 $\varphi_1$ 的数值，从动件 2、3 便有一个确定的位置。因此，这个自由度等于 1 的机构，在具有一个原动件时运动是确定的。

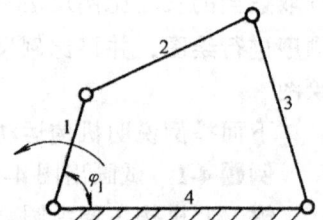

图 4-6　铰链四杆机构

此时，如果让自由度等于 1 的机构具有两个原动件（构件 1 和 3），则构件 3 处于随原动件 1 确定的位置，又允许其可自由运动，这两种相互矛盾的要求是不可能同时满足的。如强迫两个原动件按照各自规律运动，则机构中较薄弱的构件必将损坏。因此，原动件数大于机构自由度的情况是不允许的。

图 4-7 所示为一铰链五杆机构。$n = 4$，$p_L = 5$，$p_H = 0$，由式（4-1）可得

$$F = 3 \times 4 - 2 \times 5 - 0 = 2$$

该机构的自由度为 2，应当有 2 个原动件。若取构件 1 和构件 4 为原动件，$\varphi_1$ 和 $\varphi_4$ 分别表

示构件1和4的独立运动。由图可见，每给定一组 $\varphi_1$ 和 $\varphi_4$ 的数值，从动件2、3便有一个确定的相应位置。因此，这个自由度等于2的机构，在具有两个原动件时运动是确定的。

图4-8a所示的构件组合，$n=4$，$p_L=6$，$p_H=0$，由式（4-1）可得 $F=3\times4-2\times6-0=0$，说明它是不能产生相对运度的刚性桁架。同样可以验证图4-8b所示的构件组合也是一个刚性桁架（静定桁架，$F=0$）。

又图4-8c所示构件组合，$n=3$，$p_L=5$，$p_H=0$，由式（4-1）得 $F=3\times3-2\times5-0=-1$，此时 $F<0$，说明它所受的约束过多，已成为超静定桁架。

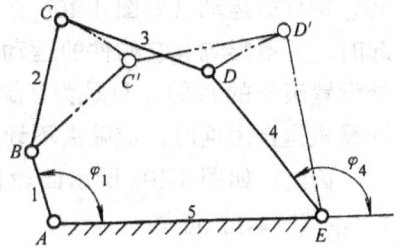

图4-7 铰链五杆机构

综上可知，机构并非是构件的任意拼凑组合，而机构自由度、原动件数目与机构运动有着密切的关系：①当 $F\leqslant0$ 时，构件间不可能有相对运动。②当 $F>0$ 时，原动件数大于机构自由度，机构会遭到损坏；原动件数小于机构自由度，机构运动不确定；只有当原动件数等于机构自由度时，机构才具有确定的运动。

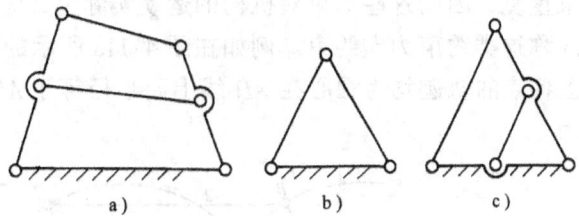

图4-8 构件组合

机构自由度的计算和机构具有确定运动的条件，这对机构的识别和设计新机构均有着十分重要的意义。

### 三、计算机构自由度时应注意的事项

在计算平面机构自由度时，尚需注意下述一些特殊问题。

#### （一）复合铰链

在同一轴线上有两个以上的构件用转动副联接时，则形成复合铰链。如图4-9a所示六杆机构中，在 $C$ 处由三个构件构成两个转动副而形成复合铰链（图4-9b所示为该复合铰链的侧视图），在计算机构自由度时，切勿错当为一个回转副。

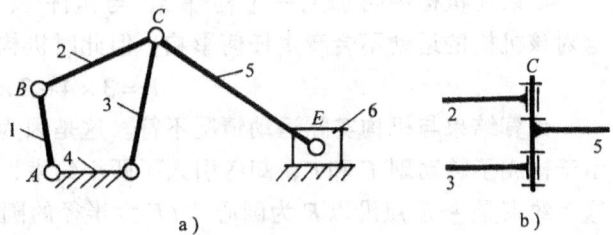

图4-9 复合铰链

若有 $m$ 个构件用复合铰链联接时，则应含有（$m-1$）个转动副。

图4-9a所示六杆机构，$n=5$，$p_L=7$，$p_H=0$，由式（4-1）得

$$F=3\times5-2\times7-0=1$$

#### （二）局部自由度

在有些机构中，某些构件所产生的局部运动，并不影响其它构件的运动。我们把这些构件所产生的这种局部运动的自由度，称为局部自由度。

图4-10a为一凸轮机构，其中凸轮1为原动件，滚子2和顶杆3为从动件。如果直接用式（4-1）计算其机构自由度时，由于 $n=3$，$p_L=3$，$p_H=1$，其自由度 $F=3\times3-2\times3-1=$

**2**，计算结果与实际机构运动不符。这是由于圆形滚子绕其自身轴心的自由转动，并不影响其它构件的运动（如图 4-10b 所示，当将滚子和顶杆焊在一起时，并不影响其它构件的运动），属于局部自由度。在该处设置滚子的目的，只是为了减轻凸轮轮面的磨损，而在计算机构自由度时，应除去不计。

因此，如图 4-10a 所示凸轮机构。$n = 2$，$p_L = 2$，$p_H = 1$，由式（4-1）可得

$$F = 3 \times 2 - 2 \times 2 - 1 = 1$$

（三）虚约束

在机构中，有些运动副的约束可能与其它运动副的约束重复，因而这些约束对机构的运动实际上并无约束作用，故称这类约束为虚约束。例如在图 4-11a 所示的平行四边形机构中，连杆 2 作平移运动，其上各点的轨迹均为圆心在 $AD$ 线上而半径等于 $AB$ 的圆弧。根据式（4-1），该机构的自由度为

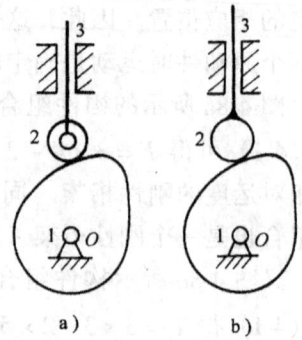

图 4-10 局部自由度

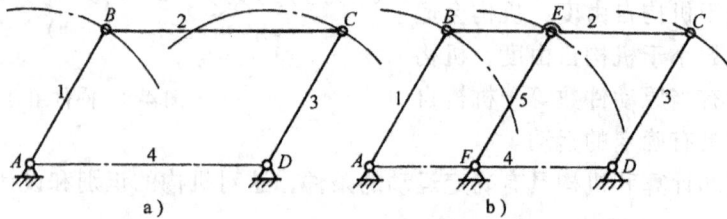

图 4-11 虚约束

$$F = 3 \times 3 - 2 \times 4 = 1$$

如果在机构中再加上一个构件 5，与构件 1、3 平行而且长度相等（图 4-11b），显然，这对该机构的运动不会产生任何影响，但此时机构的自由度却变为

$$F = 3 \times 4 - 2 \times 6 = 0$$

计算结果与机构实际运动情况不符。这是因为加上构件 5 后，虽然多了三个自由度，但由于构成了转动副 $E$ 和 $F$，却各引入了两个约束，这相当于对机构多引入了一个约束。不过这个约束是令 $E$ 点沿以 $F$ 为圆心，$FE$ 为半径的圆运动，与连杆 2 上的 $E$ 点轨迹重合，对机构的运动并没有约束作用，所以它是一个虚约束。在计算机构自由度时，应将虚约束除去不计，故该机构的自由度实际上仍为 1。

机构的虚约束常发生在下述几种情况：

1）当不同构件上两点间的距离保持恒定时，若在两点间加上一个构件和两个转动副，虽不改变机构运动，但却引入一个虚约束。图 4-11 所示的机构中就是属于这种情况。

2）当两构件构成多个移动副而其导路又互相平行时或两构件构成多个转动副，而其轴线互相重合时，则只有一移动副或一个转动副起约束作用，而其余的都视为虚约束。图 4-12 所示的移动副实际上就只有一个起作用，另一个则是虚约束。

3）机构中对运动不起作用的对称部分会出现虚约束。如图 4-13 所示行星轮系，为了受力均衡采取了三个行星轮对称布置的结构，而事实上只需一个行星轮便能满足运动要求。而

其它二轮则引入了两个虚约束。

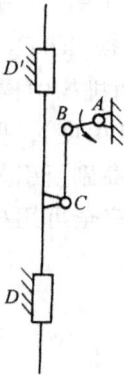

图 4-12 移动副产生的虚约束

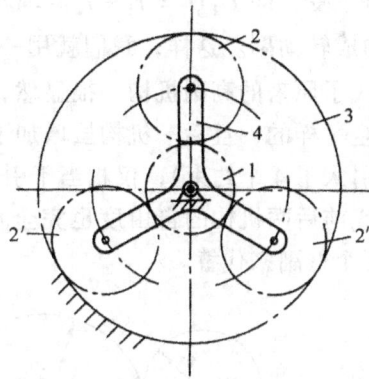

图 4-13 对称部分产生的虚约束

在实际机构中，经常会有虚约束的存在。从机构的运动观点来看，虚约束是多余的；但从改善某些构件的受力情况，增加机构的刚度而言，有时则是必要的。

**例题 4-2** 试计算图 4-14a 所示大筛机构的自由度。

**解** 图 4-14a 中，滚子具有局部自由度。$E$ 和 $E'$ 为两构件组成导路平行的移动副，其中之一为虚约束。弹簧不起限制作用，可以略去。今将局部自由度、虚约束和弹簧除去之后得图 4-14b。因 $n=7$，$p_L=9$（复合铰链 $C$ 包含两个转动副），$p_H=1$，由式（4-1）可得

图 4-14 大筛机构

$$F = 3 \times 7 - 2 \times 9 - 1 = 2$$

此机构应当有两个原动件。

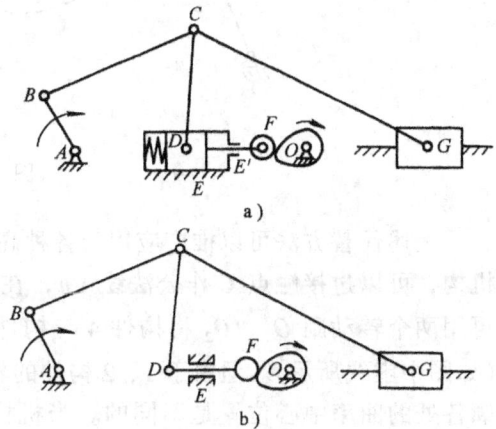

# 第五节 平面机构的组成原理和结构分析

## 一、平面机构的高副低代

为了便于对含有高副的平面机构进行分析研究，可以将机构中的高副根据一定的条件虚拟地以低副来加以代替，这种高副以低副来代替的方法，称为高副低代。这样，可使平面低副机构的运动分析和动力分析方法，能适用于一切平面机构。

进行高副低代必须满足的条件是：为了使机构的运动保持不变，代替机构和原机构的自由度、瞬时速度和瞬时加速度必须完成相同。

如图 4-15a 所示，构件 1 和 2 为绕 $A$ 和 $B$ 回转的两个圆盘。两圆盘的圆心分别为 $O_1$、$O_2$，半径为 $r_1$、$r_2$，它们在接触点 $C$ 构成高副。当机构运动时，两构件将通过圆弧的接触

来传递运动，因此，$O_1$、$O_2$ 两点的联线必为两圆弧在接触点处的公法线，且两点间的距离 $O_1O_2$ 将保持不变，即 $O_1O_2 = r_1 + r_2$。现若设想在 $O_1$、$O_2$ 间加一构件4，并与1、2构件在 $O_1$、$O_2$ 处构成转动副。这样，我们就用一个全由低副组成的四杆机构 $AO_1O_2B$（如图中虚线所示）替代了原来的高副机构。很显然，经过这样的替代，前后两机构中构件1、2的相对运动是完全一样的，且后一机构虽增加了一个构件（增加了3个自由度），但又增加了二个转动副（引入了4个约束），仅相当于引入一个约束，即与原来的高副所引入的约束数相同。所以替代前后两机构的自由度也完全相同。即机构中的高副 $C$ 完全可用构件4和位于 $O_1$、$O_2$ 的两个低副来代替。

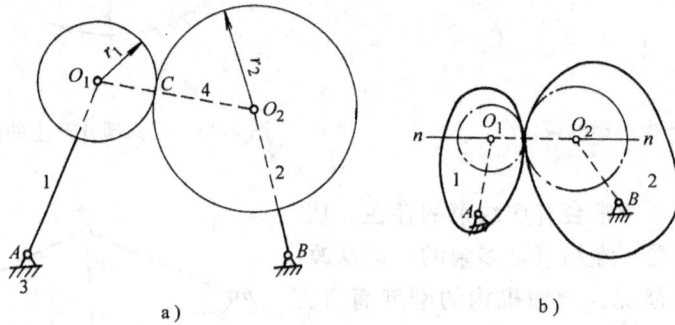

图 4-15　高副低代

上述代替方法可以推广应用于各种高副。例如对图 4-15b 所示具有任意曲线轮廓的高副机构，可以过接触点 $C$ 作公法线 $n$-$n$，在公法上找出两轮曲线在接触处的曲率中心 $O_1$、$O_2$，再用两个转动副 $O_1$、$O_2$ 将构件4与构件1、2分别相联，便可得到它的代替机构 $AO_1O_2B$（如图中虚线所示）。但由于1、2构件的轮廓是任意的，轮廓各处的曲率中心位置是不同的。当机构运动时随着接触点的改变，$O_1$、$O_2$ 相对于构件1、2的位置将发生变化，$O_1$、$O_2$ 间的距离也将发生变化。因此，对于一般的高副机构只能进行瞬时替代，机构在不同的位置时将有不同的瞬时替代机构。$AO_1O_2B$ 即为在图示位置时的瞬时替代机构。

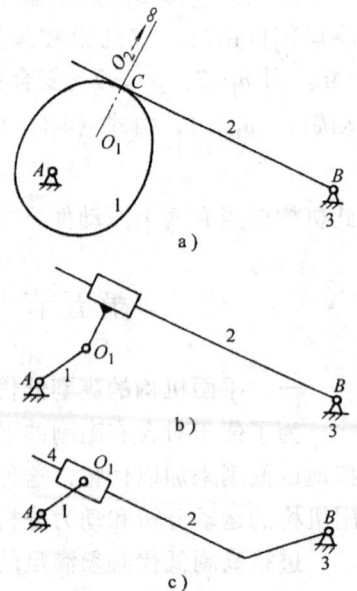

综上所述，高副低代最简单的方法就是用两个转动副和一个构件来代替一个高副，这两个转动副分别在高副两轮廓接触点的曲率中心处将替代构件与构成高副的两构件联接在一起。如果两接触轮廓之一为直线，如图 4-16a 所示，而直线的曲率中心趋于无穷远，所以该转动副演化成移动副，如图 4-16b、c 所示。如两接触轮廓之一为一点，如图 4-17a，那么因为点的曲率半径为零，所以，其代替方法如图 4-17b。

图 4-16　接触轮廓之一为直线的高副低代

## 二、机构的组成原理

如前所述，机构的原动件数必须等于机构的自由度数，而每个原动件与机架组成低副后的自由度为1。因此，如将机构的机架以及与之用运动副连接的原动件同其余构件拆开后，其余构件所组成的构件组必然是一个自由度为零的构件组。而这自由度为零的构件组，有时还可以再拆成更简单的自由度为零的构件组，最后不能再拆的最简单的自由度为零的构件组称为组成机构的基本杆组。根据上面的分析可知：任何机构都可以看做是由若干个基本杆组依次联接于原动件和机架上而构成的。这就是所谓的机构组成原理。

下面讨论运动副全部为低副的基本杆组的组成，设基本杆组由 $n$ 个构件和 $p_L$ 个低副组成。根据已知条件，应满足

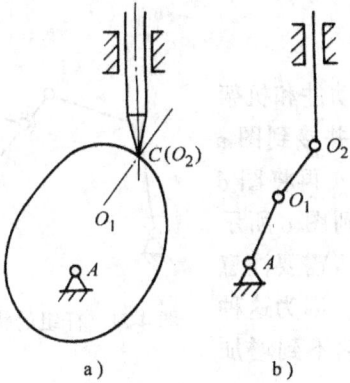

图 4-17 接触轮廓之一为一点的高副低代

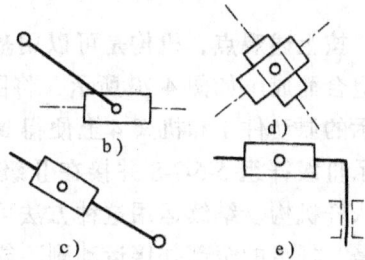

图 4-18 Ⅱ级杆组

$$F = 3n - 2p_L = 0$$

即

$$3n = 2p_L$$

由于 $n$ 和 $p_L$ 必为整数，故

$$n \quad 2 \quad 4 \quad 6\cdots$$
$$p_L \quad 3 \quad 6 \quad 9\cdots$$

其中满足上式最简单的组合为 $n = 2$，$p_L = 3$，即由二个构件三个低副组成，我们称之为Ⅱ级杆组，Ⅱ级杆组是应用最广的基本杆组，其型式如图 4-18 所示。

在少数结构比较复杂的机构中，除了Ⅱ级杆组外，还可能有其它较高级的基本杆组。如图 4-19 所示的三种结构形式，均由四个构件六个低副所组成，而且都有一个包含三个低副的构件，此种基本杆组特称为Ⅲ级组。至于较Ⅲ级组更高级的基本杆组，因在实际机构中很少遇到，此处就不再列举了。

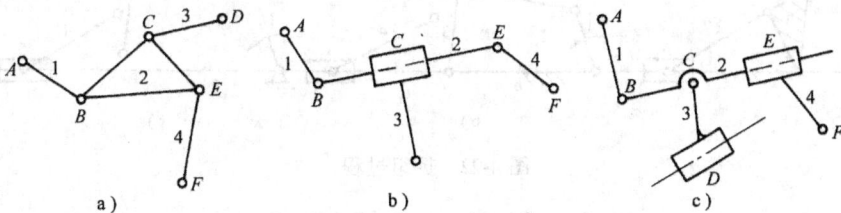

图 4-19 Ⅲ级杆组

同一机构中可含不同级别的基本杆组。机构的级别取决于其所含基本杆组的最高级别，如机构中所含最高基本杆组为Ⅲ级杆组时，该机构则为Ⅲ级机构，余类推。

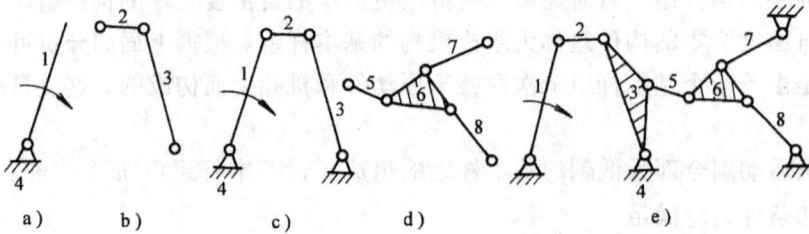

图 4-20　八杆机构组成

按上述观点，机构是可以用基本杆组依次联接到原动件和机架上组合而成。如图 4-20 所示，将图 b 所示Ⅱ级杆组 2-3 并接到图 a 所示的原动件 1 和机架 4 上便得到图 c 所示的四杆机构；再将图 d 所示Ⅲ级杆组 5-6-7-8 并接在Ⅱ级杆组和机架上，即得到图 e 所示的八杆机构。继续运用这种方法可得到更为复杂的机构。需要注意的是，杆组的全部外接运动副不能都并接到一个构件上，因为这种并接会使杆组与被并接件形成桁架，如图 4-21 所示，起不到增加杆组的作用。

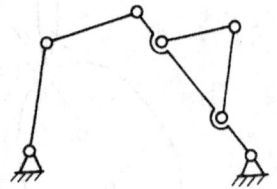

图 4-21　杆组的错误联接

### 三、平面机构的结构分析

与机构的组成过程相反，机构的结构分析是将已知的机构分解为原动件、机架和基本杆组并确定机构的级别。

机构结构分析的步骤：

1）计算自由度、确定原动件。

2）通常由远离原动件的构件开始，先试拆Ⅱ级杆组，如不行再依次拆Ⅲ级和Ⅳ级杆组。当分出一个基本杆组后，第二次拆组时仍从最简单的Ⅱ级杆组开始拆，直到剩下机架和原动件为止（本节所述只适于原动件为连架杆的机构）。

3）杆组的增减不应改变机构的自由度。因此拆杆组后，剩余机构不允许残存只属于一个构件的运动副和只有一个运动副的构件（原动件除外），因为前者将导入虚约束，而后者则产生局部自由度。

以图 4-22 为例。首先由机构简图 4-22a 计算机构的自由度。

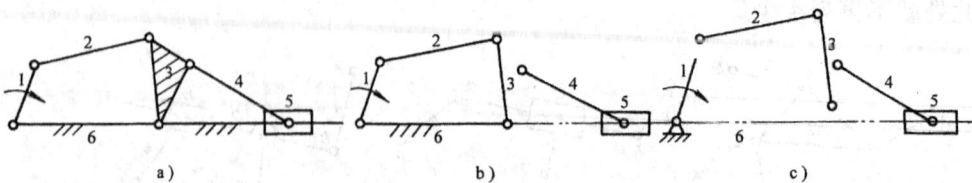

图 4-22　拆组过程

$$F = 3n - 2p_L - p_H = 3 \times 5 - 2 \times 7 = 1$$

因机构自由度 $F = 1$，故原动件为 1 个，用箭头将原动件 1 标出。然后开始分拆机构，首先拆Ⅱ级杆组 4-5，剩下一个四杆机构如图 4-22b 所示；再拆出一Ⅱ级杆组 2-3 则只剩下原动件 1，如图 4-22c 所示。显然此机构为Ⅱ级机构。

## 思考题及习题

4-1 何谓运动副和运动副要素？运动副是如何进行分类的？

4-2 机构运动简图有何用处？它能表达原机构哪些方面的特征？

4-3 机构具有确定运动的条件是什么？当机构的原动件数少于或多于机构自由度时，机构的运动将发生什么情况？

4-4 在计算机构自由度时，应注意哪些事项？

4-5 为何要对平面机构进行"高副低代"？"高副低代"时，应满足的条件是什么？

4-6 试画出图 4-23 所示机构的运动简图，并计算其自由度？

4-7 试计算图 4-24 示平面机构的自由度。

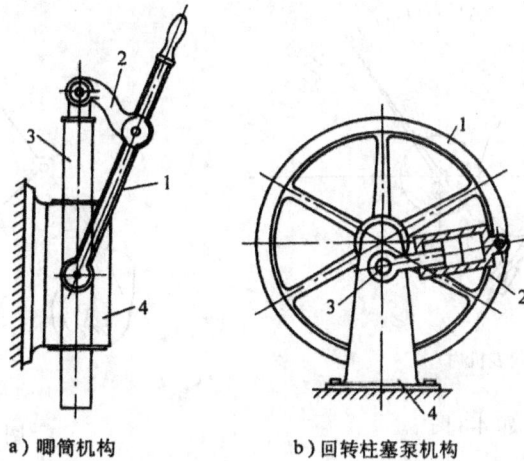

a）唧筒机构　　b）回转柱塞泵机构

图 4-23　题 4-6 图

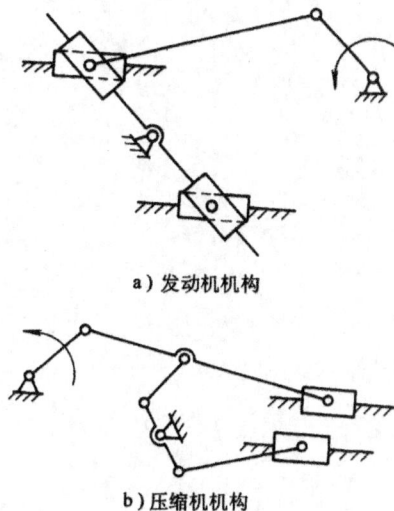

a）发动机机构

b）压缩机机构

图 4-24　题 4-7 图

4-8　试计算图4-25所示平面机构的自由度。

4-9　试计算图4-26所示平面机构自由度。将其中高副化为低副。确定机构所含杆组的数目和级别以及该机构的级别。

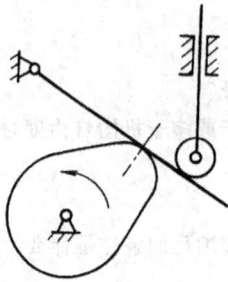

a）凸轮拨杆机构

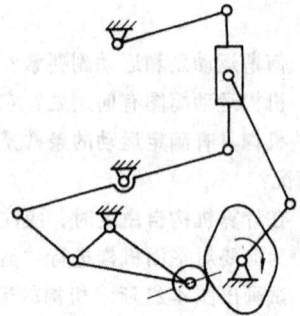

a）电锯机构

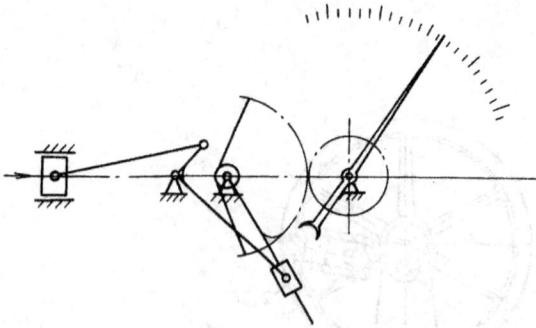

b）测量仪表机构

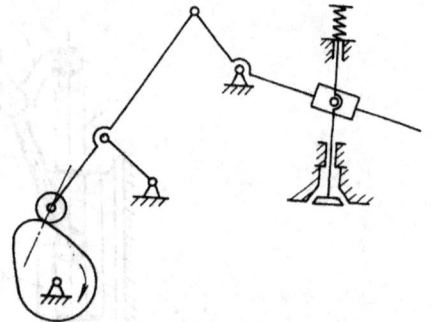

b）发动机配气机构

图 4-25　题 4-8 图

图 4-26　题 4-9 图

# 第五章　平面连杆机构

## 第一节　概　述

平面连杆机构是由若干刚性构件用低副（回转副、移动副）联接而成的一种机构。在精密机械中，平面连杆机构的主要作用是用来传递运动、放大位移或改变位移的性质。

平面连杆机构结构简单，易于制造，杆与杆间又是低副联接，接触面积大、压强小、磨损小，因而在精密机械中获得了广泛的应用。

如图 5-1 所示是用于活塞销尺寸自动分选机上的曲柄连杆上料机构简图。当盘 1 转动，连杆 2 带动推杆 3 左移、并将活塞销推到检测位置，传感器 5 可检测到活塞销尺寸的变化。若盘 1 继续转动，推杆 3 退回起始位置并开始下一个工作循环。

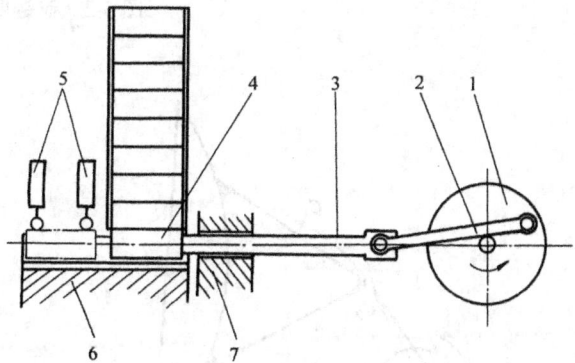

在平面连杆机构中，各构件间因是低副联接，故存在有间隙，传动中将产生较大的位置误差。构件的数目越多产生的累积误差越大，对于要求实现精确复杂的运动规律就比较困难，这是平面连杆机构的主要缺点。

图 5-1　曲柄连杆上料机构简图
1—转盘　2—连杆　3—推杆　4—活塞销
5—传感器　6—V 形块　7—导向套

平面连杆机构的种类很多，一般可分为四杆机构和多杆机构。四杆机构是组成多杆机构的基础，结构最为简单，是最基本的平面连杆机构，在精密机械中应用最多。因此，本章着重研究平面四杆机构的基本知识及其设计。

## 第二节　铰链四杆机构的基本型式及其演化

### 一、铰链四杆机构的基本型式

如图 5-2 所示，所有运动副均为转动副的平面四杆机构称为铰链四杆机构，它是平面四杆机构的最基本的型式。在此机构中，构件 4 为机架，与机架组成运动副的构件 1、3 称为连架杆，不与机架组成运动副的构件 2 称为连杆。

依照两连架杆运动形式的不同，铰链四杆机构可分有下述三种基本形式：

（一）曲柄摇杆机构

在图 5-2a 所示的铰链四杆机构中，若连架杆 1 能作整周回转运动，称为曲柄；另一连架杆 3 仅在一定角度范围内摆动，称为摇杆；连杆 2 作一般平面运动，则此种铰链四杆机构称为曲柄摇杆机构。在这种机构中，当曲柄为原动件，摇杆为从动件时，可将曲柄的连续转动转变成摇杆的往复摆动。此种机构应用广泛，图 5-3 所示的雷达天线俯仰机构即为此种机构。

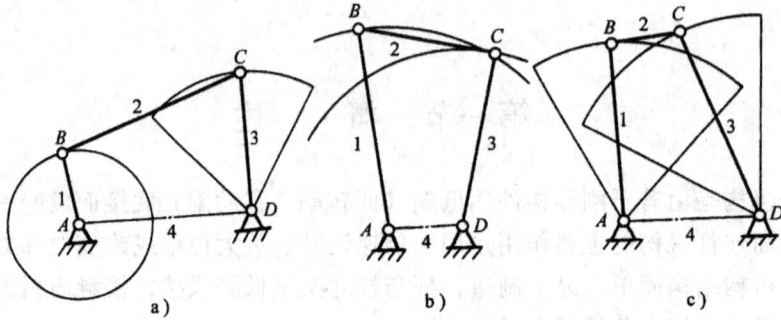

图 5-2　铰链四杆机构

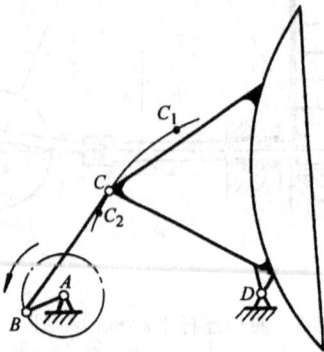

图 5-3　雷达天线俯仰机构

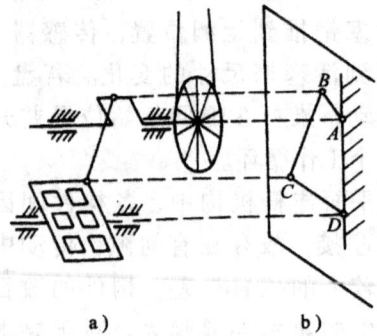

图 5-4　缝纫机踏板机构

在曲柄摇杆机构中，也有以摇杆为原动件的，如图 5-4 所示的缝纫机踏板机构，便是将原动件摇杆 CD（踏板）的往复摆动，转换成从动件曲柄（曲轴）的整周转动。

（二）双曲柄机构

在图 5-2b 所示的铰链四杆机构中，若两连架杆 1、3 均为曲柄，可作整周回转运动，则此种铰链四杆机构称为双曲柄机构。在双曲柄机构中，若其相对两杆平行且相等，则成为平行四边形机构。这种机构的运用特点是：两曲柄以相同的角速度同向转动，而连杆作平移运动。图 5-5 所示机车车轮的联动机构，就是利用了其两曲柄等速同向转动的特性。

（三）双摇杆机构

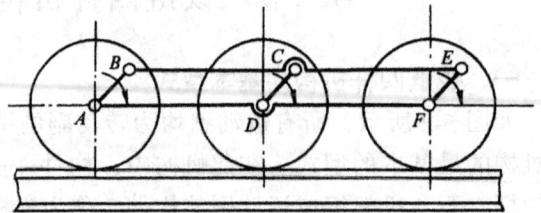

图 5-5　机车车轮联动机构

如图 5-2c 所示的铰链四杆机构中，若两连架杆 1、3 均为摇杆，仅能在有限的范围内往复摆动，则此种铰链四杆机构称为双摇杆机构。图 5-6 所示的飞机起落架机构即为此种机构。

**二、铰链四杆机构的演化**

在铰链四杆机构中，若改变四个低副的组成情况和各杆的相对长度，选择不同构件为机架时可演化成各种不同型式的四杆机构。

（一）曲柄滑块机构

图 5-7a 所示为一曲柄摇杆机构，当曲柄 1 转动时，连杆 2 与摇杆 3 联接处回转副中心 $C$ 的运动轨迹为圆弧 $\overset{\frown}{mm}$。若摇杆长度趋于无穷大时，则摇杆 $CD$ 的回转副中心 $D$ 将位于无穷远处，而中心 $C$ 的轨迹将变成为直线 $\overline{mm}$，这时摇杆 $CD$ 可用滑块代替，而回转副 $D$ 转变成滑块与导路之间的移动副，整个机构演化为曲柄滑块机构，如图 5-7b 所示。

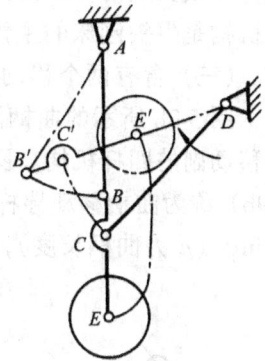

图 5-6　飞机起落架机构

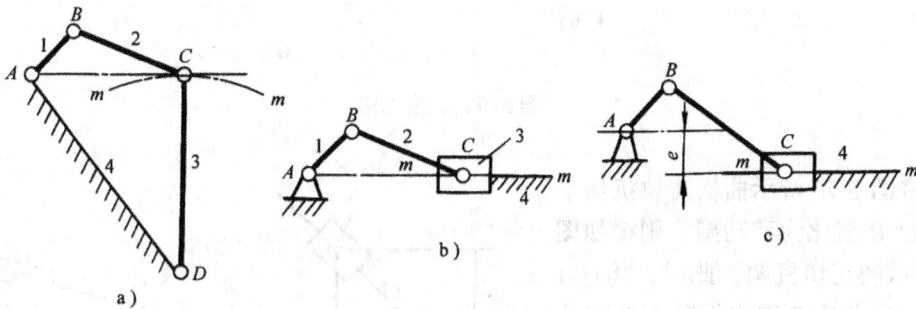

图 5-7　曲柄滑块机构

在曲柄滑块机构中，当滑块移动的导路中心线通过曲柄回转中心 $A$ 时，称为对心曲柄滑块机构（图 5-7b）；导路中心线不通过曲柄回转中心 $A$ 时，则称为偏置曲柄滑块机构（图 5-7c），$e$ 为偏距。

曲柄滑块机构在各种机械和仪器中应用很广。常用于把曲柄的回转运动变换为滑块的往复直线运动。例如曲柄压力机及压缩机的工作机构属于这种情况。相反，也可以把滑块的直线移动转换为曲柄的回转运动。例如活塞式内燃机、弹簧管压力表及高度表的工作机构。

（二）导杆机构

导杆机构是由曲柄滑块机构演变来的。把曲柄滑块机构的曲柄 1 为机架，杆 4 为导杆，滑块 3 在导杆 4 上滑动，并随连架杆 2 一起转动，该机构称为导杆机构（图 5-8）。一般杆 2 为原动件，

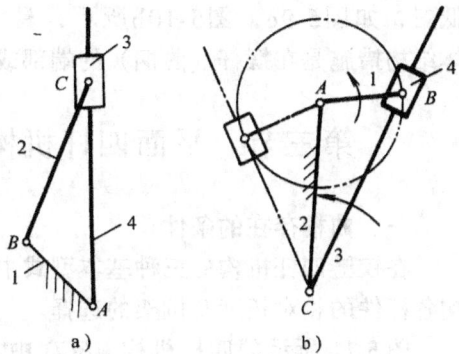

图 5-8　导杆机构

杆 2 和导杆 4 均可作整周转动，称为转动导杆机构（图 5-8a）。若把连杆 2 固定为机架，把构件 4 改变成滑块，构件 3 改变成导杆，则导杆只能作摆动，称为摆动导杆机构（图 5-8b）。该机构是牛头刨床的主体工作机构。

（三）含有两个移动副的四杆机构

图 5-7b 所示的曲柄滑块机构中，若再将其中转动副 $C$ 或 $B$ 演化为移动副，则可得含两个移动副的四杆机构。图 5-9a 为转动副 $C$ 演化为移动副的过程，当 $C \to \infty$ 所得的机构（图 5-9b）称为曲柄移动导杆机构。其中构件 3 的位移与构件 1 的转角 $\varphi$ 的正弦成正比，即 $s = a\sin\varphi$（$a$ 为曲柄长度），故此机构又称正弦机构。

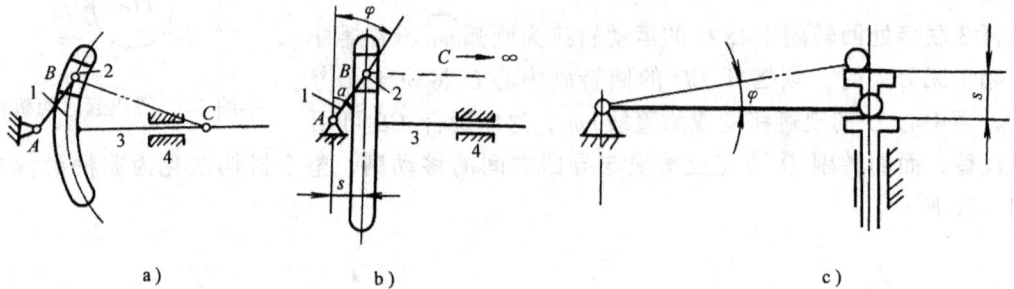

图 5-9 正弦机构

若将图 5-7b 所示曲柄滑块机构中的转动副 $B$ 演化为移动副，则得如图 5-10a 所示的正切机构。此时，构件 1 仅能在一定角度范围内摆动，并有关系 $s = a\tan\varphi$（$a$ 为摆杆摆动中心至推杆导路中心的距离）。

正弦机构和正切机构在仪器仪表中应用较多，为了进一步使机构简化，改善工艺性，常采用用高副代替低副，如图 5-9c，图 5-10b 所示，具

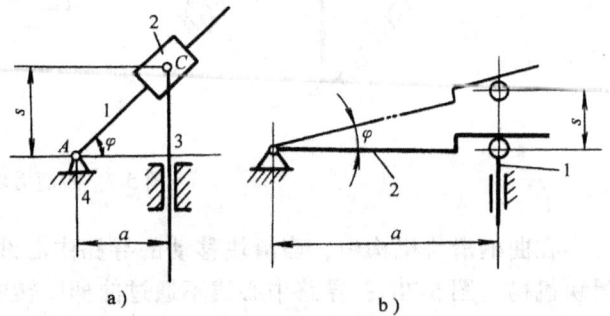

图 5-10 正切机构

体结构措施是在摆杆（曲柄）的端部或推杆的顶部镶上钢球，以形成高副。

# 第三节 平面四杆机构曲柄存在的条件和几个基本概念

## 一、曲柄存在的条件

在铰链四杆机构的三种基本型式中，其区别在于是否有曲柄存在，而有无曲柄取决于机构各杆件的相对长度及机架的选择。

图 5-11 所示的四杆机构 $ABCD$ 中，设 $a$、$b$、$c$、$d$ 分别代表各杆的长度，杆 $AB$ 为曲柄，杆 $CD$ 为摇杆，则各杆的长度应保证曲柄在转动中能顺利通过与机架 $AD$ 共线的两个位置 $AB_1$、$AB_2$。当曲柄处于与机架共线的两个位置时，形成 $\triangle B_1 C_1 D$ 及 $\triangle B_2 C_2 D$，根据几何

关系有

$$a+d \leqslant b+c$$
$$(d-a)+b \geqslant c, \ 即 \ a+c \leqslant b+d \left.\right\}$$
$$(d-a)+c \geqslant b, \ 即 \ a+b \leqslant c+d$$

(5-1)

将式（5-1）中的三个式子，每两式相加，化简后可得

$$a \leqslant b \quad a \leqslant c \quad a \leqslant d$$

(5-2)

由式（5-1）、式（5-2）可得出曲柄存在的条件为

1）曲柄是最短杆。

2）最短杆与最长杆的长度之和小于或等于其余两杆长度之和。

在铰链四杆机构中，最短杆与最长杆的长度之和小于或等于其余两杆长度之和时，若以最短杆为机架，则构成双曲柄机构（图 5-12a）；若以最短杆相对的杆为机架，则构成双摇杆机构（图 5-12b）；若以最短杆任一相邻杆为机架，则构成曲柄摇杆机构（图 5-12c）。

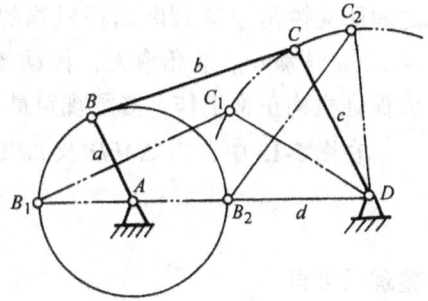

图 5-11　曲柄存在的条件

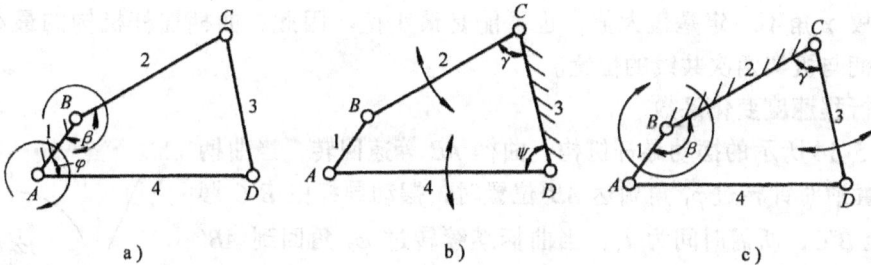

图 5-12　改变机架后机构的演化

如果铰链四杆机构中的最短杆与最长杆长度之和大于其余两杆长度之和时，则机构中不可能有曲柄，不管以哪个杆件为机架，则只能构成双摇杆机构。

二、压力角与传动角

设计平面连杆机构时，不仅机构能实现给定的运动规律，同时要求机构运动轻便，传动效率高。如图 5-13 所示的曲柄摇杆机构，若不考虑各构件的重力、惯性力及运动副中摩擦力的影响时，力由主动

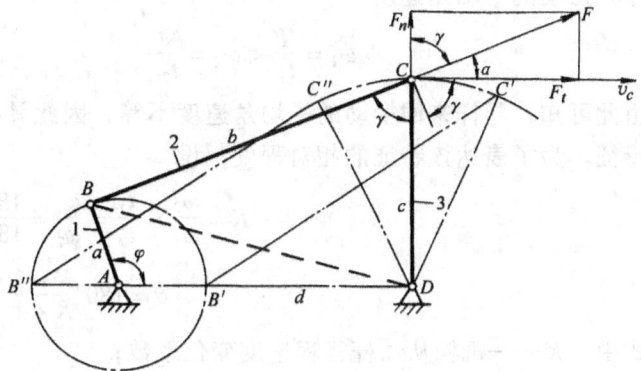

图 5-13　压力角与传动角

件 AB 通过连杆 BC 传递给从动件 CD 上，C 点的力 F 将沿着 BC 方向。C 点的速度 $v_c$ 是垂直于 CD，则力 F 与 $v_c$ 之间的夹角 $\alpha$ 称为压力角。力 F 沿 $v_c$ 方向分解的分力 $F_t = F\cos\alpha$，沿杆 CD 方向的分力 $F_n = F\sin\alpha$。力 $F_t$ 是摇杆的驱动力，$F_n$ 作用于摇杆的回转副，使回转副中的摩擦和磨损增加。显然，$\alpha$ 角越小，$F_t$ 就越大，$F_n$ 越小，传动效率也就越高。因而压力角的大小可用来判断四杆机构传动性能的好坏。

但是，在四杆机构的设计中，为了度量方便起见，通常是以连杆与从动件（摇杆）轴线之间所夹锐角 $\gamma$ 来判断四杆机构的传动性能的好坏，$\gamma$ 角称为传动角。由图可知，$\gamma = 90° - \alpha$，$\alpha$ 角愈小，$\gamma$ 角愈大，传动效率愈高。由于机构在运转过程中，传动角 $\gamma$ 是变化的，为保证机构正常工作，必须规定最小的传动角 $\gamma_{min}$，一般 $\gamma_{min} \geq 40°$。

在图 5-13 中，由 $\triangle ABD$ 及 $\triangle BCD$ 可知

$$BD^2 = a^2 + d^2 - 2ad\cos\varphi$$
$$BD^2 = b^2 + c^2 - 2bc\cos\gamma$$

整理后可得

$$\cos\gamma = \frac{b^2 + c^2 - a^2 - d^2 + 2ad\cos\varphi}{2bc} \tag{5-3}$$

由上式可知，传动角的大小取决于各杆的尺寸和位置。当 $\varphi = 0°$ 或 180°时，传动角 $\gamma$ 有最小或最大值。但是，当 $\varphi = 180°$时，连杆与摇杆间的夹角可能为钝角，此时传动角 $\gamma$ 应为该角的补角，故 $\gamma$ 角不一定是最大值，也可能是最小值。因此，曲柄摇杆机构的最小传动角将出现在曲柄与机架两次共线的位置。

### 三、行程速度变化系数

如图 5-14 所示的摆动导杆机构，曲柄 AB 等速回转，当曲柄由 AB′ 位置逆时针转过 $\varphi_1$ 角到达 AB″ 位置时，摆动导杆由 B′C 摆过 $\Psi$ 角至 B″C，所需时间为 $t_1$，当曲柄继续转过 $\varphi_2$ 角回到 AB′ 位置，导杆就由 B″C 摆回至 B′C 的位置，所需时间为 $t_2$。

$$\varphi_1 = 180° + \theta \qquad \varphi_2 = 180° - \theta$$

$$因\ \varphi_1 > \varphi_2 \qquad 故\ t_1 > t_2$$

导杆摆动的平均角速度

$$\omega_1 = \frac{\Psi}{t_1} < \omega_2 = \frac{\Psi}{t_2}$$

由此可知，导杆来回摆动的平均角速度不等，因此具有急回运动特征。为了表达该特征的相对程度，设

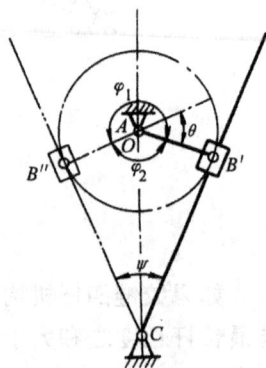

图 5-14 急回特性

$$K = \frac{\omega_2}{\omega_1} = \frac{t_1}{t_2} = \frac{\varphi_1}{\varphi_2} = \frac{180° + \theta}{180° - \theta} \tag{5-4}$$

$$\theta = 180° \frac{K-1}{K+1} \tag{5-5}$$

式中　　$K$——机构从动杆行程速度变化系数；

　　　　$\theta$——极位夹角，即曲柄在两极限位置时所夹锐角，也等于导杆的摆角 $\Psi$。

机构的极位夹角 $\theta$ 越大，$K$ 也越大，则机构的急回特征愈显著。因此，四杆机构有无急回特征就取决于机构运动中有无极位夹角。如图 5-15a 所示的对心式曲柄滑块机构，极位

夹角 $\theta=0$，故无急回特征。而图 5-15b 所示的偏置式曲柄滑块机构及图 5-15c 所示的曲柄摇杆机构，极位夹角 $\theta$ 总大于零，故机构运动中有急回特征。

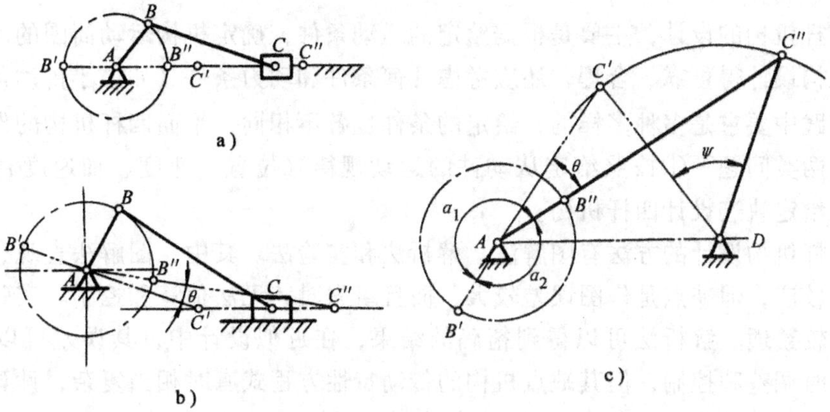

图 5-15　不同机构的极位夹角

### 四、死点位置

如图 5-16a 所示的曲柄摇杆机构，若以摇杆为主动件，当连杆与从动件曲柄处于共线位置时，传动角 $\gamma=0°$（或 $\gamma=180°$），$\alpha=90°$，连杆作用于曲柄上的力通过铰链中心 $A$、$B$，即不论 $F$ 力多大，都不能使曲柄转动，机构所处的这一位置称为死点位置。曲柄滑块机构在以滑块为主动件时，也会出现死点位置。对于平行四边形机构，当曲柄与连杆共线时，传动角 $\gamma$ 也为零，同时整个机构的构件重合为一条直线，如图 5-16b 中粗实线 $ABDC$ 所示。这时从动曲柄 $CD$ 存在正、反转两种可能，特称为转向点。

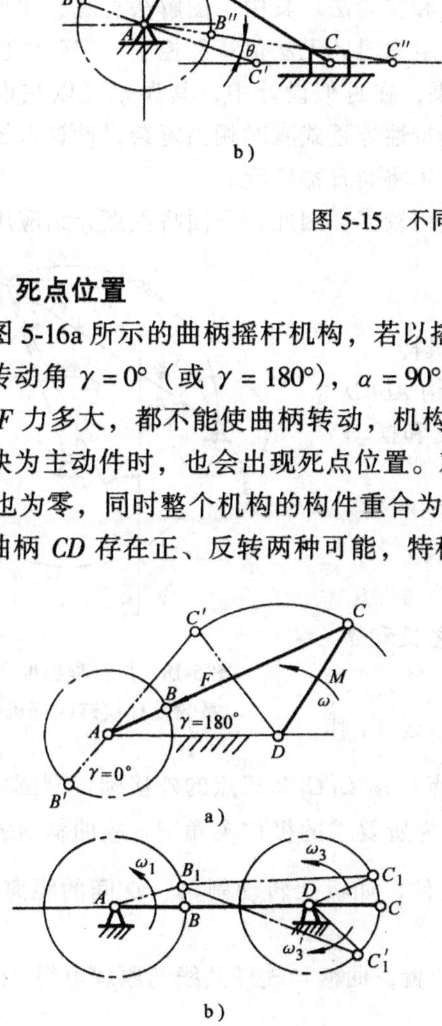

图 5-16　死点位置

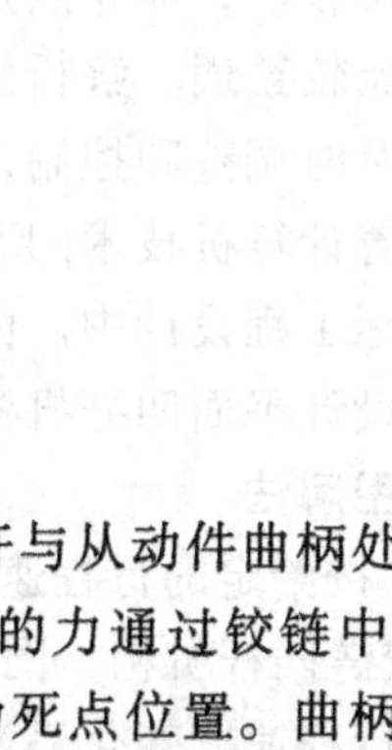

图 5-17　错位排列

为了克服机构运转过程中的死点位置和运动不确定的转向点，可在从动构件上安装转动惯量大的飞轮；或将机构错位排列，即把几组相同机构相互错位排列，各组机构死点位置不同时出现，如图 5-17 所示的汽车发动机就是采用此种结构。

# 第四节　平面四杆机构的设计

平面四杆机构的设计，主要是根据给定的运动条件，确定机构运动简图的尺寸参数。有时为了使机构设计得可靠、合理，还应考虑几何条件和动力条件（如最小传动角 $\gamma_{min}$）等。

生产实践中要求是多种多样的，给定的条件也各不相同，平面四杆机构的设计，归纳起来，主要有两类问题：①按照给定从动件的运动规律（位置、速度、加速度）设计四杆机构；②按照给定轨迹设计四杆机构。

平面四杆机构设计的方法有图解法、解析法和实验法。其中，图解法直观、清晰、简便易行，应用较广，但缺点是作图误差较大，而且事先对其无法估算和控制。实验法也有类似之处，且比较繁琐。解析法可以得到精确的结果，在近似设计中，其误差可以在设计时求得，便于及时调整和控制，但其缺点机构的传动特性方程式有时相当复杂，计算求解也比较麻烦。随着计算机技术的不断发展，解析法的应用将会日益广泛。

在实际工程设计中，由于图解法和解析法应用较多，因此，下面将重点介绍应用图解法和解析法设计平面四杆机构的有关问题。

## 一、图解法

（一）按给定的行程速度变化系数设计四杆机构

1. 铰链四杆机构　图 5-18 所示曲柄摇杆机构 *ABCD* 中，已知行程速度变化系数 $K$，摇杆 *CD* 的长度和摆动的角度 $\Psi_{max}$，要求设计四杆机构。

设计步骤如下：

1）计算极位夹角 $\theta$，$\theta = 180° \dfrac{K-1}{K+1}$。

2）任意选定转动副 *D* 的位置，并按 *CD* 之长和 $\psi$ 角大小画出摇杆的两个极限位置 $C_1D$ 和 $C_2D$。

3）连接 $C_1C_2$，过 $C_2$ 作 $\angle C_1C_2N = 90° - \theta$，过 $C_1$ 作

图 5-18　按行程速度变化系数设计铰链四杆机构

直线 $C_1M$ 垂直于 $C_1C_2$，$C_1M$ 与 $C_2N$ 相交于 $P$ 点。作 $C_1C_2P$ 三点的外接圆，则圆弧 $\overset{\frown}{PC_1C_2}$ 上任意一点 $A$ 与 $C_1$、$C_2$ 连线的夹角 $\angle C_1AC_2$ 均为所要求的极位夹角 $\theta$。故曲柄 *AB* 的回转中心 *A* 应在圆弧 $\overset{\frown}{PC_1C_2}$ 上。若再给定其它辅助条件，如机架转动副 *A*、*D* 间的距离，或 $C_2$ 处的传动角 $\gamma$，则 *A* 点的位置便可完全确定。

4）*A* 点位置确定后，按曲柄摇杆机构极限位置，曲柄与连杆共线的原理可得 $AC_2 = a + b$，$AC_1 = b - a$，由此可求出

曲柄长度　$$a = \frac{AC_2 - AC_1}{2}$$

连杆长度　$$b = AC_2 - a = AC_1 + a$$

2. 偏置曲柄滑块机构　图 5-19 所示偏置曲柄滑块机构中，除已知行程速度变化系数 $K$ 外，尚知道滑块的行程 $s$ 及偏距 $e$，其设计步骤与前述相同。在计算出极位夹角 $\theta$ 后，作一直线 $C_1C_2 = s$，它代替了曲柄摇杆机构中的弦线 $C_1C_2$，然后按上述完全相同的方法作出曲

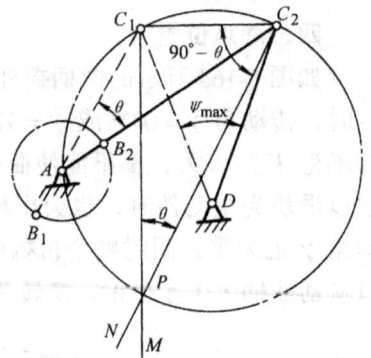

柄回转中心 $A$ 所在的圆弧 $\overset{\frown}{C_1AC_2}$。作一条直线平行于 $C_1C_2$ 且距离为 $e$，该直线与 $\overset{\frown}{C_1AC_2}$ 的交点即为曲柄回转中心 $A$。$A$ 确定后，根据图中的几何关系可计算出曲柄及连杆的长度。

对于导杆机构，若已知机架的长度，按上述方法也可以进行设计。

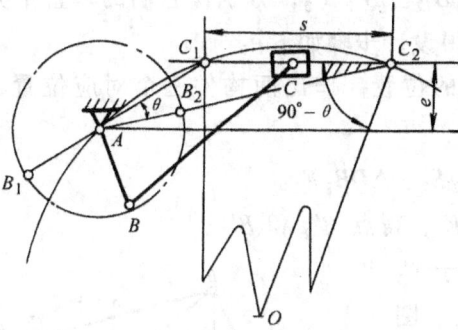

图 5-19　按行程速度变化
系数设计曲柄滑块机构

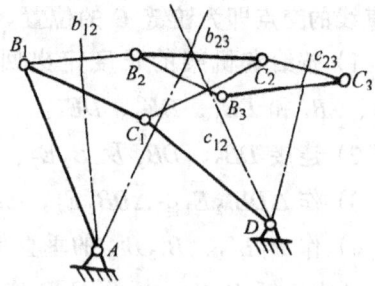

图 5-20　按给定连杆三个位置
设计四杆机构

（二）按给定连杆的两个或三个位置设计四杆机构

如图 5-20 所示，$B_1C_1$、$B_2C_2$、$B_3C_3$ 是连杆要通过的三个位置，该四杆机构可如下求得：

1）连接 $B_1B_2$、$B_2B_3$、$C_1C_2$、$C_2C_3$。

2）分别作 $B_1B_2$、$B_2B_3$ 的中垂线 $b_{12}$、$b_{23}$，两条中垂线相交于 $A$ 点。

3）分别作 $C_1C_2$、$C_2C_3$ 的中垂线 $c_{12}$、$c_{23}$，两条中垂线相交于 $D$ 点。

则交点 $A$、$D$ 就是所求铰链四杆机构的固定铰链中心，$AB_1C_1D$ 即为所求的铰链四杆机构在第一个位置时的机构图。

由上可知，若知连杆两个位置，则点 $A$ 和 $D$ 可分别在中垂线 $b_{12}$、$c_{12}$ 上任意选择，因此有无穷多解，若再给定辅助条件，则可得一个确定的解。

（三）按给定连架杆对应位置设计四杆机构

如图 5-21a 所示，已知四杆机构曲柄 $AB$、机架 $CD$ 的长度，$AB$ 的三个位置 $AB_1$、$AB_2$、$AB_3$ 和构件 $CD$ 上某一直线 $DE$ 的三个对应位置 $DE_1$、$DE_2$、$DE_3$（即三组对应摆角 $\varphi_1$、$\varphi_2$、$\varphi_3$ 和 $\psi_1$、$\psi_2$、$\psi_3$），要求设计该铰链四杆机构（即要求求出连杆 $BC$、摇杆 $CD$ 的长度）。

该机构的设计可以采用反转法的原理。假定图 5-21b 为已求得的机构，$AB_1C_1D$ 为四杆机构的第一位置，构成 $\triangle DB_1E_1$，当曲柄在第二位置 $AB_2$ 时，构成 $\triangle DB_2E_2$，当在第三位置 $AB_3$ 时，构成 $\triangle DB_3E_3$。令 $\triangle DB_2E_2$ 和 $\triangle DB_3E_3$ 绕 $D$ 点反向转动，

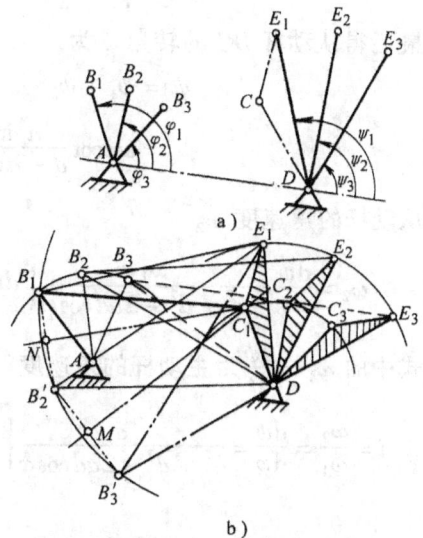

图 5-21　按给定连架杆对应位置
设计四杆机构

使边 $DE_2$、$DE_3$ 与 $DE_1$ 重合，即 $DE_2$ 转 $\psi_1-\psi_2$ 角度，$DE_3$ 转 $\psi_1-\psi_3$ 角度。这时点 $B_2$、$B_3$ 分别至 $B'_2$、$B'_3$ 的位置。这实际是把摇杆 $CD$ 视为静止不动，相当于机架，而曲柄 $AB$ 相对于 $CD$ 在运动，$AB$ 就相当于连杆。$B_1$、$B'_2$、$B'_3$ 就是连杆铰链中心占据的三个位置点。据前面给定连杆位置设计四杆机构的方法，连接 $B_1B'_2$、$B'_2B'_3$，分别作它们的垂直平分线，两直线的交点即为铰链 $C$ 的位置。由以上分析可得设计步骤如下：

1) 按给定机架的长度定出回转中心 $A$、$D$ 的位置，作出两构件三个对应位置 $AB_1$、$AB_2$、$AB_3$ 和 $DE_1$、$DE_2$、$DE_3$。

2) 连接 $DB_2$、$DB_3$ 及 $B_2E_2$、$B_3E_3$，得 $\triangle DB_2E_2$、$\triangle DB_3E_3$。

3) 作 $\triangle DB'_2E_1 \cong \triangle DB_2E_2$，$\triangle DB'_3E_1 \cong \triangle DB_3E_3$，得点 $B'_2$ 和 $B'_3$。

4) 作 $B_1B'_2$、$B'_2B'_3$ 的垂直平分线，并相交于 $C_1$ 点，即为连杆 $B_1C_1$、摇杆 $C_1D$ 连接点的铰链中心。图形 $AB_1C_1D$ 即为所求得的四杆机构在第一位置的机构图。

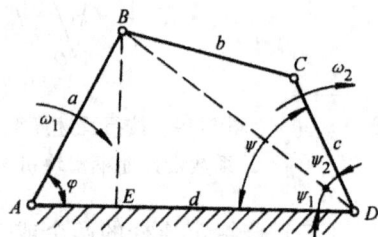

图 5-22 铰链四杆机构

## 二、解析法

### （一）铰链四杆机构的传动特性及设计

1. **传动特性**  图 5-22 所示铰链四杆机构中，各杆长度分别用 $a$、$b$、$c$、$d$ 表示。主动杆 $AB$ 的转角 $\varphi$ 和从动杆 $DC$ 的转角 $\psi$ 之间的关系可如下求得

$$\tan\psi_1 = \frac{EB}{ED} = \frac{EB}{AD-AE} = \frac{a\sin\varphi}{d-a\cos\varphi}$$

又因

$$BC^2 = DC^2 + DB^2 - 2DC \cdot DB\cos\psi_2$$

$$\cos\psi_2 = \frac{a^2-b^2+c^2+d^2-2ad\cos\varphi}{2c\sqrt{a^2+d^2-2ad\cos\varphi}}$$

最后得从动杆 $DC$ 的转角 $\psi$ 为

$$\psi = \psi_1 + \psi_2$$

$$= \operatorname{arccot}\frac{a\sin\varphi}{d-a\cos\varphi} + \arccos\frac{a^2-b^2+c^2+d^2-2ad\cos\varphi}{2c\sqrt{a^2+d^2-2ad\cos\varphi}} \tag{5-6}$$

从动杆的角速度 $\omega_2$

$$\omega_2 = \frac{d\psi}{dt} = \frac{\omega_1 a}{a^2+d^2-2ad\cos\varphi}\left[d\cos\varphi - a - \frac{d\sin\varphi\,(a^2+b^2-c^2+d^2-2ad\cos\varphi)}{\sqrt{4b^2c^2-(a^2-b^2-c^2+d^2-2ad\cos\varphi)^2}}\right]$$

式中的 $\omega_1 = \frac{d\psi}{dt}$ 为主动杆的角速度。因此，传动比 $i$ 为

$$i = \frac{\omega_2}{\omega_1} = \frac{d\psi}{d\varphi} = \frac{a}{a^2+d^2-2ad\cos\varphi}\left[d\cos\varphi - a - \frac{d\sin\varphi\,(a^2+b^2-c^2+d^2-2ad\cos\varphi)}{\sqrt{4b^2c^2-(a^2-b^2-c^2+d^2-2ad\cos\varphi)^2}}\right]$$

$$\tag{5-7}$$

由上式可见，铰链四杆机构具有非线性特性，而且传动比与几何参数 $a$、$b$、$c$、$d$ 及位置参数等诸多因素有关，计算起来比较繁琐。但是随着计算机技术在设计、计算中的广泛应用，直接利用公式进行特性分析和计算也是很方便的。

2．近似线性铰链四杆机构设计 如上所述，铰链四杆机构都具有非线性特性，但当机构处于特定位置附近工作时，却具有近似线性特性。其特定位置如图 5-23a 所示，即

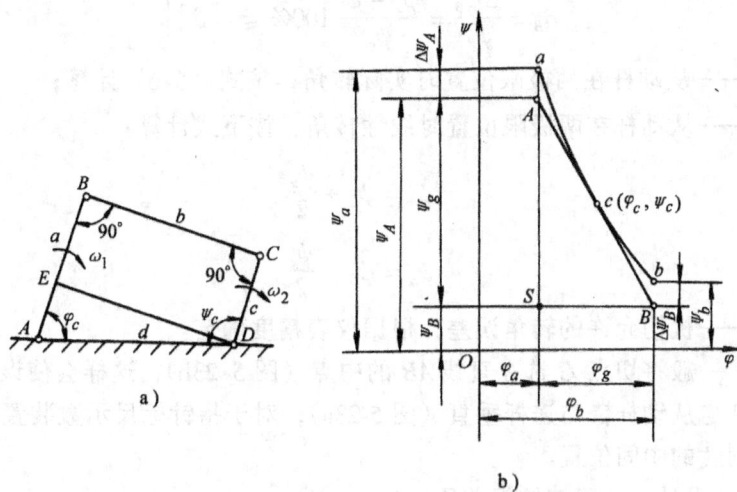

图 5-23　近似线性铰链四杆机构设计

$$\angle ABC = \angle BCD = 90°$$

由于

$$\cos\varphi_c = \frac{a-c}{d}$$

$$\sin\varphi_c = \frac{b}{d}$$

$$d^2 - b^2 = (a-c)^2$$

将上述关系式代入式（5-7）中，整理后得

$$i_c = \frac{\omega_2}{\omega_1} = \frac{d\psi_c}{d\varphi_c} = -\frac{a}{c}$$

因此，当 $a$、$c$ 一定时，机构在此特定位置附近工作，就可获得近似线性特性（即可近似地实现传动比等于常数的要求）。

近似线性铰链四杆机构设计原理如下：

如图 5-23b 所示。设主动杆 $AB$ 由初始位置 $\varphi_a$ 摆过 $\varphi_g$ 到达终止位置 $\varphi_b$，则从动杆 $DC$ 从 $\psi_A$ 摆过 $\psi_g$ 到达 $\psi_B$，如果传动特性是线性的，则其特性线为一直线 $AB$。机构传动比为常数，其值等于 $AB$ 的斜率，即

$$i = \frac{\psi_g}{\varphi_g} = \tan\angle ABS$$

如前所述，铰链四杆机构的传动比 $i$ 是变化的。实际情况是当主动杆位于 $\varphi_a$ 时，从动杆是处于 $\psi_a$；当主动杆转动到 $\varphi_b$ 时，则从动杆转至 $\psi_b$ 位置，它们之间的关系是非线性的，其特性线为曲线 $\overset{\frown}{ab}$。由图 5-23b 可知，曲线 $\overset{\frown}{ab}$ 仅在切点 $c$ 与直线有相同的传动比，而在其他位置均有误差，两极限位置 $A$、$B$ 的误差最大，应进行验算：

88

$$\delta_A = \frac{\Delta\psi_A}{\psi_g} = \frac{\psi_a - \psi_A}{\psi_g}100\% \leqslant [\delta]$$

$$\delta_B = \frac{\Delta\psi_B}{\psi_g} = \frac{\psi_b - \psi_B}{\psi_g}100\% \leqslant [\delta]$$

(5-8)

式中　$\psi_a$、$\psi_b$——从动杆在两极限位置时实际转角，按式（5-6）计算；

$\psi_A$、$\psi_B$——从动杆在两极限位置时线性转角，按下式计算：

$$\psi_A = \psi_C + \frac{\psi_g}{2}$$

$$\psi_B = \psi_C - \frac{\psi_g}{2}$$

$[\delta]$——机构允许的转角误差，根据仪表精度确定。

在设计中，一般将切点 $C$ 选在直线 $AB$ 的中点（图 5-23b），这样会使误差分布均匀。此时，机构主动杆与从动杆皆与连杆垂直（图 5-23a），对于指针标尺示数装置的仪表，则指针正好处于标尺刻度的中间位置。

**例题 5-1**　试设计某一双波纹管差压计的铰链四杆机构，要求其误差 $\delta \leqslant 2\%$，图 5-24 为机构简图。已知：传动比 $i = 3.75$，主动杆 $AB$ 工作摆角 $\varphi_g = 8°$，根据结构条件，选 $AD = 118$mm，$AB = 55.6$mm。

**解**　1）从动杆的摆动范围 $\psi_g = \varphi_g i = 8° \times 3.75 = 30°$

2）计算杆 $BC$ 和 $CD$ 的长度

因　　　$i = \frac{\omega_2}{\omega_1} = \frac{AB}{DC}$

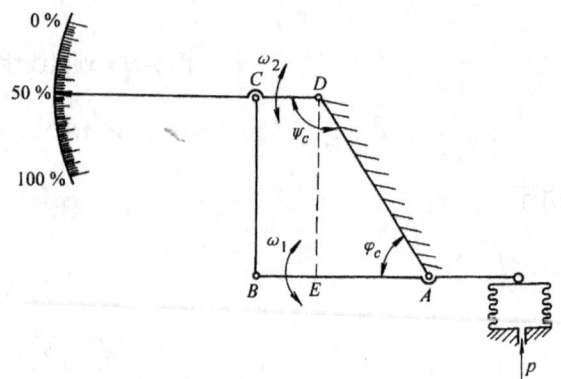

图 5-24　差压计中四杆机构简图

故　　　$DC = \frac{AB}{i} = \frac{55.6}{3.75}$mm $= 14.82$mm

$$BC = DE = \sqrt{AD^2 - AE^2} = \sqrt{AD^2 - (AB - BE)^2}$$
$$= \sqrt{AD^2 - (AB - DC)^2} = \sqrt{118^2 - (55.6 - 14.82)^2}\text{mm}$$
$$= 110.73\text{mm}$$

3）确定切点 $c$（$\varphi_c$、$\psi_c$）的位置

因

$$\cos\varphi_c = \frac{AE}{AD} = \frac{40.78}{118} = 0.3451$$

$$\varphi_c = 69°47'$$

$$\psi_c = 180° - \varphi_c = 110°13'$$

4）计算 $\varphi_A$、$\psi_A$ 及 $\varphi_B$、$\psi_B$

$$\varphi_A = \varphi_c - \frac{\varphi_g}{2} = 69°47' - 4° = 65°47'$$

$$\psi_A = \psi_c + \frac{\psi_g}{2} = 110°13' + 15° = 125°13'$$

$$\varphi_B = \varphi_c + \frac{\varphi_g}{2} = 69°47' + 4° = 73°47'$$

$$\psi_B = \psi_c - \frac{\psi_g}{2} = 110°13' - 15° = 95°13'$$

5）根据公式（5-6）计算 $\psi_a$、$\psi_b$ 得

$$\psi_a = 125°23' \qquad\qquad \psi_b = 95°3'$$

6）计算误差值 $\delta$

$$\delta_A = \frac{\psi_a - \psi_A}{\psi_g} \times 100\% = \frac{125°23' - 125°13'}{30°} \times 100\% = 0.56\%$$

$$\delta_B = \frac{\psi_b - \psi_B}{\psi_g} \times 100\% = \frac{95°3' - 95°13'}{30°} \times 100\% = -0.56\%$$

因转角误差小于允许值 2%，故设计方案可用。

（二）曲柄滑块机构的传动特性及设计

1. 传动特性　在仪器仪表中，经常利用曲柄滑块机构，把滑块的直线位移 $s$ 转换为曲柄的角位移 $\varphi$。表示滑块位移 $s$ 与曲柄角位移 $\varphi$ 之间的关系 $s = f(\varphi)$ 称为曲柄滑块机构的传动特性。下面以偏置曲柄滑块机构为例，对传动特性进行分析。

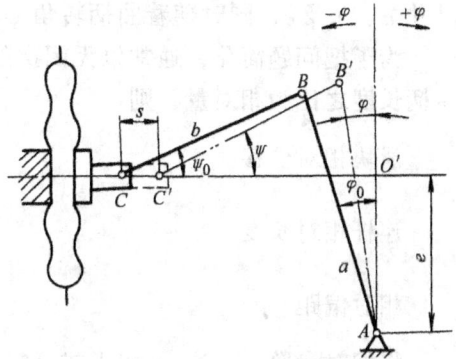

图 5-25　曲柄滑块机构

在图 5-25 所示的机构中，设曲柄 $AB$ 的长度为 $a$，连杆 $BC$ 的长度为 $b$，$e$ 为偏距，$s$ 为滑块 $c$ 的位移量，$\varphi$ 为曲柄的转角。过曲柄回转中心 $A$ 作一基准线垂直于滑块的位移方向，$\varphi$ 在基准线右侧取正值，左侧取负值。现将各杆向水平方向投影，可得

$$
\begin{aligned}
s &= CO' - C'O' = [b\cos\psi_0 + a\sin(-\varphi_0)] - [b\cos\psi + a\sin(-\varphi)]\\
&= a(\sin\varphi - \sin\varphi_0) - b(\cos\psi - \cos\psi_0)
\end{aligned} \tag{5-9}
$$

各杆间垂直方向投影为

$$b\sin\psi_0 = a\cos(-\varphi_0) - e$$
$$b\sin\psi = a\cos(-\varphi) - e$$

可得

$$\cos\psi_0 = \sqrt{1 - \left(\frac{a\cos\varphi_0 - e}{b}\right)^2}$$

$$\cos\psi = \sqrt{1 - \left(\frac{a\cos\varphi - e}{b}\right)^2}$$

将 $\cos\psi_0$、$\cos\psi$ 代入式（5-9），整理后得曲柄滑块机构传动特性关系式（又叫运动方程式）为

$$s = a(\sin\varphi - \sin\varphi_0) - b\left[\sqrt{1 - \left(\frac{a\cos\varphi - e}{b}\right)^2} - \sqrt{1 - \left(\frac{a\cos\varphi_0 - e}{b}\right)^2}\right] \tag{5-10}$$

将上式微分得

$$\frac{ds}{dt} = a\left[\cos\varphi - \frac{(a\cos\varphi - e)\ \sin\varphi}{b\sqrt{1 - \left(\dfrac{a\cos\varphi - e}{b}\right)^2}}\right]\frac{d\varphi}{dt}$$

式中 $\dfrac{ds}{dt}$ 为滑块的移动瞬时速度，$\dfrac{d\varphi}{dt}$ 为曲柄转动的瞬时角速度。当滑块为主动件时，机构的传动比为

$$i = \frac{\dfrac{d\varphi}{dt}}{\dfrac{ds}{dt}} = \frac{d\varphi}{ds} = \frac{1}{a\left[\cos\varphi - \dfrac{(a\cos\varphi - e)\ \sin\varphi}{b\sqrt{1 - \left(\dfrac{a\cos\varphi - e}{b}\right)^2}}\right]} \tag{5-11}$$

当 $\varphi = 0$ 时，
$$i_{\varphi=0} = \frac{1}{a}$$

由式（5-10）和式（5-11）可以看出，曲柄滑块机构的传动特性和传动比取决于机构的尺寸 $a$、$b$ 及 $e$，同时随着曲柄转角 $\varphi$ 变化而变化。

为了把问题简化，通常以无因次的相对量来表示机构的传动特性。现取各尺寸参数对于曲柄长度之比为相对量，则

滑块相对位移　　　　　　　　　$\chi = \dfrac{s}{a}$

连杆相对长度　　　　　　　　　$\lambda = \dfrac{b}{a}$

相对偏距　　　　　　　　　　　$\varepsilon = \dfrac{e}{a}$

将相对参数 $\chi$、$\lambda$、$\varepsilon$ 代入式（5-10）得相对位移

$$\chi = \frac{s}{a} = (\sin\varphi - \sin\varphi_0) + \sqrt{\lambda^2 - (\cos\varphi_0 - \varepsilon)^2} - \sqrt{\lambda^2 - (\cos\varphi - \varepsilon)^2} \tag{5-12}$$

相对传动比

$$i_a = \frac{d\varphi}{d\chi} = \frac{d\varphi}{d\left(\dfrac{s}{a}\right)} = a\frac{d\varphi}{ds} = ai = \frac{i}{i_{\varphi=0}} \tag{5-13}$$

由式（5-13）可知，相对传动比 $i_a$ 等于机构某瞬时的传动比 $i$ 与 $\varphi$ 等于零时传动比 $i_{\varphi=0}$ 的比值

将 $b = a\lambda$，$e = a\varepsilon$ 代入式（5-11），简化后，再代入式（5-13）得

$$i_a = \frac{1}{\cos\varphi - \dfrac{(\cos\varphi - \varepsilon)\ \sin\varphi}{\sqrt{\lambda^2 - (\cos\varphi - \varepsilon)^2}}} \tag{5-14}$$

由式（5-12）和式（5-14）看出，相对位移和相对传动比与机构的相对参数有关，而与机构的绝对尺寸无关。当机构的相对参数关系一定时，它们均为曲柄转角 $\varphi$ 的函数。

根据式（5-14），可以画出许多不同 $\lambda$ 和 $\varepsilon$ 条件下的相对传动比曲线，例如图 5-26a（$\lambda = 5$）和图 5-26b（$\lambda = 2$）的 $i_a - \varphi$ 曲线。利用这些曲线，可以简化曲柄滑块机构的设计工作。

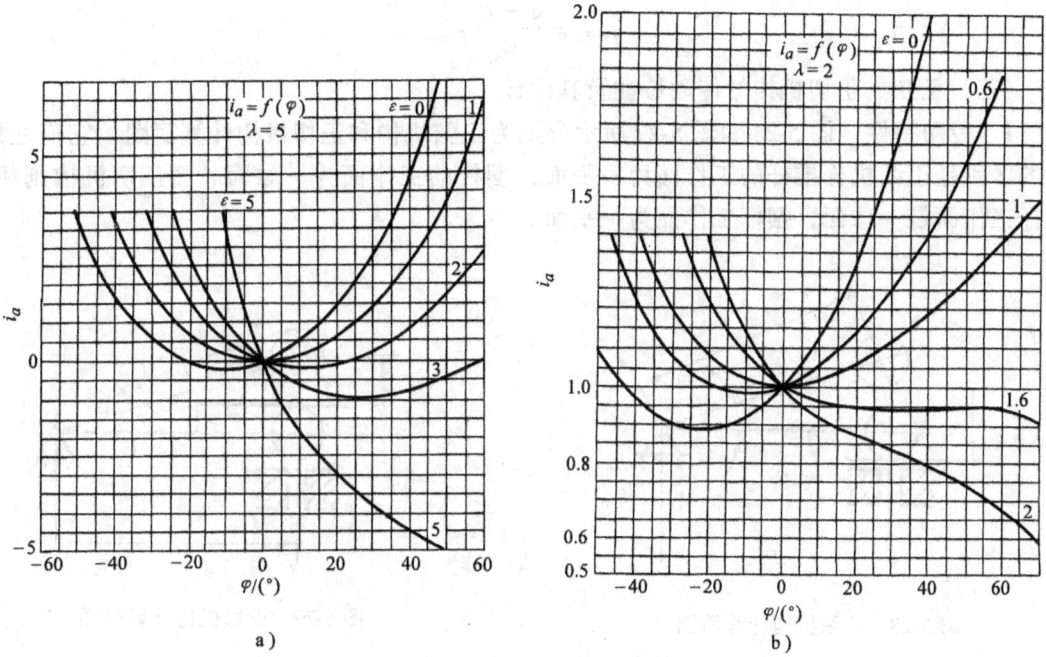

图 5-26　曲柄滑块机构的 $i_a - \varphi$ 曲线

**2．近似线性特性曲柄滑块机构参数的确定**　曲柄的工作转角 $\varphi_g$ 和滑块的最大位移 $s_{max}$ 一般在设计要求中是给定的，进行设计时，可先初步选定曲柄滑块机构的 $\varepsilon$ 和 $\lambda$ 值，即在 $i_a - \varphi$ 曲线族中初选一条曲线。然后根据工作转角 $\varphi_g$ 在选定的特性曲线上以极点对称分布，找出初始角 $\varphi_0$（$H$ 点）和终止角 $\varphi_z$（$F$ 点），以及对应的 $i_{aH}$、$i_{aF}$（图 5-27），最后进行计算和校验。

如图 5-27 所示，由 $\varepsilon = 1$ 的 $i_a - \varphi$ 曲线可知，其极点位于 $\varphi = 0°$ 的纵坐标上，这时初始角 $\varphi_0 = -\varphi_g / 2$。由图可知，在 $\varphi_g$ 范围内最大的传动比为 $i_{aH}$（或 $i_{aF}$），最少传动比为 $i_{a0}$。显然，最大与最小传动比的差值愈小，则特性愈接近于线性。

为了提高设计精度，相对传动比取平均值，即

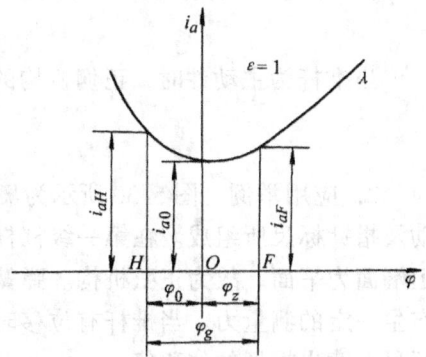

图 5-27　近似线性曲柄滑块机构设计

$$i_{am} = \frac{i_{aH} + i_{a0}}{2} \text{ 或 } i_{am} = \frac{i_{aF} + i_{ao}}{2}$$

初步选定参数后，必须进行误差校验，校验在不同 $\varphi$ 角时的非线性度误差 $\delta_f$。如果 $\delta_f$ 大于允许误差，则应重新选取 $\varepsilon$ 及 $\lambda$ 值，再进行计算。

$$\delta_f = \frac{s_1 - s_2}{s_{max}}$$

式中　$s_1$——滑块的实际位移量，其数值可由式（5-10）求得；

$s_2$——根据线性特性，滑块应有的位移量，其值为

$$s_2 = \frac{\varphi - \varphi_0}{\varphi_g} s_{\max}$$

（三）正弦、正切机构的传动特性及其设计

1. 传动特性　图 5-28 和图 5-29 所示分别为正弦机构和正切机构计算简图。它们在结构上的区别是正弦机构推杆的工作面为一平面，摆杆的工作面为一球面。而正切机构则相反，推杆工作面是一球面，摆杆工作面为一平面。

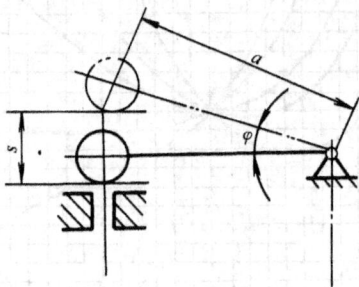

图 5-28　正弦机构计算简图　　　　　图 5-29　正切机构计算简图

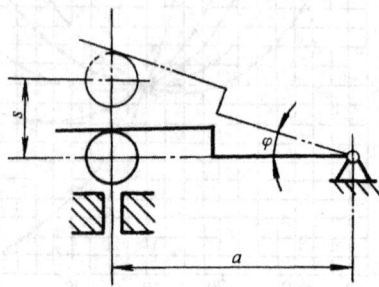

（1）正弦机构的传动特性　设摆杆长度为 $a$，当摆杆由 $\varphi_0$ 转到 $\varphi$ 时（图 5-28 中 $\varphi_0 = 0$，未画出），推杆的位移为

$$s = a\,(\sin\varphi - \sin\varphi_0) \tag{5-15}$$

若推杆为主动件时，正弦机构的传动比为

$$i = \frac{d\varphi}{ds} = \frac{1}{a\cos\varphi} \tag{5-16}$$

（2）正切机构的传动特性　设摆杆摆动中心至推杆导路中心的距离为 $a$，由图 5-29（图中 $\varphi_0 = 0$，未画出），可以推导出正切机构的传动特性为

$$s = a\,(\tan\varphi - \tan\varphi_0) \tag{5-17}$$

当推杆为主动件时，正切机构的传动比为

$$i = \frac{d\varphi}{ds} = \frac{1}{a}\cos^2\varphi \tag{5-18}$$

2. 应用举例　图 5-30 所示为奥氏测微仪结构简图。其传动链主要由杠杆传动、齿轮传动及指针标尺所组成。在第一级杠杆传动中，摆杆 2 的端部为球面，推杆（测杆）1 的缺口上端面为平面，故为正弦机构。弹簧 3、4 的作用是保证摆杆球面和推杆工作面紧密接触及产生一定的测量力。当推杆有位移时，通过正弦机构、齿轮传动带动指针回转，从而在刻度标尺上读出推杆的位移值。

图 5-31 为立式光学比较仪工作原理图。当平面镜 4 与主光轴垂直时，分划板 2 上的刻线通过物镜 3 经平面镜反射后，再沿原路成像于分划板上与刻线重合。当推杆（测杆）5 上升 $s$ 时，平面镜偏转 $\varphi$ 角，光线经平面镜偏转 $2\varphi$，分划板的刻线像移动一个距离 $t$，通过目镜 1 读出 $s$ 值的大小。

3. 原理误差　用正弦机构、正切机构制成的长度计量仪器，其仪表度盘是按线性刻度的。因此，要求正弦机构、正切机构的传动特性应该是线性的，但实际上它们是非线性的，

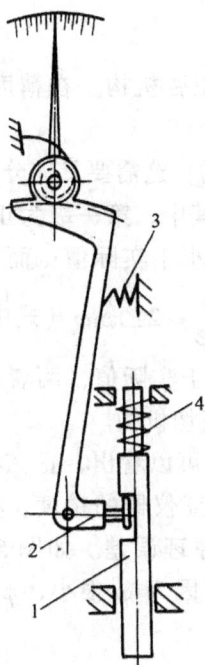

图 5-30  奥氏测微仪简图　　　　　　　　　　图 5-31  立式光学比较仪原理图

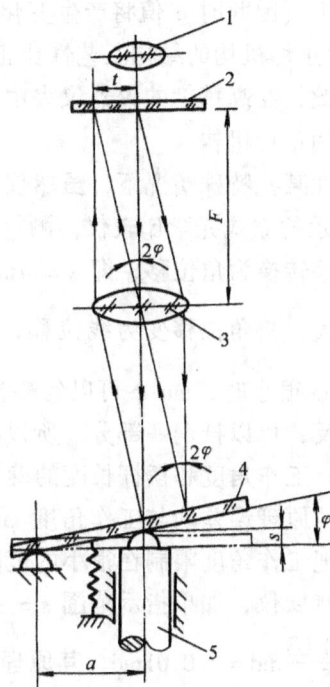

因而必然引起仪表的示数误差，这种由于采用机构的传动特性与要求的传动特性不相符而引起的误差称为原理误差。设计时必须把这种误差限制在最小范围内。

（1）正弦机构的原理误差　设 $\varphi_0 = 0$，则由式（5-15）可得

$$s = a\sin\varphi \tag{5-19}$$

但对于线性度盘，其刻度特性为

$$s' = a\varphi \tag{5-20}$$

因此，其原理误差为

$$\Delta s = s' - s = a\varphi - a\sin\varphi \tag{5-21}$$

现将上式中 $\sin\varphi$ 展开，并取前两项，得

$$\Delta s = a\varphi - a\left(\varphi - \frac{\varphi^3}{6}\right) = \frac{a\varphi^3}{6} \tag{5-22}$$

（2）正切机构的原理误差　同理，正切机构的原理误差为

$$\Delta s = a\varphi - a\tan\varphi$$

$$\Delta s = a\varphi - a\left(\varphi + \frac{\varphi^3}{3}\right) = -\frac{a\varphi^3}{3} \tag{5-23}$$

4．设计原则

（1）合理选择传动型式　比较正弦机构和正切机构的特点，可以看出：

1）由式（5-22）和式（5-23）可知，当条件相同时，正弦机构和正切机构相比，其原理误差的绝对值减小了 1/2。

2）推杆导轨的间隙对正弦机构的精度没有影响（不改变摆杆长度 $a$），而对正切机构的

94

影响较大（因此时 $a$ 值将产生变化）。

3）正切机构的结构工艺性比正弦机构的工艺性较好。

因此，在高精度的仪器仪表中，为了提高测量精度，多采用正弦机构。在精度较低时，一般采用正切机构。

但在某些特殊情况下，虽然仪器精度较高，却采用了正切机构，这需要具体分析。如图 5-31 所示的立式光学比较仪，测杆位移 $s$ 经两级放大进行读数，其中，第一级为正切机构，将线位移转换为角位移，即 $s = a\tan\varphi$，对于线性刻度标尺，示值小于实际值；而第二级是光学放大，将角位移变为线位移，其关系为 $t = F\tan2\varphi = \dfrac{2F\tan\varphi}{1-\tan^2\varphi} \approx 2F\tan\varphi$（式中 $F$ 为焦距，当 $\varphi$ 很小时，$\tan^2\varphi$ 可以忽略），对于线性刻度标尺，示值大于实际值，两者原理误差方向相反，可以抵消一部分，所以在立式光学比较仪中，采用了正切机构。

（2）工作角度和摆杆长度的确定 从式（5-22）和式（5-23）可以看出，正弦机构和正切机构的原理误差均与工作角度 $\varphi$ 的立方成正比，因此，为了保证仪器的精度，在实际应用中，把工作角度限制在很小的范围内，否则，将会产生过大的原理误差。如图 5-30 所示的奥氏测微仪，如果指示范围 $s = \pm 0.05\text{mm}$，摆杆长度 $a = 5\text{mm}$。因为 $\varphi$ 很小，$\varphi \approx \sin\varphi = \dfrac{s}{a} = \dfrac{\pm 0.05}{5}\text{rad} = \pm 0.01\text{rad}$，其原理误差可以按下式求得

$$\Delta s = \frac{a\varphi^3}{6} = \pm \frac{5 \times (0.01)^3}{6}\text{mm} = \pm 0.0000008\text{mm}$$

如果把指示范围扩大为 $s = 0.5\text{mm}$，同理可算出此时的原理误差 $\Delta s = \pm 0.0008\text{mm}$，比前增大了 1000 倍。所以，杠杆测量仪表的测量范围都比较小，一般为 $\pm 0.3\text{mm}$。

从上面分析还可以看出，在测量范围一定的情况下，若摆杆长度 $a$ 增大，则 $\varphi$ 减小，从而原理误差大大减小，并且制造亦较容易。因此，在结构条件允许时，应尽量增大摆杆长度，其数值一般不应小于 $3.5 \sim 4.5\text{mm}$，但从式（5-16）和式（5-18）看出，$a$ 值增大，则传动比 $i$ 减小，故为了保证仪表总传动比的要求，在实际应用中多采用双杠杆（二级杠杆）传动或杠杆齿轮传动。图 5-32 所示为双正弦—齿轮传动的应用实例。

（3）摆杆长度的调整 为了减小原理误差，还广泛采用调整摆杆长度的方法。如图 5-33 所示正弦机构，设 $a_0$ 为摆杆设计长度，则线性标尺特性为 $s = a_0\varphi$，其特性为一直线，但正弦机构的理论传动特性为 $s = a_0\sin\varphi$，特性线为正弦曲线（曲线 1），两者之差即为原理误差。当摆杆转角为 $\pm\varphi_{max}$ 时，原理误差的绝对值最大，其值由式（5-22）可得

$$\Delta s_{1max} = \frac{a_0\varphi_{max}^3}{6} \tag{5-24}$$

图 5-32 双杠杆测微仪原理图

如果把摆杆长度调整（增大）至 $a$，则 $s$（$= a\sin\varphi$）增大，原理误差 $\Delta s$（$\Delta s = a_0\varphi - a\sin\varphi$）减小。图中曲线 2 为摆杆长度调整到使最大摆角 $\pm\alpha_{max}$ 处的原理误差等于零时正弦机构的传动特性曲线。这时，最大的原理误差将出现在转角 $-\varphi_1$ 和 $+\varphi_1$ 处，根据存在极值的充分条件，取原理误差的一阶导数等于零便可求得 $\varphi_1$。

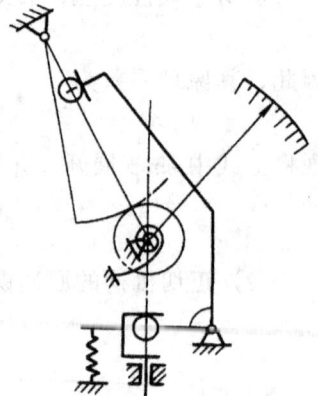

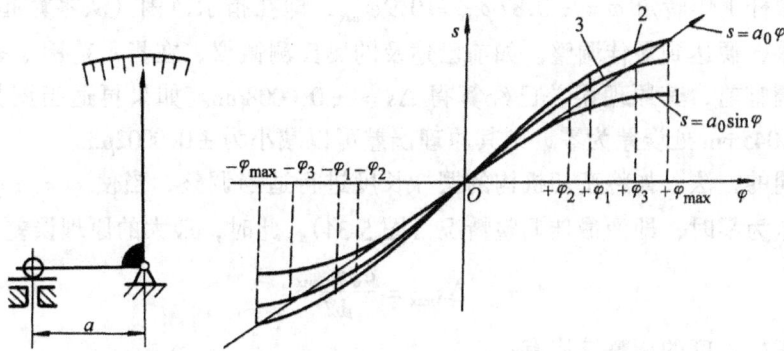

图 5-33　正弦机构原理误差的调整

$$\varphi_1 = \frac{\varphi_{max}}{\sqrt{3}}$$

因此，当正弦机构的传动特性线为曲线 2 时，最大的原理误差为

$$\Delta s_{2max} = \Delta s_{\varphi 1} = -\frac{1}{2.6} \times \frac{a_0 \varphi_{max}^3}{6} \tag{5-25}$$

由式（5-24）与式（5-25）可知，摆杆长度调整后，原理误差可减小为原来的 1/2.6。

曲线 3 为最佳调整时的传动特性曲线，这时调整摆杆长度，使在 ± $\varphi_{max}$ 处分别与 ± $\varphi_2$ 处的原理误差的绝对值相等而方向相反。原理误差在 ± $\varphi_2$ 处具有极值。当取原理误差的一阶导数等于零时，可求得 $\varphi_2$。

$$\varphi_2 = \frac{\varphi_{max}}{2}$$

因此，求得最大原理误差

$$\Delta s_{3max} = \Delta s_{\varphi 2} = -\frac{a_0 \varphi_{max}^3}{24}$$

其绝对值

$$\Delta s_{3max} = \frac{1}{4} \times \frac{a_0 \varphi_{max}^3}{6} \tag{5-26}$$

由式（5-26）和式（5-24）可知，机构经最佳调整后，其原理误差可减小为原来的 1/4。

摆杆长度具有最佳值时的调整特征是：在 $\varphi_3$ 点的原理误差等于零（图 5-33），$\varphi_3$ 值可按下面关系式算出

$$\Delta s_{\varphi 3} = a_0 \varphi_3 - a\sin\varphi_3 = 0$$

得

$$\varphi_3 = \frac{\sqrt{3}}{2} \varphi_{max} = 0.87 \varphi_{max} \tag{5-27}$$

式（5-27）表明，当正弦机构在 - $\varphi_{max}$ ~ + $\varphi_{max}$ 范围内工作时，若调整摆杆

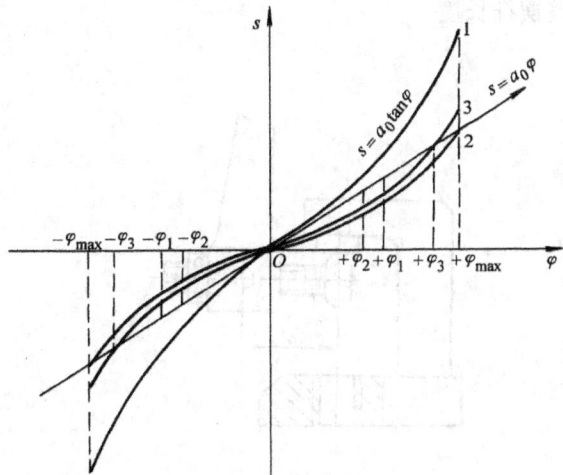

图 5-34　正切机构原理误差的调整

96

长度 $a$，使摆杆工作转角 $\varphi = \pm 0.87\varphi_{max} \approx 0.9\varphi_{max}$，即在指示范围（从零算起）的 90% 处的原理误差为零，便达到最佳调整。如前已述及的奥氏测微仪，在指示范围 $s = \pm 0.05mm$ 内，摆杆长度未调整前，其原理误差已经算得 $\Delta s = \pm 0.0008\mu m$。如果再适当调整其摆杆长度，使在 $s = \pm 0.045mm$ 处误差为零，则其原理误差可以减小为 $\pm 0.0002\mu m$。

采用相同的方法，如将正切机构的摆杆长度进行适当调整，当使 $\varphi = \pm \varphi_3 = \pm 0.87\varphi_{max}$ 处的原理误差为零时，即为最佳调整情况（图 5-34），此时，最大的原理误差为

$$\Delta s_{max} = \frac{a_0 \varphi'^3_{max}}{12} \tag{5-28}$$

常见的摆杆长度的调整结构有：

1）偏心调整结构，图 5-35 所示为偏心调整结构，松开螺母 1，转动偏心轴（图 5-35a）或偏心套筒（图 5-35b）2，即可调整摆杆长度。

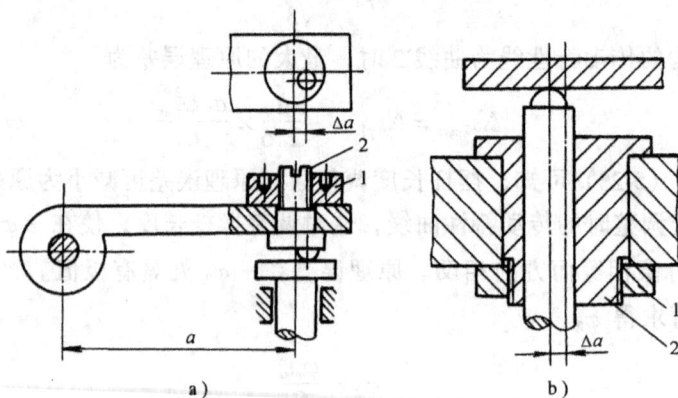

图 5-35　偏心调整结构

2）螺钉调整结构，如图 5-36 所示，松开锁紧螺母 1，转动螺钉 2，即可调整摆杆长度。

3）弹性摆杆结构，如图 5-37 所示，调节螺钉 1 和 2，使摆杆 3 产生弹性变形，即可调整摆杆长度。

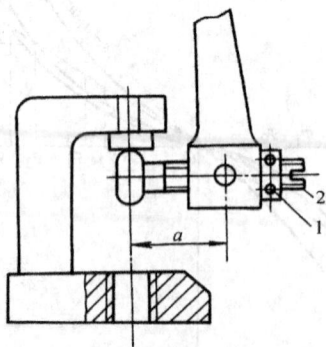

图 5-36　螺钉调整结构

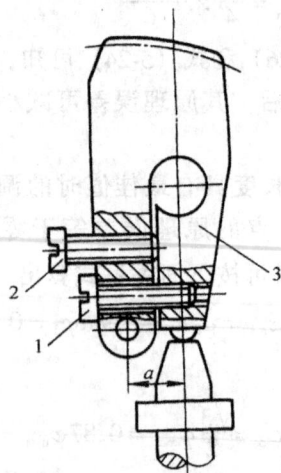

图 5-37　弹性摆杆结构

4）摆杆支承间隙的消除，摆杆支承的间隙会引起摆杆长度的变化（图 5-38a），从而使仪表示值不稳定并增加传动误差。为了消除支承间隙的影响，可以采用顶尖支承（图 5-38b）或利用弹力保证轴与轴承孔保持单边接触，以减小摆杆长度的变化。

5）机构原点位置的确定，正弦机构和正切机构正确的原点位置是，当机构处于原点位置（$\varphi = 0$）时，必须满足下列两个条件：

①球头中心应位于摆杆摆动中心到推杆运动方向的垂线（理论杠杆线）上。

②正弦机构中与摆杆球头接触的推杆平面或正切机构中与推杆球头接触的摆杆平面，应垂直于推杆的运动方向。

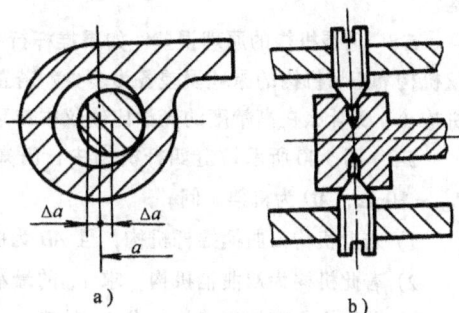

图 5-38　摆杆支承间隙的影响及消除

图 5-28 和图 5-29 所示的正弦机构和正切机构符合上述两个条件，所以它们的原点位置是正确的。这时，在机构工作范围 ±s 内，摆杆转角为 ±φ，在推杆正、负行程中，机构原理误差的绝对值相等，因而原理误差最小。

图 5-39 所示的机构原点位置是不正确的，在这种情况下机构的原理误差会显著增大（证明从略），设计时应避免。

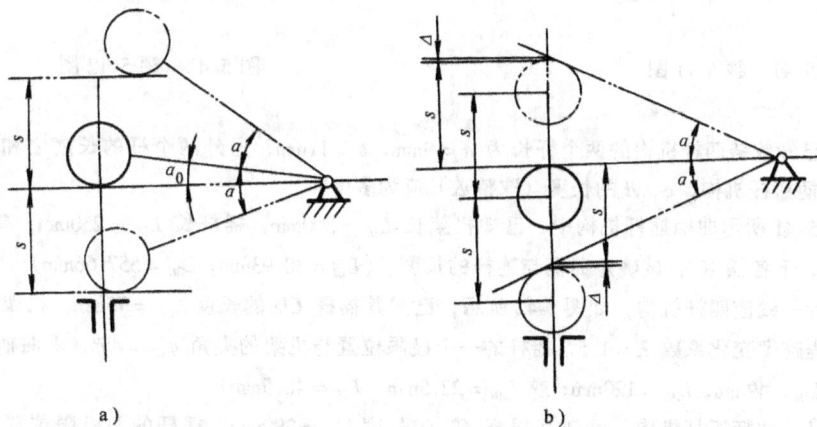

图 5-39　错误的机构原点位置
a）正弦机构　b）正切机构

## 思考题及习题

5-1　铰链四杆机构的基本型式有哪几种？

5-2　铰链四杆机构可以通过哪几种方式演化为其它型式的四杆机构？

5-3　铰链四杆机构曲柄存在的条件是什么？

5-4　何谓四杆机构的压力角和传动角？

5-5　铰链四杆机构中有可能产生死点位置的机构有哪些？它们发生死点位置的条件是什么？

5-6　当给定连杆两个位置时，设计的铰链四杆机构可以有无穷多，若要有唯一确定解，可以附加哪些条件？

5-7 写出正弦机构和正切机构的传动特性式和传动比表达式；从结构上如何区别正弦机构和正切机构？

5-8 何谓机构的原理误差？如果推杆行程和摆杆长度均相同时，正弦机构和正切机构的原理误差各为多少？若正弦机构的原理误差比正切机构小，为什么在高精度的光学比较仪中却采用正切机构？

5-9 图 5-40 所示铰链四杆机构中，已知 $L_{BC} = 50mm$，$L_{CD} = 35mm$，$L_{AD} = 30mm$，$AD$ 为机架。问：

1) 若此机构为曲柄摇杆机构，且 $AB$ 为曲柄，求 $L_{AB}$ 的最大值。

2) 若此机构为双曲柄机构，求 $L_{AB}$ 的最小值。

3) 若机构为双摇杆机构，求 $L_{AB}$ 的值。

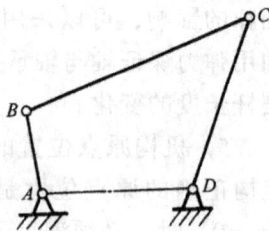

图 5-40 题 5-9 图

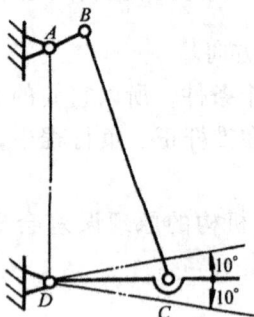

图 5-41 题 5-11 图

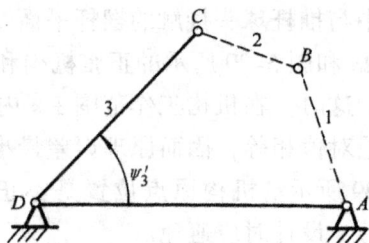

图 5-42 题 5-12 图

5-10 若已知铰链四杆机构的两个杆长为 $a = 9mm$，$b = 11mm$，另外两个杆的长度之和 $c + d = 25mm$，要求构成一曲柄摇杆机构，$c$、$d$ 的长度（取整数）应为多少？

5-11 图 5-41 所示曲柄摇杆机构中，已知机架长 $L_{AD} = 500mm$，摇杆长 $L_{CD} = 250mm$，要求摇杆 $CD$ 能在水平位置上、下各摆 $10°$，试确定曲柄与连杆的长度。（$L_{AB} = 38.93mm$，$L_{BC} = 557.66mm$）

5-12 设计一铰链四杆机构，如图 5-42 所示，已知其摇杆 $CD$ 的长度 $L_{CD} = 75mm$，机架 $AD$ 的长度 $L_{AD} = 100mm$，行程速度变化系数 $K = 1.5$，摇杆的一个极限位置与机架的夹角 $\psi_3 = 45°$，求曲柄 $AB$ 及连杆 $BC$ 的长度。（解 $L_{AB} = 49mm$，$L_{BC} = 120mm$；或 $L_{AB} = 22.5mm$，$L_{BC} = 48.5mm$）

5-13 设计一曲柄摇杆机构，已知其摇杆 $CD$ 的长度 $L_{CD} = 290mm$，摇杆的两极限位置间的夹角 $\psi = 32°$，行程速度变化系数 $K = 1.25$，若给定了机架的长度 $L_{AD} = 280mm$，求连杆及曲柄的长度。

5-14 设计偏置曲柄滑块机构，已知滑块 $C$ 的行程速度变化系数 $K = 1.5$，滑块 $C$ 的行程 $C_1C_2 = 40mm$，滑块 $C$ 的最大压力角 $\alpha_{max} = 45°$。

5-15 要求设计一曲柄滑块机构，非线性度误差 $\delta_f \leq 2\%$，已知敏感元件特性为线性，其最大位移 $s_{max} = 4mm$，曲柄工作转角 $\alpha_g = 20°$。

# 第六章 凸轮机构

## 第一节 概　述

凸轮机构由凸轮、从动件和机架组成。凸轮是一个具有曲线轮廓或凹槽的构件，通常作连续等速转动；从动杆则按预定运动规律作间歇（或连续）直线往复移动或摆动。在精密机械特别是在自动控制装置和仪器中，凸轮机构得到广泛的应用。

凸轮机构的优点是：只要凸轮轮廓曲线设计合理，便可使从动件按任意给定的规律运动，而且机构简单、紧凑、工作可靠。其缺点是：凸轮轮廓曲线加工比较困难，与从动件为高副接触，压强大、易磨损，故凸轮机构一般多用于传力不大的控制机构中。

凸轮机构种类繁多，通常可以按凸轮与从动件的几何形状及其运动形式的不同来分类。

### 一、按凸轮的形状分

（一）盘形凸轮

盘形凸轮是绕定轴转动并具有变化半径的盘形构件，如图 6-1a 所示。

当盘形凸轮的回转中心趋于无穷远时，就变为移动凸轮。此时，凸轮相对于机架作直线运动，如图 6-1b 所示。

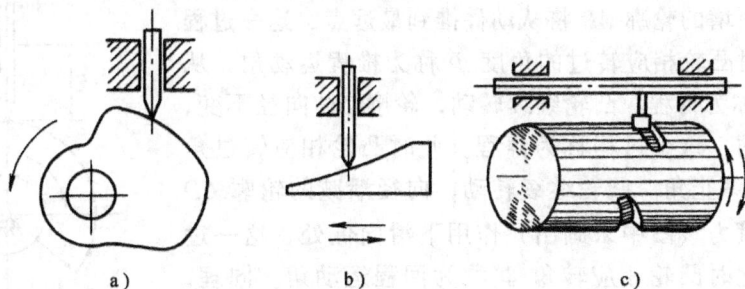

图 6-1　凸轮机构的分类

（二）圆柱凸轮

将移动凸轮绕成圆柱体即成为圆柱凸轮。这种凸轮结构比较复杂，但紧凑并可用于较大行程，如图 6-1c 所示。

由于圆柱凸轮可展开为移动凸轮，而移动凸轮又是盘形凸轮的特例。因此，盘形凸轮是各种凸轮的基本形式。

### 二、按从动件的形状分

（一）尖底从动件

如图 6-2a 所示，它结构简单，不论凸轮的轮廓曲线如何，都能与凸轮轮廓上所有点接触，故能按较复杂的规律运动，缺点是容易磨损，只适用于低速和传力较小的场合。

## （二）滚子从动件

在从动件的一端装有可自由转动的滚子（图 6-2b）。由于滚子与凸轮轮廓之间为滚动摩擦，故摩擦小，转动灵活，因而应用较多。

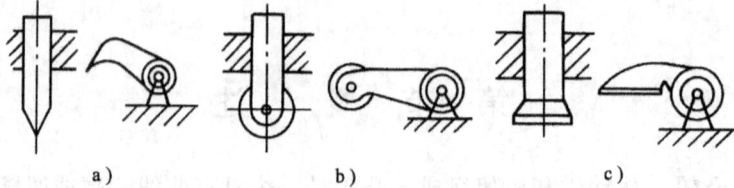

图 6-2　从动件的型式

## （三）平底从动件

如图 6-2c 所示，这种从动件仅能与轮廓全部外凸的盘形凸轮相作用，而不能用于有内凹轮廓的盘形凸轮。从动件的平底与凸轮接触处易形成楔形油膜，能减小磨损，且不计摩擦时，凸轮对从动件的作用力始终垂直于平底，传动效率较高，故常用于高速凸轮机构中。

# 第二节　从动件常用运动规律

图 6-3 所示为尖底直动从动件盘形凸轮机构。图中以凸轮轮廓最小向径 $r_b$ 为半径所作的圆称为基圆。$r_b$ 称为基圆半径。凸轮作逆时针方向等角速转动，从动件由基圆上 $A$ 点开始上升，向径渐增的轮廓 $AB$ 将从动件推到最远点，这一过程称为推程。此时凸轮相应转过的角度 $\Phi$ 称为推程运动角，从动件的位移 $h$ 称为行程。凸轮继续转动，轮廓 $BC$ 向径不变，从动件停止不动，这个过程称为停程。此时凸轮相应转过角度 $\Phi_s$ 称为远程休止角。凸轮继续转动，向径渐减的轮廓 $CD$ 使从动件在弹簧力（图中未画出）作用下滑向低处，这一过程称为回程。此时凸轮相应转角 $\Phi'$ 称为回程运动角。同理，当基圆上 $DA$ 段圆弧与尖底作用时，从动件在距凸轮回转中心最近位置停留不动，这时对应凸轮转角 $\Phi'_s$ 称为近休止角。当凸轮继续回转时，从动件又重复进行升—停—降—停的运动循环。

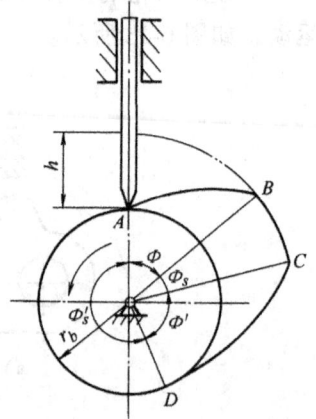

图 6-3　盘形凸轮机构

从动件的运动规律是指从动件在整个工作循环中，运动参数（位移、速度和加速度）随凸轮转角 $\Phi$ 变化的规律。由上述可知，从动件的运动规律与一定的凸轮轮廓相对应。也就是从动件的不同运动规律要求凸轮具有不同的轮廓曲线。因此设计凸轮时，必须首先确定从动件的运动规律，下面介绍几种常用的运动规律。

## 一、等速运动规律

从动件作等速运动时，其运动图线如图 6-4 所示。其位移线图为一过原点的倾斜直线，由图可得运动线图的表达式

$$
\left.
\begin{array}{l}
s = \dfrac{h}{\varPhi}\varphi \\[2mm]
v = v_0 = \dfrac{h}{\varPhi}\omega \\[2mm]
a = 0
\end{array}
\right\}
\tag{6-1}
$$

然而，在其速度换向处，即 $A$、$B$、$C$ 点，产生速度突变，加速度无穷大。虽然由于材料的弹性变形可以起到一定的缓冲作用，但从动件仍会产生很大的惯性力，使机构受到强烈的冲击，称之为"刚性冲击"。通常对 $A$、$B$、$C$ 处的位移曲线加以修正，用过渡圆弧代替直线。因此，单纯的等速运动只能适用于低速凸轮机构。

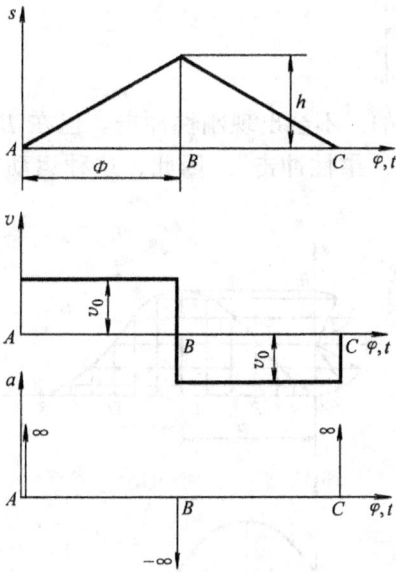

图 6-4  等速运动规律

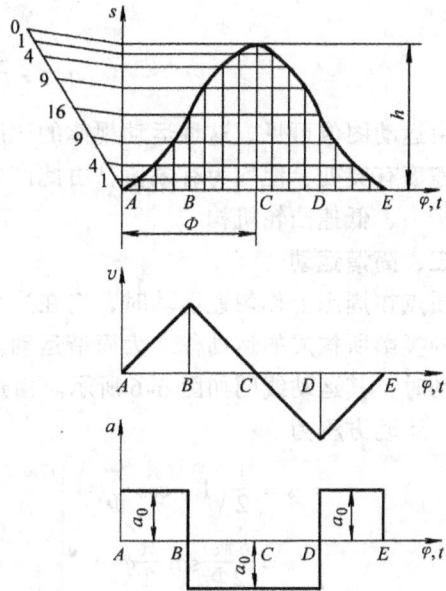

图 6-5  等加速运动规律

## 二、等加速等减速运动规律

从动件作等加速等减速运动时，如果其加速段与减速段的时间相等，则其运动线图如图 6-5 所示。由运动学可知，初速度为零的物体作等加速运动时，其位移方程（$AB$ 段）为

$$
s = \frac{1}{2} a_0 t^2 = \frac{1}{2} a_0 \left( \frac{\varphi}{\omega} \right)^2
$$

如果当 $\varphi = \varPhi/2$ 时，$s = h/2$，即

$$
\frac{h}{2} = \frac{1}{2} a_0 \left( \frac{\varPhi}{2\omega} \right)^2
$$

$$
a_0 = \frac{4h\omega^2}{\varPhi^2}
$$

将上式代入位移方程并对时间 $t$ 求导，得

$$\left.\begin{array}{l} s = \dfrac{2h}{\Phi^2}\varphi^2 \\[2mm] v = \dfrac{4h\omega}{\Phi^2}\varphi \\[2mm] a = a_0 = \dfrac{4h\omega^2}{\Phi^2} \end{array}\right\} \tag{6-2}$$

根据运动图像的对称性，可得等减速（BC 段）的运动方程为

$$\left.\begin{array}{l} s = h - \dfrac{2h}{\Phi^2}(\Phi - \varphi)^2 \\[2mm] v = \dfrac{4h\omega}{\Phi^2}(\Phi - \varphi) \\[2mm] a = -\dfrac{4h\omega^2}{\Phi^2} \end{array}\right\} \tag{6-3}$$

由运动图像可见，这种运动规律的速度曲线是连续的，不会出现刚性冲击。但在 $B$、$D$ 处加速度有突变，但均为有限值，由此产生的冲击称为"柔性冲击"。因此，这种运动规律适用于中、低速凸轮机构。

### 三、简谐运动

质点在周围上作匀速运动时，它在这个圆的直径方向上的投影所构成的运动称之为简谐运动。从动件作简谐运动时，其运动线图如图 6-6 所示。由运动线图可以看出，运动方程为

$$\left.\begin{array}{l} s = \dfrac{1}{2}\left(1 - \cos\dfrac{\pi}{\Phi}\varphi\right) \\[2mm] v = \dfrac{h\pi\omega}{2\Phi}\sin\dfrac{\pi}{\Phi}\varphi \\[2mm] a = \dfrac{h\pi^2\omega^2}{2\Phi^2}\cos\dfrac{\pi}{\Phi}\varphi \end{array}\right\} \tag{6-4}$$

从动件作简谐运动时，其加速度按余弦曲线规律变化。由运动线图可以看出，这种运动规律在始末点（$A$、$E$ 点）加速度有变化，也会引起柔性冲击，只适用于中速传动。只有当从动件作无停程的升降升连续往复运动时，才可以得到连续的加速度曲线，从而适用于高速传动。

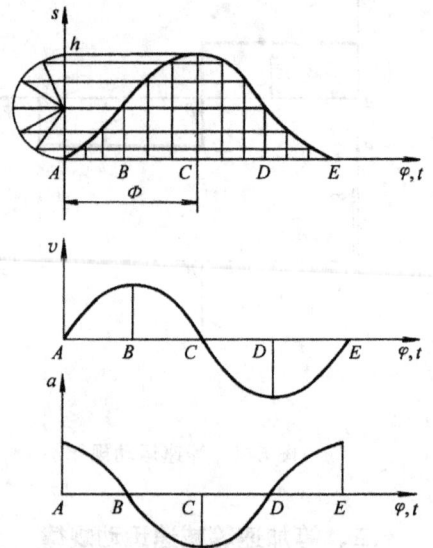

图 6-6 简谐运动规律

## 第三节　图解法设计平面凸轮轮廓

当从动件的运动规律和凸轮的基圆半径确定后，各种凸轮的轮廓曲线（简称廓线）都可以用图解法求出。绘制凸轮轮廓曲线亦可应用反转法原理。如图 6-7 所示，根据相对运动原理，使整个机构以角速度 $-\omega$ 绕凸轮回转轴心 $O$ 回转，此时各构件之间的相对运动关系不变，但凸轮固定不动，而从动件一方面绕轴线回转（$-\omega$），同时又按给定的运动规律在导路中作相对运动。由于从动件尖底始终与凸轮轮廓曲线相接触，所以反转后从动件尖底的运

动轨迹就是凸轮的轮廓曲线。

下面以几种常见的盘形凸轮为例，说明凸轮轮廓曲线的绘制方法。

**一、直动从动件盘形凸轮轮廓**

图 6-7a 所示为偏置尖底从动件盘形凸轮机构。设已知从动件导路与凸轮回转中心的偏距为 $e$、凸轮的基圆半径为 $r_b$，又知凸轮以等角速 $\omega$ 沿逆时针方向转动及从动件的位移线图（图 6-7b），求作凸轮的轮廓曲线。

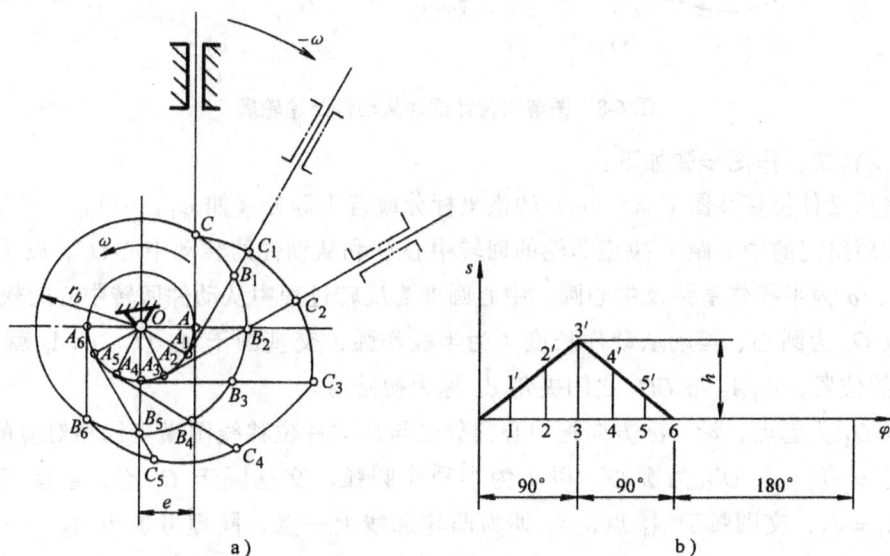

图 6-7 图解法设计直动从动件凸轮轮廓

根据反转法，作图步骤如下：

1）将从动件的位移线图横坐标分成若干等分，各分点的位移为 $s_1 = 1 - 1'$、$s_2 = 2 - 2'$、……。

2）以 $O$ 为圆心，以 $r_b$ 和 $e$ 为半径分别作基圆及偏距圆。使从动件中心线与偏距圆在 $A$ 点相切，同时又与基圆相交于 $C$ 点，$C$ 点即为尖底从动件的起始位置。

3）自点 $A$ 将偏距圆沿 $-\omega$ 方向分成与位移线图横坐标相对应的等分点，过分点 $A_1$、$A_2$、…等点作偏距圆切线，交基圆于 $B_1$、$B_2$、…等点。

4）截取 $\overline{B_1 C_1} = s_1$、$\overline{B_2 C_2} = s_2$、…，将 $C_1$、$C_2$、…等点用光滑曲线联接，此曲线即为凸轮的轮廓曲线。

当采用滚子从动件时，因滚子中心的运动轨迹与尖底从动件尖底的运动轨迹相同，所以可以把滚子的中心看作尖底从动件的尖底。依照上述方法画出尖底从动件的凸轮廓线，此廓线称为滚子从动件的凸轮理论轮廓曲线。以理论轮廓曲线上各线为圆心，以滚子半径为半径作一系列圆弧，这些圆弧的内包络线即为滚子从动件凸轮的实际轮廓曲线。

当偏距 $e = 0$ 时，则为对心直动从动件盘形凸轮机构。它的画法与上述方法基本相同。

**二、摆动从动件盘形凸轮轮廓**

图 6-8a 所示为摆动尖底从动件盘形凸轮机构，设已知盘形凸轮轴心与从动件的回转中心距为 $a$，基圆半径为 $r_b$。从动件长度为 $l$，从动件的位移线图如图 6-8b 所示，凸轮以等角

速度 ω 沿逆时针转动。求作凸轮的轮廓曲线。

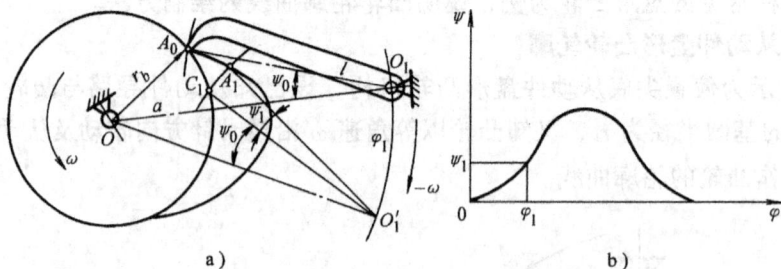

图 6-8  图解法设计摆动从动件凸轮轮廓

应用反转法，作图步骤如下：

1) 将从动件位移线图 $\psi = f(\varphi)$ 的横坐标分成若干等分（如 $\varphi_1$，…）。

2) 依照给定的中心距 $a$ 决定凸轮的回转中心 $O$ 和从动件的转动中心 $O_1$。以 $O$ 为圆心，分别以 $r_b$、$a$ 为半径作基圆及中心圆。中心圆即为反转过程中从动件回转中心的轨迹。

3) 以 $O_1$ 为圆心、摆动从动件长度 $l$ 为半径作弧，交基圆于 $A_0$ 点。$O_1A_0$ 就是摆动从动件的起始位置，$O_1A_0$ 与 $OO_1$ 之间夹角 $\psi_0$ 称为初始角。

4) 以 $O_1$ 为起点，沿 $-\omega$ 方向把中心圆分成与从动件位移线图横坐标相对应的等分点，得点 $O'_1$、…等。以 $O'_1$ 为圆心，以 $l$ 为半径作圆弧，交基圆于 $C_1$ 点，连接 $O'_1C_1$，作 $\angle C_1O'_1A_1 = \psi_1$，交圆弧于 $A_1$ 点，$A_1$ 即为凸轮廓线上一点。同理可求出 $A_2$，…等点。将 $A_0$、$A_1$、…等点用光滑曲线联接，此曲线即为所求凸轮的轮廓曲线。

## 第四节  解析法设计平面凸轮轮廓

### 一、尖底直动从动件盘形凸轮轮廓

图 6-9 为偏置直动从动件盘形凸轮机构。设已知偏距 $e$、基圆半径 $r_b$ 和从动件的运动规律 $s = f(\varphi)$，求凸轮轮廓曲线上各点的坐标。

凸轮轮廓曲线可以用极坐标和直角坐标表示。这里采用极坐标形式，把凸轮转动中心 $O$ 作为极坐标原点，以 $OA_0$ 作为极角 $\theta$ 的坐标轴。

根据反转法原理，求凸轮轮廓曲线上任意一点极角 $\theta_A$ 的向径 $r_A$。$A$ 点的极角 $\theta_A$ 为

$$\theta_A = \delta_0 + \varphi - \delta \tag{6-5}$$

式中，角 $\delta_0$ 和 $\delta$ 可由 $\triangle A_0OC_0$ 及 $\triangle AOC$ 中求得

$$\delta_0 = \arctan \frac{\sqrt{r_b^2 - e^2}}{e}$$

$$\delta = \arctan \frac{\sqrt{r_b^2 - e^2} + s}{e}$$

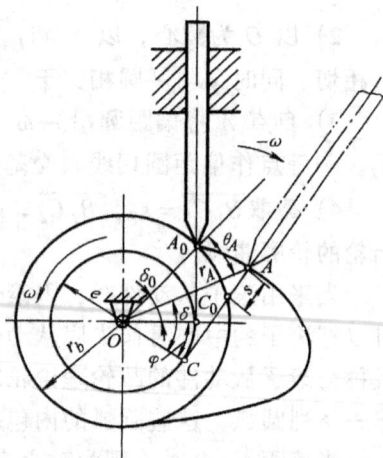

图 6-9  解析法设计直动
从动件凸轮轮廓

将 $\delta_0$、$\delta$ 代入式（6-5），得

$$\theta_A = \varphi + \arctan\frac{\sqrt{r_b^2 - e^2}}{e} - \arctan\frac{\sqrt{r_b^2 - e^2} + s}{e} \tag{6-6}$$

由 $\triangle AOC$ 中求得向径 $r_A$ 为

$$r_A = \sqrt{\left(\sqrt{r_b^2 - e^2} + s\right)^2 + e^2} \tag{6-7}$$

式（6-6）及式（6-7）即为凸轮轮廓曲线的极坐标参数方程。将已知从动件的运动规律 $s = f(\varphi)$，按其精度要求，每隔 $0.5°$、$1°$、$2°$ 或 $5°$，给出对应的 $s_1 \sim \varphi_1$、$s_2 \sim \varphi_2$、$\cdots$ 代入极坐标方程中求得凸轮轮廓曲线上各点的 $\theta$、$r$ 值，根据这些坐标值即可作出所求凸轮的轮廓曲线，并在凸轮工作图上列表标出各点坐标值，以便于凸轮轮廓曲线的制作与检验。

对于 $e = 0$ 的对心直动从动件凸轮机构，由于 $\delta_0 = \delta = 90°$，则其凸轮轮廓曲线的极坐标方程为

$$\theta_A = \varphi$$

$$r_A = r_b + s$$

## 二、摆动从动件盘形凸轮轮廓

图 6-10 所示为摆动从动件盘形凸轮机构。已知基圆半径 $r_b$、中心距 $OO_1 = a$、凸轮以等角速度 $\omega$ 逆时针方向转动、摆杆长度 $l$ 及其运动规律 $\psi = f(\varphi)$，用解析法求盘形凸轮轮廓曲线。

仍选用极坐标系，根据反转法原理，求轮廓曲线上各点的极坐标参数方程，其步骤如下。

由图 6-10 可知，凸轮轮廓曲线上任一点 $A$ 的向径可由 $\triangle OO'_1 A$ 中求得

$$r_A = \sqrt{l^2 + a^2 - 2al\cos(\psi_0 + \psi)} \tag{6-8}$$

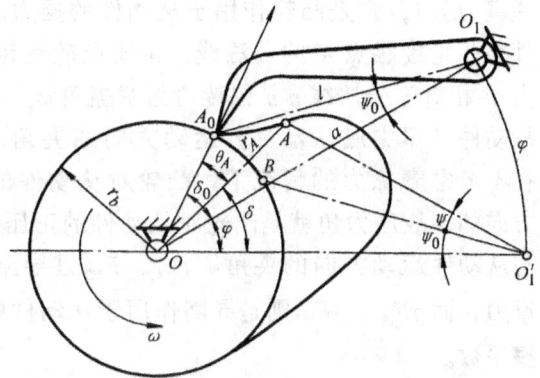

图 6-10 解析法设计摆动从动凸轮轮廓

式中，$\psi_0$ 为摆杆的初位角，其值可由 $\triangle OO_1 A_0$ 中求出，即

$$\cos\psi_0 = \frac{l^2 + a^2 - r_b^2}{2al}$$

由图可知，$A$ 点的极角

$$\theta_A = \delta_0 + \varphi - \delta \tag{6-9}$$

式中，$\delta_0$ 和 $\delta$ 可由 $\triangle OO_1 A_0$ 及 $\triangle OO'_1 A$ 分别求得，即

$$\sin\delta_0 = \frac{l}{r_b}\sin\psi_0$$

$$\sin\delta = \frac{l}{r_A}\sin(\psi_0 + \psi)$$

将上述 $\delta_0$、$\delta$ 代入式（6-9）得

$$\theta_A = \varphi + l\left\{\arcsin\left(\frac{1}{r_b}\sin\psi_0\right) - \arcsin\frac{1}{r_A}\sin\left(\psi_0 + \psi\right)\right\} \tag{6-10}$$

式（6-9）、式（6-10）即为摆动尖底从动件盘形凸轮轮廓曲线的极坐标参数方程。根据已知运动规律 $\psi = f(\varphi)$ 和精度要求，即可计算出凸轮轮廓曲线上各点的极坐标值 $(\theta, r)$，并列成表格。

## 第五节　凸轮机构基本尺寸的确定

设计凸轮机构不仅要满足从动件的运动规律，而且还要求传动时受力情况良好，以使机构运转灵活，因此需要正确选择凸轮机构的压力角、基圆半径及滚子半径。

**一、凸轮机构压力角的确定**

压力角是决定凸轮机构能否正常工作的重要参数，确定凸轮机构尺寸时必须考虑对压力角的影响。下面以对心直动从动件盘形凸轮机构为例，分析在升程中任一位置的受力情况（见图 6-11）。

图中，$F_Q$ 为从动件所受的载荷（包括工作阻力、自重及弹簧力等），$F$ 是凸轮作用于从动件的推力。$n\text{-}n$ 是尖底从动件与凸轮接触点 $K$ 的公法线，由于凸轮运动存在摩擦力，故力 $F$ 相对于公法线 $n\text{-}n$ 偏转角为摩擦角 $\varphi$。$\alpha$ 为公法线 $n\text{-}n$ 与从动件（即尖底从动件）运动方向的夹角，称之为压力角。在不考虑摩擦力的情况下，凸轮对从动件的作用力是沿 $n\text{-}n$ 方向的，故压力角就是凸轮对从动件的正压力（沿 $n\text{-}n$ 方向）与从动件运动方向的夹角。$F_{NA}$、$F_{NB}$ 是导路对从动件的法向反力，而 $fF_{NA}$、$fF_{NB}$ 则是导路作用于从动件的摩擦力，$f$ 为摩擦系数。

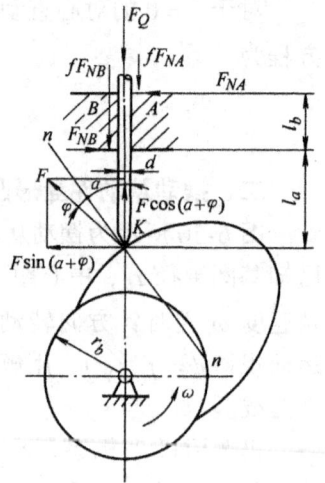

图 6-11　凸轮机构受力分析

因 $d \ll l_a$（或 $l_a + l_b$），所以 $fF_{NA}$、$fF_{NB}$ 对点 $K$ 的力矩可忽略不计。根据力平衡条件，可得

$$\sum F_Y = F_Q - F\cos(\alpha + \varphi) + f(F_{NA} + F_{NB}) = 0$$

$$\sum F_X = F\sin(\alpha + \varphi) + F_{NA} - F_{NB} = 0$$

$$\sum M_K = F_{NB}l_a - F_{NA}(l_a + l_b) = 0$$

上式消去 $F_{NA}$、$F_{NB}$，经整理后得

$$F = \frac{F_Q}{F\cos(\alpha + \varphi) - f\left(1 + \frac{2l_a}{l_b}\right)\sin(\alpha + \varphi)} \tag{6-11}$$

由式（6-11）看出，为改善凸轮受力情况，应使压力角尽可能小，并且在结构允许条件下，尽可能增大导轨长度 $l_b$ 和减小悬臂尺寸 $l_a$。若其它条件不变，则 $\alpha$ 增加，所需推力 $F$ 增大。当 $\alpha$ 增加到使式（6-11）的分母为零时，即

$$F\cos(\alpha + \varphi) - f\left(1 + \frac{2l_a}{l_b}\right)\sin(\alpha + \varphi) = 0$$

$F$ 增至无穷大，机构自锁。故凸轮机构自锁时的极限压力角为

$$\alpha_{\lim} = \arctan\left[\frac{1}{f\left(1+\dfrac{2l_a}{l_b}\right)}\right] - \varphi$$

以极限压力角 $\alpha_{\lim}$ 为基础，便可定出许用压力角 $[\alpha]$。为了安全起见，取 $[\alpha] = \alpha_{\lim} -$
$(5° \sim 8°)$，根据理论分析和实践经验，推荐许用压力角取以下数值：

工作行程：对于移动从动件 $[\alpha] \leqslant 30°$

摆动从动件 $[\alpha] \leqslant 45°$

回　　程：$[\alpha] \leqslant 70° \sim 80°$

在生产实践中，为了提高机构的效率，改善受力情况，通常规定凸轮机构的最大压力角 $\alpha_{\max}$ 应小于许用压力角 $[\alpha]$。

**二、基圆半径的确定**

凸轮基圆半径和凸轮机构压力角有关，如图 6-12 所示，设凸轮轮廓曲线上 $K$ 点处凸轮与从动件的线速度分别为 $v_{K1}$、$v_{K2}$，从动杆对凸轮的相对速度为 $v_{K21}$，则由速度三角形可知

$$v_{K2} = v_{K1}\tan\alpha = (r_b + s_K)\,\omega\tan\alpha$$

故　　　　　　　　　$$\tan\alpha = \frac{v_{K2}}{(r_b + s_K)\,\omega} \tag{6-12}$$

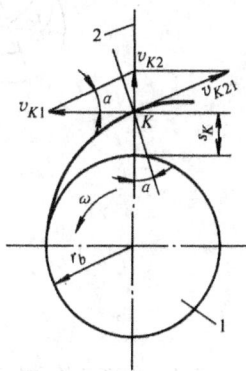

图 6-12　凸轮机构
瞬时速度

式中　$s_K$——从动件在 $K$ 处的位移。

由式 (6-12) 可知，当基圆半径 $r_b$ 减小时，将使压力角 $\alpha$ 变大；反之，压力角 $\alpha$ 减小。故设计时，若对机构尺寸没有严格限制，则基圆半径可取大些，以使 $\alpha$ 减小，改善凸轮受力情况。基圆半径通常可根据结构条件，由下面的经验公式求得

$$r_b \geqslant (0.8 \sim 1)\,d_z \tag{6-13}$$

式中　$d_z$——凸轮安装处的轴颈直径。

根据所选的基圆半径设计出凸轮轮廓曲线后，必要时，可对其实际压力角进行检查。若发现压力角的最大值超过许用压力角，则应适当增大 $r_b$，重新设计凸轮轮廓。

**三、滚子半径的确定**

从减小凸轮与滚子间接触应力的观点来说，滚子半径越大越好。但滚子半径对凸轮的实际轮廓曲线有很大影响，使滚子半径的增大受到限制。如图 6-13 所示，对于内凹的理论轮廓曲线（图 6-13a），实际轮廓曲线的曲率半径等于理论轮廓曲线的曲率半径与滚子半径之和，即 $\rho_c = \rho + r_r$。因此不论滚子半径多大，实际轮廓曲线总可以作出来。而对于外凸的理论轮廓曲线，由于实际轮廓曲线的曲率半径等于理论轮廓曲线的曲率半径与滚子半径之差，即 $\rho_c = \rho - r_r$。因此，当 $\rho > r_r$ 时，实际轮廓曲线可画出（图 6-13b）；当 $\rho = r_r$ 时，即 $\rho_c = 0$，实际轮廓曲线则会出现一尖点，容易磨损（图 6-13c）；而当 $\rho < r_r$ 时，则 $\rho_c < 0$，产生交叉的轮廓曲线，实际上交叉部分将被切削掉，因此从动件运动将会失真（图 6-13d）。

由上述分析可知，滚子半径 $r_r$ 必须小于外凸理论轮廓曲线的最小曲率半径 $\rho_{\min}$。此外，$r_r$ 还必须小于基圆半径 $r_b$。在设计时，应使 $r_r$ 满足以下经验公式

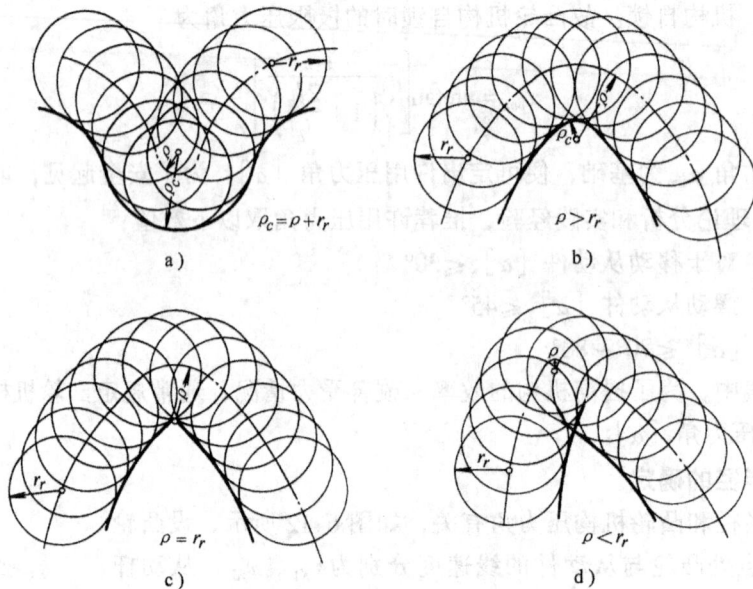

图 6-13 滚子半径对凸轮实际廓线的影响

$$r_r \leqslant 0.8\rho_{min} \text{ 及 } r_r \leqslant 0.4r_b \qquad (6\text{-}14)$$

## 思考题及习题

6-1 凸轮与从动件有几种主要型式？各具有什么特点？

6-2 什么是凸轮的基圆、升程、回程、停程？

6-3 常用的从动件运动规律有哪几种？各有什么特点？

6-4 绘制平面凸轮轮廓的基本原理是什么？

6-5 叙述凸轮机构压力角定义。要使凸轮机构受力良好，运转灵活，对压力角的要求如何？

6-6 在从动件运动规律已确定的情况下，凸轮基圆半径与机构压力角有什么关系？如何确定凸轮基圆半径？

6-7 在滚子从动件凸轮机构中，确定滚子半径时应考虑哪些因素？

6-8 凸轮机构的从动件运动规律如图 6-14 所示。要求绘制对心尖底从动件盘形凸轮轮廓，基圆半径 $r_b = 22\text{mm}$，凸轮转向为逆时针。试问：

1) 在升程段，轮廓上哪点压力角最大？数值是多少？

2) 在升程如允用压力角 $[\alpha] = 25°$，问允许基圆半径最小值是多少？

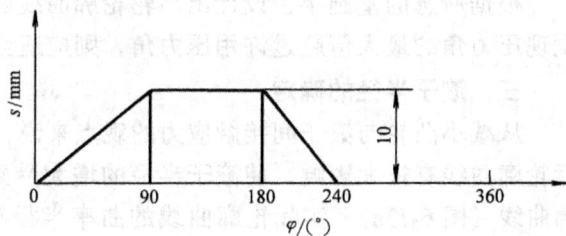

图 6-14 题 6-8 图

6-9 如图 6-9 所示偏置直动尖底从动件凸轮机构。从动件运动规律为 $s = 10(1 - \cos\varphi)\text{mm}$，凸轮基圆半径 $r_b = 50\text{mm}$，偏距 $e = 30\text{mm}$，凸轮转向为逆时针。计算：当凸轮转角 $\varphi = 60°$ 时，与从动件相接触的凸轮轮廓 $A$ 点坐标。

# 第七章 摩擦轮传动和带传动

## 第一节 概 述

摩擦轮传动和绝大多数的带传动，都是借助于摩擦力来传递运动和转矩。其不同之处在于：摩擦轮传动是直接接触，而带传动是靠中间挠性件——传动带，进行传动。

摩擦轮传动和带传动，除可用作定传动比传动外，尚可用作变传动比传动。由于它们易于实现无级变速，因此，在精密机械中，常用来制成摩擦无级变速器。

与其它传动型式相比，摩擦轮传动和带传动的主要优点是：①传动零件的结构简单，易于制造；②传动平稳，工作时噪声很小；③用作变速传动时，传动比调节简便，这是利用摩擦轮传动和带传动制作无级变速器的主要原因之一；④过载时，传动件间产生相对滑动，可防止其它零件不致因过载而损坏。

主要缺点是：①不能保持恒定的传动比，传动精度低；②不宜传递较大的转矩，因此时压紧力必须很大，致使传动的外廓尺寸增大，结构不紧凑；③传动件工作表面磨损较快，寿命低；④传动效率较低。

在带传动中，除了上述靠摩擦力传动之外，还有一种是靠带与带轮上轮齿的啮合来传动的，如同步带传动（图7-19）。由于它兼有摩擦传动和啮合传动的某些优点，因此应用日趋广泛。主要用在对传动比要求比较准确的小型精密机械与仪器中，例如电影机械、电子计算机的外围设备、医疗器械、复印机和各种精密测试设备等。

## 第二节 摩擦轮传动

### 一、传动的工作原理

摩擦轮传动是利用主动轮与从动轮在直接接触处所产生的摩擦力来传递运动和转矩。最简单的摩擦轮传动装置是由两个摩擦轮组成（图7-1），其中一个摩擦轮的轴心可以移动，当在此轮上加一推力后，则两轮接触面间将产生法向力 $F_n$，因此，当主动轮 1 回转时，由法向力产生的摩擦力将带动从动轮回转。设 $f$ 为轮面材料的摩擦系数，此时在接触面间的摩擦力为 $fF_n$，其值应大于或等于带动从动轮 2 回转所需的工作圆周力 $F_t$，即

$$fF_n \geqslant F_t \qquad (7-1)$$

摩擦轮传动工作时，在接触面间可能产生性质不

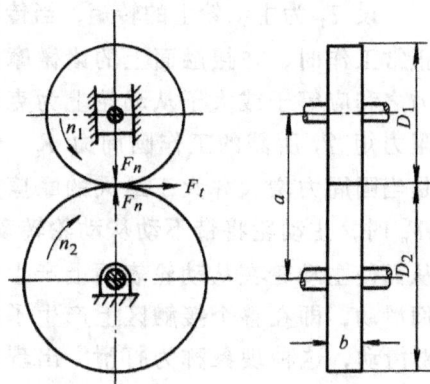

图 7-1 圆柱摩擦轮传动

同的滑动：弹性滑动和打滑。如图7-2所示，两摩擦轮受压后，在接触处因材料的弹性变形而压出一小平面（称为接触区）。传递转矩时，在该接触面上将产生摩擦力。摩擦力的方向在从动轮上应与从动轮的线速度方向相同；在主动轮上应与主动轮的线速度方向相反。因此在摩擦力的作用下，主动轮上的表层金属在通过接触区的过程中由压缩逐渐变为伸长，而从动轮上对应的表层金属，则由伸长逐渐变为压缩，所以两轮接触面间就产生了相对滑动，这种由于材料弹性变形而产生的滑动，称为弹性滑动。由于弹性滑动的影响，在实际传动中，从动轮的圆周速度 $v_2$ 将小于主动轮的圆周速度 $v_1$，其速度损失率（滑动率）$\varepsilon$ 为

$$\varepsilon = \frac{v_1 - v_2}{v_1} \times 100\% \qquad (7\text{-}2)$$

图 7-2　弹性滑动

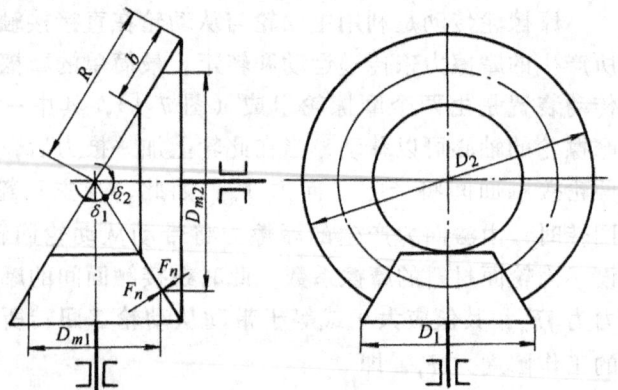

在传动正常工作时，对于不同的摩擦轮材料，$\varepsilon$ 值约为：钢 - 钢 0.2%，铸铁 - 铸铁 0.2%，夹布胶木 - 钢 1%，橡胶 - 钢 3%。

设 $D_1$、$D_2$ 分别为主动轮和从动轮的直径，$n_1$、$n_2$ 分别为主动轮和从动轮的实际转速，根据式（7-2），则可求得摩擦轮传动的实际传动比

$$i = \frac{n_1}{n_2} = \frac{D_2}{(1 - \varepsilon)\ D_1} \qquad (7\text{-}3)$$

除了上述的圆柱摩擦轮传动外，还有圆锥摩擦轮传动（图7-3）。前者用于两平行轴间传动，后者用于两相交轴间传动。

在圆锥摩擦轮传动中，主动轮与从动轮轴间的夹角为 $\delta_1 + \delta_2$，一般来讲可以为任意值，但是在绝大多数情况下 $\delta_1 + \delta_2 = 90°$，故该传动的传动比

$$i = \frac{n_1}{n_2} = \frac{D_2}{D_1\ (1 - \varepsilon)} = \frac{\sin\delta_2}{\sin\delta_1\ (1 - \varepsilon)} \qquad (7\text{-}4)$$

式中　$\delta_1$、$\delta_2$——主动、从动摩擦轮的半锥顶角。

设 $T_1$ 为主动轮上的转矩，当传动正常工作时，在接触面上的诸微摩擦力之和应等于或大于从动轮上为克服阻力矩 $T_2$ 所需的工作圆周力 $F_t$。但是当圆周力增大并大于最大的摩擦力 $fF_n$ 时，主动轮将带不动从动轮转动，从而使主动轮在从动轮表面上产生全面滑动，即在整个接触区上产生了相对滑动，这种现象称为打滑。出现打滑时，摩擦轮传动便不能正常工作。经常发生打滑，摩擦轮表面还将产生

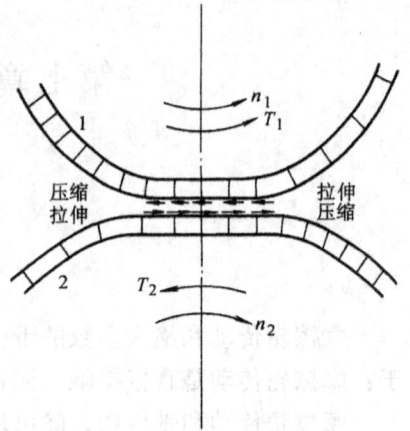

图 7-3　圆锥摩擦轮传动

严重磨损，传动寿命降低，因此摩擦轮传动在正常工作时是不允许发生打滑现象的。

通过以上分析不难看出，在摩擦轮传动中，由于弹性滑动的存在，将引起速度的损失，并导致了传动精度和传动效率的降低。实践证明：摩擦轮材料的弹性模量越低，这种现象就越严重。因此，弹性滑动可通过选用高弹性模量材料作轮面的方法予以减轻，但不能完全根除。而摩擦轮传动中的打滑现象，只要使用正确，是完全可以避免的。

摩擦轮传动在传递功率、传动比、速度和轴间中心距离等方面，都有很大的适用范围。传递功率可自很小到 220kW，但多数不超过 18kW。在传递功率的摩擦轮传动中，传动比一般可到 7（有时可到 10）；在手动仪器中，传动比可高达 25，多用作微动装置（图 7-4）。

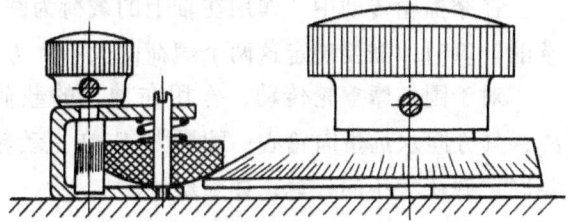

图 7-4　摩擦轮传动应用实例

## 二、法向力的计算

### （一）圆柱摩擦轮传动

为了使传动能正常地工作，两摩擦轮轮面之间必须有足够的法向力 $F_n$，$F_n$ 可根据传递的名义载荷（圆周力）$F_t$ 求出。但由于载荷的不平稳性和为了保证传动的可靠性，常引入一载荷系数 $K$。如以 $KF_t$ 代替 $F_t$，则由式（7-1）求得所需法向力

$$F_n = \frac{KF_t}{f} \tag{7-5}$$

将圆周力 $F_t = 1000P/v$ 代入上式，则

$$F_n = \frac{K}{f} \times \frac{1000P}{v} = \frac{K}{f} \times \frac{1000 \times 60 \times 1000P}{\pi D_1 n_1} = 19.1 \times 10^6 \frac{KP}{fD_1 n_1} \tag{7-6}$$

式中　$P$——传递的功率；

　　　$D_1$——主动轮直径；

　　　$n_1$——主动轮转速；

　　　$f$——摩擦系数，见表 7-1；

　　　$K$——载荷系数。对于功率传动，$K = 1.2 \sim 1.5$；对于示数传动，$K = 3.0$。

从式（7-5）可以看出，若取 $K = 1.35$ 和 $f = 0.2$，则 $F_n \approx 7F_t$，即圆柱摩擦轮传动所需的法向力约数倍于圆周力 $F_t$，这就限制了这种传动所传递的功率不宜过大。若采用摩擦系数大的轮面材料，则法向力可以减小。

**表 7-1　摩擦副的摩擦系数**

| 摩擦轮材料 | 工作条件 | $f$ | 摩擦轮材料 | 工作条件 | $f$ |
|---|---|---|---|---|---|
| 淬火钢-淬火钢 | 在油中 | 0.03 ~ 0.05 | 纤维制品-铸铁 | 干燥 | 0.15 ~ 0.20 |
| 钢-钢 | 干燥 | 0.10 ~ 0.20 | 皮革-铸铁 | 干燥 | 0.25 ~ 0.35 |
| 铸铁-钢（铸铁） | 干燥 | 0.10 ~ 0.15 | 木材-钢（铸铁） | 干燥 | 0.40 ~ 0.50 |
| 布质酚醛层压板-钢（铸铁） | 干燥 | 0.20 ~ 0.25 | 特殊橡胶-铸铁 | 干燥 | 0.50 ~ 0.70 |

### （二）圆锥摩擦轮传动

两轴相互垂直的圆锥摩擦轮传动（图7-3），两轮接触面间所需的法向力 $F_n$ 亦可用式 (7-6) 计算，但其中 $D_1$ 应为主动轮的平均直径 $D_{m1}$。

$$F_n = 19.1 \times 10^6 \frac{KP}{f D_{m1} n_1} \tag{7-7}$$

### 三、作用在轴上的载荷

在摩擦轮传动中，作用在轴上的载荷为圆周力 $F_t$ 和接触面间的法向力 $F_n$。进行轴和支承的计算时，需要确定这两个载荷的大小和方向。

对于圆柱摩擦轮传动，作用在轴上的载荷如图7-5a所示，其中径向力 $F_r$ 等于法向力 $F_n$，其方向永远指向轮心；圆周力 $F_t$ 在主动轮上与回转方向相反，在从动轮上与回转方向相同。载荷大小的计算，如前所述。

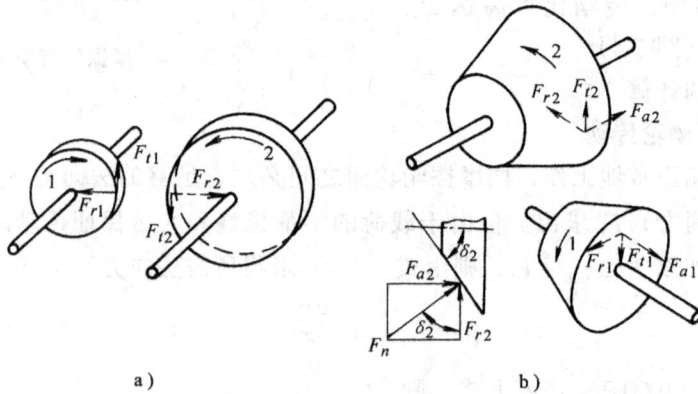

图7-5　作用在轴上的载荷

对于圆锥摩擦轮传动，法向力 $F_n$ 可以分解为径向力 $F_r$ 和轴向力 $F_a$（图7-5b）。

$$\left. \begin{array}{ll} F_{r1} = F_n \cos\delta_1, & F_{a1} = F_n \sin\delta_1 \\ F_{r2} = F_n \cos\delta_2, & F_{a2} = F_n \sin\delta_2 \end{array} \right\} \tag{7-8}$$

故圆锥摩擦轮传动中作用在轴上的载荷有圆周力 $F_t$，径向力 $F_r$ 和轴向力 $F_a$。各力的作用方向为：圆周力和径向力的作用方向与圆柱摩擦轮传动中所述相同；轴向力的方向则永远背向锥顶。应当指出：在主动轮上的径向力与从动轮上的轴向力相等，从动轮上的径向力则与主动轮上的轴向力相等。

由于 $\delta_1 < \delta_2$，故 $F_{a1} < F_{a2}$。因此，要获得同样大小的法向力，可移动小轮，这样比较省力，操作方便。

### 四、摩擦轮材料

根据摩擦轮传动的工作特点，对制造摩擦轮的材料提出了下列要求：

1）弹性模量要大，以减小弹性滑动和滚动摩擦损失。

2）摩擦系数要大，以便在传递同样大的圆周力情况下，可减小两轮间的法向压力。

3）表面接触强度和耐磨性要好，以保证传动所需的寿命。

4）在干摩擦条件下，吸湿性要小。

目前尚无满足上述各项要求的材料，因此，在选择时要根据具体情况，保证对传动所提出的主要要求首先能得到满足。

在高速、高效率和要求尺寸紧凑的传动中，常采用淬火钢对淬火钢，或淬火钢对表面硬化铸铁相配的轮面材料。采用这种材料时，为使接触良好和减小磨损，要求摩擦轮有较高的制造精度和较小的表面粗糙度值。为了提高传动的寿命，通常将其浸泡在油中工作，但这时摩擦系数较低，轮面间需要较大的法向压力。

铸铁对铸铁相配的材料，多用在摩擦轮尺寸不受限制，转速较低，并常在开式传动和干摩擦状态下工作。为了提高传动的工作能力，铸铁表面可用急冷或表面淬火的方法进行硬化处理。

钢或铸铁对布质酚醛层压板、橡胶、压制石棉或其它工程塑料的相配材料，具有较大的摩擦系数，对零件的制造精度和表面粗糙度要求不高，但强度较低，常用于干摩擦下的小功率传动和仪器中。为使磨损均匀，一般来说，轮面较软的摩擦轮最好用作主动轮，否则打滑时，将使从动轮轮面遭受局部磨损，影响传动质量。

## 第三节　摩擦无级变速器

无级变速装置通称为无级变速器。现代的无级变速器有机械的、电动的和液压的。多数的机械无级变速器利用了摩擦传动的原理。摩擦无级变速器具有结构简单、紧凑和转动惯量小等特点。

无级变速器主要应用于下列场合：

1）为适应工艺参数多变或连续变化的要求，运转中需经常连续地改变速度，如切削不同直径的棒料，线、纸、布的卷绕等。

2）探求最佳工作速度，如试验设备，自动线的试调等。

3）某些仪器和设备中的计算装置和测试装置。

4）缓速起动。

摩擦无级变速器的类型很多，其主要类型列于图 7-6 中。

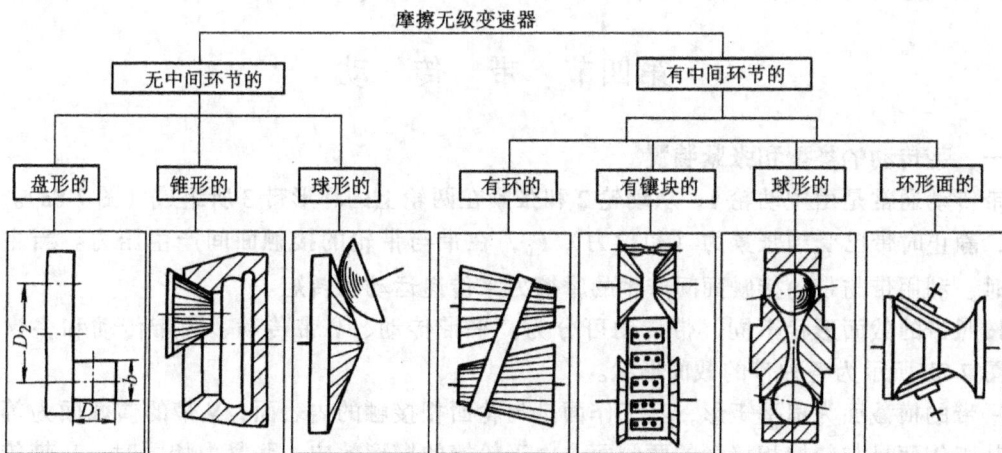

图 7-6　摩擦无级变速器主要类型

摩擦无级变速器通常由传动机构、加压装置和调速机构组成。

图 7-7 所示为一滚轮式盘形变速器。其中滚轮 1、圆盘 2 组成传动机构。弹簧 3 用来产生圆盘与滚轮之间的法向力，为加压装置。丝杠 4 和螺母 5 组成调速机构。当需要改变传动比（变速）时，可转动丝杠 4，通过螺母 5 和夹套 6 使得滚轮 1 沿着轴 7 移动，以改变滚轮与圆盘接触点的位置，即可实现无级变速。

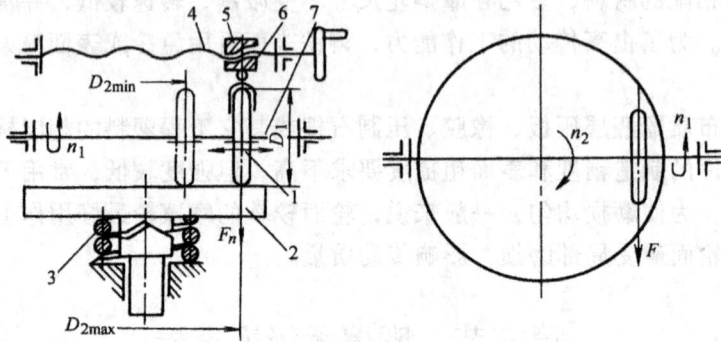

图 7-7  滚轮式盘形变速器

如不考虑两轮之间的滑动时，主动轮 $D_1$ 由 $D_{2min}$ 移到 $D_{2max}$ 位置，则其传动比

$$\left. \begin{aligned} i_{12min} &= \frac{n_1}{n_{2max}} = \frac{D_{2min}}{D_1} \\ i_{12max} &= \frac{n_1}{n_{2min}} = \frac{D_{2max}}{D_1} \end{aligned} \right\} \tag{7-9}$$

则变速范围 $R_b$

$$R_b = \frac{i_{12max}}{i_{12min}} = \frac{n_{2max}}{n_{2min}} = \frac{D_{2max}}{D_{2min}} \tag{7-10}$$

滚轮式盘形变速器的传动是可逆的，即圆盘可作从动件也可作主动件。

无级变速器的结构和计算可参阅有关资料。

# 第四节  带 传 动

## 一、带传动的类型和张紧装置

带传动通常是由主动轮 1，从动轮 2 和张紧在两轮上的环形带 3 所组成（图 7-8a）。由于张紧，静止时带已受到张紧力（初拉力）$F_0$，在带与带轮的接触面间产生压力。当主动轮回转时，利用带与带轮接触面间产生的摩擦力来传递运动和转矩。

按照带的截面形状不同，带传动可分为：平带传动、V 带传动、圆带传动和多楔带传动。图 7-8b 所示为各种带的截面形状。

平带的横截面为扁平矩形，其工作面是与轮面相接触的内表面；V 带的横截面为等腰梯形，其工作面是与轮槽相接触的两侧面。由于轮槽的楔形效应，张紧力相同时，V 带传动较平带传动能产生更大的摩擦力，故具有较大的拉曳能力。多楔带以其扁平部分为基体，其工作面是楔的侧面。这种带兼有平带弯曲应力小和 V 带摩擦力大等优点，常用于传递功率大而又要求结构紧凑的场合。圆带牵引能力小，常用于低速小功率传动中，例如仪器和家用器械中。

带传动的张紧方法如图7-9所示。

带传动常用的张紧方法是调节中心距。如用调节螺钉2使装有带轮的电动机沿滑轨1移动（图7-9a），或用螺杆及调节螺母2使电动机绕小轴1摆动（图7-9b）。前者适用于水平或接近水平的布置，后者适用于垂直或接近垂直的布置。若中心距不能调节时，可采用具有张紧轮的传动（图7-9c），它靠重砣2将张紧轮1压在带上，以保证带的张紧。

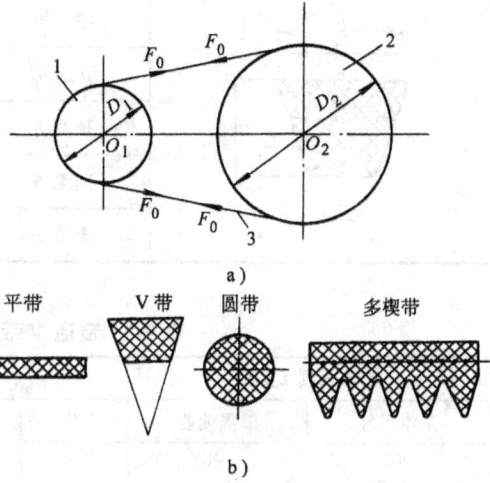

## 二、V带和带轮

### （一）V带

V带由强力层（帘布结构或线绳结构）

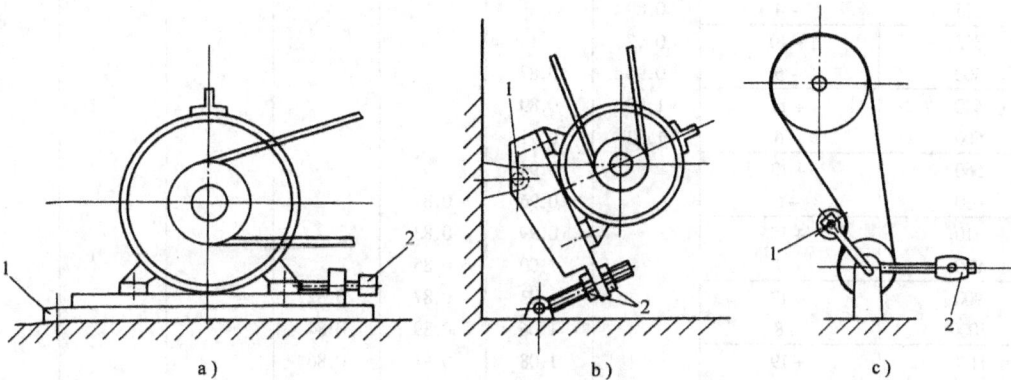

图 7-8　带传动的类型

图 7-9　带传动的张紧装置

1、填充物（用橡胶填满）2和外包层（橡胶帆布）3三部分组成（图7-10）。强力层为线绳结构的V带比较柔软，可以在较小的带轮上工作。为了提高拉曳能力，强力层的材料也可采用合成纤维或钢丝绳。

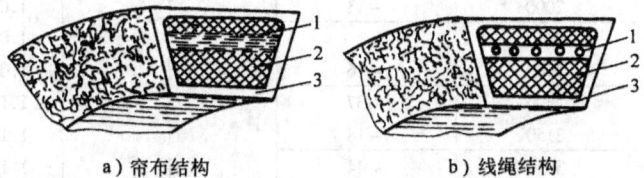

图 7-10　V带的结构

楔角 $\varphi$ 为40°，相对高度（$h/b_p$）约为0.7的V带称为普通V带，按截面尺寸的不同有七种型号，见表7-2。

普通V带采用基准宽度制，带轮轮槽的基准宽度位置通常与所配用V带节面处于同一位置。带轮在基准宽度处的直径是带轮的基准直径。相应带的长度以基准长度 $L_d$ 表示，见表7-3。

116

**表 7-2  普通 V 带截面尺寸**（GB11544-89）　　　　　　　（单位：mm）

| 型　号 | Y | Z | A | B | C | D | E |
|---|---|---|---|---|---|---|---|
| 节宽 $b_p$ | 5.3 | 8.5 | 11.0 | 14.0 | 19.0 | 27.0 | 32.0 |
| 顶宽 $b$ | 6.0 | 10.0 | 13.0 | 17.0 | 22.0 | 32.0 | 38.0 |
| 高度 $h$ | 4.0 | 6.0 | 8.0 | 11.0 | 14.0 | 19.0 | 25.0 |
| 楔角 $\varphi$ | | | | 40° | | | |

**表 7-3  普通 V 带基准长度系列及带长修正系数**

| 基准长度 $L_d$/mm | | 带长修正系数 $K_L$ | | | | | | |
|---|---|---|---|---|---|---|---|---|
| 基本尺寸 | 极限偏差 | Y | Z | A | B | C | D | E |
| 200 | +8 | 0.81 | | | | | | |
| 224 | | 0.82 | | | | | | |
| 250 | −4 | 0.84 | | | | | | |
| 280 | +9 | 0.87 | | | | | | |
| 315 | −4 | 0.89 | | | | | | |
| 355 | +10 | 0.92 | | | | | | |
| 400 | −5 | 0.96 | 0.87 | | | | | |
| 450 | +11 | 1.00 | 0.89 | | | | | |
| 500 | −6 | 1.02 | 0.91 | | | | | |
| 560 | +13 | | 0.94 | | | | | |
| 630 | −6 | | 0.96 | 0.81 | | | | |
| 710 | +15 | | 0.99 | 0.83 | | | | |
| 800 | −7 | | 1.00 | 0.85 | | | | |
| 900 | +17 | | 1.03 | 0.87 | 0.82 | | | |
| 1000 | −8 | | 1.06 | 0.89 | 0.84 | | | |
| 1120 | +19 | | 1.08 | 0.91 | 0.86 | | | |
| 1250 | −10 | | 1.11 | 0.93 | 0.88 | | | |
| 1400 | +23 | | 1.14 | 0.96 | 0.90 | | | |
| 1600 | −11 | | 1.16 | 0.99 | 0.92 | 0.83 | | |
| 1800 | +27 | | 1.18 | 1.01 | 0.95 | 0.86 | | |
| 2000 | −13 | | | 1.03 | 0.98 | 0.88 | | |
| 2240 | +31 | | | 1.06 | 1.00 | 0.91 | | |
| 2500 | −16 | | | 1.09 | 1.03 | 0.93 | | |
| 2800 | +37 | | | 1.11 | 1.05 | 0.95 | 0.83 | |
| 3150 | −18 | | | 1.13 | 1.07 | 0.97 | 0.86 | |
| 3550 | +44 | | | 1.17 | 1.09 | 0.99 | 0.89 | |
| 4000 | −22 | | | 1.19 | 1.13 | 1.02 | 0.91 | |
| 4500 | +52 | | | | 1.15 | 1.04 | 0.93 | 0.90 |
| 5000 | −26 | | | | 1.18 | 1.07 | 0.96 | 0.92 |
| 5600 | +63 | | | | | 1.09 | 0.98 | 0.95 |
| 6300 | −32 | | | | | 1.12 | 1.00 | 0.97 |
| 7100 | +77 | | | | | 1.15 | 1.03 | 1.00 |
| 8000 | −38 | | | | | 1.18 | 1.06 | 1.02 |
| 9000 | +93 | | | | | 1.21 | 1.08 | 1.05 |
| 10000 | −46 | | | | | 1.23 | 1.11 | 1.07 |

（续）

| 基准长度 $L_d$/mm | | 带长修正系数 $K_L$ | | | | | | |
|---|---|---|---|---|---|---|---|---|
| 基本尺寸 | 极限偏差 | Y | Z | A | B | C | D | E |
| 11200 | + 112 | | | | | | 1.14 | 1.10 |
| 12500 | − 56 | | | | | | 1.17 | 1.12 |
| 14000 | + 140 | | | | | | 1.20 | 1.15 |
| 16000 | − 70 | | | | | | 1.22 | 1.18 |

注：普通 V 带标记：例如基准长度 $L_d = 1000$mm 的 A 带的标记为 A1000GB11544 – 89。

（二）带轮

V 带轮的典型结构如图 7-11 所示。

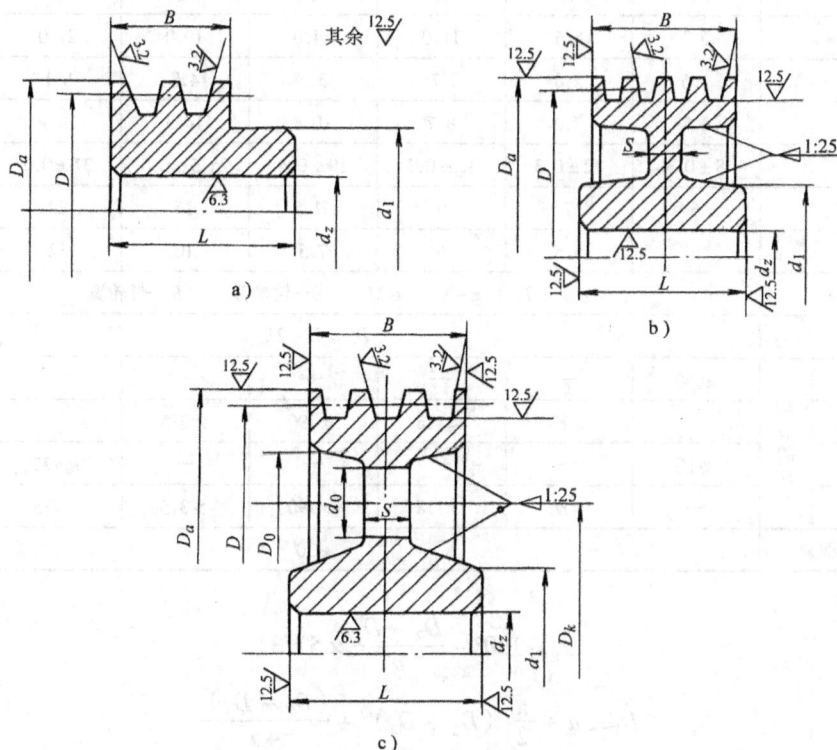

图 7-11　V 带轮的典型结构

a）实心式　b）辐板式　c）孔板式

$$d_1 = (1.8 \sim 2)\ d_z \qquad D_0 = D_a - 2\ (H + \delta) \qquad \delta\text{—查表 7-4，}H\text{—槽深}$$

$$L = (1.5 \sim 2)\ d_z \qquad D_k \approx \frac{D_0 + d_1}{2} \qquad d_0 = \frac{1}{4}\ (D_0 - d_1) \qquad S = (0.2 \sim 0.3)\ B$$

　　带轮直径较小时可采用实心式；中等直径的带轮可采用辐板式。为了便于加工和减轻重量，通常在辐板对称位置上开孔，即孔板式。

　　带轮轮缘尺寸见表 7-4。

**三、带传动的几何关系**

　　带传动的主要几何参数包括：带轮直径 $D_1$ 和 $D_2$，中心距 $a$，带长度 $L$，包角 $\alpha$。各参数间的关系如图 7-12 所示。其近似几何关系为

表 7-4  V 带轮轮缘尺寸（GB/T13575.1 – 92）　　　　　　　　（单位：mm）

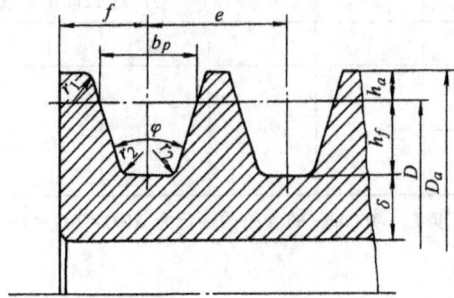

| 带型 | | Y | Z | A | B | C | D | E |
|---|---|---|---|---|---|---|---|---|
| $b_p$ | | 5.3 | 8.5 | 11.0 | 14.0 | 19.0 | 27.0 | 32 |
| $h_{amin}$ | | 1.6 | 2.0 | 2.75 | 3.5 | 4.8 | 8.1 | 9.6 |
| $h_{fmin}$ | | 4.7 | 7.0 | 8.7 | 10.8 | 14.3 | 19.9 | 23.4 |
| $e$ | | 8 ± 0.3 | 12 ± 0.3 | 15 ± 0.3 | 19 ± 0.4 | 25.5 ± 0.5 | 37 ± 0.6 | 44.5 ± 0.7 |
| $f_{min}$ | | 6 | 7 | 9 | 11.5 | 16 | 23 | 28 |
| $\delta_{min}$ | | 5 | 5.5 | 6 | 7.5 | 10 | 12 | 15 |
| $B$ | | $B = (z-1) e + 2f$　　　$z$—轮槽数　　　$B$—带轮宽 | | | | | | |
| $D_a$ | | $D_a = D + 2h_a$ | | | | | | |
| $\varphi$ | 32° | 相应的 $D$ ≤ 60 | — | — | — | — | — | — |
| | 34° | — | ≤ 80 | ≤ 118 | ≤ 190 | ≤ 315 | — | — |
| | 36° | > 60 | — | — | — | — | ≤ 475 | ≤ 600 |
| | 38° | — | > 80 | > 118 | > 190 | > 315 | > 475 | > 600 |
| | 极限偏差 | ± 30′ | | | | | | |

$$\alpha_1 \approx 180° - \frac{D_2 - D_1}{a} \times 57.3° \tag{7-11}$$

$$L \approx 2a + \frac{\pi}{2} (D_1 + D_2) + \frac{(D_2 - D_1)^2}{4a} \tag{7-12}$$

$$a \approx \frac{2L - \pi (D_2 + D_1) + \sqrt{[2L - \pi (D_2 + D_1)]^2 - 8 (D_2 - D_1)^2}}{8} \tag{7-13}$$

对于 V 带传动，带轮直径应为基准直径；带长应为基准长度。

**四、带传动的受力分析**

如前所述，带必须以一定的拉力张紧在带轮上。静止时，带两边的拉力相等且等于张紧力 $F_0$（见图 7-8a）；传动时，由于带与轮面间摩擦力的作用，带两边的拉力就不再相等（图 7-13）。即将绕进主动轮的一边，拉力由 $F_0$ 增到 $F_1$，称为紧边

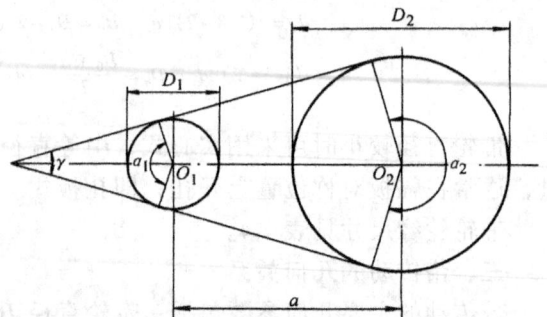

图 7-12  带传动的几何关系

拉力，而另一边带的拉力由 $F_0$ 减为 $F_2$，称为松边拉力。两边拉力之差为

$$F_1 - F_2 = F_t \qquad (7-14)$$

$F_t$ 即为带传动所能传递的有效圆周力，称为有效拉力。其值等于沿任一个带轮的接触弧上摩擦力的总和。

有效圆周力 $F_t$（单位为 N）、带速 $v$（单位为 m·s$^{-1}$）和传递功率 $P$（单位为 kW）之间的关系为

$$P = \frac{F_t v}{1000} \qquad (7-15)$$

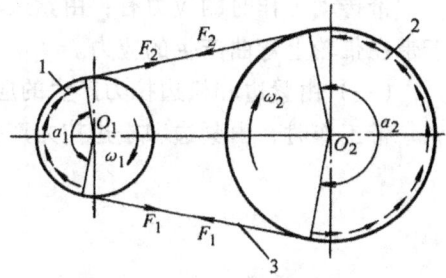

图 7-13 带传动的受力分析

在正常工作时，带的变形处于弹性变形范围内，故其总长度不变。因此，其紧边拉伸变形的增加量应该等于松边拉伸变形的减小量。由虎克定律可知，松、紧两边拉力的变化关系为

$$F_1 - F_0 = F_0 - F_2$$

所以
$$F_1 + F_2 = 2F_0 \qquad (7-16)$$

由式（7-14）和式（7-16）可得

$$F_1 = F_0 + \frac{F_t}{2}, \quad F_2 = F_0 - \frac{F_t}{2} \qquad (7-17)$$

由于带传动是依靠带与带轮间的摩擦力传递运动或转矩，对于一定的张紧力 $F_0$，此摩擦力有一极限值。当传递的圆周力超过此极限值时，带将在轮面上打滑。打滑使带发热磨损，导致传动失效，因此，设计时必须设法避免。开始打滑时，$F_1$ 和 $F_2$ 的关系可用欧拉公式[⊖]表示为

$$F_1 = F_2 e^{f\alpha} \qquad (7-18)$$

式中　e——自然对数的底，e≈2.7183；

$f_v$——当量摩擦系数，对于平带 $f_v = f$，对于 V 带 $f_v = f/\sin(\varphi/2)$；

$\alpha$——包角（rad），通常取小带轮的包角。

将式（7-17）代入式（7-18），整理后可得带传动的张紧力为 $F_0$ 时所能传递的最大有效圆周力

$$F_t = \frac{2F_0 (e^{f_v\alpha} - 1)}{e^{f_v\alpha} + 1} \qquad (7-19)$$

由式（7-19）和式（7-17）可得

$$\left. \begin{array}{l} F_1 = F_t \dfrac{e^{f_v\alpha}}{e^{f_v\alpha} - 1} \\ F_2 = F_t \dfrac{1}{e^{f_v\alpha} - 1} \end{array} \right\} \qquad (7-20)$$

式（7-19）表明，带传动所能传递的最大有效圆周力的大小取决于张紧力 $F_0$，包角 $\alpha$ 和当量摩擦系数 $f_v$。在张紧力 $F_0$、包角 $\alpha$ 一定时，当量摩擦系数 $f_v$ 的值愈大，则带所能传递的最大有效圆周力 $F_t$ 也越大。因此，避免打滑的条件应为：有足够的 $f_v\alpha$ 值和 $F_0$ 值。

---

⊖ 欧拉公式的详细推导过程，可参阅文献 [12]。

### 五、带传动的应力分析

带传动工作时的应力有：由紧边和松边拉力所产生的应力；由离心力产生的应力以及由于带在带轮上弯曲产生的应力。

**（一）由紧边和松边拉力产生的应力**

带工作时，由紧边和松边拉力产生的应力分别为

$$\left.\begin{array}{l} \sigma_1 = \dfrac{F_1}{A} \\[2mm] \sigma_2 = \dfrac{F_2}{A} \end{array}\right\} \tag{7-21}$$

式中　$A$——带的横截面积。

带不工作时，由张紧力产生的应力 $\sigma_0$ 称为张紧应力（或初应力）。

$$\sigma_0 = \frac{F_0}{A} \tag{7-22}$$

**（二）由离心力产生的应力**

当带在工作中沿带轮作圆周运动时，由于它具有一定的速度和质量，因此，将产生离心力 $F_c$。该离心力虽只发生在带作圆周运动的部分，但由此引起的拉力却作用于带的全长。由离心力产生的应力为

$$\sigma_c = \frac{F_c}{A} = \frac{qv^2}{A} \tag{7-23}$$

式中　$q$——每米带长的质量；

　　　$v$——带速。

**（三）带在带轮上弯曲产生的弯曲应力**

假定带是弹性体，根据工程力学中弯曲公式，带的最外层应力 $\sigma_b$ 为（图 7-14）

$$\sigma_b = \frac{Ey}{\rho} = \frac{E\delta/2}{(D+\delta)\,/2} \approx E\frac{\delta}{D} \tag{7-24}$$

式中　$E$——带材料的弹性模量；

　　　$y$——由中性层到最外层的距离；

　　　$\rho$——中性层的曲率半径；

　　　$\delta$——带的厚度；

　　　$D$——带轮的直径，$\delta \ll D$。

由上式可见，当带的材料一定（即弹性模量 $E$ 为常数）时，若带厚度 $\delta$ 越大，或带轮直径越小，则带中引起的弯曲应力就越大。在减速运动中，一般小带轮直径比大带轮直径小，所以带在小带轮处的弯曲应力较大。

根据上述分析可知，带工作时所受总应力即为上述三种应力之和。图 7-15 所示为带中的应力分布情况。由图可知，带中的应

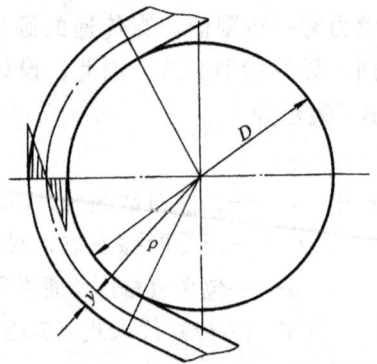

图 7-14　带的弯曲应力

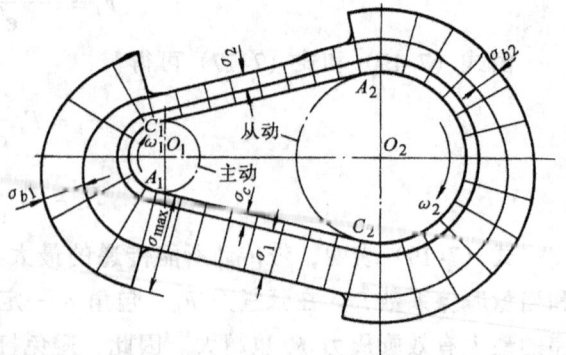

图 7-15　带中的应力分布情况

力为变应力，其最大应力为

$$\sigma_{max} = \sigma_1 + \sigma_{b1} + \sigma_c \qquad (7-25)$$

此最大应力发生在带紧边进入小带轮处。带工作时，如果最大应力超过带的许用应力，带将产生疲劳破坏。

同时，由图 7-15 可见，三种应力中以弯曲应力 $\sigma_{b1}$ 对传动带的寿命影响最大。为控制弯曲应力 $\sigma_{b1}$ 不致过大，则小带轮直径不宜过小。

### 六、弹性滑动、打滑和滑动率

由于带是弹性体，所以在受拉力作用后会产生拉伸弹性变形。如图 7-16 所示，当带自 $A_1$ 点绕上主动轮时，由于紧边带被张紧，故带在 $A_1$ 点的速度应等于主动轮的表面速度。但当带由 $A_1$ 点转到 $C_1$ 点的过程中，带所受拉力由 $F_1$ 降为 $F_2$，故带的拉伸变形也随之减小，即带在逐渐收缩，因此带在 $C_1$ 点的速度将落后于带轮的速度，因此带与带轮之间产生了相动滑动。同样的现象在从动轮上也会发生，但情况恰好相反。在带绕上从动轮时，带和带轮具有同一速度，但当带继续前进时，却不是在缩短而是被拉长，使带的速度领先于带轮。上述现象称为带的弹性滑动。

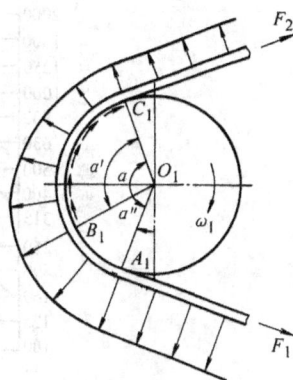

图 7-16　带传动的弹性滑动示意图

实践证明，弹　动并不是发生在包角 $\alpha$ 所对应的全部接触弧上，而仅发生在带离开带轮的一侧，即 $\alpha'$ 范围内。在带进入带轮的一侧，即 $\alpha''$ 范围内并不发生弹性滑动。但随着外负荷的增大，弹性滑动区也逐渐扩大，当传递的有效圆周力达到最大值时，见式（7-19），带的弹性滑动区遍及全部接触弧。若外负荷继续增大，则带与带轮之间产生全面滑动，即产生了打滑。

弹性滑动和打滑是两个截然不同的概念。打滑是指由过载引起的全面滑动，应当避免。弹性滑动是由拉力差引起的，只要传递圆周力，必然会发生弹性滑动。

弹性滑动的结果使得从动轮的圆周速度 $v_2$ 低于主动轮的圆周速度 $v_1$。设 $D_1$、$D_2$ 为主、从动轮的直径；$n_1$、$n_2$ 为主、从动轮的转速，则两轮的圆周速度分别为

$$v_1 = \frac{\pi n_1 D_1}{60 \times 1000}; \quad v_2 = \frac{\pi n_2 D_2}{60 \times 1000}$$

传动中由于带的滑动引起的从动轮速度的降低率用滑动率 $\varepsilon$ 来表示

$$\varepsilon = \frac{v_1 - v_2}{v_1} = \frac{n_1 D_1 - n_2 D_2}{n_1 D_1}$$

由此可得带传动的实际传动比

$$i = \frac{n_1}{n_2} = \frac{D_2}{D_1(1-\varepsilon)} \qquad (7-26)$$

### 七、普通 V 带传动的设计与计算

V 带有普通 V 带、窄 V 带、宽 V 带、大楔角 V 带、汽车 V 带等多种类型，其中普通 V 带应用最广。以下主要介绍普通 V 带传动的设计与计算。

设计普通 V 带传动时，已知的数据和条件：传动的用途和工作情况；传递的功率；主从动轮的转速或传动比；原动机类型；传动空间尺寸的限制等等。

设计要确定的是：带的型号；带轮的直径；带的长度；传动中心距；带的根数；作用在

轴上的载荷；带轮的结构等。

（一）选择 V 带的型号

V 带型号可根据计算功率 $P_d$ 和小带轮转速 $n_1$ 由图 7-17 选取。如果有两种带型可用，则应按两种方案分别计算，最后对计算结果作综合分析，以确定用哪一种较适宜的型号。

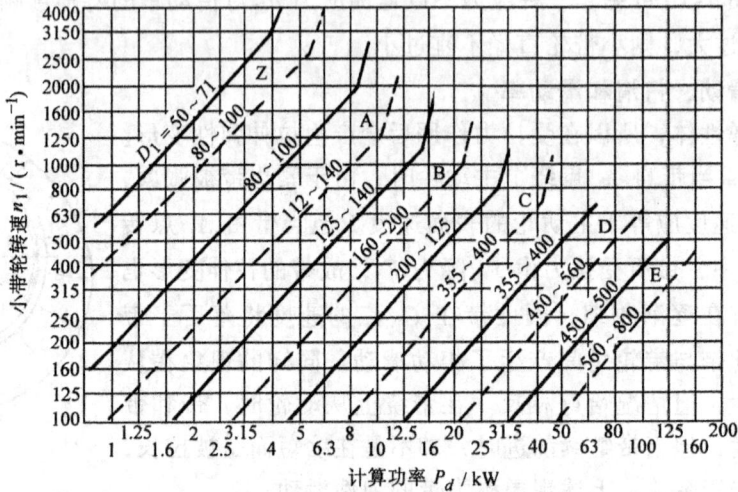

图 7-17　普通 V 带选型图

计算功率 $P_d$ 可根据传递的名义功率 $P$ 的大小，并考虑到载荷的性质、原动机的种类和连续工作时间的长短等条件，利用下式求得

$$P_d = PK_A \tag{7-27}$$

式中　$P$——传递的名义功率；

$P_d$——计算功率；

$K_A$ 为工作情况系数，按表 7-5 选取。

表 7-5　工作情况系数 $K_A$

| 工作机载荷性质 | 动力机（一天工作时间/h） | | | | | |
|---|---|---|---|---|---|---|
| | I 类 | | | II 类 | | |
| | < 10 | 10 ~ 16 | > 16 | < 10 | 10 ~ 16 | > 16 |
| 载荷平稳 | 1.0 | 1.1 | 1.2 | 1.1 | 1.2 | 1.3 |
| 载荷变动小 | 1.1 | 1.2 | 1.3 | 1.2 | 1.3 | 1.4 |
| 载荷变动较大 | 1.2 | 1.3 | 1.4 | 1.4 | 1.5 | 1.6 |
| 冲击载荷 | 1.3 | 1.4 | 1.5 | 1.5 | 1.6 | 1.8 |

注：I 类——直流电动机、Y 系列三相异步电动机、汽轮机、水轮机。

II 类——交流同步电动机、交流异步滑环电动机、内燃机、蒸汽机。

（二）确定带轮直径 $D_1$、$D_2$

带轮直径愈小，带在带轮上的弯曲程度愈大，带中的弯曲应力也就愈大，致使带的寿命降低。表 7-6 给出了普通 V 带传动的最小带轮基准直径 $D_{min}$ 的荐用值。

**表 7-6 带轮最小基准直径 $D_{min}$** （单位：mm）

| 普通 V 带型号 | Y | Z | A | B | C | D | E |
|---|---|---|---|---|---|---|---|
| $D_{min}$ | 20 | 50 | 75 | 125 | 200 | 355 | 500 |

设计时应使

$$\left. \begin{array}{l} D_1 \geqslant D_{min} \\ D_2 = iD_1 \ (1-\varepsilon) = \dfrac{n_1}{n_2}D_1 \ (1-\varepsilon) \end{array} \right\} \tag{7-28}$$

通常取 $\varepsilon = 0.02$，粗略计算时，可取 $\varepsilon = 0$。求得 $D_1$、$D_2$ 后，按表 7-7 圆整成标准值。

**表 7-7 V 带轮基准直径系列** （单位：mm）

| 20 | 22.4 | 25 | 28 | 31.5 | 35.5 | 40 | 45 | 50 | 56 | 63 | 71 | 75 | 80 | 85 |
|---|---|---|---|---|---|---|---|---|---|---|---|---|---|---|
| 90 | 95 | 100 | 106 | 112 | 118 | 125 | 132 | 140 | 150 | 160 | 170 | 180 | 200 | 212 |
| 224 | 236 | 250 | 265 | 280 | 300 | 315 | 335 | 355 | 375 | 400 | 425 | 450 | 475 | 500 |
| 530 | 560 | 600 | 630 | 670 | 710 | 750 | 800 | 900 | 1000 | | | | | |

（三）验算带速

带速一般限制在 $5 \sim 25 \text{m} \cdot \text{s}^{-1}$ 范围内，带速过高时，将产生较大的离心力；当传递功率一定，带速过低将引起力的增大，使得带的根数增多。

（四）确定带的基准长度

传动中心距 $a$ 最大值受安装空间的限制，而最小值则受最小包角的限制。若中心距没有限定时，可按下式初定中心距 $a_0$。

$$0.7 \ (D_1 + D_2) < a_0 < 2 \ (D_1 + D_2) \tag{7-29}$$

然后，利用式（7-12）初定带的基准长度 $L$，再从表 7-3 中选取相近的 $L_d$ 值。

（五）确定实际中心距

因选取的 $L_d$ 可能大于或小于 $L$，所以应将初定的中心距 $a_0$ 加以修正。为了简化计算，$a$ 值可近似按下式确定

$$a \approx a_0 + \frac{L_d - L}{2} \tag{7-30}$$

（六）验算小带轮包角 $\alpha_1$

按式（7-11）可算出小带轮包角 $\alpha_1$。$\alpha_1$ 过小，带容易在带轮上打滑。在普通 V 带传动中，通常应使 $\alpha \geqslant 120°$，特殊情况下允许 $\alpha_1 \geqslant 90°$。如 $\alpha_1$ 较小，应增大 $a$ 或采用张紧轮。

（七）计算 V 带的根数

所需 V 带的根数 $z$ 可按下式计算

$$z = \frac{P_d}{(P_0 + \Delta P_0) \ K_\alpha K_L} \tag{7-31}$$

式中　$P_0$——$i = 1$、特定基准长度、平稳工作情况下单根 V 带的基本额定功率（kW），见表 7-8；

　　　$K_\alpha$——包角修正系数，考虑 $\alpha \neq 180°$ 时对传动能力的影响，见表 7-9；

　　　$K_L$——带长修正系数，考虑到带长不为特定基准长度时对寿命的影响，见表 7-3；

$\Delta P_0$——$i \neq 1$ 时，单根 V 带额定功率的增量（kW），见表 7-10。

表 7-8　单根普通 V 带的基本额定功率 $P_0$　　（单位：kW）

| 型号 | 小带轮基准直径 $D_1$/mm | 小带轮转速 $n_1$/（r·min$^{-1}$） | | | | | | | | | | | | | |
|---|---|---|---|---|---|---|---|---|---|---|---|---|---|---|---|
| | | 400 | 730 | 800 | 980 | 1200 | 1460 | 1600 | 2000 | 2400 | 2800 | 3200 | 3600 | 4000 | 5000 |
| Y | 20 | — | — | — | 0.02 | 0.02 | 0.02 | 0.03 | 0.03 | 0.04 | 0.04 | 0.05 | 0.06 | 0.06 | 0.08 |
| | 31.5 | — | 0.03 | 0.04 | 0.04 | 0.05 | 0.06 | 0.06 | 0.07 | 0.09 | 0.10 | 0.11 | 0.12 | 0.13 | 0.15 |
| | 40 | — | 0.04 | 0.05 | 0.06 | 0.07 | 0.08 | 0.09 | 0.11 | 0.12 | 0.14 | 0.15 | 0.16 | 0.18 | 0.20 |
| | 50 | 0.05 | 0.06 | 0.07 | 0.08 | 0.09 | 0.11 | 0.12 | 0.14 | 0.16 | 0.18 | 0.20 | 0.22 | 0.23 | 0.25 |
| Z | 50 | 0.06 | 0.09 | 0.10 | 0.12 | 0.14 | 0.16 | 0.17 | 0.20 | 0.22 | 0.26 | 0.28 | 0.30 | 0.32 | 0.34 |
| | 63 | 0.08 | 0.13 | 0.15 | 0.18 | 0.22 | 0.25 | 0.27 | 0.32 | 0.37 | 0.41 | 0.45 | 0.47 | 0.49 | 0.50 |
| | 71 | 0.09 | 0.17 | 0.20 | 0.23 | 0.27 | 0.31 | 0.33 | 0.39 | 0.46 | 0.50 | 0.54 | 0.58 | 0.61 | 0.62 |
| | 80 | 0.14 | 0.20 | 0.22 | 0.26 | 0.30 | 0.36 | 0.39 | 0.44 | 0.50 | 0.56 | 0.61 | 0.64 | 0.67 | 0.66 |
| | 90 | 0.14 | 0.22 | 0.24 | 0.28 | 0.33 | 0.37 | 0.40 | 0.48 | 0.54 | 0.60 | 0.64 | 0.68 | 0.72 | 0.73 |
| A | 75 | 0.27 | 0.42 | 0.45 | 0.52 | 0.60 | 0.68 | 0.73 | 0.84 | 0.92 | 1.00 | 1.04 | 1.08 | 1.09 | 1.02 |
| | 90 | 0.39 | 0.63 | 0.68 | 0.79 | 0.93 | 1.07 | 1.15 | 1.34 | 1.50 | 1.64 | 1.75 | 1.83 | 1.87 | 1.82 |
| | 100 | 0.47 | 0.77 | 0.83 | 0.97 | 1.14 | 1.32 | 1.42 | 1.66 | 1.87 | 2.05 | 2.19 | 2.28 | 2.34 | 2.25 |
| | 125 | 0.67 | 1.11 | 1.19 | 1.40 | 1.66 | 1.93 | 2.07 | 2.44 | 2.74 | 2.98 | 3.16 | 3.26 | 3.28 | 2.91 |
| | 140 | 0.78 | 1.29 | 1.41 | 1.67 | 1.96 | 2.29 | 2.45 | 2.87 | 3.22 | 3.48 | 3.65 | 3.72 | 3.67 | 2.99 |
| B | 125 | 0.84 | 1.34 | 1.44 | 1.67 | 1.93 | 2.20 | 2.33 | 2.50 | 2.64 | 2.76 | 2.85 | 2.96 | 2.94 | 2.51 |
| | 160 | 1.32 | 2.16 | 2.32 | 2.72 | 3.17 | 3.64 | 3.86 | 4.15 | 4.40 | 4.60 | 4.75 | 4.89 | 4.80 | 3.82 |
| | 200 | 1.85 | 3.06 | 3.30 | 3.86 | 4.50 | 5.15 | 5.46 | 6.13 | 6.47 | 6.43 | 5.95 | 4.98 | 3.47 | — |
| | 250 | 2.50 | 4.14 | 4.46 | 5.22 | 6.04 | 6.85 | 7.20 | 7.87 | 7.89 | 7.14 | 5.60 | 3.12 | — | — |
| | 280 | 2.89 | 4.77 | 5.13 | 5.93 | 6.90 | 7.78 | 8.13 | 8.60 | 8.22 | 6.80 | 4.26 | — | — | — |

| 型号 | 小带轮计算直径 $D_1$/mm | 小带轮转速 $n_1$/（r·min$^{-1}$） | | | | | | | | | | | | | |
|---|---|---|---|---|---|---|---|---|---|---|---|---|---|---|---|
| | | 200 | 300 | 400 | 500 | 600 | 730 | 800 | 980 | 1200 | 1460 | 1600 | 1800 | 2000 | 2200 |
| C | 200 | 1.39 | 1.92 | 2.41 | 2.87 | 3.30 | 3.80 | 4.07 | 4.66 | 5.29 | 5.86 | 6.07 | 6.28 | 6.34 | 6.26 |
| | 250 | 2.03 | 2.85 | 3.62 | 4.33 | 5.00 | 5.82 | 6.23 | 7.18 | 8.21 | 9.06 | 9.38 | 9.63 | 9.62 | 9.34 |
| | 315 | 2.86 | 4.04 | 5.14 | 6.17 | 7.14 | 8.34 | 8.92 | 10.23 | 11.53 | 12.48 | 12.72 | 12.67 | 12.14 | 11.08 |
| | 400 | 3.91 | 5.54 | 7.06 | 8.52 | 9.82 | 11.52 | 12.10 | 13.67 | 15.04 | 15.51 | 15.24 | 14.08 | 11.95 | 8.75 |
| | 450 | 4.51 | 6.40 | 8.20 | 9.81 | 11.29 | 12.98 | 13.80 | 15.39 | 16.59 | 16.41 | 15.57 | 13.29 | 9.64 | 4.44 |
| D | 355 | 5.31 | 7.35 | 9.24 | 10.90 | 12.39 | 14.04 | 14.83 | 16.30 | 17.25 | 16.70 | 15.63 | 12.97 | — | — |
| | 450 | 7.90 | 11.02 | 13.85 | 16.40 | 18.67 | 21.12 | 22.25 | 24.16 | 24.84 | 22.42 | 19.59 | 13.34 | — | — |
| | 560 | 10.76 | 15.07 | 18.95 | 22.38 | 25.32 | 28.28 | 29.55 | 31.00 | 29.67 | 22.08 | 15.13 | — | — | — |
| | 710 | 14.55 | 20.35 | 25.45 | 29.76 | 33.18 | 35.97 | 36.87 | 35.58 | 27.88 | — | — | — | — | — |
| | 800 | 16.76 | 23.39 | 29.08 | 33.72 | 37.13 | 39.26 | 39.55 | 35.26 | 21.32 | — | — | — | — | — |
| E | 500 | 10.86 | 14.96 | 18.55 | 21.65 | 24.21 | 26.62 | 27.57 | 28.52 | 25.53 | 16.25 | — | — | — | — |
| | 630 | 15.65 | 21.69 | 26.95 | 31.36 | 34.83 | 37.64 | 38.52 | 37.14 | 29.17 | — | — | — | — | — |
| | 800 | 21.70 | 30.05 | 37.05 | 42.53 | 46.26 | 47.79 | 47.38 | 39.08 | 16.46 | — | — | — | — | — |
| | 900 | 25.15 | 34.71 | 42.49 | 48.20 | 51.48 | 51.13 | 49.21 | 34.01 | — | — | — | — | — | — |
| | 1000 | 28.52 | 39.17 | 47.52 | 53.12 | 55.45 | 52.26 | 48.19 | — | — | — | — | — | — | — |

注：选取的小带轮直径 $D_1$ 表内没有时，其基本额定功率 $P_0$ 值可查 GB/T13575.1 – 92。

表 7-9  包角修正系数 $K_\alpha$

| $\alpha_1$ | $K_\alpha$ | $\alpha_1$ | $K_\alpha$ |
|---|---|---|---|
| 180° | 1.00 | 130° | 0.86 |
| 175° | 0.99 | 125° | 0.84 |
| 170° | 0.98 | 120 | 0.82 |
| 165° | 0.96 | 115° | 0.80 |
| 160° | 0.95 | 110° | 0.78 |
| 155° | 0.93 | 105° | 0.76 |
| 150° | 0.92 | 100° | 0.74 |
| 145° | 0.91 | 95° | 0.72 |
| 140° | 0.89 | 90° | 0.69 |
| 135° | 0.88 | | |

表 7-10  单根普通 V 带 $i \neq 1$ 时传动功率的增量 $\Delta P_0$　　　　　　（单位：kW）

| 型号 | 传动比 $i$ | \multicolumn{14}{c}{小带轮转速 $n_1$/ (r·min$^{-1}$)} |
|---|---|---|---|---|---|---|---|---|---|---|---|---|---|---|---|

| 型号 | 传动比 $i$ | 400 | 730 | 800 | 980 | 1200 | 1460 | 1600 | 2000 | 2400 | 2800 | 3200 | 3600 | 4000 | 5000 |
|---|---|---|---|---|---|---|---|---|---|---|---|---|---|---|---|
| Y | 1.35 ~ 1.51 | 0.00 | 0.00 | 0.00 | 0.01 | 0.01 | 0.01 | 0.01 | 0.01 | 0.01 | 0.02 | 0.02 | 0.02 | 0.02 | 0.02 |
| | ≥2 | 0.00 | 0.00 | 0.00 | 0.01 | 0.01 | 0.01 | 0.01 | 0.02 | 0.02 | 0.02 | 0.02 | 0.03 | 0.03 | 0.03 |
| Z | 1.35 ~ 1.51 | 0.01 | 0.01 | 0.01 | 0.02 | 0.02 | 0.02 | 0.02 | 0.03 | 0.03 | 0.04 | 0.04 | 0.04 | 0.05 | 0.05 |
| | ≥2 | 0.01 | 0.02 | 0.02 | 0.02 | 0.03 | 0.03 | 0.03 | 0.04 | 0.04 | 0.04 | 0.05 | 0.05 | 0.06 | 0.06 |
| A | 1.35 ~ 1.51 | 0.04 | 0.07 | 0.08 | 0.08 | 0.11 | 0.13 | 0.15 | 0.19 | 0.23 | 0.26 | 0.30 | 0.34 | 0.38 | 0.47 |
| | ≥2 | 0.05 | 0.09 | 0.10 | 0.11 | 0.15 | 0.17 | 0.19 | 0.24 | 0.29 | 0.34 | 0.39 | 0.44 | 0.48 | 0.60 |
| B | 1.35 ~ 1.51 | 0.10 | 0.17 | 0.20 | 0.23 | 0.30 | 0.36 | 0.39 | 0.49 | 0.59 | 0.69 | 0.79 | 0.89 | 0.99 | 1.24 |
| | ≥2 | 0.13 | 0.22 | 0.25 | 0.30 | 0.38 | 0.46 | 0.51 | 0.63 | 0.76 | 0.89 | 1.01 | 1.14 | 1.27 | 1.60 |

| 型号 | 传动比 $i$ | 200 | 300 | 400 | 500 | 600 | 730 | 800 | 980 | 1200 | 1460 | 1600 | 1800 | 2000 | 2200 |
|---|---|---|---|---|---|---|---|---|---|---|---|---|---|---|---|
| C | 1.35 ~ 1.51 | 0.14 | 0.21 | 0.27 | 0.34 | 0.41 | 0.48 | 0.55 | 0.65 | 0.82 | 0.99 | 1.10 | 1.23 | 1.37 | 1.51 |
| | ≥2 | 0.18 | 0.26 | 0.35 | 0.44 | 0.53 | 0.62 | 0.71 | 0.83 | 1.06 | 1.27 | 1.41 | 1.59 | 1.76 | 1.94 |
| D | 1.35 ~ 1.51 | 0.49 | 0.73 | 0.97 | 1.22 | 1.46 | 1.70 | 1.95 | 2.31 | 2.92 | 3.52 | 3.89 | 4.98 | — | — |
| | ≥2 | 0.63 | 0.94 | 1.25 | 1.56 | 1.88 | 2.19 | 2.50 | 2.97 | 3.75 | 4.53 | 5.00 | 5.62 | — | — |
| E | 1.35 ~ 1.51 | 0.96 | 1.45 | 1.93 | 2.41 | 2.89 | 3.38 | 3.86 | 4.58 | 5.61 | 6.83 | — | — | — | — |
| | ≥2 | 1.24 | 1.86 | 2.48 | 3.10 | 3.72 | 4.34 | 4.96 | 5.89 | 7.21 | 8.78 | — | — | — | — |

（八）计算作用在轴上的载荷

作用在轴上的载荷等于松边和紧边拉力的向量和。如果不考虑带两边的拉力差，则作用在轴上的载荷 $F_z$ 可近似地由下式确定（图 7-18）。

$$F_z = 2zF_0 \sin\frac{\alpha_1}{2}\tag{7-32}$$

式中　$F_0$——单根 V 带的张紧力（N）。

$F_0$ 可利用下式确定

$$F_0 = 500\left(\frac{2.5}{K_\alpha} - 1\right)\frac{P_d}{zv} + qv^2$$

(7-33)

式中　$P_d$——计算功率（kW）；

　　　$z$——V 带的根数；$v$ 为带

　　　　　速（m·s$^{-1}$）；

　　　$K_\alpha$——包角修正系数；

　　　$q$——V 带单位长度质量

　　　　　（kg·m$^{-1}$），见表 7-11。

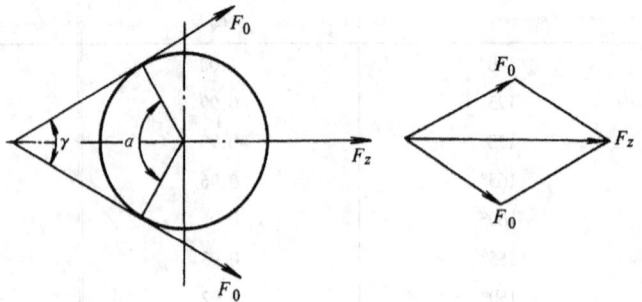

图 7-18　作用在轴上载荷的计算简图

**表 7-11　普通 V 带单位长度质量**　　　　　　（单位：kg·m$^{-1}$）

| 型号 | Y | Z | A | B | C | D | E |
|---|---|---|---|---|---|---|---|
| $q$ | 0.02 | 0.06 | 0.10 | 0.17 | 0.30 | 0.62 | 0.92 |

（九）确定带轮的结构尺寸（从略）

应该指出的是，在普通 V 带传动设计中，小带轮直径的选取是至关重要的。在满足 $D_1 \geq D_{min}$ 的前提下，若选取较小的 $D_1$ 值，可以减小重量和传动的外廓尺寸，但弯曲应力的增大会影响带的疲劳寿命。再者，$D_1$ 小则带速 $v$ 低，当传递功率一定时，有效拉力 $F_t$ 大（$P = F_t v/1000$），即所需带的根数增多，于是带轮的宽度、轴径和轴承尺寸都要随之增大。通常，小带轮的转速 $n_1$ 已给定，选定小带轮直径 $D_1$ 也就确定了带速，从而对带传动的功率产生影响。因此，为了得到合理的设计方案，必要时可取多组数据进行试算，根据设计要求从中选择最合理的尺寸参数。

**例题 7-1**　设计某传动装置中的 V 带传动。传递功率 $P = 7.5\text{kW}$，电动机为 Y 系列三相异步电动机，电动机转速（主动轮转速）$n_1 = 1440\text{r·min}^{-1}$，从动轮转速 $n_2 = 720\text{r·min}^{-1}$，载荷变动较小，两带轮中心距大约为 850mm，希望大带轮直径不超过 280mm，每日工作不超过 16h。

**解**　1）选择 V 带型号　根据题意，考虑到载荷变动较小，由表 7-5 查得 $K_A = 1.2$。则

$$P_d = PK_A = 7.5\text{kW} \times 1.2 = 9\text{kW}$$

根据 $P_d = 9\text{kW}$ 和 $n_1 = 1440\text{r·min}^{-1}$，由图 7-17 确定选取 A 型普通 V 带。

2）确定带轮直径 $D_1$、$D_2$。由图 7-17 可知，A 型 V 带推荐小带轮直径 $D_1 = 112 \sim 140\text{mm}$。考虑到带速不宜过低，否则带的根数将要增多，对传动不利。因此确定小带轮直径 $D_1 = 140\text{mm}$。大带轮直径

$$D_2 = \frac{n_1}{n_2}D_1(1-\varepsilon) = \frac{1440}{720} \times 140(1-0.02)\text{mm} = 274\text{mm}（取 \varepsilon = 0.02）$$

由表 7-7，取 $D_2 = 280\text{mm}$。

3）验算带速 $v$

$$v = \frac{\pi D_1 n_1}{60 \times 1000} = \frac{\pi \times 140 \times 1440}{60 \times 1000}\text{m·s}^{-1} = 10.6\text{m·s}^{-1} < 25\text{m·s}^{-1}$$

4）确定带的基准长度　根据题意，初定中心距 $a_0 = 850\text{mm}$，按式（7-12）计算带的近似长度 $L$

$$L = 2a_0 + \frac{\pi}{2}(D_1 + D_2) + \frac{(D_2 - D_1)^2}{4a_0}$$

$$= \left[2 \times 850 + \frac{\pi}{2}(140 + 280) + \frac{(280 - 140)^2}{4 \times 850}\right]\text{mm} = 2366\text{mm}$$

由表 7-3 选取 $L_d = 2240\text{mm}$。

5）确定实际中心距 $a$

$$a \approx a_0 + \frac{L_d - L}{2} = \left(850 + \frac{2240 - 2366}{2}\right)\text{mm} = 787\text{mm}$$

6）验算小带轮包角 $\alpha_1$

$$\alpha_1 \approx 180° - \frac{D_2 - D_1}{a} \times 57.3° = 180° - \frac{280 - 140}{787} \times 57.3° = 169.8° > 120°$$

7）计算 V 带的根数 $z$。由表 7-8 查得 $P_0 \approx 2.29\text{kW}$，由表 7-9 查得 $K_a = 0.98$，由表 7-3 查得 $K_L = 1.06$，由表 7-10 查得 $\Delta P_0 = 0.17\text{kW}$，则 V 带的根数

$$z = \frac{P_d}{(P_0 + \Delta P_0)K_aK_L} = \frac{9}{(2.29 + 0.17) \times 0.98 \times 1.06} = 3.52$$

取 $z = 4$。

8）计算作用在轴上的载荷 $F_z$。由表 7-11 查得 A 型 V 带单位长度质量 $q = 0.10\text{kg·m}^{-1}$，按式（7-33）计算单根 V 带张紧力

$$F_0 = 500\left(\frac{2.5}{K_a} - 1\right)\frac{P_d}{zv} + qv^2 = \left[500\left(\frac{2.5}{0.98} - 1\right)\frac{9}{4 \times 10.6} + 0.10 \times (10.6)^2\right]\text{N}$$

$$= 175.8\text{N}$$

按式（7-32）计算作用在轴上载荷

$$F_z = 2zF_0\sin\frac{\alpha_1}{2} = 2 \times 4 \times 175.8\text{N} \times \sin\frac{169.8°}{2} = 1400.8\text{N}$$

9）带轮的结构设计（从略）。

## 第五节　同步带传动

### 一、同步带传动的特点和应用

同步带传动是综合了带传动和齿轮传动优点的一种新型带传动（图 7-19）。同步带是以钢丝绳为强力层，外面用氯丁橡胶或聚氨脂包覆，带的工作面压制成齿形，与齿形带轮作啮合传动。由于钢丝绳在承受负荷后仍能保持同步带的节距不变，故带与带轮之间无相对滑动，因此主动轮和从动轮能作同步传动。

强力层材料应具有很高的抗拉强度和抗弯曲疲劳强度，弹性模量大。目前多采用钢丝绳或玻璃纤

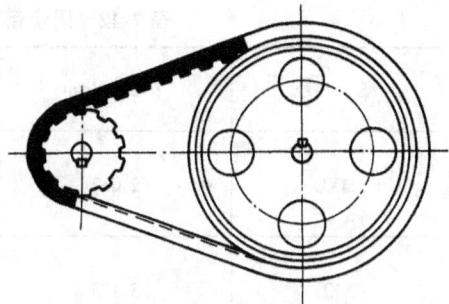

图 7-19　同步带传动

维沿同步带的宽度方向绕成螺旋形，布置在带的节线位置上。基体包括带齿 2 和带背 3，带齿应与带轮轮齿正确啮合，齿背用来粘结包覆强力层。基体的材料应具有良好的耐磨性、强度、抗老化性以及与强力层的粘结性。常用材料有聚氨脂和氯丁橡胶。此外，在同步带带齿的内表面有尖角凹槽，除工艺要求外，可增加带的柔性，改善弯曲疲劳性能。

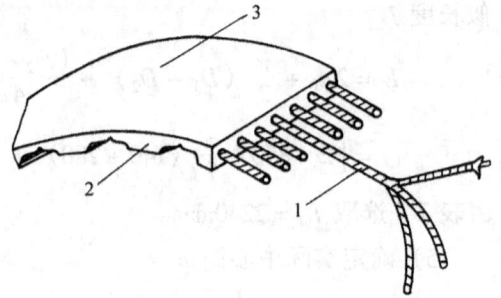

图 7-20  同步带的结构
1—强力层  2—带齿  3—带背

同步带的主要参数是节距 $p_b$。如图 7-21 所示。它是在规定的张紧力下，同步带纵向截面上相邻两齿中心轴线间节线上的距离。而节线是指当同步带垂直其底边弯曲时，在带中保持原长度不变的周线，通常位于承载层的中线上。节线长度 $L_p$ 为公称长度。

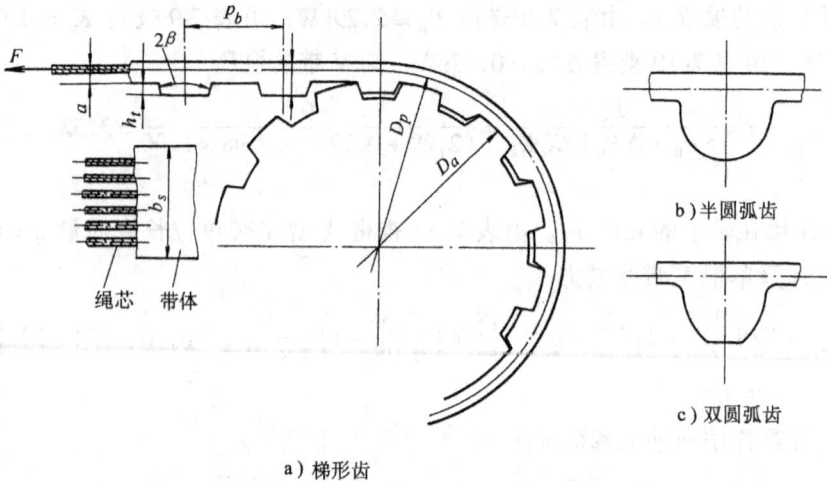

a）梯形齿

b）半圆弧齿

c）双圆弧齿

图 7-21  同步带的尺寸参数

梯形齿同步带分为单面同步带（简称单面带）和双面同步带（简称双面带）两种型式，仪器中常用前一种。同步带按节距不同分为最轻型 MXL、超轻型 XXL、特轻型 XL、轻型 L、重型 H、特重型 XH、超重型 XXH 七种，其节距 $P_b$、基准宽度 $b_{s0}$ 及带宽系列见表 7-12。节线长度系列见表 7-13。

表 7-12  同步带节距 $p_b$、基准宽度 $b_{s0}$ 及带宽 $b_s$ 系列

| 型  号 | 节距 $p_b$/mm | 基准宽度 $b_{s0}$/mm | 带 宽 系 列 | |
|---|---|---|---|---|
| | | | 带宽 $b_s$/mm | 代  号 |
| MXL | 2.032 | 6.4 | 3.2 | 012 |
| | | | 4.8 | 019 |
| | | | 6.4 | 025 |
| XXL | 3.175 | 6.4 | 3.2 | 3.2 |
| | | | 4.8 | 4.8 |
| | | | 6.4 | 6.4 |

（续）

| 型　号 | 节距 $p_b$/mm | 基准宽度 $b_{s0}$/mm | 带 宽 系 列 | |
|---|---|---|---|---|
| | | | 带宽 $b_s$/mm | 代　号 |
| XL | 5.080 | 9.5 | 6.4 | 025 |
| | | | 7.9 | 031 |
| | | | 9.5 | 037 |
| L | 9.525 | 25.4 | 12.7 | 050 |
| | | | 19.1 | 075 |
| | | | 25.4 | 100 |
| H | 12.700 | 76.2 | 19.1 | 075 |
| | | | 25.4 | 100 |
| | | | 38.1 | 150 |
| | | | 50.8 | 200 |
| | | | 76.2 | 300 |
| XH | 22.225 | 101.6 | 50.8 | 200 |
| | | | 76.2 | 300 |
| | | | 101.6 | 400 |
| XXH | 31.750 | 127.0 | 50.8 | 200 |
| | | | 76.2 | 300 |
| | | | 101.6 | 400 |
| | | | 127.0 | 500 |

表 7-13　梯形齿同步带的节线长度 $L_p$ 系列

| 带长代号 | 节线长度 $L_p$/mm | 带长上的齿数 z | | | | | | |
|---|---|---|---|---|---|---|---|---|
| | | MXL | XXL | XL | L | H | XH | XXH |
| 60 | 152.40 | 75 | 48 | 30 | | | | |
| 70 | 177.80 | — | 56 | 35 | | | | |
| 80 | 203.20 | 100 | 64 | 40 | | | | |
| 90 | 228.60 | — | 72 | 45 | | | | |
| 100 | 254.00 | 125 | 80 | 50 | | | | |
| 120 | 304.80 | — | 96 | 60 | | | | |
| 130 | 330.20 | — | 104 | 65 | | | | |
| 140 | 355.60 | 175 | 112 | 70 | | | | |
| 150 | 381.00 | — | 120 | 75 | 40 | | | |
| 160 | 406.40 | 200 | 128 | 80 | | | | |
| 170 | 431.80 | — | — | 85 | | | | |
| 180 | 457.20 | 225 | 144 | 90 | — | | | |
| 190 | 482.60 | — | — | 95 | — | | | |
| 200 | 508.00 | 250 | 160 | 100 | — | | | |
| 220 | 558.80 | — | 170 | 110 | — | | | |
| 230 | 584.20 | | | 115 | — | | | |
| 240 | 609.60 | | | 120 | 64 | 48 | | |
| 260 | 660.40 | | | 130 | — | — | | |

（续）

| 带长代号 | 节线长度 $L_p$/mm | 带长上的齿数 $z$ | | | | | | |
| --- | --- | --- | --- | --- | --- | --- | --- | --- |
| | | MXL | XXL | XL | L | H | XH | XXH |
| 270 | 685.80 | | | | 72 | 54 | | |
| 300 | 762.00 | | | | 80 | 60 | | |
| 390 | 990.60 | | | | 104 | 78 | | |
| 420 | 1066.80 | | | | 112 | 84 | | |
| 450 | 1143.00 | | | | 120 | 90 | | |
| 480 | 1219.20 | | | | 128 | 96 | | |
| 540 | 1317.60 | | | | 144 | 108 | | |
| 600 | 1524.00 | | | | 160 | 120 | | |
| 700 | 1778.00 | | | | | 140 | 80 | 56 |
| 800 | 2032.00 | | | | | 160 | — | 64 |
| 900 | 2286.00 | | | | | 180 | — | 72 |
| 1000 | 2540.00 | | | | | 200 | — | 80 |
| 1100 | 2794.00 | | | | | 220 | — | — |
| 1200 | 3048.00 | | | | | — | — | 96 |

注：1. 摘自 GB11616-89。

2. XXL 型的带长代号用带长上的齿数 $z$ 前加 B 的方法表示：例如节线长度 $L_p$ 为 177.80mm 的 XXL 型带的带长代号为 B56。

同步带的标记内容和顺序为带长代号、型号、宽度代号，如 XXL 型的标记：

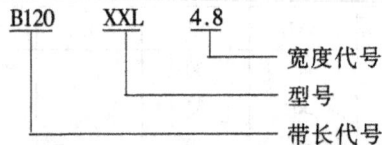

B120　　XXL　　4.8

　　　　　　　　└──── 宽度代号
　　　　└──────── 型号
└──────────── 带长代号

## 二、带轮

同步带带轮除轮缘表面须制出轮齿外，其它结构与一般带轮相似。带轮的齿形有渐开线齿形和直边齿形两种，推荐采用渐开线齿形，可用范成法加工而成。带轮齿数的选择应考虑到同时啮合齿数的多少，一般要求同步带与带轮的同时啮合齿数 $z_m \geq 6$。各种型号带的许用最少齿数见表 7-14。

**表 7-14　小带轮许用最少齿数 $z_{min}$**

| 小带轮转速 $n_1$/（r·min$^{-1}$） | 型　号 | | | | | | |
| --- | --- | --- | --- | --- | --- | --- | --- |
| | MXL | XXL | XL | L | H | XH | XXH |
| < 900 | 10 | 10 | 10 | 12 | 14 | 22 | 22 |
| 900 ~ < 1200 | 12 | 12 | 10 | 12 | 16 | 24 | 24 |
| 1200 ~ < 1800 | 14 | 14 | 12 | 14 | 18 | 26 | 26 |
| 1800 ~ < 3600 | 16 | 16 | 12 | 16 | 20 | 30 | — |
| 3600 ~ < 4800 | 18 | 18 | 15 | 18 | 22 | — | — |

带轮材料一般采用钢、铸铁，轻载场合可用轻合金或塑料（如聚碳酸脂、尼龙等），对于成批生产的带轮可采用粉末冶金材料。

### 三、同步带传动的设计计算

设计同步带传动时，一般的已知条件为：传动的用途、传递的功率、大小带轮的转速或传动比 $i$ 以及传动系统的空间尺寸范围等。

设计要确定的是：同步带的型号、带的长度及齿数、中心距、带轮节圆直径及齿数、带宽及带轮的结构和尺寸。

#### （一）选择同步带的型号

根据计算功率 $P_d$ 和小带轮转速 $n_1$，利用图 7-22 选取同步带的型号。根据所选型号由表 7-12 查得对应的节距 $p_b$。

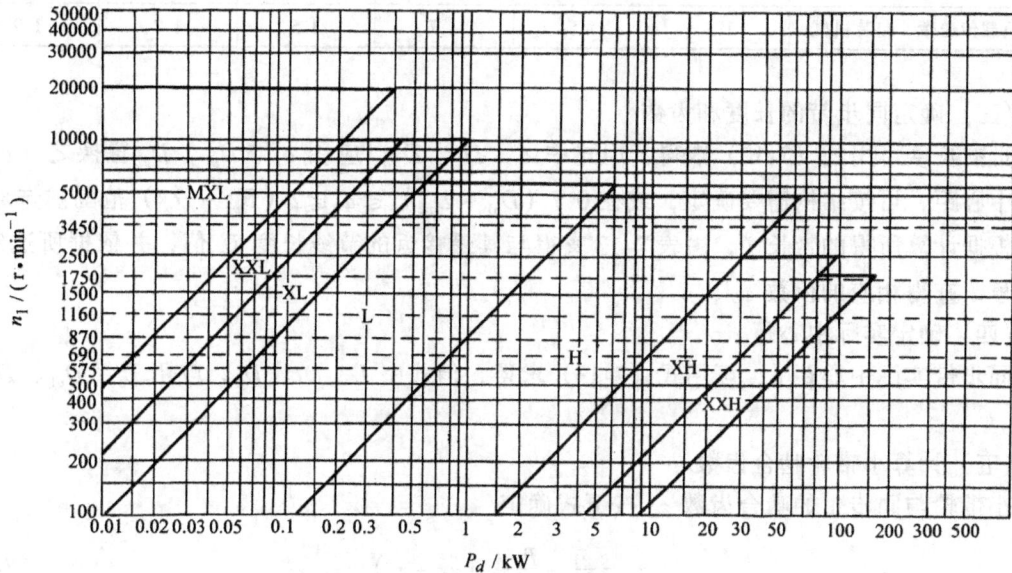

图 7-22　同步带选型图

计算功率 $P_d$ 可根据传递的名义功率的大小，并考虑到原动机和工作机的性质、连续工作时间的长短等条件，利用下式求得

$$P_d = P K_A \tag{7-34}$$

式中　$P$——传递的名义功率；

　　　$P_d$——计算功率；

　　　$K_A$——工作情况系数，按表 7-15 选取。

#### （二）确定带轮齿数和节圆直径

根据带型和小带轮转速，由表 7-14 确定小带轮的齿数 $z_1$。需使

$$z_1 \geqslant （1.0 \sim 1.3）z_{min}$$

当 $n_1 < 1000 \mathrm{r} \cdot \mathrm{min}^{-1}$ 时，取 $z_1 \geqslant 1.0 z_{min}$；$n_1 > 3000 \mathrm{r} \cdot \mathrm{min}^{-1}$ 时，取 $z_1 \geqslant 1.3 z_{min}$。带速和安装尺寸允许时，$z_1$ 尽可能选用较大值，大带轮齿数 $z_2 = i z_1$。节圆直径 $D_{p1}$、$D_{p2}$ 可用下式求得

$$D_{p1} = \frac{z_1 p_b}{\pi}, \quad D_{p2} = \frac{z_2 p_b}{\pi} \tag{7-35}$$

132

**表 7-15　同步带传动的工作情况系数 $K_A$**

| 工作机 | 原动机 | | | | | |
|---|---|---|---|---|---|---|
| | 交流电动机（普通转矩笼型、同步电动机），直流电动机（并励） | | | 交流电动机（大转矩、大滑差率、单环、滑环），直流电动机（复励、串励） | | |
| | 运转时间 | | | 运转时间 | | |
| | 断续使用每日 3~5h | 普通使用每日 8~10h | 连续使用每日 16~24h | 断续使用每日 3~5h | 普通使用每日 8~10h | 连续使用每日 16~24h |
| | $K_A$ | | | | | |
| 复印机、计算机、医疗机械 | 1.0 | 1.2 | 1.4 | 1.2 | 1.4 | 1.6 |
| 办公机械 | 1.2 | 1.4 | 1.6 | 1.4 | 1.6 | 1.8 |
| 轻负载传送带、包装机械 | 1.3 | 1.5 | 1.7 | 1.5 | 1.7 | 1.9 |

（三）确定同步带的长度和齿数

带的长度可用式（7-12）求得，但式中 $a$、$D_1$、$D_2$，应用 $a_0$、$D_{p1}$、$D_{p2}$ 置换之。$a_0$ 为初定中心距，可按结构需要确定，或在 $0.7(D_{p1}+D_{p2}) \leqslant a_0 \leqslant 2(D_{p1}+D_{p2})$ 范围内选取。

根据计算所得的带长 $L$，由表 7-13 查得与其最接近的节线长度 $L_p$ 值，并依据所选定带的型号，查得相应的齿数 $z$。

（四）确定实际中心距

同步带实际中心距 $a$，可用式（7-13）求得，但式中 $L$、$D_1$、$D_2$，应用 $L_p$、$D_{p1}$、$D_{p2}$ 置换之。

（五）计算小带轮啮合齿数

小带轮与同步带的啮合齿数 $z_m$ 按下式确定

$$z_m = \frac{z_1}{2} - \frac{p_b z_1}{20a}(z_2 - z_1) \tag{7-36}$$

$z_m$ 应圆整成整数。

（六）选择带宽

所选带宽按下式计算求得，然后根据表 7-12 选取相近而略大的标准值

$$b_s \geqslant b_{s0}\left(\frac{P_d}{K_z P_0}\right)^{\frac{1}{1.14}} \tag{7-37}$$

式中　$b_{s0}$——基准宽度，见表 7-12；

　　　$P_d$——计算功率；

　　　$K_z$——啮合齿数系数，当 $z_m \geqslant 6$ 时，$K_z=1$，当 $z_m < 6$ 时，$K_z = 1 - 0.2(6 - z_m)$；

　　　$P_0$——同步带基准宽度 $b_{s0}$ 所能传递的功率，可由下式求得

$$P_0 = \frac{(F_a - qv^2)v}{1000} \tag{7-38}$$

式中　$F_a$——基准宽度 $b_{s0}$ 同步带的许用工作拉力，见表 7-16；

　　　$q$——基准宽度 $b_{s0}$ 同步带的质量，见表 7-16。

表 7-16　同步带许用工作拉力 $F_a$ 和质量 $q$

| 项　目 | 型　号 | | | | | | |
|---|---|---|---|---|---|---|---|
| | MXL | XXL | XL | L | H | XH | XXH |
| 许用工作拉力 $F_a$/N | 27 | 31 | 50 | 245 | 2100 | 4050 | 6400 |
| 质量 $q$/（kg·m$^{-1}$） | 0.007 | 0.01 | 0.022 | 0.096 | 0.448 | 1.487 | 2.473 |

（七）计算作用在轴上的载荷

利用下式计算

$$F_z = \frac{1000 P_d}{v} \tag{7-39}$$

式中　$F_z$——作用在轴上的载荷；

$P_d$——计算功率；

$v$——带速，$v = \pi D_{p1} n_1 / (60 \times 1000)$。

（八）确定带轮的结构尺寸（从略）

# 第六节　其它带传动简介

## 一、齿孔带传动

齿孔带传动（图 7-23）是由特殊轮齿的传动轮及具有等距孔的传动带组成。适用于重量轻、传动转矩小、传动精度较高的场合。

齿孔带齿孔的几何尺寸，多采用 35mm 电影胶卷齿孔的标准，常用厚度为 0.15～0.25mm 的涤纶或三醋酸纤维素制造。

齿孔带带轮轮齿的齿形有渐开线和圆弧两种。为便于轮齿加工，多选用渐开线齿形。此种带轮的尺寸计算与一般齿轮不同，其尺寸主要由与其相啮合的齿孔带的参数来确定，如不考虑齿孔带的自然收缩率，则轮齿的齿距必须与齿孔带的齿孔距一致。

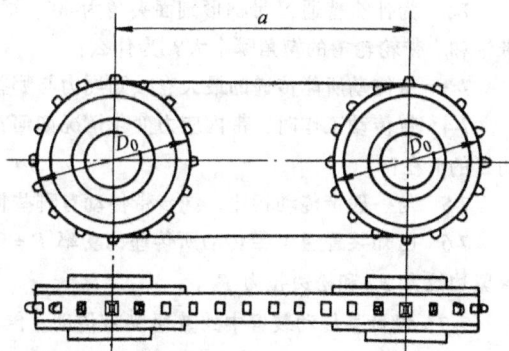

图 7-23　齿孔带传动

带轮材料常用硬铝、超硬铝、优质碳素结构钢和碳素工具钢，也可用塑料。为增加轮齿工作寿命，齿面可镀铬、渗氮硬化或表面淬火。

## 二、拖动式带传动

拖动式带传动是将挠性传动件的两端直接固定在主动件和从动件上，当主动件转动时，能立即拖动挠性传动件，进而拖动从动件，即把主动件上的运动和力矩，精确地传递给从动件。

这种传动的主要特点是：①挠性传动件与主、从动件表面之间没有任何相对滑动，故传动比准确、传动精度高；②只要适当改变主、从动件的表面形状，便可使传动比按照给定的规律变化，实现变传动比传动；③这种传动还能改变运动的形式，将回转运动变为直线运动，或者相反；④结构简单，制造方便；⑤由于挠性传动件的长度有限，故主、从动件的回转范围受到限制，一般不超过360°。

由于拖动式带传动所具有的特点，所以这种传动多用于精密机械与仪器的精密读数及其他相应机构中。

图7-24a所示为计算机构中，用以得到等分刻度的变传动比钢带传动。图7-24b为在弹簧拉力变化的条件下，用以在回转轴上获得恒定反作用力矩的机构。

挠性传动件的材料，对精密传动可采用碳素工具钢、弹簧钢轧制的薄带或细丝；对特殊用途的传动多采用铍青铜、磷青铜带；对精度要求低的传动可采用丝棉线、锦纶丝制的薄带或绳。主、从动轮的材料，一般采用优质碳素结构钢、铝合金、黄铜及塑料等。

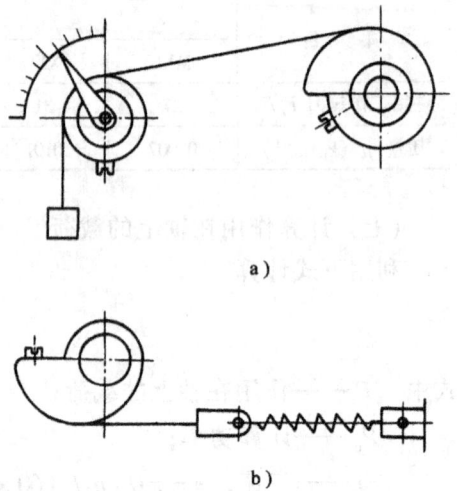

图 7-24  拖动式带传动应用实例

## 思考题及习题

7-1  在摩擦轮传动和带传动中，弹性滑动是否可以避免？是何种原因引起的？对传动产生什么影响？

7-2  为什么普通 V 带梯形剖面夹角为 40°，而其带轮的轮槽的楔角一般都制成 32°、34°、36° 和 38°？大带轮和小带轮轮槽的楔角哪个大？为什么？

7-3  带传动所能传递的最大有效圆周力与哪些因素有关？为什么？

7-4  带传动工作时，带内应力变化情况如何？$\sigma_{max}$ 在什么位置？由哪些应力组成？研究带内应力变化的目的何在？

7-5  与一般带传动相比，同步带传动有哪些特点？主要适用于何种工作场合？

7-6  已知某普通 V 带传动所传递的功率 $P = 9.0kW$，带速 $v = 12m \cdot s^{-1}$，现测得张紧力 $F_0 = 1103N$，试求紧边拉力 $F_1$ 和松边拉力 $F_2$。

7-7  设计某传动装置中的普通 V 带传动。传动功率 $P = 2.5kW$，电动机为异步电动机，转速 $n_1 = 1440$ r/min，从动轮转速 $n_2 = 475r/min$，载荷变动较小，两带轮中心距大约为450mm，三班制工作。

7-8  已知一带式运输机采用 3 根 B 型 V 带传动，主动轮转速 $n_1 = 1440r/min$，从动轮转速 $n_2 = 600r/min$，主动轮直径 $D_1 = 180mm$，中心距约为 900mm，求带能传递的最大功率。为了使结构紧凑，将主动轮直径改为 $D_1 = 125mm$，中心距变为约 400mm，问带所能传递的功率比原设计降低了多少？

7-9  试设计某医疗机械上的齿形带传动。已知传递功率 $P = 0.4kW$，电机为同步电动机，主动轮转速 $n_1 = 1500r/min$，从动轮转速为 $n_2 - 500r/min$，载荷变动较小，两带轮中心距大约为 350mm，希望大带轮节圆直径不超过 150mm，每日工作不超过 8h。

7-10  已知额定功率为 0.6kW，转速为 1500r/min 的同步电动机，驱动某医用设备工作，每天工作 8h，根据给定的初步中心距和带轮直径计算带的周长为 1210mm，所需带宽度为 23mm，现要求选择该传动的同步带型号规格。

# 第八章 齿轮传动

## 第一节 概述

齿轮传动是精密机械中应用最为广泛的传动机构。其主要用途是：

1）传递任意两轴之间的运动和转矩。

2）变换运动的方式，将转动变为移动或将移动变为转动。

3）变速——将高转速变成低转速，或将低转速变成高转速。在机器中通常是用来实现减速，而在仪器仪表中除用于减速外，还常用于增速，以实现传动放大作用。

与摩擦轮传动和带传动等比较，齿轮传动的传动比较稳定，传动精度高；在传递同样功率的条件下，尺寸较小，结构紧凑；传动效率高、寿命长。但也有缺点，即制造和安装的精度要求高，费用比较昂贵。

精密机械中应用的齿轮，按齿廓曲线分，有渐开线齿、摆线齿、圆弧齿；按齿线相对于齿轮母线方向分，有直齿、斜齿、人字齿、曲线齿；按两轴的相对位置分类时，可参见图8-1。

## 第二节 齿廓啮合基本定律

齿轮传动是靠主动轮轮齿的齿廓，依次推动从动轮轮齿的齿廓实现的。对齿轮传动的基本要求之一是其瞬时传动比应当保持恒定。否则当主动轮以等角速度转动时，从动轮的角速度将发生变化，产生惯性力，从而影响轮齿的强度，使其过早地损坏；同时还将引起振动，影响齿轮的传动精度。要保证瞬时传动比恒定不变，则齿轮的齿廓必须符合一定的条件。

图8-2为一对相互啮合的齿轮，设主动轮1以角速度 $\omega_1$ 绕轴 $O_1$ 顺时针方向回转，从动轮2受轮1的推动以角速度 $\omega_2$ 绕轴 $O_2$ 逆时针方向回转。两轮轮齿的齿廓 $C_1$、$C_2$ 在任意点 $K$ 接触，它们在 $K$ 点处的线速度分别为 $v_{K1}$、$v_{K2}$。$v_{K2K1}$ 为两齿廓接触点间的相对速度。

过 $K$ 点作两齿廓 $C_1$、$C_2$ 的公法线 $NN$。显然，要使这一对齿廓能连续地接触传动，则 $v_{K1}$、$v_{K2}$ 在公法线 $NN$ 方向上的分速度应相等，否则两齿廓将会压坏或分离，即

$$v_{K1}\cos\alpha_{K1} = v_{K2}\cos\alpha_{K2}$$

又因

$$v_{K1} = \omega_1 \cdot \overline{O_1 K} \qquad v_{K2} = \omega_2 \cdot \overline{O_2 K}$$

故得

$$i_{12} = \frac{\omega_1}{\omega_2} = \frac{\overline{O_2 K}\cos\alpha_{K2}}{\overline{O_1 K}\cos\alpha_{K1}}$$

过 $O_1$、$O_2$ 分别作公法线 $NN$ 的垂线，得交点 $N_1$、$N_2$，由图可知 $\overline{O_2 K}\cos\alpha_{K2} = \overline{O_2 N_2}$，$\overline{O_1 K}\cos\alpha_{K1} = \overline{O_1 N_1}$。

136

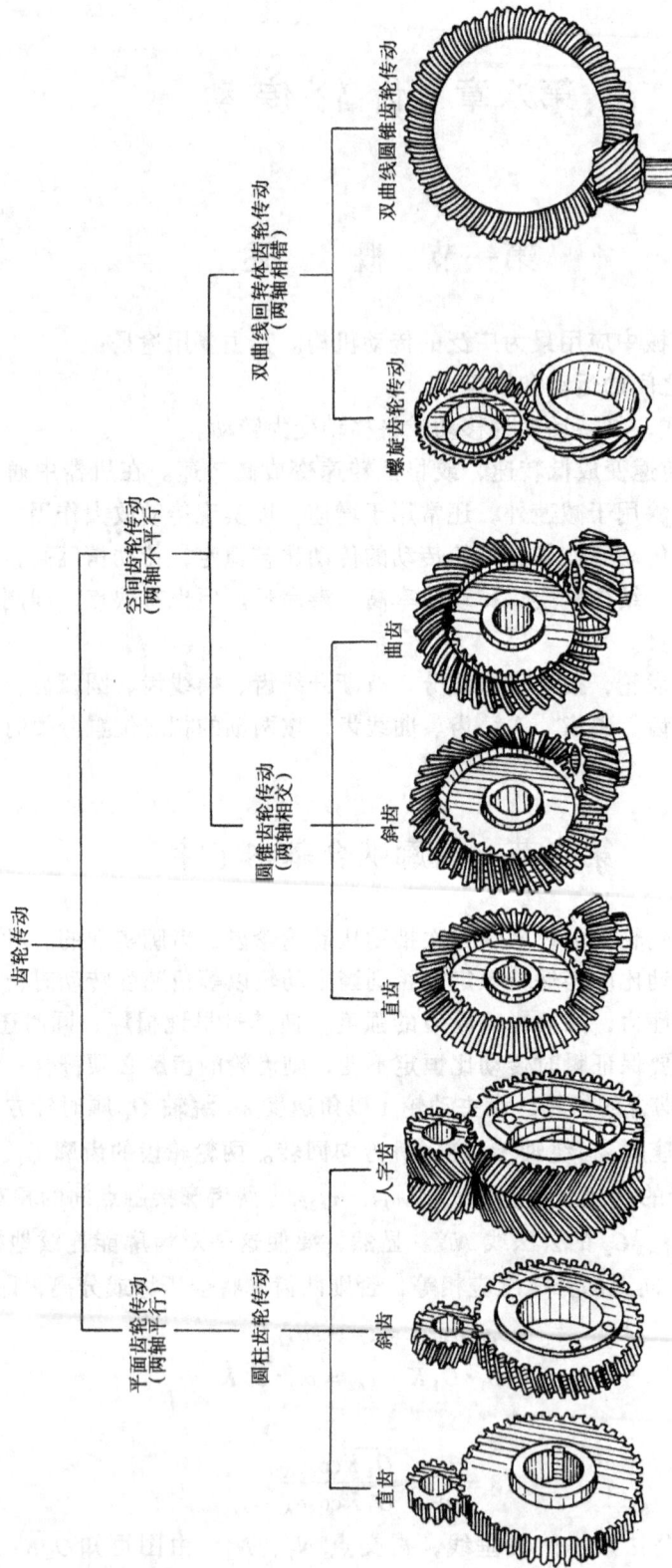

图 8-1 齿轮传动的分类

又因 $\triangle O_1 PN_1 \sim \triangle O_2 PN_2$，故最后可得

$$i_{12} = \frac{\omega_1}{\omega_2} = \frac{\overline{O_2 N_2}}{\overline{O_1 N_1}} = \frac{\overline{O_2 P}}{\overline{O_1 P}} \qquad (8\text{-}1)$$

由式（8-1）可知，欲保证瞬时传动比为定值，则比值 $\dfrac{\overline{O_2 P}}{\overline{O_1 P}}$ 应为常数。现因两轮轴心连线 $\overline{O_1 O_2}$ 为定长，故欲满足上述要求，$P$ 点应为连心线上的定点。这个定点 $P$ 称为节点。

因此，为使齿轮瞬时传动比保持恒定，则其齿廓曲线必须符合下述条件，即：不论两齿廓在任何位置接触，过接触点（啮合点）的公法线必须与两齿轮的连心线交于一定点 $P$。这就是齿廓啮合的基本定律。

凡满足上述定律而相互啮合的一对齿廓，称为共轭齿廓。从理论上来说，可以用作共轭齿廓的曲线是很多的，但在生产实践中，必须从设计、制造、安装和使用等方面综合考虑，加以选择。目前常用的齿廓曲线有渐开线、摆线、修正摆线等。

由于采用渐开线作为齿廓曲线，不但容易制造，而且也便于安装、互换性好，所以绝大部分齿轮都采用渐开线作齿廓曲线，因此本章将主要介绍渐开线齿轮。

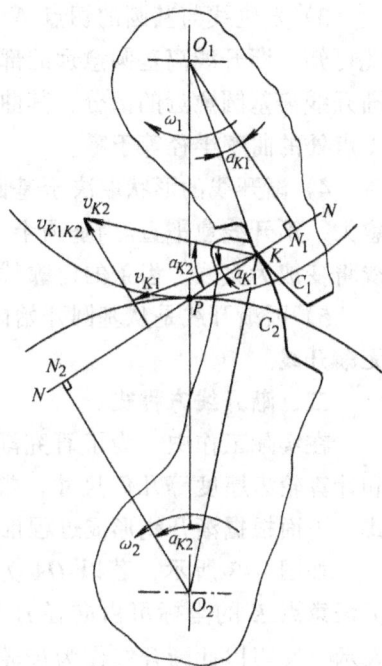

图 8-2　齿廓啮合基本定律

# 第三节　渐开线齿廓曲线

## 一、渐开线的形成及其性质

（一）渐开线的形成

如图 8-3 所示，当一直线 $\overline{NK}$ 沿一圆周作纯滚动，则直线上任一点 $K$ 的轨迹 $AK$ 称为该圆的渐开线。该圆称为渐开线的基圆，其半径用 $r_b$ 表示；直线 $\overline{NK}$ 称为渐开线的发生线，角 $\theta_K$ 称为渐开线 $AK$ 段的展角。

（二）渐开线的性质

根据渐开线形成的过程，可知渐开线具有下列性质：

1）因发生线在基圆上作纯滚动，所以它在基圆上滚过的一段长度应等于基圆上被滚过的一段弧长，即

$$\overline{NK} = \overset{\frown}{AN}$$

2）因在形成渐开线过程中的每一瞬时，发生线绕它与基圆的切点 $N$ 转动，故发生线上 $K$ 点的速度方向与 $\overline{NK}$ 垂直；$K$ 点速度的方向应沿渐开线在 $K$ 点的切线方向，而切线与法线互相垂直，由此可知，发生线 $\overline{NK}$ 就是渐开线在 $K$ 点的法线。又因发

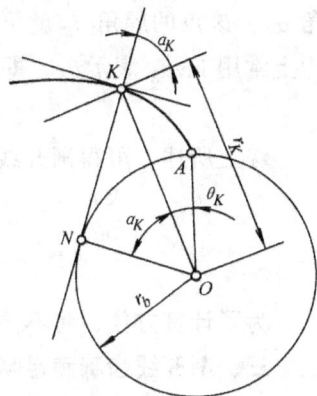

图 8-3　渐开线的形成

生线始终与基圆相切，所以渐开线的法线必与基圆相切。

3）发生线与基圆的切点 $N$ 是渐开线上 $K$ 点的曲率中心，而线段 $\overline{NK}$ 为其曲率半径。由此可知，渐开线离基圆愈远的部分，其曲率半径愈大而曲率愈小，即渐开线愈平直；反之，渐开线离基圆愈近的部分，其曲率半径愈小而曲率愈大，即渐开线愈弯曲。渐开线在基圆上 $A$ 点处的曲率半径等于零。

4）渐开线的形状取决于基圆的大小。如图 8-4 所示，基圆愈小，渐开线愈弯曲；基圆愈大，渐开线愈平直。当基圆半径为无穷大时，其渐开线将变成为直线，齿条的齿廓就是这种直线齿廓。

5）因渐开线是从基圆开始向外展开，故基圆以内无渐开线。

## 二、渐开线方程式

在实际工作中，为了研究渐开线齿轮的啮合理论和计算轮齿齿厚等几何尺寸，常需要用到渐开线方程式。下面根据渐开线形成过程推导渐开线的数学方程。

如图 8-3 所示，若以 $OA$ 为极坐标轴，则渐开线上任意点 $K$ 的坐标可由向径 $r_K$ 和极角（展角）$\theta_K$ 来表示。又当以此渐开线作为齿轮的齿廓并且与其共轭齿廓在 $K$ 点啮合时，则此齿廓在 $K$ 点所受正压力的方向（即齿廓曲线在该点的法线）与 $K$ 点速度方向线之间的夹角，称为渐开线在 $K$ 点的压力角，用 $\alpha_K$ 来表示。

由 $\triangle ONK$ 可知

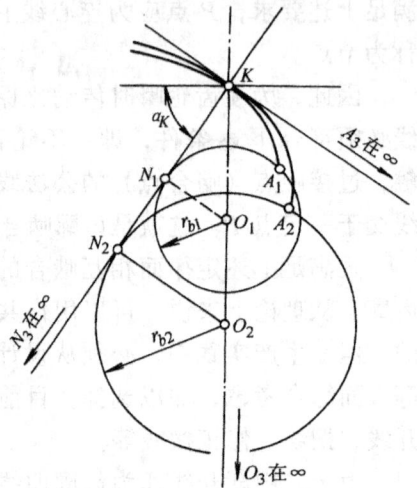

图 8-4 基圆大小对齿廓形状的影响

$$r_K = \frac{r_b}{\cos\alpha_K}$$

又

$$\tan\alpha_K = \frac{\overline{NK}}{r_b} = \frac{\widehat{AN}}{r_b} = \frac{r_b(\alpha_K+\theta_K)}{r_b} = \alpha_K + \theta_K$$

故

$$\theta_K = \tan\alpha_K - \alpha_K$$

由上式可知，展角 $\theta_K$ 是随压力角 $\alpha_K$ 的大小而变化的。只要知道了渐开线上各点的压力角 $\alpha_K$，该点的展角 $\theta_K$ 就可以用上式求出。所以，称展角 $\theta_K$ 为压力角 $\alpha_K$ 的渐开线函数，工程上常用 $\mathrm{inv}\alpha_K$ 表示 $\theta_K$，即

$$\theta_K = \mathrm{inv}\alpha_K = \tan\alpha_K - \alpha_K$$

综上所述，可得渐开线的极坐标方程式为

$$\left.\begin{array}{l} r_K = \dfrac{r_b}{\cos\alpha_K} \\ \theta_K = \mathrm{inv}\alpha_K = \tan\alpha_K - \alpha_K \end{array}\right\} \tag{8-2}$$

为了计算方便，将不同压力角 $\alpha_K$ 的渐开线函数列入表 8-1 中，以便查用。

## 三、渐开线齿廓满足啮合基本定律的证明

在研究了作为齿廓曲线的渐开线及其性质之后，尚需证明渐开线齿廓啮合能保证两齿轮

表 8-1　渐开线函数（$\text{inv}\alpha_k = \tan_K - \alpha_K$）表

| $\alpha^0$ | 次 | 0′ | 5′ | 10′ | 15′ | 20′ | 25′ | 30′ | 35′ | 40′ | 45′ | 50′ | 55′ |
|---|---|---|---|---|---|---|---|---|---|---|---|---|---|
| 1 | 0.000 | 00177 | 00225 | 00281 | 00346 | 00420 | 00504 | 00598 | 00704 | 00821 | 00950 | 01092 | 01248 |
| 2 | 0.000 | 01418 | 01603 | 01804 | 02020 | 02253 | 02503 | 02771 | 03058 | 03364 | 03689 | 04035 | 04402 |
| 3 | 0.000 | 04790 | 05201 | 05634 | 06091 | 06573 | 07078 | 07610 | 08167 | 08751 | 09362 | 10000 | 10668 |
| 4 | 0.000 | 11364 | 12090 | 12847 | 13634 | 14453 | 15305 | 16189 | 17107 | 18059 | 19045 | 20067 | 21125 |
| 5 | 0.000 | 22220 | 23352 | 24522 | 25731 | 26978 | 28266 | 29594 | 30963 | 32374 | 33827 | 35324 | 36864 |
| 6 | 0.00 | 03845 | 04008 | 04175 | 04347 | 04524 | 04706 | 04892 | 05083 | 05280 | 05481 | 05687 | 05898 |
| 7 | 0.00 | 06115 | 06337 | 06564 | 06797 | 07035 | 07279 | 07528 | 07783 | 08044 | 08310 | 08582 | 08861 |
| 8 | 0.00 | 09145 | 09435 | 09732 | 10034 | 10343 | 10659 | 10980 | 11308 | 11643 | 11984 | 12332 | 12687 |
| 9 | 0.00 | 13048 | 13416 | 13792 | 14174 | 14563 | 14960 | 15363 | 15774 | 16193 | 16618 | 17051 | 17492 |
| 10 | 0.00 | 17941 | 18397 | 18860 | 19332 | 19812 | 20299 | 20795 | 21299 | 21810 | 22330 | 22859 | 23396 |
| 11 | 0.00 | 23941 | 24495 | 25057 | 25628 | 26208 | 26797 | 27394 | 28001 | 28616 | 29241 | 29875 | 30518 |
| 12 | 0.00 | 31171 | 31832 | 32504 | 33185 | 33875 | 34575 | 35285 | 36005 | 36735 | 37474 | 38224 | 38984 |
| 13 | 0.00 | 39754 | 40534 | 41325 | 42126 | 42938 | 43760 | 44593 | 45437 | 46291 | 47157 | 48033 | 48921 |
| 14 | 0.00 | 49819 | 50729 | 51650 | 52582 | 53526 | 54482 | 55448 | 56427 | 57417 | 58420 | 59434 | 60460 |
| 15 | 0.00 | 61498 | 62548 | 63611 | 64686 | 65773 | 66873 | 67985 | 69110 | 70248 | 71398 | 72561 | 73738 |
| 16 | 0.0 | 07493 | 07613 | 07735 | 07857 | 07982 | 08107 | 08234 | 08362 | 08492 | 08623 | 08756 | 08889 |
| 17 | 0.0 | 09025 | 09161 | 09299 | 09439 | 09580 | 09722 | 09866 | 10012 | 10158 | 10307 | 10456 | 10608 |
| 18 | 0.0 | 10760 | 10915 | 11071 | 11228 | 11387 | 11547 | 11709 | 11873 | 12038 | 12205 | 12373 | 12543 |
| 19 | 0.0 | 12715 | 12888 | 13063 | 13240 | 13418 | 13598 | 13779 | 13963 | 14148 | 14334 | 14523 | 14713 |
| 20 | 0.0 | 14904 | 15098 | 15293 | 15490 | 15689 | 15890 | 16092 | 16296 | 16502 | 16710 | 16920 | 17132 |
| 21 | 0.0 | 17345 | 17560 | 17777 | 17996 | 18217 | 18440 | 18665 | 18891 | 19120 | 19350 | 19583 | 19817 |
| 22 | 0.0 | 20054 | 26292 | 20533 | 20775 | 21019 | 21266 | 21514 | 21765 | 22018 | 22272 | 22529 | 22788 |
| 23 | 0.0 | 23049 | 23312 | 23577 | 23845 | 24114 | 24386 | 24660 | 24936 | 25214 | 25495 | 25778 | 26062 |
| 24 | 0.0 | 26350 | 26639 | 26931 | 27225 | 27521 | 27820 | 28121 | 28424 | 28729 | 29037 | 29348 | 29660 |
| 25 | 0.0 | 29975 | 30293 | 30613 | 30935 | 31260 | 31587 | 31917 | 32249 | 32583 | 32920 | 33260 | 33602 |
| 26 | 0.0 | 33947 | 34294 | 34644 | 34997 | 35352 | 35709 | 36069 | 36432 | 36798 | 37166 | 37537 | 37910 |
| 27 | 0.0 | 38287 | 38666 | 39047 | 39432 | 39819 | 40209 | 40602 | 40997 | 41395 | 41797 | 42201 | 42607 |
| 28 | 0.0 | 43017 | 43430 | 43845 | 44264 | 44685 | 45110 | 45537 | 45967 | 46400 | 46837 | 47276 | 47718 |
| 29 | 0.0 | 48164 | 48612 | 49064 | 49518 | 49976 | 50437 | 50901 | 51368 | 51838 | 52312 | 52788 | 53268 |
| 30 | 0.0 | 53751 | 54238 | 54728 | 55221 | 55717 | 56217 | 56720 | 57226 | 57736 | 58249 | 58765 | 59285 |
| 31 | 0.0 | 59809 | 60335 | 60866 | 61400 | 61937 | 62478 | 63022 | 63570 | 64122 | 64677 | 65236 | 65798 |
| 32 | 0.0 | 66364 | 66934 | 67507 | 68084 | 68665 | 69250 | 69838 | 70430 | 71026 | 71626 | 72230 | 72838 |
| 33 | 0.0 | 73449 | 74064 | 74684 | 75307 | 75934 | 76565 | 77200 | 77839 | 78483 | 79130 | 79781 | 80437 |
| 34 | 0.0 | 81097 | 81760 | 82428 | 83101 | 83777 | 84457 | 85142 | 85832 | 86525 | 87223 | 87925 | 88631 |
| 35 | 0.0 | 89342 | 90058 | 90777 | 91502 | 92230 | 92963 | 93701 | 94443 | 95190 | 95942 | 96698 | 97459 |

的瞬时传动比为常数，即能满足齿廓啮合的基本定律。

如图 8-5 所示，设 $C_1$、$C_2$ 为两齿轮上相互啮合的一对渐开线齿廓，它们的基圆半径分别为 $r_{b1}$ 及 $r_{b2}$。当 $C_1$、$C_2$ 在任意点 $K$ 啮合时，过 $K$ 点作这对齿廓的公法线 $N_1 N_2$。由渐开线的性质可知，此公法线 $N_1 N_2$ 必同时与两齿廓的基圆相切，即 $N_1 N_2$ 为两齿轮基圆的内公切线，它与连心线 $O_1 O_2$ 相交于 $P$ 点。

由于基圆的大小和位置都是不变的，所以无论这两个齿轮在任何位置啮合，例如在 $K'$ 点啮合，则从啮合点 $K'$ 作两齿廓的公法线，都将与 $N_1 N_2$ 重合（因为两定圆——基圆在同一方向上只有一条内公切线）。这说明了 $N_1 N_2$ 为一条定直线，故其与连心线 $O_1 O_2$ 的交点 $P$ 必为一定点，符合轮齿啮合基本定律，其瞬时传动比为一常数，即

$$i_{12} = \frac{\omega_1}{\omega_2} = \frac{\overline{O_2 P}}{\overline{O_1 P}} = 常数$$

图 8-5　渐开线齿廓满足啮合基本定律的证明

过定点（节点）$P$，以 $O_1$、$O_2$ 为中心，以 $\overline{O_1 P}$、$\overline{O_2 P}$ 为半径画圆，称为节圆。又由图 8-5 可知，$\triangle O_1 N_1 P$ 与 $\triangle O_2 N_2 P$ 相似，所以两轮的传动比还可以写成

$$i_{12} = \frac{\omega_1}{\omega_2} = \frac{\overline{O_2 P}}{\overline{O_1 P}} = \frac{r_{b2}}{r_{b1}} \tag{8-3}$$

即两轮的传动比不仅与两节圆的半径成反比，同时也与两基圆的半径成反比。

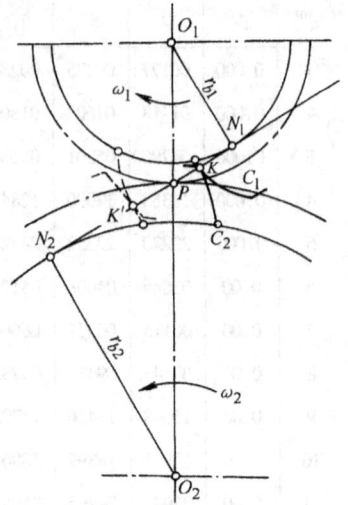

## 第四节　渐开线齿轮各部分的名称、符号和几何尺寸的计算

### 一、齿轮各部分的名称和符号

图 8-6a 所示为直齿圆柱外齿轮的一部分，其各部分的名称和符号如下：

齿顶圆　过所有齿顶端的圆称为齿顶圆，其半径用 $r_a$ 表示，直径用 $d_a$ 表示。

齿根圆　过所有齿槽底的圆称为齿根圆，其半径用 $r_f$ 表示，直径用 $d_f$ 表示。比较图 8-6a 和图 8-6b 可见，外齿轮的齿顶圆大于齿根圆，内齿轮的齿顶圆小于齿根圆。

齿槽宽　相邻两齿间的空间称为齿槽，沿任意圆周所量得的齿槽的弧线长度称为该圆周上的齿槽宽，用 $e_K$ 表示。

齿厚　沿任意圆周所量得的轮齿的弧线长度称为该圆周上的齿厚，用 $s_K$ 表示。

齿距　沿任意圆周所量得的相邻两齿上对应点之间的弧长，称为该圆上的齿距用 $p_K$ 表示。

在同一圆周上，齿距等于齿厚与齿槽宽之和，即

$$p_K = s_K + e_K$$

分度圆　为了作为计算齿轮各部分尺寸的基准，在齿顶圆与齿根圆之间规定一直径为 $d$（半径为 $r$）的圆，并把这个圆称为齿轮的分度圆。

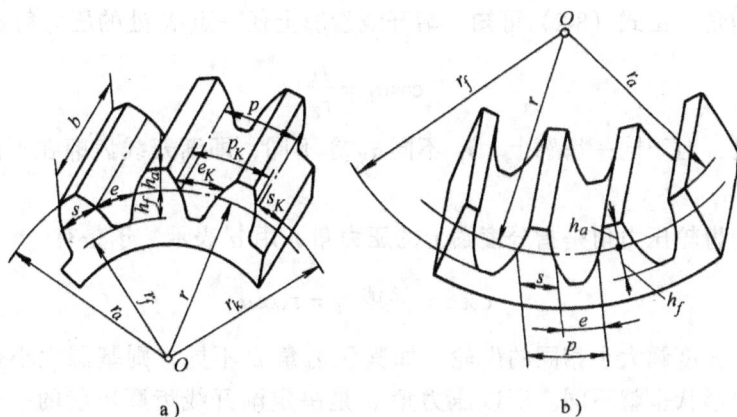

图 8-6 齿轮各部分名称和符号

分度圆上的齿厚、齿槽宽和齿距分别用 $s$、$e$ 和 $p$ 表示,而且 $p = s + e$。对于标准齿轮 $s = e$。

模数 分度圆直径显然与齿距 $p$ 和齿数 $z$ 有关。且有

$$d = z \frac{p}{\pi}$$

由上式可见,一个齿数为 $z$ 的齿轮,只要其齿距 $p$ 一定,就可求出其分度圆直径 $d$。但是式中的 $\pi$ 为一无理数,这不但给计算带来不便,同时对齿轮的制造和检验都很不利。为此,将比值 $p/\pi$ 人为地规定为一些简单的数值(如 0.1,0.2,…,1…),并把这个比值叫做模数,用 $m$ 表示,即

$$m = \frac{p}{\pi} \tag{8-4}$$

其单位为 mm。于是得

$$d = mz \tag{8-5}$$

模数 $m$ 是决定齿轮尺寸的一个重要参数。齿数相同的齿轮,模数大,尺寸也大。为了便于计算、制造、检验和互换使用,齿轮的模数值已经标准化了。表 8-2 为国标 GB1357—87 所规定的标准模数系列。

表 8-2 标准模数系列 (单位:mm)

| 第一系列 | 0.1 | 0.12 | 0.15 | 0.2 | 0.25 | 0.3 | 0.4 | 0.5 |
| | 0.6 | 0.8 | 1 | 1.25 | 1.5 | 2 | 2.5 | 3 |
| | 4 | 5 | 6 | 8 | 10 | 12 | 16 | 20 |
| | 25 | 32 | 40 | 50 | | | | |
| 第二系列 | 0.35 | 0.7 | 0.9 | 1.75 | 2.25 | 2.75 | (3.25) | 3.5 |
| | (3.75) | 4.5 | 5.5 | (6.5) | 7 | 9 | (11) | 14 |
| | 18 | 22 | 28 | (30) | 36 | 45 | | |

注:1. 本标准适用于渐开线圆柱齿轮,对于斜齿圆柱齿轮是指其法面模数 $m_n$。
　　2. 选用模数时应优先采用第一系列,括号内的模数尽可能不用。

142

分度圆压力角　由式（8-2）可知，渐开线齿廓上任一点 $K$ 处的压力角 $\alpha_K$ 为

$$\cos\alpha_K = \frac{r_b}{r_K}$$

由上式可见，对于同一齿廓上，$r_K$ 不同 $\alpha_K$ 亦不同，即渐开线齿廓在不同的圆周上有不同的压力角。

通常所说的齿轮压力角是指分度圆上的压力角，用 $\alpha$ 表示，于是有

$$\cos\alpha = \frac{r_b}{r} \text{或} r_b = r\cos\alpha \tag{8-6}$$

不难看出：分度圆大小相同的齿轮，如其压力角 $\alpha$ 不同，则基圆大小也不相同，因而其渐开线齿廓的形状也就不同。所以压力角 $\alpha$ 是决定渐开线齿廓形状的一个基本参数。为了制造、检验和互换使用方便，现在也把分度圆上的压力角规定为标准值，一般取 $\alpha = 20°$（或 $15°$）。

至此，可以给分度圆下一个完整的定义：分度圆就是齿轮上具有标准模数和标准压力角的圆。

齿顶高　轮齿在分度圆和齿顶圆之间的径向高度，用 $h_a$ 表示。

$$h_a = h_a^* m \tag{8-7}$$

齿根高　轮齿在分度圆和齿根圆之间的径向高度，用 $h_f$ 表示。

$$h_f = (h_a^* + C^*) m \tag{8-8}$$

式中　$h_a^*$——齿顶高系数；

$C^*$——顶隙系数。

这两个系数在我国也已经标准化了，其数值为

当模数 $m \geqslant 1$ 时，$h_a^* = 1$，$C^* = 0.25$

当模数 $m < 1$ 时，$h_a^* = 1$，$C^* = 0.35$

齿宽　轮齿在齿轮轴向的宽度，用 $b$ 表示。

## 二、标准直齿圆柱齿轮几何尺寸的计算

（一）齿轮

标准直齿圆柱齿轮几何尺寸的计算公式列于表 8-3 中。

表 8-3　标准直齿圆柱齿轮几何尺寸计算公式

| 序号 | 名称 | 符号 | 公式 |
|---|---|---|---|
| 1 | 模数 | $m$ | 根据齿轮轮齿的强度或结构条件定出 |
| 2 | 压力角 | $\alpha$ | $\alpha = 20°$ |
| 3 | 分度圆直径 | $d$ | $d_1 = mz_1$　　$d_2 = mz_2$ |
| 4 | 齿顶高 | $h_a$ | 正常齿：$h_a = m$，短齿：$h_a = 0.8m$ |
| 5 | 齿根高 | $h_f$ | 正常齿：$h_f = 1.25m$（$m \geqslant 1$ 时）；短齿：$h_f = 1.1m$<br>$h_f = 1.35m$（$m < 1$ 时） |
| 6 | 全齿高 | $h$ | 正常齿：$h = 2.25m$（$m \geqslant 1$ 时）；短齿：$h = 1.9m$<br>$h = 2.35m$（$m < 1$ 时） |

（续）

| 序号 | 名　称 | 符号 | 公　　　式 |
|------|--------|------|-----------|
| 7 | 顶　隙 | $c$ | 正常齿：$c = 0.25m$（$m \geqslant 1$ 时）；短齿：$c = 0.3m$<br>$c = 0.35m$（$m < 1$ 时） |
| 8 | 齿顶圆直径 | $d_a$ | $d_{a1} = d_1 + 2h_a = m\ (z_1 + 2h_a^*)$<br>$d_{a2} = d_2 \pm 2h_a = m\ (z_2 \pm 2h_a^*)$① |
| 9 | 齿根圆直径 | $d_f$ | $d_{f1} = d_1 - 2h_f = m\ (z_1 - 2h_a^* - 2c^*)$<br>$d_{f2} = d_2 \mp 2h_f = m\ (z_2 \mp 2h_a^* \mp 2c^*)$① |
| 10 | 基圆直径 | $d_b$ | $d_{b1} = d_1 \cos\alpha$　　$d_{b2} = d_2 \cos\alpha$ |
| 11 | 齿　距 | $p$ | $p = \pi m$ |
| 12 | 齿　厚 | $s$ | $s = \dfrac{\pi m}{2}$ |
| 13 | 齿间宽 | $e$ | $e = \dfrac{\pi m}{2}$ |
| 14 | 标准中心距 | $a$ | $a = \dfrac{1}{2}\ (d_2 \pm d_1) = \dfrac{m\ (z_2 \pm z_1)①}{2}$ |
| 15 | 齿　宽 | $b$ | 一般取 $b = (6 \sim 12)\ m$，常取 $b = 10m$ |

　① 上面符号用于外啮合齿轮，下面符号用于内啮合齿轮。

## （二）齿条

图 8-7 所示为一齿条，可以看作是齿轮的一种特殊形式，即齿数为无穷多的齿轮，由于其基圆半径无穷大，故齿条的渐开线齿廓变成直线齿廓。其主要特点是：

1) 由于齿条的齿廓是直线，所以齿廓上各点的法线是平行的。由于齿条是作直线移动的，齿廓上各点的速度大小和方向一致，故齿廓上各点的压力角相同，其大小等于齿廓的倾斜角 $\alpha$（取标准值 20° 或 15°），通称为齿形角。

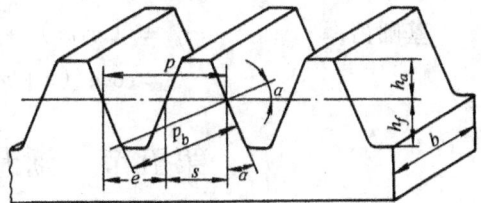

图 8-7　齿条

2) 由于齿条上各齿同侧齿廓是平行的，所以，不论在分度线上、齿顶线上或与其平行的其它直线上的齿距均相等，即 $p = \pi m$。

齿条的基本尺寸，可参照标准直齿圆柱齿轮几何尺寸的计算公式进行计算。如

齿条的齿顶高　$h_a = h_a^* m$

齿条的齿根高　$h_f = (h_a^* + C^*)\ m$

齿条的齿厚　$s = \dfrac{1}{2}\pi m$

齿条的齿槽宽　$e = \dfrac{1}{2}\pi m$

## 三、渐开线圆柱齿轮任意圆上的齿厚

当设计和检验齿轮时，常需知道某些圆上的齿厚。例如，为了检查轮齿齿顶的强度就需

要计算出齿顶圆上的齿厚；为了确定齿侧间隙就需要计算节圆上的齿厚等。下面介绍齿轮任意圆上齿厚的计算方法。

图 8-8 所示为渐开线齿轮的一个轮齿。

图中 $s_i$ 表示任意半径 $r_i$ 圆上的齿厚，$\alpha_i$、$\theta_i$ 分别为该圆上的压力角和渐开线展角。而 $s$、$r$、$\alpha$ 和 $\theta$ 分别表示分度圆上的齿厚、半径、压力角及渐开线展角。由图 8-8 所示可得

$$s_i = \overset{\frown}{CC} = r_i\varphi$$

而

$$\varphi = \angle BOB - 2\angle BOC = \frac{s}{r} - 2\,(\theta_i - \theta)$$

$$= \frac{s}{r} - 2\,(\mathrm{inv}\alpha_i - \mathrm{inv}\alpha)$$

故

$$s_i = r_i\varphi = s\,\frac{r_i}{r} - 2r_i\,(\mathrm{inv}\alpha_i - \mathrm{inv}\alpha) \qquad (8\text{-}9)$$

式中任意圆上的压力角 $\alpha_i$ 可根据下式求出，即

$$\alpha_i = \mathrm{arc\,cos}\,(r_b/r_i)$$

在应用式（8-9）计算齿顶圆、节圆和基圆上的齿厚时，只要把式中的 $r_i$ 及 $\alpha_i$ 分别换成 $r_a$ 及 $\alpha_a$、$r'$ 及 $\alpha'$ 和 $r_b$ 及 $\alpha_b$（$=0$）即可。于是得：

齿顶圆齿厚

$$s_a = (sr_a/r) - 2r_a\,(\mathrm{inv}\alpha_a - \mathrm{inv}\alpha) \qquad (8\text{-}10)$$

式中，齿顶圆压力角 $\alpha_a = \mathrm{arc\,cos}\,(r_b/r_a)$。

节圆齿厚

$$s' = (sr'/r) - 2r'\,(\mathrm{inv}\alpha' - \mathrm{inv}\alpha) \qquad (8\text{-}11)$$

式中，节圆压力角 $\alpha' = \mathrm{arc\,cos}\,(r_b/r')$。

基圆齿厚

$$s_b = (sr_b/r) + 2r_b\mathrm{inv}\alpha = s\cos\alpha + 2r\cos\alpha\,\mathrm{inv}\alpha$$

$$= \cos\alpha\,(s + mz\,\mathrm{inv}\alpha) \qquad (8\text{-}12)$$

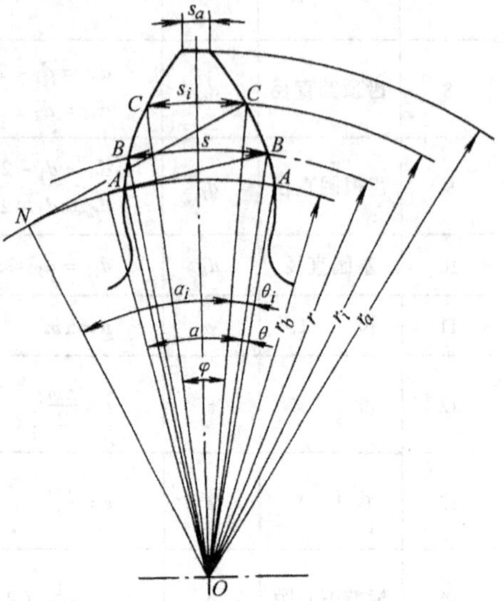

图 8-8　任意半径圆周上的齿厚

# 第五节　渐开线直齿圆柱齿轮传动

## 一、啮合过程分析

如图 8-9 所示。设齿轮 1 为主动轮，齿轮 2 为从动轮。当两轮的一对齿开始啮合时，必是主动轮的齿根推动从动轮的齿顶，因而开始啮合点是从动轮的齿顶与啮合线 $N_1N_2$ 的交点 $B_2$，同理，主动轮的齿顶圆与啮合线 $N_1N_2$ 的交点 $B_1$ 为这对齿开始分离的点（即终止啮合点）。线段 $B_1B_2$ 为啮合点的实际轨迹，故称为实际啮合线。当齿高增大时，实际啮合线 $B_1B_2$ 向外延伸。但因基圆以内没有渐开线，故实际啮合线不能超过极限点 $N_1$ 和 $N_2$，线段 $N_1N_2$ 称为理论啮合线。$a'$ 称为啮合角。

## 二、正确啮合条件

前已述及，一对渐开线齿廓沿啮合线啮合时能够保证瞬时传动比为常数。但是齿轮在传动中，一对齿廓仅互相啮合一段时间就分离了，而由后一对齿继续传动。那末，在依次啮合

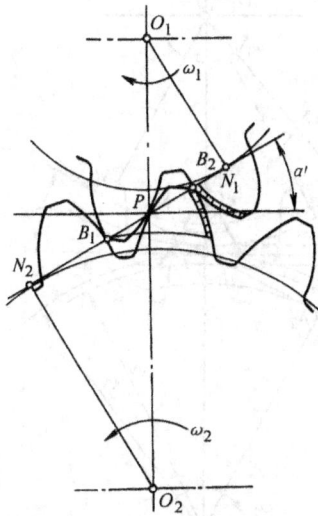

图 8-9　啮合过程分析

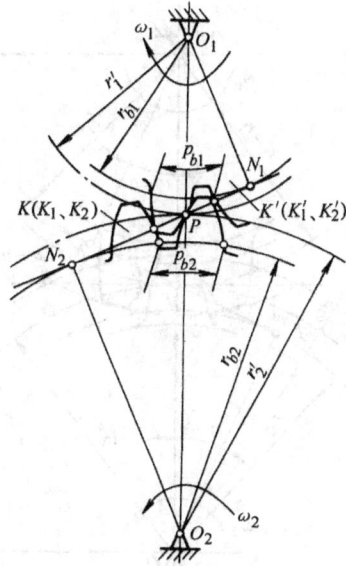

图 8-10　正确啮合条件

中，一对齿轮的轮齿要实现正确啮合传动应该具备什么条件呢?

如图 8-10 所示，一对齿轮要实现正确啮合传动，则应使两齿轮的相邻两齿同侧齿廓在啮合线上的距离相等（$K_1 K'_1 = K_2 K'_2$），即两齿轮的法向齿距应相等。

由渐开线性质可知，齿轮的法向齿距与基节相等。因此，要使两轮正确啮合，必须使

$$p_{b1} = p_{b2}$$

而

$$p_{b1} = p_1 \cos\alpha_1 = \pi m_1 \cos\alpha_1$$

$$p_{b2} = p_2 \cos\alpha_2 = \pi m_2 \cos\alpha_2$$

故

$$m_1 \cos\alpha_1 = m_2 \cos\alpha_2$$

由于齿轮的模数和压力角均已标准化了，所以必须使

$$\left.\begin{array}{l} m_1 = m_2 = m \\ \alpha_1 = \alpha_2 = \alpha \end{array}\right\} \tag{8-13}$$

上式表明，渐开线齿轮正确啮合条件是两轮分度圆上的模数和压力角必须分别相等。这也是渐开线齿轮互换的必要条件。

### 三、正确安装和可分性

一对渐开线标准齿轮正确安装时，两轮的分度圆相切，故节圆与分度圆重合，啮合角 $\alpha'$ 等于分度圆压力角 $\alpha$，如图 8-11a）所示。这时的中心距 $a$ 称为正确安装的中心距或标准中心距，其值为

$$a = r'_1 + r'_2 = r_1 + r_2 = \frac{m(z_1 + z_2)}{2} \tag{8-14}$$

由于两轮的模数相同，而标准齿轮的分度圆齿厚又等于齿槽宽，此时 $s_1 = e_1 = \dfrac{\pi m}{2} = s_2 = e_2$。这表明正确安装时无齿侧间隙。

在实际工作中，由于齿轮制造和安装的误差，使齿轮实际中心距与设计中心距（标准中

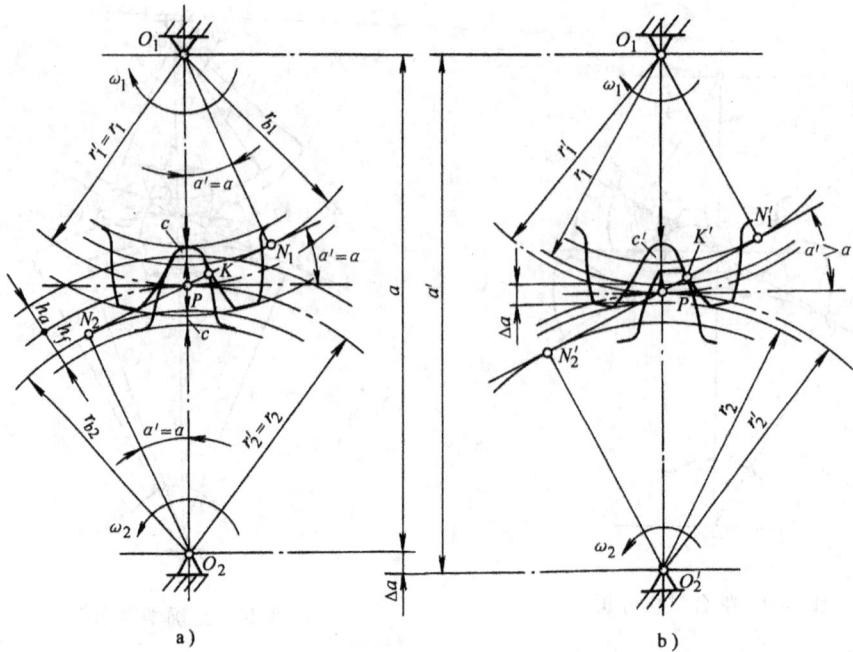

图 8-11　渐开线齿轮传动的可分性

心距）往往不同。如图 8-11b 所示，当中心距加大时，齿轮的某些参数要发生变化，即顶隙 $c' > c^* m$，啮合角 $\alpha' > \alpha$，节圆半径 $r' > r$，同时齿侧之间增加了齿侧间隙。

前已述及，渐开线齿轮两轮的角速度与两轮的基圆半径成反比，当两齿轮制成后，基圆半径不变，所以中心距改变后传动比并不改变。

渐开线齿轮传动的这一特性称为传动的可分性。这种传动的可分性，对于渐开线齿轮的加工和装配都是十分有利的。

因为一对正确啮合的渐开线齿轮分度圆的压力角大小相等，所以不论齿轮是否标准以及安装是否正确，其传动比均为

$$i_{12} = \frac{\omega_1}{\omega_2} = \frac{r_2'}{r_1'} = \frac{r_{b2}}{r_{b1}} = \frac{r_2 \cos\alpha}{r_1 \cos\alpha} = \frac{r_2}{r_1} = \frac{mz_2/2}{mz_1/2} = \frac{z_2}{z_1} = 常数$$

### 四、连续传动条件

为了保证齿轮传动的连续性，在一对互相啮合的齿轮上，当前面一对齿开始分离时，其后面的一对齿必须进入啮合。显然，同时互相啮合齿的对数愈多，则齿轮的传动愈平稳。

如图 8-12 所示，齿轮 1 为主动轮，当一对齿由开始啮合时起，到终止啮合时止，在分度圆上所经过的弧长 $\overset{\frown}{CD}$ 称为啮合弧。啮合弧对应的中心角用 $\varphi_2$ 表示，

故
$$\overset{\frown}{CD} = r_2 \varphi_2 \tag{8-15}$$

又当轮齿从开始啮合到终止啮合时，该齿在基圆上所经过的弧长 $\overset{\frown}{C'D'}$ 所对应的中心角亦是 $\varphi_2$，故得

$$\overset{\frown}{C'D'} = r_{b2} \varphi_2$$

$$\varphi_2 = \frac{\overparen{C'D'}}{r_{b2}}$$

将上式代入式（8-15）得

$$\overparen{CD} = r_2 \frac{\overparen{C'D'}}{r_{b2}} = \frac{\overparen{C'D'}}{\cos\alpha}$$

又根据渐开线性质可知 $\overparen{C'D'} = B_1 B_2$，因此啮合弧

$$\overparen{CD} = \frac{B_1 B_2}{\cos\alpha}$$

上式两边分别除以齿距 $p$，因在啮合弧内的轮齿均处于啮合状态，故啮合弧与齿距之比值（用 $\varepsilon$ 表示）的大小，即表征两齿轮同时处于啮合状态的轮齿的多寡程度。显然，当两者之比值为 1，即啮合弧等于齿距，则两轮传动时始终只有一对轮齿相互啮合。要使齿轮保持连续传动，须使

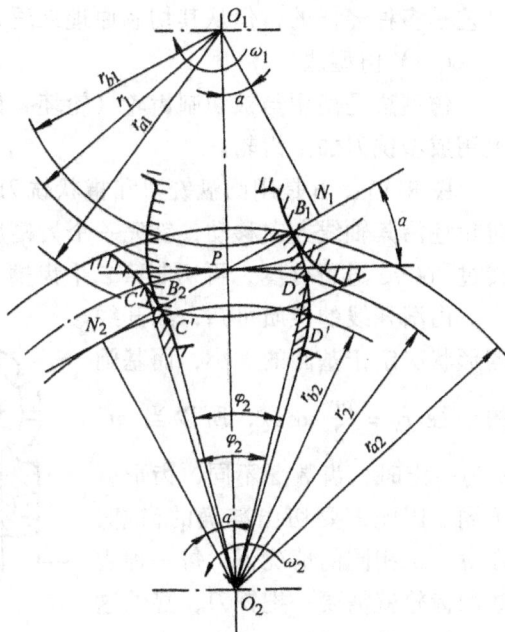

图 8-12 连续传动条件

$$\varepsilon = \frac{\overparen{CD}}{p} = \frac{B_1 B_2}{p\cos\alpha} = \frac{B_1 B_2}{p_b} \geqslant 1 \qquad (8\text{-}16)$$

啮合弧与周节之比值 $\varepsilon$ 称为重叠系数（或称重合度）。考虑到齿轮的制造和安装的误差，为了确保齿轮传动的连续性，应使 $\varepsilon \geqslant 1.2$。

根据齿轮传动的几何关系，可求出重叠系数的计算公式[注]。对于正确安装的标准齿轮传动

$$\varepsilon = \frac{1}{2\pi}\left[ z_1 \left( \tan\alpha_{a1} - \tan\alpha \right) + z_2 \left( \tan\alpha_{a2} - \tan\alpha \right) \right] \qquad (8\text{-}17)$$

式中　$\alpha_{a1}$——齿轮 1 齿顶圆压力角；

　　　$\alpha_{a2}$——齿轮 2 齿顶圆压力角。

在式（8-2）中，因 $\cos\alpha = \dfrac{r_b}{r_a} = \dfrac{r\cos\alpha}{r + h_a} = \dfrac{z\cos\alpha}{z + 2h_a^*}$，由此可知 $\varepsilon$ 与模数 $m$ 无关，而随齿数 $z_1$ 和 $z_2$ 以及 $h_a^*$ 的增大而增大。

## 第六节　渐开线齿廓的切制原理、根切和最少齿数

### 一、齿廓的切制原理

齿轮的加工方法很多，有铸造法、热轧法、冲压法、粉末冶金法、注塑法（仪表中某些塑料齿轮多采用此法加工）和切制法等。目前最常用的是切制法。用切制法加工齿轮齿廓的

---

⊖　关于齿轮传动重迭系数计算公式的推导，可参阅黄锡恺，郑文纬主编的《机械原理》，北京：高等教育出版社，1981

工艺是多种多样的，但从其切制原理来看，可概括为仿型法和范成法两种。

（一）仿型法

仿型法是使用与被切制齿轮（轮坯）齿槽相同的成型刀具加工齿轮的齿廓，例如在铣床上用成型铣刀加工齿轮。

图 8-13a、b 是用圆盘铣刀和指状铣刀加工齿轮的原理图。加工时，铣刀转动，与此同时轮坯沿其轴线方向移动，铣完一个齿槽后，轮坯退回到原来位置，然后利用分度头将轮坯转过 360°/z 进行分度，再切制第二个齿槽，这样逐个铣完所有齿槽。

由渐开线的性质可知，渐开线的形状决定于基圆的大小，而基圆的半径 $r_b = \dfrac{mz}{2}\cos\alpha_0$，所以当 m、α 为一定时，齿数 z 不同，齿形就不同。因此，要切出准确的齿廓，在 m、α 相同的情况下，每一种齿数的齿轮就需要一把铣刀，显然这是不经济的。所以，在生产中加工 m、α 相同的齿轮时，根据齿数的不同，一般只备有 8 把（或 15 把）齿轮铣刀。表 8-4 为 8 把一组的齿轮铣刀每号铣刀切削齿轮的齿数范围。

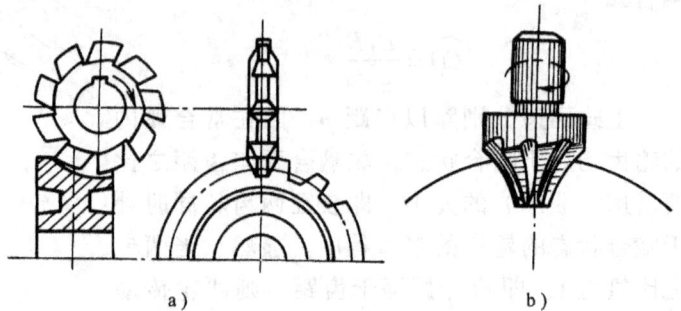

图 8-13  仿型法加工齿轮

表 8-4  每号铣刀铣制齿轮的齿数范围

| 铣刀号数 | 1号 | 2号 | 3号 | 4号 | 5号 | 6号 | 7号 | 8号 |
|---|---|---|---|---|---|---|---|---|
| 所铣齿轮的齿数 | 12~13 | 14~16 | 17~20 | 21~25 | 26~34 | 35~54 | 55~134 | ≥135 |

由于铣刀的号数有限，各号铣刀的齿形按组内最少齿数的齿形制造，而且还有分度误差，因而被加工的齿轮精度较低。同时，由于加工不连续，生产率低，成本较高，所以不宜用于大批生产。不过它可以在普通铣床上加工，因此，在修配或小批量生产中还常采用。

（二）范成法

范成法是利用一对齿轮互相啮合传动时，两轮的齿廓互为包络线的原理加工出齿轮的齿廓曲线。常用的工艺方法有插齿和滚齿两种。

1. 插齿  图 8-14a 为用齿轮插刀加工齿轮的原理。齿轮插刀的外形象一个具有刀刃的外齿轮。加工时，插刀沿轮坯的轴线方向作往复运动；同时插刀与轮坯以恒定的等角速比作缓慢的回转运动，犹如一对真正的齿轮互相啮合传动一样，插刀刀刃在各个位置的包络线即为所切轮齿的渐开线齿形（图 8-14b）。

由于这种加工方法是利用齿轮啮合原理，故若改变插刀与轮坯的传动比，用一把刀具可以加工出不同齿数的齿轮。又因被加工齿轮的模数和压力角等于插齿刀的模数和压力角，故用同一把插齿刀加工不同齿数的齿轮都能得到正确的啮合传动。

当齿轮插刀的齿数增加到无穷多时，齿轮插刀就成为齿条插刀了，图 8-15 为用齿条插刀切制齿轮的情形。其切齿原理与齿轮插刀加工齿轮的原理相同。

被切齿轮

齿轮插刀

齿轮插刀

被切齿轮

a)

b)

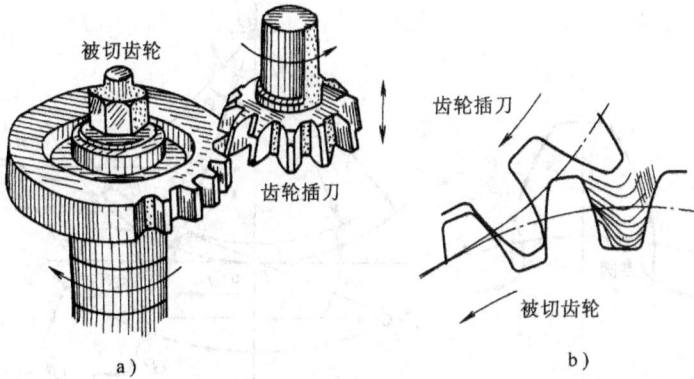

图 8-14 齿轮插刀加工齿轮

由于用插齿刀加工齿轮时切削是不连续的，因而生产率较低。但利用齿轮插刀可以很方便地切制内齿轮。

2. 滚齿 滚齿加工采用的刀具为齿轮滚刀，生产上最常采用的是阿基米德螺线滚刀。图 8-16 就是用齿轮滚刀加工齿轮的情形。用滚刀加工直齿轮时，滚刀的轴线与轮坯的端面之间的夹角应等于滚刀的螺旋升角 $\gamma$。这样，滚刀螺旋的切线方向恰与轮坯的齿向相同。在轮坯端面的投影为一齿条，滚刀转动时就相当于这个齿条在移动。所以用滚刀切制齿轮的原理与齿条插刀的切制齿轮的原理基本相同，不过齿条插刀的切削运动和范成运动，已为滚刀刀刃的螺旋运动所代替，其切削是连续的，因而滚齿加工较之插齿生产率高。为了切制具有一定轴向宽度的齿轮，滚刀在回转的同时，还须有平行于轮坯轴线的缓慢移动。

用范成法加工齿轮时，只要所选用的刀具与被加工齿轮的模数 $m$ 和压力角 $\alpha$ 相同，则不管被加工齿轮齿数的多少，都可以用同一把刀加工出来，而且生产率较高，因此，在大批量生产中多采用这种方法来加工齿轮。

**二、齿廓的根切现象**

用范成法加工齿轮时，当刀具的齿顶线或齿顶圆与啮合线的交点超过被切齿轮的极限啮合点 $N$ 时，刀具的齿顶将把被切齿轮齿根的渐开线齿廓切去一部分，这种现象称为根切现象，如图 8-17a 所示。根切不仅使轮齿的弯曲强度削弱，破坏了正确齿形，重叠系数也有所降低，影响传动的平稳性，对传动质量不利，故应力求避免这种现象。

现以齿条刀具切制齿轮为例，对根切形成的过程分析如下：如图 8-17b 所示，齿条刀具的模数线（中线）与被切齿轮的分度圆切于节点 $P$，而刀具的齿顶线 $MM'$ 与啮合线的交点已超过了被切齿轮极限啮合点 $N$。图中 $B_1$ 点为被切齿轮齿顶圆与啮合线的交点。当刀具的齿廓从 $B_1$ 点开始向右送进到它通过 $N$ 点的位置 $G$ 时，刀具 $Nf$ 段便切出轮坯的渐开线齿廓

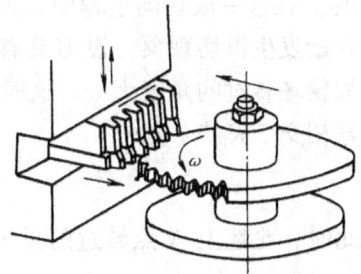

图 8-15 齿条插刀加工齿轮

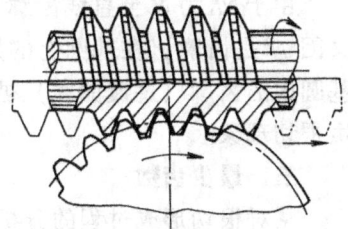

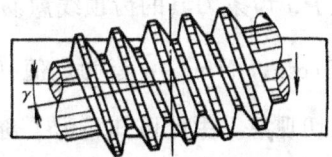

图 8-16 齿轮滚刀加工齿轮

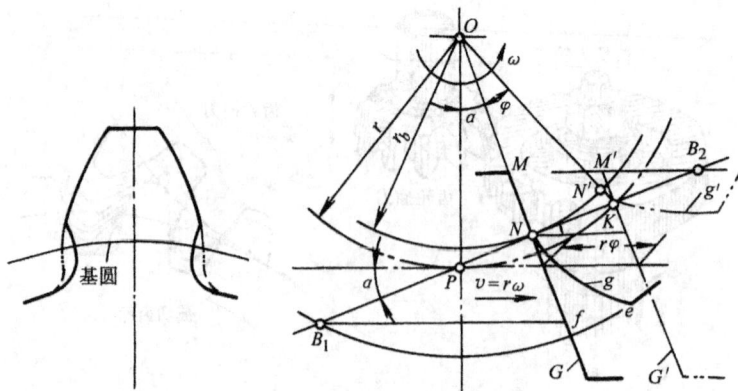

图 8-17　根切现象及形成过程

$Ne$。在这一段切削过程中，刀具齿顶尚未切入轮坯齿根齿廓。当刀具继续向右移动时，便开始发生根切现象，设刀具移动的距离为 $r\varphi$。因刀具的模数线与轮坯的分度圆作纯滚动，故轮坯转过的角度为 $\varphi$。这时刀具和轮坯的齿廓分别位于 $G'$ 和 $g'$。刀具齿廓 $G'$ 与啮合线垂直相交于 $K$ 点，故

$$\overline{NK} = r\varphi\cos\alpha = r_b\varphi$$

此时，轮坯上 $N$ 点转过的弧长为 $\overparen{NN'} = r_b\varphi$，由此可得

$$\overparen{NN'} = \overline{NK}$$

由于 $\overline{NK}$ 为 $N$ 至直线齿廓 $G'$ 的垂直距离，而 $\overparen{NN'}$ 为圆弧，所以 $N'$ 点必在齿廓 $G'$ 的左边。又因 $N'$ 是齿廓 $g'$ 在基圆上的始点，所以刀具的齿顶必定切入轮坯的齿根部分，这样，不但基圆内的齿廓（过渡曲线）被切去一部分，而且基圆外的渐开线齿廓也被切去一部分，即发生根切现象。

### 三、最少齿数

从对根切形成过程的分析可知，若被切齿轮的基圆愈小，则极限啮合点 $N$ 愈接近于节点 $P$，齿条刀具的齿顶线愈易超过 $N$ 点，此时愈易产生根切现象。又基圆半径 $r_b = r\cos\alpha = \frac{mz}{2}\cos\alpha$，而 $m$、$\alpha$ 皆为定值（与刀具的 $m$、$\alpha$ 相同），所以被切齿轮的齿数愈少，愈易发生根切现象。由此可知，为了避免发生根切现象，标准齿轮的齿数应有一个最少的限度。

如图 8-18 所示，用齿条插刀或滚刀加工标准齿轮，而不发生根切现象的最少齿数，可按下述方法求出：若使被切齿轮不产生根切现象，则刀具的齿顶线不得超过 $N$ 点，即

$$h_a^* m \leqslant \overline{NM}$$

而

$$\overline{NM} = \overline{PN}\sin\alpha = r\sin^2\alpha = \frac{mz}{2}\sin^2\alpha$$

代入前式，并整理后得

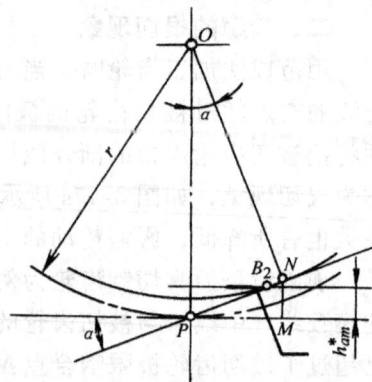

图 8-18　不产生根切的刀具位置

$$z \geqslant \frac{2h_a^*}{\sin^2 \alpha}$$

因此

$$z_{min} = \frac{2h_a^*}{\sin^2 \alpha} \tag{8-18}$$

当 $\alpha = 20°$ 及 $h_a^* = 1$ 时，$z_{min} = 17$；$\alpha = 20°$ 及 $h_a^* = 0.8$ 时，$z_{min} = 14$。

当 $\alpha = 15°$ 及 $h_a^* = 1$ 时，$z_{min} = 30$；$\alpha = 15°$ 及 $h_a^* = 0.8$ 时，$z_{min} = 24$。

# 第七节 变 位 齿 轮

## 一、采用变位齿轮的原因

前已叙及，标准齿轮有许多优点，因而得到广泛应用。但随着生产的不断发展，对齿轮传动性能的要求也日益提高，同时标准齿轮也暴露出许多不足之处。例如：

1）一般说来，齿轮的齿数 $z \geqslant z_{min}$。如前所述，当采用范成法加工齿轮时，被切齿轮的齿数 $z < z_{min}$ 时则必将产生根切。

2）不适用于 $a' \neq a = \frac{m}{2}(z_1 + z_2)$ 的场合。因当 $a' < a$ 时，则无法安装；反之，若 $a' > a$，虽可安装，但齿侧间隙增大，重叠系数减小，传动不平稳。

3）一对材料相同的标准齿轮传动，由于小轮的齿廓曲率半径较小，齿根的厚度较薄，而且啮合次数又较多，因而轮齿的强度较弱，磨损较严重，也就容易损坏。

此外，现代精密机械总希望在满足使用要求时，尽量减小齿轮的尺寸和重量。因 $d = mz$，而模数与强度有关，不能随意减小，所以只能减少齿数。但用范成法加工标准齿轮时，被切齿轮的齿数又不得小于最少齿数 $z_{min}$。为了解决以上这些矛盾，人们提出对齿轮进行变位修正，而采用变位齿轮。

## 二、变位齿轮及其特点

如前所述，轮齿产生根切的原因在于刀具的齿顶线超过了被切齿轮的极限啮合点 $N$。要避免根切，就得使刀具的齿顶线不超过 $N$。如图 8-19 所示，当刀具在虚线位置时，因刀具的齿顶线超过了 $N$ 点，被切齿轮将产生根切。如将刀具相对于轮坯中心 $O$ 移出一段距离，而至实线位置，使刀具齿顶线不再超过 $N$ 点时，显然就不会产生根切了。这种用改变刀具与轮坯的相对位置来切制齿轮的方法，即所谓径向变位法。而采用这种方法切制的齿轮称为变位齿轮。

以切制标准齿轮的位置为基准，刀具所移动的距离 $xm$ 称为移距或变位，而 $x$ 称为移距系数或变位系数。加工时，刀具相对于轮坯中心远离移出 $xm$ 称为正变位，变位系数为正值；反之为负变位（在这种情况下，齿轮的齿数一定要大于

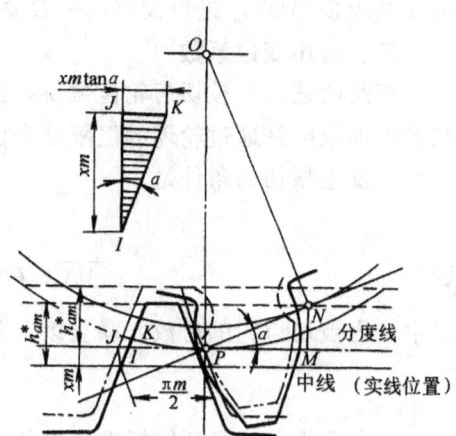

图 8-19 加工变位齿轮时刀具的位置

最少齿数，否则将产生根切），变位系数为负值。

由切制变位齿轮的过程可知，它与标准齿轮相比具有如下特点：

1）切制变位齿轮和标准齿轮所用刀具和分度运动传动比是一样的，因而它们的模数和压力角也相同，所以它们的分度圆和基圆也相同。齿廓曲线是同一个基圆展出的渐开线，只是两者所截取的区段不同而已，如图 8-20 所示。因各区段渐开线的曲率半径不同，所以可利用变位的方法来改善齿轮传动的质量。

2）标准齿轮分度圆齿厚与齿槽宽相等（$s = e$）；正变位齿轮其 $s > e$，而负变位齿轮 $s < e$。

3）如图 8-20 所示，正变位齿轮的齿根高减小了，而齿顶高增大了；负变位齿轮与此正好相反。

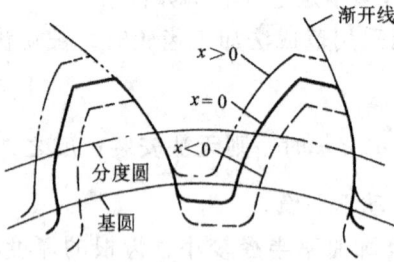

图 8-20　变位齿轮与标准齿轮的比较

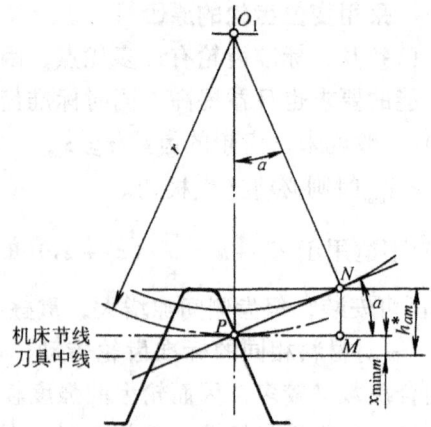

图 8-21　最小变位系数

4）正变位齿轮的齿根变厚了，而负变位却减薄了。因而，采用正变位齿轮可提高轮齿的强度。但是正变位将会使齿顶的厚度减薄，甚至会使其变尖，因此对正变位较大的齿轮，应对其齿顶厚度 $s_a$ 进行校核，一般要求齿顶厚度 $s_a \geq 0.2m$。

### 三、最小变位系数

如前所述，当被切齿轮齿数 $z < z_{min}$ 时，为了避免发生根切，刀具必须正变位，应使刀具的齿顶线刚好通过轮坯的极限啮合点 $N$ 或 $N$ 以下，如图 8-21 所示。

不发生根切的条件是

$$h_a^* m - xm \leqslant \overline{MN}$$

因

$$\overline{MN} = \overline{PN}\sin\alpha = \overline{OP}\sin^2\alpha = \frac{mz}{2}\sin^2\alpha$$

式中 $z$ 为被切齿轮的齿数，联立以上两式解得

$$x \geqslant h_a^* - \frac{z}{2}\sin^2\alpha$$

又由用齿条刀具切制标准齿轮的最少齿数公式（8-18）可知，$\sin^2\alpha/2 = h_a^*/z_{min}$，故上式可写成

$$x \geqslant h_a^* \frac{z_{min} - z}{z_{min}}$$

而最小变位系数

$$x_{\min} = h_a^* \frac{z_{\min} - z}{z_{\min}} \tag{8-19}$$

对于 $\alpha = 20°$，$h_a^* = 1$ 的齿条插刀或滚刀，被切齿轮的最少齿数 $z_{\min} = 17$，故

$$x_{\min} = \frac{17 - z}{17}$$

在实际计算中，有时允许齿廓非工作段有轻度根切，故

$$x_{\min} = \frac{14 - z}{17}$$

由式（8-19）可知，当被切齿轮的齿数 $z < z_{\min}$ 时，$x_{\min}$ 为正值，说明为了避免根切的发生，该齿轮应采用正变位，其变位系数 $x \geqslant x_{\min}$；反之，当 $z > z_{\min}$ 时，$x_{\min}$ 为负值，这表明如果将刀具向轮坯中心移进距离小于 $|x_{\min} m|$，仍不致产生根切。

正变位时变位系数过大，虽然能避免根切，但齿顶容易变尖；负变位时变位系数也应有一定的限制，否则会产生根切。为此可利用图 8-22 上的曲线来校验变位系数是否选得合适。

### 四、变位齿轮传动几何尺寸的计算

（一）变位齿轮的齿厚 $s$

如图 8-19 所示，当采用正变位时，刀具向外移出 $xm$，此时与被切齿轮分度圆相切的已不是刀具中线，而是与此线平行的另一条直线，即分度线（或称机床节线）。刀具在分度线上的齿槽宽较其中线上的齿槽宽增大了 $2KJ$，因此，与刀具分度线作纯滚动的轮坯分度圆上的齿厚也增大了 $2KJ$。由 $\triangle IJK$ 可知，$KJ = xm\tan\alpha$。所以正变位齿轮的齿厚

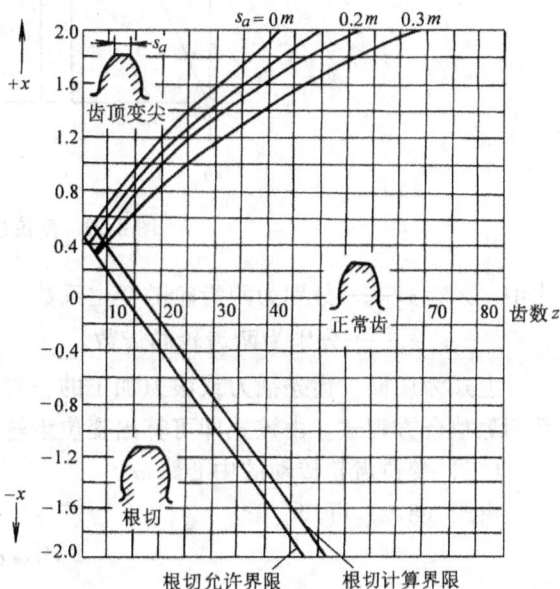

图 8-22 变位系数线图

$$s = \frac{\pi m}{2} + 2KJ = \left( \frac{\pi}{2} + 2x\tan\alpha \right) m \tag{8-20}$$

若为负变位，则上式中的 $x$ 为负值。

（二）变位齿轮传动的啮合角 $\alpha'$

在齿轮传动中，理论上都要求齿廓间没有齿侧间隙存在。如图 8-23a 所示，对于标准齿轮传动，无侧隙啮合时其分度圆与节圆重合，中心距 $a = r_1 + r_2 = m (z_1 + z_2) /2$，啮合角 $\alpha'$ 等于分度圆压力角 $\alpha$。

对于变位齿轮，由于分度圆上的齿厚与齿槽宽发生了变化，因而在无侧隙啮合时两轮的分度圆不一定能够相切，所以啮合角 $\alpha'$ 也不一定等于分度圆压力角 $\alpha$（如图 8-23b）。变位齿轮啮合角 $\alpha'$ 的大小可根据无侧隙啮合的条件求出，即

$$\text{inv}\alpha' = \frac{2 (x_1 + x_2)}{z_1 + z_2}\tan\alpha + \text{inv}\alpha \tag{8-21}$$

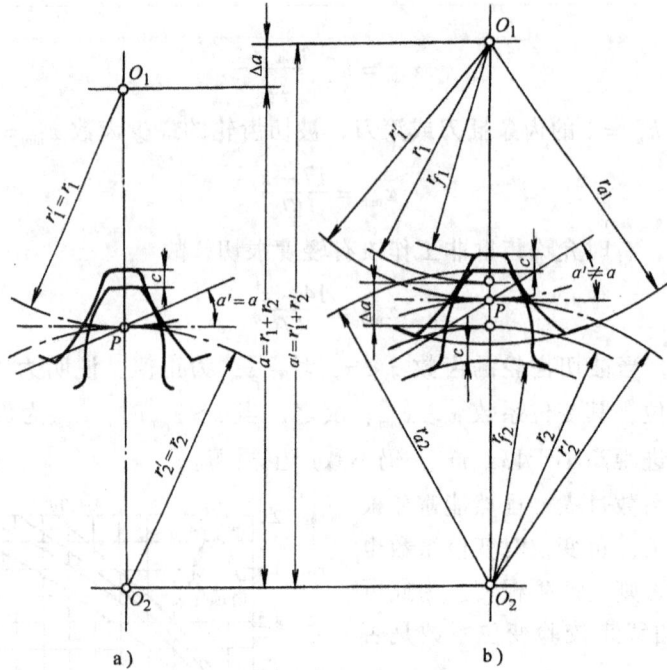

图 8-23　变位齿轮传动啮合角

式中　$x_1$、$x_2$——分别为两齿轮的变位系数；

　　　$z_1$、$z_2$——分别为两齿轮的齿数。

上式为用同一齿条插刀或滚刀加工的一对变位齿轮，在无侧隙啮合时的关系式，并称为无侧隙啮合方程式。由该式即可算出变位齿轮传动的啮合角。

（三）变位齿轮传动的中心距 $a'$

由式（8-2）可知

$$r_b = r'\cos\alpha' = r\cos\alpha$$

故　　　　　　　　　　$(r_1' + r_2')\cos\alpha' = (r_1 + r_2)\cos\alpha$

所以变位齿轮传动的实际中心距

$$a' = \frac{m}{2}(z_1 + z_2)\frac{\cos\alpha}{\cos\alpha'} = a\frac{\cos\alpha}{\cos\alpha'} \qquad (8\text{-}22)$$

变位直齿圆柱齿轮传动的几何尺寸计算公式见表 8-5。

**五、变位齿轮传动的类型**

根据一对齿轮的变位系数的不同，变位齿轮传动可分为如下几种类型。

（一）高度变位齿轮传动

这种传动两轮变位系数的绝对值相等但都不等于零，一个为正值而另一个为负值，$|x_1| = |x_2| \neq 0$，$x_1 = -x_2$，故 $x_1 + x_2 = 0$。其特点是：

1）由式（8-21）和式（8-22）可知 $\alpha' = \alpha$、$a' = a$，表明两齿轮的分度圆与节圆重合。

2）变位后，两齿轮的齿顶高和齿根高已非标准值（但全齿高仍为标准值），故这种传动称为高度变位齿轮传动。又因 $x_1$ 和 $x_2$ 的绝对值相等，所以也称为等变位齿轮传动，如图 8-

**表 8-5　变位直齿圆柱齿轮传动几何尺寸计算公式**

| 序号 | 名　称 | 符号 | 公　　式 |
|---|---|---|---|
| 1 | 变位系数 | $x$ | 根据使用条件选定 |
| 2 | 啮合角 | $a'$ | $\text{inv}a' = \dfrac{2(x_2 \pm x_1)}{z_2 \pm z_1}\tan\alpha + \text{inv}\alpha$ 或 $\cos\alpha' = \dfrac{a}{a'}\cos\alpha$ |
| 3 | 分度圆直径 | $d$ | $d_1 = mz_1 \qquad d_2 = mdz_2$ |
| 4 | 标准中心距 | $a$ | $a = \dfrac{d_2 \pm d_1}{2}$ |
| 5 | 实际中心距 | $a'$ | $a' = a\,\dfrac{\cos\alpha}{\cos\alpha'}$ |
| 6 | 齿根圆直径 | $d_f$ | $d_{f1} = d_1 - 2(h_a^* + c^* - x_1)\,m$ <br> $d_{f2} = d_2 \mp 2(h_a^* + c^* \mp x_2)\,m$ |
| 7 | 齿顶圆直径 | $d_a$ | $d_{a1} = \pm(2a' - d_{f2}) - 2c^*m = \pm(2a' - d_2) + 2m(h_a^* - x_2)$ <br> $d_{a2} = 2a' \mp d_{f1} \mp 2c^*m = 2a' \mp d_1 \pm 2m(h_a^* - x_1)$ |
| 8 | 基圆直径 | $d_b$ | $d_{b1} = d_1\cos\alpha \qquad d_{b2} = d_2\cos\alpha$ |
| 9 | 节圆直径 | $d'$ | $d'_1 = \dfrac{d_{b1}}{\cos\alpha'} \qquad d'_2 = \dfrac{d_{b2}}{\cos\alpha'}$ <br> 或 $d'_1 = \mp\dfrac{2a'}{i_{12}-1} \qquad d'_2 = 2a' \mp d'_1$ |
| 10 | 分度圆齿厚 | $s$ | $s_1 = \left(\dfrac{\pi}{2} + 2x_1\tan\alpha\right)m \qquad s_2 = \left(\dfrac{\pi}{2} \pm 2x_2\tan\alpha\right)m$ |
| 11 | 齿顶压力角 | $\alpha_a$ | $\alpha_{a1} = \arccos\dfrac{d_{b1}}{d_{a1}} \qquad \alpha_{a2} = \arccos\dfrac{d_{b2}}{d_{a2}}$ |
| 12 | 齿顶厚 | $s_a$ | $s_{a1} = s_1\dfrac{d_{a1}}{d_1} - d_{a1}(\text{inv}\alpha_{a1} - \text{inv}\alpha)$ <br> $s_{a2} = s_2\dfrac{d_{a2}}{d_2} - d_{a2}(\text{inv}\alpha_{a2} - \text{inv}\alpha)$ |
| 13 | 重叠系数 | $\varepsilon$ | $\varepsilon = \dfrac{1}{2\pi}\left[z_1(\tan\alpha_{a1} - \tan\alpha') \pm z_2(\tan\alpha_{a2} - \tan\alpha')\right]$ |

注：1. 公式中的加、减号上面的用于外齿轮，下面用于内齿轮。
　　2. 外啮合齿轮的 $i_{12}$ 为负值，内啮合齿轮的为 $i_{12}$ 正值。

24a 所示。

　　等变位齿轮的变位系数，既然是一正一负，显然对小齿轮应采用正变位，而对大齿轮应采用负变位，并应同时保证两齿轮都不应产生根切，为此，须使

$$x_1 \geqslant h_a^* \frac{z_{\min} - z_1}{z_{\min}} \; 及 \; x_2 \geqslant h_a^* \frac{z_{\min} - z_2}{z_{\min}}$$

$$x_1 + x_2 \geqslant \frac{h_a^*}{z_{\min}}\left[2z_{\min} - (z_1 + z_2)\right]$$

但 $x_1 + x_2 = 0$，故

$$z_1 + z_2 \geqslant 2z_{\min}$$

　　上式表明，欲使这种齿轮传动的两轮都不发生根切，它们的齿数和应

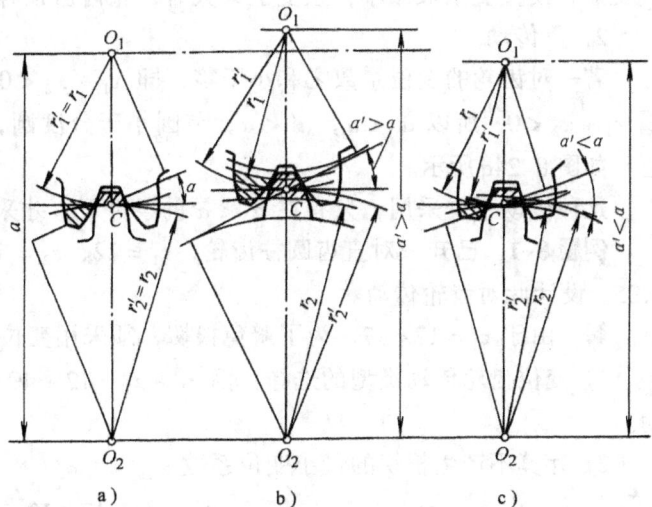

图 8-24　不同类型变位齿轮传动的比较

156

大于或等于最少齿数的两倍。

当 $\alpha = 20°$、$h_a^* = 1$ 时，$z_1 + z_2 \geqslant 34$；$\alpha = 15°$、$h_a^* = 1$ 时，$z_1 + z_2 \geqslant 60$。

等变位齿轮传动的主要优点是：

1) 小齿轮采用正变位后，其齿数 $z_1$ 可小于 $z_{min}$ 而不发生根切。所以当传动比一定时，两轮的齿数都可以相应减少，因此也就使整个传动尺寸减小了。在精密机械中常采用此种方法减少齿数、消除根切，达到结构紧凑的目的。

2) 由于小齿轮采用正变位，其齿根的厚度加大，提高了轮齿的强度。

3) 等变位齿轮传动的中心距仍为标准中心距，即 $a' = a = \dfrac{m}{2}(z_1 + z_2)$，因而可以成对地替换标准齿轮。

其缺点是：等变位齿轮必须成对设计、制造和使用，没有互换性；并且小齿轮齿顶容易变尖和重叠系数略有减小。

（二）角度变位齿轮传动

这种传动两轮变位系数和 $x_1 + x_2 \neq 0$，因而其啮合角不等于分度圆压力角，即 $\alpha' \neq \alpha$，啮合角发生了变化，故这种传动称为角度变位传动。

1. 正传动

若一对齿轮的变位系数之和大于零，即 $x_1 + x_2 > 0$，便称为正传动。其特点是：

1) 由式（8-21）和式（8-22）可知，其 $\alpha' > \alpha$，$a' > a$，故节圆大于分度圆；

2) 两轮的齿顶高和齿根高都非标准值，如图 8-24b 所示。

正传动的主要优点是：

1) 由于两轮均可采用正变位（$x_1 + x_2 > 0$），齿根厚度增大，提高了轮齿的强度。

2) 正传动两轮齿数和 $z_1 + z_2$ 可小于 $2z_{min}$，故传动的体积和重量可以比等变位传动更小，结构更紧凑。

3) 在 $a' > a$ 的条件下，则必须采用正传动来凑配给定的中心距。

其缺点是：正传动齿轮必须成对设计、制造和使用，没有互换性；因 $a' > a$，实际啮合线变短，使重叠系数减小；正变位太大时，轮齿齿顶容易变尖。

2. 负传动

若一对齿轮的变位系数之和小于零，即 $x_1 + x_2 < 0$ 为负传动。其特点与正传动的相反，因 $x_1 + x_2 < 0$，所以 $a' < a$，$a' < a$，节圆小于分度圆，且两轮的齿顶高和齿根高亦非标准值，如图 8-24c 所示。

这种传动很少采用，只有在 $a' < a$ 的条件下，才采用它来凑配中心距。

**例题 8-1** 已知一对直齿圆柱齿轮，$z_1 = 12$、$z_2 = 40$、$m = 0.5$、$\alpha = 20°$、$h_a^* = 1$、$c^* = 0.35$。设计此对齿轮传动。

**解** 由于 $z_1 = 12 < 17$，为了避免根切，须采用变位齿轮。

1) 变位齿轮传动类型的选择：因 $z_1 + z_2 = 12 + 40 = 52 > 34$，故可采用高度变位齿轮传动。

2) 计算不产生根切的最小变位系数 $x_{min}$

$$x_{min} = \frac{17 - z_1}{17} = \frac{17 - 12}{17} = 0.294$$

取整数 $x_1 = 0.3$，则 $x_2 = -0.3$。

3）校验小齿轮 $x_1 = 0.3$ 时，齿顶是否会变尖；大齿轮 $x_2 = -0.3$ 时，是否会发生根切现象。

由图 8-22 所示曲线可知：

小齿轮 $z_1 = 12$，$x_1 = 0.3$ 时，齿顶圆齿厚在大于 $0.3m$ 的区域，故齿顶不会变尖。

大齿轮 $z_2 = 40$，$x_2 = -0.3$ 时，齿根也不会发生根切现象。

因此变位系数可以分别采用 $x_1 = 0.3$，$x_2 = -0.3$。

4）计算齿轮各部分的尺寸

分度圆直径

$$d_1 = mz_1 = 0.5\text{mm} \times 12 = 6\text{mm}$$
$$d_2 = mz_2 = 0.5\text{mm} \times 40 = 20\text{mm}$$

中心距

$$a' = a = \frac{1}{2} (d_1 + d_2) = \frac{1}{2} (6 + 20) \text{ mm} = 13\text{mm}$$

齿根圆直径

$$d_{f1} = d_1 - 2 (h_a^* + c^* - x_1) m$$
$$= [6 - 2 (1 + 0.35 - 0.3) \times 0.5] \text{ mm} = 4.95\text{mm}$$
$$d_{f2} = d_2 - 2 (h_a^* + c^* - x_2) m$$
$$= [20 - 2 (1 + 0.35 + 0.3) \times 0.5] \text{ mm} = 18.35\text{mm}$$

齿顶圆直径

$$d_{a1} = 2a' - d_2 + 2m (h_a^* - x_2)$$
$$= [2 \times 13 - 20 + 2 \times 0.5 (1 + 0.3)] \text{ mm} = 7.3\text{mm}$$
$$d_{a2} = 2a' - d_1 + 2m (h_a^* - x_1)$$
$$= [2 \times 13 - 6 + 2 \times 0.5 (1 - 0.3)] \text{ mm} = 20.7\text{mm}$$

# 第八节　斜齿圆柱齿轮传动

## 一、斜齿圆柱齿轮齿廓曲面的形成及其啮合特点

由于轮齿的方向和轴平行，直齿圆柱齿轮所有垂直于轴的各平面内的情况完全相同，因此只须考虑其中一个平面（端面）就够了。但实际上齿轮是有一定宽度的，如图 8-25a 所示，直齿圆柱齿轮的齿廓曲面是发生面 $S$ 在基圆柱上作纯滚动时，其上任一与基圆柱母线 $NN$ 平行的直线 $KK$ 所展出的渐开线曲面。由此可知，一对渐开线直齿圆柱齿轮啮合时，齿廓曲面的接触线是与轴平行的直线，如图 8-25b 所示。这种齿轮的啮合情况是沿着整个齿宽突然同时进入啮合和退出啮合，从而轮齿上所受的力是突然地加上或卸掉的，故传动的平稳性差，冲击和噪声大。

斜齿圆柱齿轮齿廓曲面的形成原理与直齿圆柱齿轮基本相同，只不过直线 $KK$ 不平行于 $NN$ 而与它成一个角度 $\beta_b$。如图 8-26a 所示，当发生面 $S$ 沿基圆柱滚动时，斜直线 $KK$ 的轨迹为一渐开螺旋面，即斜齿轮的齿廓曲面。直线 $KK$ 与基圆柱母线的夹角 $\beta_b$ 称为基圆柱上的

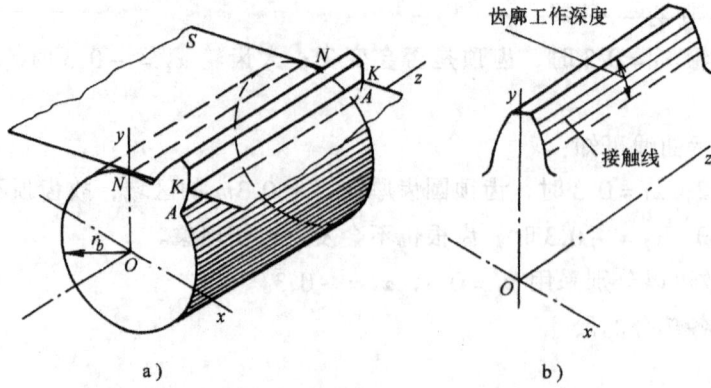

图 8-25　直齿圆柱齿轮齿廓曲面的形成及接触线

螺旋角。

一对斜齿圆柱齿轮啮合时，齿廓曲面的接触线是与轴线倾斜的直线，且接触线长度是变化的，如图 8-26b 所示。因此，这种齿轮的啮合情况是沿着整个齿宽逐渐进入和退出啮合的，故与直齿圆柱齿轮相比较，传动平稳，冲击和噪声小。

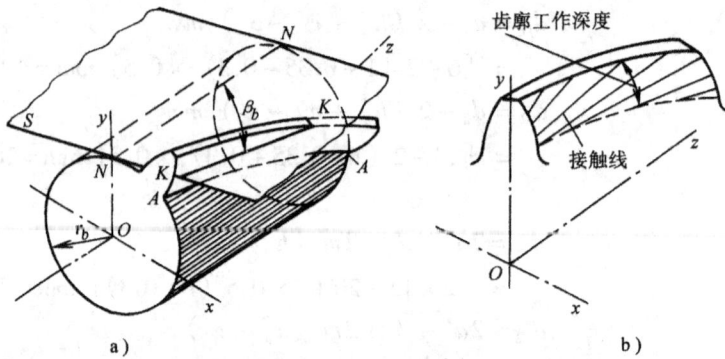

图 8-26　斜齿圆柱齿轮齿廓曲面的形成和接触线

## 二、斜齿圆柱齿轮的基本参数和几何尺寸的计算

### （一）基本参数

1. 螺旋角　斜齿圆柱齿轮的各圆柱面上的螺旋角是不同的，通常所说的斜齿圆柱齿轮螺旋角，如不特别指明，是指分度圆上的螺旋角，用 $\beta$ 表示。

$\beta$ 角的大小表示斜齿圆柱齿轮轮齿的倾斜程度。

2. 齿距和模数　由于斜齿圆柱齿轮的齿向是倾斜的，故有端面和法面之分。垂直于轴线的平面称为端面，与分度圆柱螺旋线垂直的平面称为法面。图 8-27 所示为斜齿圆柱齿轮分度圆柱面的展开图。

从图上可知端面齿距 $p_t$ 与法面齿距 $p_n$ 的关系为

$$p_n = p_t \cos\beta$$

如 以 $m_t$、$m_n$ 分别表示端面模数和法面模数，

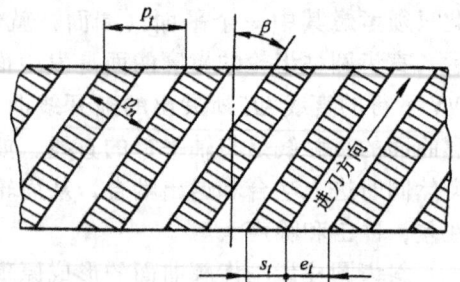

图 8-27　斜齿圆柱齿轮分度圆柱面展开图

则

$$p_t = \pi m_t$$

$$p_n = \pi m_n$$

故有 $$m_n = m_t \cos\beta \qquad (8-23)$$

3．压力角 因斜齿圆柱齿轮和斜齿条啮合时，法面压力角 $\alpha_n$ 和端面压力角 $\alpha_t$ 应分别相等，所以法面压力角和端面压力角的关系可以通过斜齿条得到。图 8-28 为斜齿条的一个齿，平面 $ABD$ 是端面，$A_1 B_1 D$ 是法面，$\angle ABD = \angle A_1 B_1 D$ $= \angle BB_1 D = 90°$。

由图 8-28 可知

$$\tan\alpha_t = \frac{\overline{BD}}{\overline{AB}}, \quad \tan\alpha_n = \frac{\overline{B_1 D}}{\overline{A_1 B_1}}$$

而 $$B_1 D = BD\cos\beta, \quad \overline{A_1 B_1} = \overline{AB}$$

所以

$$\tan\alpha_n = \tan\alpha_t \cos\beta \qquad (8-24)$$

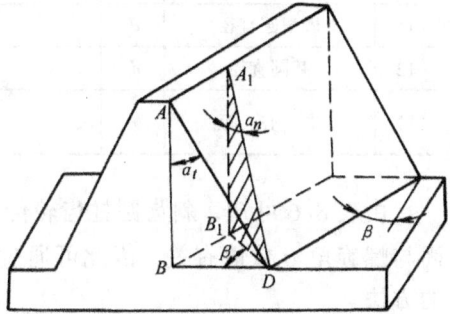

图 8-28 斜齿圆柱齿轮法面
压力角与端面压力角关系

4．端面齿顶高系数和端面顶隙系数 因为无论从法面和端面来看，轮齿的齿顶高是相同的，顶隙也是相同的，即

$$h_{an}^* m_n = h_{at}^* m_t, \quad c_n^* m_n = c_t^* m_t$$

将式（8-23）代入以上二式可得

$$\left. \begin{array}{l} h_{at}^* = h_{an}^* \cos\beta \\ c_t^* = c_n^* \cos\beta \end{array} \right\} \qquad (8-25)$$

斜齿圆柱齿轮的法面参数和端面参数，究竟哪一个是标准值要依加工方法而定。大多数情况下，斜齿圆柱齿轮是用铣刀或滚刀加工的。这时刀具将沿着轮齿分度圆柱螺旋线方向进刀（图 8-27），故刀具的齿形与齿轮法面的齿形相同，斜齿圆柱齿轮的法面参数（$m_n$、$\alpha_n$、$h_{an}^*$、$c_n^*$）是标准值。

（二）斜齿圆柱齿轮几何尺寸的计算

标准斜齿圆柱齿轮几何尺寸的计算公式列于表 8-6 中。

**表 8-6 标准斜齿圆柱齿轮几何尺寸计算公式**

| | 名　称 | 符号 | 计　算　公　式 |
|---|---|---|---|
| 1 | 螺旋角 | $\beta$ | $\beta_1 = -\beta_2$ |
| 2 | 端面模数 | $m_t$ | $m_t = \dfrac{m_n}{\cos\beta}$，$m_n$ 为标准值，见表 8-2 |
| 3 | 端面分度圆压力角 | $\alpha_t$ | $\tan\alpha_t = \dfrac{\tan\alpha_n}{\cos\beta}$　$\alpha = 20°$ |
| 4 | 端面齿顶高系数 | $h_{at}^*$ | $h_{at}^* = h_{an}^* \cos\beta$　$h_{an}^* = h_a^* = 1$ |
| 5 | 端面顶隙系数 | $c_t^*$ | $c_t^* = c_n^* \cos\beta$　$c_n^* = c^*$ |
| 6 | 齿顶高 | $h_a$ | $h_a = h_{at}^* m_t = h_{an}^* m_n$ |
| 7 | 齿根高 | $h_f$ | $h_f = (h_{at}^* + c_t^*) m_t = (h_{an}^* + c_n^*) m$ |

（续）

| | 名　称 | 符号 | 计 算 公 式 |
|---|---|---|---|
| 8 | 齿 全 高 | $h$ | $h = h_a + h_f$ |
| 9 | 分度圆直径 | $d$ | $d = m_t z = \dfrac{m_n z}{\cos\beta}$ |
| 10 | 齿顶圆直径 | $d_a$ | $d_a = d + 2h_a$ |
| 11 | 齿根圆直径 | $d_f$ | $d_f = d - 2h_f$ |
| 12 | 基圆直径 | $d_b$ | $d_b = d\cos a_t$ |
| 13 | 中 心 距 | $a$ | $a = \dfrac{1}{2}(d_1 + d_2) = \dfrac{m_n(z_1 + z_2)}{2\cos\beta}$ |

由表 8-6 可知，斜齿圆柱齿轮传动的中心距 $a$ 除与模数 $m_n$ 和两齿数和 $z_1 + z_2$ 有关外，尚与螺旋角 $\beta$ 数值有关，因此可通过改变螺旋角 $\beta$ 的大小调整中心距，而不一定采用变位的方法。

### 三、斜齿圆柱齿轮的当量齿数

用仿型法加工斜齿圆柱齿轮时，铣刀是沿螺旋齿槽方向进刀的，所以必须按照齿轮的法面模数 $m_n$、压力角 $\alpha_n$ 和一个与该斜齿圆柱齿轮法面齿廓相当的直齿轮的齿数确定铣刀的刀号。这个虚拟的直齿轮就称为斜齿圆柱齿轮的当量齿轮，其齿数就称为当量齿数，用 $z_V$ 来表示。

为了确定当量齿数，如图 8-29 所示，过斜齿圆柱齿轮分度圆柱螺旋线上的一点 $C$ 作此轮齿螺旋线的法面，将此分度圆柱剖开，剖面为一椭圆。在此剖面上，点 $C$ 附近的齿形可近似地视为斜齿圆柱齿轮的法面齿廓。现以椭圆上 $C$ 点的曲率半径 $\rho$ 为半径作一圆，作为虚拟的直齿轮的分度圆，并使其上的模数和压力角分别等于斜齿圆柱齿轮的法面模数和法面压力角。显然，此虚拟的直齿轮的齿形与该斜齿圆柱齿轮的法面齿廓十分相近。

由图可知椭圆的长半轴 $a = d/(2\cos\beta)$，短半轴 $b = d/2$，而

$$\rho = \frac{a^2}{b} = \frac{d}{2\cos^2\beta}$$

故

$$z_V = \frac{2\rho}{m_n} = \frac{d}{m_n\cos^2\beta} = \frac{m_t z}{m_n\cos^2\beta} = \frac{z}{\cos^3\beta} \qquad (7\text{-}26)$$

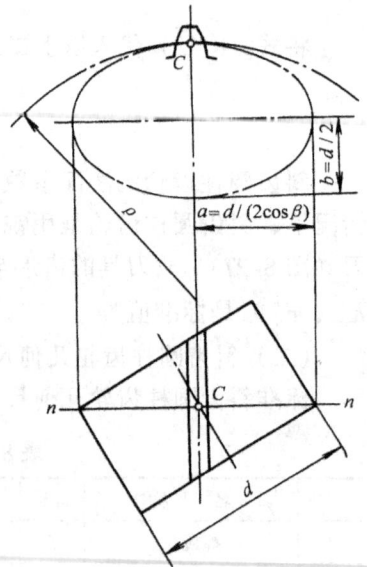

图 8-29　斜齿圆柱齿轮的当量齿轮

### 四、正确啮合条件和重迭系数

（一）正确啮合条件

一对斜齿圆柱齿轮的正确啮合条件，除了两轮模数和压力角分别相等外，当为外啮合时，两轮的螺旋角应大小相等、方向相反，即

$$m_{n1} = m_{n2}$$
$$\alpha_{n1} = \alpha_{n2}$$

$$\beta_1 = -\beta_2$$

### （二）重叠系数

为便于分析斜齿圆柱齿轮传动的连续传动条件，现以端面尺寸相当的一对直齿轮传动与一对斜齿轮传动进行对比。图 8-30 为两个端面尺寸（齿数、模数和压力角）相同的直齿轮和斜齿轮，直线 $B_1B_1$ 和 $B_2B_2$ 之间的区域表示啮合区。

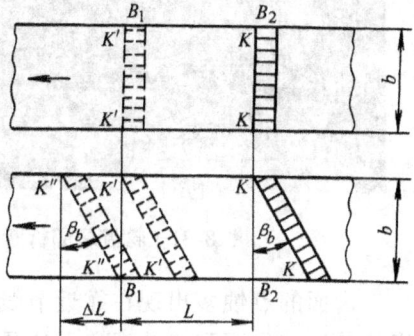

直齿轮运转时，齿轮在 $KK$ 线处沿整个齿宽同时开始啮合，而在 $K'K'$ 处沿整个齿宽同时脱离。斜齿轮运转时，齿轮也是在 $KK$ 线处，但仅是从一端进入啮合，当转到 $K'K'$ 位置时，轮齿从一端开始脱离，直到继续转到 $K''K''$ 位置时，才全部脱离啮合。显然，斜齿轮继续转过的一段弧长 $\Delta L$ 是斜齿轮啮合弧的增量，因此，斜齿轮传动重叠系数的增量

图 8-30　斜齿圆柱齿轮重迭系数

$$\Delta\varepsilon = \frac{\Delta L}{p_{bt}} = \frac{b\tan\beta_b}{p_{bt}} = \frac{b\tan\beta\cos\alpha_t}{p_t\cos\alpha_t} = \frac{b\tan\beta}{p}$$

式中，$p_{bt}$——端面基节。

设 $\varepsilon_t$ 为斜齿轮端面重叠系数，它等于与斜齿轮端面参数相同的直齿轮的重叠系数，则斜齿轮的重叠系数

$$\varepsilon = \varepsilon_t + \Delta\varepsilon = \varepsilon_t + \frac{b\tan\beta}{p_t} \tag{8-27}$$

## 第九节　齿轮传动的失效形式和材料

### 一、齿轮传动的失效形式

齿轮传动的失效形式主要是：轮齿的折断，齿面的点蚀、磨损和胶合等。

#### （一）轮齿的折断

轮齿的折断一般发生在齿根部分，因为齿根处弯曲应力最大而且有应力集中。折断有两种：一种是在短期过载或受到冲击载荷时发生的突然折断；另一种是由于多次重复弯曲所引起的疲劳折断。这两种折断都起始于齿根受拉应力的一边。

对于齿宽较小的直齿圆柱齿轮，齿根裂纹往往是从齿根沿着齿宽方向扩展，发生全齿折断。齿宽较大的直齿圆柱齿轮，容易因制造及安装的误差以及转轴等零件的弹性变形等因素，使载荷沿齿宽分布不均而使载荷集中于齿的一端，斜齿及人字齿轮因为接触线是倾斜的，载荷有时也作用在齿的一端的齿顶上，因此这些齿轮的齿根裂纹往往是从齿根沿着斜向齿顶的方向扩展，而发生轮齿的局部折断（图 8-31）。

增大齿根过渡曲线半径、降低表面粗糙度值、采用表面强化处理（如喷丸、辗压）等，都有利于提高轮齿的抗疲劳折断能力。

#### （二）齿面的点蚀

润滑良好的闭式传动齿轮，当齿轮工作一段时期以后，常在轮齿的工作表面上出现疲劳点蚀（图 8-32）。

图 8-31　轮齿局部折断

图 8-32　齿面点蚀

齿面的点蚀多出现在靠近节线的齿根表面上。在磨损严重的齿轮传动中，特别是在开式齿轮传动中见不到点蚀现象，这是因为表层的磨损速度比在表层上出现疲劳裂纹的速度要快得多。

出现点蚀的齿面，将失去正确的齿形。从而破坏了正确的啮合，使得传动精度下降，引起附加动载荷，产生噪声和振动，并加快齿面磨损和降低传动寿命。

提高齿面的硬度和降低表面粗糙度值，在许可范围内采用最大的移距系数和 $x = x_1 + x_2$（增大齿轮传动的综合曲率半径），以及增大润滑油粘度与减小动载荷等，都可提高齿面的接触疲劳强度。

（三）齿面的磨损

当表面粗糙的硬齿与较软的轮齿相啮合时，由于相对滑动、软齿表面易被划伤而产生齿面磨损（图 8-33）。外界硬屑落入啮合齿间也将产生磨损。磨损后，正确齿形遭到破坏，齿厚减薄，最后导致轮齿因强度不足而折断。

对于闭式传动，减轻或防止磨损的主要措施有：①提高齿面硬度；②降低齿面粗糙度值；③注意润滑油的清洁和定期更换；④采用角度变位齿轮传动，以减轻齿面滑动等。对于开式传动，应特别注意环境清洁，减少磨粒（硬屑）的侵入。

图 8-33　齿面磨损

（四）齿面的胶合

胶合是比较严重的粘着磨损。高速重载传动因滑动速度高，而产生瞬时高温会使油膜破裂，造成齿面间的粘焊现象，粘焊处被撕脱后，轮齿表面沿滑动方向形成沟痕（图 8-34）。低速重载传动不易形成油膜，摩擦热虽不大，但也可能因重载而出现冷焊粘着。

防止或减轻齿面胶合的主要措施有：①选用抗胶合性能好的齿轮副材料；②材料相同时，使大、小齿轮保持适当硬度差；③提高齿面硬度和降低表

图 8-34　齿面胶合

面粗糙度值；④采用抗胶合能力强的润滑油；⑤合理的选择齿轮参数或进行变位等。

齿轮的计算准则是由失效形式确定的。闭式传动齿轮，主要失效形式是点蚀、弯曲疲劳折断和胶合。目前，一般只进行接触疲劳强度和弯曲疲劳强度计算。对于高速大功率的齿轮传动，尚需进行抗胶合计算。

开式传动齿轮，主要失效形式是弯曲疲劳折断和磨损。目前磨损尚无完善的计算方法，故只进行弯曲疲劳强度计算，用适当加大模数的办法以考虑磨损的影响。

### 二、齿轮材料

在精密机械中，由于齿轮的工作条件不同，轮齿的损坏形式也不同。因此，对于不同的工作条件（载荷的大小及性质、温度变化的范围、介质特性及速度范围等），要选用不同性能的材料。例如，对于传递载荷较大的齿轮，应选用强度、硬度等综合性能较好的材料（如45、40Cr）；对于受冲击载荷的齿轮，轮齿受冲击后容易发生折断，应选用韧性较好的材料（如20Cr）；对于速度较高的齿轮，齿面易于磨损，应选用齿面硬度较高的材料（如20Cr、40Cr）；对于要求重量较轻的齿轮，可选用塑料或某些轻金属材料（如硬铝）；对于在有害介质等条件下工作的齿轮，可选用耐蚀性较好的材料（如黄铜、青铜等）。

某些常用齿轮材料及其力学性能，列于表8-7中，供选用时参考。

**表8-7 齿轮材料及其力学性能**

| 钢 号 | 热处理 | 截面尺寸 | | 力学性能 | | 硬 度 | |
|---|---|---|---|---|---|---|---|
| | | 直径 $d$/mm | 壁厚 $s$/mm | $\sigma_b$/ (N·mm²) | $\sigma_s$/ (N·mm²) | 调质或正火 (HBS) | 表面淬火 (HRC) |
| 45 | 正火 | ≤100 | ≤50 | 590 | 300 | 169~217 | 40~50 |
| | | 101~300 | 51~150 | 570 | 290 | 162~217 | |
| | 调质 | ≤100 | ≤50 | 650 | 380 | 229~286 | |
| | | 101~300 | 51~150 | 630 | 350 | 217~255 | |
| 42SiMn | 调质 | ≤100 | ≤50 | 790 | 510 | 229~286 | 45~55 |
| | | 101~200 | 51~100 | 740 | 460 | 217~269 | |
| | | 201~300 | 101~150 | 690 | 440 | 217~255 | |
| 40MnB | 调质 | ≤200 | ≤100 | 740 | 490 | 241~286 | 45~55 |
| | | 101~300 | 101~150 | 690 | 440 | | |
| 38SiMnMo | 调质 | ≤100 | ≤50 | 740 | 590 | 229~286 | 45~55 |
| | | 101~300 | 51~150 | 690 | 540 | 217~269 | |
| 35CrMo | 调质 | ≤100 | ≤50 | 740 | 540 | 207~269 | 40~45 |
| | | 101~300 | 51~150 | 690 | 490 | | |
| 40Cr | 调质 | ≤100 | ≤50 | 740 | 540 | 241~286 | 48~55 |
| | | 101~300 | 51~150 | 690 | 490 | | |

（续）

| 钢 号 | 热处理 | 截面尺寸 | | 力学性能 | | 硬 度 | |
|---|---|---|---|---|---|---|---|
| | | 直径 $d/mm$ | 壁厚 $s/mm$ | $\sigma_b/$（$N \cdot mm^2$） | $\sigma_s/$（$N \cdot mm^2$） | 调质或正火（HBS） | 表面淬火（HRC） |
| 20Cr | 渗碳淬火 | ≤60 | | 640 | 390 | — | 56 ~ 62 |
| 20CrMnTi | 渗碳淬火 | 15 | | 1080 | 840 | — | 56 ~ 62 |
| | 渗 氮 | | | | | | 57 ~ 63 |
| 38CrMoAlA | 调质、渗氮 | 30 | | 980 | 840 | HV > 850（渗氮） | |
| ZG310-570 | 正 火 | | | 570 | 320 | 163 ~ 207 | |
| ZG340-640 | 正 火 | | | 640 | 350 | 179 ~ 207 | |
| ZG35CrMnSi | 正火、回火 | | | 690 | 350 | 163 ~ 217 | |
| | 调 质 | | | 790 | 590 | 197 ~ 269 | |
| HT300 | | | > 10 | 290 | | 190 ~ 240 | |
| HT350 | | | > 10 | 340 | | 210 ~ 260 | |
| QT500-7 | | | | 500 | 320 | 170 ~ 230 | |
| QT600-3 | | | | 600 | 370 | 190 ~ 270 | |
| ZCuSn10Pl | | | | 220 | | | |
| ZCuSn10Zn2 | | | | 200 | | | |
| ZCuAl9Mn2 | | | | 540 | | | |
| ZCuZn40Pb2 | | | | 220 | | | |
| LC4 | | 23 ~ 160 | | 530 | | | |

钢制齿轮常采用调质、正火、整体淬火、表面淬火及渗碳、渗氮等方法进行热处理。各种热处理方法适用的钢种、可达硬度、特点及适用场合，见表 8-8。

**表 8-8　齿轮常用热处理方法及适用场合**

| 热处理 | 适用钢种 | 可达硬度 | 主要特点和适用场合 |
|---|---|---|---|
| 调 质 | 中碳钢及中碳合金钢 | 整 体220 ~ 280HBS | 硬度适中、具有一定强度、韧度、综合性能好。热处理后可由滚齿或插齿进行精加工，适于单件、小批量生产，或对传动尺寸无严格限制的场合 |
| 正 火 | 中碳钢及铸钢 | 整 体160 ~ 210HBS | 工艺简单易于实现，可代替调质处理。适于因条件限制不便进行调质的大尺寸齿轮及不太重要的齿轮 |
| 整体淬火 | 中碳钢及中碳合金钢 | 整 体45 ~ 55HRC | 工艺简单，轮齿变形大，需要磨齿。因心部与齿面同硬度，韧度差，不能承受冲击载荷 |
| 表面淬火 | 中碳钢及中碳合金钢 | 齿 面48 ~ 54HRC | 通常在调质或正火后进行。齿面承载能力较高，心部韧度好。轮齿变形小，可不磨齿。齿面硬度难以保证均匀一致。可用于承受中等冲击的齿轮 |
| 渗碳淬火 | 多为低碳合金钢如 20CrMnTi | 齿 面58 ~ 62HRC | 渗碳深度一般取 0.3m（模数），但不小于 1.5 ~ 1.8mm。齿面硬度较高，耐磨损，承载能力较高。心部韧性好、耐冲击。轮齿变形大，需要磨齿。适用于重载、高速及受冲击载荷的齿轮 |
| 渗 氮 | 渗氮钢，如 38CrMoAlA | 齿 面65HRC | 齿面硬，变形小，可不磨齿。工艺时间长，硬化层薄（0.05 ~ 0.3mm），不耐冲击。适用于不受冲击且润滑良好的齿轮 |
| 碳氮共渗 | 渗碳钢 | | 工艺时间短、兼有渗碳和渗氮的优点，比渗氮处理硬化层厚生产率高、可代替渗碳淬火 |

## 第十节 圆柱齿轮传动的强度计算

### 一、圆柱齿轮传动的载荷计算

#### （一）直齿圆柱齿轮传动的受力分析

图 8-35 所示为一对直齿圆柱齿轮在节点处啮合的情况。如果略去摩擦力，则在啮合平面内的法向总作用力 $F_n$ 将垂直于齿面，$F_n$ 可分解为圆周力 $F_t$ 和径向力 $F_r$，各力计算式如下：

$$\left. \begin{array}{l} F_t = \dfrac{2T_1}{d_1} \\[2mm] F_r = F_t \tan\alpha \\[2mm] F_n = \dfrac{F_t}{\cos\alpha} = \dfrac{2T_1}{d_1 \cos\alpha} \end{array} \right\} \quad (8\text{-}28)$$

式中    $d_1$——小齿轮分度圆直径；

       $\alpha$——分度圆压力角；

       $T_1$——小齿轮传递的名义转

            矩。

根据作用力与反作用力的关系，作用在主、从动轮上各对应力的大小相等、方向相反。主动轮上的圆周力与其回转方向相反，从动轮上的圆周力与其回转方向相同。径向力则分别指向各自的轮心（内齿轮为远离轮心方向）。

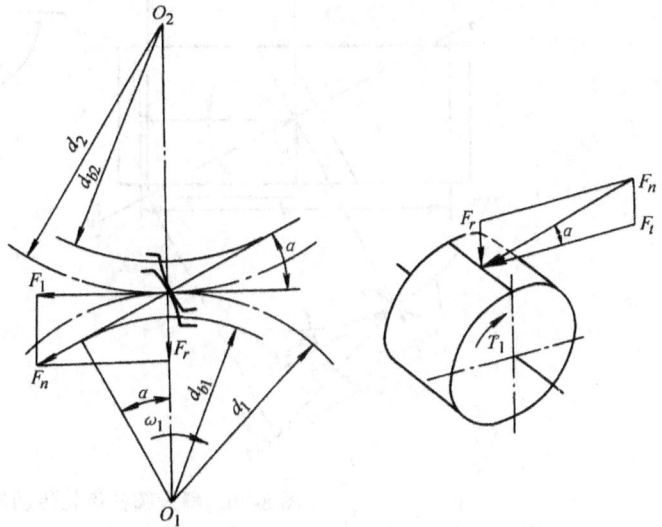

图 8-35 直齿圆柱齿轮传动的受力分析

#### （二）斜齿圆柱齿轮传动的受力分析

对于斜齿圆柱齿轮传动，其法向总作用力 $F_n$（略去摩擦力影响）作用在与齿向垂直的啮合平面（即法面）内，可分解为三个分力：圆周力 $F_t$，径向力 $F_r$ 和轴向力 $F_a$。以 $\alpha_n$ 表示分度圆法面压力角（图 8-36），各力计算式如下：

$$\left. \begin{array}{l} F_t = \dfrac{2T_1}{d_1} \\[3mm] F_r = F_c \tan\alpha_n = \dfrac{F_t \tan\alpha_n}{\cos\beta} \\[3mm] F_a = F_t \tan\beta \\[3mm] F_n = \dfrac{F_c}{\cos\alpha_n} = \dfrac{F_t}{\cos\alpha_n \cos\beta} = \dfrac{2T_1}{d_1 \cos\alpha_n \cos\beta} \end{array} \right\} \quad (8\text{-}29)$$

式中    $\beta$——分度圆上螺旋角。

圆周力和径向力的判断方法与直齿圆柱齿轮传动相同。轴向力的方向决定于轮齿螺旋线方向和齿轮的回转方向，可用主动轮左、右手法则判断；左螺旋用左手、右螺旋用右手。握住主动轮轴线，除拇指外其余四指代表齿轮回转方向，拇指的指向即是主动轮上轴向力方向，而从动轮上轴向力方向与其方向相反、大小相等。

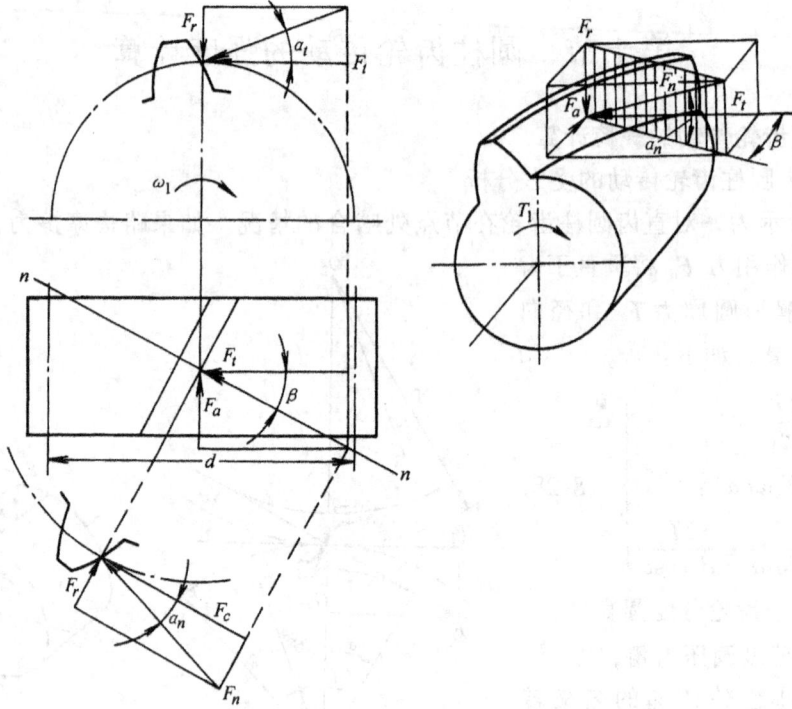

图 8-36  斜齿圆柱齿轮传动的受力分析

（三）计算载荷

在式（8-28）和式（8-29）中，如 $T_1$ 或 $F_t$ 以名义值代入，此时所求出的法向总作用力 $F_n$ 为名义载荷，如果 $F_n$ 沿轮齿接触线均匀分布时，则单位名义载荷

$$F_u = \frac{F_n}{L_\Sigma} \tag{8-30}$$

对于直齿圆柱齿轮，可取 $L_\Sigma = b$（齿轮宽度）；而对于斜齿圆柱齿轮，在轮齿表面上，接触线是倾斜的，接触线总长度的名义值为

$$L_\Sigma = \frac{\varepsilon_a b}{\cos\beta_b} \approx \frac{\varepsilon_a b}{\cos\beta}$$

式中　$\beta_b$——基圆柱上轮齿的螺旋角；

　　　$\varepsilon_a$——端面重合度。

当齿轮宽度不是轴向齿距的整数倍，端面重合度也不是整数时，接触线总长度不等于常数，而在齿轮每转过一个端面齿距时，总长度在 $L_{\Sigma min}$ 到 $L_{\Sigma max}$ 的范围内变动。接触线的最小长度

$$L_{\Sigma min} = K_\varepsilon L_\Sigma = K_\varepsilon \frac{\varepsilon_a b}{\cos\beta} \tag{8-31}$$

式中　$K_\varepsilon$——接触线总长度变化系数。对于斜齿轮，$K_\varepsilon = 0.9 \sim 1.0$，对于人字齿轮，$K_\varepsilon = 0.97 \sim 1.0$。

端面重合度 $\varepsilon_a$ 可用下式计算

$$\varepsilon_a = \left[ 1.88 - 3.2 \left( \frac{1}{z_1} \pm \frac{1}{z_2} \right) \right] \cos \beta \qquad (8-32)$$

其中"+"用于外啮合,"-"用于内啮合。

实际上,由于载荷沿接触线并不是均匀分布的,而在某些地方大于、某些地方小于名义载荷,即造成所谓载荷集中。估计载荷集中的影响,常用载荷集中系数 $K_\beta$。

此外,由于齿轮制造不精确,致使传动不平稳,将引起附加的动载荷。估计动载荷的影响,常用动载荷系数 $K_V$。

将式(8-29)和式(8-31)代入式(8-30)中,并计入载荷集中和动载荷的影响,可得斜齿轮(直齿轮实为斜齿轮一特例)单位计算载荷

$$F_{uc} = \frac{2T_1}{d_1 \, b K_\varepsilon \varepsilon_a \, \cos \alpha_n} K_\beta K_V \qquad (8-33)$$

欲求直齿轮的单位计算载荷,仍可用上式计算。此时,$K_\varepsilon \varepsilon_a = 1$,并用直齿轮的压力角 $\alpha$ 代换其中的 $\alpha_n$。

下面仅就载荷集中和动载荷产生的原因以及有关参数的选择,分别加以讨论。

(1)载荷集中系数 $K_\beta$ 由于齿轮、轴、轴承和箱体的变形以及齿轮本身不可避免的制造误差,将引起载荷沿齿宽接触线上分布不均。

图 8-37a 所示为齿轮位于两轴承中间对称布置。当齿轮位于两轴承之间非对称布置(图 8-37b),或齿轮布置在轴的外伸端部位(图 8-37c)时,在力的作用下将引起轴的弯曲变形,使两齿轮间产生偏转角 $\gamma$ 而导致齿端接触(图 8-37d)。如果轮齿是绝对刚体,则齿的接触以及全部载荷的传递只集中在轮齿的一端上。实际上,由于轮齿本身的变形,接触区将扩大到一定的面积上,面积长度可能等于或小于理论接触线的长度(图 8-37e),但此时单位载荷的分布将不再是均匀的(图 8-37f)。

最大单位载荷 $F_{u\max}$ 与单位名义载荷 $F_u$ 的比值称为载荷集中系数 $K_\beta$,即

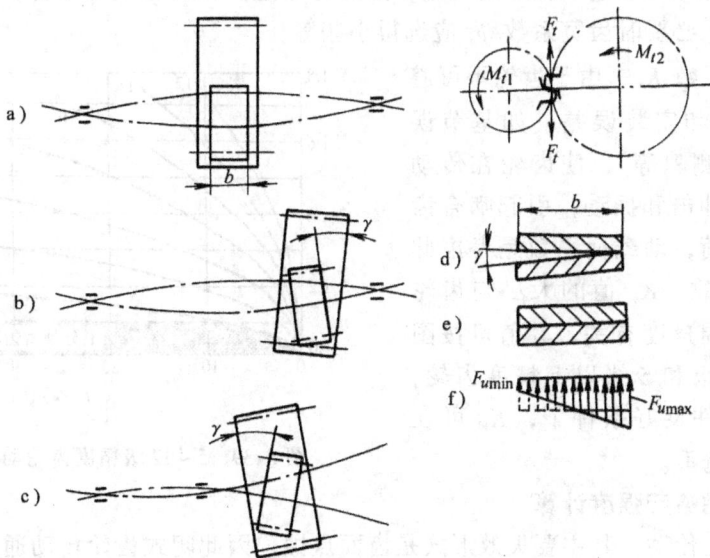

图 8-37 轮齿上的载荷集中

$$K_\beta = \frac{F_{umax}}{F_u}$$

由于影响 $F_{umax}$ 值的因素很多，如齿轮相对于轴承的位置、齿宽系数 $\psi_d = b/d_1$、轴承的刚度以及轴的长度与其直径的比值 $l/d$ 等等，而且关系也很复杂，因此目前对于载荷集中尚不能进行精确的计算。为了近似地估定载荷集中系数 $K_\beta$ 的大小，可按齿轮在轴上的布置情况、齿轮副表面硬度的不同搭配及齿宽系数 $\psi_d$ 的大小，由图 8-38 中选取。

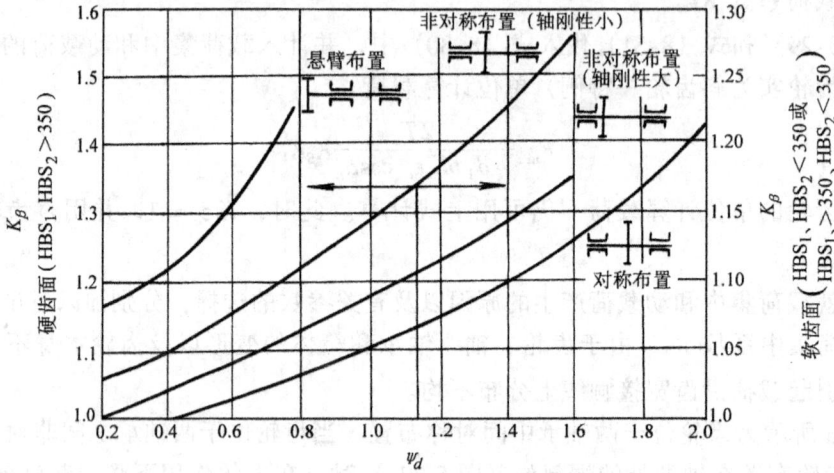

图 8-38　载荷集中系数 $K_\beta$ 值

对于 8 级精度的齿轮传动，$K_\beta$ 值可直接由图 8-38 选取，高于 8 级精度的齿轮传动，$K_\beta$ 值应降低 5% ~ 10%，但不能小于 1；低于 8 级精度的齿轮传动，$K_\beta$ 值应增大 5% ~ 10%。

为了减小载荷集中的影响，应注意：①提高齿轮的制造精度；②提高轴及支承的刚度；③齿轮相对于支承尽可能选取良好的位置，如对称布置。在齿轮必须悬臂布置时，应尽可能减小悬臂长度；④必要时齿宽系数 $\psi_d$ 应选得小些等。

（2）动载荷系数 $K_V$　由于齿轮不可避免地存在着制造和安装误差（如基节误差、齿形误差和侧隙等），使齿轮在传动过程中产生惯性冲击和振动，引起啮合齿面间的附加动载荷，动载荷系数是考虑此种载荷影响的系数，$K_V$ 值的大小与齿轮的制造精度、圆周速度有关，其值可按图8-39 选取。对 5 级和 5 级以上精度齿轮，在安装、润滑条件良好条件下，$K_V$ 可在 1.0 ~ 1.1 范围内选取。

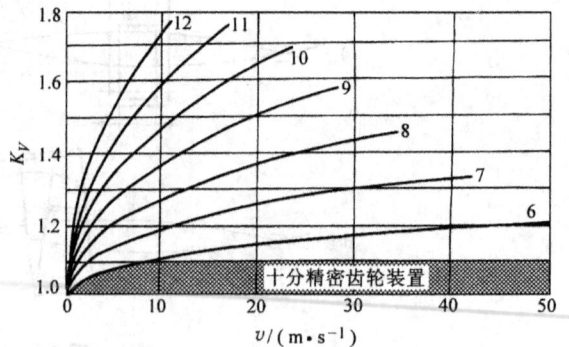

图 8-39　5 ~ 12 级精度齿轮动载荷系数 $K_V$

## 二、齿面接触疲劳强度计算

对于闭式齿轮传动，其主要失效形式是齿面点蚀，因此闭式齿轮传动通常要进行接触疲劳强度计算。

考虑到轮齿的接触类似于半径分别为 $\rho_1$ 和 $\rho_2$ 两个圆柱体相压一样，所以，计算其接触应力大小时，需应用赫兹公式即式（1-7），同时将式中 $F_u$ 用 $F_{uc}$ 来置换，即

$$\sigma_H = \sqrt{\frac{F_{uc}}{\rho} \cdot \frac{E}{2\pi(1-\mu^2)}} \qquad (8\text{-}34)$$

式中　$F_{uc}$——接触线上单位计算载荷；

　　　$E$——综合弹性模量，$E = 2E_1E_2/(E_1+E_2)$；

　　　$\rho$——综合曲率半径，$\rho = \rho_1\rho_2/(\rho_2 \pm \rho_1)$，其中"＋"用于外啮合，"－"用于内啮合；

　　　$\mu$——泊松比。

因为齿廓上各点的曲率半径是变化的，所以首先应规定出一计算点，然后就可以把轮齿的接触看作是与该点的曲率半径相等的圆柱体相接触。渐开线齿轮的综合曲率半径 $\rho$ 的变化曲线如图 8-40 上部所示，粗线部分是实际啮合线上各点处的综合曲率半径，图中节点 $C$ 处的 $\rho$ 值虽不是最小值，但在节点处一般仅有一对齿轮啮合，因此通常是在节点附近的齿根部分首先发生点蚀。因此，在接触强度计算中就以节点作为计算点，亦即采用节点处的 $\rho_1$、$\rho_2$ 来计算综合曲率半径 $\rho$ 值。

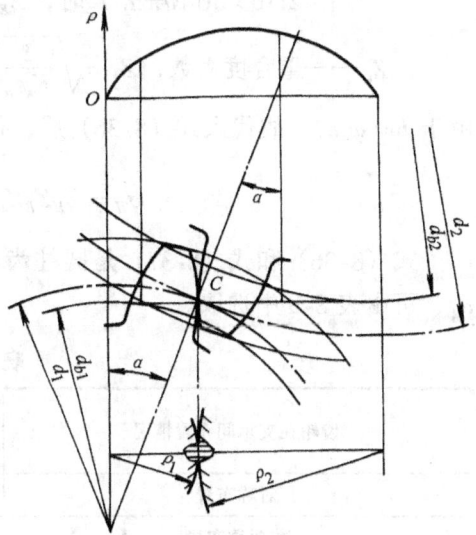

图 8-40　齿面接触疲劳强度计算简图

由于直齿轮可以看成是斜齿轮的一个特例，为了推导出计算圆柱齿轮接触应力的普遍分式，现以斜齿轮为对象，予以分析研究。两个斜齿轮在节点处接触，可以看成是它们的当量齿轮在该点啮合一样，对于标准斜齿轮传动（节圆直径 $d'$ 与分度圆直径 $d$ 相等），齿面在节点接触时的曲率半径

$$\rho_1 = \frac{d_{V1}}{2}\sin\alpha_n = \frac{d_1\sin\alpha_n}{2\cos^2\beta}; \quad \rho_2 = \frac{d_{V2}}{2}\sin\alpha_n = \frac{d_2\sin\alpha_n}{2\cos^2\beta}$$

式中　$d_{V1}$、$d_{V2}$——分别为两个斜齿轮的当量直径，$d_{V1} = d_1/\cos^2\beta$，$d_{V2} = d_2/\cos^2\beta$。

又

$$d_2'/d_1' = d_2/d_1 = u^{\ominus}$$

因此

$$\rho = \frac{\rho_1\rho_2}{\rho_2 \pm \rho_1} = \frac{ud_1\sin\alpha_n}{2(u \pm 1)\cos^2\beta} \qquad (8\text{-}35)$$

---

⊖ 为了使强度计算公式对于减速和增速传动均能适用，本章引入了齿数比（用 $u$ 来表示）的概念。齿轮传动比 $i = n_1/n_2 = d_2'/d_1' = d_2/d_1 = z_2/z_1$（角注 1 指主动轮，2 指从动轮）。对于减速传动，$i > 1$，对于增速 $i < 1$。齿数比 $u = \dfrac{z_2(\text{大齿轮齿数})}{z_1(\text{小齿轮齿数})}$。减速传动时，$u = i$；增速传动时，$u = 1/i$。显然，无论减速或增速传动，则齿数比的值是恒大于 1 的。

将式（8-33）和式（8-35）代入式（8-34）中，且 $\cos\alpha_n\sin\alpha_n = \frac{1}{2}\sin2\alpha_n$，得

$$\sigma_H = \sqrt{\frac{4T_1K_\beta K_V\ (u\pm 1)\ \cos^2\beta}{d_1^2 bK_\varepsilon\varepsilon_a u\sin2\alpha_n}\frac{E}{\pi\ (1-\mu^2)}}$$

或写成

$$\sigma_H = Z_H Z_E Z_\varepsilon\sqrt{\frac{2T_1K_\beta K_V}{d_1^2 b}\frac{u\pm 1}{u}}\leqslant\ [\sigma_H]\qquad(8\text{-}36)$$

式中　$Z_H$——节点啮合系数，$Z_H = \sqrt{\dfrac{2\cos^2\beta}{\sin2\alpha_n}}$。对于标准斜齿轮，$a_n = 20°$，$Z_H = 1.76\cos\beta$；

而对于标准直齿轮，$\beta = 0$，$Z_H = 1.76$；

$Z_E$——弹性系数，$Z_E = \sqrt{\dfrac{E}{\pi\ (1-\mu^2)}}$。当两轮皆为钢制齿轮（$\mu = 0.3$，$E_1 = E_2 =$

$2.10\times10^5\,\text{N/mm}^2$）时，$Z_E = 271\sqrt{\text{N/mm}^2}$；

$Z_\varepsilon$——重合度系数，$Z_\varepsilon = \sqrt{\dfrac{1}{K_\varepsilon\varepsilon_a}}$。对于直齿轮，$Z_\varepsilon = 1$。

由于 $b = \psi_d d_1$，故代入式（8-36）后，得

$$\sigma_H = Z_H Z_E Z_\varepsilon\sqrt{\frac{2T_1K_\beta K_V}{d_1^3\psi_d}\frac{u\pm 1}{u}}\leqslant\ [\sigma_H]\qquad(8\text{-}37)$$

式（8-36）和式（8-37）是圆柱齿轮传动接触强度的验算公式。式中齿宽系数 $\psi_d = b/d_1$，可由表8-9中选取。

表8-9　齿宽系数 $\psi_d$

| 齿轮在支承间布置情况 | 齿　面　硬　度 | |
|---|---|---|
| | 软齿面（HBS ≤ 350） | 硬齿面（HBS > 350） |
| 对称布置 | 0.8 ~ 1.4 | 0.4 ~ 0.9 |
| 非对称布置 | 0.6 ~ 1.2 | 0.3 ~ 0.6 |
| 外伸端布置 | 0.3 ~ 0.4 | 0.2 ~ 0.25 |

注：1. 当载荷稳定或近似稳定和轴与支承刚性较大时，取大值。

2. 对于人字齿轮传动，当齿宽 $b$ 为人字齿轮总宽一半时，$\psi_d$ 值由表中查得后应乘以 1.3 ~ 1.4。

由式（8-37）可以导出求小轮分度圆直径 $d_1$ 公式，即

$$d_1 = K_d\sqrt[3]{\frac{T_1K_\beta}{\psi_d\ [\sigma_H]^2}\frac{u\pm 1}{u}}\qquad(8\text{-}38)$$

其中

$$K_d = \sqrt[3]{2\ (Z_H Z_E Z_\varepsilon)^2 K_V}\ \sqrt[3]{\text{N/mm}^2}$$

对于钢制的直齿圆柱齿轮传动，$K_d = 84\sqrt[3]{\text{N/mm}^2}$，考虑到斜齿轮的承载能力约为直齿轮的 1.5 倍，因此，对于钢制斜齿轮，$K_d = 73\sqrt[3]{\text{N/mm}^2}$。

在齿面接触强度计算中，许用接触应力可按下式计算

$$[\sigma_H] = \frac{\sigma_{H\text{lim}b}}{S_H}K_{HL}\qquad(8\text{-}39)$$

式中　$\sigma_{Hlimb}$——对应于循环基数 $N_{H0}$ 的齿面接触极限应力其值决定于齿轮材料及热处理条件，见表 8-10；

$S_H$——安全系数。对于正火、调质、整体淬火的齿轮，取 $S_H = 1.1$，对于表面淬火、渗碳、氮化的齿轮，取 $S_H = 1.2$；

$K_{HL}$——寿命系数。

当载荷稳定时

$$K_{HL} = \sqrt[6]{\frac{N_{H0}}{N_H}} \qquad\qquad (8-40)$$

式中　$N_{H0}$——循环基数；

$N_H$——轮齿的应力循环次数。

**表 8-10　齿面接触极限应力**

| 材　　料 | 热 处 理 方 法 | 齿 面 硬 度 | $\sigma_{Hlim}/(\text{N}\cdot\text{mm}^{-2})$ |
|---|---|---|---|
| 碳钢和合金钢 | 退火，正火，调质 | HBS ≤ 350 | 2HBS + 69 |
| | 整体淬火 | 38 ~ 50HRC | 18HRC + 15 |
| | 表面淬火 | 40 ~ 56HRC | 17HRC + 20 |
| 合金钢 | 渗碳淬火 | 54 ~ 64HRC | 23HRC |
| | 氮化 | 550 ~ 750HV | 1.5HV |

依材料性质的不同，$N_{H0}$ 在很大的范围内变动。一般说来，轮齿的表面硬度愈高，循环基数 $N_{H0}$ 愈大。其值可按齿面布氏硬度（HBS）的大小，由图 8-41 查得。当齿面硬度值的单位为洛氏硬度（HRC）或维氏硬度（HV）时，须先将其折算成布氏硬度后，再从图 8-41 中查取相应的循环基数 $N_{H0}$ 值。不同单位硬度值的折算关系曲线如图 8-42 所示。

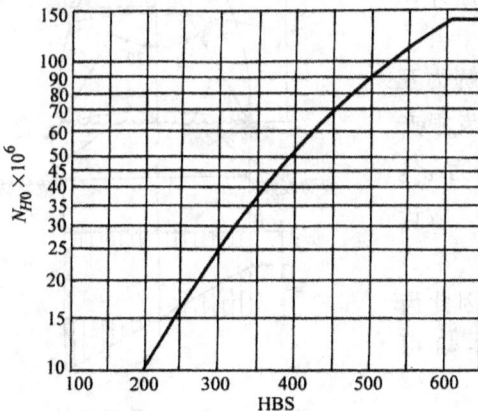

图 8-41　$N_{H0}$-HBS 关系曲线

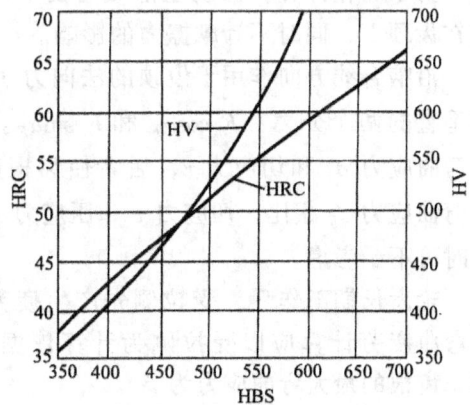

图 8-42　硬度值 HRC、HV 与 HBS 折算曲线

如果齿轮每转一周，各轮齿只啮合一次时，轮齿的应力循环次数 $N_H$ 可按下式计算

$$N_H = 60nt \qquad\qquad (8-41)$$

式中　$n$——齿轮转速；

$t$——工作总时数。

计算中，当 $N_H > N_{H0}$ 时，取 $K_{HL} = 1$。

当载荷不稳定时，可按下式计算

$$K_{HV} = \sqrt[6]{\frac{N_{H0}}{N_{HV}}}$$

式中　$N_{HV}$——当量应力循环次数。可按下式计算

$$N_{HV} = 60 \sum_{i=1}^{n} \left( \frac{T_i}{T_{max}} \right)^3 n_i t_i \tag{8-42}$$

式中　$T_{max}$——全部转矩中的最大值；

　　　$T_i$——全部转矩中的任一转矩；

　　　$n_i$、$t_i$——对应于 $T_i$ 的转速和工作小时数。

在齿轮传动中，由于两齿轮（通常是一大一小）的材料、热处理和转速不同，因此，两齿轮的 $\sigma_{Hlim}$、$S_H$ 和 $K_{HL}$ 也不同，致使两齿轮的许用接触应力 $[\sigma_H]_1$ 和 $[\sigma_H]_2$ 也不相同，在进行齿面接触强度计算时，应代入较小值进行计算。

由式（8-38）可以看出，齿轮传动的齿面接触强度取决于齿轮直径 $d_1$ 或中心距 $a$（$a = d_1 (u \pm 1) / 2$）的大小，即取决于模数 $m$ 和齿数 $z$ 的乘积。只要 $d_1$（或 $a$）一定时，其接触强度就是一定的。即使单纯增大模数 $m$ 而不改变 $mz$ 乘积值，则不能提高其齿面接触强度。

### 三、齿根弯曲疲劳强度计算

计算轮齿的弯曲强度时，把齿轮看作是一个宽度为 $b$ 的悬臂梁。因此，齿根处为危险截面，它可以用 30°切线法确定（图 8-43）；作与轮齿对称线成 30°角并与齿根过渡曲线相切的切线，通过两切点平行于齿轮轴线的截面，即齿根危险截面。

为了简化计算，假设全部载荷由一对齿来承担并作用在齿顶上，同时不计摩擦力的影响。

沿啮合线方向作用于齿顶的法向力 $F_n$，可分解为互相垂直的两个分力：$F_n \cos\alpha_F$ 和 $F_n \sin\alpha_F$。前者使齿根产生弯曲应力 $\sigma_b$ 和切应力 $\tau$，后者使齿根产生压应力 $\sigma_c$。与弯曲应力 $\sigma_b$ 相比，切应力 $\tau$ 和压应力 $\sigma_c$ 均很小，故计算时可不予考虑。

轮齿长期工作后，受拉侧先产生疲劳裂纹，因此齿根弯曲疲劳计算应以受拉侧为计算依据。由图 8-43 可知，齿根的最大弯曲应力为

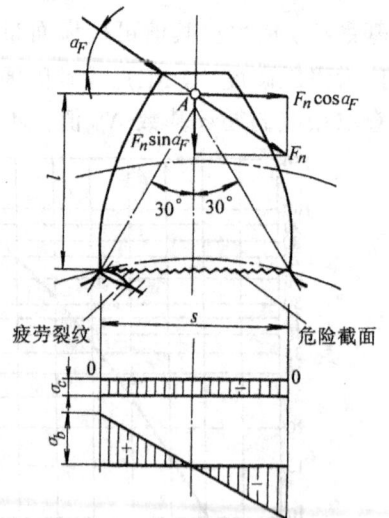

图 8-43　齿根危险截面的应力

$$\sigma_F = \frac{M}{W} = \frac{F_n \cos\alpha_F \, l}{bs^2/6} = \frac{F_t}{bm} \frac{6 \, (l/m) \, \cos\alpha_F}{(s/m)^2 \cos\alpha}$$

令

$$Y_F = \frac{6 \, (l/m) \, \cos\alpha_F}{(s/m)^2 \cos\alpha}$$

则得

$$\sigma_F = Y_F \frac{F_t}{bm}$$

计入载荷集中系数 $K_\beta$、动载荷系数 $K_V$ 后，得直齿轮齿根弯曲强度验算公式

$$\sigma_F = Y_F \frac{F_t}{bm} K_p K_V = Y_F \frac{2T_1 K_\beta K_V}{d_1^2 \psi_d m} \leqslant [\sigma_F] \tag{8-43}$$

式中　　$b$——齿宽，$b = \psi_d d_1$；

$[\sigma_F]$——许用弯曲应力；

$Y_F$——齿形系数。

由于 $l$ 与 $s$ 均与模数成正比，故 $Y_F$ 只取决于轮齿的形状（随齿数 $z$ 和变位系数 $x$ 而异），$Y_F$ 可由图 8-44 查得。

由于斜齿轮轮齿上的接触线相对于齿根是倾斜的，因此轮齿往往是沿着如图 8-45 所示的危险截面折断。折断面上的最大弯曲应力发生在齿端顶部受力时，因此很难用解析法进行精确计算。

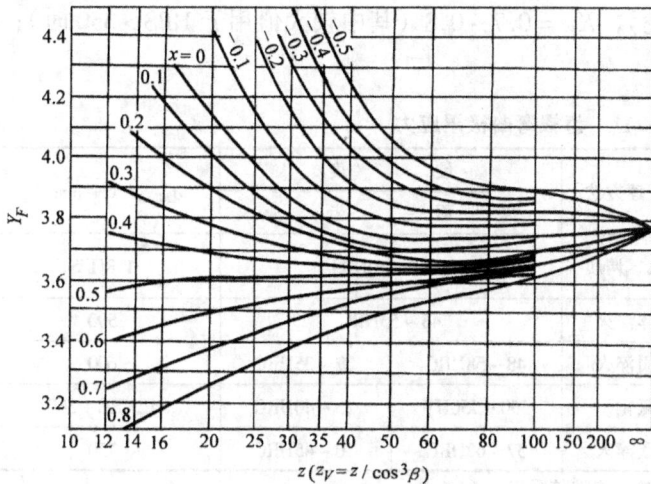

图 8-44　齿形系数曲线

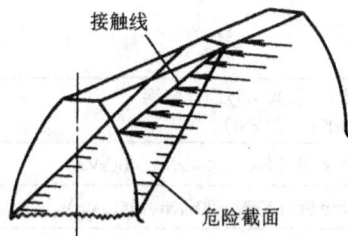

图 8-45　斜齿圆柱齿轮的折断面

分析斜齿轮轮齿的弯曲应力时仍可按直齿轮传动中所述方法，这时在式（8 - 43）中应以法面模数 $m_n$ 代替 $m$，并且齿形系数 $Y_F$ 应根据当量齿数 $z_v = z/\cos^3\beta$，由图 8-44 中查得。考虑到由于斜齿轮轮齿接触线总长 $L_\Sigma$ 比齿轮宽度 $b$ 大 $K_\varepsilon\varepsilon_a/\cos\beta$ 倍（见式 8-31），研究证明，由于接触线的增长和轮齿倾斜，使得弯曲应力有所降低。因此，斜齿轮齿根弯曲应力的验算公式为

$$\sigma_F = Y_F Y_\varepsilon Y_\beta \frac{F_t}{bm_n} K_\beta K_V = Y_F Y_\varepsilon Y_\beta \frac{2T_1 K_\beta K_V}{d_1^2 \psi_d m_n} \leqslant [\sigma_F] \tag{8-44}$$

式中　　$Y_\varepsilon$——重合度系数，$Y_\varepsilon = 1/(K_\varepsilon\varepsilon_a)$；

$Y_\beta$——螺旋角系数，根据实验研究，推荐 $Y_\beta = 1 - \dfrac{\beta}{140°}$（当 $\beta > 42°$时，$Y_\beta \approx 0.7$）。

式（8-43）和式（8-44）为圆柱齿轮传动弯曲强度的验算公式。

为了导出求模数的公式，式（8-44）中 $d_1$ 用 $m_n^2 z_1^2/\cos^2\beta$ 代换，整理后可得

$$m_n = K_m \sqrt[3]{\frac{T_1 K_\beta}{z_1^2 \psi_d} \frac{Y_F}{[\sigma_F]}} \tag{8-45}$$

其中
$$K_m = \sqrt[3]{2 Y_\varepsilon Y_\beta \cos^2 \beta K_V}$$

式（8-45）为圆柱齿轮传动弯曲强度的设计公式。

当进行初步计算时，对于直齿圆柱齿轮传动，$K_m = 1.4$；对于斜齿圆柱齿轮传动，可近似地取 $K_m \approx 1.22$。

许用弯曲应力 $[\sigma_F]$ 可按下式计算

$$[\sigma_F] = \frac{\sigma_{Flimb}}{S_F} K_{Fc} K_{FL} \tag{8-46}$$

式中　$\sigma_{Flimb}$——齿根弯曲极限应力。其值决定于齿轮的材料和热处理条件，见表 8-11；

　　　$S_F$——安全系数，通常取 $1.7 \sim 2.2$。其中较大值用于铸件、高温下或腐蚀环境下工作的齿轮；

　　　$K_{Fc}$——轮齿双面受载时的影响系数。当轮齿单面受载时，$K_{Fc} = 1$；轮齿双面受载时（正、反向传动的齿轮），$K_{Fc} = 0.7 \sim 0.8$（其中较大值用于 HBS > 350 时）；

　　　$K_{FL}$——寿命系数。

表 8-11　齿根弯曲极限应力

| 材　料 | 热处理方法 | 硬　度 | | $\sigma_{Flimb}/(N \cdot mm^{-2})$ |
|---|---|---|---|---|
| | | 齿　面 | 齿　心 | |
| 碳钢（40、45），合金钢（40Cr、40CrNi） | 正火、调质 | $180 \sim 350$HBS | | 1.8HBS |
| 合金钢（40Cr、40CrNi、40CrVA） | 整体淬火 | $45 \sim 55$HRC | | 500 |
| 合金钢（40Cr、40CrNi、35CrMo） | 表面淬火 | $48 \sim 58$HRC | $27 \sim 35$HRC | 600 |
| 合金钢（40Cr、40CrVA、38CrMoAlA） | 氮化 | $550 \sim 750$HV | $25 \sim 40$HRC | 12HRC + 300 |
| 合金钢（20Cr、20CrMnTi） | 渗碳淬火 | $57 \sim 62$HRC | $30 \sim 45$HRC | 750 |

注：对于齿根经喷丸或滚压等强化处理的齿轮，将该值乘以 $1.1 \sim 1.3$。

当 HB ≤ 350 时

$$K_{FL} = \sqrt[6]{\frac{N_{F0}}{N_{FV}}} \geq 1，但 \leq 2$$

当 HBS > 350 时

$$K_{FL} = \sqrt[9]{\frac{N_{F0}}{N_{FV}}} \geq 1，但 \leq 1.6$$

此时，循环基数 $N_{F0}$ 可取 $4 \times 10^6$（对于所有钢制齿轮）。

当载荷稳定时，当量应力循环次数 $N_{FV}$ 可按式（8-41）计算。当载荷不稳定时，$N_{Fv}$ 可按式（8-42）计算，即

$$N_{FV} = 60 \sum_{i=1}^{n} \left(\frac{T_{ti}}{T_{tmax}}\right)^k n_i t_i \tag{8-47}$$

式（8-47）中指数 $k$，对于正火、调质以及表面强化（如齿面经过研磨）的钢制齿轮，取 $k = 6$；对于淬火钢，取 $k = 9$。

应当指出，由于两轮齿数不同，其齿形系数 $Y_F$ 也不同；两轮材料、热处理条件以及转速不同，其许用弯曲应力 $[\sigma_F]$ 亦不同。因此，在按弯曲强度计算模数时，应按两轮中 $Y_F$/

$[\sigma_F]$ 值较大者计算。用式（8-43）、式（8-44）进行验算时，对大小两个齿轮应分别计算。

由于开式齿轮传动主要失效形式是磨损，因目前尚无可靠的磨损计算方法，故按弯曲强度进行计算时，为了补偿轮齿因磨损而被削弱，可将求得的模数增大 10%。

**例题 8-2**　设计一标准直齿圆柱齿轮减速器。已知传递功率 $P = 4kW$，$n_1 = 960r/min$，传动比 $i = u = 3$，单向传动，齿轮对称布置，载荷稳定，每日工作 8h，每年工作 300 天，使用期限 10 年。

**解**　1）选择齿轮材料。考虑减速器外廓尺寸不宜过大，大小齿轮都选用 40Cr，小齿轮表面淬火 40～56HRC，大齿轮调质处理，硬度 300HBS。

2）确定许用应力

①许用接触应力：由式（8-39）知

$$[\sigma_H] = \frac{\sigma_{Hlimb}}{S_H}K_{HL}$$

按表 8-10 查得

$$\sigma_{Hlimb1} = 17HRC + 20N/mm^2 = (17 \times 48 + 20)N/mm^2 = 836N/mm^2$$

$$\sigma_{Hlimb2} = 2HBS + 69N/mm^2 = (2 \times 300 + 69)N/mm^2 = 669N/mm^2$$

故应按接触极限应力较低的计算，即只需求出 $[\sigma_H]_2$。

对于调质处理的齿轮，$S_H = 1.1$。

由于载荷稳定，故按式（8-41）求轮齿的应力循环次数 $N_H$

$$N_H = 60n_2t$$

其中　$n_2 = \frac{n_1}{i} = \frac{960}{3}r/min = 320r/min$，$t = 8 \times 300 \times 10h = 24000h$。

$$N_H = 60 \times 320 \times 24000 = 46 \times 10^7$$

循环基数 $N_{H0}$ 由图 8-41 中查得，当 HBS 为 300 时，$N_{H0} = 2.5 \times 10^7$。因 $N_H > N_{H0}$，所以 $K_{HL} = 1$。

$$[\sigma_H]_2 = \frac{669}{1.1}N/mm^2 = 608N/mm^2$$

②许用弯曲应力　由式（8-46）知

$$[\sigma_F] = \frac{\sigma_{Flimb}}{S_F}K_{Fc}K_{FL}$$

由表 8-11 知

$$\sigma_{Flimb1} = 600N/mm^2$$

$$\sigma_{Flimb2} = 1.8HBS = 1.8 \times 300N/mm^2 = 540N/mm^2$$

取 $S_F = 2$，单向传动取 $K_{Fc} = 1$，因 $N_{FV} > N_{F0}$，所以 $K_{FL} = 1$。

得

$$[\sigma_F]_1 = \frac{600}{2}N/mm^2 = 300N/mm^2$$

$$[\sigma_F]_2 = \frac{540}{2}N/mm^2 = 270N/mm^2$$

3）计算齿轮的工作转矩

$$T_1 = 9550000\frac{P}{n_1} = 9550000 \times \frac{4}{960}N\cdot mm = 39800N\cdot mm$$

4）根据接触强度，求小齿轮分度圆直径

由式（8-38）知

$$d_1 = K_d \sqrt{\frac{T_1 K_\beta}{\psi_d [\sigma_H]^2} \cdot \frac{u+1}{u}}$$

初步计算时，取 $K_d = 84 \sqrt[3]{\text{N/mm}^2}$，$\psi_d = 1$（表8-9），$K_\beta = 1.05$（图8-38）。

$$d_1 = 84 \sqrt[3]{\frac{39800 \times 1.05}{1 \times 608^2} \times \frac{3+1}{3}} \text{mm} = 45\text{mm}$$

$$b = \psi_d d_1 = 1 \times 45\text{mm} = 45\text{mm}$$

选定 $z_1 = 30$，$z_2 = uz_1 = 3 \times 30 = 90$。

$$m = \frac{d_1}{z_1} = \frac{45}{30}\text{mm} = 1.5\text{mm}$$

$$a = \frac{m}{2}(z_1 + z_2) = \frac{1.5}{2}(30 + 90)\text{mm} = 90\text{mm}$$

5）验算接触应力

由式（8-37）知

$$\sigma_H = Z_H Z_E Z_\varepsilon \sqrt{\frac{2T_1 K_\beta K_V}{d_1^3 \psi_d} \cdot \frac{u+1}{u}}$$

取 $Z_H = 1.76$，$Z_\varepsilon = 1$（直齿轮），$Z_E = 271 \sqrt[2]{\text{N/mm}^2}$（钢制齿轮）。

又齿轮圆周速度

$$v = \frac{\pi d_1 n_1}{60 \times 1000} = \frac{\pi \times 45 \times 960}{60 \times 1000}\text{m/s} = 2.26\text{m/s}$$

由图8-39查得 $k_{HV} = 1.15$（7级精度齿轮）

$$\sigma_H = 1.76 \times 271 \times 1 \times \sqrt{\frac{2 \times 39800 \times 1.05 \times 1.15}{45^3 \times 1} \times \frac{3+1}{3}}\text{N/mm}^2$$

$$= 566\text{N/mm}^2 < [\sigma_H]_2 \text{（接触强度足够）}$$

6）验算弯曲应力

由式（8-43）知

$$\sigma_F = Y_F \frac{2T_1 K_\beta K_V}{d_1^2 \psi_d m}$$

由图8-44查得

$$\left.\begin{array}{l} Z_1 = 30, \quad Y_{F1} = 3.87 \\ Z_2 = 90, \quad Y_{F2} = 3.75 \end{array}\right\} (x = 0)$$

$$\frac{[\sigma_F]_1}{Y_{F1}} = \frac{300}{3.87}\text{N/mm}^2 = 77.5\text{N/mm}^2$$

$$\frac{[\sigma_F]_2}{Y_{F2}} = \frac{270}{3.75}\text{N/mm}^2 = 72\text{N/mm}^2$$

$$\frac{[\sigma_F]_2}{Y_{F2}} < \frac{[\sigma_F]_1}{Y_{F1}}，\text{故应验算大齿轮的弯曲应力}$$

$$\sigma_{F2} = 3.75 \times \frac{2 \times 39800 \times 1.05 \times 1.15}{45^2 \times 1 \times 1.5}\text{N/mm}^2 = 118.7\text{N/mm}^2 < [\sigma_F]_2 \text{（弯曲强度足够）}$$

## 第十一节　圆锥齿轮传动

### 一、圆锥齿轮传动的应用和特点

圆锥齿轮传动用来传递两相交轴之间的运动和转矩。圆锥齿轮的轮齿是分布在一个圆锥面上（图 8-1），这是圆锥齿轮区别于圆柱齿轮处之一。正是由于这个特点，所以相应于圆柱齿轮中的各有关"圆柱"，在这里都变为"圆锥"，例如齿顶圆锥、分度圆锥和齿根圆锥等。又因圆锥齿轮的轮齿是分布在圆锥面上，所以齿轮两端尺寸的大小是不同的，而为了计算和测量的方便，通常取圆锥齿轮大端的参数为标准值，即大端的模数按表 8-12 选取，其压力角一般为 20°。

**表 8-12　圆锥齿轮标准模数系列**　　　　　　　　　　（单位：mm）

| 1 | 1.125 | 1.25 | 1.375 | 1.5 | 1.75 | 2 | 2.25 | 2.5 | 2.75 |
|---|---|---|---|---|---|---|---|---|---|
| 3 | 3.25 | 3.5 | 3.75 | 4 | 4.5 | 5 | 5.5 | 6 | 6.5 |
| 7 | 8 | 9 | 10 | 11 | 12 | 14 | 16 | 18 | 20 |

注：摘自 GB12368—90，1 > m > 20 的值未列入表中。

圆锥齿轮的轮齿有直齿、斜齿及曲线齿（圆弧齿、螺旋齿）等多种形式，两轴间交角$\Sigma$多采用 90°。由于直齿圆锥齿轮的设计、制造和安装均较简便，故应用最为广泛。但与圆柱齿轮相比，其制造误差较大，工作时易产生振动和噪声，故不适宜精密传动和速度很高的场合。

### 二、直齿圆锥齿轮的理论齿廓、背锥和当量齿数

#### （一）理论齿廓

圆锥齿轮齿廓的形成与圆柱齿轮相似，不同的只是用基圆锥代替了基圆柱。如图 8-46 所示，当平面（发生面）$S$ 与基圆锥相切，并在其上作纯滚动时，该平面上任意点 $B$ 描绘出的轨迹为球面渐开线$\overset{\frown}{AB}$，所以圆锥齿轮的理论齿廓曲线就是以锥顶 $O$ 为球心的球面渐开线。

#### （二）背锥

圆锥齿轮的齿廓曲线在理论上是球面曲线。但是，球面不能展成平面，这给圆锥齿轮的设计和制造带来很多困难，因此通常采用近似曲线代替。

图 8-47 为一圆锥齿轮的半剖面图。$OAB$ 表示分度圆锥，$\overset{\frown}{bA}$ 和 $\overset{\frown}{aA}$ 为球面上齿形的齿顶高和齿根高。

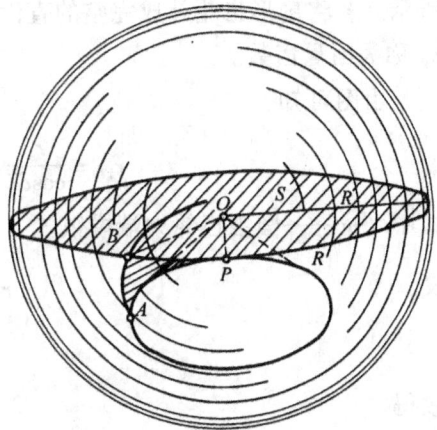

图 8-46　圆锥齿轮理论齿廓曲线的形成

过 $A$ 点作$\overset{\frown}{AO_1}\perp\overset{\frown}{AO}$，交圆锥齿轮的轴线于 $O_1$ 点，再以 $OO_1$ 为轴线及以 $O_1A$ 为母线作圆锥 $O_1AB$，这个圆锥称为辅助圆锥或背锥。显然背锥与球面切于圆锥齿轮大端的分度圆上，如图 8-47 右半部所示。将球面渐开线齿形投影到背锥上，自 $A$ 点和 $B$ 点取齿顶高和齿根高得 $b'$ 点和 $a'$ 点。由图可见，在 $A$ 点和 $B$ 点附近、背锥面与球面非常接近。因此，可近似地用背锥上齿形来代替球面齿形，同时背锥面可以展成平面，这样将给圆锥齿轮的设计和制造带来

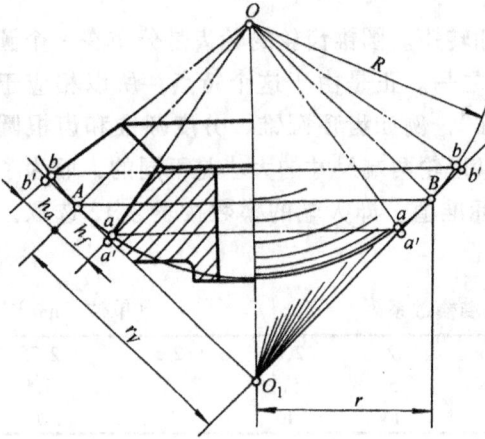

图 8-47　圆锥齿轮的背锥

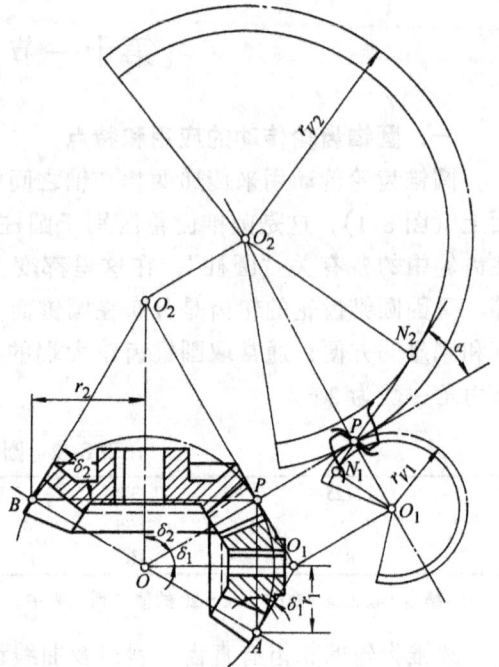

图 8-48　圆锥齿轮的当量齿轮

极大的方便。

（三）当量齿数

将背锥面展成一扇形平面，故圆锥齿轮传动可以转化为平面扇形齿轮传动，如图 8-48 所示。若将扇形齿轮补成完整的直齿圆柱齿轮，则该齿轮即为圆锥齿轮的当量齿轮，其齿数 $z_V$ 称为当量齿数。

由图可知，

$$r_{V1} = \frac{r_1}{\cos\delta_1} = \frac{mz_1}{2\cos\delta_1}, \quad r_{V2} = \frac{r_2}{\cos\delta_2} = \frac{mz_2}{2\cos\delta_2}$$

式中　　$m$——圆锥齿轮大端模数。

又

$$r_{V1} = \frac{mz_{V1}}{2} \quad r_{V2} = \frac{mz_{V2}}{2}$$

故得

$$\left. \begin{array}{l} z_{V1} = \dfrac{z_1}{\cos\delta_1} \\[2mm] z_{V2} = \dfrac{z_2}{\cos\delta_2} \end{array} \right\}$$

(8-48)

### 三、正确啮合条件

一对直齿圆锥齿轮的啮合，相当于一对当量齿轮啮合。正确啮合的条件是两当量齿轮的模数和压力角应分别相等，也就是两圆锥齿轮的大端模数和压力角必须分别相等，即

$$m_1 = m_2 = m \text{（为标准值）}$$

$$\alpha_1 = \alpha_2 = \alpha \text{（为标准值）}$$

### 四、传动比和几何尺寸的计算

（一）传动比

一对圆锥齿轮传动相当于一对分度圆锥（也称节圆锥）作纯滚动。传动比

$$i_{12} = \frac{\omega_1}{\omega_2} = \frac{r_2}{r_1} = \frac{z_2}{z_1} = u$$

因 $\delta_1 + \delta_2 = 90°$

$$r_1 = \frac{d_1}{2} = R\sin\delta_1 , \quad r_2 = \frac{d_2}{2} = R\sin\delta_2$$

故

$$i_{12} = \frac{r_2}{r_1} = \frac{\sin\delta_2}{\sin\delta_1} = \tan\delta_2 = u \quad (8\text{-}49)$$

（二）几何尺寸计算

直齿圆锥齿轮传动的几何尺寸计算是以大端为准，根据图 8-49 的几何关系，几何计算公式列于表 8-13 中。

**五、直齿圆锥齿轮传动的受力分析**

为了简化计算，假设法向力 $F_n$ 作用在齿宽中部的节点上。$F_n$ 可分解为三个互相垂直的分力，即圆周力 $F_t$、径向力 $F_r$ 和轴向力 $F_a$，如图 8-50 所示。

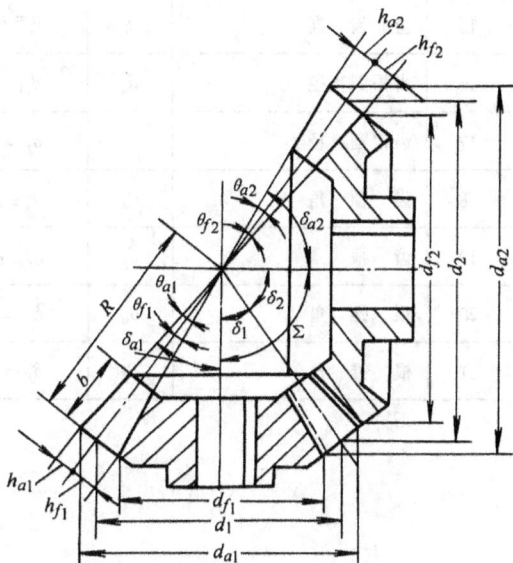

图 8-49 直齿圆锥齿轮传动的几何关系

表 8-13 标准直齿圆锥齿轮传动的参数和几何尺寸关系的计算

| 序号 | 名　称 | 代号 | 公　式　和　说　明 |
|---|---|---|---|
| 1 | 齿　数 | $z$ | 根据工作要求定出 |
| 2 | 模　数 | $m$ | 取标准值 |
| 3 | 压力角 | $\alpha$ | 取标准值：$\alpha = 20°$ |
| 4 | 传动比 | $i$ | $i = \dfrac{\omega_1}{\omega_2} = \dfrac{n_1}{n_2} = \dfrac{r_2}{r_1} = \dfrac{z_2}{z_1} = \tan\delta_2 = \dfrac{1}{\tan\delta_1} = u$ |
| 5 | 分度圆（节圆）锥角 | $\delta$ | $\delta_1 = \arctan\dfrac{z_1}{z_2}$；$\delta_2 = \arctan\dfrac{z_2}{z_1} = 90° - \delta_1$ |
| 6 | 当量齿数 | $z_V$ | $z_{V1} = \dfrac{z_1}{\cos\delta_1}$；$z_{V2} = \dfrac{z_1}{\cos\delta_2}$ |
| 7 | 分度圆（节圆）直径 | $d$ | $d_1 = mz_1$；$d_2 = mz_2$ |
| 8 | 外锥距 | $R$ | $R = \dfrac{d}{2\sin\delta} = 0.5m\sqrt{z_1^2 + z_2^2}$ |
| 9 | 齿宽系数 | $\psi_R$ | $\psi_R = 0.25 \sim 0.35$，常取 $\psi_R = 0.3$；$\psi_R = b/R$ |
| 10 | 齿　宽 | $b$ | $b = \psi_R R$ |
| 11 | 齿顶高系数 | $h_a^*$ | $h_a^* = 1$ |
| 12 | 顶隙系数 | $c^*$ | $c^* = 0.2$ |
| 13 | 齿顶高 | $h_a$ | $h_a = h_a^* m = m$ |
| 14 | 齿根高 | $h_f$ | $h_f = (h_a^* + c^*)m = 1.2m$ |

（续）

| 序号 | 名　　称 | 代号 | 公　式　和　说　明 |
|---|---|---|---|
| 15 | 全 齿 高 | $h$ | $h = h_a + h_f = 2.2m$ |
| 16 | 齿根圆直径 | $d_a$ | $d_{a1} = d_1 + 2h_a\cos\delta_1$；$d_{a2} = d_2 + 2h_a\cos\delta_2$ |
| 17 | 齿根圆直径 | $d_f$ | $d_{f1} = d_1 - 2h_f\cos\delta_1$；$d_{f2} = d_2 - 2h_f\cos\delta_2$ |
| 18 | 齿 顶 角 | $\theta_a$ | $\theta_a = \arctan\dfrac{h_a}{R}$ |
| 19 | 齿 根 角 | $\theta_f$ | $\theta_f = \arctan\dfrac{h_f}{R}$ |
| 20 | 顶 锥 角 | $\delta_a$ | $\delta_{a1} = \delta_1 + \theta_a$；$\delta_{a2} = \delta_2 + \theta_a$ |
| 21 | 根 锥 角 | $\delta_f$ | $\delta_{f1} = \delta_1 - \theta_f$；$\delta_{f2} = \delta_2 - \theta_f$ |

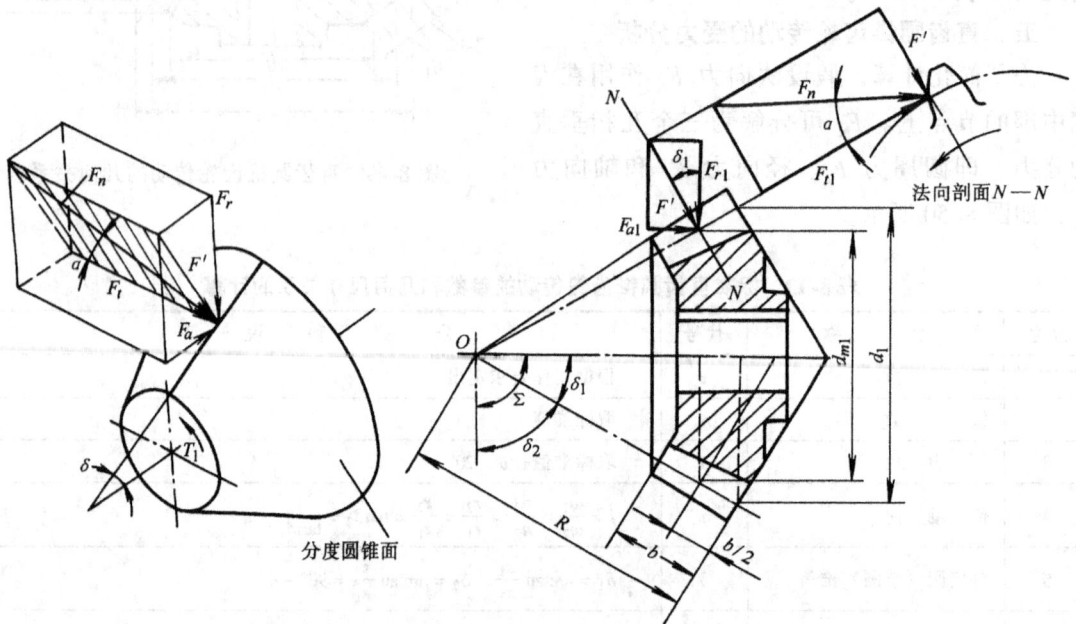

图 8-50　直齿圆锥齿轮的受力分析

小圆锥齿轮上各分力为

$$\left.\begin{aligned}
F_{t1} &= \frac{2T_1}{d_{m1}} \\
F_{r1} &= F'\cos\delta_1 = F_t\tan\alpha\cos\delta_1 \\
F_{a1} &= F'\sin\delta_1 = F_t\tan\alpha\sin\delta_1 \\
F_{n1} &= \frac{F_t}{\cos\alpha} = \frac{2T_1}{d_{m1}\cos\alpha}
\end{aligned}\right\} \tag{8-50}$$

式中　$T_1$——小齿轮上的转矩；

$d_{m1}$——小齿轮上的平均分度圆直径。上式中 $d_{m1}$ 按下式计算：

$$d_{m1} = \left(1 - 0.5\frac{b}{R}\right)d_1$$

圆周力 $F_t$ 的方向，在主动轮上与转动方向相反，在从动轮上与其转动方向相同，径向力 $F_r$ 的方向分别指向轴心；轴向力的方向分别指向大端。因 $\Sigma = \delta_1 + \delta_2 = 90°$，故主动轮 1 上的径向力和轴向力分别等于从动轮 2 上的轴向力和径向力，但方向相反，即

$$F_{r1} = -F_{a2} \qquad F_{a1} = -F_{r2}$$

### 六、直齿圆锥齿轮传动的强度计算

直齿圆锥齿轮传动的强度计算比较复杂，为了简化，将一对直齿圆锥齿轮传动转化为一对当量直齿圆柱齿轮传动进行强度计算。即假定用圆锥齿轮齿宽中点处的当量齿轮来代替该圆锥齿轮，其分度圆半径等于齿宽中点处的背锥母线长，模数等于齿宽中点处的平均模数 $m_m$，法向力即为齿宽中点处的合力 $F_n$。基于以上这一假定，直齿圆锥齿轮传动的强度计算，即可引用直齿圆柱齿轮传动的相应公式。

（一）齿面接触疲劳强度计算

将当量齿轮的有关参数代入式（8-36），并考虑到直齿圆锥齿轮的实际承载能力只有直齿圆柱齿轮的85%，得

$$\sigma_H = Z_H Z_E Z_\varepsilon \sqrt{\frac{2T_{V1}K_\beta K_V}{0.85 d_{V1}b}\frac{u_V+1}{u_V}} \leqslant [\sigma_H]$$

式中代入

$$d_{V1} = \frac{d_{m1}}{\cos\delta_1} = \frac{d_{m1}}{1/\sqrt{\tan^2\delta_1 + 1}} = d_{m1}\frac{\sqrt{u^2+1}}{u}$$

$$T_{V1} = F_{t1}\frac{d_{V1}}{2} = F_{t1}\frac{d_{m1}}{2\cos\delta_1} = \frac{T_1}{\cos\delta_1} = T_1\frac{\sqrt{u^2+1}}{u}$$

$$u_V = \frac{Z_{V2}}{Z_{V1}} = \frac{z_2/\cos\delta_2}{z_1/\cos\delta_1} = \frac{z_2}{z_1}\frac{\cos\delta_1}{\cos\delta_2} = u\tan\delta_2 = u^2$$

$$b = \psi_d d_m$$

得直齿圆锥齿轮传动的齿面接触疲劳强度验算公式和设计公式分别为

$$\sigma_H = Z_H Z_E Z_\varepsilon \sqrt{\frac{2T_1 K_\beta K_V}{0.85 d_{m1}^3 \psi_d}\frac{\sqrt{u^2+1}}{u}} \leqslant [\sigma_H] \tag{8-51}$$

$$d_{m1} = K_d \sqrt[3]{\frac{T_1 K_\beta}{0.85\psi_d [\sigma_H]^2}\frac{\sqrt{u^2+1}}{u}} \tag{8-52}$$

系数 $Z_H$、$Z_E$ 和 $K_d$ 等的意义和选取方法同圆柱齿轮传动。当两轮皆为钢制直齿圆锥齿轮时，$K_d = 84\sqrt[3]{\text{N/mm}^2}$。这里 $\psi_d$ 为相对于圆锥齿轮平均直径的齿宽系数，即 $\psi_d = b/d_m$，在 $b/R \leqslant 0.3$ 和 $b \leqslant 10m$ 范围内，$\psi_d = 0.3 \sim 0.6$。

（二）齿根弯曲疲劳强度计算

直齿圆锥齿轮的弯曲疲劳强度计算，亦可借助于直齿圆柱齿轮弯曲疲劳强度计算公式（8-43），只是将其中的模数 $m$ 换为直齿圆锥齿轮的平均模数 $m_m$，同时分母乘以 0.85，以考虑直齿圆锥齿轮实际承载能力的降低，因此，直齿圆锥齿轮传动的弯曲疲劳强度验算公式为

$$\sigma_F = Y_F \frac{2T_1 K_\beta K_V}{0.85 d_{m1} b m_m} \leqslant [\sigma_F] \tag{8-53}$$

式中　$m_m$——直齿圆锥齿轮平均模数；

　　　　$[\sigma_F]$——许用弯曲应力；

　　　　$Y_F$——齿形系数，应按当量齿数 $z_v = z/\cos\delta$ 由图 8-44 中查取。

由上式亦可导出设计公式，即求模数 $m_m$ 的公式。将 $d_{m1} = z_1 m_m$、$b = \psi_m m_m$ 代入式（8-53）中，得

$$m_m = \sqrt[3]{\frac{2T_1 K_\beta K_V}{0.85 z_1 \psi_m} \frac{Y_F}{[\sigma_F]}} \tag{8-54}$$

式中　$\psi_m$——齿宽系数，为相对于直齿圆锥齿轮平均模数的齿宽系数即 $\psi_m = b/m_m$，一般情况下可选取 $\psi_m = 6 \sim 10$。

前已述及，直齿圆锥齿轮大端模数为标准值。计算出平均模数 $m_m$ 后，应将其换算为大端模数 $m$（$m = m_m R/(R - 0.5b)$），并按表 8-12 圆整为标准模数。

# 第十二节　蜗杆传动

## 一、蜗杆蜗轮的形成原理和传动的特点

蜗杆传动实际上是螺旋齿轮传动的特例。在螺旋齿轮传动中，如传动比很大，小轮直径做得较小，轴向长度较长，而螺旋角度大，则轮齿将在圆柱面上绕成完整的螺旋齿，称为蜗杆，大齿轮称为蜗轮。为了改善啮合情况，把蜗轮轮齿做成包住蜗杆的凹形圆弧曲面，如图 8-51 所示，蜗杆、蜗轮的轴线相互交叉垂直，即 $\Sigma = \beta_1 + \beta_2 = 90°$。

蜗杆与螺旋相似，也有左旋与右旋之分，但通常采用右旋的居多。按螺旋线的头数又有单头蜗杆和多头蜗杆之分。蜗杆螺旋线与垂直于蜗杆轴线平面之间的夹角称为导程角 $\gamma$。由图 8-51 可以看出 $\gamma = \beta_2$，即蜗杆螺旋线的导程角 $\gamma$ 与蜗轮齿螺旋角 $\beta$（$\beta_2$）大小相等、方向相同。

蜗杆传动的主要特点是：

1）传动平稳，振动、冲击和噪声均很小。这是由于蜗杆的轮齿是连续的螺旋齿的缘故。

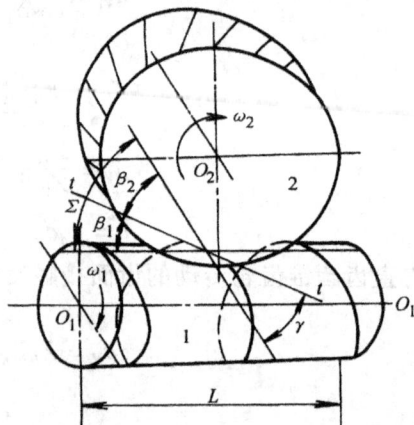

图 8-51　蜗杆蜗轮的形成

2）能获得较大的单级传动比，故结构紧凑。在传递动力时，传动比一般为 8 ~ 100，常用范围为 15 ~ 50。用于分度机构中，传动比可达几百，甚至到 1000。这时，需采用导程角很小的单头蜗杆，但效率很低。

3）当蜗杆的导程角 $\gamma$ 小于啮合轮齿间的当量摩擦角 $\varphi_V$ 时，机构具有自锁性。

4）由于啮合轮齿间的相对滑动速度较高，使得摩擦损耗较大，因而传动效率较低。此外，在传动中易出现发热和温升过高的现象，磨损也较严重，故常需用耐磨材料（如锡青铜等）来制作蜗轮，因而成本较高。

### 二、蜗杆蜗轮的正确啮合条件

图 8-52 为使用阿基米德蜗杆的蜗杆传动。在通过蜗杆轴线并与蜗轮轴线垂直的剖面（称为主平面）上，蜗杆齿廓为直线，相当于齿条，蜗轮齿廓为渐开线，相当于齿轮。所以，在主平面内，就相当于齿条齿轮传动。由此，蜗杆传动的正确啮合条件为：主平面内蜗杆的轴向齿距 $p_{x1}$（$p_{x1} = \pi m_{x1}$）与蜗轮的端面齿距 $p_{t2}$（$p_{t2} = \pi m_{t2}$）应相等。即蜗轮的端面模数 $m_{t2}$ 应等于蜗杆的轴向模数 $m_{x1}$，且均为标准值；同时蜗轮的端面压力角 $\alpha_{t2}$ 应等于蜗杆的轴向压力角 $\alpha_{x1}$，亦均为标准值。即

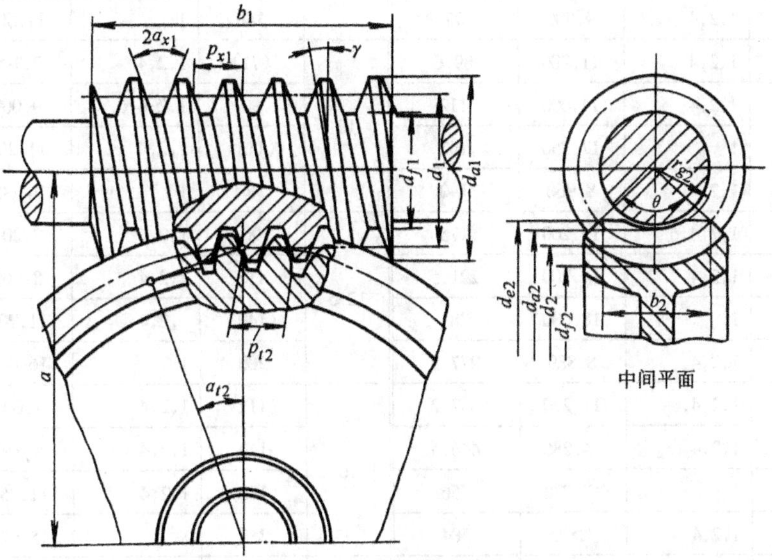

图 8-52  圆柱蜗杆传动

$$m_{t2} = m_{x1} = m$$

$$\alpha_{t2} = \alpha_{x1} = \alpha$$

同时还须保证 $\gamma = \beta$。

### 三、蜗杆传动的主要参数和几何尺寸

（一）蜗杆传动的主要参数

1. 模数 $m$ 和压力角 $\alpha$  轴交角为 90°的圆柱蜗杆传动的模数系列见表 8-14。表中仅列出 $m \geqslant 1 \sim 25\text{mm}$ 的模数值。因蜗杆的轴向齿距 $p_\chi$ 应与蜗轮端面齿距 $p_t$ 相等，故蜗杆的轴向模数 $m_\chi$ 应与蜗轮的端面模数 $m_t$ 相等，并符合表中规定的模数值 $m$。

通常刀具基准齿形角 $\alpha_0 = 20°$，阿基米德蜗杆轴向截面压力角（齿形角）$\alpha_x = \alpha_0 = 20°$。在分度传动中，允许减小压力角，推荐用 15°或 12°。

2. 蜗杆分度圆直径 $d_1$ 和直径系数 $q$  蜗杆分度圆直径亦称蜗杆中圆直径。为使蜗轮刀具尺寸标准化、系列化，将蜗杆分度圆直径 $d_1$ 定为标准值，见表 8-14。

蜗杆分度圆直径 $d_1$ 与模数 $m$ 的比值称为蜗杆直径系数，即

$$q = \frac{d_1}{m} \tag{8-55}$$

表 8-14  蜗杆基本参数(轴交角 90°)

| 模数 $m$/mm | 蜗杆直径 $d_1$/mm | 蜗杆头数 $z_1$ | 直径系数 $q$ | $m^2 d_1$/mm³ | 模数 $m$/mm | 蜗杆直径 $d_1$/mm | 蜗杆头数 $z_1$ | 直径系数 $q$ | $m^2 d_1$/mm³ |
|---|---|---|---|---|---|---|---|---|---|
| 1 | **8** | 1 | 18.000 | 18 | 6.3 | (80) | 1,2,4 | 12.698 | 3175 |
| 1.25 | 20 | 1 | 16.000 | 31.25 | | **112** | 1 | 17.778 | 4445 |
| | **22.4** | 1 | 17.920 | 35 | 8 | (63) | 1,2,4 | 7.875 | 4032 |
| 1.6 | 20 | 1,2,4 | 12.500 | 51.2 | | 80 | 1,2,4,6 | 10.000 | 5376 |
| | **28** | 1 | 17.500 | 71.68 | | (100) | 1,2,4 | 12.500 | 6400 |
| 2 | (18) | 1,2,4 | 9.000 | 72 | | **140** | 1 | 17.500 | 8960 |
| | 22.4 | 1,2,4 | 11.200 | 89.6 | 10 | (71) | 1,2,4 | 7.100 | 7100 |
| | (28) | 1,2,4 | 14.000 | 112 | | 90 | 1,2,4,6 | 9.000 | 9000 |
| | **35.5** | 1 | 17.750 | 142 | | (112) | 1,2,4 | 11.200 | 11200 |
| 2.5 | (22.4) | 1,2,4 | 8.960 | 140 | | **6** | 1 | 16.000 | 16000 |
| | 28 | 1,2,4,6 | 11.200 | 175 | 12.5 | (90) | 1,2,4 | 7.200 | 14062 |
| | (35.5) | 1,2,4 | 14.200 | 221.5 | | 112 | 1,2,4 | 8.960 | 17500 |
| | **45** | 1 | 18.000 | 281 | | (140) | 1,2,4 | 11.200 | 21875 |
| 3.15 | (28) | 1,2,4 | 8.889 | 277.8 | | **200** | 1 | 16.000 | 31250 |
| | 35.5 | 1,2,4,6 | 11.270 | 352.2 | 16 | (112) | 1,2,4 | 7.000 | 28672 |
| | (45) | 1,2,4 | 14.286 | 446.5 | | 140 | 1,2,4 | 8.750 | 35840 |
| | **56** | 1 | 17.778 | 556 | | (180) | 1,2,4 | 11.250 | 46080 |
| 4 | (31.5) | 1,2,4 | 7.875 | 504 | | **250** | 1 | 15.625 | 64000 |
| | 40 | 1,2,4,6 | 10.000 | 640 | 20 | (140) | 1,2,4 | 7.000 | 56000 |
| | (50) | 1,2,4 | 12.500 | 800 | | 160 | 1,2,4 | 8.000 | 64000 |
| | **71** | 1 | 17.750 | 1136 | | (224) | 1,2,4 | 11.200 | 89600 |
| 5 | (40) | 1,2,4 | 8.000 | 1000 | | **315** | 1 | 15.750 | 126000 |
| | 50 | 1,2,4,6 | 10.000 | 1250 | 25 | (180) | 1,2,4 | 7.200 | 112500 |
| | (63) | 1,2,4 | 12.600 | 1575 | | 200 | 1,2,4 | 8.000 | 125000 |
| | **90** | 1 | 18.000 | 2250 | | (280) | 1,2,4 | 11.200 | 175000 |
| 6.3 | (50) | 1,2,4 | 7.936 | 1985 | | **400** | 1 | 16.000 | 250000 |
| | 63 | 1,2,4,6 | 10.000 | 2500 | | | | | |

注：1. 本表摘自 GB10085—88,其中 $m^2 d_1$ 值是根据教学需要予以补充的。

2. 表中带括号的蜗杆直径尽可能不用,黑体的为 $\gamma < 3°40'$ 的自锁蜗杆。

因 $d_1$ 与 $m$ 均为标准值,故 $q$ 为导出值,不一定是整数。对于动力蜗杆传动,$q$ 值约为 7~18；对于分度蜗杆传动,$q$ 值约为 16~30。

3. 蜗杆导程角 $\gamma$  蜗杆分度圆上的导程角 $\gamma$ 可由下式计算

$$\tan\gamma = \frac{z_1 p_x}{\pi d_1} = \frac{\pi z_1 m}{\pi d_1} = \frac{z_1 m}{d_1} = \frac{z_1}{q} \tag{8-56}$$

式中  $p_x$——蜗杆轴向齿距；

$z_1$——蜗杆头数。

$\gamma$ 角的范围为 $3.5° \sim 33°$，导程角大，传动效率高；导程角小，则传动效率低。一般认为，$\gamma \leqslant 3°40'$ 的蜗杆具有自锁性。要求效率较高的传动，常取 $\gamma = 15° \sim 30°$，此时将不采用阿基米德蜗杆，而改用渐开线蜗杆。

渐开线蜗杆的端面齿廓为渐开线，只有与蜗杆基圆柱相切的截面，齿廓才是直线，因而可以用平面砂轮来磨削，易于获得高精度，但需要专用机床，加工成本较高。

4. 蜗杆头数 $z_1$、蜗轮齿数 $z_2$[⊖]　蜗杆头数少，易于得到大传动比，但导程角小，效率低，发热多，故重载传动不宜采用单头蜗杆。当要求反行程自锁时，可取 $z_1 = 1$。蜗杆头数多，导程角大，效率高，但制造困难。常用蜗杆头数为 1、2、4、6，可根据传动比大小选取（表 8-15）。

**表 8-15　$i$ 和 $z_1$ 的荐用值**

| $i \approx$ | $5 \sim 8$ | $7 \sim 16$ | $15 \sim 32$ | $30 \sim 80$ |
|---|---|---|---|---|
| $z_1$ | 6 | 4 | 2 | 1 |

蜗轮齿数依据齿数比和蜗杆头数决定：$z_2 = uz_1$。蜗轮齿数一般不应少于 28 齿。传递动力的，为增加传动平稳性，蜗轮齿数宜多取些。但齿数愈多，蜗轮尺寸愈大，蜗杆轴愈长且刚度愈小，所以蜗轮齿数不宜多于 100 齿，一般取 $z_2 = 32 \sim 80$ 齿。$z_2$ 与 $z_1$ 间最好避免有公因数，以利于均匀磨损。

5. 齿面间的滑动速度 $v_s$　如图 8-53 所示，设 $v_1$ 代表蜗杆的圆周速度，$v_2$ 代表蜗轮的圆周速度，则其齿面啮合处的相对滑动速度为

$$v_s = \frac{v_1}{\cos\gamma} = \frac{\pi d_1 n_1}{60 \times 1000\cos\gamma} \qquad (8\text{-}57)$$

式中　$\gamma$——蜗杆螺旋线导程角；

$d_1$——蜗杆分度圆直径；

$n_1$——蜗杆转速。

（二）圆柱蜗杆传动的几何尺寸

圆柱蜗杆传动的基本几何关系见图 8-52，有关尺寸的计算公式见表 8-16。

**四、蜗杆传动的失效形式和材料的选择**

（一）失效形式

蜗杆传动的失效形式与齿轮传动的失效形式相类似，有疲劳点蚀、胶合、磨损和轮齿折断等。在一般情况下，蜗杆的强度总要高于蜗轮的轮齿强度，因此失效总是在蜗轮上发生。由于在传动中，蜗杆和蜗轮之间的相对滑动速度（参看图 8-53）较大，更容易产生胶合和磨损。

（二）材料选择

基于蜗杆传动的特点，蜗杆副的材料首先应具有良好的减摩、耐磨、易于跑合和抗胶合的能力；同时还要有足够的强度。因此常采用青铜材料制作蜗轮的齿冠，并与淬硬磨削的钢

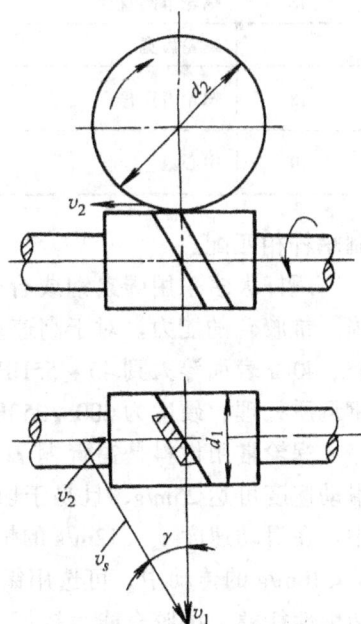

图 8-53　滑动速度

---

⊖　GB10085—88 中蜗杆、蜗轮参数的匹配数据，供设计时参考。

表 8-16　圆柱蜗杆传动的几何尺寸计算公式

| 序号 | 名　称 | 符号 | 公　　式 |
|---|---|---|---|
| 1 | 蜗杆轴向齿距 | $p_x$ | $p_x = \pi m$ |
| 2 | 蜗杆导程 | $p_z$ | $p_z = \pi m z_1$ |
| 3 | 蜗杆分度圆直径 | $d_1$ | $d_1 = qm$（$d_1$ 为标准值，见表 8-14） |
| 4 | 蜗杆齿顶圆直径 | $d_{a1}$ | $d_{a1} = d_1 + 2h_a^* m$ |
| 5 | 蜗杆齿根圆直径 | $d_{f1}$ | $d_{f1} = d_1 - 2m \left( h_a^* + c^* \right)$ |
| 6 | 蜗杆节圆直径 | $d'_1$ | $d'_1 = d_1 + 2xm = m \left( q + 2x \right)$ |
| 7 | 蜗杆分度圆柱导程角 | $\gamma$ | $\tan\gamma = m z_1 / d_1 = z_1 / q$ |
| 8 | 蜗杆节圆柱导程角 | $\gamma'$ | $\tan\gamma' = z_1 / \left( q + 2x \right)$ |
| 9 | 蜗杆齿宽（螺纹长度） | $b_1$ | 建议取 $b_1 \approx 2m \sqrt{z_2 + 1}$ |
| 10 | 渐开线蜗杆基圆直径 | $d_{b1}$ | $d_{b1} = d_1 \tan\gamma / \tan\gamma_b = m z_1 / \tan\gamma_b$ <br> $\cos\gamma_b = \cos\alpha_n \cos\gamma$ |
| 11 | 蜗轮分度圆直径 | $d_2$ | $d_2 = m z_2 = 2a' - d_1 - 2xm$ |
| 12 | 蜗轮喉圆直径 | $d_{a2}$ | $d_{a2} = d_2 + 2m \left( h_a^* + x \right)$ |
| 13 | 蜗轮齿根圆直径 | $d_{f2}$ | $d_{f2} = d_2 - 2m \left( h_a^* - x + c^* \right)$ |
| 14 | 蜗轮外径 | $d_{e2}$ | $d_{e2} \approx d_{a2} + m$ |
| 15 | 蜗轮咽喉母圆半径 | $r_{g2}$ | $r_{g2} = a - \dfrac{d_{a2}}{2}$ |
| 16 | 蜗轮节圆直径 | $d'_2$ | $d'_2 = d_2$ |
| 17 | 蜗轮齿宽 | $b_2$ | 建议取 $b_2 \approx 2m \left( 0.5 + \sqrt{q + 1} \right)$ |
| 18 | 蜗轮齿宽角 | $\theta$ | $\theta = 2\arcsin \dfrac{b_2}{d_1}$ |
| 19 | 中心距 | $a$ | $a = \dfrac{1}{2} \left( d_1 + 2xm + d_2 \right)$ |

制蜗杆相匹配。

　　蜗杆大多采用碳素钢或合金钢制造，经淬火处理后以提高表面硬度，增强齿面的抗磨损、抗胶合的能力。对于高速重载的蜗杆常用 20Cr、20CrMnTi 渗碳淬火到 58 ~ 63HRC；或用 45、40Cr 表面淬火到 45 ~ 55HRC；淬硬后蜗杆表面应磨削或抛光。一般蜗杆可采用 40、45 钢调质处理，硬度为 200 ~ 250HBS。在低速或手动传动中，蜗杆可无需进行热处理。

　　蜗轮常用材料是锡青铜 ZCuSn10Pb1，它具有较好减摩性、抗胶合和耐磨性能，允许的滑动速度可达 25m/s，且易于切削加工，但价格较昂贵，所以主要用于重要的高速蜗杆传动中。在滑动速度 $v_s < 12m/s$ 的蜗杆传动中，可用含锡量较低的铸锡锌青铜 ZCuSn5Pb5Zn5。在 $v_s < 10m/s$ 的传动中，可选用锡青铜，如铸铝青铜 ZCuAl9Mn2，它的强度高、价格较低；但切削性能差，抗胶合能力较低。在 $v_c < 2m/s$ 的传动中，可用铸铁或球墨铸铁制作蜗轮。

　　蜗杆传动的计算准则类同于齿轮传动。对于闭式蜗杆传动，首先按齿面接触疲劳强度进行计算（确定主要几何尺寸），再按齿根弯曲疲劳强度进行验算；对于开式蜗杆传动，通常只需进行齿根弯曲疲劳强度计算。

**五、蜗杆传动的强度计算**

（一）蜗杆传动的载荷计算

1. 轮齿的受力分析　在蜗杆传动中，作用在齿面上的法向作用力 $F_n$ 可分解为三个分力：圆周力 $F_t$、径向力 $F_r$ 和轴向力 $F_a$（图 8-54）。

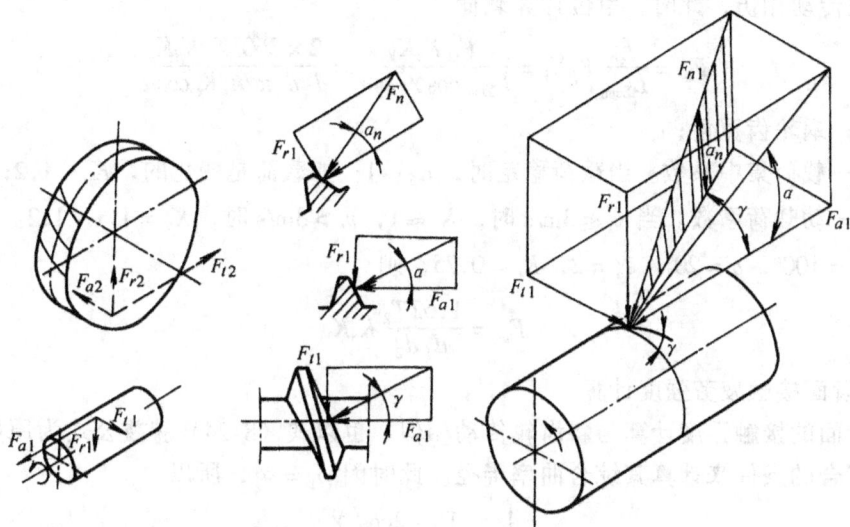

图 8-54　蜗杆传动中的受力分析

显然，作用在蜗杆上的圆周力 $F_{t1}$ 等于蜗轮上的轴向力 $F_{a2}$；蜗杆上的轴向力 $F_{a1}$ 等于蜗轮上的圆周力 $F_{t2}$；蜗杆上的径向力 $F_{r1}$ 等于蜗轮上的径向力 $F_{r2}$。这些相互对应的力的方向彼此相反。如略去摩擦力的影响，则

$$\left.\begin{array}{l} F_{t1} = -F_{a2} = \dfrac{2T_1}{d_1} \\[2mm] F_{a1} = -F_{t2} = \dfrac{F_{t1}}{\tan\gamma} = \dfrac{2T_2}{d_2} \\[2mm] F_{r1} = -F_{r2} = F_{a1}\tan\alpha \end{array}\right\} \tag{8-58}$$

当蜗杆为主动件时（一般情况均是如此），蜗杆上的圆周力 $F_{t1}$ 的方向与蜗杆齿在啮合点的运动方向相反；蜗轮上的圆周力 $F_{t2}$ 的方向与蜗轮齿在啮合点的运动方向相同；径向力 $F_r$ 的方向在蜗杆、蜗轮上都是由啮合点分别指向轴心。当蜗杆的回转方向和螺旋的旋向已知时，蜗轮的回转方向可根据螺旋副的运动规律来确定。

如令 $\cos\alpha_n \approx \cos\alpha$，则法向力

$$F_n = \frac{F_{a1}}{\cos\gamma\cos\alpha_n} \approx \frac{F_{t2}}{\cos\gamma\cos\alpha} = \frac{2T_2}{d_2\cos\gamma\cos\alpha} \tag{8-59}$$

式中　$\alpha_n$——蜗杆法面内的啮合角；

$\alpha$——蜗杆轴面内的啮合角，通常 $\alpha = 20°$。

2. 计算载荷　在主平面内蜗杆和蜗轮的啮合可以看作是齿条与齿轮的啮合。蜗轮轮齿的长度为 $\dfrac{\pi d_1}{\cos\gamma}\dfrac{\theta}{360°}$（图 8-52）。考虑到重叠系数和接触线长度的变化，此时

$$L_{\Sigma min} = \frac{\pi d_1}{\cos\gamma}\frac{\theta}{360°}\varepsilon_\alpha K_\varepsilon \tag{8-60}$$

式中　$\varepsilon_\alpha$——重合度系数，$\varepsilon_\alpha \approx 1.8 \sim 2.2$；

$K_\varepsilon$——接触线总长度变化系数，$K_\varepsilon \approx 0.75$。

与齿轮传动相仿，此时，单位计算载荷

$$F_{uc} = \frac{F_n}{L_{\Sigma min}} K_\beta K_V = \frac{F_{t2} K_\beta K_V}{L_{\Sigma min} \cos\gamma \cos\alpha} = \frac{2 \times 360° T_2 K_\beta K_V}{d_2 d_1 \pi \ \theta \varepsilon_\alpha K_\varepsilon \cos\alpha} \tag{8-61}$$

式中　$\theta$——蜗轮齿宽角；

$K_\beta$——载荷集中系数。当载荷稳定时，$K_\beta \approx 1$；如载荷是变化的，$K_\beta \approx 1.2$；

$K_V$——动载荷系数。当 $v_s \leqslant 3\text{m/s}$ 时，$K_v \approx 1$；$v_s > 3\text{m/s}$ 时，$K_V = 1.1 \sim 1.2$。

如取 $\theta = 100°$，$\alpha = 20°$，$\varepsilon_\alpha = 2$，$K_\varepsilon = 0.75$，则

$$F_{uc} = \frac{1.62 T_2}{d_1 d_2} K_\beta K_V \tag{8-62}$$

**（二）齿面接触疲劳强度计算**

蜗轮齿面的接触强度计算与斜齿轮传动相似，也以式（8-34）赫兹公式为原始公式，并按节点处啮合的条件来计算其综合曲率半径。此时因 $\rho_1 = \infty$，所以

$$\frac{1}{\rho} = \frac{1}{\rho_2} = \frac{2\cos^2\gamma}{d_2 \sin\alpha_n}$$

因 $\sin\alpha_n \approx \sin\alpha\cos\gamma$，所以

$$\frac{1}{\rho} = \frac{2\cos\gamma}{d_2 \sin\alpha} \tag{8-63}$$

将式（8-62）、式（8-63）代入式（8-34），得蜗杆传动齿面接触疲劳强度验算式为

$$\sigma_H = \sqrt{\frac{E}{2\pi(1-\mu^2)}} \sqrt{\frac{1.62 T_2 K_\beta K_V}{d_1 d_2}\left(\frac{2\cos\gamma}{d_2\sin\alpha}\right)} = Z_E\sqrt{\frac{9.47 T_2 K_\beta K_V}{d_1 d_2^2}\cos\gamma} \leqslant [\sigma_H] \tag{8-64}$$

式中　$T_2$——蜗轮转矩；

$d_1$、$d_2$——蜗杆、蜗轮分度圆直径；

$Z_E$——弹性系数，见表 8-17；

$[\sigma_H]$——蜗轮许用接触应力。

表 8-17　弹性系数 $Z_E$ （单位：$\sqrt{\text{N/mm}^2}$）

| 蜗杆材料 | 蜗　轮　材　料 | | | |
| --- | --- | --- | --- | --- |
| | 铸锡青铜 ZCuSn10P1 | 铸铝青铜 ZCuAl10Fe3 | 灰铸铁 HT | 球墨铸铁 QT |
| 钢 | 155 | 156 | 162 | 181.4 |
| 球墨铸铁 | | | 156.6 | 173.9 |

将 $d_2 = mz_2$ 代入式（8-64）得蜗杆传动的接触疲劳强度设计公式

$$m^2 d_1 \geqslant 9.47\cos\gamma T_2\left(\frac{Z_E}{z_2 [\sigma_H]}\right)^2 \tag{8-65}$$

因 $\gamma$ 值与 $z_1$ 和 $q$（$q = d_1/m$）有关，故初步设计时，可先根据蜗杆头数 $z_1$，$\gamma$ 按平均值计算，得 $9.47\cos\gamma$ 值分别为

| $z_1$ | 1 | 2 | 4 | 6 |
|---|---|---|---|---|
| $\gamma$ | $3° \sim 8°$ | $8° \sim 16°$ | $16° \sim 30°$ | $28° \sim 33.5°$ |
| $9.47\cos\gamma$ | 9.42 | 9.26 | 8.71 | 8.13 |

许用接触应力 $[\sigma_H]$ 选取的方法如下：

1）蜗轮齿冠材料为锡青铜

当应力循环次数 $N_H = 10^7$ 时

$$[\sigma_H] = [\sigma_H]_{10^7} \tag{8-66}$$

式中　$[\sigma]_{10^7}$ ——应力循环次数 $N_H = 10^7$ 时的许用接触应力，见表8-18。

表 8-18　蜗轮材料的 $[\sigma_H]_{10^7}$、$[\sigma_F]_{10^6}$ 值

（单位：N/mm²）

| 蜗 轮 材 料 | 铸造方法 | 适用的滑动速度 $v_s / (\text{m·s}^{-1})$ | 力学性能 | | $[\sigma_H]_{10^7}$ | | $[\sigma_F]_{10^6}$ | |
|---|---|---|---|---|---|---|---|---|
| | | | | | 蜗杆齿面硬度 | | 一侧受载 | 两侧受载 |
| | | | $\sigma_{0.2}$ | $\sigma_b$ | $\leqslant$350HBS | $>$45HRC | | |
| ZCuSn10P1 | 砂　模 | $\leqslant 12$ | 130 | 220 | 180 | 200 | 51 | 32 |
| | 金属模 | $\leqslant 25$ | 170 | 310 | 200 | 220 | 70 | 40 |
| ZCuSn5Pb5Zn5 | 砂　模 | $\leqslant 10$ | 90 | 200 | 110 | 125 | 33 | 24 |
| | 金属模 | $\leqslant 12$ | 100 | 250 | 135 | 150 | 40 | 29 |
| ZCuAl10Fe3 | 砂　模 | $\leqslant 10$ | 180 | 490 | | | 82 | 84 |
| | 金属模 | | 200 | 540 | | | 90 | 80 |
| ZCuAl10Fe3Mn2 | 砂　模 | $\leqslant 10$ | – | 490 | 见表 8-19 | | – | – |
| | 金属模 | | | 540 | （与应力循环次数无关） | | 100 | 90 |
| ZCuZn38Mn2Pb2 | 砂　模 | $\leqslant 10$ | | 245 | | | 62 | 56 |
| | 金属模 | | | 345 | | | – | – |
| HT150 | 砂　模 | $\leqslant 2$ | | 150 | | | 40 | 25 |
| HT200 | 砂　模 | $\leqslant 2 \sim 5$ | | 200 | | | 48 | 30 |
| HT250 | 砂　模 | $\leqslant 2 \sim 5$ | | 250 | | | 56 | 35 |

注：$[\sigma_H]_{10^7}$ 为蜗轮材料当 $N_H = 10^7$ 时的许用接触应力；$[\sigma_F]_{10^6}$ 为蜗轮材料，当 $N_F = 10^6$ 时的许用弯曲应力。

当应力循环次数 $N_H \neq 10^7$ 时

$$[\sigma_H] = [\sigma_H]_{10^7} Z_{v_s} Z_N \tag{8-67}$$

式中　$Z_{v_s}$ ——滑动速度影响系数，可由图8-55中查取；

　　　$Z_N$ ——接触强度计算的寿命系数，可由图8-56查取。

2）蜗轮齿冠材料为无锡青铜、黄铜及铸铁时，$[\sigma_H]$ 值可按蜗杆材料及滑动速度的大小，直接由表8-19中查取。

根据式（8-65）求取 $m^2 d_1$ 后，由表8-14

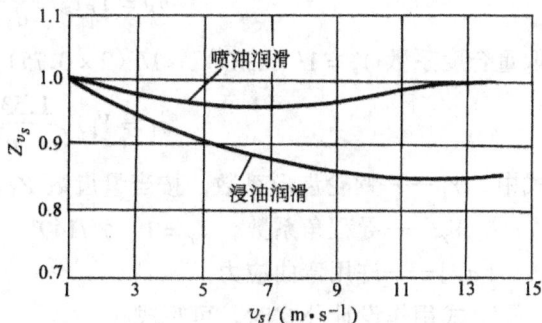

图 8-55　滑动速度影响系数 $Z_{v_s}$

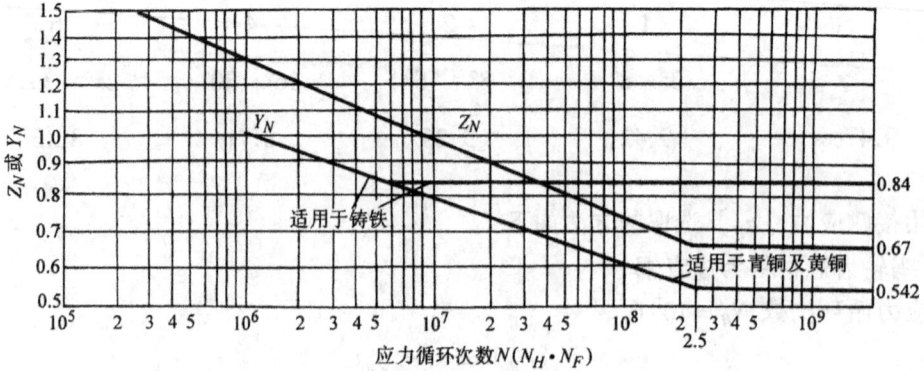

图 8-56　寿命系数 $Z_N$ 和 $Y_N$

**表 8-19　无锡青铜、黄铜及铸铁的许用接触应力〔$\sigma_H$〕**

（单位：N/mm²）

| 蜗 轮 材 料 | 蜗 杆 材 料 | 滑动速度 $v_s$/（m·s⁻¹） | | | | | | | |
|---|---|---|---|---|---|---|---|---|---|
| | | 0.25 | 0.5 | 1 | 2 | 3 | 4 | 6 | 8 |
| ZCuAl10Fe3、ZCuAl10Fe3 | 钢经淬火① | – | 250 | 230 | 210 | 180 | 160 | 120 | 90 |
| ZCuZn38Mn2Pb2 | 钢经淬火① | – | 215 | 200 | 180 | 150 | 135 | 95 | 75 |
| HT200、HT150（120~150HBS） | 渗碳钢 | 160 | 130 | 115 | 90 | – | – | – | – |
| HT150（120~150HBS） | 调质或淬火钢 | 140 | 110 | 90 | 70 | – | – | – | – |

① 蜗杆如未经淬火，其〔$\sigma_H$〕值需降低 20%。

确定 $m$ 和 $d_1$ 的标准值。

（三）齿根弯曲疲劳强度计算

由于材料和齿形的关系，蜗杆齿的弯曲强度要比蜗轮轮齿大得多，所以通常只需计算蜗轮轮齿的弯曲强度。由于蜗轮轮齿的齿形复杂，为了简化计算，可近似地把蜗轮看成一斜齿圆柱齿轮，这样，就可以引用斜齿圆柱齿轮弯曲强度计算式，来导出蜗轮轮齿的弯曲强度计算式。此时，应将 $F_t$、$Y_\beta$ 用 $2T_2/d_2$、$Y_\gamma$ 代替，代入 $m_n = m\cos\gamma$，$b = \dfrac{\pi d_1 \theta}{360°\cos\gamma}$，则蜗轮的弯曲应力为

$$\sigma_F = Y_F Y_\varepsilon Y_\gamma \frac{2 T_2 K_\beta K_V}{d_2 m \cos\gamma} \frac{360°\cos\gamma}{\pi d_1 \theta}$$

取重合度系数 $Y_\varepsilon = 1/(\varepsilon_a K_\varepsilon) \approx 1/(2 \times 0.75) = 0.667$，$\theta \approx 100°$，$d_2 = m z_2$，代入上式得

$$\sigma_F = Y_F Y_\gamma \frac{1.53 T_2 K_\beta K_V}{m^2 d_1 z_2} \leqslant [\sigma_F] \tag{8-68}$$

式中　$Y_F$——蜗轮齿形系数，按当量齿数 $Z_v = z_2/\cos^3\gamma$ 由表 8-20 选取；

　　　$Y_\gamma$——导程角系数，$Y_\gamma = 1 - \gamma°/140°$；

　　　〔$\sigma_F$〕——许用弯曲应力。

上式用作设计公式时，可写成

$$m^2 d_1 \geqslant Y_F Y_\gamma \frac{1.53 T_2 K_\beta K_V}{z_2 [\sigma_F]} \tag{8-69}$$

表 8-20　蜗轮齿形系数 $Y_F$

| $Z_V$ | 20 | 24 | 26 | 28 | 30 | 32 | 35 | 37 | 40 | 45 | 50 | 60 | 80 | 100 | 150 | 300 |
|-------|------|------|------|------|------|------|------|------|------|------|------|------|------|------|------|------|
| $Y_F$ | 1.98 | 1.88 | 1.85 | 1.80 | 1.76 | 1.71 | 1.64 | 1.61 | 1.55 | 1.48 | 1.45 | 1.40 | 1.34 | 1.30 | 1.27 | 1.24 |

许用弯曲应力 $[\sigma_F]$ 选取的方法如下：

1）当应力循环次数 $N_F = 10^6$ 时

$$[\sigma_F] = [\sigma_F]_{10^6} \tag{8-70}$$

式中　$[\sigma_F]_{10^6}$——应力循环次数 $N_F = 10^6$ 时的许用弯曲应力，见表 8-18。

2）当应力循环次数 $N_F \neq 10^6$ 时

$$[\sigma_F] = [\sigma_F]_{10^6} Y_N \tag{8-71}$$

式中　$Y_N$——弯曲强度计算的寿命系数，可由图 8-56 查取。

# 第十三节　轮　系

由一对齿轮组成的齿轮传动，是齿轮传动机构中最简单的一种传动形式。在精密机械中，为了满足多种工作需要，常用一系列的齿轮（包括圆柱齿轮、圆锥齿轮和蜗杆蜗轮等各种类型的齿轮）组成齿轮传动链，将主动轴的运动或转矩传递到从动轴，这个由一系列齿轮组成的齿轮传动链，统称为轮系。

## 一、轮系的用途和分类

### （一）轮系的用途

1．可获得较大的传动比，并使结构紧凑　如图 8-57 所示，当传动比较大时，若仅用一对齿轮传动（如图中双点划线所示），则两轮直径相差过大，齿数也必然相差过多，不但齿轮传动尺寸加大，还会引起小齿轮轮齿过早磨损。若改用两对齿轮组成的轮系（图中点划线所示）实现同样传动比（例如总传比为 6），则整个传动结构的尺寸可大为减少。

2．可作相距较远两轴之间的传动　如图 8-58 所示，当两轴相距较远时，若仅用一对齿轮来传动（如图中双点划线所示），同样存在前述的传动结构尺寸较大的缺点。若改用多对

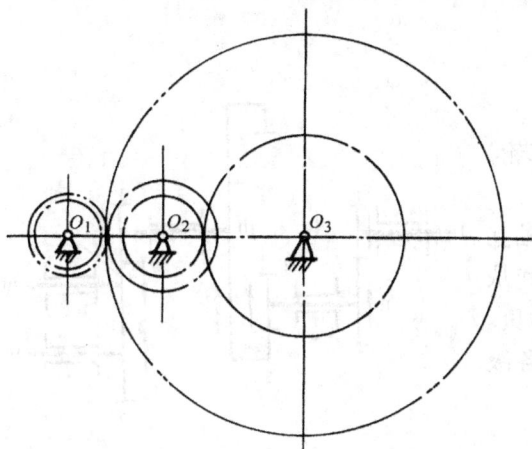

图 8-57　传动级数对平面布局的影响　　　　图 8-58　实现远距离传动的轮系

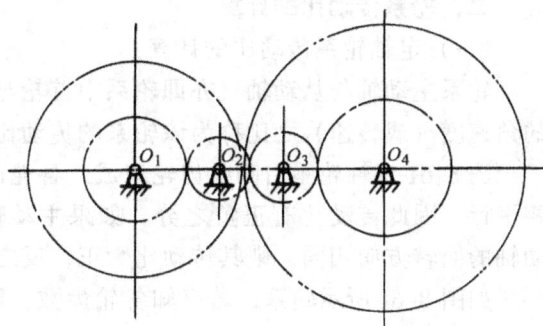

齿轮传动的轮系（如图中点划线所示），可达同样的目的，但却可以避免上述的缺点。

3．可实现多种传动比的传动 当主动轴 $O_1$ 转速不变，要使从动轴 $O_2$ 得到几种不同的转速，仅用一对齿轮是无法实现的。如采用图 8-59 的轮系，只要移动主动轴上两联齿轮 1，1′，使之分别与从动轴上的齿轮 2 或 2′ 啮合，便可使从动轴得到二种不同的转速。

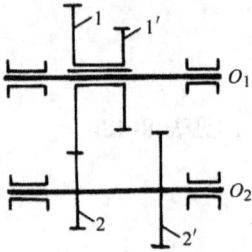

图 8-59 实现一轴多速的轮系　　　图 8-60 实现换向传动的轮系

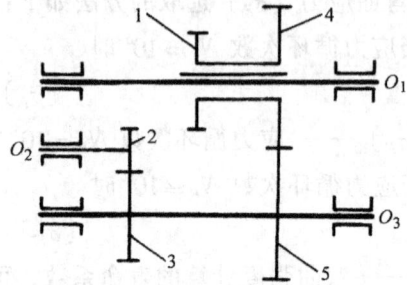

4．可改变从动轴的转向 当主动轴的转向不变时，希望从动轴根据工作需要作正向或反向转动。若采用图 8-60 的轮系，只要改变两联齿轮的轴向位置，使齿轮 1、4 分别与 2、5 啮合，便可改变从动轴的转向，实现正向或反向转动。

5．可将两个独立的转动合成为一个转动，或将一个转动分解为两个独立的转动。

（二）轮系的分类

轮系按其在传动时各齿轮轴线在空间的相对位置关系，可分为下列两类。

1．定轴轮系 在传动时，若轮系中各轮的几何轴线均是固定的，则这种轮系称为定轴轮系（或称普通轮系）。

2．周转轮系 在传动时，若轮系中至少有一个齿轮的几何轴线是绕着其他齿轮的固定轴线转动的，则这种轮系称为周转轮系。在周转轮系中，按其自由度的数目不同又可分为以下两种；

（1）差动轮系 即自由度为 2 的周转轮系。

（2）行星轮系 即自由度为 1 的周转轮系。

此外，在某些复杂的轮系中，既包含定轴轮系部分，又包含有周转轮系部分，这种复杂的轮系称为复合轮系。

## 二、轮系传动比的计算

（一）定轴轮系传动比的计算

轮系主动轴与从动轴（亦即轮系中首轮与末轮）的角速度（或转速）之比称为该轮系的传动比。

图 8-61 定轴轮系由圆柱齿轮组成，各轮的轴互相平行，因此传动比有正负之分。如果主动轴和从动轴的回转方向相同，则其传动比为正，反之为负。

如图 8-61 所示轮系，若已知各轮齿数，则各级齿轮的传动比为

$$i_{12} = \frac{\omega_1}{\omega_2} = -\frac{z_2}{z_1}$$

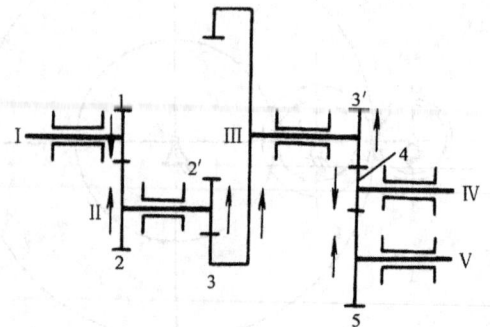

图 8-61 定轴轮系

$$i_{2'3} = \frac{\omega_2{}'}{\omega_3} = \frac{z_3}{z_2{}'}$$

$$i_{3'4} = \frac{\omega_3{}'}{\omega_4} = -\frac{z_4}{z_3{}'}$$

$$i_{4'5} = \frac{\omega_4{}'}{\omega_5} = -\frac{z_5}{z_4{}'}$$

式中"－"表示外啮合时主、从动轮转向相反；"＋"表示内啮合时主、从动轮转向相同（"＋"常可省略）。

将以上各式两边分别连乘后得

$$i_{12}\,i_{2'3}\,i_{3'4}\,i_{4'5} = \frac{\omega_1\omega_2{}'\omega_3{}'\omega_4{}'}{\omega_2\omega_3\omega_4\omega_5} = (-1)^3\frac{z_2 z_3 z_4 z_5}{z_1 z_2{}' z_3{}' z_4{}'}$$

因 $\omega_2 = \omega_2{}'$，$\omega_3 = \omega_3{}'$，$\omega_4 = \omega_4{}'$，$z_4 = z_4{}'$，故

$$i_{15} = \frac{\omega_1}{\omega_5} = (-1)^3\frac{z_2 z_3 z_5}{z_1 z_2{}' z_3{}'}$$

上式表明定轴轮系传动比为组成该轮系的各对齿轮传动比的连乘积，其值等于各对齿轮从动轮齿数的连乘积与各对齿轮主动轮齿数的连乘积之比。此外，在轮系中齿轮 4 既是从动轮又是主动轮，在上式中齿数可以消去，故对轮系传动比的数值没有影响，但该轮却影响轮系传动比的符号，即影响末轮的转向。这种不影响轮系传动比，只影响末轮转向的齿轮，称为惰轮。

根据上述分析，若一定轴轮系的首轮以 1 表示，末轮以 $k$ 表示，圆柱齿轮外啮合的次数用 $m$ 表示，则轮系传动比

$$i_{1k} = \frac{\omega_1}{\omega_k} = \frac{n_1}{n_k} = (-1)^m\frac{各从动齿轮齿数的乘积}{各主动齿轮齿数的乘积} \tag{8-72}$$

尚需指出：若定轴轮系中含有螺旋齿轮、蜗杆蜗轮或圆锥齿轮等空间齿轮，这种轮系传动比的大小仍用式（8-72）来求。但一对空间齿轮传动的轴不平行，不能说其两轮的转向是相同还是相反，因此式中的 $(-1)^m$ 不再适用，需要用画箭头的方法表示各轮的转向，如图 8-62 所示。

**例题 8-3** 时钟上的轮系如图 8-63 所示。已知 $z_1 = 8$，$z_2 = 60$，$z_2{}' = 8$，$z_3 = 64$，$z_3{}' = 28$，$z_4 = 42$，$z_4{}' = 8$，$z_5 = 64$。求秒针与分针、分针与时针的传动比。

**解** 1）秒针与分针的传动比

$$i_{13} = \frac{n_1}{n_3} = \frac{z_2 z_3}{z_1 z_2{}'} = \frac{60 \times 64}{8 \times 8} = 60$$

2）分针与时针的传动比

$$i_{35} = \frac{n_3}{n_5} = \frac{z_4 z_5}{z_3{}' z_4{}'} = \frac{42 \times 64}{28 \times 8} = 12$$

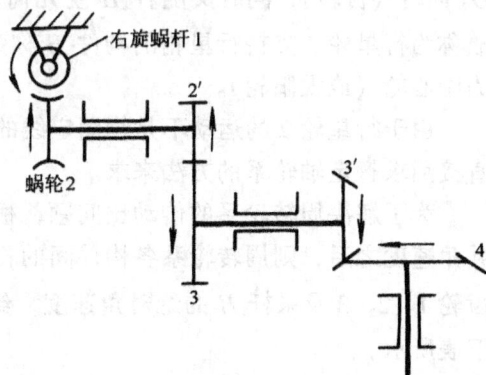

图 8-62 含有空间齿轮的定轴轮系

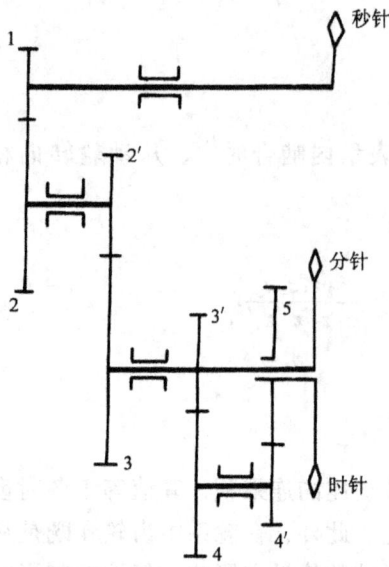

图 8-63　时钟指针轮系

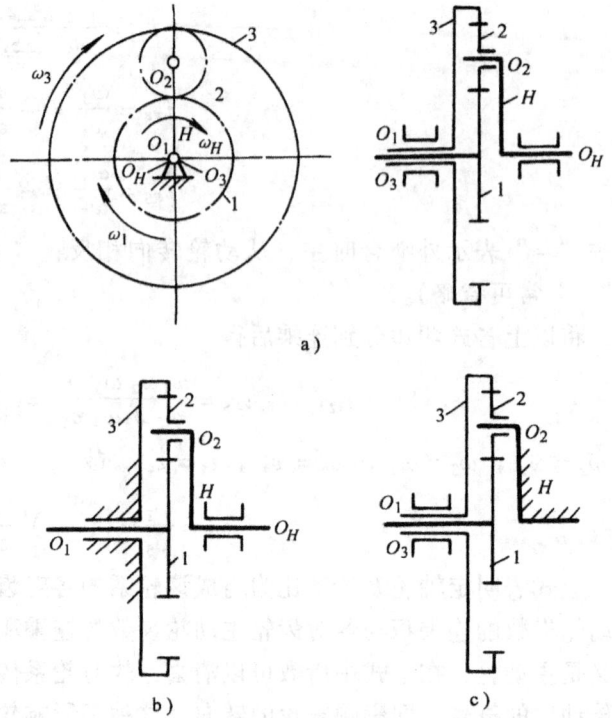

图 8-64　周转轮系

（二）周转轮系传动比的计算

图 8-64a 所示为一简单的周转轮系。齿轮 1 和 3 以及杆 $H$ 各绕固定的互相重合的几何轴线 $O_1$、$O_3$ 及 $O_H$ 转动，而齿轮 2 则活装在杆 $H$ 的小轴上，因此它一方面绕自身的几何轴线 $O_2$ 回转（自转），同时又随杆 $H$ 绕几何轴线 $O_H$ 回转（公转），其运动与行星的运动相似，故称为行星轮。支持行星轮的构件 $H$ 称为系杆（或转臂），而几何轴线固定的齿轮 1 和 3 称为中心轮（或太阳轮）。

由于行星轮 2 的运动不是绕固定线的简单运动，所以周转轮系各构件间的传动比便不能直接用求解定轴轮系的方法来求。

为了解决周转轮系的传动比问题，根据相对运动原理，当给周转轮系加上一个附加的公共角速度之后，则周转轮系各构件间的相对运动关系仍保持不变。设 $\omega_1$、$\omega_2$、$\omega_3$ 及 $\omega_H$ 为齿轮 1、2、3 及系杆 $H$ 的绝对角速度，给轮系加上一个 "$-\omega_H$" 后，其各构件的角速度如下表所示。

| 构　　件 | 原有角速度 | 在转化轮系中的角速度（即相对于系杆的角速度） |
|---|---|---|
| 齿轮 1 | $\omega_1$ | $\omega_1^H = \omega_1 - \omega_H$ |
| 齿轮 2 | $\omega_2$ | $\omega_2^H = \omega_2 - \omega_H$ |
| 齿轮 3 | $\omega_3$ | $\omega_3^H = \omega_3 - \omega_H$ |
| 系杆 $H$ | $\omega_H$ | $\omega_H^H = \omega_H - \omega_H = 0$ |

表中 $\omega_H^H = \omega_H - \omega_H = 0$，表明此时系杆静止不动，而原来的周转轮系变为定轴轮系了，如图8-64c所示。这种经加 $-\omega_H$ 后所得的机构（轮系）称为原周转轮系的转化轮系。转化轮系中任意两轮的传动比均可用定轴轮系的方法求得，例如

$$i_{13}^H = \frac{\omega_1^H}{\omega_3^H} = \frac{\omega_1 - \omega_H}{\omega_3 - \omega_H} = (-1)\frac{z_2 z_3}{z_1 z_2} = -\frac{z_3}{z_1} \tag{8-73}$$

当然，目的并非要求转化机构的传动比。但由上式可见，在各齿轮的齿数已知的条件下三个活动构件1、3及H中，只要给定了 $\omega_1$、$\omega_3$ 及 $\omega_H$ 中任意两个，则另外一个即可求出。于是原周转轮系里传动比 $i_{13}$（或 $i_{1H}$、$i_{3H}$）就可随之求出。这种周转轮系具有两个自由度，并通称为差动轮系。

如图8-64b所示，若齿轮3固定不动，则

$$i_{13}^H = \frac{\omega_1^H}{\omega_3^H} = \frac{\omega_1 - \omega_H}{\omega_3 - \omega_H} = \frac{\omega_1 - \omega_H}{0 - \omega_H} = 1 - i_{1H} = -\frac{z_3}{z_1}$$

所以
$$i_{1H} = 1 - i_{13}^H \tag{8-74}$$

上式表明，只要知1和H两构件中任一构件的角速度（$\omega_1$ 或 $\omega_H$），则另一构件的角速度便可求出。这种周转轮系具有一个自由度，并通称为行星轮系。

应用相对运动原理来计算周转轮系传动比时，应注意下列事项：

1）转化机构的传动比的正负号，要根据在定轴轮系中决定传动比正负号的方法来决定。

2）在已知的诸绝对角速度中，取向同一方向旋转者为正值，向相反方向旋转者为负值，在计算时应连同本身的符号一并代入公式中。

**例题8-4** 图8-65为一分度机构示数装置中的行星轮系。其中 $a$ 为固定指针，$b$ 为粗标尺（与中心轮相联），$c$ 为精标尺（与转臂相联），双联齿轮2、3为行星轮，中心轮4固定不动。已知 $z_1 = 60$；$z_2 = z_3 = 20$；$z_4 = 59$。求粗标尺与精标尺的传动比 $i_{bc}$。（即 $i_{1H}$）是多少？

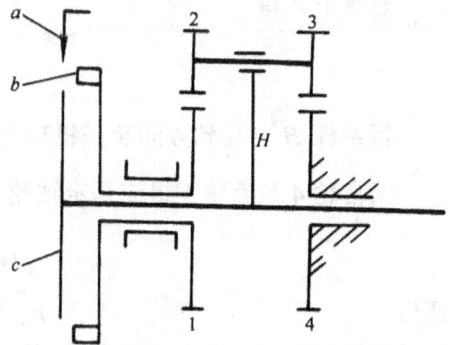
图8-65 分度机构中的行星轮系

**解** 由式（8-74）得行星轮系的传动比

$$i_{1H} = 1 - i_{14}^H = 1 - (-1)^2 \times \frac{z_2 z_4}{z_1 z_3} = 1 - \frac{20 \times 59}{60 \times 20} = \frac{1}{60}$$

即粗标尺转一转，而精标尺转60转，两者转向相同。如果把两标尺的圆周分作360等分，即粗标尺分度值为1°，精标尺的分度值将为1°/60（即1'）。这样，就可以从粗标尺读出多少"度"，从精标尺读出多少"分"。

（三）复合轮系传动比的计算

精密机械中应用的轮系，除了单一的定轴轮系或单一的周转轮系外，有时还采用由这两种基本轮系或几个周转轮系适当组合而成的复合轮系。在运用相对运动原理计算混合轮系传动比时，必须引起注意的是：应该将其定轴轮系部分与周转轮系部分正确划分开来，然后分别列出传动比计算式，最后联立求解出混合轮系传动比。

查找定轴轮系的方法是：如果一系列互相啮合的齿轮的几何轴线是固定不动的，则这些

齿轮便组成为一个定轴轮系。

查找周转轮系的方法是：先找行星轮，即找出那些几何轴线是绕另一几何轴线转动的齿轮。当找到行星轮后，那些支持行星轮的构件就是系杆，然后循行星轮与其他齿轮啮合的线索找中心轮，那么这些行星轮、中心轮和系杆便组成为一个周转轮系。

**例题 8-5** 图 8-66 所示为一加法机构轮系，已知 $z_1 = z_2 = z_3 = 15$，$z_4 = 30$，$z_5 = 15$。齿轮 1 和齿轮 3 都是输入运动的主动轮，它们的转速分别为 $n_1$ 和 $n_3$。求该轮系输出转速 $n_5$。

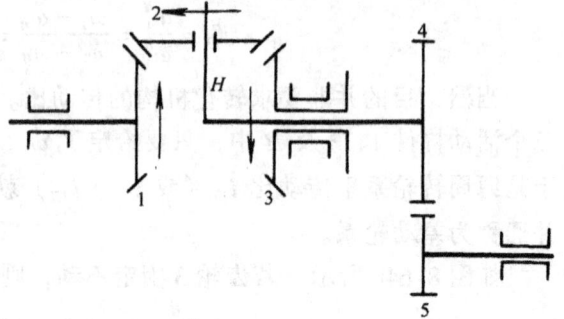

**解** 由图示机构不难看出：

1—2—3—H 组成一差动轮系

4—5 组成一定轴轮系

图 8-66　加法机构中复合轮系

由式（8-73）可以写出

$$i_{13}^H = \frac{n_1^H}{n_3^H} = \frac{n_1 - n_H}{n_3 - n_H} = (-1) \times \frac{z_2 \cdot z_3}{z_1 \cdot z_2} = -\frac{15 \times 15}{15 \times 15} = -1$$

对于轴线互相垂直的圆锥齿轮组成的轮系，其齿轮转动方向可用画箭头的方法表示（如图 8-66 所示）。由于齿轮 1 和齿轮 3 的箭头方向相反（即转向相反），所以上式中计算其传动比时取负号。

整理上式得

$$n_H = \frac{1}{2}(n_1 + n_3)$$

因系杆 H 与齿轮 4 同装一根轴上，所以 $n_4 = n_H$，则有 $n_4 = \frac{1}{2}(n_1 + n_3)$。

又齿轮 4 与齿轮 5 组成是定轴轮系，故

$$i_{45} = \frac{n_4}{n_5} = -\frac{z_5}{z_4} = -\frac{1}{2}$$

所以

$$n_5 = -2n_4 = -(n_1 + n_3)$$

即输出转速为两个输入转速之和（转向相反），因此称该机构为加法机构。

**三、几种常用的行星齿轮传动简介**

**（一）渐开线少齿差行星齿轮传动**

**1．构造和传动比** 如图 8-67a 所示，这种行星齿轮传动由行星轮 1、内齿轮 2、系杆（行星轮架）H、等角速比机构（双万向联轴器）以及输出轴 V 所组成。因齿轮 1 和 2 的齿数相差很少（一般为 1～4），故称少齿差。这种传动与前述各种行星轮系不同的地方是：它输出的运动是行星轮的绝对转数，而前述各种行星轮系的输出运动是中心轮的绝对转数。

由于该传动中，只有一个中心轮（用 K 表示），一个行星轮架（用 H 表示）和一根带输出机构的输出轴（用 V 表示），故又称这种传动为 K-H-V 行星齿轮传动。其传动比计算如下：

$$i_{HV} = i_{H1} = \frac{1}{i_{1H}} = \frac{1}{1 - i_{12}^H} = \frac{1}{1 - \frac{z_2}{z_1}} = -\frac{z_1}{z_2 - z_1}$$

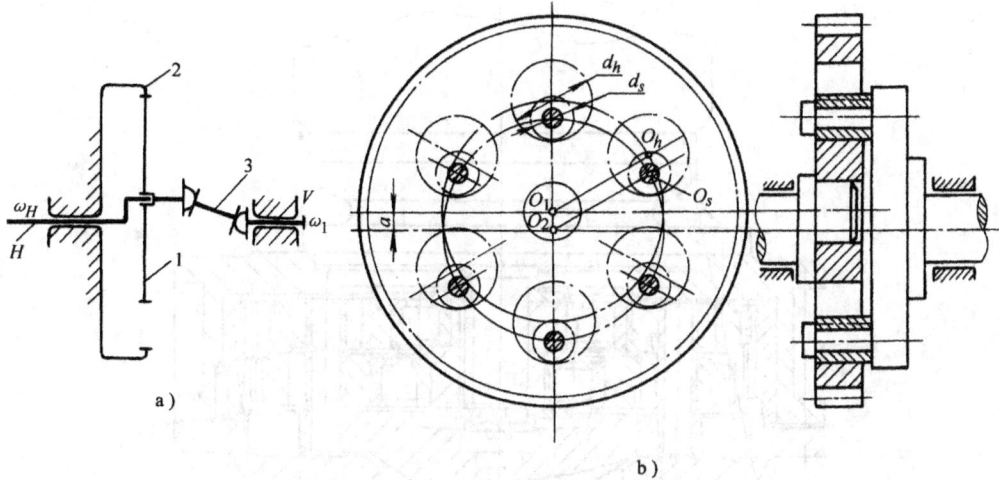

图 8-67 渐开线少齿差行星齿轮传动

上式表明，当齿数差 $z_2 - z_1$ 很小时，传动比 $i_{HV}$ 很大。当 $z_2 - z_1 = 1$ 时，得一齿差行星齿轮传动，其传动比 $i_{HV} = -z_1$。

又在图 8-67a 所示的结构中，采用双万向联轴器作为输出机构，不仅轴向尺寸较大，而且也不能用于两个行星轮的场合，故实际上很少应用。目前用的最广泛的是孔销式输出机构。如图 8-67b 所示，在行星轮的辐板上沿圆周均匀作有若干销孔（图中为 6 个），而在输出轴的圆盘上在半径相同的圆周上，则均匀布有同样数量的圆柱销，这些圆柱销对应地插入行星轮的销孔中。设齿轮 1、2 的中心距（即行星架的偏心距）为 $a$，行星轮上销孔的直径为 $d_h$，输出轴上销套的外径为 $d_s$，当这三个尺寸满足如下关系：

$$d_h = d_s + 2a$$

时，就可以保证销轴和销孔在运转过程中始终保持接触（如图 8-67 所示），这时内齿轮的中心 $O_2$，行星轮的中心 $O_1$，销孔中心 $O_h$ 和销轴中心 $O_s$，刚好构成一个平行四边形。因此，不论行星轮 1 转到任何位置，$O_1O_h$ 总平行于 $O_2O_s$，这就表明输出轴将随着行星轮同步同向转动。

2. 优缺点和应用　渐开线少齿差行星齿轮传动的主要优点是：①传动比大。一级减速 $i_{HV}$ 可达 135，两级减速可达 10000 以上。②结构简单，体积小，重量轻。与同样传动比和同样功率的普通齿轮传动相比，重量可减轻 1/3 以上。③加工与维修简便，只需要一种插齿机就可加工其齿轮。

由于该种类型传动具有以上优点，所以多用于食品工业、轻化工业、起重运输及仪器制造等部门。

渐开线少齿差行星齿轮传动的主要缺点是：①与摆线针轮传动和谐波齿轮传动相比，这种传动同时啮合的齿数少，其受力情况差些。②这种行星齿轮传动具有渐开线少齿差内啮合齿轮传动所特有的非啮合区齿廓重迭干涉现象，故不能采用标准齿轮而必须采用正变位齿轮，即采用具有很大啮合角（54°～56°）的正传动，因而导致较大的轴承压力。③与谐波齿轮传动相比，该齿轮传动必须采用等角速比机构，故结构较复杂。

图 8-68 所示为电动机所带的渐开线二齿差行星减速器。其传递功率 $P = 18.5\text{kW}$，传动

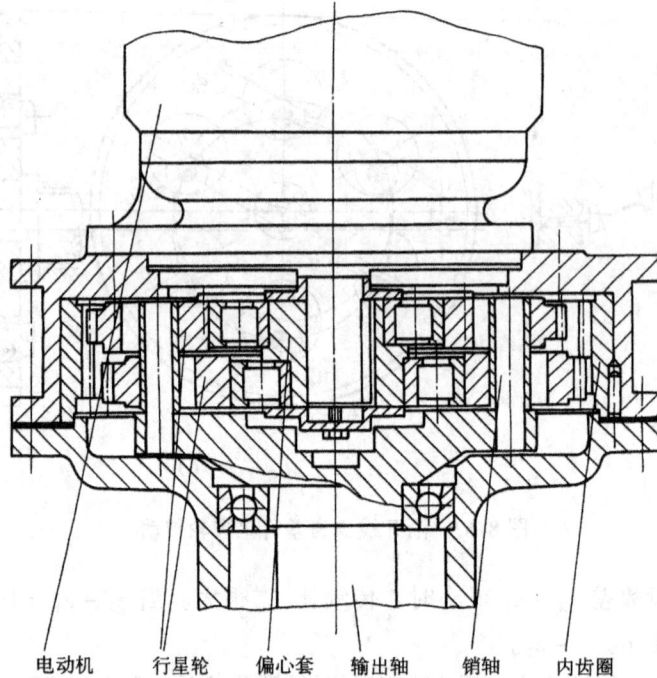

电动机　行星轮　偏心套　输出轴　销轴　内齿圈

图 8-68　渐开线二齿差行星减速器

比 $i = 30.5$，采用了两个互成 180° 的行星轮，以改善它的平衡性能和受力状态。输出机构是孔销式的。为了减少摩擦磨损及使磨损均匀，在销轴上装有活动的销套。

（二）摆线针轮传动

1. 构造和传动比　图 8-69a 为摆线针轮传动的机构示意图。这种行星齿轮传动，是由行星轮 1（此处采用了两个互成 180° 的行星轮，用以改善它的平衡性能和受力状态）、内齿轮 2、系杆（行星轮架）$H$ 和孔销式输出机构所组成。其工作原理与渐开线少齿差行星齿轮传动基本相同，主要区别在于其齿轮的齿廓不是渐开线而是摆线。图 8-69b 所示为 $z_1 = 8$ 的摆线轮与 $z_2 = 9$ 的针轮啮合情况。为了减小摩擦磨损，在针齿销的外面套了一个活动的针齿套。

在摆线针轮传动中，摆线齿廓的形成如图 8-70 所示。半径为 $r_2$ 的发生圆套在半径为 $r_1$（$< r_2$）的导圆上，并相对于导圆作无滑动的滚动。发生圆上一点 $P$ 所形成的轨迹 $P_1 \sim P_5$ 为一条外摆线，而在发生圆外与发生圆固连的一点 $M$ 所形成的轨迹 $M_1 \sim M_5$ 则为短幅外摆线。摆线针轮传动中的行星轮就是以此短幅外摆线作为理论齿廓曲线。因此，行星轮又称为摆线齿轮。而与之啮合的内齿轮的齿廓理论上应为一点，即点 $M$。当然实际齿廓不可能做成一点，而是以点 $M$ 为中心，以 $r_z$ 为半径的小圆柱针销作为内齿轮的齿廓，故内齿轮又称为针轮（固装在机壳上），摆线针轮传动即因此而得名。此时，行星轮上与针轮针销齿的实际齿廓为上述短幅外摆线的等距曲线 $\overparen{C_1 C_5}$。

在摆线针轮传动中，不采用摆线齿廓而采用短幅摆线是为了增大齿廓的曲线半径，从而改善轮齿的接触强度，同时也改善了孔销式输出机构的设计条件（因在行星轮上留给销孔的余地增大，便于输出机构的设计）。

由于摆线针轮传动中两轮齿数差为一，因此其传动比亦为 $i_{HV} = -z_1$。

2. 优缺点和应用 摆线针轮传动的主要优点是：①传动比大。一级传动的 $i_{HV} = 6 \sim 119$；②结构较简单，体积小，重量轻。与同样传动比和同样功率的普通齿轮传动相比，其体积和重量可减少到原来的 1/2～1/3；③效率高。一般可达 0.9～0.95，最高可达 0.97；④运转平稳，过载能力大；⑤工作可靠，使用寿命长。

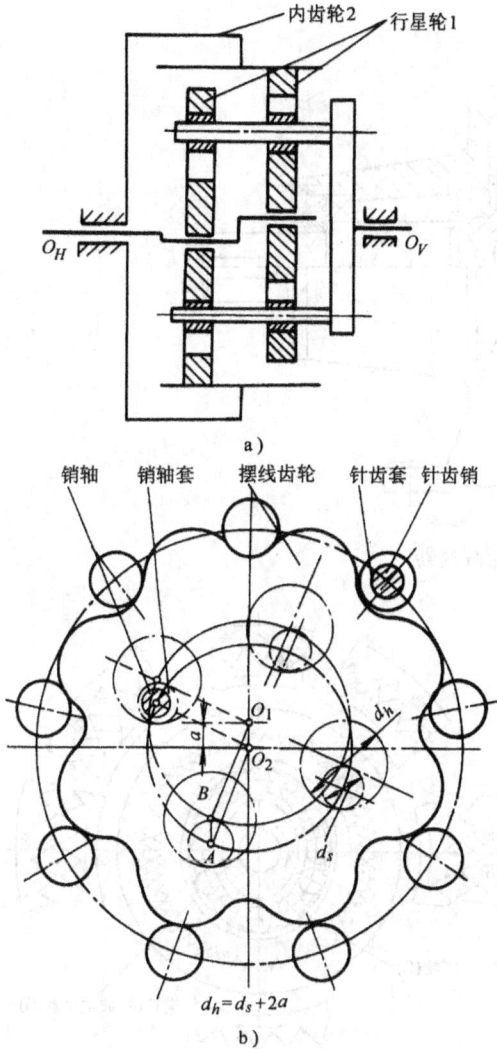

图 8-69 摆线针轮传动

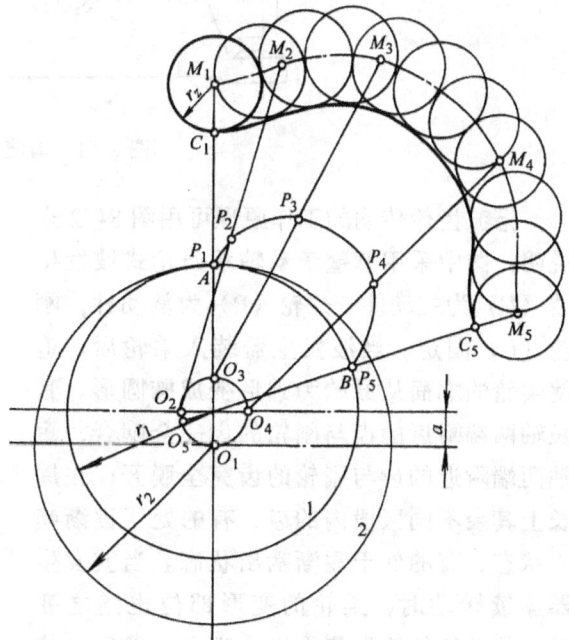

图 8-70 摆线针轮传动的齿廓曲线

其寿命较普通齿轮传动可提高 2～3 倍。

由于以上优点，摆线针轮传动多制成减速器，可代替二级或三级普通齿轮减速器和蜗杆减速器，这种减速器多应用于军工、矿山、冶金、化工、造船等工业的机械设备上。

主要缺点是：加工工艺复杂，制造精度要求高，必须用专用的机床和刀具来加工其摆线齿轮。

（三）谐波齿轮传动

1. 构造和传动比 图 8-71 所示为一谐波齿轮减速器。其传动部分是由三个基本构件组成：即刚轮、柔轮和波发生器。刚轮是一个刚性内齿轮，柔轮是一个容易变形的薄壁圆筒外齿轮，刚轮与柔轮的齿距相同，但柔轮比刚轮少两个或几个齿。为了获得滚动摩擦，减轻磨损，通常在波发生器上镶装有薄壁滚动轴承，这种轴承的座圈较一般标准滚动轴承的座圈要薄，以降低刚性，增加柔性，使其更易于满足变形的需要。

波发生器　刚轮　柔轮

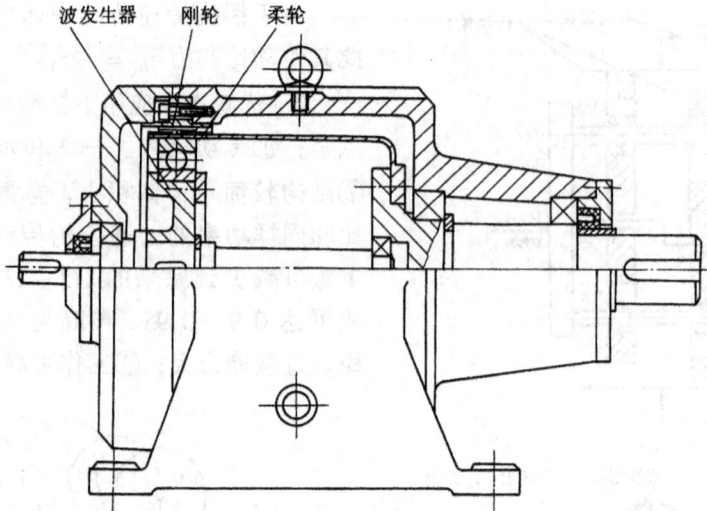

图 8-71　谐波齿轮减速器

谐波齿轮传动的工作原理可用图 8-72 来说明：图中采用薄壁滚动轴承凸轮式波发生器（H）为主动件，柔轮（R）为从动件，刚轮（G）固定。当波发生器装入柔轮后，迫使柔轮的端面从原始为圆形变成椭圆形。其长轴两端附近的齿与刚轮的齿完全啮合；短轴两端附近的齿与刚轮的齿完全脱开；在周长上其余不同区段内的齿，有的处于逐渐啮入状态，有的处于逐渐啮出状态。当波发生器连续转动时，柔轮的变形部位也随之变动，使柔轮的轮齿依次进入啮合，然后再依次退出啮合，从而实现啮合传动。当柔轮的齿数 $z_R$ 少于刚轮的齿数 $z_G$ 时，则柔轮的回转方向与波发生器的回转方向相反。

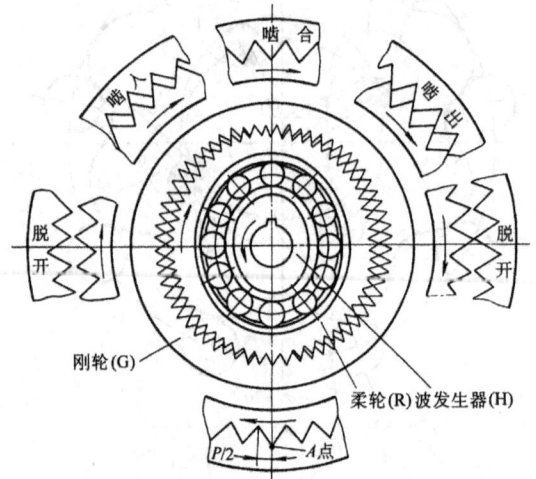

啮合

啮入　啮出

脱开　脱开

刚轮(G)

柔轮(R) 波发生器(H)

$P/2$ ——— $A$ 点

图 8-72　谐波齿轮传动的工作原理简图

由于在传动过程中，柔轮产生的弹性变形波在柔轮圆周方向的展开图上是连续的简谐波形，因此，这种传动被称为谐波齿轮传动。

在谐波齿轮传动装置中，波发生器、刚轮和柔轮三个构件中，必须有一个是固定件；而其余两个，一个是主动件，另一个为从动件，至于何者为主动件，何者为从动件，可根据需要予以确定，不过一般多采用波发生器为主动件。

当刚轮（G）固定，波发生器（H）主动，柔轮（R）从动时，其传动比计算如下：

$$i_{RG}^H = \frac{n_R - n_H}{n_G - n_H} = \frac{n_R - n_H}{-n_H} = \frac{z_G}{z_R}$$

即

$$i_{HR} = n_H / n_R = -z_R / (z_G - z_R)$$

柔轮与波发生器的转向相反。

当柔轮（R）固定，波发生器（H）主动，刚轮（G）从动时，其传动比计算如下：

$$i_{GR}^{H} = \frac{n_G - n_H}{n_R - n_H} = \frac{n_G - n_H}{-n_H} = \frac{z_R}{z_G}$$

即

$$i_{HG} = n_H / n_G = z_G / (z_G - z_R)$$

刚轮与波发生器的转向相同。

2. 优缺点和应用　谐波齿轮传动的优点是：①单级传动比大且范围广，一般 $i_{HR} = 50 \sim 320$。②同时啮合齿数多（可达 30%），承载能力高；③运动精度高，传动平稳；④零件数少，重量轻，结构紧凑；⑤轮齿磨损小，效率高；⑥除机械式波发生器外，尚有液压、气动和电磁等类型波发生器，以满足各种不同的需要和工作条件。缺点是：①柔轮是薄壁零件，且要求具有高弹性，因此其加工和热处理工艺复杂；②若结构参数选择不当或结构设计不良时，将会导致发热过大，从而影响传动和承载能力的降低。

由于谐波齿轮传动上述诸多的优点，目前，谐波齿轮传动已广泛地应用于空间技术、能源、机器人、雷达通信、机床、仪器仪表、汽车、武器、造船、起重运输、医疗器械等各有关领域，并已开始系列化生产。

# 第十四节　齿轮传动精度

## 一、齿轮传动的使用要求

齿轮传动可应用于多种场合，根据不同的工作条件，对齿轮传动的基本使用要求，可概括为以下四个方面：

1. 传递运动的准确性　从理论上讲，用渐开线作轮齿的工作齿廓，可使其在传动中传动比为一常数，以保证精确地传递运动。但齿轮在加工和安装中都会产生误差，因此，实际齿轮在传动中难以保持传动比恒定。为保证齿轮传递运动的准确性，即要求齿轮在一转范围内，齿轮的最大转角误差应限制在一定的范围内，传递运动的准确性也就可以用这个最大的转角误差或相应的参数来衡量。

2. 传动的平稳性　即要求齿轮传动的瞬时传动比变化不要过大。

如果传动平稳性差，齿轮传动时，将产生过大的冲击、振动和噪声。这对于高速传动的齿轮是非常重要的，它不仅影响齿轮的使用寿命，而且影响精密机械的工作精度。因此，为了保证齿轮的传动平稳性就要限制齿轮转一齿过程中出现的瞬时传动比的变化不许超过一定的范围。于是，可以用齿轮转一齿时的最大转角误差或相应的指标来衡量齿轮传动平稳性的高低。

图 8-73 所示是齿轮转角误差的曲线，从图中可以看出，影响齿轮传递运动准确性的长周期误差是齿轮一转中的转角误差。而影响齿轮传动平稳性的短周期误差，是在齿轮一转中多次重复出现的高频误差。

3. 载荷分布的均匀性　即要求齿轮啮合时齿面接触良好。若齿面的接触精度差就会引起载荷集中，使齿面局部失效，影响齿轮的使用寿命。

理论上，直齿轮的一对轮齿在啮合过程中，从齿根到齿顶每瞬间都是在全齿宽上接触。但实际上，由于齿轮的制造和安装误差，轮齿表面并不是在全齿宽及全齿高上接触，这样就造成了齿面受力不均匀，而引起轮齿的损坏或加速磨损，因此，必须要求齿轮齿面沿齿高和

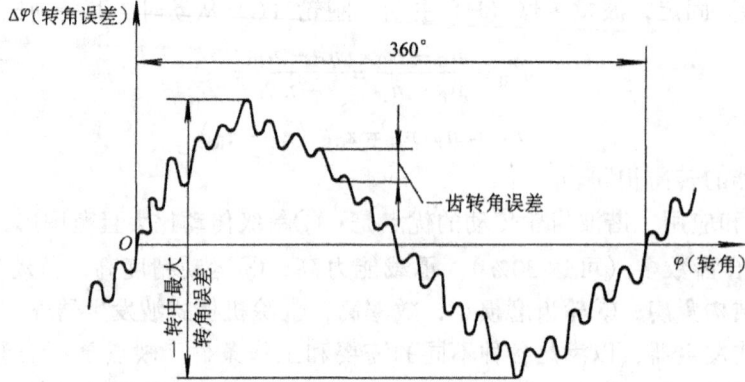

图 8-73　齿轮转角误差曲线

齿宽方向都接触良好。

4. 齿侧间隙　即要求齿轮啮合时，非工作表面间应留有一定的间隙 $j_n$（图 8-74），以便贮存润滑油，补偿齿轮的制造和安装误差和受力变形等影响，以保证传动灵活。

为了保证机器或仪器中齿轮传动具有较好的使用性能，因而对上述四个方面均有一定的要求。但根据齿轮的工作条件不同，对四个方面的要求并不是等同的，可以有所侧重。

用于测量仪器的读数齿轮、机床的分度齿轮、自动控制系统和计算机构中的齿轮，首先应满足的是传递运动（角位移）的准确性要高。当齿轮需可逆传动时，还要有较小的齿侧间隙，以避免由此产生的空回误差。这类齿轮由于传动功率小、速度低，故对传动平稳性和载荷分布的均匀性一般没有过高的要求。

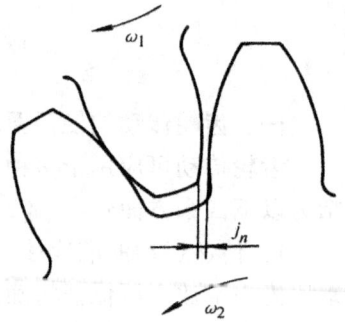

图 8-74　齿侧间隙

用于机床、汽车等变速箱中的齿轮，主要的要求是传动工作的平稳性和载荷分布的均匀性，齿侧应留有一定的侧隙。而对传递运动的准确性要求可稍低一些。

用于高速重载下工作的齿轮（如汽轮机减速器的齿轮等），其传递运动的准确性、传动平稳性和载荷分布的均匀性都有很高的要求，以减小因传动比变化而引起的振动和噪声。

用于低速重载下工作的齿轮（如起重机械、矿山机械等的齿轮），其主要使用要求是啮合的齿面应有最大的接触面积，同时齿侧间隙一般也要求较大。而对传递运动的准确性和平稳性精度要求，则可降低一些。

**二、齿轮及其传动的误差来源和精度指标**

（一）齿轮及其传动的误差来源

理想的渐开线齿轮，其轮齿齿廓应具有理想的形状（如齿形等）和位置（如齿距、齿向等）。而齿轮副（配对齿轮）的安装也应具有理想的位置（如中心距、轴线的平行度等）。由于实际上切齿工艺系统中，齿坯—机床—刀具的制造和安装等各种工艺误差因素的存在，使加工后的齿轮产生多种形式的加工误差，致使实际啮合的齿轮副产生安装误差和传动误差。

产生齿轮和齿轮传动误差的原因很多，以范成法滚切齿轮加工为例，其主要工艺误差因素有以下几个方面（如图 8-75a 所示）：齿轮毛坯定位孔相对于机床工作台轴心线的安装偏心 $e_1$；机床分度蜗轮相对于机床工作台轴心线的安装偏心 $e_2$；机床分度蜗杆的几何偏心 $e_3$、轴向窜动及其它误差；滚齿刀具的几何偏心 $e_4$、轴向窜动及刀具本身的制造误差（如齿形角、基节误差）等。

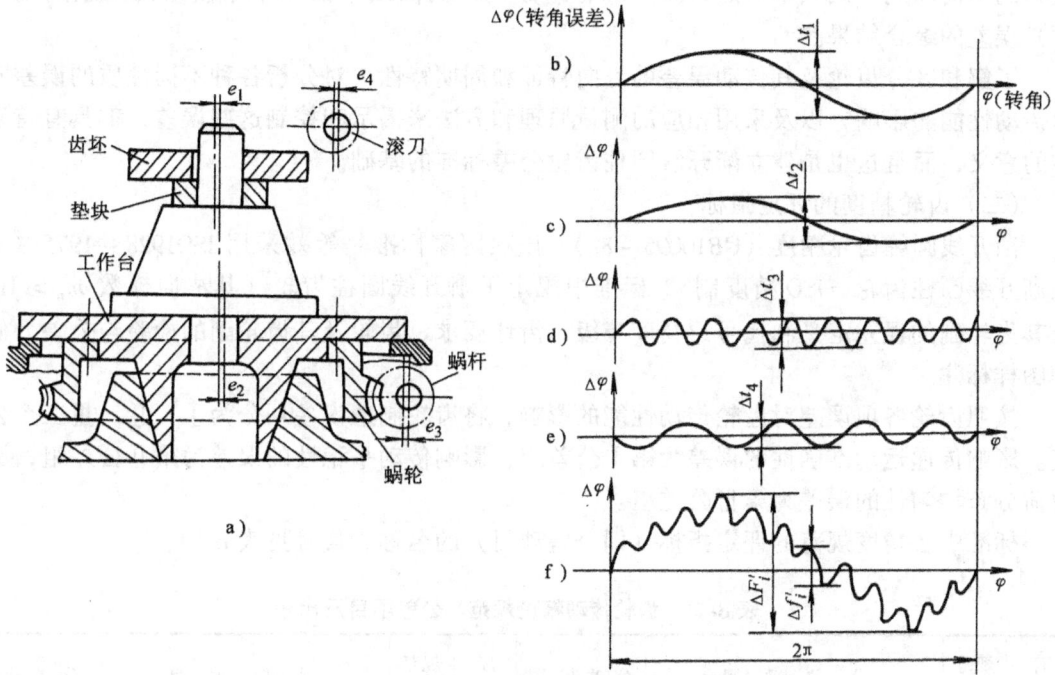

图 8-75　滚齿加工时几种偏心及误差曲线

　　在加工过程中，由于齿轮刀具与被切齿轮之间径向距离的变化所形成的加工误差为齿廓径向误差。如齿坯安装偏心（常称为齿轮的几何偏心）$e_1$ 及滚刀的径向跳动，切齿过程中使齿坯相对于滚刀的径向距离产生变动，致使切出的齿廓相对齿轮孔轴线的位置产生径向误差。

　　在加工过程中，由于滚切运动的不协调或分度不正确时使齿廓沿分度圆切向速度方向上产生的误差，称为齿廓切向误差。如分度蜗轮安装偏心（一般称为机床的运动偏心）$e_2$，蜗杆的径向跳动和轴向窜动，以及滚刀的轴向窜动，均使齿坯相对滚刀回转不均匀，时快时慢，从而使轮齿齿廓沿回转的切向方向产生误差。

　　在加工过程中，齿轮刀具沿被切齿轮轴线方向走刀运动产生的误差为齿廓的轴向误差。如齿坯安装倾斜、刀架导轨倾斜以及机床传动链中间齿轮速比的误差，均使齿廓相对滚刀走刀方向产生误差。

　　由齿坯安装偏心 $e_1$ 所产生的齿轮误差 $\Delta t_1$ 及由齿轮机床分度蜗轮 $e_2$ 所产生的齿轮误差 $\Delta t_2$ 均为长周期误差，其周期误差特性曲线分别为图 8-75 中 b、c 曲线所示。这类周期误差影响齿轮传递运动的准确性；当转速较高时，这类周期误差也影响齿轮传动的平稳性（已转化为高频误差）。

　　由分度蜗杆的几何偏心 $e_3$、轴向窜动和滚刀的几何偏心 $e_4$、轴向窜动等所产生的齿轮误差，均为短周期（高频）误差。由单纯的 $e_3$ 和 $e_4$ 所产生的齿轮误差 $\Delta t_3$、$\Delta t_4$ 的特性曲线如图 8-75d、e 所示。这类周期误差影响齿轮传动的平稳性。

图 8-75f 中误差曲线，则是由上述四种偏心综合作用所形成的。其整个曲线的起伏规律是长周期（低频）误差，但它是由许多大小不一、重复出现（齿轮转过一齿出现一次或多次）的不同周期（或频率）的误差所综合组成的，而曲线中的每个小波纹则是短周期（高频）误差的综合结果。

了解和区分齿轮及其传动误差的方向特征和周期特性，对分析各种不同性质的误差对齿轮传动性能的影响，以及采用相应的测量原理和方法来揭示和控制这些误差，都具有特别重要的意义，而且这也是建立渐开线圆柱齿轮公差标准的基础。

（二）齿轮精度的评定指标

渐开线圆柱齿轮精度（GB10095-88），该项国家标准是等效采用 ISO1928-1975《平行轴渐开线圆柱齿轮—ISO 精度制》。标准中规定了渐开线圆柱齿轮（其法向模数 $m_n \geqslant 1\text{mm}$）及其齿轮副的误差定义和代号、精度等级、齿坯要求、齿轮及其齿轮副的检验与公差、侧隙和图样标注。

按照齿轮各项误差对齿轮传动性能的影响，将齿轮制造误差划分为Ⅰ、Ⅱ、Ⅲ三个公差组。影响传递运动准确性的误差为第Ⅰ公差组，影响传动平稳性的误差为第Ⅱ公差组，影响载荷分布均匀性的误差为第Ⅲ公差组。

标准中各精度规范的评定指标（即公差项目）的名称、代号见表 8-21。

**表 8-21　齿轮传动精度规范、公差项目及代号**

| 序号 | 规范名称 | 公差项目 | 公差代号 | 序号 | 规范名称 | 公差项目 | 公差代号 |
|---|---|---|---|---|---|---|---|
| 1 | 第Ⅰ公差组 | 切向综合公差 | $F'_i$ | 13 | 第Ⅲ公差组 | 齿向公差 | $F_\beta$ |
| 2 | | 齿距累积公差 | $F_p$ | 14 | | 接触线公差 | $F_b$ |
| 3 | | $k$ 个齿距累积公差 | $F_{pk}$ | 15 | | 轴向齿距极限偏差 | $\pm F_{px}$ |
| 4 | | 径向综合公差 | $F''_i$ | 16 | 齿侧间隙 | 齿厚上偏差及下偏差 | $E_{ss}$，$E_{si}$ |
| 5 | | 齿圈径向跳动公差 | $F_r$ | 17 | | 公法线平均长度上偏差及下偏差 | $E_{wms}$，$E_{wmi}$ |
| 6 | | 公法线长度变动公差 | $F_w$ | 18 | 齿轮副精度 | 齿轮副的切向综合公差 | $F'_{ic}$ |
| 7 | 第Ⅱ公差组 | 一齿切向综合公差 | $f'_i$ | 19 | | 齿轮副的一齿切向综合公差 | $f'_{ic}$ |
| 8 | | 径向综合公差 | $f''_i$ | 20 | | 齿轮副的侧隙　圆周极限侧隙 | $j_{tmax}$　$j_{tmin}$ |
| 9 | | 齿形公差 | $f_f$ | 21 | | 齿轮副的侧隙　法向极限侧隙 | $j_{nmax}$　$j_{nmin}$ |
| 10 | | 齿距极限偏差 | $\pm f_{pt}$ | 22 | | 齿轮副的接触斑点 | |
| 11 | | 基节极限偏差 | $\pm f_{pb}$ | 23 | | 齿轮副的中心距极限偏差 | $\pm f_a$ |
| 12 | | 螺旋线波度公差 | $f_{f\beta}$ | 24 | | $x$ 方向、$y$ 方向轴线平行度公差 | $f_x$，$f_y$ |

注：表中各项目的误差定义、公差值或计算公式，可查阅 GB10095—88 或参考文献〔19〕。

1．精度等级及其选用 GB10095－88标准中对齿轮及齿轮副规定有12个精度等级，其精度由1至12级依次降低。目前1、2级精度的齿轮用机械加工实现还相当困难，主要是为未来前景发展而规定的。其他精度可粗略划分为：3～5级属于高精度，6～8级属于中等精度、9～12级属于低精度。齿轮副的两个配对齿轮的精度等级一般取成相同的，也允许取成不相同的。

齿轮精度的选用与齿轮的用途、工作条件和技术要求有关，应根据对齿轮传递运动准确性的要求，以及圆周速度、载荷大小等一系列因素来决定。目前，在工程设计中，主要是根据经过实践验证的齿轮精度所适用的产品性能、工作条件等经验和统计资料，参照对比进行精度的选择。表8-22所列资料可供选用时参考。

**表8-22 齿轮精度等级的适用范围**

| 精 度 等 级 | 应 用 范 围 | 精 度 等 级 | 应 用 范 围 |
|---|---|---|---|
| 2～5 | 测量齿轮 | 6～10 | 拖拉机 |
| 4～7 | 航空发动机 | 6～8 | 通用减速器 |
| 3～8 | 金属切削机床 | 6～10 | 轧钢机 |
| 6～7 | 内燃机、电气机车 | 7～10 | 起重机械 |
| 5～8 | 轻型汽车 | 8～10 | 矿用绞车 |
| 6～9 | 载重汽车 | 8～11 | 农业机械 |

第Ⅱ公差组精度等级的选定通常以齿轮圆周速度为依据。重复出现的周期（高频）误差，在高速传动时将引起振动，产生噪声，加速齿轮齿面的疲劳点蚀与磨损、破坏齿轮的正常工作，降低使用寿命。因此速度较高时，应选用较高的平稳性精度等级。表8-23所列资料可供选用时参考。

**表8-23 圆柱齿轮第Ⅱ公差组精度等级与圆周速度的关系**

| 精度等级 | | 4 | 5 | 6 | 7 | 8 | 9 |
|---|---|---|---|---|---|---|---|
| 圆周速度 (m·s$^{-1}$) | 直齿轮 | <50 | <20 | <15 | <10 | <6 | <2 |
| | 斜齿轮 | <70 | <40 | <30 | <15 | <10 | <4 |

对某一齿轮而言，三个公差组可选用相同的精度等级，也可根据齿轮传动的使用要求选用不同的等级。但是，当三个公差组选用不同的等级时，应考虑和顾及到齿轮各种误差对齿轮传动三个方面使用要求的影响之间的联系。例如，在转速很高的情况下，影响齿轮传递运动准确性的误差因素（低频误差）也将影响齿轮传动的平稳性。在一定的切齿工艺条件下，三个公差组的精度也不可能相差甚远。

2．齿轮精度检验组的选定 齿轮的误差项目很多，而且每项误差都与一定的测量方法相联系。从影响齿轮传动某一方面的使用要求来看，有些误差项目性质上彼此类似，但是，这些误差项目又有所区别和特点的。因此，评定齿轮精度可有多种方案——检验组，其中任何一个检验组都可用来评定齿轮的精度，而且每一个检验组所评定的效果将是等效的。在选定齿轮精度的检验组时，应综合考虑：①被测齿轮的精度等级和用途；②齿轮检验是验收检验还是工艺检验；③齿轮的生产批量和切齿工艺；④齿轮的规格和尺寸的大小等等。总之，在选定检验组时，应该用最简便、可靠的方法，尽可能少的检测仪器和工具完成检查和验收齿轮精度的工作，这样可以提高检验的效率，使之经济合理。

GB10095 - 88 中规定了齿轮和齿轮副的检验要求，标准中把各公差组的项目分为若干检验组，根据工作要求和生产规模，对每个齿轮须在三个公差组中各选一个检验组来进行检定和验收；同时另选一检验组来检定齿轮副的精度及侧隙的大小。对于一般常用的 5 ~ 10 级精度齿轮传动，推荐的检验项目列于表 8-24 中，供使用时参考。

**表 8-24  推荐的圆柱齿轮和齿轮副检验项目**

| 项　　　目 | | 精　度　等　级 | | |
|---|---|---|---|---|
| | | 5、6 | 7、8 | 9、10 |
| 公差组 | Ⅰ | $F_i$ 或 $F_p$ | $F'_i$、$F_W$ 或 $F_r$、$F_W$ | $F_r$ |
| | Ⅱ | $f'_i$ 或 $f_f$、$f_{pt}$ | $f''_i$；$f_f$、$f_{pt}$ 或 $f_f$、$f_{pb}$ | $F_{pt}$ |
| | Ⅲ | $F_\beta$ | $F_\beta$ | $F_\beta$ |
| 齿轮副 | 对齿轮 | | $E_s$ 或 $E_W$ | |
| | 对传动 | | $F'_{ic}$、$f'_{ic}$、接触斑点、$f_a$ | |
| | 对箱体 | | $f_x$、$f_y$ | |
| 齿轮毛坯精度 | | | 顶圆直径公差；基准面的径向、端面圆跳动；齿轮轴孔公差 | |

注：1. 若接触斑点分布位置和大小确有保证时，则第Ⅱ公差组检验项目可不考虑
　　2. 对 $\varepsilon_\beta > 1.25$，齿向线不作修正的斜齿轮，第Ⅲ公差组可检验 $F_{px}$、$f_f$ 或 $F_{px}$、$F_b$；对于 $\varepsilon_\beta \leqslant 1.25$，齿向线不作修正的斜齿轮可检验 $F_b$。$\varepsilon_\beta$—轴向重合度。
　　3. 本表不属国家标准，仅供参考。

3．侧隙　齿轮副的侧隙要求，应根据工作条件用最大极限侧隙 $j_{n\max}$（或 $j_{t\max}$）与最小极限侧隙 $j_{n\min}$（或 $j_{t\min}$）来规定。侧隙是通过选择适当的中心距偏差，齿厚极限偏差（或公法线平均长度偏差）等来保证。

标准中规定了 14 种齿厚（或公法线平均长度）极限偏差，按偏差数值由小到大的顺序依次用字母 $C$、$D$、$E$、…、$S$ 表示。每个代号代表齿距极限偏差 $f_{pt}$ 的倍数，见表 8-25。

**表 8-25  齿厚极限偏差**

| | | | |
|---|---|---|---|
| $C = + 1f_{pt}$ | $G = - 6f_{pt}$ | $L = - 16f_{pt}$ | $R = - 40f_{pt}$ |
| $D = 0$ | $H = - 8f_{pt}$ | $M = - 20f_{pt}$ | $S = - 50f_{pt}$ |
| $E = - 2f_{pt}$ | $J = - 10f_{pt}$ | $N = - 25f_{pt}$ | |
| $F = - 4f_{pt}$ | $K = - 12f_{pt}$ | $P = - 32f_{pt}$ | |

选择齿厚极限偏差时，应根据对侧隙的要求，从图 8-76 中选择两种代号，组成齿厚上偏差和下偏差。例如选择齿厚极限偏差的代号 $FL$，表示齿厚的上偏差为 $F$（$= -4f_{pt}$），下偏差为 $L$（$= -16f_{pt}$）。

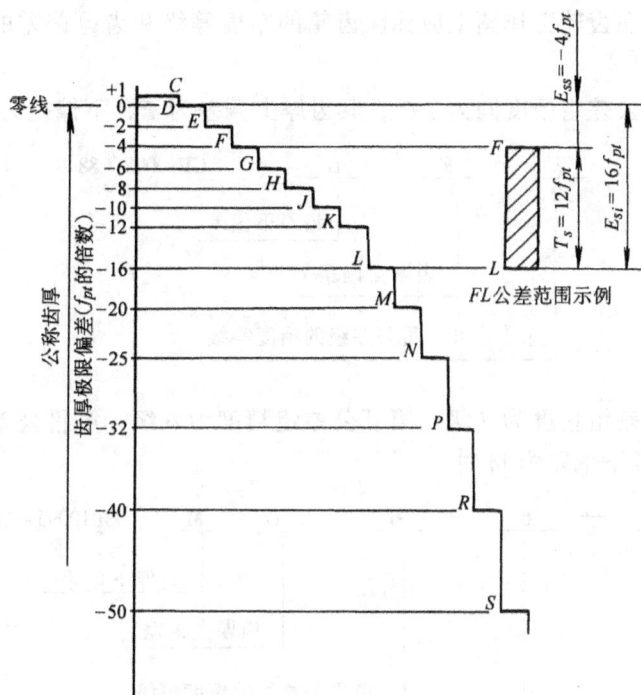

图 8-76 齿厚极限偏差代号

需要时，也可以根据传动的要求，由表 8-26 中选取最小侧隙 $j_{n\min}$，然后按表 8-27 中的公式计算应选取的齿厚（或公法线平均长度）极限偏差的数值，最后按图 8-76 圆整、并确定代号。

表 8-26 齿轮副最小侧隙 $j_{n\min}$ 参考值 （单位：$\mu$m）

| 类　　别 | 中　心　距　$a$/mm | | | | | | | | | | | | | | |
|---|---|---|---|---|---|---|---|---|---|---|---|---|---|---|---|
| | ≤80 | >80<br>~125 | >125<br>~180 | >180<br>~250 | >250<br>~315 | >315<br>~400 | >400<br>~500 | >500<br>~630 | >630<br>~800 | >800<br>~1000 | >1000<br>~1250 | >1250<br>~1600 | >1600<br>~2000 | >2000<br>~2500 | >2500<br>~4000 |
| 较小侧隙 | 74 | 87 | 100 | 115 | 130 | 140 | 155 | 175 | 200 | 230 | 260 | 310 | 370 | 440 | 600 |
| 中等侧隙 | 120 | 140 | 160 | 185 | 210 | 230 | 250 | 280 | 320 | 360 | 420 | 500 | 600 | 700 | 950 |
| 较大侧隙 | 190 | 220 | 250 | 290 | 320 | 360 | 400 | 440 | 500 | 550 | 660 | 780 | 920 | 1100 | 1500 |

注：1. 中等侧隙所规定的最小侧隙，对于钢或铸铁齿轮传动，当齿轮和壳体温度差为 25℃时，不会由于发热而卡滞。

2. 本表不属国家标准，仅供参考。

表 8-27 齿厚上偏差与最小侧隙之间的关系

| 项　　目 | 代　　号 | 公　　式 |
|---|---|---|
| 误差补偿量 | $K$ | $K = \sqrt{2f_{pb}^2 + 2\ (F_\beta\cos\alpha)^2 +\ (f_x\sin\alpha)^2 +\ (f_y\cos\alpha)^2}$ |
| 齿厚上偏差 | $E_{ss}$ | $E_{ss} = f_a\tan\alpha + \dfrac{j_{n\min} + K}{2\cos\alpha}$ |
| 公法线平均长度上偏差 | $E_{wms}$ | $E_{wms} = E_{ss}\cos\alpha_a - 0.72F_r\sin\alpha_a$ |
| 公法线平均长度公差 | $T_{wm}$ | $T_{wm} = T_s\cos\alpha - 1.44F_r\sin\alpha$ |

注：本表不属国家标准，仅供参考。

4．图样标注　在齿轮工作图上应标注齿轮的精度等级和齿厚偏差的字母代号。标注示例：

1）齿轮的三个公差组精度同为 7 级，其齿厚上偏差为 $F$，下偏差为 $L$ 时

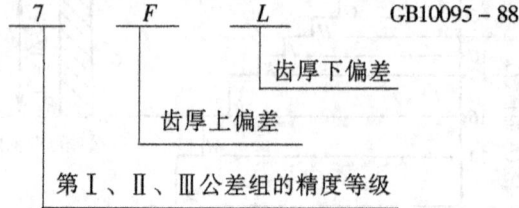

```
7        F        L        GB10095 - 88
                  └─ 齿厚下偏差
         └─ 齿厚上偏差
└─ 第Ⅰ、Ⅱ、Ⅲ公差组的精度等级
```

2）齿轮第Ⅰ公差组精度为 7 级，第Ⅱ公差组精度为 6 级，第Ⅲ公差组精度为 6 级，齿厚上偏差为 $G$，齿厚下偏差为 M 时

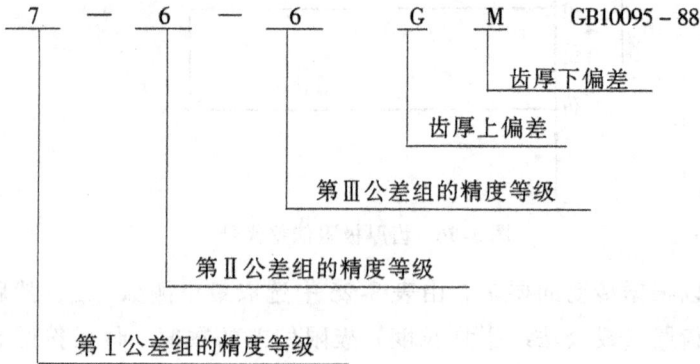

```
7 — 6 — 6        G   M    GB10095 - 88
                     └─ 齿厚下偏差
                 └─ 齿厚上偏差
             └─ 第Ⅲ公差组的精度等级
         └─ 第Ⅱ公差组的精度等级
└─ 第Ⅰ公差组的精度等级
```

"锥齿轮（$m_n < 1$、$m_n \geqslant 1$）精度"，"圆柱面蜗杆、蜗轮（$m < 1$、$m \geqslant 1$）精度"见参考文献 [19]。

齿轮测量及量具量仪见参考文献 [23]。

### 三、转角误差的估算

影响齿轮运动准确性除了齿轮本身误差的因素外，传动链中其它零、部件的加工和装配误差（如齿轮与轴的联接所产生的偏心、滚动轴承转动座圈的径向跳动和固定座圈与箱体的配合间隙等等），也起着很大的作用。

根据上述引起齿轮转角误差的各种因素，现将转角误差的估算方法介绍如下（均按角度值计算）：

（一）齿轮本身的误差

即齿轮传动公差中所查得的切向综合误差的公差 $F'_i$ 来度量，由此而引起的转角误差为

$$\delta\varphi_1 = \frac{2F'_i}{d}$$

式中　$d$——齿轮的分度圆直径。

（二）齿轮与轴的联接所产生的偏心

当偏心量为 $e$ 时，则产生的转角误差最大值为

$$\delta\varphi_2 = -\frac{4e}{d\cos\alpha}$$

（三）轴承误差

主要是指滚动轴承的径向偏摆。如 $E_D$ 为转动座圈的径向偏摆，它相当于偏心量的两倍，由此引起的转角误差为

$$\delta\varphi_3 = \frac{2E_D}{d\cos\alpha}$$

固定座圈的径向偏摆只产生固定偏心，一般不影响转角误差。

综合上述各项误差，对于一个齿轮而言，其转角误差总值为

$$\delta\varphi_\Sigma = \delta\varphi_1 + \delta\varphi_2 + \delta\varphi_3$$

考虑到以上各项误差的出现都具有随机性，因此可近似按下式计算其转角误差的总值

$$\delta\varphi_\Sigma = \sqrt{\delta\varphi_1^2 + \delta\varphi_2^2 + \delta\varphi_3^2} \tag{8-75}$$

在图 8-77 所示的齿轮传动链中，1 为主动轮，3 为最后一级从动轮，四个齿轮的转角误差的总值分别为 $\delta\varphi_{\Sigma(1)}$、$\delta\varphi_{\Sigma(2)}$、$\delta\varphi_{\Sigma(2')}$ 和 $\delta\varphi_{\Sigma(3)}$。传动比分别为 $i_{12}$、$i_{2'3}$。

此时在输出轴 3 上的转角误差总值为

$$\delta\varphi_{\Sigma(13)} = \delta\varphi_{\Sigma(3)} + \frac{\delta\varphi_{\Sigma(2')}}{i_{2'3}} + \frac{\delta\varphi_{\Sigma(2)}}{i_{2'3}} + \frac{\delta\varphi_{\Sigma(1)}}{i_{12}\,i_{2'3}}$$

当考虑到各项误差出现的随机性，输出轴 3 上转角误差总值可按下式计算

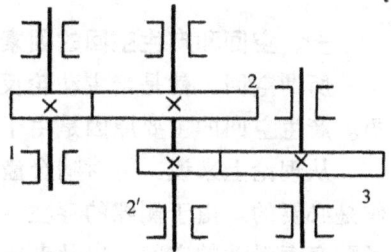

图 8-77　齿轮传动链

$$\delta\varphi_{\Sigma(13)} = \sqrt{\left(\delta\varphi_{\Sigma(3)}\right)^2 + \left(\frac{\delta\varphi_{\Sigma(2')}}{i_{2'3}}\right)^2 + \left(\frac{\delta\varphi_{\Sigma(2)}}{i_{2'3}}\right)^2 + \left(\frac{\delta\varphi_{\Sigma(1)}}{i_{12}\,i_{2'3}}\right)^2} \tag{8-76}$$

从上式可以看出：对于减速链传动，对从动轴传动精度影响最大的是最后一个齿轮的制造精度；增大最后一级（或几级）的传动比对减小转角误差是有利的。此两项结论对实际设计工作是有指导意义的。

**四、提高齿轮传动精度的方法**

1）不同类型的齿轮所能达到的精度是不同的。圆柱齿轮（包括直齿与斜齿）的精度最高，蜗杆蜗轮次之，而锥齿轮的精度最低。因此，在结构条件允许的情况下，应尽可能选用圆柱齿轮，特别是直齿圆柱齿轮。

2）适当地提高齿轮的制造精度，特别是关键部位的齿轮（如减速链最末一对齿轮），对提高整个传动链的传动精度是有利的。

3）合理布置传动链和正确分配传动比，对提高齿轮传动精度有很大的影响。

当设计的要求是减少由于传动链中各零件的制造误差而引起的从动轮的角误差时，应当选用减速链。因为这样可以使各轮的误差对最末一级从动轮的影响，经过减速的作用而缩小。

此外，在设计传动链时，可使链中某些区域变成为不影响精度的区域。如图 8-78 所示，第二方案较第一方案好，由于示数盘置于从动轴上、因此从手轮到最末一级从动轮之间，便成了不影响精度的区域。

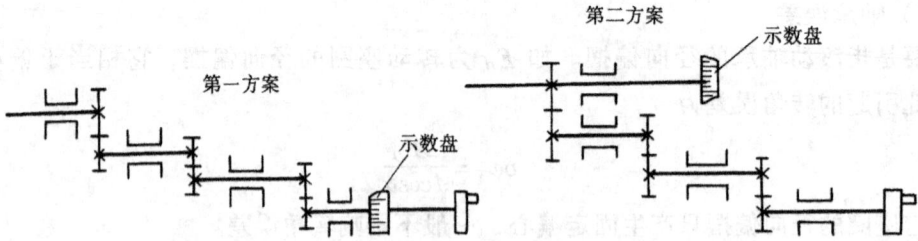

图 8-78　配置示数盘的两种不同方案

# 第十五节　齿轮传动的空回

## 一、空回和产生空回的因素

所谓空回，就是当主动轮反向转动时从动轮滞后的一种现象。滞后的转角即空回误差角。产生空回的主要原因是由于一对齿轮有侧隙存在。

从理论上来说，一对啮合齿轮可以是无侧隙的。但在某些情况下，侧隙对传动的正常工作是必要的。由于侧隙的存在，可以避免由于零件的加工误差而使轮齿卡住；此外它还提供了贮存润滑油的空间，以及考虑由于温度变化而引起零件尺寸的变化等因素。

但是，侧隙在反向传动中引起的空回误差，将直接影响传动精度。因此，必要时须对空回误差予以控制或设法消除其影响。

产生空回的主要因素是：就齿轮本身而言，如中心距变大、齿厚偏差、基圆偏心和齿形误差等。此外，齿轮装在轴上时的偏心、滚动轴承转动座圈的径向偏摆和固定座圈与壳体的配合间隙等也会对空回产生影响。

## 二、空回误差的估算

下面仅就一对齿轮产生空回误差的因素及其估算方法介绍如下：

（一）齿轮本身的误差

1. 中心距增大　　由于中心距增大所引起的侧隙（切向）加大，可按下式计算

$$j_{t1} = 2\Delta a \tan\alpha$$

式中　　$\Delta a$——中心距的增大量，其值可取中心距极限偏差的上限 $+ f_a$。

2. 原始齿廓位移　　为保证一对啮合齿轮所要求的侧隙，常移动原始齿廓使齿厚减薄。当选定侧隙的类型（或齿厚极限偏差）后，则齿厚的减薄量也就随之确定了，其值可取齿厚极限偏差的下限 $E_{si}$，一对齿轮由此而引起的侧隙最大值为

$$j_{t2} = E_{si1} + E_{si2}$$

3. 基圆偏心、齿形误差　　基圆偏心和齿形误差可概括地用径向综合误差 $\Delta F''_i$ 度量，此时一对齿轮产生的侧隙为

$$j_{t3} = \left(\Delta F''_{i1} + \Delta F''_{i2}\right)\tan\alpha$$

（二）齿轮与轴的配合间隙

由于间隙的存在，引起齿轮的偏心而产生侧隙。如两齿轮偏心量分别为 $e_1$ 和 $e_2$，则最大侧隙为

$$j_{t4} = 2\,(e_1 + e_2)\,\tan\alpha$$

（三）轴承的误差

1）滚动轴承的径向跳动 $E_D$ 将引起齿轮中心的偏移，偏移量为 $E_D/2$。设 $E'_{D1}$、$E'_{D2}$ 为固定座圈的径向跳动，$E''_{D1}$、$E''_{D2}$ 为转动座圈的径向跳动，则由此而产生的侧隙为

$$j_{t5} = \left[\,(E'_{D1} + E'_{D2}) + (E''_{D1} + E''_{D2})\right]\tan\alpha$$

2）滚动轴承与壳体的配合间隙。如间隙为 $\Delta_1$、$\Delta_2$ 时，则产生的侧隙为

$$j_{t6} = (\Delta_1 + \Delta_2)\,\tan\alpha$$

可见，一对啮合齿轮总的侧隙为

$$j_{t\Sigma} = j_{t1} + j_{t2} + j_{t3} + j_{t4} + j_{t5} + j_{t6}$$

考虑到各项误差的随机性，其总的侧隙可近似地按下式计算

$$j_{t\Sigma} = \sqrt{j_{t1}^2 + j_{t2}^2 + j_{t3}^2 + j_{t4}^2 + j_{t5}^2 + j_{t6}^2} \qquad (8\text{-}77)$$

一对啮合齿轮，由于侧隙引起从动轮的滞后角（即空回误差角）$\delta\varphi'_{12}$ 为

$$\delta\varphi'_{12} = \frac{2j_{t\Sigma}}{d_2}$$

式中　$d_2$——从动轮的分度圆直径。

对于整个传动链，如为两级传动，则输出轴空回误差角

$$\delta\varphi'_{13} = \delta\varphi'_{23} + \frac{\delta\varphi'_{12}}{i_{23}} \qquad (8\text{-}78)$$

式中　$\delta\varphi'_{23}$——第二级齿轮空回误差角。

由上式可以看出，在减速链中，最后一级（或最后几级）齿轮的空回误差对整个传动链的空回误差影响最大。因此，提高最后一级（或最后几级）齿轮的制造精度，对降低整个传动链的空回误差是有重要意义的。同时各级传动比按先小后大进行排列较为合理。

**三、消除或减小空回的方法**

在精密齿轮传动链或小功率随动系统中，往往对空回提出严格的要求。减小空回当然可以从提高齿轮的制造精度着手，但要制造没有误差的齿轮显然是不可能的。从结构方面采用各种消除空回的方法，却可以应用一般精度的齿轮而达到高质量的传动要求，这在降低精密机械的制造成本上是很重要的。

传动链中的空回是由于侧隙的存在而产生的，因此减小或消除空回，可以通过控制或消除侧隙的影响来达到。现将经常采用的一些方法，分别叙述如下：

（一）利用弹簧力

这种方法是依靠一个剖分齿轮，该齿轮的两部分之间可以沿周向相互错动，但轴向移动受到约束，利用拉伸弹簧或扭转弹簧迫使两部分错开，直至充满与之相啮合齿轮的全部齿间，这样就完全消除了侧隙的影响，图 8-79 所示为此种齿轮的结构。此法的优点是能够很方便地消除齿的侧隙，因此应用广泛。

（二）固定双片齿轮

这种齿轮的结构与上述相似，也是剖分的。不同之处仅在于不用弹簧，而是调整好侧隙后，用螺钉将齿轮的两部分固紧（图 8-80）。此法较之上法的优点是能传递较大的力矩，结构简单。不足之处是磨损后不能自动调整。

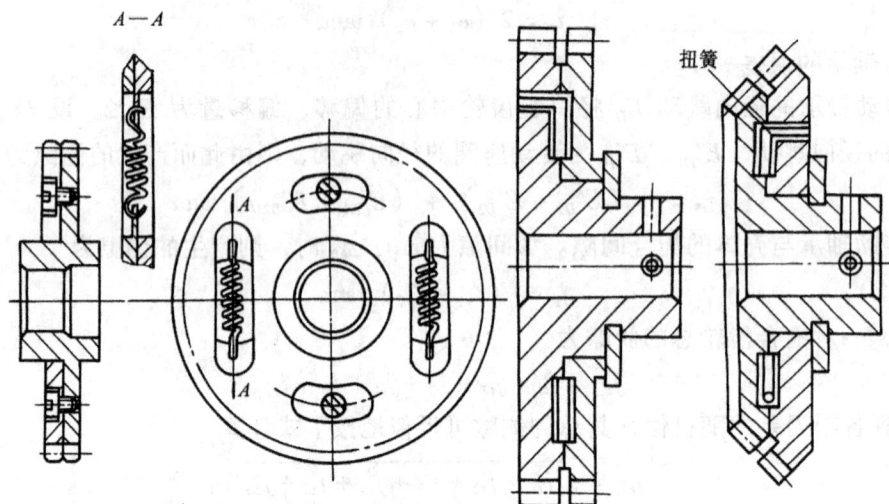

图 8-79  利用弹簧力消除侧隙的齿轮

（三）利用接触游丝

图 8-81 所示为常见的百分表结构。其消除侧隙的方法是利用接触游丝所产生的反力矩，迫使各级齿轮在传动时总在固定的齿面啮合，从而消除了侧隙对空回的影响。

接触游丝应安在传动链的最后一环，这样才能把传动链中所有的齿轮都保持单面压紧，不致出现测量值变化而指示值不变的情况。

此法的缺点是传动链的转数受到限制。优点是结构简单、工作可靠，因此在小型仪表齿轮传动链中得到广泛应用。

设计接触游丝时，其最小力矩 $M_{min}$ 要能克服机构中所有的摩擦力，这样才能推动传动机构运动，保持零件间单向压紧。即

$$M_{min} = M'\varphi_0 = KM_f$$

式中　$M'$——游丝刚度；

$\varphi_0$——安装游丝时的初始转角；

$K$——安全系数，通常取 $K = 2 \sim 4$；

$M_f$——机构诱导至游丝轴上总的摩擦力矩。

摩擦力矩 $M_f$ 的大小，决定于零件的自

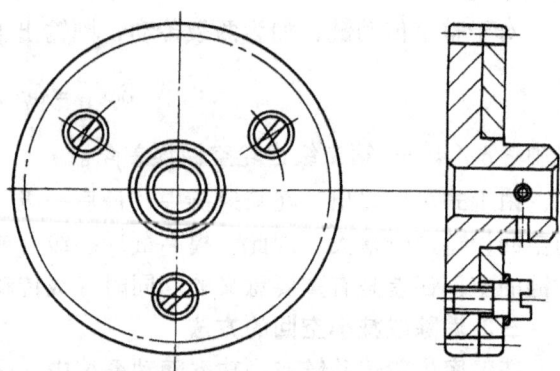

图 8-80  固定双片齿轮

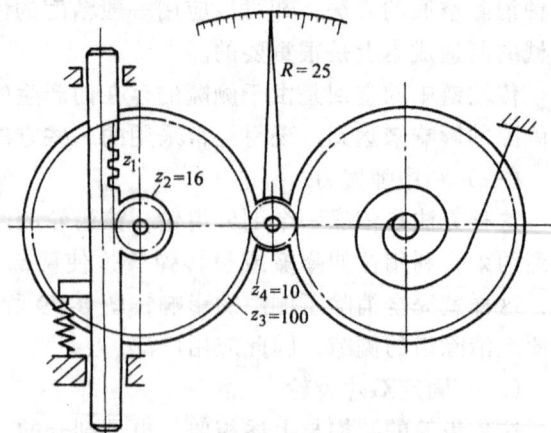

$R = 25$

$z_1$　$z_2 = 16$

$z_4 = 10$

$z_3 = 100$

图 8-81  百分表结构

重和游丝力矩在零件上产生压力的数值。在一般的情况下，重力和压力的方向是不重合的，为简化计算，可以取其代数和，因此

$$M_{min} \approx K\ (M_{fz} + M_{fy}) \tag{8-79}$$

式中　$M_{fz}$——由于零件重力产生，且诱导至游丝轴上的摩擦力矩；

　　$M_{fy}$——由于游丝力矩压力产生，且诱导至游丝轴上的摩擦力矩。

显然，$M_{fy}$ 与 $M_{min}$ 成正比，即

$$M_{fy} = \xi M_{min}$$

式中 $\xi$ 称为压力系数。将上式代入式（8-79）后可得

$$M_{min} = \frac{K M_{fz}}{1 - \xi K} \tag{8-80}$$

压力系数 $\xi$ 可按下述方法求得：为了简化计算，将机构中的摩擦忽略，这样带来的误差并不太大，计算可采用普通的静力学方法，而且从安装游丝的轴开始。

任意假设游丝的力矩为 $M_1$，则游丝轴的齿轮上将产生一法向压力 $F_n$。当 $F_n$ 满足下列条件时，力系才能达到平衡：

$$M_1 = F_n r \cos\alpha$$

式中　$r$——游丝轴上齿轮的分度圆半径；

　　$\alpha$——齿轮的压力角。

根据上式确定 $F_n$ 以后，就可逐步求出机构中所有各轴的支反力及所引起的摩擦力矩，然后再把它们诱导至游丝轴上得 $M_{fy}$。两者之比为

$$\frac{M_{fy}}{M_1} = \xi$$

一般情况下，游丝的初始转角 $\varphi_0$ 值，可取为 $\pi/2$，这样能防止在振动条件下零件重力不平衡，引起的零件分离现象。

当给定 $\varphi_0$ 后，则很容易确定游丝刚度 $M'$ 值。此时，游丝产生的最大力矩 $M_{max}$ 可按下式确定：

$$M_{max} = M'\ (\varphi_0 + \varphi) \tag{8-81}$$

式中　$\varphi$——游丝的工作转角。

至此，当游丝力矩 $M_{max}$、$M_{min}$ 和转角 $\varphi$、$\varphi_0$ 确定以后，据此可结合具体工作条件，进行游丝设计和计算。

接触游丝应安置在传动链的最后一环，这样才能使传动链中所有的齿轮都保持单面压紧，从而消除传动链各环的传动侧隙，不致出现测量值变化而指示值不变的情况。

此法的缺点是传动链的转数受到限制，优点是结构简单、工作可靠。因此在小型仪表齿轮传动链中得到广泛应用。

（四）调整中心距法

此法是在装配时根据啮合情况调整中心距，以达到尽量减小侧隙的目的。

图 8-82 是一种可调中心距结构的实例。它是利用转动偏心轴来调整两齿轮之间的中心距，借以微小地改变侧隙。

由于齿轮的支承采用悬臂式结构，因此，当传动链只有最后一级齿轮侧隙要调整时，采

214

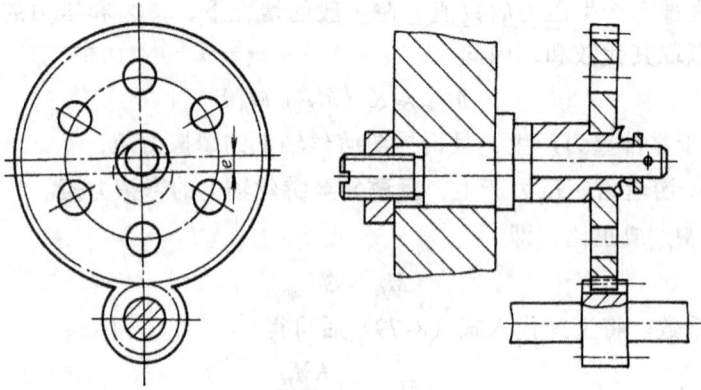

图 8-82　可调中心距齿轮

用此法最为有利（这种情况在减速链中是最常遇到的，因此时最后一级齿轮侧隙对总的空回误差影响最大）。

（五）蜗杆传动侧隙的消除也可采用剖分蜗轮（图 8-83）

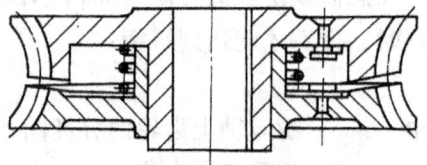

图 8-83　剖分蜗轮

此时由于蜗杆蜗轮齿面不能很好接触，故不适用于高精度传动。

# 第十六节　齿轮传动链的设计

在精密机械中，齿轮传动链的设计，大致可按下列步骤进行：

1）根据传动的要求和工作特点，正确选择传动型式。

2）决定传动级数，并分配各级传动比。

3）确定各级齿轮的齿数和模数；计算出齿轮的主要几何尺寸。

4）对于精密齿轮传动链，有时尚需进行误差的分析和估算（一般传动中此项可以省略）。

5）传动的结构设计，其中包括：齿轮的结构，齿轮与轴的联接方法等。对于精密齿轮传动链，有时尚需设计消除空回的结构。

在实际设计工作中，不一定完全按照上述步骤，必要时也可以交叉进行。

下面仅就传动链设计中的某些基本问题，分别加以讨论。

**一、齿轮传动型式的选择**

如前所述，齿轮的传动型式很多，设计时，如何根据齿轮传动的使用要求、工作特点，正确地选择最合理的传动型式，是设计中要解决的首要问题。在一般情况下，可根据以下几点进行选择：

1）结构条件对齿轮传动的要求。例如空间位置对传动布置的限制；各传动轴的相互位置关系等。当然这种限制不是绝对的，传动链的设计，也可以反过来对机械结构提出要求。

2）对齿轮传动的精度要求。

3）齿轮传动的工作速度及传动平稳性和无噪声的要求。

4）齿轮传动的工艺性因素（这一点必须和具体的生产设备条件及生产批量结合起来考虑）。

5）考虑传动效率和润滑条件等。

传动型式的选择，是个复杂的问题，常需要拟定出几种不同的传动方案，根据技术经济指标，分析对比后决定取舍。

对于某些精密机械，当传递力矩不大、速度较低和传动精度要求不高时，可考虑采用简化啮合。图 8-84 所示为某些钟表机构、打字机中所采用的简化啮合。简化啮合是一种不完善的传动型式，它的侧隙很大，瞬时传动比也很不均匀。但由于制造精度要求不高，故使成本可以降低。

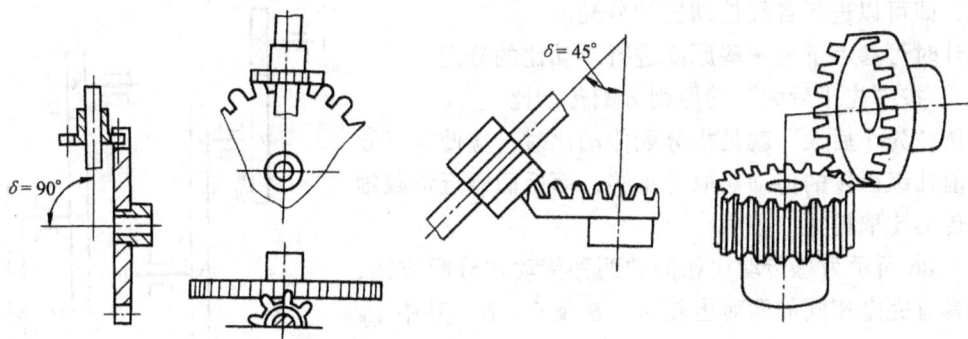

图 8-84　简化啮合

## 二、传动比的分配

传动比的分配是齿轮传动链设计中的重要问题之一。传动比分配的是否合理，将影响整个传动链的结构布局及其工作性能，因此，在设计中必须根据使用要求，合理地进行传动比的分配。

齿轮传动链的总传动比，往往是根据具体要求事先给定的。总传动比给出之后，据此确定传动级数并分配各级传动比。

一般说来，齿轮传动链的传动级数少些较好。因为传动级数愈多，传动链的结构就愈复杂。传动级数少，不但可以使结构简化，同时还有利于提高传动效率，减小传动误差和提高工作精度。

应当指出，若总传动比一定，则由于传动级数的减少，势必引起各级传动比数值的增大。若各级传动比（单级传动比）数值过大，将会使传动链的结构不紧凑。图 8-85 所示为传动级数对平面布局的影响。图中两种方案的 $i = 6$，且模数相同，小齿轮齿数相同，由图可见，一级传动所占的平面面积，远比多级传动为大。

另外，当单级传动比过大时，被动齿轮的直径就会很大，致使齿轮的转动惯量随之增加，这对于要求转动惯量较小的齿轮传动链（如小功率随动系统中）是不希望的。因小功率随动系统中的齿轮传动，一般都要求起动快和结构紧凑，如转动惯量过大，对实现上述要求是不利的。因此，应根据齿轮传动链的具体工作要求，合理地确定其传动级数。传动级数确

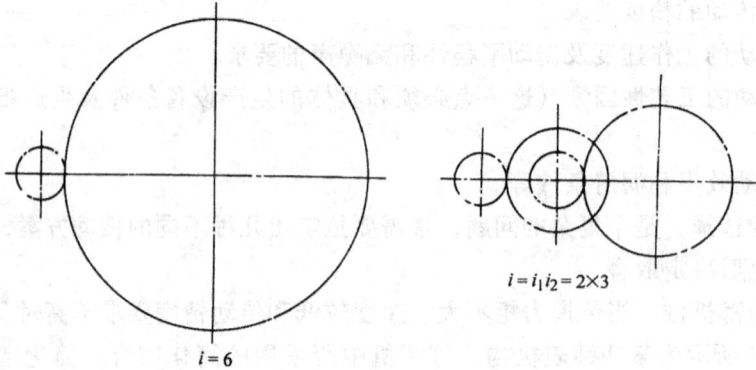

$$i = i_1 i_2 = 2 \times 3$$

$$i = 6$$

图 8-85  传动级数对平面布局的影响

定之后，即可以进行各级传动比的分配。

设计时可参考下列一些原则进行传动比的分配。

（一）按"先小后大"的原则分配传动比

所谓"先小后大"就是指分配传动比时，应使靠近原动轴的前几级齿轮的传动比取得小些，而后面靠近负载轴的齿轮传动比取得大一些。

图 8-86 所示为总传动比相同的两种传动比分配方案，它们都具有完全相同的两对齿轮 $A$、$B$ 及 $C$、$D$。其中 $i_{AB}$ $= 2$，$i_{CD} = 3$，显然，两种方案的不同点是：在 $a$ 方案（图 8-86a）中，齿轮副 $A$、$B$ 布置为第一级；在 $b$ 方案（图 8-86b）中，齿轮副 $C$、$D$ 布置为第一级。

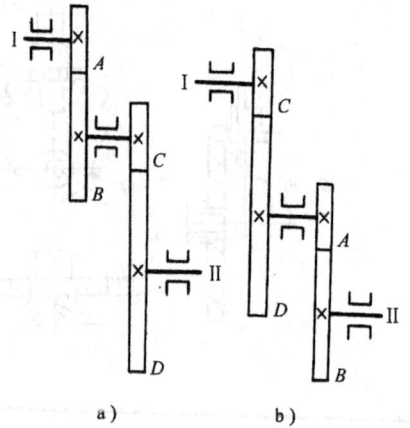

a)          b)

图 8-86  总传动比相同的两种
传动比分配方案的比较

如果各对齿轮的转角误差相等，即 $\Delta\varphi_{AB} = \Delta\varphi_{CD}$，则 $a$ 方案中，从动轴 II 的转角误差

$$\Delta\varphi_a = \Delta\varphi_{CD} + \Delta\varphi_{AB}\frac{1}{i_{CD}} = \Delta\varphi_{CD} + \frac{1}{3}\Delta\varphi_{AB}$$

而 $b$ 方案中，从动轴 II 的转角误差为

$$\Delta\varphi_b = \Delta\varphi_{AB} + \Delta\varphi_{CD}\frac{1}{i_{AB}} = \Delta\varphi_{AB} + \frac{1}{2}\Delta\varphi_{CD}$$

比较以上两式，可见 $\Delta\varphi_b > \Delta\varphi_a$，故按 $a$ 方案（按先小后大）分配传动比，较按 $b$ 方案（按先大后小）分配传动比为好，因 $a$ 方案从动轴总的转角误差小。这说明传动比按"先小后大"的原则分配，可获得较高的传动精度。

在精密机械中，用作示数传动的精密齿轮传动链（减速链），多采用按"先小后大"的原则分配传动比。

（二）按最小体积的原则分配传动比

下面以两级齿轮传动（图 8-87）为例，说明

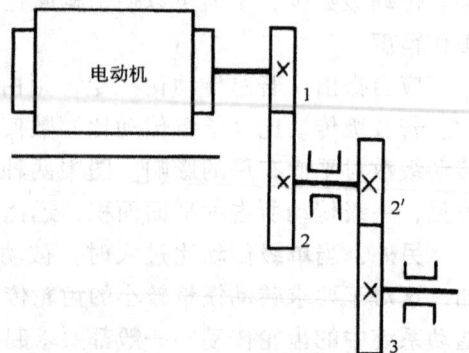

电动机

图 8-87  按最小体积分配传动比的计算简图

按最小体积的原则分配传动比的方法。

为了简化计算，假定传动中各个齿轮的宽度 $b$ 相同，各级小齿轮的分度圆直径（此时取节圆直径等于分度圆直径）也相同，即 $d_1 = d'_2$，并忽略轴与支承的体积。则齿轮传动链的体积为

$$V = \frac{\pi d_1^2}{4} b + \frac{\pi d_2^2}{4} b + \frac{\pi d_1^2}{4} b + \frac{\pi d_3^2}{4} b = \frac{\pi d_1^2}{4} b \left( 2 + \frac{d_2^2}{d_1^2} + \frac{d_3^2}{d_1^2} \right) \tag{8-82}$$

因 

$$\left( \frac{d_2}{d_1} \right)^2 = i_{12}^2 \tag{8-83}$$

而总传动比 

$$i = i_{12} i_{2'3} \quad 或 \quad \frac{i}{i_{12} i_{2'3}} = 1$$

故 

$$\left( \frac{d_3}{d_1} \right)^2 = \frac{1}{\left( \frac{d_1}{d_3} \right)^2} \cdot \frac{i^2}{i_{12}^2 i_{2'3}^2} = \frac{i^2}{\left( \frac{d_1}{d_3} \right)^2 \left( \frac{d_2}{d_1} \right)^2 \left( \frac{d_3}{d_1} \right)^2} = \frac{i^2}{i_{12}^2} \tag{8-84}$$

将式（8-83）、式（8-84）代入式（8-82）中，可得

$$V = \frac{\pi d_1^2}{4} b \left( 2 + i_{12}^2 + \frac{i^2}{i_{12}^2} \right)$$

将上式对 $i_{12}$ 进行微分，并令 $\frac{\mathrm{d}V}{\mathrm{d}i_{12}} = 0$，得

$$2 i_{12} - \frac{2 i^2}{i_{12}^3} = 0$$

或 

$$i_{12}^4 - i^2 = 0$$

又因 $i = i_{12} i_{2'3}$ 

$$i = i_{12}^2$$

故 

$$i_{2'3} = i_{12} \tag{8-85}$$

式（8-85）表明，当两级传动比相等时，此两级齿轮传动的体积为最小。这一结论是在假定两个小齿轮的分度圆直径相等的条件下得出的。由于 $i_{2'3} = i_{12}$，显然两个大齿轮的分度圆直径也应该相等。因此，按最小体积的原则分配传动比时，应使传动链中各级的传动比相等，各级大、小齿轮的分度圆直径对应相等。换句话说，就是各级齿轮的中心距彼此相等。

按照上述原则进行传动比的分配时，不仅可以达到体积小的目的，而且传动链中齿轮的种类也少，故其工艺性较好。

某些精密机械，特别是移动式精密机械中的减速器大都要求体积小、重量轻，所以，设计这一类型的齿轮传动链时，应按最小体积的原则分配传动比。

（三）按最小转动惯量的原则分配传动比

在精密机械中，用作随动系统的齿轮传动链，要求各齿轮在正反向传动中，运转灵活（即起动快、停止也快）。

由理论力学可知，一个绕定轴回转的构件，受外力矩 $M$ 作用时，其角加速度 $a$ 为

$$a = \frac{M}{I} \tag{8-86}$$

式中 $I$——构件的转动惯量。

由式（8-86）可知，当外力矩 $M$ 一定时，回转构件的转动惯量 $I$ 愈小，则角加速度 $a$ 愈大，即构件转动愈灵活。因此，在设计需要经常正反向回转的齿轮传动链时，应使整个传

动链的转动惯量为最小。

下面以两级齿轮传动链组成的小功率随动系统（图 8-88）为例，讨论如何按最小转动惯量的原则分配传动比。

若不计传动中摩擦力矩的影响，则电动机轴的运动方程式为

$$M = aI$$

式中　$a$——电动机轴的角加速度；

　　　$I$——整个传动链转化到电动机轴上的总转动惯量。

图 8-88　按最小转动惯量分配传动比的计算简图

为了使电动机轴能够获得最大的角加速度，必须使转化到电动机轴上的转动惯量最小。利用动能定理，即可求出转化到电动机轴上的总转动惯量。

设 $I_1$、$I_2$、$I'_2$、$I_3$ 和 $I_F$ 分别为各级齿轮和负载的转动惯量，$\omega_1$、$\omega_2$ 和 $\omega_3$ 为各轴的角速度（图 8-88），并略去各轴的转动惯量。则各回转构件的动能之和为

$$I_1 \frac{\omega_1^2}{2} + (I_2 + I'_2) \frac{\omega_2^2}{2} + I_3 \frac{\omega_3^2}{2} + I_F \frac{\omega_3^2}{2} \tag{8-87}$$

设 $I$ 为电机轴上的假想回转件（见图 8-88）的转动惯量，它用来代替整个传动链的转动惯量，称为转化转动惯量，则电机轴上的动能为

$$I \frac{\omega_1^2}{2} \tag{8-88}$$

用 $I$ 来代替整个传动链的转动惯量后，应使传动链中的动能保持不变，即式（8-87）与式（8-88）相等

$$I \frac{\omega_1^2}{2} = I_1 \frac{\omega_1^2}{2} + (I_2 + I'_2) \frac{\omega_2^2}{2} + I_3 \frac{\omega_3^2}{2} + I_F \frac{\omega_3^2}{2}$$

上式两边同除以 $\omega_1^2$，并消去分母 2 后，得

$$I = I_1 + (I_2 + I'_2) \frac{\omega_2^2}{\omega_1^2} + I_3 \frac{\omega_3^2}{\omega_1^2} + I_F \frac{\omega_3^2}{\omega_1^2} \tag{8-89}$$

因　　$\left( \frac{\omega_2}{\omega_1} \right)^2 = \frac{1}{i_{12}^2}$，$\left( \frac{\omega_3}{\omega_1} \right)^2 = \left( \frac{\omega_3}{\omega_2} \cdot \frac{\omega_2}{\omega_1} \right)^2 = \frac{1}{i_{12}^2 i_{2'3}^2}$

代入式（8-89）中，可得转化转动惯量为

$$I = I_1 + (I_2 + I'_2) \frac{1}{i_{12}^2} + I_3 \frac{1}{i_{12}^2 i_{2'3}^2} + I_F \frac{1}{i_{12}^2 i_{2'3}^2}$$

在小功率随动系统中，一般负载都是比较小的，特别是当总传动比很大时，将其转化到电机轴上就更小了，故可忽略不计，此时转化转动惯量为

$$I = I_1 + (I_2 + I'_2) \frac{1}{i_{12}^2} + I_3 \frac{1}{i_{12}^2 i_{2'3}^2} \tag{8-90}$$

为了计算简便，可将齿轮看成为一圆柱体（其直径等于齿轮的分度圆直径，并取节圆直径与分度圆直径相同）。假定各齿轮的宽度 $b$ 相等、材料相近（取密度 $\gamma$ 相同），各级小齿轮直径相等（$d_1 = d'_2$），因此各齿轮的转动惯量分别为

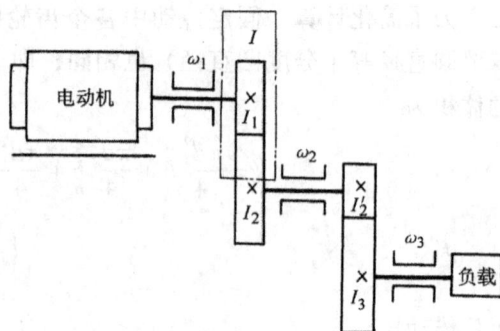

$$I_1 = \frac{\pi}{32} b_\gamma d_1^4, \quad I_2 = \frac{\pi}{32} b_\gamma d_2^4 = \frac{\pi}{32} b_\gamma \ (i_{12} d_1)^4 = I_1 i_{12}^4$$

$$I'_2 = I_1, \quad I_3 = \frac{\pi}{32} b_\gamma d_3^4 = I_1 i_{23}^4$$

将以上各式代入式（8-90）中，可得

$$I = I_1 \left( 1 + i_{12}^2 + \frac{1}{i_{12}^2} + \frac{i_{23}^2}{i_{12}^2} \right)$$

因 $i = i_{12} i_{23}$，$i_{23} = \dfrac{i}{i_{12}}$，代入上式，得

$$I = I_1 \left( 1 + i_{12}^2 + \frac{1}{i_{12}^2} + \frac{i^2}{i_{12}^4} \right) \tag{8-91}$$

将此式对 $i_{12}$ 进行微分，并令 $\dfrac{\mathrm{d}I}{\mathrm{d}i_{12}} = 0$

得
$$2 i_{12} - \frac{2}{i_{12}^3} - \frac{4 i^2}{i_{12}^5} = 0$$

或
$$i_{12}^6 - i_{12}^2 - 2 i^2 = 0$$

因 $i = i_{12} i_{23}$

故
$$i_{12}^6 - i_{12}^2 - 2 \ (i_{12} i_{23})^2 = 0$$
$$i_{12}^2 \ (i_{12}^4 - 1 - 2 i_{23}^2) = 0$$
$$i_{12}^4 - 1 - 2 i_{23}^2 = 0$$

$$i_{23} = \sqrt{\frac{i_{12}^4 - 1}{2}} \tag{8-92}$$

式（8-92）表明，对于两级齿轮传动链，当 $i_{12}$ 与 $i_{23}$ 满足该式时，转化转动惯量为最小。

将式（8-92）与总传动比关系式联立

$$\left. \begin{array}{l} i_{23} = \sqrt{\dfrac{i_{12}^4 - 1}{2}} \\[3mm] i = i_{12} i_{23} \end{array} \right\}$$

即可求出各级传动比。

如为三级齿轮传动链，也可按多变量函数求极值的方法，在转化转动惯量最小条件下，求得各级传动比，即

$$\left. \begin{array}{l} i_{23} = \sqrt{\dfrac{i_{12}^4 - 1}{2}} \\[3mm] i_{34} = \sqrt{\dfrac{i_{23}^4 - 1}{2}} \\[3mm] i = i_{12} i_{23} i_{34} \end{array} \right\}$$

当总传动比已知时，联立以上三式，即可求出各级传动比。至于四级或四级以上的多级齿轮传动链，同理，可列出相应的联立方程式，然后不难求解各级传动比。

在工程计算中，对于多级齿轮传动链，按最小转动惯量的原则分配传动比时，也可利用

计算线图（图8-89）进行。

该计算线图同样是根据前述的理论，导出传动比之间的关系式，并通过大量的运算以后，整理绘制的。图中列出了各级传动比与总传动比的对应线段，当总传动比和传动级数已定时，可以很方便地确定出各级传动比的大小。

**例题 8-6** 已知一齿轮减速器的总传动比 $i = 60$，四级齿轮传动。试按最小转动惯量的原则分配传动比。

**解** 1）在图8-89上，用一直尺对准右边标尺总传动比为 $i = 60$ 的一点，中间通过齿轮传动级数4，在左边标尺上得出第一级齿轮的传动比 $i_{12} = 1.71$。

2）将第一级传动比去除60，即 $\dfrac{60}{1.71} = 35.1$，在右边标尺上对准剩余传动比为 35.1 的一点，中间通过传动级数3，在左边标尺上得出第二级传动比 $i_{23} = 2.05$。

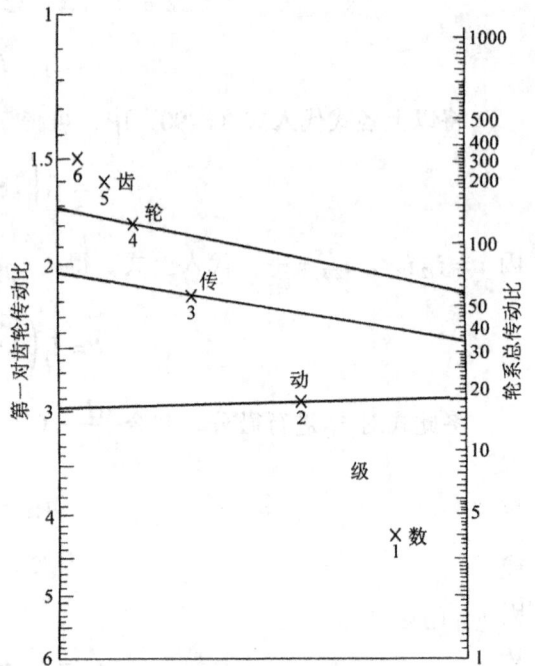

图 8-89　总传动比与各级传动比的关系线图

3）用第二级传动比去除35.1，得剩余传动比 $\dfrac{35.1}{2.05} = 17.12$，采用同样的方法，中间通过传动级数2，在左边标尺上得出第三级传动比 $i_{34} = 2.98$。

4）第四级传动比，可用上式算出

$$i_{45} = \frac{i}{i_{12}\,i_{23}\,i_{34}} = \frac{60}{1.71 \times 2.05 \times 2.98} = 5.743$$

此时得到各级传动比为 $i_{12} = 1.71$，$i_{23} = 2.05$，$i_{34} = 2.98$，$i_{45} = 5.743$。这样分配传动比后，虽然符合最小转动惯量的原则，但齿轮设计时在齿数搭配上却很难实现，而且，总传动比 $i = 1.71 \times 2.05 \times 2.98 \times 5.743 = 59.993 \neq 60$；另外，当最后一级传动比过大时，从动齿轮尺寸太大，结构不紧凑，因此尚需顾及到结构方面的要求。这样，可把上面各级传动比调整为 $i_{12} = 1.5$，$i_{23} = 2$，$i_{34} = 4$，$i_{45} = 5$，总传动比 $i = i_{12}\,i_{23}\,i_{34}\,i_{45} = 1.5 \times 2 \times 4 \times 5 = 60$，符合设计要求。

如果只知道齿轮传动链的总传动比时，则需要先确定传动级数，然后才能进行传动比的分配。将式（8-91）变换后可得

$$\frac{I}{I_1} = 1 + i_{12}^2 + \frac{1}{i_{12}^2} + \frac{i^2}{i_{12}^4} \tag{8-93}$$

式（8-93）表明，齿轮传动链的转化转动惯量与第一级主动轮的转动惯量的比值，仅与其传动比有关。根据这个道理，可以作出 $I/I_1$ 与总传动比的关系曲线（图8-90）。如已知齿轮传动链的总传动比，即可利用该曲线图确定传动级数。

如已知齿轮传动链的总传动比为60，利用图8-90确定其传动级数时，可在横坐标轴上

总传动比等于 60 的一点向上作垂线，该垂线与一组曲线相交，再从各交点向左引直线与纵坐标轴相交，则可得不同传动级数 $I/I_1$ 的比值，其转化转动惯量分别为：对于两级传动 $I=30I_1$，三级传动 $I=9.6I_1$，四级传动 $I=6.8I_1$，五级传动 $I=5.5I_1$。若 $I_1$ 相同时，显然选四级传动最好。选三级传动也可以，但其转化转动惯量稍大些。如选两级传动，则 $I$ 太大。而选五级传动，则较之四级传动 $I$ 降低得并不十分显著，同时却要增加一对齿轮以及轴、轴承等，加大了传动链的外廓尺寸。

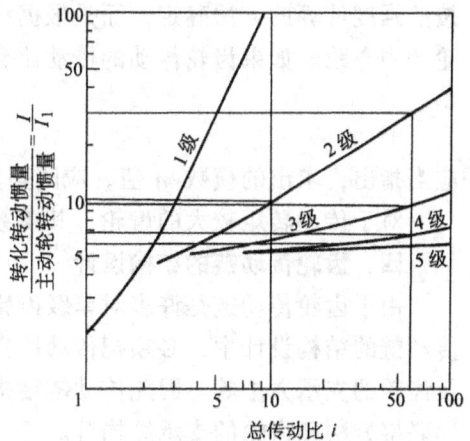

图 8-90　$I/I_1$ 与 $i$（总传动比）的关系曲线

从以上分析按最小转动惯量的原则分配传动比的过程中，可以得出如下的几点结论：

1）转化转动惯量主要决定于前几对齿轮，而距离电机轴愈远的齿轮影响愈小，因此传动比应按递增顺序排列为宜，即 $i_{12}<i_{23}<i_{34}\cdots$。

2）应尽量减小第一个齿轮的直径。为此，有时在电机轴轴端直接切齿。

3）传动级数通常采用三～七级。因为级数增多，对转化转动惯量 $I$ 的影响已经不大，五级以后齿轮的转动惯量可以忽略不计。

4）减小转动惯量的其他途径有：在强度许可的条件下，齿轮尺寸应尽可能小，或用轻金属、塑料等制作从动齿轮。

上述传动比分配的一些原则，是从提高齿轮传动链的精度、减小体积和保证运转灵活等角度提出的。应当指出，按这些原则分配传动比时，彼此间是会有矛盾的。例如按最小体积的原则分配传动比时，要求各级传动比大小尽可能相同，但这与"先小后大"的原则是相矛盾的。所以，应根据使用要求、结构要求和工作条件等，区分主次，灵活运用这些原则，合理地进行各级传动比的分配。

**三、齿数、模数的确定**

（一）齿数的确定

对于压力角为 20°的标准渐开线直齿圆柱齿轮，理论上最少齿数为 17，当要求不高时，实际的最少齿数可以为 14。应当指出，齿数过少时，传动平稳性和啮合精度都要降低，因此在一般情况下，最少齿数不小于 12。当两轮中心距不受限制及传动精度要求较高时，小齿轮的齿数应在 25 以上。

考虑到小模数齿轮制造的工艺性和疲劳强度，有时希望在一定的中心距限制之下，尽量采用较大的模数，因此小齿轮的齿数应当少些。然而小齿轮齿数的减少，将受到最少齿数的限制。如果齿数必须取得较少，可采用变位齿轮。

蜗杆螺旋线的头数，一般可取 1～4。在蜗杆直径和模数一定时，增加蜗杆螺旋线的头数，可增大分度圆柱螺旋导程角，因而提高了传动效率，但此时加工工艺性较差。用于示数传动的精密蜗杆传动，则应采用单头蜗杆，以避免由于相邻两螺旋线的齿距误差而引起周期性的传动误差。另外，蜗杆螺旋线头数的增加，将会丧失自锁性。

（二）模数的确定

222

在精密机械中，如齿轮传动仅用来传递运动或传递的转矩很小时，齿轮的模数一般不宜按照强度计算的方法确定，而是根据结构条件选定。一般都是依传动装置的外廓尺寸选定齿轮的中心距。如果齿轮传动的传动比和齿数也已选定，则齿轮的模数可用下式求出

$$m = \frac{2a}{z_1 (1 + i_{12})} \tag{8-94}$$

应当指出，求出的模数 $m$ 值，应圆整为标准模数。

对于传递转矩较大的齿轮，其模数需按强度计算方法确定。

**四、齿轮传动链的结构设计**

由于齿轮传动链是许多对单级齿轮及其支承（轴、轴承等）部分组成的，所以，在齿轮传动链的结构设计中，必须把传动链作为一个整体来统一考虑，并要考虑齿轮与轴的联接以及齿轮的支承方法等。因此传动链结构设计的基本问题在于正确解决齿轮的结构、齿轮与轴的联接方法和齿轮的支承结构等。

（一）齿轮的结构

根据齿轮的大小、工作条件，与其他零件的相互关系等因素，齿轮的结构是多种多样的。在确定齿轮的结构时，须满足对齿轮的工艺性要求和工作可靠性要求。

结构的工艺性是指加工齿轮时，材料的消耗最低，所需的工序和所费的工时最少，而且不需用复杂的设备和过高的技术水平。

齿轮工作的可靠性是多方面的，例如齿轮及其支承部分应有足够的刚度，以保证在加工和使用时不出现过大的变形；又如齿轮须有合理的工艺基准和安装基准，以便于齿轮在轴上能准确可靠地定位等。

图 8-91 所示为精密机械中推荐采用的直齿和斜齿圆柱齿轮的典型结构。

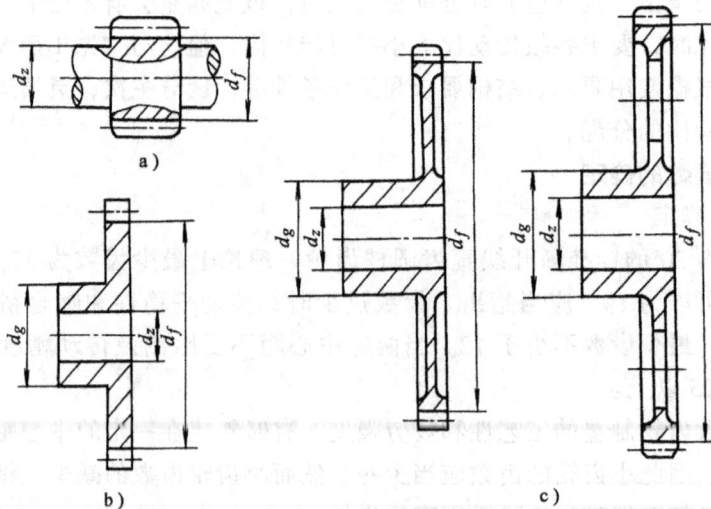

图 8-91　圆柱齿轮的典型结构

当齿轮的齿根圆直径 $d_f$ 与轴的直径 $d_z$ 相差很小时，如 $\frac{d_f - d_z}{2} \leqslant 2m$（$m$ 为模数），可将齿轮与轴制成一体，即所谓齿轮轴（图 8-91a）。

当齿轮的齿根圆直径 $d_f$ 与轮毂直径 $d_g$ 相差较小时，如 $\dfrac{d_f - d_g}{2} \leqslant 10\text{mm}$，建议采用图8-91b所示的结构；如 $\dfrac{d_f - d_g}{2} > 10\text{mm}$，建议采用图8-91c所示的腹板式结构，有时为了减轻齿轮的重量，可在腹板上开孔。

当齿轮大而薄时，可采用组合式齿轮，如图8-92a所示。这种齿轮最适于需用有色金属制造轮缘的情况，此时轮毂用钢制造而轮缘用板料制造，能节省贵重的有色金属。

对于非金属齿轮，即使轮缘直径不太大，也可考虑作成组合式的，否则齿轮与轴的联接常会产生困难（图8-92b）。

圆锥齿轮的典型结构如图8-93所示。当直径较小时，可采用齿轮轴形式；当直径较大时，也可在腹板上开孔以减轻重量。

常见的蜗轮蜗杆典型结构如图8-94所示。

（二）齿轮与轴的联接

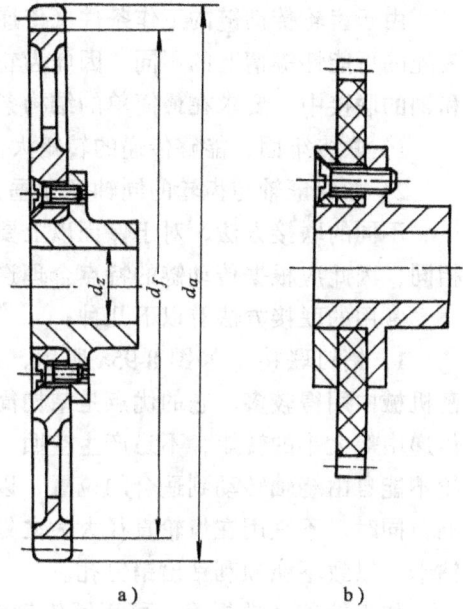

a)　　　　　　　　b)

图 8-92　组合齿轮结构

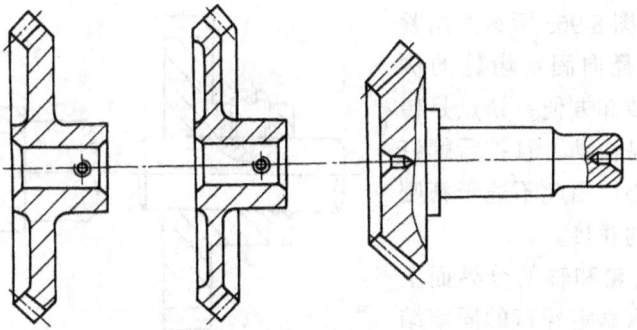

图 8-93　圆锥齿轮的典型结构

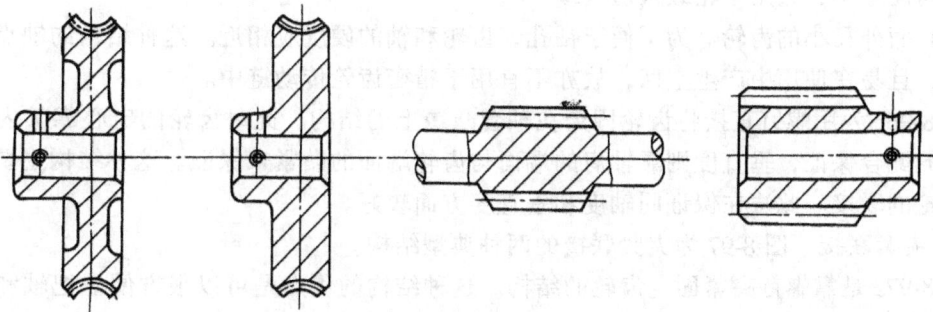

图 8-94　蜗轮蜗杆典型结构

齿轮与轴的联接方法是传动链结构设计中重要内容之一，因为联接方法的好坏，将直接影响传动精度和工作可靠性。

由于齿轮传动链的工作条件（传递转矩、拆卸的频繁程度等）和结构的空间位置，以及装配的可能性等情况的不同，因此齿轮与轴的联接方式也是多种多样的。总的说来，在齿轮和轴的联接中，要求在最简单的结构条件下能保证以下两点：

1）联接牢固，能够传递的转矩大。

2）能保证轴与齿轮的同轴度和垂直度。

不同的联接方法，对于保证以上要求的完备程度各不相同，因此应根据传动链的特点合理选择。

常用的联接方法有以下几种：

1．销钉联接　如图 8-95a 所示，此种方法在小型精密机械中用得较多。它的优点是结构简单，工作可靠，能传递中等大小的转矩，不易产生空回。缺点是，装配时齿轮不能自由绕轴转动到适合的位置，以减小偏心的有害影响；同时，不宜用在齿轮直径太大之处，因为轮缘会挡住钻卡，以致不能顺利钻出销钉孔。

如齿轮需经常拆换，可用圆锥销钉联接（图 8-95b）。圆柱销和圆锥销的直径一般取为轴径的 1/4，最大不超过 1/3，以免过多地削弱轴的强度和刚度。

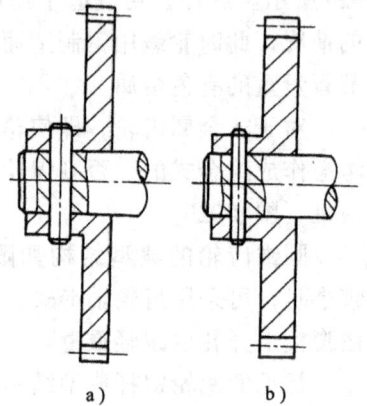

图 8-95　销钉联接

2．螺钉联接　图 8-96a 所示为用紧定螺钉沿齿轮轮毂径向固定齿轮的例子。此法的优点是装卸方便，缺点是传递转矩小，螺钉容易松动，且拧紧螺钉时会引起齿轮的偏心，因此不适于精密传动链中齿轮与轴的联接。

图 8-96b 为在齿轮和轴的分界面上钻孔攻螺纹，并拧入紧定螺钉的固定结构。传动时，紧定螺钉受剪切和挤压作用。此法的优点是结构简单，便于装卸，轴向尺寸小，宜用于轮毂很短（或

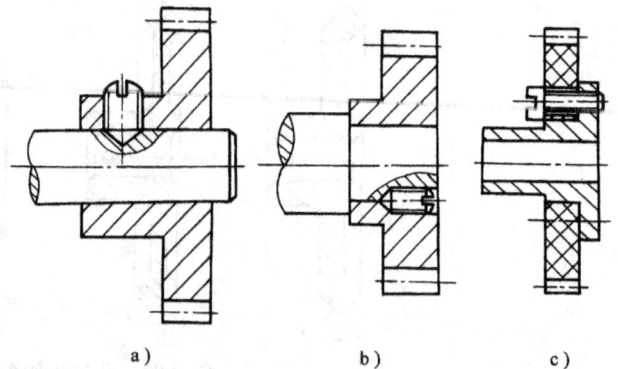

图 8-96　螺钉联接

无轮毂）而外径小的齿轮。为了便于钻孔，齿轮和轴的硬度应相近。这种结构的缺点是传递转矩小，且易在使用中产生空回，故亦不宜用于精密齿轮传动链中。

图 8-96c 为用螺钉直接将齿轮固定在轴套凸缘上的结构。此时齿轮的定心靠其内孔与轴套外圆的配合保证，垂直度则靠轴肩的端面与齿轮端面的贴紧来保证。这种结构主要用于非金属齿轮的联接。此法在保证同轴度和垂直度方面较好。

3．夹紧联接　图 8-97 为夹紧联接的两种典型结构。

图 8-97a 是靠螺钉夹紧固定齿轮的结构。这种结构的优点是可以很方便地把轴和齿轮的联接脱开。便于装卸调整，并可使齿轮和轴在任意角度上锁紧。

图 8-97b 为夹紧联接的另一种形式。此时轮毂轴向尺寸较长，轮毂在径向方面较薄，并

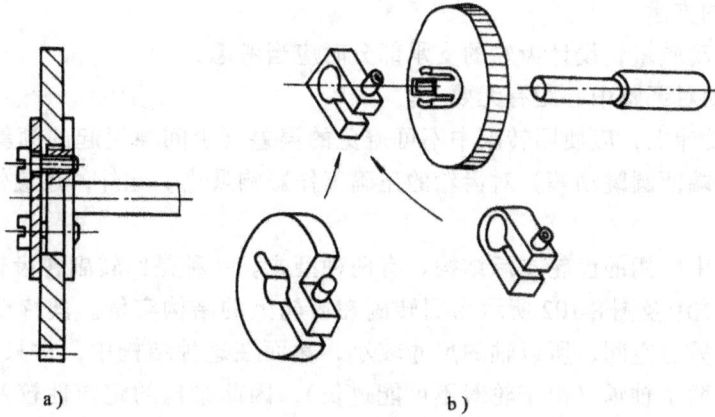

图 8-97 夹紧联接

沿轮毂轴线方向开槽，以使其具有弹性。固紧时，拧紧附件上的螺钉，使轮毂差不多均匀收缩而夹紧在轴上。这种结构的优点是装调方便，同轴度较好。缺点是不能传递较大转矩。

4. 压合联接　如图 8-98 所示。此法适用于传递中等大小的转矩，同时能保证较高的同轴度，但装配后不能任意拆卸。

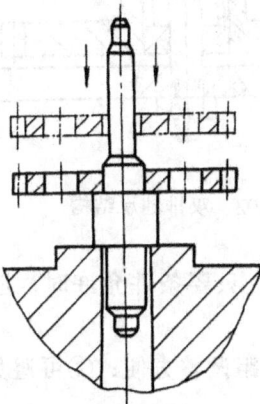

图 8-98　压合联接

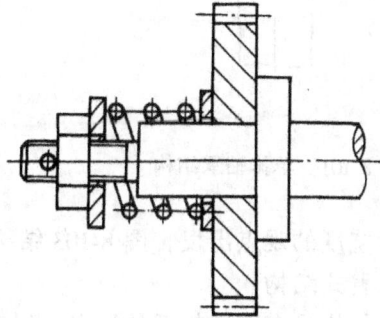

图 8-99　弹簧压紧联接

5. 弹簧压紧联接　如图 8-99 所示，这种结构是利用弹簧变形产生压紧力，将齿轮紧贴在轴肩上。当阻力矩大于接触面上由于弹簧压紧所能产生的摩擦力矩时，齿轮将在轴上滑转，这样可起到安全作用。

6. 键联接　如图 8-100 所示，最常用的是平键和半圆键。键联接一般多用于传递转矩较大和尺寸较大的齿轮传动。它的优点是装卸方便，工作可靠，缺点是同轴度较差，沿圆周方向不能调整。

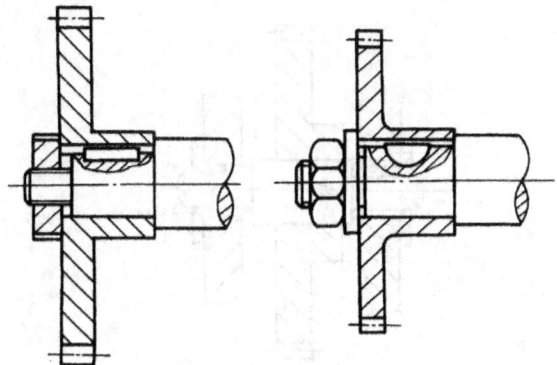

图 8-100　键联接

（三）齿轮的支承

为了保证传动质量，设计齿轮的支承部分时应当考虑：

1）齿轮传动对调整中心距有无要求。

2）在结构设计上，应使回转副中不可避免的误差（由间隙引起的倾斜，以及由几何形状引起的径向和端面圆跳动等）对齿轮的正确工作影响最小。此外，还应保证支承系统具有良好的刚度。

在精密机械中应用的齿轮支承结构，有两种型式。一种是回转副在齿轮上，一种是回转副在轴上。图 8-101 及图 8-102 所示为回转副在齿轮上的结构实例。其特点是回转副包含在齿轮内，几乎不另占空间，所以轴的尺寸较小，然而在这种结构中，常只能采用单排轴承，或是距离较近的两个轴承（由于轮毂不可能过长），因此结构的定向性较差，不能有效地消除轴承内间隙引起的偏斜。图 8-103 及图 8-104 为回转副在轴上的结构实例。这类结构的特点是回转轴线的稳定性较好，由于能采用相距较远的双支承，故能有效地降低支承缺陷所引起的偏斜。此结构的缺点是轴向尺寸过大。

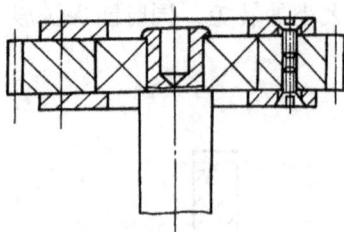

图 8-101　单排轴承结构

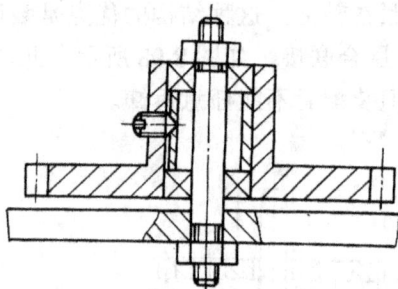

图 8-102　双排轴承结构

从减少挠度的观点出发，图 8-103 结构优于图 8-104 结构，只要条件允许时，应尽可能避免采用悬臂式结构。

悬臂式结构虽有刚度较低的缺点，但有两个优点：①中心距调整方便；②可避免齿轮与轴的干涉。

图 8-103 所示结构，在调整齿轮中心距时要保持支承轴不倾斜是很困难的。图 8-104 中的结构则因两个轴承在同一轴承座内，移动时轴线不会倾斜，因此调整很方便。

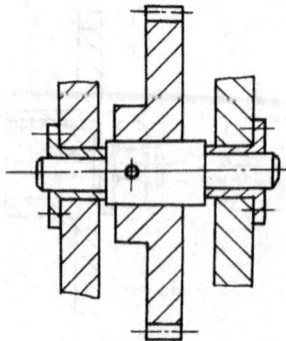

图 8-103　两端支承结构

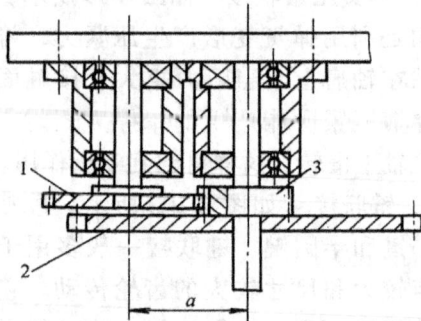

图 8-104　悬臂式支承结构

此外，由图 8-104 可见，由于齿轮采用了悬臂式支承结构，轮 1 的轴线就可能布置在轮 2 的顶圆之内，否则只有增大中心距 $a$ 才能避免干涉，但这将增大结构尺寸。

## 思考题及习题

8-1 渐开线有哪些重要性质？在研究渐开线齿轮啮合的哪些原理时曾经用到这些性质？

8-2 渐开线齿轮传动有哪些优点？

8-3 已知渐开线齿廓上某一点的压力角 $\alpha = 14°30'$，试求该点的渐开线函数值？又已知某一点的展角 $\theta = 2°15'$，试求该点处渐开线的压力角？

8-4 节圆与分度圆，啮合角与压力角有何区别？

8-5 当 $\alpha = 20°$ 的正常齿渐开线标准直齿圆柱齿轮的齿根圆与基圆相重合时，其齿数应为多少？又若齿数大于求出的数值时，则基圆和齿根圆哪一个大一些？

8-6 今量得一个 38 齿的直齿圆柱齿轮的齿顶圆直径 $d_a = 338.8mm$，试确定该齿轮是模数制齿轮还是径节制齿轮？

8-7 如图 8-105 所示，有一渐开线直齿圆柱齿轮，用卡尺测量其三个齿和两个齿的公法线长度为 $W_3 = 61.83mm$ 和 $W_2 = 37.55mm$，齿顶圆直径 $d_a = 208mm$，齿根圆直径 $d_f = 172mm$，数得齿数 $z = 24$。要求确定该齿轮的模数 $m$、压力角 $\alpha$、齿顶高系数 $h_a^*$ 和径向间隙系数 $c^*$。

8-8 何谓重叠系数？影响其大小都有哪些因素？

8-9 有一对外啮合标准直齿圆柱齿轮，其主要参数为：$z_1 = 24$，$z_2 = 120$，$m = 2mm$，$\alpha = 20°$，$h_a^* = 1$，$c^* = 0.25$。试求其传动比 $i_{12}$，两轮的分度圆直径 $d_1$、$d_2$，齿顶圆 $d_{a1}$、$d_{a2}$，全齿高 $h$，标准中心距 $a$ 及分度圆齿厚 $s$ 和齿槽宽 $e$；并求出这对齿轮的实际啮合线 $B_1B_2$，基圆齿距 $p_b$ 以及重叠系数 $\varepsilon$ 的大小。

8-10 何谓根切？它有何危害？如何加以避免？

8-11 齿轮为什么要变位？何谓最小变位系数？

8-12 齿轮正变位后和变位前相比较，其参数 $z$、$m$、$\alpha$、$h_a$、$h_f$、$d$、$d_a$、$d_f$、$d_b$、$s$、$e$ 等有无变化，作何变化？

8-13 有一对使用日久轮齿严重磨损的标准直齿圆柱齿轮需要修复。已知 $z_1 = 24$，$z_2 = 96$，$m = 4mm$，$\alpha = 20°$，$h_a^* = 1$，$c^* = 0.25$。按磨损情况看，大齿轮的外径要减小 8mm。在维持中心距不变的情况下，是否可以采用高度变位齿轮进行修复？如能修复，试计算修复后大齿轮的几何尺寸以及新配的小齿轮的几何尺寸，并要求验算其重叠系数和齿顶厚。

8-14 试分别指出斜齿圆柱齿轮传动、直齿圆锥齿轮传动和蜗杆传动的正确啮合条件是什么？

8-15 已知二级平行轴斜齿轮传动，主动轮 1 的转向及螺旋方向如图 8-106 所示。

1) 低速级齿轮 3、4 的螺旋方向应如何选择，才能使中间轴 Ⅱ 上两齿轮的轴向力方向相反？

2) 若轮 1 的 $\beta_1 = 18°$，$d_2/d_3 = 5/3$，欲使中间轴 Ⅱ 上两轮轴向力

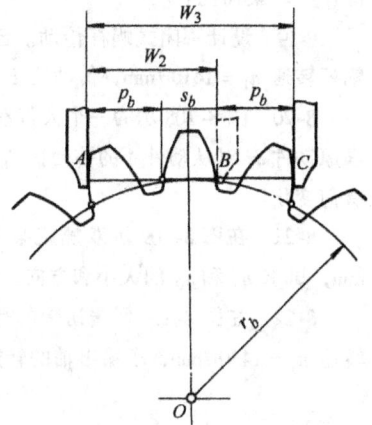

图 8-105　题 8-7 图

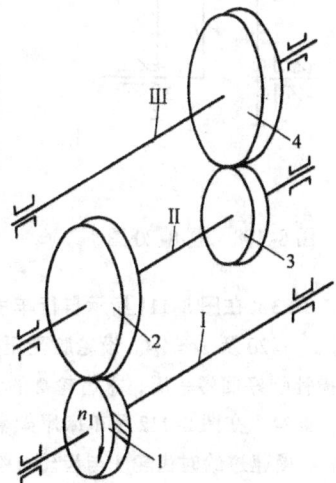

图 8-106　题 8-15 图

相互完全抵消，齿轮 3 的螺旋角 $\beta_2$ 应多大？

3）画出中间轴 II 上齿轮的空间受力简图。

8-16 图 8-107 所示为一圆柱蜗杆—直齿圆锥齿轮传动。已知输出轴上圆锥齿轮 $n_4$ 的转向，为使中间轴上的轴向力互相抵消一部分，试在图中画出：

1）蜗杆、蜗轮的转向及螺旋线方向。

2）各轮所受的圆周力、径向力和轴向力的方向。

8-17 将例题 8-2 减速器中的直齿轮传动改为斜齿轮传动，其余给定的条件不变，所选用的材料及热处理方式亦不变，计算该斜齿轮传动。

8-18 设计一闭式标准直齿圆锥齿轮传动。已知传动功率 $P = 3kW$，$n_1 = 960r/min$，传动比 $i = u = 2.5$，材料已选定，其许用接触应力 $[\sigma_H] = 584N/mm^2$，$[\sigma_{F1}] = 284N/mm^2$，$[\sigma_{F2}] = 245N/mm^2$。

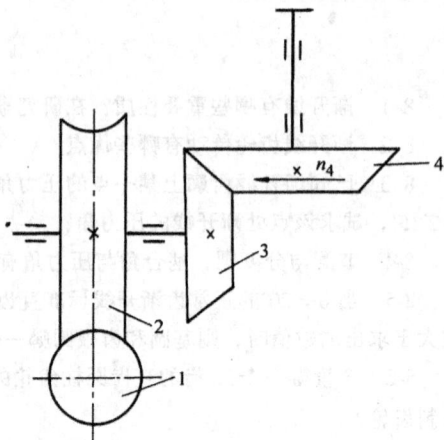

图 8-107 题 8-16 图

8-19 设计一闭式蜗杆传动。已知传动功率 $P = 1.5kW$，蜗杆转速 $n_1 = 1410r/min$，传动比 $i = u = 20$，载荷平稳。

8-20 图 8-108 示为一个大传动比的减速器，已知其各轮的齿数为 $z_1 = 100$，$z_2 = 101$，$z'_2 = 100$，$z_3 = 99$。求原动件 $H$ 对从动件 1 的传动比 $i_{H1}$。又当 $z_1 = 99$ 而其它轮齿数均不变，求传动比 $i_{H1}$。试分析该减速器将有何变化。

8-21 在图 8-109 示双螺旋桨飞机的减速器中，已知 $z_1 = 26$，$z_2 = 20$，$z_4 = 30$，$z_5 = 18$ 及 $n_1 = 15000r/min$，试求 $n_P$ 和 $n_Q$ 的大小和方向。

8-22 在图 8-110 示输送带的行星减速器中，已知 $z_1 = 10$，$z_2 = 32$，$z'_2 = 30$，$z_3 = 74$，$z_4 = 72$ 及电动机的转速 $n_1 = 1450r/min$，求输出轴的转速 $n_4$。

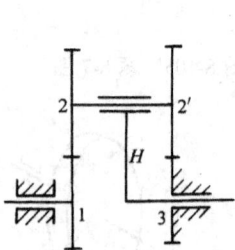

图 8-108 题 8-20 图

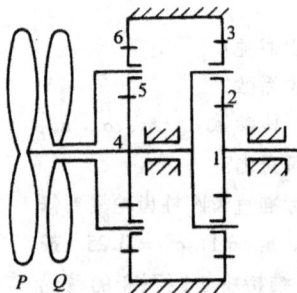

图 8-109 题 8-21 图

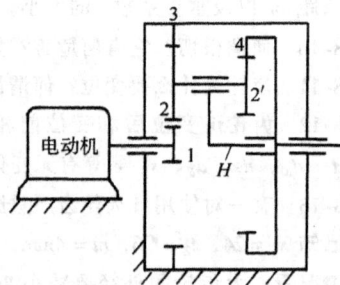

图 8-110 题 8-22 图

8-23 在图 8-111 所示自行车里程表的机构中，$C$ 为车轮轴。已知各轮的齿数为 $z_1 = 17$，$z_3 = 23$，$z_4 = 19$，$z'_4 = 20$ 及 $z_5 = 24$。设轮胎受压变形后，使 28 英寸车轮的有效直径约为 0.7m。当车行一公里时，表上的指针刚好回转一周，求齿轮 2 的齿数。

8-24 在图 8-112 示车床尾架套筒的微动进给机构中，已知 $z_1 = z_2 = z_4 = 16$，$z_3 = 48$ 及丝杠螺距 $P = 4mm$。慢速进给时齿轮 1 与齿轮 2 啮合，快速退回时齿轮 1 插入内齿轮 4。求慢速进给和快速退回过程中，手轮回转一周时套筒移动的距离各为多少？

8-25 现有四个标准直齿圆柱齿轮，它们的模数、压力角和加工精度都相同，其齿数分别为 $Z_A = 24$，

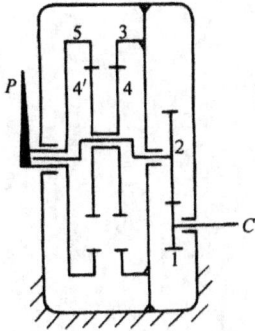

图 8-111　题 8-23 图

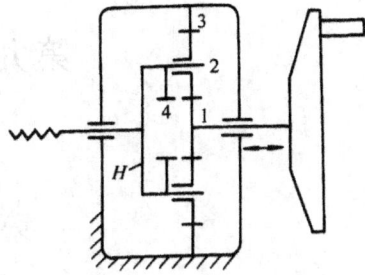

图 8-112　题 8-24 图

$Z_B = 48$，$Z_C = 72$，$Z_D = 96$。今要求将该四个齿轮组成为一个两级齿轮传动（减速链），使其传动比达到最大值、且运动精度最高（即转角误差最小），并画出传动简图。

# 第九章 螺旋传动

## 第一节 概　　述

螺旋传动是精密机械中常用的一种传动形式。它是利用螺杆与螺母的相对运动，将旋转运动变为直线运动，其运动关系为

$$l = \frac{P_h}{2\pi}\varphi \qquad (9\text{-}1)$$

式中　$l$——螺杆（或螺母）的位移；

$P_h$——导程；

$\varphi$——螺杆和螺母间的相对转角。

螺旋传动按其在精密机械中的作用，可分为

（1）示数螺旋传动　在传动链中，用以精确地传递相对运动或相对位移的螺旋传动。常用于机床中进给、分度机构或测量仪器中的螺旋测微装置。其传动误差直接影响机构的工作精度，因此，对示数螺旋传动的主要要求是传动精度高，空回误差小。

（2）传力螺旋传动　在传动链中用以传递动力的螺旋传动。如螺旋压力机、螺旋千斤顶等。传力螺旋传动承受的载荷较大，因此要有足够的强度。

（3）一般螺旋传动　在传动链中只作一般驱动用的螺旋传动。对强度、刚度和精度均无较高要求。

螺旋传动按其接触面间摩擦的性质，可分为：

1）滑动螺旋传动。

2）滚动螺旋传动（本章主要介绍滚珠螺旋传动）。

3）静压螺旋传动。

## 第二节　滑动螺旋传动

### 一、滑动螺旋传动的特点

（1）降速传动比大　螺杆（或螺母）转动一转，螺母（或螺杆）移动一个螺距（单头螺纹）。因为螺距一般很小，所以在转角很大的情况下，能获得很小的直线位移量，可以大大缩短机构的传动链，因而螺旋传动结构简单、紧凑，传动精度高，工作平稳。

（2）具有增力作用　只要给主动件一个较小的转矩，从动件即能得到较大的轴向力。

（3）能自锁　当螺旋线升角小于摩擦角时，螺旋传动具有自锁作用。

（4）效率低、磨损快　由于螺旋工作面为滑动摩擦，致使其传动效率低（一般为 30% ~ 40%），磨损快，因此不适于高速和大功率传动。

### 二、滑动螺旋传动的型式及应用

滑动螺旋传动主要有以下两种基本型式。

(1) 螺母固定，螺杆转动并移动（图9-1a）这种传动型式的螺母本身就起着支承作用，从而简化了结构，消除了螺杆与轴承之间可能产生的轴向窜动，容易获得较高的传动精度。缺点是所占轴向尺寸较大（螺杆行程的两倍加上螺母高度），刚性较差。因此仅适用于行程短的情况。

(2) 螺杆转动，螺母移动（图9-1b）这种传动型式的特点是结构紧凑（所占轴向尺寸取决于螺母高度及行程大小），刚度较大。适用于工作行程较长的情况。

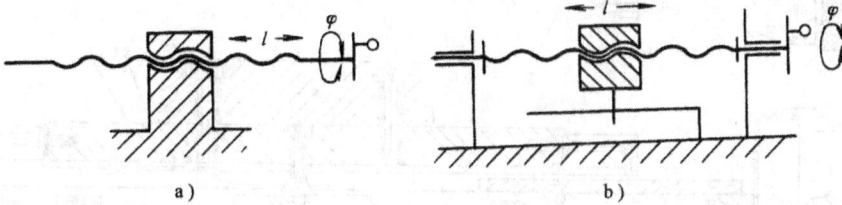

图9-1 滑动螺旋传动的基本型式

图9-2所示测微目镜中的示数螺旋传动是螺母固定，螺杆转动并移动传动型式的典型应用。当转动手轮6时，螺杆3转动并移动，因而推动分划板框2移动。由于弹簧1的作用，使分划板框始终压向螺杆端部。因此螺杆移动的距离即为分划板框移动的距离。并直接从刻度套筒4和5中读出。

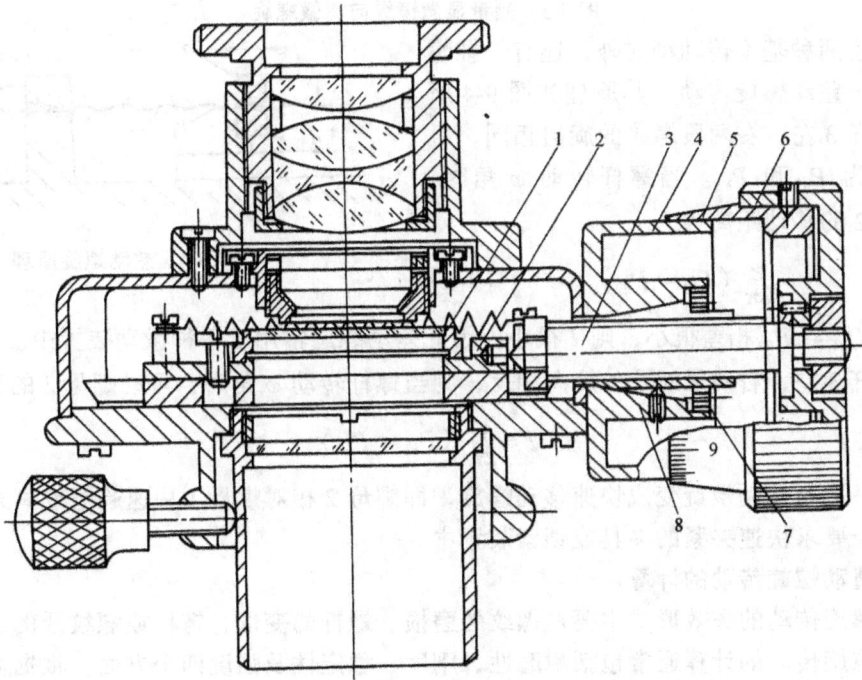

图9-2 测微目镜

图9-3所示测量显微镜纵向测微螺旋是螺杆转动，螺母移动传动型式的典型应用。当转动手轮1（与螺杆2固联在一起）时，螺母3产生移动，通过片簧7带动工作台8移动，移

232

动的距离通过游标刻尺 9 及手轮 1 的读数鼓读出。

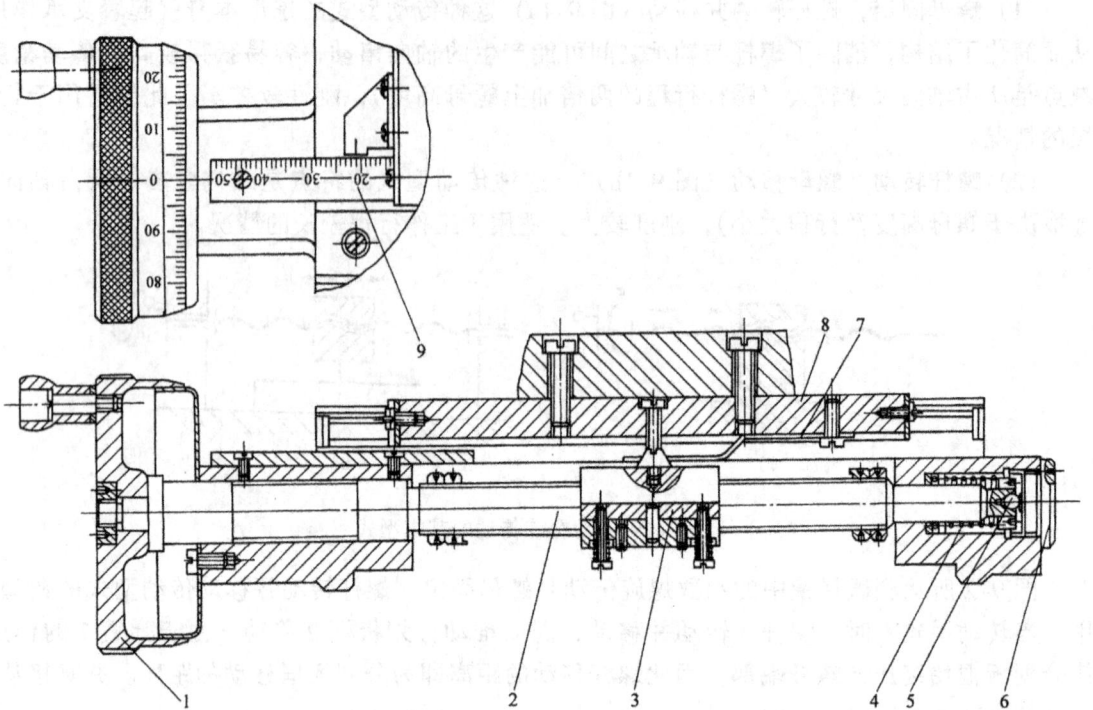

图 9-3　测量显微镜纵向测微螺旋

除上述两种基本传动型式外，还有一种螺旋传动——差动螺旋传动。其原理如图 9-4 所示。设螺杆 3 左、右两段螺纹的旋向相同，且导程分别为 $P_{h1}$ 和 $P_{h2}$。当螺杆转动 $\varphi$ 角时，可动螺母 2 的移动距离为

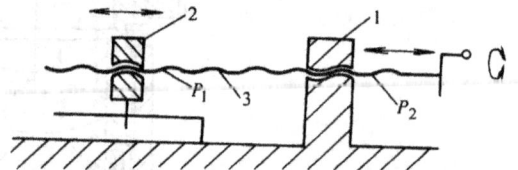

图 9-4　差动螺旋原理

$$l = \frac{\varphi}{2\pi}\left(P_{h1} - P_{h2}\right) \qquad (9\text{-}2)$$

如果 $P_{h1}$ 与 $P_{h2}$ 相差很小，则 $l$ 很小。因此差动螺旋常用于各种微动装置中。

若螺杆 3 左、右两段螺纹的旋向相反，则当螺杆转动 $\varphi$ 角时，可动螺母 2 的移动距离为

$$l = \frac{\varphi}{2\pi}\left(P_{h1} + P_{h2}\right) \qquad (9\text{-}3)$$

可见，此时差动螺旋变成快速移动螺旋，即螺母 2 相对螺母 1 快速趋近或离开。这种螺旋装置用于要求快速夹紧的夹具或锁紧装置中。

**三、滑动螺旋传动的计算**

滑动螺旋传动的失效形式主要是螺纹的磨损、螺杆的变形、螺杆或螺纹牙的断裂等。因此，滑动螺旋传动的计算通常包括耐磨性、刚度、稳定性及强度四个方面。根据需要有时尚需进行驱动力矩、效率与自锁等其他方面的计算。

（一）耐磨性计算

磨损是滑动螺旋传动的主要失效形式，因此，通常是根据耐磨性的计算确定螺杆的直径和螺母高度。

因为磨损的速度与螺纹工作表面压强的大小有直接关系，所以为了提高螺旋传动的寿命，必须限制螺纹工作表面的压强，使其小于或等于许用压强，即

$$p = \frac{F_a P}{\pi d_2 h H} \leqslant [p] \tag{9-4}$$

式中　$p$——螺纹工作表面实际平均压强；

　　$[p]$——许用压强，见表9-1；

　　$F_a$——轴向载荷；

　　$d_2$——螺纹中径；

　　$H$——螺母高度；

　　$h$——螺纹工作高度，梯形螺纹和矩形螺纹 $h = 0.5P$；三角形螺纹 $h = 0.5413P$。

令 $H = \xi d_2$，则式（9-4）可写成

$$d_2 \geqslant \sqrt{\frac{F_a P}{\pi \xi h [p]}} \tag{9-5}$$

$\xi$ 值可根据螺母形式确定：对于整体式螺母，$\xi = 1.2 \sim 2.5$；剖分式螺母，$\xi = 2.5 \sim 3.5$。算出的 $d_2$ 应根据标准圆整，并选取相应的标准公称直径 $d$ 及螺距 $P$。

考虑到螺纹间载荷实际分布不均匀，螺母螺纹的扣数 $n$ 应小于10，即

$$n = \frac{H}{P} \leqslant 10$$

若 $n > 10$ 时，可考虑更换螺母材料或增大螺纹直径。

表 9-1　螺旋副材料的许用压强 $[p]$[①]

| 螺杆材料 | 螺母材料 | 许用压强 $[p]$ / $(N \cdot mm^{-2})$ | 速度范围/ $(m \cdot min^{-1})$ |
|---|---|---|---|
| 钢 | 青铜 | 18 ~ 25 | 低速 |
| 钢 | 钢 | 7.5 ~ 13 | |
| 钢 | 铸铁 | 13 ~ 18 | < 2.4 |
| 钢 | 青铜 | 11 ~ 18 | < 3.0 |
| 钢 | 铸铁 | 4 ~ 7 | 6 ~ 12 |
| 钢 | 耐磨铸铁 | 6 ~ 8 | |
| 钢 | 青铜 | 7 ~ 10 | |
| 淬火钢 | 青铜 | 10 ~ 13 | |
| 钢 | 青铜 | 1 ~ 2 | > 15 |

① $[p]$ 值是按耐磨条件由试验和经验确定。

（二）刚度计算

螺杆在轴向载荷 $F_a$ 和转矩 $T$ 的作用下将产生变形，引起螺距的变化，从而影响螺旋传动精度。因此，设计时应进行刚度计算，以便把螺距的变化限制在允许的范围内。螺距的变化量计算如下：

螺杆在轴向载荷作用下，一个螺距产生的变化量为

$$\lambda_{PF} = \pm \frac{F_a P}{EA} \tag{9-6}$$

当螺杆受拉时上式取"+"号，受压时取"-"号。

螺杆在转矩作用下，相应一个螺距长度产生转角为 $\varphi = \dfrac{TP}{GI_p}$，因而引起每一螺距的变化量（图 9-5）为

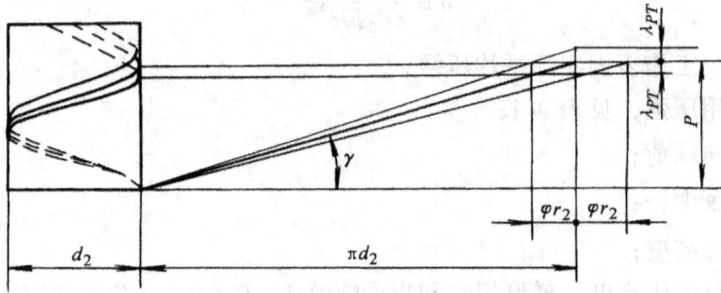

图 9-5　螺距扭转变形图

$$\lambda_{PT} = \pm \frac{\varphi P}{2\pi \pm \varphi} \approx \pm \frac{\varphi P}{2\pi} = \pm \frac{TP^2}{2\pi GI_p} \tag{9-7}$$

当 $T$ 逆螺旋方向作用时上式取"+"号，顺螺旋方向作用时取"-"号。

螺杆在轴向载荷和转矩作用下，一个螺距的变化量为

$$\lambda_P = \lambda_{PF} + \lambda_{PT}$$

为了可靠起见，$\lambda_{PF}$、$\lambda_{PT}$ 以绝对值代入，得到一个螺距的变化量 $\lambda_P$（单位为 $\mu m$）为

$$\lambda_P = \left( \frac{F_a P}{EA} + \frac{TP^2}{2\pi GI_p} \right) \times 10^3 \tag{9-8}$$

式中　$F_a$——轴向载荷；

$\quad\quad T$——转矩；

$\quad\quad P$——螺距；

$E$、$G$——分别为螺杆材料的弹性模量和剪切弹性模量；

$A$、$I_p$——分别为螺杆螺纹段截面面积和极惯性矩，在梯形螺纹刚度计算中，按螺纹中径 $d_2$ 计算较为合理，即 $A = \pi d_2^2/4$，$I_p = \pi d_2^4/32$。

在长度为 1m 的螺纹上有 1000mm/$P$ 个螺距（$P$ 的单位为 mm），因此 1m 长的螺纹上螺距累积变化量 $\lambda$（单位为 $\mu m$）为

$$\lambda = \frac{1000}{P}\lambda_P = \left( \frac{4F_a}{\pi d_2^2 E} + \frac{16TP}{\pi^2 Gd_2^4} \right) \times 10^6 \tag{9-9}$$

表 9-2 列出了螺杆每米长的螺距累积变化量的允许值，供设计时参考。

表 9-2　螺杆每米长允许螺距变化量 $[\lambda]$

| 精度等级 | 5 | 6 | 7 | 8 | 9 |
|---|---|---|---|---|---|
| $[\lambda]$ / ($\mu m \cdot m^{-1}$) | 10 | 15 | 30 | 55 | 110 |

（三）稳定性验算

受轴向压力的螺杆，当轴向压力较大，且螺杆长度与直径的比值较大时，螺杆可能失去稳定而产生侧向弯曲，因此，应对螺杆进行稳定性验算。根据工程力学，螺杆失稳时的临界轴向载荷为

$$F_{ac} = \frac{\pi^2 E I_a}{(\mu L)^2} \tag{9-10}$$

式中　$L$——螺杆最大工作长度，一般取为螺杆支承间的距离；

　　　$I_a$——螺杆截面的截面惯性矩，在梯形螺纹的稳定性验算中，按螺纹中径计算，即 $I_a = \pi d_2^4/64$；

　　　$E$——螺杆材料的弹性模量；

　　　$\mu$——长度系数，与螺杆的支承情况有关。

为了计算方便，把式（9-10）写成如下形式

$$F_{ac} = m \frac{d_2^4}{L^2} \tag{9-11}$$

式中　$m$——螺杆支承系数，$m = \frac{\pi^3 E}{64 \mu^2}$，其值见表9-3。

表9-3　支承系数 $m$

| 螺杆支承情况 | $m/(\text{N·mm}^{-2})$ |
|---|---|
| 两端固定 | $40 \times 10^4$ |
| 一端固定，一端不完全固定 | $28 \times 10^4$ |
| 一端固定，一端铰支 | $20 \times 10^4$ |
| 两端不完全固定 | $18 \times 10^4$ |
| 两端铰支 | $10 \times 10^4$ |
| 一端固定，一端自由 | $2.5 \times 10^4$ |

注："自由"是指径向与轴向均无约束；"铰支"是指支承处仅有径向约束，例如向心球轴承或宽径比 $B/D < 1.5$ 的滑动轴承；"固定"是指径向和轴向均有约束，例如推力球轴承，成对安装的向心推力球轴承或 $B/D > 3$ 的滑动轴承；"不完全固定"是指 $B/D = 1.5 \sim 3$ 的滑动轴承（$B$ 为支承宽度，$D$ 为支承孔直径）。

为了保证螺杆不失稳，必须使

$$\frac{F_{ac}}{F_{amax}} \geq S_F \tag{9-12}$$

式中　$F_{amax}$——最大轴向载荷；

　　　$S_F$——安全系数，$S_F = 2.5 \sim 4$。

如果不能满足上述条件，应增大 $d_2$ 直至满足为止。

（四）强度计算

1. 螺杆的强度计算　螺杆的强度可按第四强度理论进行验算。其计算公式为

$$\sigma = \sqrt{\left(\frac{4 F_a}{\pi d_1^2}\right)^2 + 3 \left(\frac{T}{0.2 d_1^3}\right)^2} \leq [\sigma] \tag{9-13}$$

式中　$[\sigma]$——螺杆材料的许用应力，$[\sigma] = \sigma_s/(3 \sim 5)$（$\sigma_s$ 为材料的屈服极限）；

　　　$d_1$——螺杆螺纹小径；

　　　$F_a$——轴向载荷；

　　　$T$——转矩。

2. 螺纹强度计算　螺纹强度计算包括螺杆螺纹及螺母螺纹强度计算。但由于螺杆材料强度一般比螺母材料强度高，因此只需验算螺母螺纹强度。

设轴向载荷 $F_a$ 作用于螺纹中径 $d_2$，并且忽略螺杆与螺母之间的径向间隙，则螺母螺纹强度可按下列公式验算

剪切强度

$$\tau = \frac{F_a}{\pi dbn} \leqslant [\tau] \qquad (9\text{-}14)$$

弯曲强度

$$\sigma_b = \frac{3F_a h}{\pi db^2 n} \leqslant [\sigma_b] \qquad (9\text{-}15)$$

式中　　$d$——螺纹大径（mm）；

$b$——螺纹根部宽度（mm），对于梯形螺纹，$b = 0.65P$；

$n$——旋合扣数，$n = H/P$；

$[\tau]$、$[\sigma_b]$——分别为螺纹材料的许用剪切应力和许用弯曲应力，见表 9-4。

表 9-4　螺母材料的许用应力

| 螺母材料 | $[\tau]$ / (N·mm$^{-2}$) | $[\sigma_b]$ / (N·mm$^{-2}$) |
|---|---|---|
| 钢 | $0.6[\sigma]$ | $(1 \sim 1.2)[\sigma]$ |
| 青铜 | $30 \sim 40$ | $40 \sim 60$ |
| 铸铁 | $40$ | $45 \sim 55$ |
| 耐磨铸铁 | $40$ | $50 \sim 60$ |

（五）驱动力矩、效率和自锁的计算

对于传力螺旋，为避免螺旋副因摩擦力过大而转动不灵活，应进行驱动力矩及效率的计算，以便确定原动机的功率和螺旋副的自锁条件。

由工程力学可知，当螺旋受轴向载荷 $F_a$ 作用时，欲使螺旋运动所需的驱动力矩为

$$T = F_a \frac{d_2}{2} \tan(\gamma + \rho_v) \qquad (9\text{-}16)$$

式中　　$\gamma$——导程角；

$\rho_v$——诱导摩擦角，$\rho_v = \arctan \dfrac{f}{\cos\alpha}$；

$f$——螺纹表面滑动摩擦系数（表 9-5）；

$\alpha$——螺纹牙型半角；

$d_2$——螺纹中径。

表 9-5　摩擦系数 $f$（定期润滑条件）

| 螺杆和螺母材料 | $f$ |
|---|---|
| 淬火钢和青铜 | $0.06 \sim 0.08$ |
| 钢和青铜 | $0.08 \sim 0.10$ |
| 钢和耐磨铸铁 | $0.10 \sim 0.12$ |
| 钢和铸铁 | $0.12 \sim 0.15$ |
| 钢和钢 | $0.11 \sim 0.17$ |

注：起动时 $f$ 取大值，运转时取小值。

当转动螺母（或螺杆）一转时，所需输入功为

$$W_1 = 2\pi T = \pi d_2 F_a \tan(\gamma + \rho_v)$$

此时，推动负载所作的有用功为

$$W_2 = F_a P_h = F_a \pi d_2 \tan\gamma$$

式中　$P_h$——导程。

因此，螺旋传动的效率为

$$\eta = \frac{W_2}{W_1} = \frac{F_a P_h}{2\pi T} = \frac{\tan\gamma}{\tan\left(\gamma + \rho_v\right)} \tag{9-17}$$

由此

$$T = \frac{F_a P_h}{2\pi\eta} \tag{9-18}$$

当驱动力矩 $T$ 去除后，轴向力 $F_a$ 变为驱动力。如果螺旋不自锁，则在 $F_a$ 的作用下将反向加速运动（与 $F_a$ 同向）；此时，其传动效率和转矩分别为

$$\eta' = \frac{\tan\left(\gamma - \rho_v\right)}{\tan\gamma} \tag{9-19}$$

$$T = \frac{F_a \eta'}{2\pi} \tag{9-20}$$

当 $\eta' \leqslant 0$，则螺旋自锁，此时 $\gamma \leqslant \rho_v$，即

$$\gamma = \arctan\frac{P_h}{\pi d_2} \leqslant \rho_v \tag{9-21}$$

**例题 9-1**　设某车床的纵向进给螺旋，其螺杆为 Tr44 × 10，8 级精度，材料为 45 号钢；螺母高度 $H = 100$mm，材料为耐磨铸铁；轴向载荷 $F_a = 10000$N；螺杆支承间的距离 $L = 2700$mm，支承方式为一端固定，一端铰支。试对螺杆、螺母进行验算。

**解**　1）耐磨性验算　由式（9-4）得

$$p = \frac{F_a P}{\pi d_2 h H}$$

从 GB5796.3—86 查得，对于 Tr44 × 10 螺纹，$d_2 = 38$mm，$d_1^{\ominus} = 31$mm，$h = 5$mm；由表 9-1 查得 $[p] = 6 \sim 8$N/mm²，故

$$p = \frac{10000 \times 10}{\pi \times 38 \times 5 \times 100}\text{N/mm}^2 = 1.68\text{N/mm}^2 < [p]$$

2）效率和驱动力矩的计算　由式（9-17）得

$$\eta = \frac{\tan\gamma}{\tan\left(\gamma + \rho_V\right)}$$

因为 $\tan\gamma = P/\left(\pi d_2\right) = 10/\left(\pi \times 38\right) = 0.0838$，即 $\gamma = 4°47'$。按表 9-5 取 $f = 0.1$，$\rho_V = \arctan\left(f/\cos\alpha\right) = \arctan\left(0.1/\cos15°\right) = 5°56'$，故

$$\eta = \frac{0.0838}{\tan\left(4°47' + 5°56'\right)} = 0.443$$

令 $P_h = P$　由式（9-18），得

$$T = \frac{F_a P}{2\pi\eta} = \frac{10000 \times 10}{2\pi \times 0.443}\text{N·mm} = 35927\text{N·mm}$$

---

⊖　$d_1$——系指螺杆（外螺纹）小径。对于梯形螺纹丝杠（螺杆）小径，GB5796.3—86 中采用 $d_3$ 来标注。为了便于教学，书中对普通螺纹或梯形螺纹螺杆小径，均用 $d_1$ 标注。各项计算公式亦通用。

3）刚度验算　由式（9-9）得

$$\lambda = \left(\frac{4F_a}{\pi d_2^2 E} + \frac{16TP}{\pi^2 G d_2^4}\right) \times 10^6 = \left(\frac{4 \times 10000}{\pi \times 38^2 \times 2.1 \times 10^5} + \frac{16 \times 35927 \times 10}{\pi^2 \times 8 \times 10^4 \times 38^4}\right) \times 10^6 \mu m/m = 45.6 \mu m/m$$

由表 9-2 查得，8 级精度螺杆 $[\lambda] = 55 \mu m/m$，故 $\lambda < [\lambda]$。

4）稳定性验算　由式（9-11）和表 9-3 可得

$$F_{ac} = m \frac{d_2^4}{L^2} = 20 \times 10^4 \times \frac{38^4}{2700^2} N = 57205 \ N$$

$$\frac{F_{ac}}{F_a} = \frac{57205}{10000} = 5.72 > 4$$

5）强度验算

①螺杆强度验算　由式（9-13）得

$$\sigma = \sqrt{\left(\frac{4F_a}{\pi d_1^2}\right)^2 + 3\left(\frac{T}{0.2d_1^3}\right)^2} = \sqrt{\left(\frac{4 \times 10000}{\pi \times 31^2}\right)^2 + 3\left(\frac{35927}{0.2 \times 31^3}\right)^2} = 16.9 N/mm^2$$

已知 45 号钢 $\sigma_s = 360 N/mm^2$，$[\sigma] = \sigma_s / (3 \sim 5) = 360/(3 \sim 5) = 72 \sim 120 N/mm^2$，故 $\sigma < [\sigma]$。

②螺纹强度验算　对于梯形螺纹，$b = 0.65P = 0.65 \times 10mm = 6.5mm$，$n = H/P = 100/10 = 10$　又由表 9-4 查得，耐磨铸铁的 $[\sigma_b] = 50 \sim 60 N/mm^2$，$[\tau] = 40 N/mm^2$，由式（9-14）和（9-15）得

$$\tau = \frac{F_a}{\pi dbn} = \frac{10000}{\pi \times 44 \times 6.5 \times 10} N/mm^2 = 1.11 N/mm^2 < [\tau]$$

$$\sigma_b = \frac{3F_a h}{\pi db^2 n} = \frac{3 \times 10000 \times 5}{\pi \times 44 \times 6.5^2 \times 10} N/mm^2 = 2.57 N/mm^2 < [\sigma_b]$$

## 四、滑动螺旋传动的设计原则

（一）传动型式的选择

根据前述螺旋传动型式和特点，结合具体情况进行选择。

（二）螺纹类型的确定

在精密机械中，螺旋传动的螺纹类型多用三角形螺纹和梯形螺纹。一般情况下，示数螺旋传动多采用三角形螺纹，而传力螺旋传动多采用梯形螺纹。

（三）螺旋副材料的确定

螺杆和螺母的材料应根据用途，精度等级及热处理要求等条件选定。对材料总的要求是具有良好的耐磨性和易于加工。为了减小磨损，螺杆和螺母最好选用不同的材料，同时，应使螺杆的硬度高于螺母的硬度，以保护价格较贵和对传动精度影响较大的螺杆。

用作螺杆的材料，一般可选用 A5、Y40Mn、45、50 号钢等；对于重要传动，要求耐磨性高，需要进行热处理时，可选用 T10、T12、65Mn、40Cr、40WMn 或 18CrMnTi 等；对于示数螺旋，要求热处理后有较好的尺寸稳定性，可选用 9Mn2V、CrWMn、38CrMoAlA 等合金工具钢及 GCr15、GCr15SiMn 等滚动轴承钢。

用作螺母的材料，一般可选用锡青铜、黄铜、聚乙烯、尼龙和耐磨铸铁等；重载时可选用铝青铜或铸造黄铜、球墨铸铁和 45 号钢。

（四）主要参数的确定

螺旋传动的主要参数有：螺杆直径和长度、螺距、螺旋线头数和螺母高度等。在一般情况下，这些参数可参照同类机构，用类比的方法确定。但对于重要传动，应按前述计算方法进行必要的校核计算。此外，设计时尚需注意下列问题：

螺杆螺纹部分的长度 $L_w$，以保证在整个工作行程 $L_g$ 内与螺母正确旋合为原则，在此前提下，螺纹部分应尽可能短。一般取 $L_w \geqslant L_g + H$（$H$ 为螺母高度）。

为了保证螺杆的刚度，螺杆的直径应选大些，并使 $L$（长度）$/ d_1$（螺纹小径）$\leqslant 25$，如果 $L / d_1 > 25$，对受压螺杆应进行稳定性验算。

在测微螺旋中，螺距应取为标准值，如 1、0.75、0.5mm 等。为了避免周期误差，应选用单头螺纹。只有在转角小而要求获得大位移的情况下，才采用多头螺纹（如目镜调节螺纹）。

（五）螺纹公差

普通螺纹的公差制结构如下：

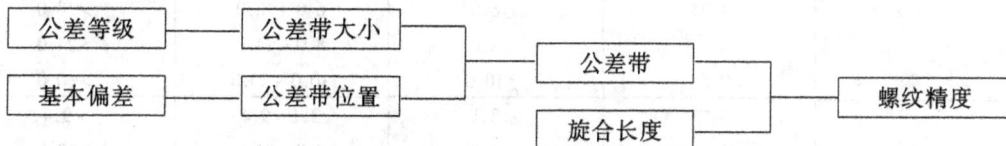

```
 ┌─────────┐      ┌──────────┐
 │ 公差等级 │─────│ 公差带大小 │───┐
 └─────────┘      └──────────┘   │   ┌────────┐
                                 ├───│ 公差带  │───┐
 ┌─────────┐      ┌──────────┐   │   └────────┘   │   ┌────────┐
 │ 基本偏差 │─────│ 公差带位置 │───┘               ├───│ 螺纹精度 │
 └─────────┘      └──────────┘       ┌────────┐   │   └────────┘
                                     │ 旋合长度 │───┘
                                     └────────┘
```

螺距的累积误差一般随螺纹扣数的增多而增大，这会引起作用中径[一]的变化。因此，仅用公差带大小来说明螺纹精度是不够的，必须规定公差带在多大的旋合长度范围内有效，即要考虑公差带与旋合长度两个因素。

旋合长度分短、中等和长等三组，代号分别为 S、N 和 L。具体长度范围见表 9-6，一般情况下，多按中等长度考虑。

表 9-6 普通螺纹旋合长度 （单位：mm）

| 公称直径 $D$、$d$ | 螺距 $P$ | 旋合长度 | | |
|---|---|---|---|---|
| | | S | N | L |
| 1.0~1.4 | 0.2 | ≤0.5 | 0.5~1.4 | >1.4 |
| | 0.25 | ≤0.6 | 0.6~1.7 | >1.7 |
| | 0.3 | ≤0.7 | 0.7~2.0 | >2.0 |
| >1.4~2.8 | 0.2 | ≤0.5 | 0.5~1.5 | >1.5 |
| | 0.25 | ≤0.6 | 0.6~1.9 | >1.9 |
| | 0.35 | ≤0.8 | 0.8~2.6 | >2.6 |
| | 0.4 | ≤1.0 | 1~3.0 | >3.0 |
| | 0.45 | ≤1.3 | 1.3~3.8 | >3.8 |
| >2.8~5.6 | 0.35 | ≤1 | 1.0~3.0 | >3.0 |
| | 0.5 | ≤1.5 | 1.5~4.5 | >4.5 |
| | 0.6 | ≤1.7 | 1.7~5.0 | >5.0 |
| | 0.7 | ≤2.0 | 2.0~6.0 | >6.0 |
| | 0.75 | ≤2.2 | 2.2~6.7 | >6.7 |
| | 0.8 | ≤2.5 | 2.5~7.5 | >7.5 |

---

㊀ 国家标准中对作用中径（$d_{2作用}$、$D_{2作用}$）定义如下：作用中径是在规定的旋合长度内，正好包络实际螺纹的一个假想螺纹的中径，这个假想螺纹具有基本牙型的螺距、半角以及牙型高度，并在牙顶和牙底留有间隙，以保证不与实际螺纹的大、小径发生干涉。可见参考文献〔10〕。

（续）

| 公称直径 D、d | 螺距 P | 旋 合 长 度 S | N | L |
|---|---|---|---|---|
| > 5.6 ~ 11.2 | 0.5 | ≤1.6 | 1.6 ~ 4.7 | >4.7 |
| | 0.75 | ≤2.4 | 2.4 ~ 7.1 | >7.1 |
| | 1 | ≤3.0 | 3.0 ~ 9.0 | >9.0 |
| | 1.25 | ≤4.0 | 4.0 ~ 12.0 | >12.0 |
| | 1.5 | ≤5.0 | 5.0 ~ 15.0 | >15.0 |
| > 11.2 ~ 22.4 | 0.5 | ≤1.8 | 1.8 ~ 5.4 | >5.4 |
| | 0.75 | ≤2.7 | 2.7 ~ 8.1 | >8.1 |
| | 1 | ≤3.8 | 3.8 ~ 11.0 | >11.0 |
| | 1.25 | ≤4.5 | 4.5 ~ 13.0 | >13.0 |
| | 1.5 | ≤5.6 | 5.6 ~ 16.0 | >16.0 |
| | 1.75 | ≤6.0 | 6.0 ~ 18.0 | >18.0 |
| | 2 | ≤8.0 | 8.0 ~ 24.0 | >24.0 |
| | 2.5 | ≤10.0 | 10.0 ~ 30.0 | >30.0 |
| > 22.4 ~ 45 | 0.75 | ≤3.1 | 3.1 ~ 9.4 | >9.4 |
| | 1 | ≤4.0 | 4.0 ~ 12.0 | >12.0 |
| | 1.5 | ≤6.3 | 6.3 ~ 19.0 | >19.0 |
| | 2 | ≤8.5 | 8.5 ~ 25.0 | >25.0 |
| | 3 | ≤12 | 12.0 ~ 36.0 | >36.0 |
| | 3.5 | ≤15 | 15.0 ~ 45.0 | >45.0 |
| | 4 | ≤18 | 18.0 ~ 53.0 | >53.0 |
| | 4.5 | ≤21 | 21.0 ~ 63.0 | >63.0 |

普通螺纹公差带由公差带相对于基本牙型位置（基本偏差）和公差带大小（公差等级）所组成，公差带的零线就是螺纹基本牙型的轮廓线。普通螺纹公差带见表9-7。

表9-7 普通螺纹的公差带

| | | 公 差 带 位 置 | 大小（公差等级） |
|---|---|---|---|
| 内螺纹 | 小径 $D_1$ | G——基本偏差 EI 为正值 | 4、5、6、7、8 |
| | 中径 $D_2$ | H——基本偏差 EI 为零 | 4、5、6、7、8 |
| 外螺纹 | 大径 d | e、f、g——基本偏差 es 为负值 | 4、6、8 |
| | 中径 $d_2$ | h——基本偏差 es 为零 | 3、4、5、6、7、8、9 |

将不同的公差等级（公差带大小）和基本偏差（公差带位置）组合，可得各种公差带，公差带代号由表示公差等级的数字和表示基本偏差的字母组成，如 7H、8g 等。它与 GB/T1800.2—1998"极限与配合 基础"的公差带代号（如 H7、g8 等）的排列次序相反。

为了有利于生产，尽量减少刀具、量具的规格和数量，一般应采用国标规定的公差带，见表9-8。

**表 9-8　螺纹公差带的选用及标记**

| 内螺纹 | 精度 | 公差带位置 G | | | 公差带位置 H | | |
|---|---|---|---|---|---|---|---|
| | | S | N | L | S | N | L |
| | 精密 | — | — | — | 4H | 4H5H | 5H6H |
| | 中等 | (5G) | (6G) | (7G) | *5H | 6H | *7H |
| | 粗糙 | — | (7G) | — | — | 7H | — |

| 外螺纹 | 精度 | 公差带位置 e | | | 公差带位置 f | | | 公差带位置 g | | | 公差带位置 h | | |
|---|---|---|---|---|---|---|---|---|---|---|---|---|---|
| | | S | N | L | S | N | L | S | N | L | S | N | L |
| | 精密 | — | — | — | — | — | — | — | — | — | (3h4h) | *4h | (5h4h) |
| | 中等 | — | *6e | — | — | *6f | — | (5g6g) | 6g | 7g6g | (5h6h) | *6h | (7h6h) |
| | 粗糙 | — | — | — | — | — | — | — | 8g | — | (8h) | — | — |

| 标记示例 | | |
|---|---|---|
| 粗牙螺纹 | 直径 10mm，螺距 1.5mm，中径顶径公差带为 6H 的内螺纹；M10—6H | |
| 细牙螺纹 | 直径 10mm，螺距 1mm，中径顶径公差带为 6g 的外螺纹；M10×1—6g | |
| 螺纹副 | M20×2 左—6H/5g6g—S<br>——旋合长度（中等旋合长度"N"不标，特殊长度可标数值）<br>——外螺纹顶径公差带<br>——外螺纹中径公差带<br>——内螺纹中径和顶径公差带（二者代号相同时只标一个）<br>——左旋（右旋不标） | |

注：1. 精度选用原则：
　　精密：用于精密螺纹，当要求配合性质变动较少时采用；
　　中等：一般用途；
　　粗糙：对精度要求不高或制造比较困难时采用。
2. 大量生产的精制紧固件螺纹，推荐采用带方框的公差带。
3. 带 * 的公差带应优先选用，括号内的公差带尽可能不用。
4. 螺纹副公差带的选用：为了保证足够的接触高度，最好组合成 H/g、H/h 或 G/h 的配合。对直径小于和等于 1.4mm 的螺纹副，应采用 5H/6h 或更精密的配合。

　　由表 9-8 可以看出，中等旋合长度、6 级公差为中等精度，6 级公差是基本级，使用最多。内、外螺纹的公差带可以任意组合，并不要求所选的内、外螺纹公差带在表中所处位置一一对应。在满足设计要求的前提下，应尽量选用带 * 的公差带。

　　为了确保有足够的接触高度，内、外螺纹最好组成 H/g、H/h 或 G/h 的配合。H/h 配合的最小间隙为零，一般多采用此种配合；G/h、H/g 配合具有保证间隙，适用于要求快速装卸的螺纹；其他配合用在需涂镀保护层的螺纹及在高温状态下工作的螺纹。

　　机床中的传动丝杠、螺母副，常用牙型角为 30° 的梯形螺纹，其基本牙型有相应的标准

（GB5796.3—86）规定。JB2886—92是机床梯形螺纹丝杠、螺母精度标准，该标准根据用途和使用要求，规定有3、4、5、6、7、8、9七个精度等级，3级精度最高，依次降低。为保证螺旋副的精确运动，标准中除规定了丝杠大径、中径和小径公差和牙型半角公差外，还单独规定了丝杠的螺距公差。

（六）螺旋副零件与滑板联接结构的确定

螺旋副零件与滑板的联接结构对螺旋副的磨损有直接影响，设计时应注意。常见的联接结构有下列几种：

1. 刚性联接结构　图9-6所示为刚性联接结构，这种联接结构的特点是牢固可靠，但当螺杆轴线与滑板运动方向不平行时，螺纹工作面的压力增大，磨损加剧，严重（$\alpha$、$\beta$ 较大）时还会发生卡住现象，刚性联接结构多用于受力较大的螺旋传动中。

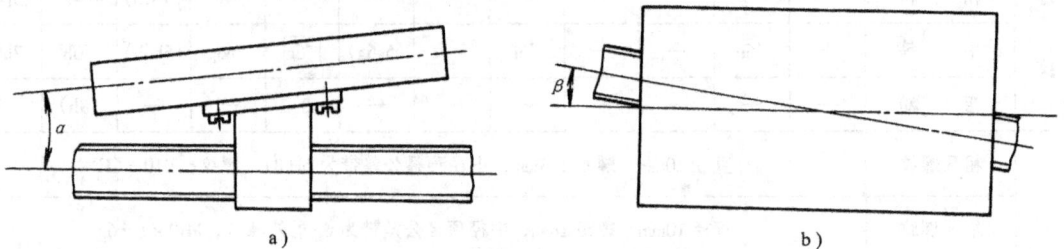

a)                                          b)

图 9-6　刚性联接结构

2. 弹性联接结构　图9-3所示的螺旋传动中采用了弹性联接结构。片簧7的一端固定在工作台（滑板）8上，另一端套在螺母的锥形销上。为了消除两者之间的间隙，片簧以一定的预紧力压向螺母（或用螺钉压紧）。当工作台运动方向与螺杆轴线偏斜 $\alpha$ 角（图 9-6a）时，可以通过片簧变形进行调节。如果偏斜 $\beta$ 角（图9-6b）时，螺母可绕轴线自由转动而不会引起过大的应力。弹性联接结构适用于受力较小的精密螺旋传动。

3. 活动联接结构　图9-7所示为活动联接结构的原理图。恢复力 $F$（一般为弹簧力）使联接部分保持经常接触。当滑板1的运动方向与螺杆2的轴线不平行时，通过螺杆端部的球面与滑板在接触处自由滑动（图9-7a），或中间杆3自由偏斜（图9-7b），从而可以避免螺旋副中产生过大的应力。

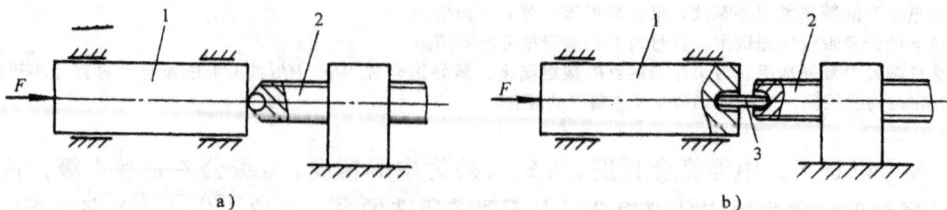

a)                                          b)

图 9-7　活动联接结构

## 五、影响螺旋传动精度的因素及提高传动精度的措施

螺旋传动的传动精度是指螺杆与螺母间实际相对运动保持理论值（$l = \dfrac{zP}{2\pi}\varphi$）的准确程

度。影响螺旋传动精度的因素主要有以下几项：

（一）螺纹参数误差

螺纹的各项参数误差中，影响传动精度的主要是螺距误差、中径误差以及牙型半角误差。

1. 螺距误差　螺距的实际值与理论值之差称为螺距误差。螺距误差分为单个螺距误差和螺距累积误差。单个螺距误差是指螺纹全长上，任意单个实际螺距对基本螺距的偏差的最大代数差，它与螺纹的长度无关。而螺距累积误差是指在规定的螺纹长度内，任意两同侧螺纹面间实际距离对公称尺寸的偏差的最大代数差，它与螺纹的长度有关。

从式（9-1）可知，螺距误差对传动精度的影响是很明显的。若把螺旋副展开进行分析，便可清楚地看出：螺杆的螺距误差无论是螺距累积误差，还是单个螺距误差都将直接影响传动精度。而螺母的螺距累积误差对传动精度没有影响，它的单个螺距误差也只有当螺杆也有单个螺距误差时才会引起传动误差。因此在精密螺旋传动中，对螺杆的精度比对螺母的精度要求高一些。

2. 中径误差　螺杆和螺母在大径、小径和中径都会有制造误差。大径和小径处有较大间隙，互不接触，中径是配合尺寸，为了使螺杆和螺母转动灵活和储存润滑油，配合处需要有一定的均匀间隙，因此，对螺杆全长上中径尺寸变动量的公差，应予以控制。此外，对长径比（系指螺杆全长与螺纹公称直径之比）较大的螺杆，由于其细而长、刚性差、易弯曲，使螺母在螺杆上各段的配合产生偏心，这也会引起螺杆螺距误差，故应控制其中径跳动公差。

3. 牙型半角误差　螺纹实际牙型半角与理论牙型半角之差称为牙型半角误差（图 9-8）。当螺纹各牙之间的牙型角有差异（牙型半角误差各不相等）时，将会引起螺距变化，从而影响传动精度。但是，如果螺纹全长是在一次装刀切削出来的，所以牙型半角误差在螺纹全长上变化不大，对传动精度影响很小。

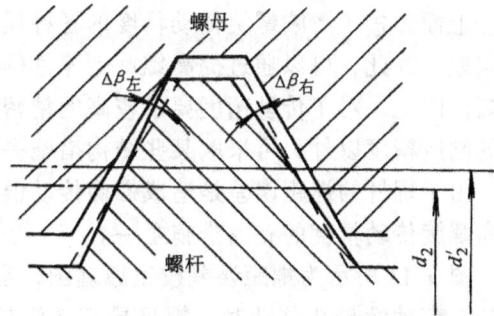

图 9-8　牙型半角误差

（二）螺杆轴向窜动误差

图 9-9 所示，若螺杆轴肩的端面与轴承的止推面不垂直于螺杆轴线而有 $\alpha_1$ 和 $\alpha_2$ 的偏差，则当螺杆转动时，将引起螺杆的轴向窜动误差，并转化为螺母位移误差。螺杆的轴向窜动误差是周期性变化的，以螺杆转动一转为一个循环。最大的轴向窜动误差为

$$\triangle_{max} = D\tan\alpha_{min} \qquad (9-22)$$

式中　$D$——螺杆轴肩的直径；

$\alpha_{min}$——$\alpha_1$ 和 $\alpha_2$ 中较小者，对于图 9-9 所示情况为 $\alpha_2$。

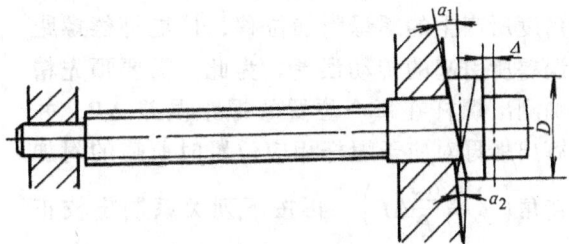

图 9-9　螺杆轴向窜动误差

### （三）偏斜误差

在螺旋传动机构中，如果螺杆的轴线方向
与移动件的运动方向不平行，而有一个偏斜角
$\psi$（图 9-10）时，就会发生偏斜误差。设螺杆
的总移动量为 $l$，移动件的实际移动量为 $x$，
则偏斜误差为

$$\Delta l = l - x = l\ (1 - \cos\psi) = 2l\sin^2\frac{\psi}{2}$$

由于 $\psi$ 一般很小，$\sin\dfrac{\psi}{2} \approx \dfrac{\psi}{2}$，因此

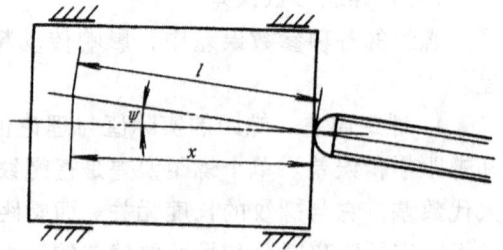

图 9-10 偏斜误差

$$\Delta l = \frac{1}{2}l\psi^2 \tag{9-23}$$

由此可见，偏斜角对偏斜误差有很大的影响，对其值应该加以控制。

### （四）温度误差

当螺旋传动的工作温度与制造温度不同时，将引起螺杆长度和螺距发生变化，从而产生
传动误差，这种误差称为温度误差，其大小为

$$\Delta l_t = L_w\alpha\Delta t \tag{9-24}$$

式中　$L_w$——螺杆螺纹部分长度；

　　　$\alpha$——螺杆材料线膨胀系数，对于钢，一般取为 $11.6\times10^{-6}1/℃$；

　　　$\Delta t$——工作温度与制造温度之差。

上面分析了影响螺旋传动精度的各种误差，为了提高传动精度，应尽可能减小或消除这
些误差。为此，可以通过提高螺旋副零件的制造精度来达到，但单纯提高制造精度会使成本
提高。因此，对于传动精度要求较高的精密螺旋传动，除了根据有关标准或具体情况规定合
理的制造精度以外，可采取某些结构措施提高其传动精度。

由于螺杆的螺距误差是造成螺旋传动误差的最主要因素，因此采用螺距误差校正装置是
提高螺旋传动精度的有效措施之一。

图 9-11 所示为螺距误差校正原理图，当
螺杆 1 带动螺母 2 移动时，螺母导杆 3 沿校
正尺 4 的工作面移动。由于工作面的凹凸外
廓，使螺母转动一个附加角度，由这个附加
角度所产生的螺母附加位移，恰能补偿螺距
误差所引起的传动误差。为此，需要预先精
确测出螺杆在每个位置的螺距误差 $\Delta P$，并
算出螺母对应于螺杆相应位置时所需的附加
转角 $\left(\varphi_x = \dfrac{2\pi}{P}\Delta P\right)$。再按下列关系制出校正
尺工作面的形状

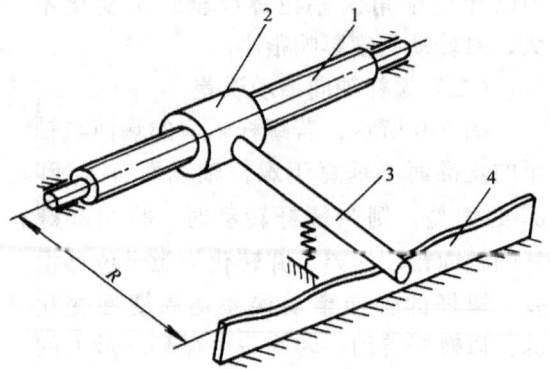

$$y = R\tan\varphi_x$$

图 9-11 螺距误差校正原理图

式中　$y$——螺母导杆与校正尺接触处的位移；

$R$——螺母导杆的工作长度。

因为螺纹中径误差及牙型半角误差对螺旋传动精度的影响均反映在螺距的变化上，所以螺距误差校正装置校正的正是由于加工中的螺距误差、螺纹中径误差及牙型半角误差所引起的综合螺距误差。

图 9-12 所示为坐标镗床螺距误差校正装置简图。当螺杆转动时，螺母 4 带动工作台移动，校正尺 3 推动导杆 1 摆动，通过传动杆 2 和杠杆 5（件 1、2、5 固联在一起）使空套在螺杆 9 上的游标度盘 8 转动相应的附加角度。这样，刻度盘 7 在对线时就随之多转（或少转）相应角度，使工作台获得的附加位移正好补偿由于螺距误差所引起的传动误差。弹簧 6 的作用是保证校正链中各零件之间保持经常接触。

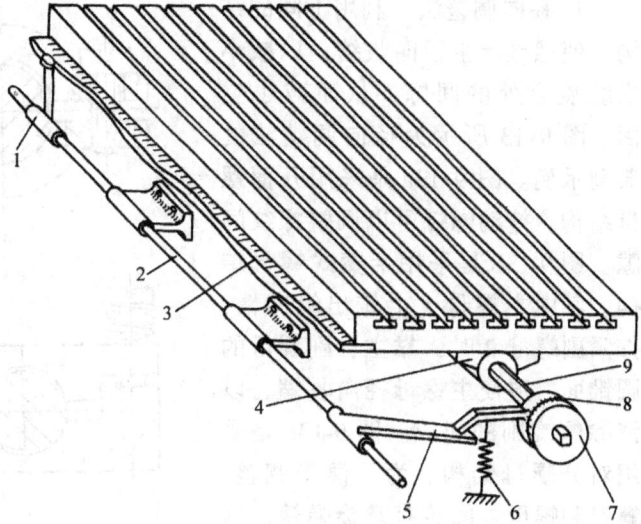

图 9-12　坐标镗床螺距误差校正装置简图

利用上述的校正原理，亦可用来校正温度误差。这时，只要把校正尺制成直尺，并使其与螺杆轴线倾斜某一角度 $\theta$ 即可。倾斜角 $\theta$ 可由下式求得：

$$\theta = \frac{2\pi R}{P}\Delta\alpha\Delta t \tag{9-25}$$

式中　$\Delta\alpha$——工件材料与螺杆材料的线膨胀系数之差；

　　　$\Delta t$——工作温度与制造温度之差；

　　　$P$——螺距；

　　　$R$——螺母导杆工作长度。

为了消除螺杆轴向窜动误差，可采用如图 9-3 所示的结构。将螺杆 2 的端部制成锥面，镶入滚珠 5，靠弹簧 4 把其压在定位砧 6 上达到定位的目的。因为没有轴肩，式（9-22）中 $D=0$，因而消除了螺杆的轴向窜动误差。

为了减小偏斜误差，使螺旋副的移动件与导轨滑板运动灵活，移动件与滑板的联接应采用活动联接或弹性联接的方法，并尽量缩短行程；对导轨导向面与螺杆轴线的平行度应提出较高的要求。

**六、消除螺旋传动的空回的方法**

当螺旋机构中存在间隙，若螺杆的转动方向改变，螺母不能立即产生反向运动，只有螺杆转动某一角度后才能使螺母开始反向运动，这种现象称为空回。对于在正反向传动下工作的精密螺旋传动，空回将直接引起传动误差，必须设法予以消除。消除空回的方法就是在保证螺旋副相对运动要求的前提下消除螺杆与螺母之间的间隙。下面是几种常见的消除空回的方法。

（一）利用单向作用力

图 9-2 所示的螺旋传动中，利用弹簧 1 产生单向恢复力，使螺杆和螺母螺纹的工作表面

保持单面接触，从而消除了另一侧间隙对空回的影响。这种方法除可消除螺旋副中间隙对空回的影响外，还可消除轴承的轴向间隙和滑板联接处的间隙而产生的空回。同时，这种结构在螺母上无需开槽或剖分，因此螺杆与螺母接触情况较好，有利于提高螺旋副的寿命。

（二）利用调整螺母

1. 径向调整法　利用不同的结构，使螺母产生径向收缩，以减小螺纹旋合处的间隙，从而减小空回。图 9-13 所示为径向调整法的典型示例。图 9-13a 是采用开槽螺母结构。拧动螺钉可以调整螺纹间隙。图 9-13b 是采用卡簧式螺母结构。其中主螺母 1 上铣出纵向槽，拧紧副螺母 2 时，靠主、副螺母的圆锥面，迫使主螺母径向收缩，以消除螺旋副的间隙。图 9-13c 是采用对开螺母结构。为了便于调整，螺钉和螺母之间装有螺旋弹簧，这样可使压紧力均匀稳定。为了避免螺母直接压紧在螺杆上而增加摩擦

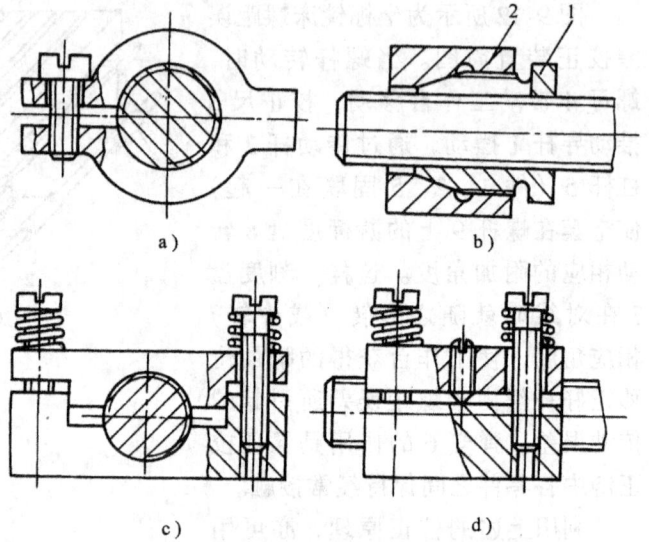

图 9-13　螺纹间隙径向调整结构

力矩，加速螺纹磨损，可在此结构中装入紧定螺钉以调整其螺纹间隙。如图 9-13d 所示。

2. 轴向调整法　图 9-14 为轴向调整法的典型结构示例。图 9-14a 为开槽螺母结构。拧紧

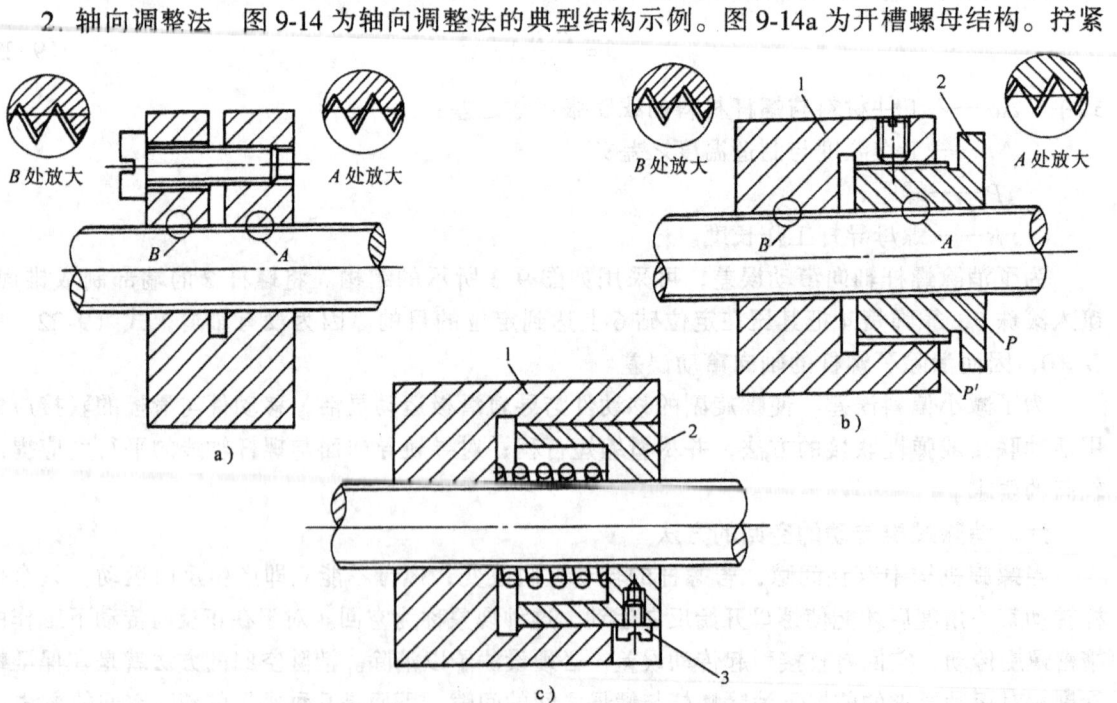

图 9-14　螺纹间隙轴向调整结构

螺钉强迫螺母变形，使其左、右两半部的螺纹分别压紧在螺杆螺纹相反的侧面上。从而消除了螺杆相对螺母轴向窜动的间隙。图 9-14b 为刚性双螺母结构。主螺母 1 和副螺母 2 之间用螺纹联接。联接螺纹的螺距 $P'$ 不等于螺杆螺纹的螺距 $P$，因此当主、副螺母相对转动时，即可消除螺杆相对螺母轴向窜动的间隙。调整后再用紧定螺钉将其固定。图 9-14c 为弹性双螺母结构。它是利用弹簧的弹力来达到调整的目的。螺钉 3 的作用是防止主螺母 1 和副螺母 2 的相对转动。

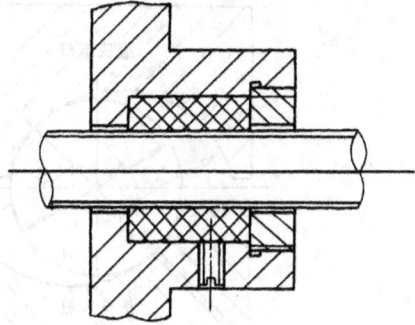

（三）利用塑料螺母消除空回

图 9-15 所示是用聚乙烯或聚酰胺（尼龙）制作螺母，用金属压圈压紧，利用塑料的弹性能很好地消除螺旋副的间隙。

图 9-15 塑料螺母结构

# 第三节 滚珠螺旋传动

滚珠螺旋传动是在螺杆和螺母间放入适量的滚珠，使滑动摩擦变为滚动摩擦的螺旋传动。滚珠螺旋传动是由螺杆、螺母、滚珠和滚珠循环返回装置四部分组成。

如图 9-16 所示，当螺杆转动时，滚珠沿螺纹滚道滚动。为了防止滚珠沿滚道面掉出来，螺母上设有滚珠循环返回装置，构成了一个滚珠循环通道，滚珠从滚道的一端滚出后，沿着循环通道返回另一端，重新进入滚道，从而构成一闭合回路。

## 一、滚珠螺旋传动的特点

滚珠螺旋传动除具有螺旋传动的一般特点（降速传动比大及牵引力大）外，与滑动螺旋传动相比较，具有下列特点：

1）传动效率高，一般可达 90% 以上，约为滑动螺旋传动效率的三倍。在伺服控制系统中采用滚动螺旋传动，不仅提高传动效率，而且可以减小启动力矩、颤动及滞后时间。

图 9-16 滚珠螺旋传动工作原理图

2）传动精度高。由于摩擦力小，工作时螺杆的热变形小，螺杆尺寸稳定，并且经调整预紧后，可得到无间隙传动，因而具有较高的传动精度，定位精度和轴向刚度。

3）具有传动的可逆性，但不能自锁，用于垂直升降传动时，需附加制动装置。

4）制造工艺复杂，成本较高，但使用寿命长，维护简单。

## 二、滚珠螺旋传动的结构型式与类型

按用途和制造工艺不同，滚珠螺旋传动的结构型式有多种，它们的主要区别在于螺纹滚道法向截形、滚珠循环方式、消除轴向间隙的调整预紧的方法等三方面。

（一）螺纹滚道法向截形

螺纹滚道法向截形是指通过滚珠中心且垂直于滚道螺旋面的平面和滚道表面交线的形

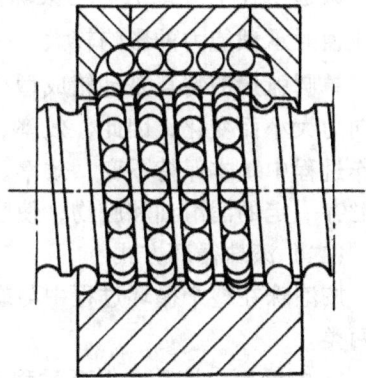

248

状。常用的截形有两种，单圆弧形（图 9-17a）和双圆弧形（图 9-17b）。

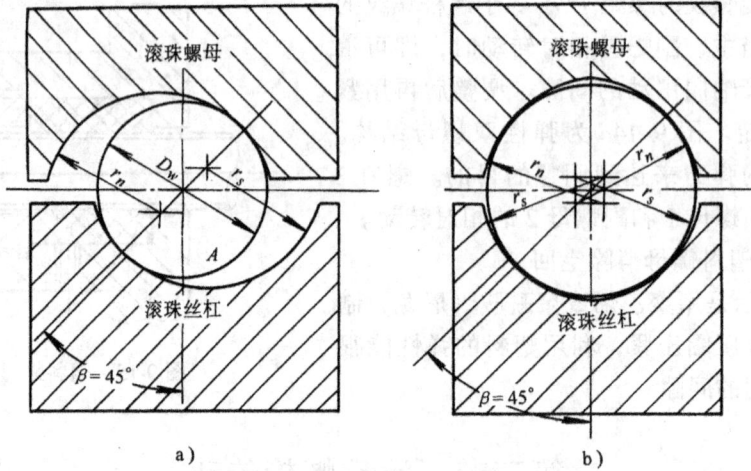

a)                    b)

图 9-17　滚道法向截形示意图

　　滚珠与滚道表面在接触点处的公法线与过滚珠中心的螺杆直径线间的夹角 $\beta$ 叫接触角。理想接触角 $\beta = 45°$。

　　滚道半径 $r_s$（或 $r_n$）与滚珠直径 $D_w$ 的比值，称为适应度 $f_{rs} = r_s/D_w$（或 $f_{rn} = r_n/D_w$）。适应值对承载能力的影响较大，一般取 $f_{rs}$（或 $f_{rn}$）= 0.52～0.55。

　　单圆弧形的特点是砂轮成型比较简单，易于得到较高的精度。但接触角随着初始间隙和轴向力大小而变化，因此，效率、承载能力和轴向刚度均不够稳定。而双圆弧形的接触角在工作过程中基本保持不变，效率、承载能力和轴向刚度稳定，并且滚道底部不与滚珠接触，可贮存一定的润滑油和脏物，使磨损减小。但双圆弧形砂轮修整、加工、检验比较困难。

　　（二）滚珠循环方式

　　按滚珠在整个循环过程中与螺杆表面的接触情况，滚珠的循环方式可分为内循环和外循环两类。

　　1. 内循环　滚珠在循环过程中始终与螺杆保持接触的循环叫内循环（图 9-18）。在螺母 1 的侧孔内，装有接通相邻滚道的反向器。借助于反向器上的回珠槽，迫使滚珠 2 沿滚道滚动一圈后越过螺杆螺纹滚道顶部，重新返回起始的螺纹滚道，构成单圈内循环回路。在同一个螺母上，具有循环回路的数目称为列数，内循环的列数通常有二～四列（即一个螺母上装有 2～4 个反向器）。为了结构紧凑，这些反向器是沿螺母周围均匀分布的，即对应二列、三列、四列的滚珠螺旋的反向器分别沿螺母圆周方向互错180°、

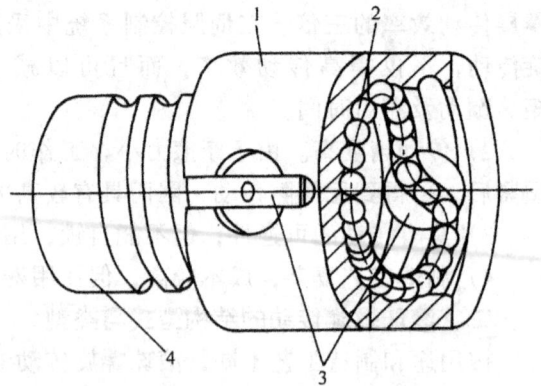

图 9-18　内循环

$120°$、$90°$。反向器的轴向间隔视反向器的型式不同，分别为 $1\frac{1}{2}P_h$、$1\frac{1}{3}P_h$、$1\frac{1}{4}P_h$ 或 $2\frac{1}{2}$ $P_h$、$2\frac{1}{3}P_h$、$2\frac{1}{4}P_h$，其中 $P_h$ 为导程。

滚珠在每一循环中绕经螺纹滚道的圈数称为工作圈数。内循环的工作圈数是一列只有一圈，因而回路短，滚珠少，滚珠的流畅性好，效率高。此外，它的径向尺寸小，零件少，装配简单。内循环的缺点是反向器的回珠槽具有空间曲面，加工较复杂。

2. 外循环 滚珠在返回时与螺杆脱离接触的循环称为外循环。按结构的不同，外循环可分为螺旋槽式、插管式和端盖式三种。

螺旋槽式（图 9-19）是直接在螺母 1 外圆柱面上铣出螺旋线形的凹槽作为滚珠循环通道，凹槽的两端钻出两个通孔分别与螺纹滚道相切，同时用两个挡珠器 4 引导滚珠 3 通过该两通孔，用套筒 2 或螺母座内表面盖住凹槽，从而构成滚珠循环通道。螺旋槽式结构工艺简单，易于制造，螺母径向尺寸小。缺点是挡珠器刚度较差，容易磨损。

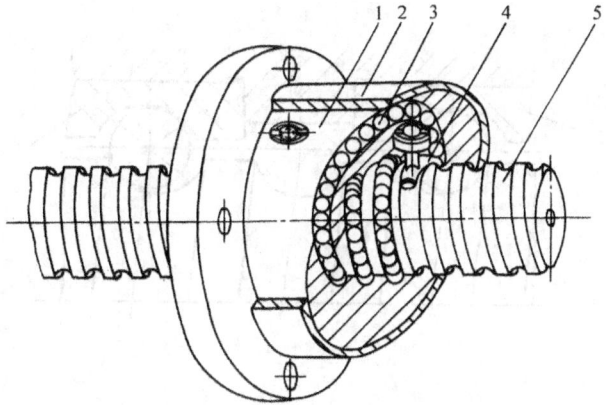

图 9-19 螺旋槽式外循环

插管式（图 9-20）是用弯管 2 代替螺旋槽式中的凹槽，把弯管的两端插入螺母 3 上与螺纹滚道相切的两个通孔内，外加压板 1 用螺钉固定，用弯管的端部或其它形式的挡珠器引导滚珠 4 进出弯管，以构成循环通道。插管式结构简单，工艺性好，适于批量生产。缺点是弯管突出在螺母的外部，径向尺寸较大，若用弯管端部作挡珠器，则耐磨性较差。

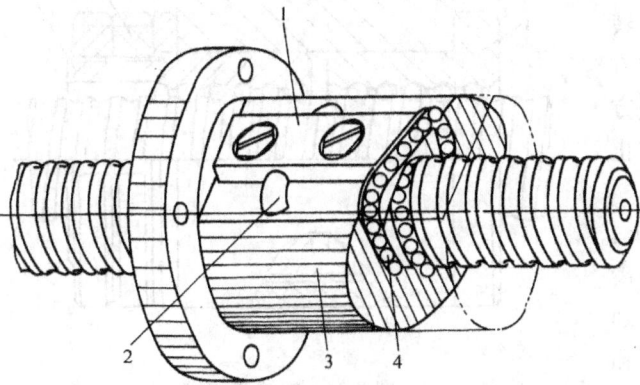

图 9-20 插管式外循环

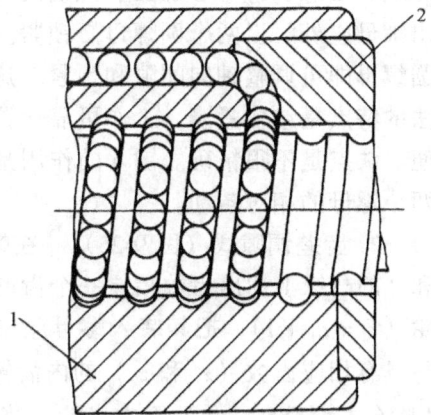

图 9-21 端盖式外循环

端盖式（图 9-21）是在螺母 1 上钻有一个纵向通孔作为滚珠返回通道，螺母两端装有铣出短槽的端盖 2，短槽端部与螺纹滚道相切，并引导滚珠返回通道，构成滚珠循环回路。端盖式的优点是结构紧凑，工艺性好。缺点是滚珠通过短槽时容易卡住。

（三）消除轴向间隙的调整预紧方法

如果滚珠螺旋副中有轴向间隙或在载荷作用下滚珠与滚道接触处有弹性变形，则当螺杆反向转动时，将产生空回误差。为了消除空回误差，在螺杆上装配两个螺母 1 和 2，调整两个螺母的轴向位置，使两个螺母中的滚珠在承受载荷之前就以一定的压力分别压向螺杆螺纹滚道相反的侧面，使其产生一定的变形（图 9-22），从而消除了轴向间隙，也提高了轴向刚度。常用的调整预紧方法有下列三种。

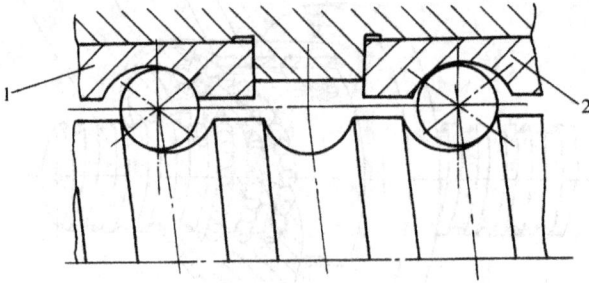

图 9-22 双螺母预紧

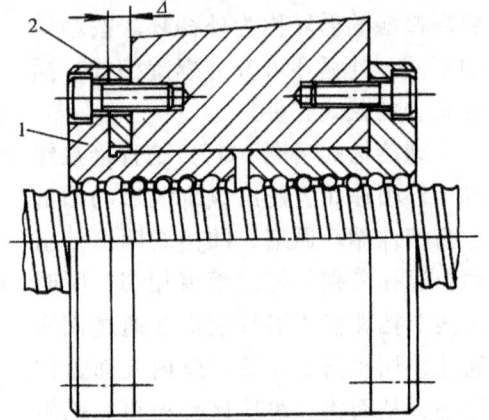

图 9-23 垫片调隙式

1. 垫片调隙式（图 9-23）　调整垫片 2 的厚度 Δ，可使螺母 1 产生轴向移动，以达到消除轴向间隙和预紧的目的。这种方法结构简单，可靠性高，刚性好。为了避免调整时拆卸螺母，垫片可制成剖分式。其缺点是精确调整比较困难，并且当滚道磨损时不能随意调整，除非更换垫圈不可，故适用于一般精度的传动机构。

2. 螺纹调隙式（图 9-24）　螺母 1 的外端有凸缘，螺母 3 加工有螺纹的外端伸出螺母座外，以两个圆螺母 2 锁紧。旋转圆螺母即可调整轴向间隙和预紧。这种方法的特点是结构紧凑，工作可靠，调整方便。缺点是不很精确。键 4 的作用是防止两个螺母的相对转动。

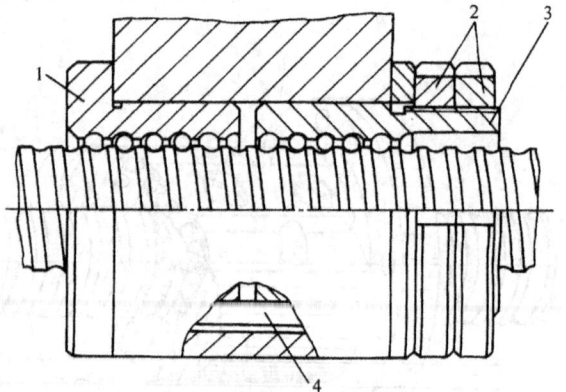

3. 齿差调隙式（图 9-25）　在螺母 1 和 2 的凸缘上切出齿数相差一个齿的外齿轮（$z_2 = z_1 + 1$），把其装入螺母座中分别与具有相应齿数（$z_1$ 和 $z_2$）的内齿轮 3 和 4 啮合。调整时，先取下内齿轮，将两个

图 9-24 螺纹调隙式

螺母相对螺母座同方向转动一定的齿数，然后把内齿轮复位固定。此时，两个螺母之间产生相应的轴向位移，从而达到调整的目的。当两个螺母按同方向转过一个齿时；其相对轴向位移为

$$\Delta l = \left(\frac{1}{z_1} - \frac{1}{z_2}\right) P_h = \frac{z_2 - z_1}{z_2 z_1} P_h = \frac{1}{z_2 z_1} P_h$$

式中，$P_h$ 为导程。如果 $z_1 = 99$，$z_2 = 100$，$P_h = 8mm$，则 $\Delta l = 0.8\mu m$。可见，这种方法的特点是调整精度很高，工作可靠。但结构复杂，加工工艺和装配性能较差。

**三、滚珠螺旋副的精度、代号和标记方法**

（一）滚珠螺旋副的精度

滚珠螺旋副的精度包括螺母的行程误差和空回误差。影响螺旋副精度的因素同滑动螺旋副一样，主要是螺旋副的参数误差、机构误差和受轴向力后滚珠与螺纹滚道面的接触变形和螺杆刚度不足引起的螺纹变形等所产生的动态变形误差。

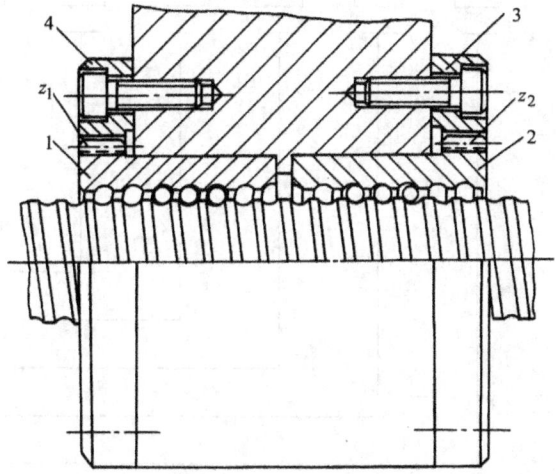

图 9-25　齿差调隙式

在 JB/T3162.2—91 标准中，根据滚珠螺旋副的使用范围和要求分为两个类型，（P 类定位滚珠螺旋副和 T 类传动滚珠螺旋副。）七个精度等级，即 1、2、3、4、5、7 和 10 级。1 级精度最高，依次递减。标准中规定了滚珠螺旋副的螺距公差和公称直径尺寸变动量的公差。并提出了各项参数的检验方法、各类型的检验项目和各精度等级的滚珠螺旋副行程偏差和行程变动量。设计时应参照标准。

（二）滚珠螺旋副的代号和标记方法

1. 代号　滚珠螺旋副的代号见表 9-9 ~ 表 9-11。

**表 9-9　滚珠螺旋副中滚珠的循环方式代号**

| 循　环　方　式 | | 代　　号 |
|---|---|---|
| 内循环 | 浮动式 | F |
| | 固定式 | G |
| 外循环 | 插管式 | C |

**表 9-10　滚珠螺旋副结构特征代号**

| 结　构　特　征 | 代　　号 |
|---|---|
| 导珠管埋入式 | M |
| 导珠管凸出式 | T |

**表 9-11　滚珠螺旋副的预紧方式代号**

| 预　紧　方　式 | 代　　号 |
|---|---|
| 变位导程预紧（单螺母） | B |
| 增大钢珠直径预紧（单螺母） | Z |
| 垫片预紧（双螺母） | D |
| 齿差预紧（双螺母） | C |
| 螺帽预紧（双螺母） | L |
| 单螺母无预紧 | W |

## 2. 标记方法　滚珠螺旋副的标记方法

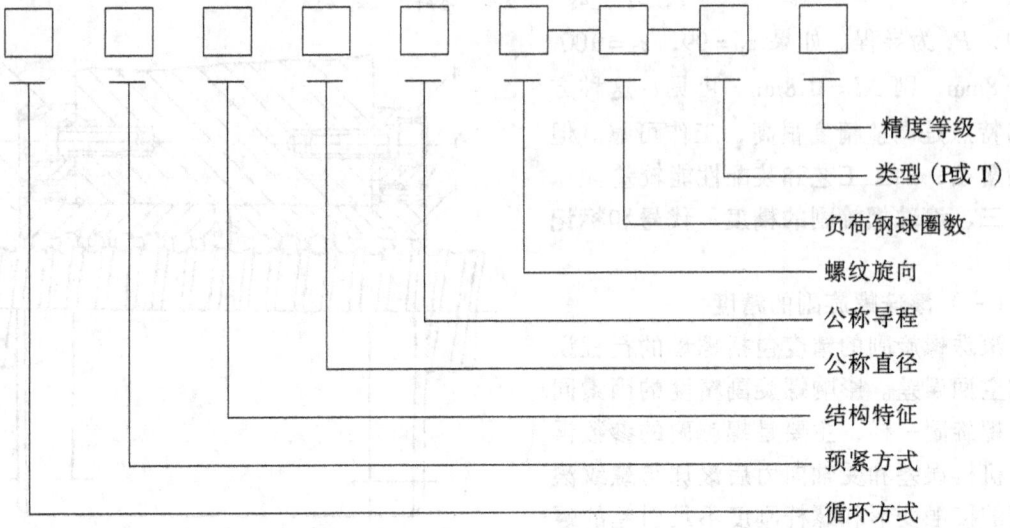

- 精度等级
- 类型（P或T）
- 负荷钢球圈数
- 螺纹旋向
- 公称导程
- 公称直径
- 结构特征
- 预紧方式
- 循环方式

示例：CDM5010-3-P3 表示为外循环插管式，双螺母垫片预紧，导珠管埋入式的滚珠螺旋副，公称直径为 50mm，基本导程为 10mm，螺纹旋向为右旋（左旋为 LH，右旋不标代号），负荷滚珠圈数为 3 圈，定位滚珠螺旋副，精度等级为 3 级。

滚珠螺旋副由专业厂家生产，现已形成标准系列。使用者可根据滚珠螺旋副的使用条件、负载、速度、行程、精度、寿命进行选型。

# 第四节　静压螺旋传动简介

## 一、静压螺旋传动的工作原理

静压螺旋传动的工作原理如图 9-26 所示。来自液压泵 3 的润滑油，经溢流阀 6 调压后，通过精密过滤器 2 以一定压力（$p_s$）通过节流阀 1，由内螺纹牙侧面的油腔进入工作螺纹的间隙，然后经各回油孔（虚线所示，回油路图中未画出）流回油箱 5。

当螺杆无外载荷时，通过每一油腔沿间隙流出的流量相等，螺纹牙两侧的油压及间隙也相等，即 $p_{r1} = p_{r2} = p_{r0}$，$h_1 = h_2 = h_0$，螺杆保持在中间位置。

当螺杆受轴向力 $F_a$ 而偏向左侧时，则间隙 $h_1$ 减小，$h_2$ 增大。

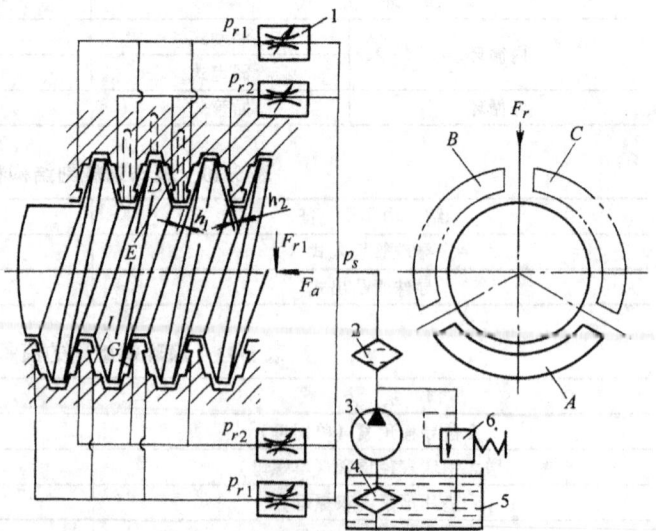

图 9-26　静压螺旋传动原理
1—节流阀　2—精密滤油器　3—液压泵　4—滤油器
5—油箱　6—溢流阀

由节流阀的作用，使 $p_{r1} > p_{r2}$，从而产生一个平衡 $F_a$ 的反力。

当螺杆受径向力 $F_r$ 作用而沿载荷方向产生位移时，油腔 $A$ 侧间隙减小，$B$、$C$ 侧间隙增大。同样，由于节流阀的作用，使 $A$ 侧的油压增高，$B$、$C$ 侧油压降低，形成压差与径向力 $F_r$ 平衡。

当螺杆一端受径向力 $F_{r1}$ 作用而形成一倾覆力矩时，螺母上对应油腔 $E$、$J$ 侧间隙减小，$D$、$G$ 侧间隙增大。由于节流阀的作用使螺杆产生一个反向力矩，使其保持平衡。

由上述三种受力情况可知，当每一个螺旋面上设有三个以上的油腔时，螺杆（或螺母）不但能承受轴向载荷，同时也能承受一定的径向载荷和倾覆力矩。

## 二、静压螺旋传动的特点

静压螺旋与滑动螺旋和滚动螺旋相比，具有下列特点：

1) 摩擦阻力小，效率高（可达 99%）。
2) 寿命长。螺纹表面不直接接触，能长期保持工作精度。
3) 传动平稳，低速时无爬行现象。
4) 传动精度和定位精度高。
5) 具有传动可逆性，必要时应设置防止逆转机构。
6) 需要一套可靠的供油系统，并且螺母结构复杂，加工比较困难。

## 思考题及习题

9-1　螺距与导程有何区别？两者之间又有何关系？

9-2　何谓示数螺旋传动？设计时应满足哪些基本要求？

9-3　滑动螺旋传动的主要优缺点是什么？主要传动型式有几种，试举出其应用实例？

9-4　滑动螺旋的耐磨性计算中，一般多限制螺母螺纹的扣数 $n$（$n = H/P$）$\leqslant 10$，为什么？又在什么情况下，需进行稳定性验算？

9-5　影响螺旋传动精度的因素有哪些？如何提高螺旋传动的精度？

9-6　何谓螺旋传动的空回误差？消除空回的方法有哪些？

9-7　滚珠螺旋传动有哪些主要优点？多用于何种场合？

9-8　图 9-27 为一差动螺旋装置。螺旋 1 上有大小不等的两部分螺纹，分别与机架 2 和滑板 3 的螺母相配；滑板 3 又能在机架 2 的导轨上左右移动，两部分螺纹的螺距如图所示。

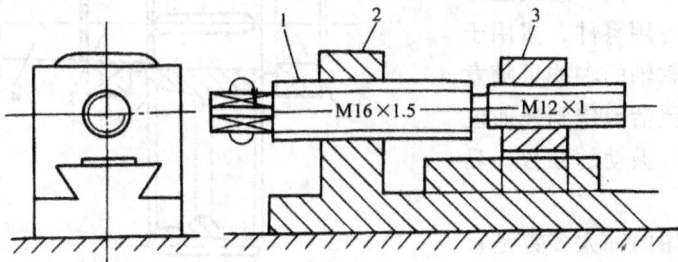

图 9-27　题 9-8 图

1. 若两部分的螺纹均为右旋，当螺旋按图示的转向转动一周时，滑板在导轨上移动多少距离？方向如何？

2. 若 M16×1.5 螺旋为左旋，M12×1 为右旋，其它条件均不变，此时滑板将移动多少距离？方向如何？

# 第十章 轴、联轴器、离合器

## 第一节 概　述

　　轴是组成精密机械的重要零件之一。一切作回转运动的零件，都必须装在轴上才能实现其运动。

　　按照所受载荷和应力的不同，轴可分为心轴、转轴和传动轴三种。心轴可以随同回转零件一起转动，如图10-1a中用键与滑轮联接的心轴；也可不随回转零件转动，如图10-1b中与滑轮间隙配合的心轴。心轴工作时只承受弯矩而不传递转矩。转动的心轴受变应力，不转的心轴受静应力。转轴工作时既承受弯矩又承受转矩，如减速器中的齿轮轴（图10-2）。传动轴工作时只承受转矩或主要承受转矩，如汽车发动机与后桥之间的传动轴、万向联轴器的中间轴及机床中的光杠等。

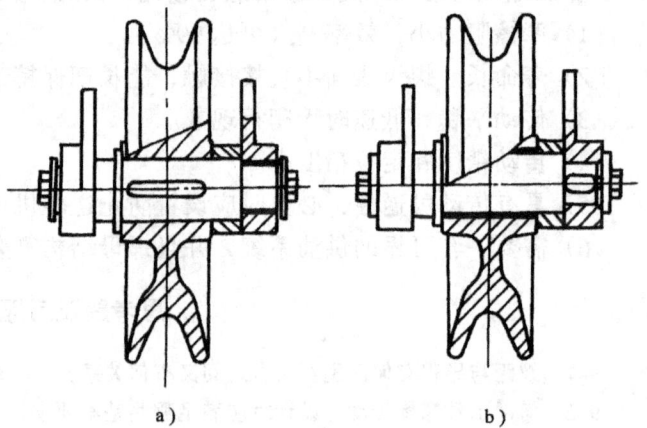

a)　　　　　　　　b)

图 10-1　心轴

　　按照轴的中心线形状的不同，轴可分为直轴、曲轴和钢丝软轴。轴的各截面中心在同一直线上即为直轴，当各轴段截面中心不在同一直线上即为曲轴。曲轴属于专用零件，多用于动力机械中。钢丝软轴的轴线可随意变化，把回转运动灵活地传到任何位置。它能用于受连续振动的场合，具有缓合冲击的作用。

　　精密机械中使用的轴大多数是直轴。直轴根据结构形状的不同又可分为光轴与阶梯轴两种。光轴的各径向截面直径相同，形状简单，易于加

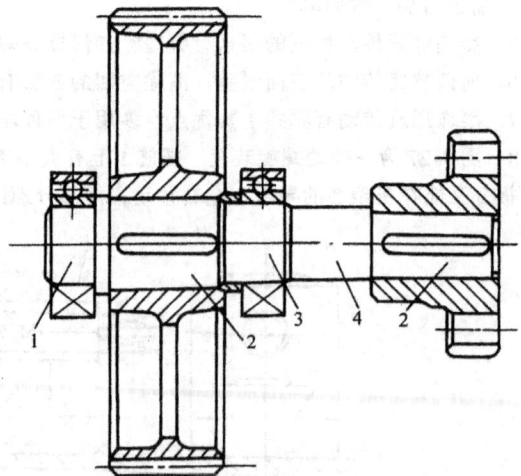

图 10-2　转轴

1—端轴颈　2—轴头　3—中轴颈　4—轴身

工。阶梯轴的各径向截面直径不同，以使各轴段的强度相近，并便于轴上零件的安装和固定。直轴多制成实心的，当需要在轴中装设其它零件或减少轴的质量时，也可采用空心轴。

联轴器和离合器是用来联接两根轴，使之一同回转并传递转矩的一种部件。前者只有在运动停止后用拆卸的方法才能把轴分离；后者则可在运动中随时使两轴分离或接合。

联轴器和离合器的类型很多，其中部分已经标准化或系列化。在选用时，首先按工作要求选定合适的类型，然后按轴的直径、计算转矩、工作转速、工作温度等，从有关手册中查出适用的型号和具体结构尺寸。必要时，应对其中个别关键性零件进行验算。

# 第二节　轴

轴是轴系中的重要零件，涉及到回转精度、强度、刚度、热变形、振动稳定性和结构工艺性等问题。设计轴时，应将轴和轴系零、部件的整体结构密切联系起来考虑。

轴的设计主要包括选定轴的材料、确定结构、计算强度和刚度，对于高速运转的轴，有时还要计算振动稳定性，并绘制轴的零件工作图。

## 一、轴的材料及其选择

轴的材料种类很多，设计时主要根据轴的工作能力，即强度、刚度、和振动稳定性及耐磨性等要求，以及为实现这些要求所采用的热处理方式，同时还应考虑制造工艺等问题加以选用，力求经济合理。

轴的常用材料主要是碳素钢和合金钢。碳素钢对应力集中敏感性小，价格较廉，因此应用也比较广泛。常用的优质碳素结构钢有 35、45、50 钢，最常用的是 45 钢。为保证其力学性能，一般需进行调质或正火处理。不重要的或受力较小的传动轴，可使用 Q235、Q275 等普通碳素结构钢。合金钢具有较高的力学性能和热处理性能，可用于受力较大并要求尺寸小、重量轻或耐磨性较高重要的轴。常用的合金钢有 20Cr、40Cr 等。当温度超过 300℃时可采用含 Mo 的合金钢。

对于仪器中一些受力很小而要求耐磨性高的轴，为了保证其硬度可选用 T8A、T10A 等碳素工具钢制造。在某些仪表中为了防磁，可用黄铜和青铜材料制作轴；为了防腐蚀也可采用 2Cr13 及 4Cr13 等不锈钢作为轴的材料。

轴常用材料的主要力学性能列于表 10-1 中。

**表 10-1　轴常用材料的主要力学性能**

| 材料牌号 | 热处理 | 毛坯直径 $d$/mm | 硬　度 | $\sigma_B$/ (N·mm$^{-2}$) | $\sigma_s$/ (N·mm$^{-2}$) | 备　注 |
|---|---|---|---|---|---|---|
| Q235 | — | 任意 | 190HBS | 520 | 280 | 用于不重要或载荷不大的轴 |
| 45 | 正火 | ≤100 | 170～217HBS | 600 | 300 | 应用最广 |
| | 调质 | ≤200 | 217～255HBS | 650 | 360 | |
| 20Cr | 渗碳　淬火　回火 | ≤60 | 表面 56～62HRC | 640 | 390 | 用于强度和韧性要求较高的轴 |
| 40Cr | 调质 | ≤100 | 240～286HBS | 750 | 550 | 用于载荷较大而无很大冲击的轴 |
| 2Cr13 | 调质 | ≤100 | 197～248HBS | 650 | 440 | 用于腐蚀条件下工作的轴 |
| 38CrMoAlA | 调质 | 30 | ≤229HBS | 1000 | 850 | 用于耐磨性和强度要求高，且要求热处理（氮化）变形很小的轴 |

## 二、轴的结构设计

轴主要由轴颈、轴头和轴身（图 10-2）三部分组成，轴上被支承的部分叫做轴颈，安装轮毂部分叫做轴头，联接轴颈和轴头的部分叫做轴身。

轴的结构取决于轴上零件的结构和尺寸、布置和固定方式、装配和拆卸工艺以及轴的受力状况等因素。因涉及的因素较多，致使轴的结构设计具有较大的灵活性和多样性，设计时应针对具体情况综合考虑，使之满足：①轴和装在轴上的零件要有准确的轴向工作位置，并便于装拆和调整；②轴应有良好的加工工艺性。

### （一）轴的外形结构

图 10-3a 为一级圆柱齿轮减速机简图。图 10-3b 为该减速机 II 轴的外形图。轴上装有联轴器的①段部分（外伸端）的轴径，一般应是轴的最小直径。轴的②段较①段稍粗，在①、②段之间构成轴肩，用以确定联轴器的轴向位置。联轴器的周向位置用平键固定。②段的外径与端盖的密封圈配合。为了装拆滚动轴承的方便，使③段（轴颈）比②段稍粗，③段的直径要和所选用的滚动轴承内径相同。在同一根轴上两个滚动轴承的型号最好相同，这样可以减少外购件的种类，因此，⑦段和③段的直径相同。轴上齿轮的位置用轴环⑤、套筒和平键来固定。轴的④段部分的轴径比③段稍大，也是为了装拆齿轮方便。而且，从载荷分布的情况看，齿轮中间部分轴截面所受的弯矩最大，所以应加大此处的轴径尺寸，对提高轴的弯曲强度有利。装在③段上的滚动轴承靠套筒和端盖来固定它的轴向位置。两个滚动轴承内圈的周向位置是利用它们与轴颈间的静配合来解决。此外，为便于轴颈的磨削，在轴的⑦段上有一个砂轮越程槽，⑥段为轴的过渡部分。

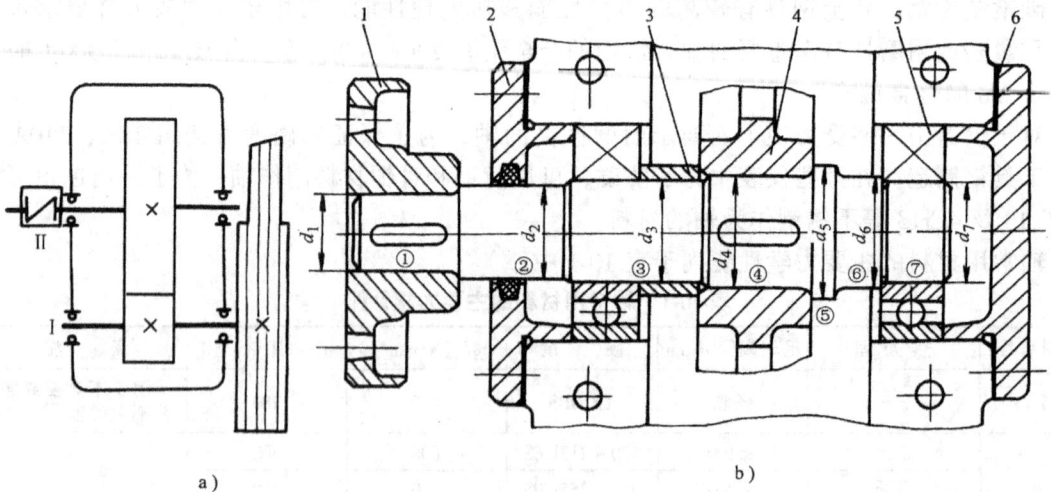

图 10-3 轴的外形结构设计示例

1—联轴器 2—端盖 3—套筒 4—齿轮 5—滚动轴承 6—调整垫片

在满足工作要求的前提下，轴的外形结构应尽可能简单，因轴的外形简单加工方便，热处理时不易变形，并能减少应力集中，有利于提高轴的疲劳强度。

从上述的分析可知，在确定轴的结构时，必须同时考虑到轴上零件的固定方法。

### （二）零件在轴上的固定方法

零件在轴上固定，可分为轴向和周向两种。

1. 零件在轴上的轴向固定　轴向固定常采用轴肩、轴环、挡环、螺母、套筒等（图10-4）。轴肩由定位面和内圆角组成，为保证轴上零件能靠紧定位面，轴上内圆角半径 $r$ 应小于零件上倒角 $C$ 或外圆角半径 $R$。轴环尺寸通常可取 $a = (0.07 \sim 0.1)\, d$；$b = 1.4a$；$a$ 为轴环高度，$b$ 为轴环宽度。

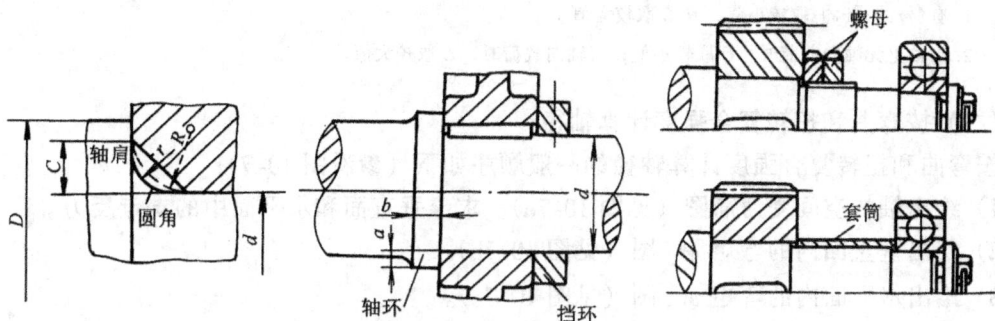

图 10-4　几种轴向固定方法

2. 零件在轴上的周向固定　周向固定常采用平键、半圆键等。其特点可参看第十四章"键联接"部分。

此外，零件在轴上的固定方法尚有销联接、紧定螺钉联接和压合联接（静配合）。详见第八章中"齿轮结构设计"部分。

### 三、轴的强度计算

轴的设计首先要保证其强度。下面介绍常用的两种强度计算方法。

#### （一）按许用切应力计算轴径

开始设计轴时，因为轴承和其它零件在轴上位置、轴上的作用力和弯矩尚未知，所以圆截面轴的直径可由轴传递的功率 $P$ 和转速 $n$ 求出。

$$\tau_T = \frac{T}{W_T} = \frac{9.55 \times 10^6 P/n}{0.2 d^3} \leqslant [\tau_T] \tag{10-1}$$

式中　$\tau_T$——轴受 $T$ 作用时，轴中产生的切应力（N/mm²）；

$T$——轴所传递的转矩（N/mm）；

$W_T$——轴的抗扭截面系数（mm³）；

$d$——轴的直径（mm）；

$P$——轴传递的功率（kW）；

$n$——轴的转速（r/min）；

$[\tau_T]$——许用切应力（N/mm²）。

写成设计公式，轴的最小直径

$$d \geqslant \sqrt[3]{\frac{9.55 \times 10^6 P/n}{0.2 [\tau_T]}} = C \sqrt[3]{\frac{P}{n}} \tag{10-2}$$

式（10-2）中的 $C$ 值是随许用切应力变化的系数，其大小决定于所选用的轴的材料和载荷的性质。表10-2中列出几种常用材料的 $[\tau_T]$ 和 $C$ 值。

**表 10-2　轴常用材料的许用切应力 $[\tau_T]$ 和系数 $C$**

| 轴的材料 | Q235*，20 | Q275*，35 | 45 | 40Cr，35SiMn，40MnB |
|---|---|---|---|---|
| $[\tau_T]$ / (N·mm$^{-2}$) | 11.8 ~ 19.6 | 19.6 ~ 29.4 | 29.4 ~ 39.2 | 39.2 ~ 51 |
| $C$ | 159 ~ 135 | 135 ~ 118 | 118 ~ 107 | 107 ~ 97.8 |

注：1. 有*号的 $[\tau_T]$ 取较小值，或 $C$ 取较大值。

2. 当轴上无轴向载荷时，$C$ 取较小值；有轴向载荷时，$C$ 取较大值。

**（二）按弯曲和扭转复合强度计算轴径**

按弯曲和扭转复合强度计算轴径的一般顺序如下（参看图 10-7）：

1）绘出轴的空间受力简图（见图 10-7a）。求出垂直面和水平面中的支点反力。

2）绘出垂直面内的弯矩 $M_\perp$ 图（见图 10-7b）。

3）绘出水平面内的弯矩 $M_=$ 图（见图 10-7c）。

4）利用公式 $M = \sqrt{M_\perp^2 + M_=^2}$，绘出合成弯矩 $M$ 图（见图 10-7d）。

5）绘出转矩 $T$ 图（见图 10-7e）。

6）利用公式 $M_V = \sqrt{M^2 + (\alpha T)^2}$，绘出当量弯矩 $M_V$ 图（见图 10-7f）。式中 $\alpha$ 是根据转矩性质而定的校正系数。对于不变的转矩，取 $\alpha = \dfrac{[\sigma_{-1b}]}{[\sigma_{+1b}]}$；对于脉动循环的转矩，取 $\alpha = \dfrac{[\sigma_{-1b}]}{[\sigma_{0b}]}$；对于对称循环的转矩，取 $\alpha = 1$。$[\sigma_{+1b}]$、$[\sigma_{0b}]$ 和 $[\sigma_{-1b}]$ 分别为材料在静应力、脉动循环和对称循环应力状态下的许用弯曲应力，其值可由表 10-3 中选取。

**表 10-3　转轴和心轴的许用弯曲应力**　　　　　　（单位：N/mm$^2$）

| 材料 | $\sigma_B$ | $[\sigma_{+1b}]$ | $[\sigma_{0b}]$ | $[\sigma_{-1b}]$ |
|---|---|---|---|---|
| 碳素钢 | 400 | 130 | 70 | 40 |
|  | 500 | 170 | 75 | 45 |
|  | 600 | 200 | 95 | 55 |
|  | 700 | 230 | 110 | 65 |
| 合金钢 | 800 | 270 | 130 | 75 |
|  | 1000 | 330 | 150 | 90 |

7）计算轴的直径。由工程力学可知：受 $M_V$ 作用时，轴中产生的弯曲应力

$$\sigma_b = \frac{M_V}{W} \leq [\sigma_{-1b}] \tag{10-3}$$

式中　　$W$——轴的抗弯截面系数，对于实心轴 $W = 0.1d^3$；

$M_V$——当量弯矩（N·mm）。

由式（10-3）可导出

$$d \geq \sqrt[3]{\frac{M_V}{0.1 [\sigma_{-1b}]}} \tag{10-4}$$

利用式（10-4）可以求出轴的危险截面直径。截面处若有键槽，则对轴的强度有削弱，因而须适当加大该处轴径尺寸。当有一个键槽时，将轴径尺寸加大 4%；有两个键槽互成

180°时，将轴径尺寸加大 10%。

和其它零件一样，轴的设计并无一套一成不变的步骤。

下面三种设计步骤都是常用的。

1）对于一般形状不甚复杂的轴，可从已知条件入手（如从传动轮的轮体得知轴头尺寸，从轴承工作条件得知轴颈尺寸），直接进行结构设计。在结构化过程中，进行必要的校核计算，并按轴的布置简图画出轴的零件工作图。

2）对于用来传递转矩而不承受弯矩或弯矩很小的传动轴，可按许用切应力计算轴径，然后进行轴的结构化，以确定轴的最终形状和尺寸。

3）对于除传递转矩外，还承受弯矩的转轴，因其承受弯矩的大小及分布状况与轴上各零件的轴向位置及支承跨距等因素有关，而这些因素又常决定于轴径尺寸的大小，在轴径尺寸未决定之前，轴上的弯矩则往往无法确定，故此时只得先根据所传递的转矩，按许用切应力估算轴的直径（弯矩对轴的影响用降低许用切应力的方法予以考虑）。根据估算出的直径进行轴的结构设计，再根据需要进行弯扭复合强度计算，最后画出轴的零件工作图。

**例题 10-1**　图 10-5 为一高速摄影机传动简图。电动机通过带和齿轮带动反射镜轮转动。设计 I 轴。已知轴 I 的输入功率 $P = 1.5\text{kW}$；轴 I 的转速 $n = 3000\text{r/min}$；张紧带轮时轴 I 上所受的力 $F_z = 140\text{N}$；齿轮的圆周力 $F_t = 132\text{N}$；齿轮的径向力 $F_r = 48\text{N}$；两滚动轴承中心间的距离为 40mm。

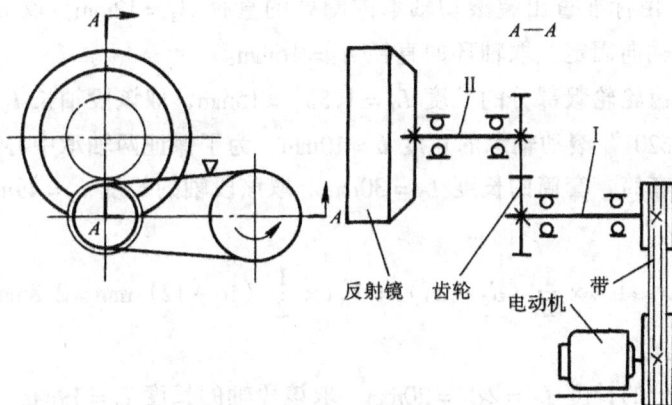

图 10-5　高速摄像机传动简图

**解**

1）估算轴的直径

按式（10-2）估算轴径

$$d = C\sqrt[3]{\frac{P}{n}}$$

选取轴的材料为 45 钢，由表 10-2 取 $C = 118$，则

$$d = 118 \times \sqrt[3]{\frac{1.5}{3000}}\text{mm} = 9.37\text{mm}$$

2）轴的结构设计

①轴的外形。根据轴上零件的定位和装拆要求，设计出轴的外形结构如图 10-6 所示。

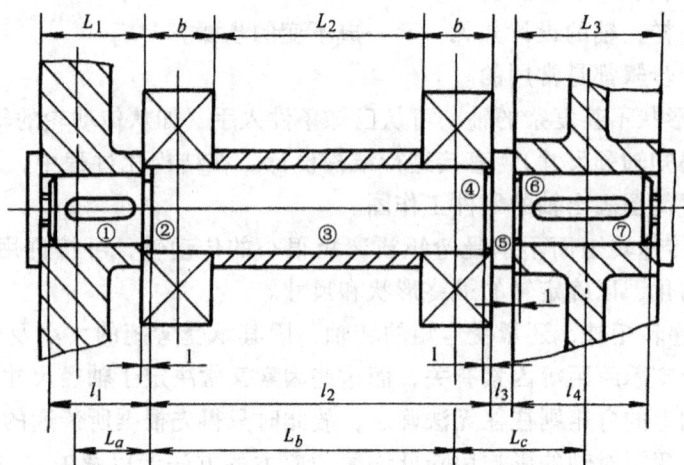

图 10-6　轴 I 的外形结构图

　　②轴的直径。上面估算出的 $d$ 应为轴外伸端 $d_1$（图中①处，余同）和 $d_7$ 的直径，因 $d_1$ 处装有齿轮，$d_7$ 处装有皮带轮，故 $d_1$ 和 $d_7$ 均为配合尺寸，应取为标准直径，故取 $d_1 = d_7$ = 10mm。取砂轮越程槽深 0.25mm，$d_2 = d_6 = 9.5$mm。考虑滚动轴承的装拆，选用滚动轴承的型号为 "6201"，由标准查出装滚动轴承内圈处的直径 $d_3 = 12$mm，取 $d_4 = 11.5$mm。考虑滚动轴承和皮带的轴向固定，取轴环的直径 $d_5 = 16$mm。

　　③轴的长度。齿轮轮毂部分的长度 $L_1 = 1.5d_1 = 15$mm，取该段轴长 $l_1 = 15$mm。

　　由标准查出 "6201" 滚动轴承的宽度 $b = 10$mm。为了保证两轴承中心间的距离为 40mm，在两轴承之间装一套筒，套筒的长度 $L_2 = 30$mm。取该段轴的长度 $l_2 = 49$mm。

　　轴环的宽度

$$L_3 \approx 1.4 \times \frac{1}{2} \ (d_5 - d_3) \ = 1.4 \times \frac{1}{2} \ (16 - 12) \ \text{mm} = 2.8\text{mm}$$

　　故取 $l_3 = 3$mm。

　　皮带轮轮毂部分的长度 $L_3 = 2d_7 = 20$mm，取该段轴的长度 $l_4 = 19$mm。

　　已知轴的长度，可定出各力作用点之间的距离 $L_a = 15$mm；$L_b = 40$mm；$L_c = 18$mm。

　　3）按弯曲和扭转复合强度计算轴径（图 10-7）。

　　绘出轴 I 的空间受力简图（图 10-7a）。

　　求垂直面内的支点反力：

$$F_{rA} = \frac{F_r \times \ (L_a + L_b)}{L_b} = \frac{48 \times \ (15 + 40)}{40} \text{N} = 66\text{N}$$

$$F_{rB} = \frac{F_r \times L_a}{L_b} = \frac{48 \times 15}{40} \text{N} = 18\text{N}$$

校核

$$F_{rA} = F_r + F_{rB}$$

$$66\text{N} = \ (48 + 18) \ \text{N}$$

用类似的方法求水平面内的支点反力：

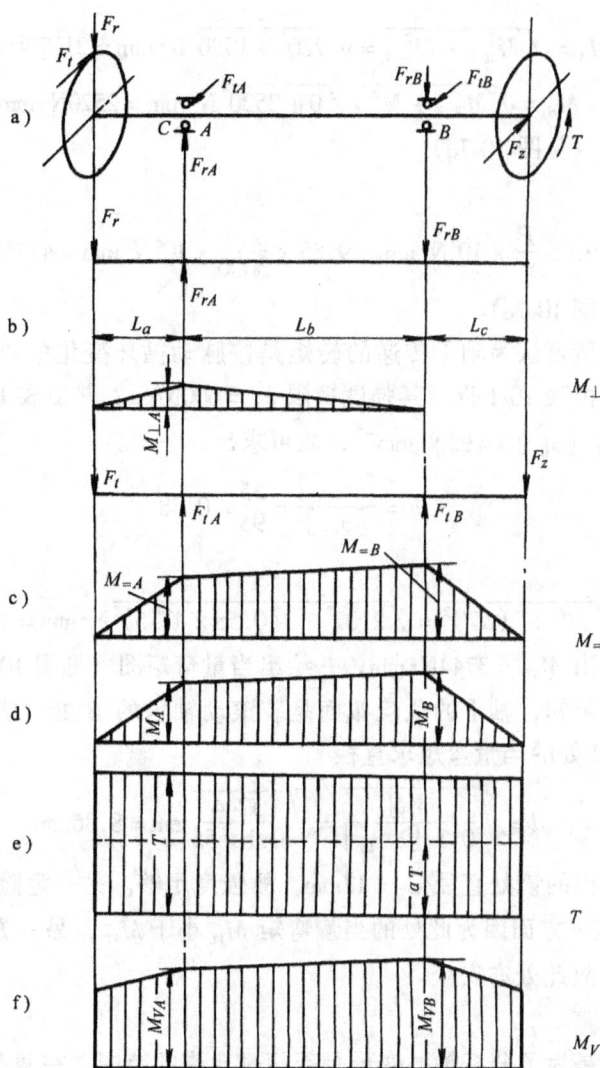

图 10-7　弯曲和扭转复合强度计算轴Ⅰ

$$F_{tA} = 118.5\text{N}$$
$$F_{tB} = 153.5\text{N}$$

求垂直面内弯矩：

$$M_{\perp A} = F_r \times L_a = 48 \times 15\text{N·mm} = 720\text{N·mm}$$

$$M_{\perp B} = 0$$

绘出垂直面内弯矩图（见图 10-7b）。

用类似的方法求水平面内弯矩：

$$M_{=A} = 1980\text{N·mm}$$

$$M_{=B} = 2520\text{N·mm}$$

绘出水平面内弯矩图（见图 10-7c）。

求合成弯矩：

$$M_A = \sqrt{M_{\perp A}^2 + M_{=A}^2} = \sqrt{720^2 + 1980^2}\,\text{N·mm} = 2107\,\text{N·mm}$$

$$M_B = \sqrt{M_{\perp B}^2 + M_{=B}^2}\sqrt{0 + 2520^2}\,\text{N·mm} = 2520\,\text{N·mm}$$

绘出合成弯矩图（见图 10-7d）。

求转矩

$$T = 9.55\frac{P}{n} \times 10^6\,\text{N·mm} = 9.55 \times \frac{1.5}{3000} \times 10^6\,\text{N·mm} = 4775\,\text{N·mm}$$

绘出转矩图（见图 10-7e）。

求当量弯矩：一般可认为轴Ⅰ传递的转矩是按脉动循环变化的。现选用轴的材料为 45 钢，并经正火处理。由表 10-1 查出其强度极限 $\sigma_B = 600\text{N/mm}^2$ 并由表 10-3 中查出与其对应的 $[\sigma_{-1b}] = 55\text{N·mm}^{-2}$，$[\sigma_{0b}] = 95\text{N·mm}^{-2}$，故可求出

$$\alpha = \frac{[\sigma_{-1b}]}{[\sigma_{0b}]} = \frac{55}{95} \approx 0.58$$

此时，

$$M_{VA} = \sqrt{M_A^2 + (\alpha T)^2} = \sqrt{2107^2 + (0.58 \times 4775)^2}\,\text{N·mm} = 3480\,\text{N·mm}$$

用同样的方法也可求出 $M_{VB} = 3744\text{N·mm}$，并绘出当量弯矩图（见图 10-7f）。

根据当量弯矩图可知，轴Ⅰ的危险截面是装滚动轴承的 $B$ 处，或装齿轮部分的砂轮越程槽 $C$ 处。先根据 $B$ 处的当量弯矩求直径

$$d = \sqrt[3]{\frac{M_{VB}}{0.1[\sigma_{-1b}]}} = \sqrt[3]{\frac{3744}{0.1 \times 55}}\,\text{mm} = 8.86\,\text{mm}$$

在结构设计中定出的该处直径 $d_2 = 12\text{mm}$，故强度足够。另一危险截面 $C$ 处，虽截面直径较小（9.5mm），但一方面因为此处的当量弯矩 $M_{VC}$ 小于 $M_{VB}$，另一方面，9.5mm 仍大于按 $M_{VB}$ 算出的 8.80mm，故此处亦安全。

**四、轴的刚度计算**

刚度计算的目的是为了分析轴的变形是否超过允许的范围。在载荷作用下，轴的弯曲和扭转变形过大，会影响轴上零件的正常工作和传动精度。例如，精密丝杠的扭转变形过大，会影响丝杠的传动精度。轴的弯曲变形过大，会破坏轴上齿轮的正常啮合，使滑动轴承产生不均匀的严重磨损，或使滚动轴承内外圈过渡歪斜，以致转动不灵活等等。高速轴刚度不足还会引起共振。所以根据使用条件，有的轴需要进行刚度计算。

（一）扭转刚度计算

一等截面轴在受转矩 $T$ 作用时，相距 $L$ 的两截面的相对扭转角为

$$\varphi = \frac{TL}{GI_p} = \frac{9.55 \times 10^6\,(P/n)\,L}{G\,(\pi d^4/32)} = \frac{9.55 \times 10^6\,(P/n)\,L}{0.1Gd^4}$$

式中　$G$——轴材料的切变模量；

　　$I_p$——轴截面的极惯性矩。

所以，扭转刚度计算，就是使算出的转角 $\varphi$ 小于允许的转角 $[\varphi]$。一般传动中，转轴的允许转角为每米长度上不超过 $0.25° \sim 0.5°$。

（二）弯曲刚度计算

轴受弯矩后，将产生弯曲变形（见图 10-8）。$y$ 是轴截面 $C$ 处产生的挠度，$\theta$ 是截面 $C$ 所产生的转角。

实际上，轴多为阶梯轴。如果对计算结果并不要求十分精确，可将其看成等直径圆轴来求变形。最典型的方法就是根据近似挠曲线微分方程，即

$$d^2 y / dx^2 = M(x) / EI_a$$

求解［积分一次即得轴各截面转角方程式 $\theta(x)$，积分两次得到挠度方程式 $y(x)$］。

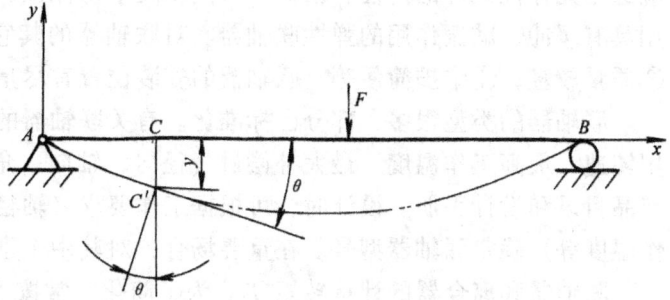

图 10-8　梁弯曲后的挠度和转角

工程上最常用的是查表法。在一般设计手册中都列有受弯曲构件在简单受力情况下所产生的挠度和转角的表格。查表时，先从表中找到支座和受力情况相同的构件，便能查到挠曲线方程和特定截面的挠度 $y$ 和转角 $\theta$ 的计算式。

轴的允许变形量见表 10-4。

**表 10-4　轴的允许变形量**

| 变形 | 使用场合 | 允许变形量 |
|---|---|---|
| 挠度 $y$ | 一般用途的转轴 | $[y_{max}] = (0.0001 \sim 0.0005) l$ |
| | 安装齿轮处 | $[y] = (0.01 \sim 0.03) m$ |
| 截面转角 $\theta$ | 安装齿轮处 | $[\theta] = (0.001 \sim 0.002)$ rad |
| | 安装滑动轴承处 | $[\theta] = 0.001$ rad |
| | 安装深沟球轴承处 | $[\theta] = 0.005$ rad |
| | 安装圆柱滚子轴承处 | $[\theta] = 0.0025$ rad |
| | 安装圆锥滚子轴承处 | $[\theta] = 0.0016$ rad |
| | 安装向心球面轴承处 | $[\theta] = 0.05$ rad |

注：$l$ 为支承间的跨距；$m$ 为齿轮的模数。

# 第三节　联　轴　器

按照被联接两根轴的相对位置和位置的变动情况，联轴器可分为两大类：刚性联轴器——用在两轴能严格对中并在工作中不发生相对位移的地方；挠性联轴器——用于两轴有相对位移（轴向位移、径向位移、角位移、综合位移）的地方，如图 10-9 所示。挠性联轴器又有无弹性元件的、金属弹性元件的和非金属弹性元件的之分，后两种统称为弹性联轴器。

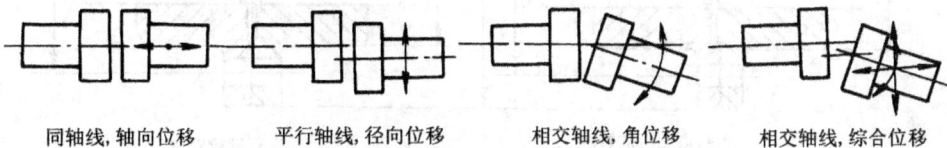

同轴线,轴向位移　　　平行轴线,径向位移　　　相交轴线,角位移　　　相交轴线,综合位移

图 10-9　两轴相对位置和相对位移

对于载荷平稳、转速稳定、同轴度好、无相对位移的可选用刚性联轴器，有相对位移的应选用无弹性元件的挠性联轴器。对同轴度不易保证，载荷、速度变化较大的场合，最好选用具有缓冲、减振作用的弹性联轴器。对联轴器的其它要求是：①装拆方便；②尺寸较小；③质量较轻；④维护简便等。联轴器的安装位置宜尽量靠近轴承。

联轴器的类型很多，部分已标准化。有关联轴器的型号、轴径范围、许用名义转矩、许用转速、最高工作温度、最大补偿量（径向、轴向、角度）、质量、转动惯量等有关数据见产品目录和设计手册。设计时，可根据工作要求（轴径、计算转矩、工作转速、位移量、工作温度等）确定联轴器型号。在重要场合，对其中个别关键零件应作必要的验算。

联轴器和离合器的计算转矩 $T_j$。为了简化，常按下式计算

$$T_j \approx KT \leqslant T_n \tag{10-5}$$

式中　$T$——工作转矩；

$T_n$——许用名义转矩，由手册查出；

$K$——载荷系数，见表 10-5。在选取 $K$ 值时应注意：刚性联轴器和无弹性元件的挠性联轴器宜取大值；弹性联轴器宜取小值；摩擦离合器宜取中间值，但单位时间内接合次数多的宜取大值；安全离合器宜取小值。

表 10-5　载荷系数 $K$

| 原动机 | 工作机特性 | | |
| --- | --- | --- | --- |
| | 转矩变化小 | 转矩变化中等<br>冲击载荷 | 转矩变化大<br>冲击载荷 |
| 电动机、汽轮机 | 1.3～1.5 | 1.7～1.9 | 2.3～3.1 |
| 多缸内燃机 | 1.5～1.7 | 1.9～2.1 | 2.5～3.3 |
| 单、双缸内燃机 | 1.8～2.4 | 2.2～2.8 | 2.8～4.0 |

## 一、刚性联轴器

### （一）凸缘联轴器

在刚性联轴器中，凸缘联轴器（图 10-10）是应用最广的一种。这种联轴器主要由两个分装在轴端的半联轴器和联接它们的螺栓所组成。制造半联轴器的材料通常为：中等以下载荷，$v \leqslant 35\text{m/s}$ 时可采用中等强度的铸铁；重载、$v \leqslant 75\text{m/s}$ 时可采用锻钢或铸钢。此处 $v$ 为联轴器外缘的圆周速度。

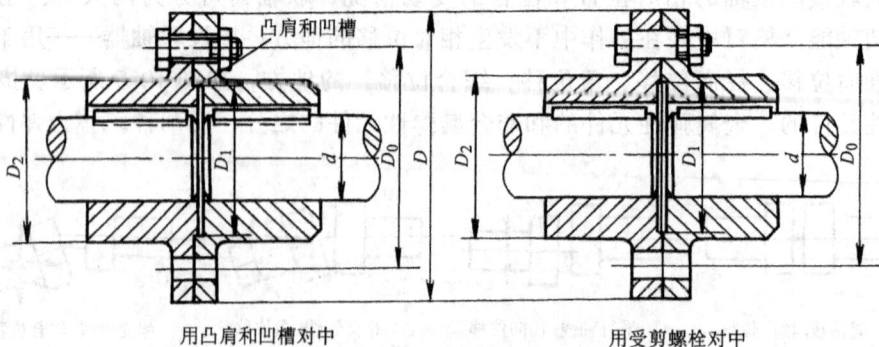

用凸肩和凹槽对中　　　　　　　用受剪螺栓对中

图 10-10　凸缘联轴器

按对中方法不同，凸缘联轴器有两种型式：①由具有凸肩的半联轴器和具有凹槽的半联轴器相嵌合而对中；②用铰制孔和受剪螺栓对中。当要求两轴分离时，后者只要卸下螺栓即可，不用移动轴，因此装卸比前者简便。

凸缘联轴器对中精度可靠，传递转矩较大，但要求两轴同轴度好，主要用于载荷平稳的联接中。

当采用六角头螺栓，且螺栓与螺栓孔之间具有少量间隙时，两个半联轴器依靠接合面间的摩擦力传递转矩。为此，每个螺栓上需要施加的预紧力

$$F \geqslant \frac{4KT}{(D+D_1)zf} \tag{10-6}$$

式中　$D$、$D_1$——环形接合面的外径和内径；

　　　　$z$——螺栓数目；

　　　　$f$——摩擦系数。

根据每个螺栓的预紧力 $F$ 来校核螺栓的尺寸。

当联轴器的铰制孔与受剪螺栓的配合为 $\frac{H7}{k6}$ 或 $\frac{H7}{js6}$ 时，两个半联轴器依靠螺栓的剪切和挤压来传递转矩。联轴器在传递最大转矩时，每个螺栓所受的剪力

$$F_0 = \frac{2KT}{zD_0} \tag{10-7}$$

式中　$D_0$——螺栓中心圆的直径。

螺栓尺寸即可根据剪力 $F$ 来校核。

以上两种联轴器中，前一种制造较简便、价格较低，后一种则能传递较大的转矩。

（二）套筒联轴器

它由联接两轴轴端的套筒和联接套筒与轴的联接零件（键或销钉）所组成（图10-11a、b）。当传递转矩较小时，套筒与两轴可用紧定螺钉（图10-11c）、过盈配合或利用套筒的弹性力（图10-11d、e）等将两轴联接起来，甚至还可将直径不同的两根轴联接起来（图10-11c）。

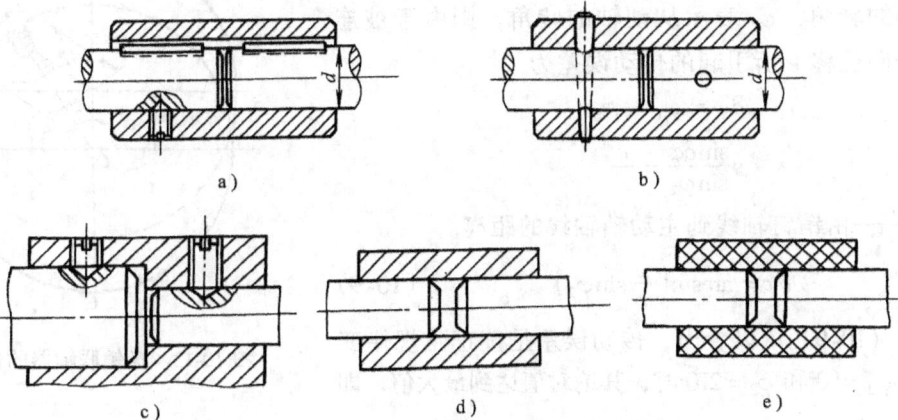

图 10-11　套筒联轴器

刚性联轴器的主要优点是构造简单、价格较低。缺点是：①无法补偿两轴偏斜和位移，对两轴的对中性要求较高；②联轴器中都是刚性零件，缺乏缓冲和吸振的能力。在不能避免两轴偏斜和位移的场合中应用时，将会在轴与联轴器中引起难以估计的附加应力，并使轴、轴承和轴上零件的工作情况恶化。

**二、挠性联轴器**

由于制造、安装等误差，两轴精确对中并不是在任何情况下都能办到。即使安装时能保证对中，但由于工作温度的变化、回转零件的不平衡、基础下沉等原因，两轴的相对位置也会发生变化。这时，最好采用挠性联轴器。

补偿两轴偏斜和位移的方法主要有两种：①利用联轴器工作零件间构成的动联接具有某一方向或几个方向的活动度来补偿；②利用联轴器中弹性元件的变形来补偿。用前一种方法做成的就是无弹性元件挠性联轴器，用后一种方法做成的就是弹性联轴器。

（一）无弹性元件挠性联轴器

1. 盘销联轴器　这种联轴器在圆盘1的一定半径的圆周上固定有一个销钉，而圆盘2上有一个对应的径向槽。装配时，使销钉插入槽内（图10-12）。

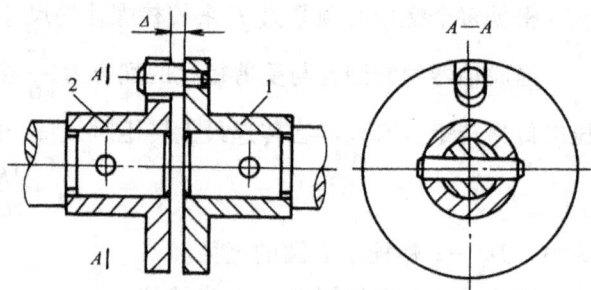

图 10-12　盘销联轴器

盘销联轴器允许被连接轴有轴向位移。轴向位移量要小于两盘之间的最大间隙 $\Delta$（一般为 $0.8 \sim 1.5$mm）。

盘销联轴器的空回误差 $\delta\varphi'$ 取决于销钉与槽之间的间隙 $s$ 和销钉轴线到被连接轴轴线的距离 $r$，即

$$\delta\varphi' = \frac{s}{r}\text{rad} = \frac{s}{r} \times 3438' \tag{10-8}$$

所以间隙相同时，盘销联轴器的空回误差较小。销钉与槽配合通常采用 H7/h6 或 H8/h7。

在精密传动和示数装置中，应考虑被连接轴轴线的不重合所引起的传动误差。如图 10-13 所示，设 $\varphi_1$ 表示主动轴的转角，$\varphi_2$ 表示从动轴的转角，则由于被连接轴的径向位移 $e$ 所引起的传动误差为

$$\delta\varphi = \varphi_1 - \varphi_2$$

$$\frac{\sin\delta\varphi}{\sin\varphi_2} = \frac{e}{r}$$

式中　$r$——由销钉轴线到主动轴轴线的距离。

$$\delta\varphi = \arcsin\left(\frac{e}{r}\sin\varphi_2\right) \tag{10-9}$$

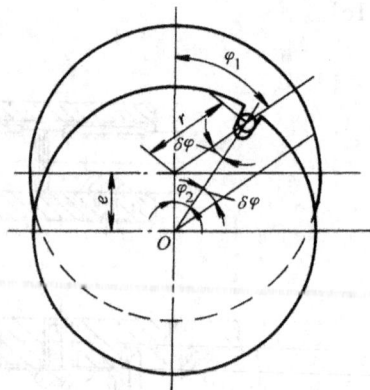

图 10-13　盘销联轴器的传动误差

由式（10-9）可以看出，传动误差是按正弦规律变化的，当 $\varphi_2 = 90°$ 和 $\varphi_2 = 270°$ 时，其绝对值达到最大值，即

$$|\delta\varphi_{max}| = \arcsin\frac{e}{r} \tag{10-10}$$

因此，为减小传递误差，应尽量减小被联接轴的径向位移，增大销钉到被联接轴轴线之

间的距离。

2. 滑块联轴器　该联轴器是由两个端面开有凹槽的半联轴器 1、3 和一个两面都有榫的圆盘 2 所组成（图 10-14）。凹槽的中心线分别通过两轴的中心，两榫中心线相互垂直并通过圆盘中心。半联轴器分别固装在主动轴和从动轴上，由圆盘两面榫分别嵌在两半联轴器的凹槽中而构成一动联接。

这种联轴器主要用于联接径向位移或角位移很小的两根轴。当轴回转时，圆盘两榫可在半联轴器的凹槽中移动，这个移动不仅造成榫和槽的相对滑动，同时，圆盘中心

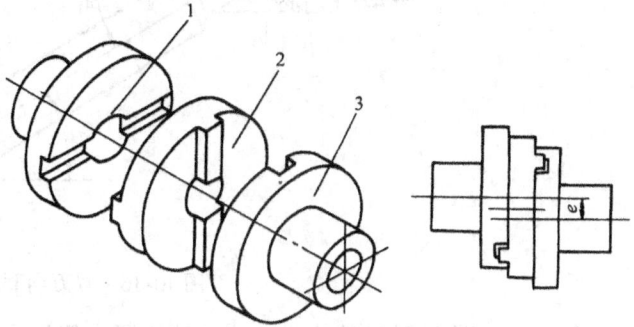

图 10-14　滑块联轴器

将以 $e/2$（$e$ 为两轴的偏心距）为半径作圆周运动。由理论力学可知，由于圆盘重心作偏心回转，故将产生离心力。此离心力增加了榫和槽接触面上的正压力，将使磨损加剧。为了减小离心力，中间圆盘多制成空心的，其内径约为外径的 0.7；使 $e \leqslant 0.04d$（$d$ 为轴的直径），并限制 $n \leqslant 300\text{r/min}$。

为了延长使用寿命，榫和槽的摩擦表面需要淬硬到 55HRC 以上，并应进行适当的润滑。这种联轴器允许的径向位移量在 $0.04d$ 以下，允许的角位移 $[\alpha] \leqslant 30'$。

与盘销联轴器相似，联接部分的间隙也将引起空回误差，故榫和槽的配合多采用 H7/h6。

3. 万向联轴器　这种联轴器分为单万向联轴器和双万向联轴器两种。

（1）单万向联轴器　图 10-15 为单万向联轴器。它是由万向接头套 1、万向接头环 2、球头轴 3 和销杆 4 等零件组成。其结构简单，最大转角可达 15°，用于联接两交叉轴。

单万向联轴器不能传递等角位移。若被联接两轴线间的夹角为 $\alpha$，主动轴的转角为 $\varphi_1$，从动轴的转角为 $\varphi_2$，则

$$\tan\varphi_2 = \tan\varphi_1 \cos\alpha \qquad (10\text{-}11)$$

因此，它主要用于精度要求不高的传动中。

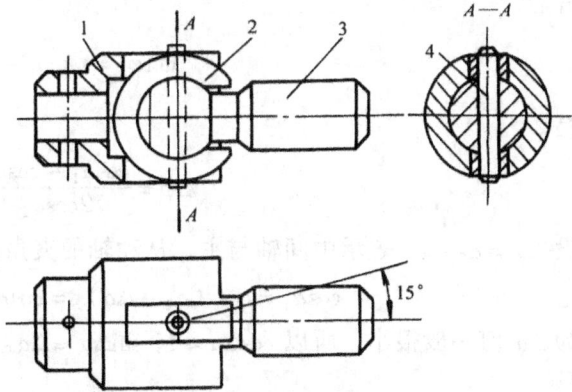

图 10-15　单万向联轴器

（2）双万向联轴器　为使主动和从动轴实现等角位移的传动，可采用双万向联轴器。它由两个单万向联轴器组成（图 10-16）。为实现等角位移传动，须满足以下两个条件：①主动轴 1 和从动轴 8 的轴线与中间轴 4 的轴线间的夹角应相等（$\alpha_1 = \alpha_2$）；②中间轴两端的万向接头环 3、5 应在同一平面内。

在精度要求不高的传动中，双万向联轴器的传动误差一般无需计算，但是在精度要求较高的传动中，就不应忽略其有害影响。其计算方法如下：

268

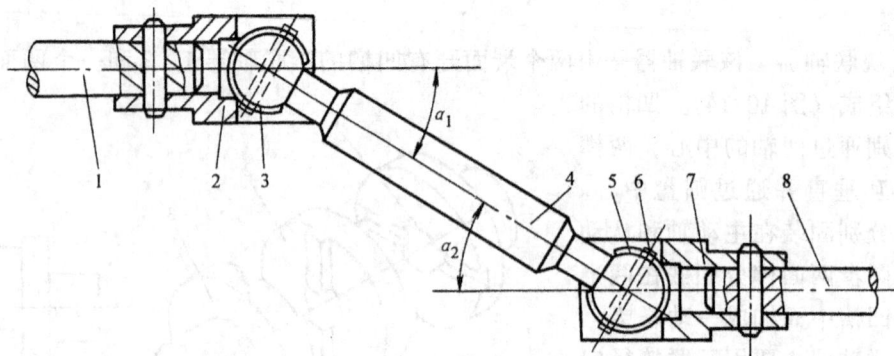

图 10-16  双万向联轴器

图 10-16 是双万向联轴器的传动结构图。假设主动轴 1、从动轴 8 和中间轴 4 在同一平面内，中间轴两端的万向接头环 3、5 位于同一平面内。$\alpha_1$、$\alpha_2$ 分别为主从动轴与中间轴的夹角。设 $\varphi_1$、$\varphi_2$ 和 $\varphi_3$ 分别为主动轴、从动轴和中间轴的转角，则

$$\tan\varphi_2 = \frac{\tan\varphi_3}{\cos\alpha_2}$$

$$\tan\varphi_1 = \frac{\tan\varphi_3}{\cos\alpha_1}$$

所以

$$\tan\varphi_2 = \tan\varphi_1 \frac{\cos\alpha_1}{\cos\alpha_2}$$

假设传动角误差以 $\Delta\varphi = \varphi_2 - \varphi_1$ 表示，则

$$\tan\varphi_2 = \tan(\varphi_1 + \Delta\varphi)$$

展开后

$$\tan\varphi_2 = \tan\varphi_1 + \frac{\Delta\varphi}{\cos^2\varphi_1}$$

于是

$$\Delta\varphi = \frac{\cos\alpha_1 - \cos\alpha_2}{2\cos\alpha_2}\sin2\varphi_1$$

又设 $\Delta\alpha = \alpha_2 - \alpha_1$ 表示中间轴与主、从动轴的夹角误差，于是

$$\cos\alpha_1 = \cos(\alpha_2 - \Delta\alpha) = \cos\alpha_2\cos\Delta\alpha + \sin\alpha_2\sin\Delta\alpha$$

因为 $\Delta\alpha$ 值一般很小，所以 $\cos\Delta\alpha \approx 1$，$\sin\Delta\alpha \approx \Delta\alpha$。
于是

$$\cos\alpha_1 = \cos\alpha_2 + \sin\alpha_2\Delta\alpha$$

$$\Delta\varphi = \frac{1}{2}\tan\alpha_2\Delta\alpha\sin2\varphi_1 \tag{10-12}$$

式（10-12）是计算双万向联轴器传动角误差的公式。在主动轴与从动轴绝对平行的情况下（$\Delta\alpha = 0$），没有传动误差。实际上，$\Delta\alpha$ 总是存在的，由 $\Delta\alpha$ 所引起的传动角误差 $\Delta\varphi$ 按正弦规律变化，其最大值为

$$\Delta\varphi_{max} = \frac{1}{2}\Delta\alpha\tan\alpha_2$$

双万向联轴器的空回误差，可按下式计算：

$$\Delta\varphi' = \frac{1}{R} \ (\Delta s_1 + \Delta s_2 + 2\Delta s_3) \tag{10-13}$$

式中　$R$——万向接头环 3（或 5）的外圆半径；

　　　$\Delta s_1$——主动轴 1 上的万向接头套 2 与万向接头环 3 之间的间隙；

　　　$\Delta s_2$——从动轴 8 上的万向接头套 7 与万向接头环 5 之间的间隙；

　　　$\Delta s_3$——圆柱销 6 与万向接头环 5 之间的间隙。

万向联轴器结构紧凑，维护方便，广泛应用于组合机床、汽车、拖拉机等传动系统中。小型万向联轴器可按有关标准选用。

（二）有弹性元件的挠性联轴器（弹性联轴器）

由于在联轴器中装有弹性元件，因而不仅可以补偿两轴偏斜和位移，而且具有缓和冲击和吸收振动的能力。弹性元件储存能量越多，则联轴器的缓冲能力就越好；弹性元件的弹性滞后性能越好，则联轴器的消振能力也就越强。因此，在频繁起动、受变载荷、高速运转、经常反向和两轴不便于严格对中的地方，最好采用弹性联轴器。弹性联轴器还可以减小轴的扭转振动或改变传动系统的自振频率。制造弹性元件的材料有非金属的和金属的两种。

1. 金属弹性元件挠性联轴器　用金属弹性元件构成的弹性联轴器如图 10-17 所示。该类

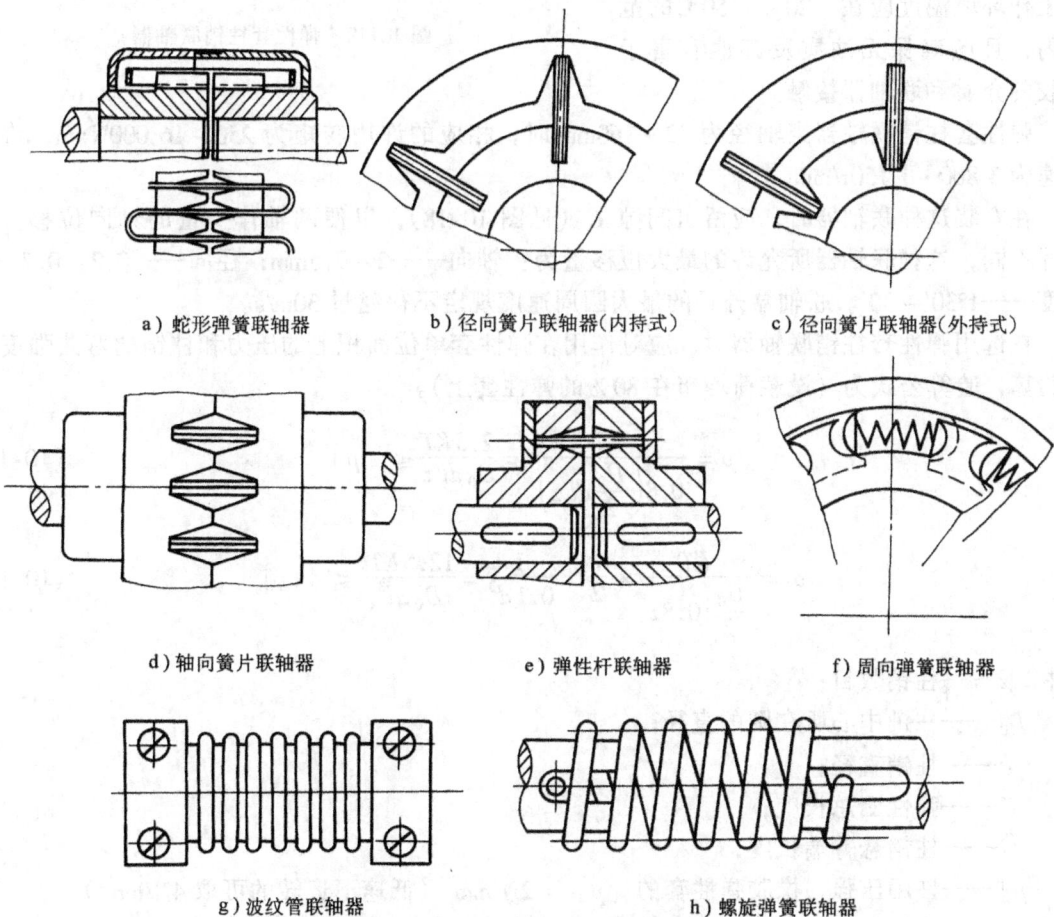

a）蛇形弹簧联轴器　　　b）径向簧片联轴器（内持式）　　c）径向簧片联轴器（外持式）

d）轴向簧片联轴器　　　　e）弹性杆联轴器　　　　f）周向弹簧联轴器

g）波纹管联轴器　　　　　　　　h）螺旋弹簧联轴器

图 10-17　金属弹性元件挠性联轴器

型联轴器既具有良好的补偿偏斜或位移（径向、轴向）的能力，又具有一定的缓冲作用和消振能力。其中波纹管联轴器和螺旋弹簧联轴器适用于传递小转矩场合。

2. 非金属弹性元件挠性联轴器　用非金属弹性元件制成的挠性联轴器具有下列优点：①具有弹性滞后特性，具有一定的消振能力；②单位重量的非金属材料所能储存的能量比金属材料大许多倍（橡胶比钢约大 10 倍），缓冲性能较好；③使联轴器结构简单，价格便宜等。但由于强度较低，故联轴器尺寸较大，且寿命也较短。

（1）弹性套柱销联轴器　它的构造和凸缘联轴器相似，只是用套有弹性套的柱销代替了联接螺栓（图 10-18）。制造联轴器的材料是：半联轴器——铸铁，有时也用 35 锻钢或 ZG230 - 450 铸钢；柱销——35 钢，正火处理；弹性套——天然橡胶或合成橡胶；挡圈——Q235 钢。

这种联轴器主要用来联接起动频繁的和在变载荷下运转的轴。联轴器的工作环境温度应在 - 20 ~ + 50℃的范围内，且应确保无油质及其他有害于橡胶的介质和联轴器接触。

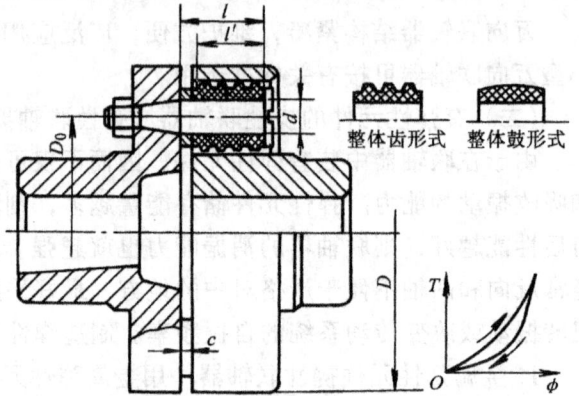

图 10-18　弹性套柱销联轴器

弹性套柱销联轴器当轴径为 32 ~ 160mm 时，相应的许用转矩为 250 ~ 16 000N·m，许用转速为 3 800 ~ 1 150r/min。

在安装这种联轴器时，应留出间隙 $C$（见图 10-18），以便两轴作少量的轴向位移。视尺寸不同，这种联轴器所允许的最大位移量为：轴向——2 ~ 7.5mm；径向——0.2 ~ 0.7mm；角度——1°30′ ~ 30′。联轴器外径的最大圆周速度规定不得超过 30m/s。

在选用弹性套柱销联轴器时，应对作用在弹性套单位面积上的压力和柱销的弯曲强度进行验算，验算公式为（设载荷均布在 80% 的弹性套上）。

$$p = \frac{KT}{0.8\left(\dfrac{D_0}{2}dl'z\right)} = \frac{2.5KT}{D_0 dl'z} \leqslant [p] \tag{10-14}$$

$$\sigma_b = \frac{KT}{\dfrac{D_0}{2} \cdot 0.8z} \times \frac{l}{2} \times \frac{1}{0.1d^3} = \frac{12.5KTl}{D_0 zd^3} \leqslant [\sigma_b] \tag{10-15}$$

式中　$z$——柱销数目；

$D_0$——柱销中心所在圆的直径；

$d$——柱销直径；

$l'$——弹性圈总长度；

$l$——柱销悬臂端长度；

$[p]$——许用压强，橡胶弹性套的 $[p] = 2N/mm^2$（低速下运转的可取 $4N/mm^2$）；

$[\sigma_b]$——柱销的许用弯曲应力，$[\sigma_b] = 0.4\sigma_s$。

（2）弹性圆盘联轴器　用于小型精密机械中的弹性联轴器的结构如图 10-19 所示。该联轴器具有两个圆盘 1、2，每个圆盘上均装有两个销钉 3，弹性圆盘 4 是利用这些销钉套装在两个圆盘之间。

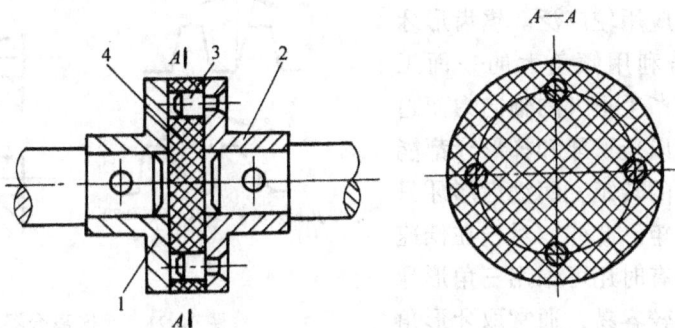

图 10-19　弹性圆盘联轴器

联轴器的弹性圆盘通常用皮革、橡胶、夹布胶木等非金属材料制成。

利用弹性圆盘的弹性，可以吸收有害的振动和冲击，并允许被联接轴轴线有微小的径向位移，也允许被联接轴有少量的轴向位移。

# 第四节　离　合　器

对离合器的基本要求是：接合迅速，分离彻底，动作准确可靠，平稳无冲击；结构简单，制造、调整和维修方便；强度高，散热好，使用寿命长；尺寸小和重量轻等。

## 一、牙嵌离合器

牙嵌离合器（图 10-20）是由两个端面带齿的半离合器组成。一个半离合器 1 固定在主动轴上，另一个半离合器 2 用导向平键与从动轴联接，并可用拨叉 4 使其轴向移动，以实现接合或分离。在半离合器 1 中有时用螺钉固定一个导向环 3，以实现导向和定心作用。

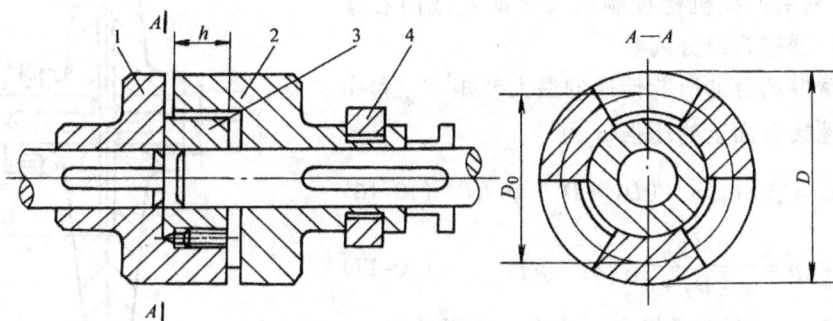

图 10-20　牙嵌离合器

离合器常用的牙形有矩形、梯形和锯齿形如图 10-21a 所示。图 10-21b 是其径向截面。

矩形牙不便于接合，齿根强度较低，且在传递载荷时由于牙与牙间没有轴向分力，所以分离比较困难。梯形牙强度较高，能传递较大的载荷，且又能自行补偿牙的磨损和牙侧间隙，从而避免在载荷和速度变化时因间隙而产生冲击，故应用较广泛。锯齿形牙的强度最高，但若利用倾角大的一面工作，会因牙与牙间产生很大的轴向力而迫使离合器分离，所以矩形牙和梯形牙都能传递正反两个方向的转矩，而锯齿形牙只能传递单方向的转矩。此外，对于在低速下接合的离合器，有时还可采用三角形牙形，优点是开合比较容易，通常取牙形角为 30°。

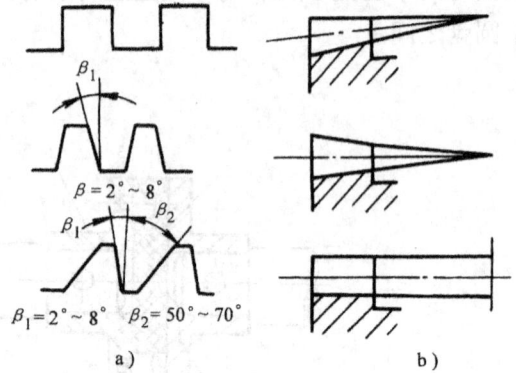

图 10-21　牙嵌离合器的牙形

牙嵌离合器的牙数一般为 3～60。要求传递的转矩越大，选用牙数应越少；要求接合时间越短，选用牙数应越多，但牙数多时，各牙分担的载荷将越不均匀。

牙嵌离合器的主要优点是结构简单、尺寸较小、能保证被联接两轴精确地同步转动。但是只能在静止或圆周速度小于 (0.7～0.8) m/s 或转速小于 150r/min 的工作条件下接合两轴，以免凸牙受冲击载荷而断裂。

为减少牙的磨损，离合器牙的工作表面应有较高的硬度。离合器的材料常采用低碳钢经渗碳处理，使工作表面硬度达到 56～62HRC；或采用中碳钢经表面淬火处理，使工作表面硬度达到 48～54HRC。

牙嵌离合器的主要尺寸可从有关手册中选取，必要时可验算牙面上的压强和牙根弯曲应力。

### 二、摩擦式离合器

#### (一) 单圆盘式摩擦离合器

它由两个摩擦盘组成，一个摩擦盘 1 固装在主动轴上，而另一个摩擦盘 2 用导向平键与从动轴联接（图 10-22）。利用操纵机构控制拨叉 3 向左或向右移动，可使离合器接合或分离。

单圆盘摩擦离合器所能传递的最大转矩 $T_{max}$ 和作用在单位摩擦接合面上的压强 $p$ 为

$$T_{max} = \frac{1}{12}\pi f\, [\,p\,]\, (D_2^3 - D_1^3) \geqslant KT \quad (10\text{-}16)$$

$$p = \frac{4F_Q}{\pi\,(D_2^2 - D_1^2)} \leqslant [\,p\,] \quad (10\text{-}17)$$

式中　$D_1$、$D_2$——摩擦盘接合面的内、外直径；

　　　$F_Q$——轴向压力；

　　　$f$——摩擦系数（见表 10-6）；

　　　$[\,p\,]$——许用压强（见表 10-6）。

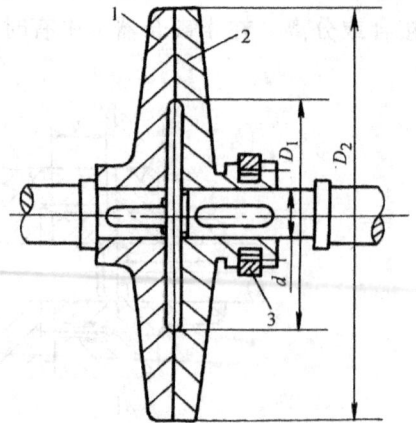

图 10-22　单圆盘式摩擦离合器

**表 10-6  摩擦系数 f 和许用压强 [p]**

| 工作条件 | 摩擦面材料 | f | [p] / (N·mm⁻²) | |
|---|---|---|---|---|
| | | | 圆盘式 | 圆锥式 |
| 在油中工作 | 淬火钢—淬火钢 | 0.06 | 0.6~0.8 | — |
| | 淬火钢—青铜 | 0.08 | 0.4~0.5 | 0.6 |
| | 铸铁—淬火钢或铸铁 | 0.08 | 0.6~0.8 | 1 |
| | 钢—夹布胶木 | 0.12 | 0.4~0.6 | — |
| 不在油中工作 | 压制石棉—钢或铸铁 | 0.3 | 0.2~0.3 | 0.3 |
| | 铸铁—铸铁或淬火钢 | 0.15 | 0.2~0.3 | 0.3 |

$D_1$ 可按 $D_1 = (0.55 \sim 0.8) D_2$ 选取。所以，在选定摩擦面的材料后，根据所要求传递的转矩 $T$，由式（10-16）可求出 $D_2$ 和 $D_1$，由式（10-17）可求出所需的轴向压紧力 $F_Q$。

**（二）圆锥式摩擦离合器**

如图 10-23 所示，它的工作原理与圆盘式摩擦离合器一样，只是其摩擦面为一锥面，所以与圆盘式摩擦离合器比较，散热好，能自动对中心，由于楔形增压原理，它可以用较小的轴向压紧力传递较大的转矩。为便于分离，锥角必须大于摩擦角，一般锥角取 22.5°或者 30°。锥面的加工较为困难。

摩擦离合器有下列优点：两轴可在任何不同角速度下进行接合或分离；改变摩擦面间的压力即可调节从动轴的加速时间；接合

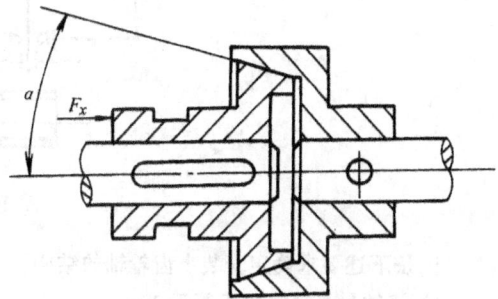

图 10-23  圆锥式摩擦离合器

时冲击和振动较小；过载时打滑，可保护其他零件免受损坏等。由于摩擦离合器工作时，工作面间可能存在弹性滑动，所以不宜用于示数传动链中。

**思考题及习题**

10-1  在精密机械中，轴的功能是什么？按照所受的载荷和应力的不同，轴可分为几种类型？又各有何特点？

10-2  轴的结构设计应满足的基本要求是什么？

10-3  转轴多制成阶梯形，其优点是什么？

10-4  联轴器和离合器有何区别？各自的用途是什么？

10-5  联轴器可分为哪几类？各适用于何种场合？

10-6  盘销联轴器在什么情况下将产生传动误差？试根据几何关系导出其误差表达式。为了减少误差可采取何种措施？

10-7  图 10-24 所示为一减速机的输出轴，试分析图中各部分结构的作用和设计时所依据的原则，检查该轴的结构，轴上零件定位、安装、固定等有哪些不合理的地方，应如何修改，并说明原因，最后画出正确的结构图。

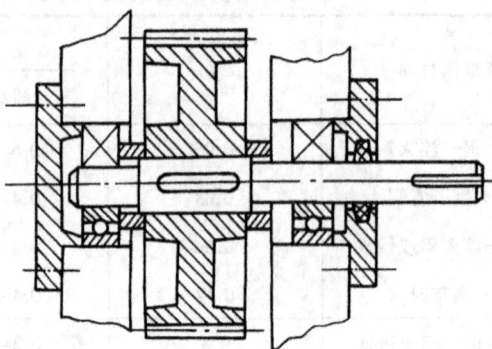

图 10-24  题 10-7 图

10-8  图 10-25 为一直齿圆柱齿轮减速机。

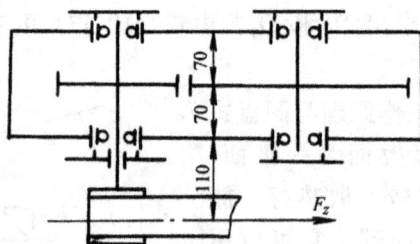

图 10-25  题 10-8 图

1．按下述要求确定安装小齿轮轴的结构。

1）该轴最小直径大于等于 30mm；

2）装滚动轴承处的轴颈直径为 5 的整倍数；

3）小齿轮数 $z_1 = 20$，$m = 4$，材料为 45 钢；

4）小齿轮的齿根与键槽间的距离 $H$ 如小于两倍模数时，必须将该轴与齿轮制成一体。（要求：确定各段轴的直径尺寸，倒角和圆角尺寸。）

2．如该轴传递功率为 5.5kW，转速为 480r/min，外伸端安装带处的轴上的压力 $F_z = 450N$，试画出该轴的空间受力图，并验算其复合强度（按一定比例绘制出弯矩图和扭矩图）。

3．绘制出轴的零件工作图（注明全部公差与技术条件）。

# 第十一章 支 承

## 第一节 概 述

支承由两个基本部分组成：

（1）运动件 转动或在一定角度范围内摆动的部分。

（2）承导件 固定部分，用以约束运动件，使其只能转动或摆动。

当运动件相对于承导件转动或摆动时，两部分之间产生摩擦。按照摩擦的性质，可将支承分为四类：

1）滑动摩擦支承；

2）滚动摩擦支承；

3）弹性摩擦支承；

4）流体摩擦支承。

此外，还有并无机械摩擦的静电支承和磁力支承等。

## 第二节 滑动摩擦支承

### 一、圆柱面支承

圆柱面支承中，其承导件称为圆柱面轴承，轴承中与运动件相接触的零件，称为轴瓦或轴套；其运动件称为轴，轴与轴瓦相接触的部位称为轴颈。圆柱面支承是支承中应用最广的一种，在下述情况应优先使用，即：

1）要求很高的旋转精度（通过精密加工达到）；

2）在重载、振动、有冲击的条件下工作；

3）必须具有尽可能小的尺寸和要求有拆卸的可能性；

4）低速、轻载和不重要的支承。

（一）圆柱面支承的结构和材料

1. 轴颈的结构 图 11-1 是轴颈的几种典型结构。轴颈可以和轴制成一体（图 11-1a 和 b），也可单独制成后再装在轴上（图11-1c 和 d）。通常，直径大于1mm的轴颈多与轴制成

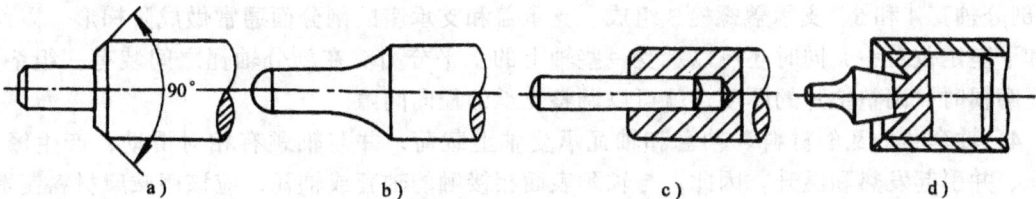

图 11-1 轴颈的结构

276

一体；小于 1mm 的，有时和轴制成一体，有时单独制成。当轴颈直径小于 1mm，并和轴制成一体时，为提高其强度，可在轴颈和轴的衔接处制出较大的圆角（图 11-1b）。

2. 整体式圆柱面支承的结构　整体式支承可以在机架或支承板上直接加工而成（图 11-2a 和 b）；当机架或支承板的材料不宜用作轴承，或其壁厚过薄时，也可单独制造轴套（或称轴瓦），然后用联接方法固定在机架或支承板上（图 11-2c、d、e）。

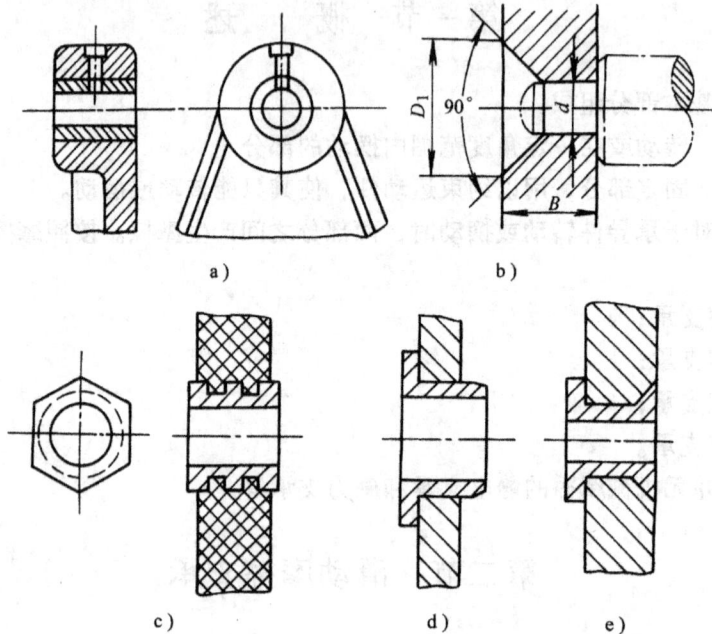

图 11-2　整体式支承的结构

图 11-2c 是用铸造或压制的方法将轴套固定在机架或支承板上，轴套上的槽或外表面上的网状滚花用以防止轴套转动；图 11-2d 是用压入的方法将轴套固定在机架或支承板上，轴套压入端的外圆应有倒角，支承板上的孔，在压入轴套的方向上也相应制出倒角，以利于轴套的压入；图 11-2e 是用铆接的方法将轴套固定。轴承和轴套上常带有油孔用以注入润滑油（参看图 11-2a）。

整体式支承的制造比较简单，但磨损后，间隙无法调整，影响轴的旋转精度和正常工作。因此，整体式支承只适用于间歇工作、低速和轻载的场合，如用于仪表和小功率传动系统。

3. 剖分式圆柱面支承的结构　图 11-3 是一种普通的剖分式支承，由支承座 1、支承盖 2、剖分轴瓦 4 和 5、支承盖螺栓 3 组成。支承盖和支承座的剖分面通常做成阶梯形，以使上盖和下座定位对中，同时还可以承受一些轴上的水平分力。在剖分轴瓦之间装有一组垫片，轴瓦磨损时，调整垫片的厚度，就可以调整支承的径向间隙。

4. 轴套和轴瓦的材料　轴套和轴瓦承受轴上载荷，并与轴颈有相对滑动，产生摩擦、磨损、并引起发热和温升。因此，与轴颈表面相接触的轴套或轴瓦，应该用减摩材料制造。

常用的减摩材料主要有以下几类：

（1）铸铁　普通灰铸铁（HT150 等）和球墨铸铁（QT400-18 等）。一般用于低速、轻载。

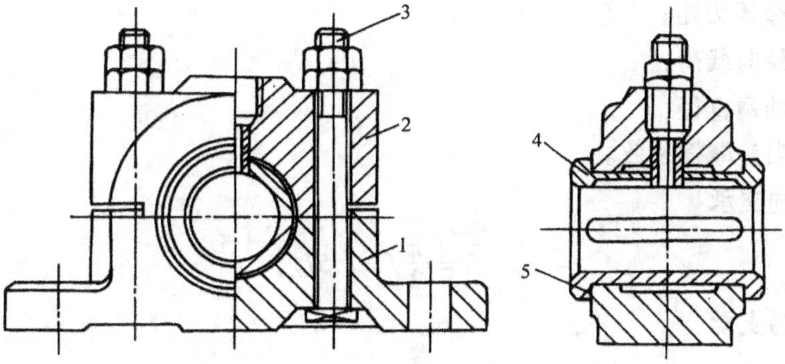

图 11-3　剖分式支承的结构

（2）铜合金　青铜是常用的轴瓦材料，其中以锡青铜的减摩性和耐磨性较佳，可承受重载，应用较广但成本高。铝青铜和铅青铜是锡青铜的代用品。黄铜的价格虽低，但只宜于低速使用。

（3）轴承合金（巴氏合金）它是锡（Sn）、铅（Pb）、锑（Sb）和铜（Cu）的合金，耐磨性和减摩性良好，但强度低，成本高。故通常都浇铸在材料强度较高的轴瓦表面，形成减摩层，称为轴承衬。这种轴瓦，既有足够的强度和刚度，又有一定的耐磨性和减摩性，所以适合于中、高速和重载时使用。

（4）陶瓷合金　又称粉末合金，是以粉末状的铁或铜为基本材料，与石墨粉混合后，经压制和烧结，制成多孔性的成型轴瓦。孔隙中可贮存润滑油，工作时有自润滑作用（因摩擦发热和热膨胀作用，轴瓦材料内部的孔隙减小，润滑油从孔隙中被挤到工作表面），故用陶瓷合金制成的轴承又称含油轴承。含油轴承常用于低速或中速，轻载或中载，润滑不便或要求清洁、不宜添加润滑油的场合。

（5）非金属材料　制造支承的常用非金属材料是工程塑料。如尼龙 6、尼龙 66 和聚四氟乙烯等。塑料支承具有耐磨、耐腐蚀和自润滑性能等优点；缺点是承载能力较低，在高温下易产生较大的变形，导热性和尺寸稳定性差。因此，塑料支承常用于工作温度不高，载荷不大的场合。

制造支承的非金属材料，还有人造宝石（刚玉）和玛瑙，多用于手表和某些仪表中。

（二）圆柱面支承的润滑

在圆柱面支承的摩擦表面注入润滑剂，可避免（或减少）摩擦表面的直接接触。有利于减小摩擦和磨损，提高表面的抗腐蚀能力。在振动和冲击情况下，还具有一定的缓冲作用。

最常用的润滑剂分为润滑油和润滑脂。润滑油是圆柱面支承使用最多的润滑剂。在润滑油中加稠化剂后形成的润滑剂为润滑脂，因流动性小，故不易流失。当支承的滑动速度很低，压强较高和不便经常加油时，可采用润滑脂。

除采用润滑剂外，选用适当的润滑方式和润滑装置，也是保证支承获得良好润滑的重要条件。

（三）圆柱面支承的设计和计算

1. 摩擦力矩的计算　圆柱面支承的摩擦力矩可用下式确定

$$M_f = \frac{1}{2} f_v F_r d \tag{11-1}$$

278

式中　$M_f$——摩擦力矩；

$F_r$——径向载荷；

$d$——轴颈直径；

$f_V$——当量摩擦系数。

对于未经研配的支承

$$f_V = \frac{\pi}{2} f = 1.57f \tag{11-2}$$

对于已经研配的支承

$$f_V = \frac{4}{\pi} f = 1.27f \tag{11-3}$$

对于用宝石制造的支承

$$f_V = f$$

式中　$f$——滑动摩擦系数。

如果支承除受径向载荷 $F_r$ 外，同时承受轴向载荷，则当止推面是轴肩时（图 11-1a），由轴向载荷 $F_a$ 产生的摩擦力矩为

$$M_f = \frac{1}{3} fF_a \frac{d_1^3 - d_2^3}{d_1^2 - d_2^2} \tag{11-4}$$

式中　$d_1$——轴肩的直径；

$d_2$——支承孔端面处的直径。

当止推面是轴的球端面时（图 11-1b），摩擦力矩为

$$M_f = \frac{3}{16} \pi fF_a a \tag{11-5}$$

其中，$a$ 的数值可用赫兹公式求出，即

$$a = 0.881 \sqrt[3]{F_a \left( \frac{1}{E_1} + \frac{1}{E_2} \right) r} \tag{11-6}$$

式中　$E_1$——轴颈材料的弹性模量；

$E_2$——为止推面材料的弹性模量；

$a$——接触面上的半径；

$r$——轴颈球面端部的半径。

当支承同时受轴向和径向载荷作用时，总的摩擦力矩等于两种载荷所产生的摩擦力矩之和。

滑动摩擦系数 $f$ 的数值受材料、表面粗糙度、润滑情况等因素的影响。一般计算时，可由表 11-1 查取。

表 11-1　摩擦系数

| 轴颈材料—支承材料 | 摩擦系数 $f$ | 轴颈材料—支承材料 | 摩擦系数 $f$ |
|---|---|---|---|
| 钢—淬火钢 | 0.16 ~ 0.18 | 钢—玛瑙，人造宝石 | 0.13 ~ 0.15 |
| 钢—锡青铜 | 0.15 ~ 0.16 | 钢—尼龙，（含石墨） | 0.04 ~ 0.06 |
| 钢—黄铜 | 0.14 ~ 0.19 | 黄铜—黄铜 | 0.20 |
| 钢—硬铝 | 0.17 ~ 0.19 | 黄铜—锡青铜 | 0.16 |
| 钢—灰铸铁 | 0.19 | | |

2. 圆柱面支承尺寸的确定　在支承受力较大，或支承受力虽小但要求轴颈的直径也较小时，可根据强度计算方法确定轴颈尺寸。

假设作用在轴颈上的载荷为 $F_r$，并认为 $F_r$ 集中作用在轴颈的中部 $L/2$ 处（图 11-4），则轴颈的强度计算公式为

$$F_r \frac{L}{2} \leq [\sigma_b] W \qquad (11\text{-}7)$$

式中　$[\sigma_b]$——许用弯曲应力；

　　　$W$——抗弯截面系数。

由于 $W \approx 0.1 d^3$

因此

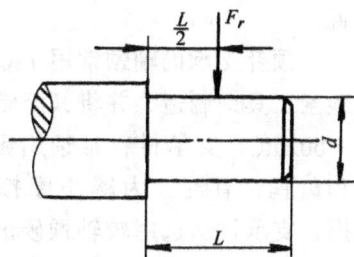

图 11-4　轴颈计算简图

$$F_r \leq \frac{0.2 [\sigma_b] d^3}{L}$$

令 $u = L/d$，代入上式，得

$$d \geq \sqrt{\frac{F_r u}{0.2 [\sigma_b]}} \qquad (11\text{-}8)$$

轴颈长度 $L$ 和轴颈直径 $d$ 的比值 $L/d$，称为长径比 $u$，其数值通常在 0.5～1.5 之间。按照结构条件选定 $u$ 值后，根据支承的载荷和材料，利用式（11-8）即可求出所需的轴颈直径。

轴颈的尺寸确定后，轴承的尺寸也随之而定。通常，轴承直径与轴颈直径的公称尺寸相同，支承宽度 $B$ 与轴颈长度 $L$ 的公称尺寸也相同。

有些精密机械，支承的摩擦力矩直接影响其精度。这时，如果允许的摩擦力矩已知，可根据这个条件确定轴颈的尺寸。例如，圆柱面支承的摩擦力矩可用式（11-1）计算，即

$$M_f = \frac{1}{2} f_v F_r d$$

所以，轴颈的直径可按下式求得，即

$$d = \frac{2M_f}{f_v F_r} \qquad (11\text{-}9)$$

3. 圆柱面支承的技术条件　圆柱面支承的技术条件主要包括加工精度等级、配合种类、表面粗糙度、表面几何形状等。选择时，应考虑支承的旋转精度要求、受力情况和转速高低等因素，并参考有关手册和类似产品选定。

**二、其它型式滑动摩擦支承**

（一）顶针支承

顶针支承是由带有圆锥轴颈的顶针和具有沉头圆柱孔的支承所组成。顶针的圆锥角一般为 60°，而沉头孔的圆锥角一般为 90°。

顶针支承中轴颈和支承的接触面很小，因此，当支承轴线相对于轴颈有倾斜时，运动件仍能正常工作。但是较小的接触面积使其单位面积上的压力较大，润滑油常从接触面间被挤出，磨损较快，因此这种支承只适用于在低速和轻载的场合。此外，顶针支承产生摩擦处的半径较小，故摩擦力矩也较小。

为了能够调节支承中的间隙，通常把支承中的一个或两个支承的位置，设计成能够轴向

调整（图 11-5a），调整后用螺母 1 固定支承。图 11-5b 是顶针支承能够作径向调整的一种结构，转动顶针 2，可以调整运动件的径向位置。支承调整后，用紧定螺钉 3 固定顶针的位置。

顶针支承的轴颈常用 T10、T12 碳素工具钢制造，并将其淬硬到 50~60HRC，支承材料常选用锡青铜和黄铜，有时，为减小摩擦和磨损，支承材料选用较轴颈硬的人造宝石。

（二）轴尖支承

轴尖支承的运动件，称为轴尖，其轴颈呈圆锥形，轴颈的端部

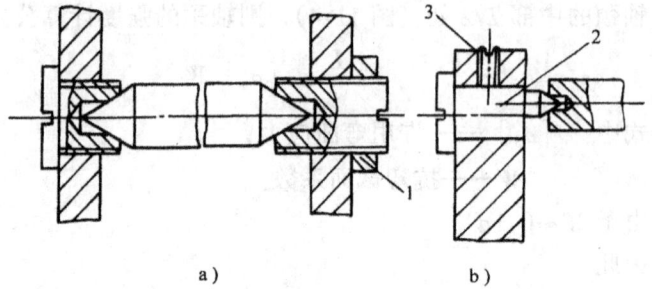

图 11-5 顶针支承的结构

是一半径很小的球面，承导件称为垫座，是一个带有内圆锥孔的轴承，轴承底部为一较轴尖半径稍大的内球面。轴尖支承既可用于垂直轴（图 11-6a），又可用于水平轴（图 11-6b）。有时，轴承不是内圆锥形，而是内球面（图 11-6c）。

轴尖支承的置中精度和方向精度均不高，并且轴尖与垫座的接触面积很小，因此抗磨损的能力也较差，但是它具有摩擦力矩很小的优点。

图 11-7 是轴尖支承的典型结构。拧动镶有轴承的螺钉 1 可以调整支承中的轴向间隙。调整后用螺母 2 锁紧，常用于电工仪表及航空仪表中。

（三）球支承

由带球形轴颈的运动件和带有内锥面（图 11-8a）或内球形面（图 11-8b）的承导件组成。由于轴颈是球形，因此运动件除可绕本身轴线转动外，尚可在通过其轴线的平面内摆动一定的角度，常用于电器中天线架的支承。

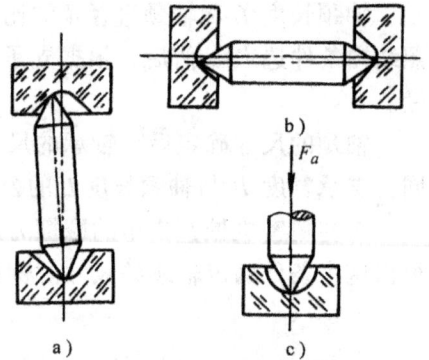

图 11-6 轴尖支承

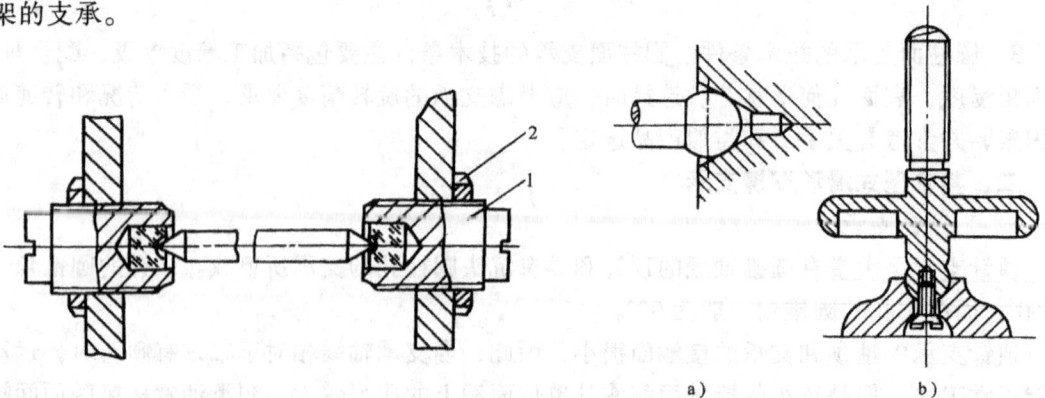

图 11-7 轴尖支承的结构

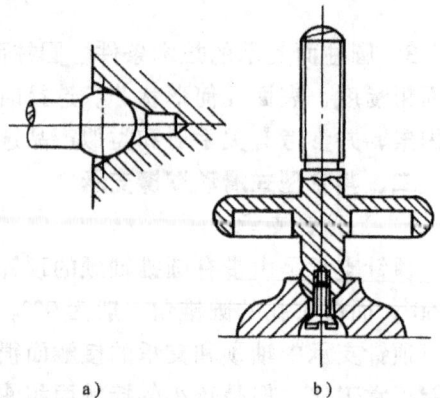

图 11-8 球支承

## 第三节  滚动摩擦支承

### 一、滚动轴承

滚动轴承通常由外圈 1、内圈 2、滚动体 3 和保持架 4 组成（图 11-9）。

内圈常装在轴颈上，随轴一起旋转，外圈装在机架或机械的零部件上（有的轴承是外圈旋转，内圈起支承作用，个别情况下，内、外圈都可以旋转）。工作时，滚动体在内、外圈之间的滚道上滚动，形成滚动摩擦。保持架把滚动体均匀地相互隔开，以避免滚动体间的摩擦和磨损。滚动体有钢球、圆柱滚子、圆锥滚子、滚针等型式。通常，不同的滚动体可构成不同类型的轴承，以适应各种载荷和工作情况。

内、外圈和滚动体的表面硬度为 60 ~ 66HRC，材料主要是 GCr15、ZGCr15、GCr15SiMn 等。保持架的材料通常为 08F ~ 30 优质碳素结构钢，也可用黄铜、青铜或工程塑料等其它材料。

滚动轴承在各种机械中普遍使用，其类型和尺寸都已标准化。因此，对标准的滚动轴承已不再需要自行设计，可根据具体的载荷、转速、旋转精度和工作条件等方面的要求进行选用。

图 11-9  滚动轴承

（一）滚动轴承的类型和选择

1. 滚动轴承的类型  滚动轴承类型很多，各类轴承的结构形式不同。精密机械中常用的几种滚动轴承的基本类型、特性及其应用，列于表 11-2 中。

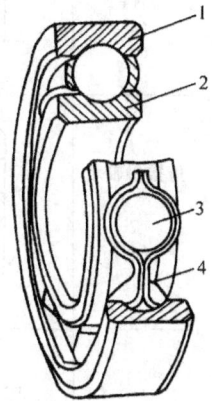

表 11-2  常用的几种滚动轴承的基本类型、特性及其应用

| 类型和代号 | 结构简图 | 能承受载荷的方向 | 额定动载荷比 | 极限转速比 | 性能及其应用 |
|---|---|---|---|---|---|
| 深沟球轴承<br>6<br>(0) | a) | | 1 | 高 | 主要承受径向载荷，也可承受不大的、任一方向的轴向载荷。承受冲击载荷的能力差<br>适用于刚性较好、转速高的轴。高转速时可以代替推力球轴承，承受纯轴向载荷。工作时，内、外圈轴线的相对偏斜为 8' ~ 16' |
| 调心球轴承<br>1<br>(1) | b) | | 0.6 ~ 0.9 | 中 | 主要承受径向载荷，也可承受不大的、任一方向的轴向载荷。但在受轴向载荷后，会形成单列滚动体工作，显著影响轴承寿命，所以应尽量避免轴向载荷<br>由于外圈滚道是以轴承中点为中心的球面，故能自动调心。允许内、外圈轴线的相对偏斜达 2° ~ 3°。适用于刚性较差的轴以及轴承座孔的同轴度较差和多支点支承 |
| 圆柱滚子轴承<br>（外圈无挡边）<br>N<br>(2) | c) | | 1.5 ~ 3 | 高 | 主要承受径向载荷，承载能力高。但对轴的偏斜或弯曲变形很敏感。内、外圈的相对偏斜不得超过 2' ~ 4'<br>内圈和外圈可以分别安装。工作时，允许内、外圈有较小的相对轴向位移<br>使用时要求轴有较好的刚性和轴承座孔有较高的同轴度<br>可在高速下使用 |

（续）

| 类型和代号 | 结构简图 | 能承受载荷的方向 | 额定动载荷比 | 极限转速比 | 性能及其应用 |
|---|---|---|---|---|---|
| 滚针轴承<br>NA<br>(4) | d) | | - | - | 只能承受径向载荷，承载能力大<br>　　结构上可以分成有内、外圈的，无内、外圈的和有外圈、无内圈的三种，其径向尺寸小。一般无保持架，因而滚针间有摩擦，轴承极限转速低，有保持架时，极限转速可以提高<br>　　当无内、外圈时，与滚针接触的轴和孔要淬硬并磨光，并达到轴承内、外圈工作表面的技术要求<br>　　适用于径向尺寸小，载荷较大的场合 |
| 角接触轴承<br>7<br>(6) | e) | | 1.0~1.4 | 高 | 可以同时承受径向载荷和单向的轴向载荷，也可以承受单向的纯轴向载荷<br>　　滚动体与外圈滚道接触点法线与径向平面的夹角称为轴承接触角 $a$，$a$ 愈大，承受轴向载荷的能力愈大<br>　　通常成对使用，两轴承可以分别安装在两个支点上或安装在同一个支点上<br>　　高速时，可用以代替单向推力球轴承。 |
| 圆锥滚子轴承<br>3<br>(7) | f) | | 1.5~2.5 | 中 | 可以同时承受较大的径向载荷和轴向载荷。也可以承受单向的纯轴向载荷<br>　　内、外圈可以分离，安装时可以分别安装，但要注意调整两者之间的间隙<br>　　通常成对使用，两轴承可以分别安装在两个支点上，或安装在同一个支点上<br>　　由于滚子端面与内圈挡边有滑动摩擦，故不宜在很高转速下工作<br>　　要求轴有较高的刚性和轴承座孔有较高的同轴度 |
| 推力球轴承<br>5<br>(8) | g) | | 1 | 低 | 只能承受轴向载荷，单向推力球轴承和双向推力球轴承可以分别承受单向和双向的载荷<br>　　两个轴套的孔径不一，小孔径者与轴装配称为紧圈；大孔径者与轴有间隙，并支承在支座上称为活圈<br>　　高速时，因滚动体的离心力大，影响轴承的使用寿命，故只宜用在中速和低速的场合 |

注：1. 额定动载荷比是指同一内径的各种类型滚动轴承的额定动载荷与深沟球轴承的额定动载荷的比值；对于推力轴承，则以单向推力球轴承的额定动载荷为其比较的基本单位。

　　2. 极限转速比是指同一内径的各类滚动轴承的极限转速与具有同样保持架的深沟球轴承的极限转速的比值；表中所列的"高"，"中"，"低"相应的极限转速比分别为："高"—100%～90%；"中"—90%～60%；"低"—60%以下。

　　3. 滚动轴承的类型名称和代号按 GB/T272—93，括号内数字是 GB272—88 的轴承类型代号。

　　2. **滚动轴承类型的选择**　各类滚动轴承有不同的特性，适用于不同的使用情况，选用轴承时，应考虑下列因素：

　　（1）载荷的方向和大小　载荷是选择轴承类型时应首先考虑的因素。当轴承受纯径向载荷 $F_r$ 时，应选用深沟球轴承；当受纯轴向载荷 $F_a$，且转速不高时，宜选用推力轴承，如转速较高，则因离心力将使推力轴承寿命显著下降，因此宜选用角接触轴承；当轴承同时承受径向载荷 $F_r$ 和轴向载荷 $F_a$ 时，则应根据 $F_a/F_r$ 的大小选择轴承类型，如 $F_a/F_r$ 较小时，可选用深沟球轴承或接触角较小的角接触轴承，如 $F_a/F_r$ 较大时，可同时采用深沟球轴承和推力轴承分别承受 $F_r$ 和 $F_a$，或采用接触角较大的角接触轴承。

　　（2）轴承的转速　轴的转速应低于其极限转速。如高于极限转速，由于滚动体的离心力、发热和振动等原因，轴承的寿命将显著降低。通常，球轴承的极限转速高于滚子轴承；超轻、特轻、轻系列轴承的极限转速高于正常系列。

（3）轴承的刚性　一般情况下，滚动轴承在载荷作用下的弹性变形是很微小的，对于大多数机械的工作性能没有影响。但是，对于某些精密机械，轴承微小的弹性变形，将影响其工作质量，这时，应选用刚性较高的轴承。滚子轴承的刚性高于球轴承，因为滚子与滚道的接触为线接触。

（4）轴承的安装尺寸　轴承内圈孔径是根据轴的直径确定的，但其外径和宽度与轴承类型有关。当需要减小径向尺寸时，宜选用轻、特轻、超轻系列的深沟球轴承，必要时可选用滚针轴承；当需要减小轴向尺寸时，宜选用窄系列的球轴承或滚子轴承。

（5）轴承的调心性能　当轴的中心线与轴承座中心线不同心（有角度误差），或轴在受力后产生弯曲或倾斜时，可采用调心球轴承。这种轴承具有自动调心性能，即使轴产生倾斜，仍能正常工作。各类轴承的允许角度误差如表 11-3 所示。

**表 11-3　轴承的允许角度误差**

| 轴 承 类 型 | 调心球轴承 | 深沟球轴承 | 圆柱滚子轴承 | 圆锥滚子轴承 |
|---|---|---|---|---|
| 允许角度误差 | 3° | 8′ | 2′ | 2′ |

（6）轴承的摩擦力矩　对于有摩擦力矩要求的轴承，只受径向载荷时，可选用深沟球轴承、短圆柱滚子轴承；只受轴向载荷时，可选用单向推力球轴承；同时承受径向和轴向载荷时，可选用接触角与载荷合力方向相接近的角接触球轴承。

（二）滚动轴承的代号

滚动轴承代号是用字母加数字来表示轴承的结构、尺寸、公差等级、技术性能等特征的产品符号。

国家标准 GB/T272—93 规定的轴承代号由三部分组成：

| 前置代号 | 基本代号 | 后置代号 |
|---|---|---|

基本代号是轴承代号的核心。前置代号和后置代号都是轴承代号的补充，只有在遇到对轴承结构、形状、材料、公差等级、技术要求等有特殊要求时才使用，一般情况的可部分或全部省略。

（1）基本代号　轴承的基本代号包括三项内容：类型代号、尺寸系列代号和内径代号。

| 类型代号 | 尺寸系列代号 | 内径代号 |
|---|---|---|

类型代号：用数字或字母表示不同类型的轴承，如表 11-4 所示。

**表 11-4　常用轴承类型代号**

| 代 号 | 轴 承 类 型 | 代 号 | 轴 承 类 型 |
|---|---|---|---|
| 0 | 双列角接触球轴承 | 7 | 角接触球轴承 |
| 1 | 调心球轴承 | 8 | 推力圆柱滚子轴承 |
| 2 | 调心滚子轴承和推力调心滚子轴承 | N | 圆柱滚子轴承 |
| 3 | 圆锥滚子轴承 | | 双列或多列用字母 NN 表示 |
| 4 | 双列深沟球轴承 | U | 外球面球轴承 |
| 5 | 推力球轴承 | QJ | 四点接触球轴承 |
| 6 | 深沟球轴承 | | |

注：在表中代号后或前加字母或数字表示该类轴承中的不同结构。

尺寸系列代号：由两位数字组成。前一位数字代表宽度系列（向心轴承）或高度系列

（推力轴承），后一位数字代表直径系列。滚动轴承的具体尺寸系列代号见表 11-5，示意图见图 11-10。尺寸系列表示内径相同的轴承可具有不同外径，而同样外径又有不同宽度（或高度），由此用以满足各种不同要求的承载能力。

——内径代号。表示轴承公称内径的大小，用数字表示，见表 11-6。

表 11-5 轴承尺寸系列代号

| 直径系列代号 | 向心轴承 | | | | | | | | 推力轴承 | | | |
| | 宽度系列代号 | | | | | | | | 高度系列代号 | | | |
| | 8 | 0 | 1 | 2 | 3 | 4 | 5 | 6 | 7 | 9 | 1 | 2 |
| | 尺寸系列代号 | | | | | | | | | | | |
| 7 | — | — | 17 | — | 37 | — | — | — | — | — | — | — |
| 8 | — | 08 | 18 | 28 | 38 | 48 | 58 | 68 | — | — | — | — |
| 9 | — | 09 | 19 | 29 | 39 | 49 | 59 | 69 | — | — | — | — |
| 0 | — | 00 | 10 | 20 | 30 | 40 | 50 | 60 | 70 | 90 | 10 | — |
| 1 | — | 01 | 11 | 21 | 31 | 41 | 51 | 61 | 71 | 91 | 11 | — |
| 2 | 82 | 02 | 12 | 22 | 32 | 42 | 52 | 62 | 72 | 92 | 12 | 22 |
| 3 | 83 | 03 | 13 | 23 | 33 | — | — | — | 73 | 93 | 13 | 23 |
| 4 | — | 04 | — | 24 | — | — | — | — | 74 | 94 | 14 | 24 |
| 5 | — | — | — | — | — | — | — | — | — | 95 | — | — |

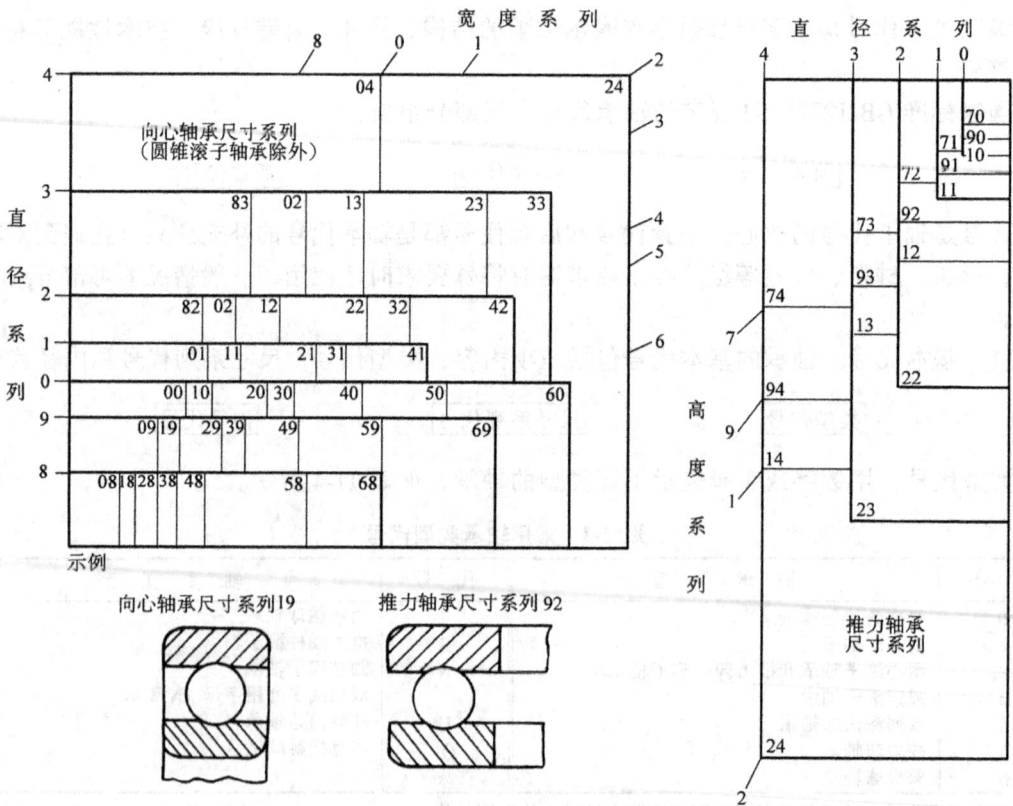

图 11-10 滚动轴承尺寸系列代号示意图

**表 11-6　轴承内径代号**

| 轴承公称直径/mm | | 内　径　代　号 | 示　　例 |
|---|---|---|---|
| 0.6～10（非整数） | | 用公称内径毫米值直接表示，在其与尺寸系列代号之间用"/"分开 | 深沟球轴承 618/2.5 $d = 2.5$mm |
| 1～9（整数） | | 用公称内径毫米值直接表示，对深沟球轴承及角接触球轴承 7、8、9 直径系列，内径与尺寸系列代号之间用"/"分开 | 深沟球轴承 625，618/5 $d = 5$mm |
| 10～17 | 10<br>12<br>15<br>17 | 00<br>01<br>02<br>03 | 深沟球轴承 6200 $d = 10$mm |
| 20～480（22，28，32 除外） | | 公称直径除以 5 的商数，商数为个位数，需在商数左边加"0"，如 08 | 调心滚子轴承 23208 $d = 40$mm |
| 大于和等于 500 以上及 22，28，32 | | 用公称内径毫米数直接表示，但在与尺寸系列之间用"/"分开 | 调心滚子轴承 230/500 $d = 500$mm |

**2．前置代号**

用字母表示，代号及其含义如下：

L——可分离轴承的可分离内圈或外圈，如 LN207。

R——不带可分离内圈或外圈的轴承，如 RNU207（NU 表示内圈无挡边的圆柱滚子轴承）。

K——滚子和保持架组件，如 K81107。

WS、GS——分别为推力圆柱滚子轴承的轴圈、座圈，如 WS81107、GS81107。

**3．后置代号**

后置代号共有 8 组，其顺序及含义分别为

| 1 | 2 | 3 | 4 | 5 | 6 | 7 | 8 |
|---|---|---|---|---|---|---|---|
| 内部结构 | 密封、防尘<br>与外部形状 | 保持架及<br>其材料 | 轴承材料 | 公差等级 | 游隙 | 配置 | 其他 |

内部结构代号：用字母表示。如：C、AC 和 B 分别代表公称接触角 $\alpha = 15°$、$25°$和 $40°$；E 代表增大承载能力进行结构改进的加强型；D 为剖分式轴承；ZW 为滚针保持架组件，双列。代号示例如：7210B、7210AC、NU207E。

密封、防尘与外部形状变化代号：部分代号与含义如下：

K、K30：分别表示锥度 1:12 和 1:30 的圆锥孔轴承。代号示例如 1210K、24122K30。

R、N、NR：分别表示轴承外圈有止动挡边、止动槽、止动槽并带止动环。代号示例如 6210N。

－RS、－RZ、－Z、－FS：分别表示轴承一面有骨架式橡胶密封圈（接触式为 RS、非接触式为 RZ）、有防尘盖、毡圈密封。代号示例如 6210－RS（同样轴承若两面有橡胶密封圈，则为 6210－2RS）。

保持架代号：表示保持架在标准规定的结构材料外其他不同结构型式与材料。如 A、B 分别表示外圈引导和内圈引导；J、Q、M、TN 则分别表示钢板冲压、青铜实体、黄铜实体和工程塑料保持架。

公差等级代号：有 /P0、/P6、/P6x、/P5、/P4、/P2 等 6 个代号，分别表示标准规定的 0、

6、6x、5、4、2 等级的公差等级（2 级精度最高）[-]，0 级可以省略不写。代号示例如 6203、6203/P6。

游隙代号：有 /C1、/C2、—、/C3、/C4、/C5 等 6 个代号，分别符合标准规定的游隙 1、2、0、3、4、5 组（游隙量自小而大），0 组不注。代号示例如 6210、6210/C4。

公差等级代号和游隙代号同时表示时可以简化，如 6210/P63 表示轴承公差等级 P6 级、径向游隙 3 组。

配置代号：成对安装的轴承有三种配置型式（图 11-11），分别用三种代号表示：/DB——背对背安装；/DF——面对面安装；/DT——串联安装。代号示例如 32208/DF、7210C/DT。

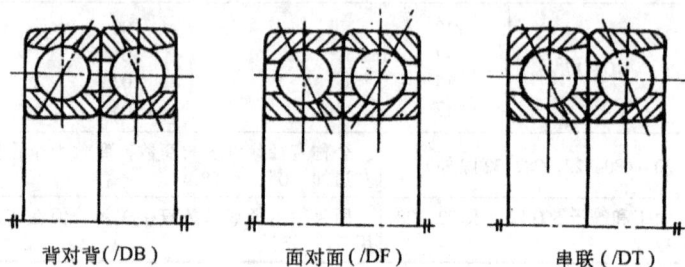

背对背(/DB)　　面对面(/DF)　　串联(/DT)

图 11-11　成对轴承配置安装型式

其他在振动、噪声、摩擦力矩、工作温度、润滑等方面有特殊要求的代号可查阅有关标准。

（三）滚动轴承的载荷分布、失效形式和计算准则

1. 滚动轴承的载荷分布　当滚动轴承受通过轴承中心的纯轴向载荷时，在理想精度下，可认为此载荷由各滚动体均匀承受。

当滚动轴承受径向载荷时，在径向载荷 $F_r$ 的作用下，由于各接触点的弹性变形，内、外圈沿 $F_r$ 的作用方向产生相对位移 $\Delta$，上半圈各滚动体并不承受载荷，只有下半圈滚动体受载，在 $F_r$ 作用线上的滚动体所受的载荷最大。根据各接触点处的变形规律，可确定各滚动体载荷的分布规律，如图 11-12 中的曲线所示。依据力的平衡条件可求出受载最大的滚动体的载荷为

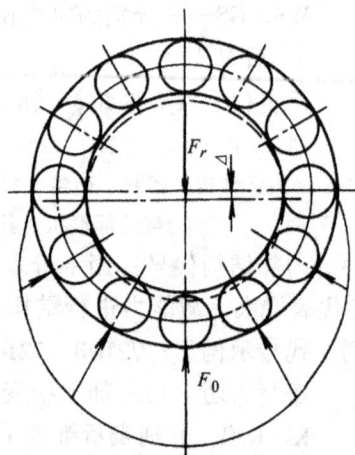

图 11-12　滚动轴承上的载荷分布

$$\left. \begin{array}{l} F_0 = \dfrac{4.37}{Z}F_r \approx \dfrac{5}{Z}F_r \quad （点接触轴承） \\[3mm] F_0 = \dfrac{4.08}{Z}F_r \approx \dfrac{4.6}{Z}F_r \quad （线接触轴承） \end{array} \right\} \qquad (11\text{-}10)$$

式中　$F_r$——轴承所受的径向力；

　　　$Z$——滚动体个数。

2. 滚动轴承的失效形式和计算准则　滚动轴承工作时内、外圈有相对运动，滚动体既有自转又围绕轴承中心公转，滚动体和套圈分别受到不同的脉动接触应力。根据不同工作情况，滚动轴承的失效形式如下：

（1）疲劳点蚀　轴承转动时，接触应力循环变化，当工作若干时间后，滚动体或滚道的局部表层金属剥落，即出现点蚀，使轴承产生振动和噪声而失效。

（2）塑性变形　当轴承的转速很低或间歇摆动时，轴承不会产生疲劳点蚀，此时轴承失

——————————
[-] 0 级、6 级、5 级、4 级、2 级公差等级分别相当于旧标准的 $G$、$E$、$D$、$C$、$B$ 级精度。

效是因受过大载荷（称为静载荷）或冲击载荷，使滚动体或内、外圈滚道上出现大的塑性变形，形成不均匀的凹坑，从而加大轴承的摩擦力矩，振动和噪声也将增加，运动精度降低。

（3）磨损　在多尘条件下工作的轴承，虽然采用密封装置，滚动体和滚道表面仍有可能产生磨粒磨损。当润滑不充分，滚动轴承内有可能发生滑动摩擦，将会产生粘着磨损并引起摩擦表面发热、胶合、甚致使滚动体回火，速度越高，发热和粘着磨损将越严重。

决定轴承尺寸时，要针对主要失效形式进行必要的计算，其计算准则是：一般工作条件的回转滚动轴承，应进行接触疲劳寿命计算和静强度计算；对于摆动或转速较低的轴承，只需作静强度计算；高速轴承由于发热而造成的粘着磨损、烧伤常是突出矛盾，除进行寿命计算外，还需核验极限转速。

此外，要特别注意轴承组合设计的合理结构、润滑和密封，这对保证轴承的正常工作往往起决定性的作用。

与主要失效形式相对应，滚动轴承具有三个基本性能参数：满足一定疲劳寿命要求的基本额定动载荷 $C_r$（径向）或 $C_a$（轴向），满足一定静强度要求的基本额定静载荷 $C_{0r}$（径向）或 $C_{0a}$（轴向）和控制轴承磨损的极限转速 $N_0$。各种轴承的性能指标值 $C$、$C_0$、$N_0$ 等可查有关手册。

（四）滚动轴承的寿命计算

1．基本额定寿命和基本额定动载荷　大部分滚动轴承是由于疲劳点蚀而失效的。轴承中任一元件出现疲劳剥落扩展迹象前运转的总转数或一定转速下的工作小时数称为轴承寿命。

同样的一批轴承在相同工作条件下运转，各轴承的实际寿命大不相同，最高的和最低的可能相差数十倍。对一个具体轴承很难预知其确切寿命，但一批轴承则服从一定的概率分布规律，用数理统计的方法处理数据可分析计算一定可靠度或失效概率下的轴承寿命。实际选择轴承时常以基本额定寿命为标准。轴承的基本额定寿命是指 90% 可靠度、常用材料和加工质量、常规运转条件下的寿命，以符号 $L_{10}$（r）或 $L_{10h}$（h）表示。

标准中规定将基本额定寿命为 $10^6$ r 时轴承所能承受的恒定载荷取为基本额定动载荷 $C$。也就是说，在基本额定动载荷作用下，轴承可以工作 $10^6$ r 而不发生点蚀失效，其可靠度为 90%。基本额定动载荷大，轴承抗疲劳的承载能力相应较强。径向基本额定动载荷 $C_r$ 对向心轴承（角接触轴承除外）是指径向载荷，对角接触轴承则是指引起轴承套圈间产生相对径向位移时的载荷径向分量。对推力轴承，轴向基本额定动载荷 $C_a$ 是指中心轴向载荷。

2．当量动载荷　滚动轴承若同时承受径向和轴向联合载荷，为了计算轴承寿命时在相同条件下比较，需将实际工作载荷转化为当量动载荷。在当量动载荷作用下，轴承寿命与实际联合载荷下轴承的寿命相同。

当量动载荷 $P$ 的计算公式是

$$P = XF_r + YF_a$$

式中　$F_r$——径向载荷（N）；

　　　$F_a$——轴向载荷（N）；

　$X$、$Y$——径向动载荷系数和轴向动载荷系数。

可由表 11-7 查取。

表 11-7 中 $e$ 是一个判断系数，它是适用于各种 $X$ 和 $Y$ 系数值的 $F_a/F_r$ 极限值。试验证

明，轴承 $F_a/F_r \le e$ 或 $F_a/F_r > e$ 时其 $X$、$Y$ 值是不同的。单列向心轴承或角接触轴承当 $F_a/F_r \le e$ 时，$Y = 0$，$P = F_r$，即轴向载荷对当量动载荷的影响可以不计。深沟球轴承和角接触球轴承的 $e$ 值随 $F_a/C_{0r}$ 的增加而增大。$F_a/C_{0r}$ 反映轴向载荷的相对大小，它通过接触角的变化而影响 $e$ 值。

表 11-7 滚动轴承当量动载荷计算的 $X$、$Y$ 值

| 轴承类型 | | $F_a/C_{0r}$[①] | $e$ | 单列轴承 | | | | 双列轴承 | | | |
|---|---|---|---|---|---|---|---|---|---|---|---|
| | | | | $F_a/F_r \le e$ | | $F_a/F_r > e$ | | $F_a/F_r \le e$ | | $F_a/F_r > e$ | |
| | | | | $X$ | $Y$ | $X$ | $Y$ | $X$ | $Y$ | $X$ | $Y$ |
| 深沟球轴承 | | 0.014 | 0.19 | | | | 2.30 | | | | 2.3 |
| | | 0.028 | 0.22 | | | | 1.99 | | | | 1.99 |
| | | 0.056 | 0.26 | | | | 1.71 | | | | 1.71 |
| | | 0.084 | 0.28 | | | | 1.55 | | | | 1.55 |
| | | 0.11 | 0.30 | 1 | 0 | 0.56 | 1.45 | 1 | 0 | 0.56 | 1.45 |
| | | 0.17 | 0.34 | | | | 1.31 | | | | 1.31 |
| | | 0.28 | 0.38 | | | | 1.15 | | | | 1.15 |
| | | 0.42 | 0.42 | | | | 1.04 | | | | 1.04 |
| | | 0.56 | 0.44 | | | | 1.00 | | | | 1 |
| 角接触球轴承 | $\alpha = 15°$ | 0.015 | 0.38 | | | | 1.47 | | 1.65 | | 2.39 |
| | | 0.029 | 0.4 | | | | 1.40 | | 1.57 | | 2.28 |
| | | 0.058 | 0.43 | | | | 1.30 | | 1.46 | | 2.11 |
| | | 0.087 | 0.46 | | | | 1.23 | | 1.38 | | 2 |
| | | 0.12 | 0.47 | 1 | 0 | 0.44 | 1.19 | 1 | 1.34 | 0.72 | 1.93 |
| | | 0.17 | 0.50 | | | | 1.12 | | 1.26 | | 1.82 |
| | | 0.29 | 0.55 | | | | 1.02 | | 1.14 | | 1.66 |
| | | 0.44 | 0.56 | | | | 1.00 | | 1.12 | | 1.63 |
| | | 0.58 | 0.56 | | | | 1.00 | | 1.12 | | 1.63 |
| | $\alpha = 25°$ | — | 0.68 | 1 | 0 | 0.41 | 0.87 | 1 | 0.92 | 0.67 | 1.41 |
| | $\alpha = 40°$ | — | 1.14 | 1 | 0 | 0.35 | 0.57 | 1 | 0.55 | 0.57 | 0.93 |
| 双列角接触球轴承 | $\alpha = 30°$ | — | 0.8 | — | | — | | 1 | 0.78 | 0.63 | 1.24 |
| 四点接触球轴承 | $\alpha = 35°$ | — | 0.95 | 1 | 0.66 | 0.6 | 1.07 | — | — | — | — |
| 圆锥滚子轴承 | — | — | $1.5\tan\alpha$[②] | 1 | 0 | 0.4 | $0.4\cot\alpha$ | 1 | $0.45\cot\alpha$ | 0.67 | $0.67\cot\alpha$ |
| 调心球轴承 | — | — | $1.5\tan\alpha$ | — | — | — | — | 1 | $0.42\cot\alpha$ | 0.65 | $0.65\cot\alpha$ |
| 推力调心滚子轴承 | | — | $\dfrac{1}{0.55}$ | — | — | 1.2 | 1 | — | — | — | — |

① 相对轴向载荷 $F_a/C_{0r}$ 中的 $C_{0r}$ 为轴承的径向基本额定静载荷，由手册查取。与 $F_a/C_{0r}$ 中间值相应的 $e$、$Y$ 值可用线性内插法求得。

② 由接触角 $\alpha$ 确定的各项 $e$、$Y$ 值也可根据轴承型号在手册中直接查取。

$\alpha = 0°$ 的圆柱滚子轴承与滚针轴承只能承受径向力，当量动载荷 $P_r = F_r$；而 $\alpha = 90°$ 的推力轴承只能承受轴向力，其当量动载荷 $P_a = F_a$。

由于机械工作时常具有振动和冲击。为此，轴承的当量动载荷应按下式计算：

$$P = f_P\left(XF_r + YF_a\right) \tag{11-11}$$

式中　$f_P$——载荷系数，由表 11-8 选取。

表 11-8　载荷系数 $f_P$

| 载荷性质 | 机器举例 | $f_P$ |
|---|---|---|
| 平稳运转或轻微冲击 | 电机、水泵、通风机、汽轮机 | 1.0 ~ 1.2 |
| 中等冲击 | 车辆、机床、起重机、冶金设备、内燃机 | 1.2 ~ 1.8 |
| 强大冲击 | 破碎机、轧钢机、振动筛、工程机械、石油钻机 | 1.8 ~ 3.0 |

在计算角接触轴承的当量动载荷时，要考虑由径向载荷产生的附加轴向力，如图 11-13 所示。当轴承受径向载荷 $F_r$ 时，载荷区内各滚动体将产生附加轴向分力 $F_{si}$，并可近似认为各 $F_{si}$ 的合力 $F_s$ 通过轴承的中心线。角接触轴承由径向载荷产生的附加轴向力 $F_s$ 见表 11-9。由图还可看出，附加轴向力使轴承套圈互相分离。为保证轴承正常工作，此类轴承常成对使用。如单独使用，其外加轴向力必须大于附加轴向力。

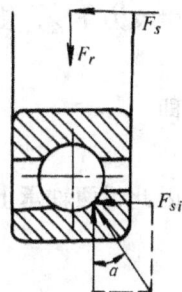

图 11-14 为角接触轴承反装配置方式，轴承接触角 $\alpha$ 向外侧倾斜。图 11-15 为角接触轴承正装配置方式，轴承接触角 $\alpha$ 向内侧倾斜。轴承Ⅰ、Ⅱ通常是同一型号（有时为不同型号）。

分析轴承Ⅰ、Ⅱ所受的轴向力，要根据具体受力情况，按力的平衡关系进行。下面分两种情况讨论。

图 11-13　角接触滚动轴承的附加轴向力

表 11-9　角接触球轴承、圆锥滚子轴承的附加轴向力 $F_s$

| 角 接 触 球 轴 承 | | | 圆锥滚子轴承 |
|---|---|---|---|
| $\alpha = 15°$（7000C 型） | $\alpha = 25°$（7000AC 型） | $\alpha = 40°$（7000B 型） | |
| $F_s = eF_r$<br>（$e$ 见表 17-5） | $F_s = 0.68F_r$ | $F_s = 1.14F_r$ | $F_s = F_r/(2Y)$<br>（$Y$ 是 $F_a/F_r > e$ 时的轴向系数） |

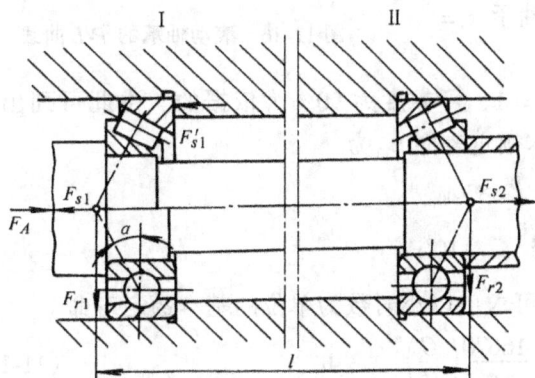

图 11-14　角接触轴承反装配方式

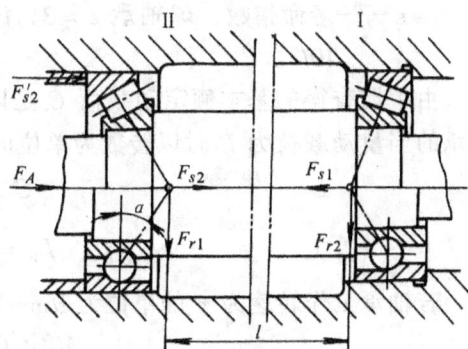

图 11-15　角接触轴承正装配方式

1）当 $F_A + F_{s2} > F_{s1}$（图 11-14）时，则轴有向右移动的趋势，根据力的平衡关系，轴承座Ⅰ上必将产生反力 $F_{s1}'$ 使

$$F_A + F_{s2} = F_{s1} + F'_{s1}$$

即

$$F'_{s1} = F_A + F_{s2} - F_{s1}$$

由此得两轴承上的轴向力 $F_{a1}$、$F_{a2}$ 分别为

$$F_{a1} = F_{s1} + F'_{s1} = F_A + F_{s2}$$

$$F_{a2} = F_{s2}$$

2）当 $F_A + F_{s2} < F_{s1}$（图 11-15），则轴有向左移动的趋势，同理，在轴承座 II 上必将产生反力 $F'_{s2}$，使

$$F_A + F_{s2} + F'_{s2} = F_{s1}$$

即

$$F'_{s2} = F_{s1} - F_A - F_{s2}$$

因此得两轴承上的轴向力 $F_{a1}$、$F_{a2}$ 分别为

$$F_{a1} = F_{s1}$$

$$F_{a2} = F_{s2} + F'_{s2} = F_{s1} - F_A$$

确定轴向载荷 $F_{a1}$ 和 $F_{a2}$ 后，即可按下式计算其当量动载荷。即

$$P_1 = X_1 F_{r1} + Y_1 F_{a1}$$

$$P_2 = X_2 F_{r2} + Y_2 F_{a2}$$

3. 轴承寿命计算　滚动轴承的寿命随载荷增大而降低，寿命与载荷的关系曲线如图 11-16 所示，其曲线方程为

$$P^\varepsilon L_{10} = 常数$$

式中　$P$——当量动载荷（N）；

$L_{10}$——基本额定寿命，常以 $10^6$ r 为单位（当寿命为 $10^6$ r 时，$L_{10} = 1$）；

$\varepsilon$——寿命指数，球轴承 $\varepsilon = 3$，滚子轴承 $\varepsilon = 10/3$。

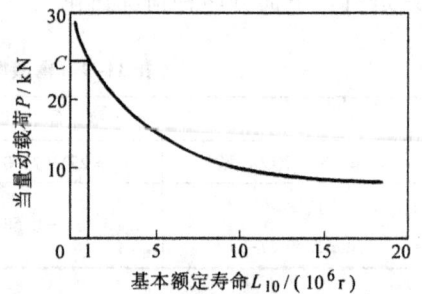

图 11-16　滚动轴承的 P-L 曲线

由手册查得的基本额定动载荷 $C$ 是以 $L_{10} = 1$、可靠度为 90% 为依据的。由此可列出当轴承的当量动载荷为 $P$ 时以转数为单位的基本额定寿命 $L_{10}$ 为

$$C^\varepsilon \times 1 = P^\varepsilon \times L_{10}$$

$$L_{10} = \left(\frac{C}{P}\right)^\varepsilon \qquad 10^6 \text{r}$$

若轴承工作转速为 $n$ 的单位为 r/min 时，可求出以小时数为单位的基本额定寿命

$$L_{10h} = \frac{10^6}{60n}\left(\frac{C}{P}\right)^\varepsilon = \frac{16670}{n}\left(\frac{C}{P}\right)^\varepsilon \qquad \text{h} \tag{11-12}$$

应取 $L_{10h} \geqslant L'_h$。$L'_h$ 为轴承的预期使用寿命。通常参照机器大修期限决定轴承的预期使用寿命，表 11-10 的推荐用值可供参考。

若已知轴承的当量动载荷 $P$ 和预期使用寿命 $L'_h$，则可按下式求得相应的计算额定动载荷 $C_j$，它与所选用轴承型号的 $C$ 值必须满足下式要求

**表 11-10　滚动轴承预期使用寿命 $L'_h$ 的荐用值**

| 使　用　场　合 | $L'_h/h$ |
|---|---|
| 不经常使用的精密机械 | 500 |
| 经常使用的精密机械 | 2000 ~ 6000 |
| 短期或间断使用，中断使用不致引起严重后果的机械 | 3000 ~ 8000 |
| 间断使用的机械，中断使用将引起严重后果，如：流水作业线的传动装置等 | 8000 ~ 12000 |
| 每天工作 8h 的机械，如齿轮减速箱 | 10000 ~ 30000 |
| 连续工作的精密机械 | 20000 ~ 60000 |
| 24h 连续工作，中断工作将引起严重后果的机械 | > 100000 |

$$C_j = \frac{P}{f_t} \sqrt[\varepsilon]{\frac{n}{16670} L'_h} \leqslant C \tag{11-13}$$

式中　$f_t$——温度系数，见表 11-11。

**表 11-11　温度系数 $f_t$**

| 轴承工作温度/℃ | ≤ 100 | 125 | 150 | 175 | 200 | 225 | 250 | 300 | 350 |
|---|---|---|---|---|---|---|---|---|---|
| 温度系数 $f_t$ | 1 | 0.95 | 0.9 | 0.85 | 0.8 | 0.75 | 0.70 | 0.60 | 0.50 |

按式（11-12）计算出的轴承寿命，其工作可靠度是 90%，但许多重要主机都希望轴承工作可靠度高于 90%，在轴承材料、使用条件不变的情况下，寿命计算公式为

$$L_{Rh} = f_R L_{10h} \tag{11-14}$$

式中　$L_{10h}$——可靠度为 90% 时轴承寿命，按式（11-12）计算；

　　　$f_R$——可靠性寿命修正系数，见表 11-12；

　　　$L_{Rh}$——任意可靠度时的寿命。

**表 11-12　可靠性寿命修正系数 $f_R$**

| 可靠度 $R$（%） | 90 | 95 | 96 | 97 | 98 | 99 |
|---|---|---|---|---|---|---|
| $f_R$ | 1.0 | 0.62 | 0.53 | 0.44 | 0.33 | 0.21 |

（五）滚动轴承的静强度计算

静强度计算的目的是防止轴承在载荷作用下产生过大的塑性变形。

基本额定静载荷（径向 $C_{0r}$，轴向 $C_{0a}$）是指轴承最大载荷滚动体与滚道接触中心处引起以下接触应力：调心球轴承——4600N/mm²，所有其它球轴承——4200N/mm²，所有滚子轴承——4000N/mm² 时，所相当的假想径向静载荷或中心轴向静载荷

同时受径向载荷 $F_r$ 和轴向载荷 $F_a$ 的轴承，应按当量静载荷进行分析计算。在当量静载荷作用下轴承最大载荷滚动体与滚道接触中心处引起的接触应力与联合载荷作用时相同。

当量静载荷的计算方法如下：

$$\left.\begin{array}{l} P_{0r} = X_0 F_r + Y_0 F_a \\ P_{0r} = F_r \end{array}\right\} \text{取两式中大值} \tag{11-15}$$

式中　$X_0$——径向静载荷系数，

　　　$Y_0$——轴向静载荷系数，查表 11-13 与有关轴承目录。

表 11-13　当量静载荷计算中的 $X_0$、$Y_0$ 值

| 轴承类型 | 接触角 $\alpha$ | 单列轴承 | | 双列轴承 | |
|---|---|---|---|---|---|
| | | $X_0$ | $Y_0$ | $X_0$ | $Y_0$ |
| 深沟球轴承 | | 0.6 | 0.5 | 0.6 | 0.5 |
| 角接触<br>球轴承 | $\alpha=15°$ | 0.5 | 0.46 | 1 | 0.92 |
| | $\alpha=25°$ | 0.5 | 0.38 | 1 | 0.76 |
| | $\alpha=40°$ | 0.5 | 0.26 | 1 | 0.52 |
| 四点接触球轴承 | $\alpha=35°$ | 0.5 | 0.29 | 1 | 0.58 |
| 双列角接触球轴承 | $\alpha=30°$ | — | | 1 | 0.66 |
| 调心球轴承 | | 0.5 | $0.22\cot\alpha$[①] | 1 | $0.44\cot\alpha$ |
| 圆锥滚子轴承 | | 0.5 | $0.22\cot\alpha$ | 1 | $0.44\cot\alpha$ |

注：由接触角 $\alpha$ 确定的 $Y_0$ 值可在轴承目录中直接查出。

按额定静载荷选择轴承，其基本公式为

$$C_{0j}=S_0P_0\leqslant C_0 \tag{11-16}$$

式中　$C_0$——基本额定静载荷（N）；

　　　$C_{0j}$——计算额定静载荷（N）；

　　　$P_0$——当量静载荷（N）；

　　　$S_0$——安全系数，见表 11-14。

表 11-14　滚动轴承静载荷安全系数 $S_0$

| 使用要求或载荷性质 | $S_0$ | |
|---|---|---|
| | 球轴承 | 滚子轴承 |
| 对旋转精度及平稳性要求高，或承受冲击载荷 | 1.5~2 | 2.5~4 |
| 正常使用 | 0.5~2 | 1~3.5 |
| 对旋转精度及平稳性要求较低，没有冲击和振动 | 0.5~2 | 1~3 |

（六）滚动轴承的极限转速

滚动轴承转速过高时会使摩擦面间产生高温，影响润滑剂性能，破坏油膜，从而导致滚动体回火或元件胶合失效。

滚动轴承的极限转速是在一定载荷和润滑条件下所允许的最高转速。在轴承样本和手册中，给出了不同类型和尺寸的轴承在油润滑或脂润滑条件下的极限转速。这些数值只适用于当量动载荷 $P\leqslant0.1C$（$C$ 为基本额定动载荷），润滑与冷却条件正常，向心轴承只受径向载荷，推力轴承只受轴向载荷，公差等级为 0 级的轴承。

当滚动轴承载荷 $P>0.1C$ 时，接触应力将增大；轴承承受联合载荷时，受载滚动体将增加，这都会增大轴承接触表面间的摩擦，使润滑状态变坏。此时，极限转速值应修正，实际许用转速值可按以下公式计算

$$[n]=f_1f_2n_{\lim} \tag{11-17}$$

式中　$[n]$——实际许用转速（r/min）；

　　　$n_{\lim}$——轴承的极限转速（r/min）；

　　　$f_1$——载荷系数（图 11-17）；

　　　$f_2$——载荷分布系数（图 11-18）。

选择滚动轴承时，轴承的工作转速不得超过实际许用转速。

选择轴承时，轴承的工作转速不要超过允许的最高转速。

影响轴承极限转速除载荷因素外，还有许多因素，如轴承类型、尺寸大小、润滑与冷却条件、游隙、保持架的材料与结构等。如果所选轴承的极限转速不能满足要求时，可以采取一些改进措施予以提高。如提高轴承的公差等级，适当加大游隙，改用特殊材料和结构的保持架，采用循环润滑、油雾润滑、增设循环冷却系统等可提高轴承的极限转速。

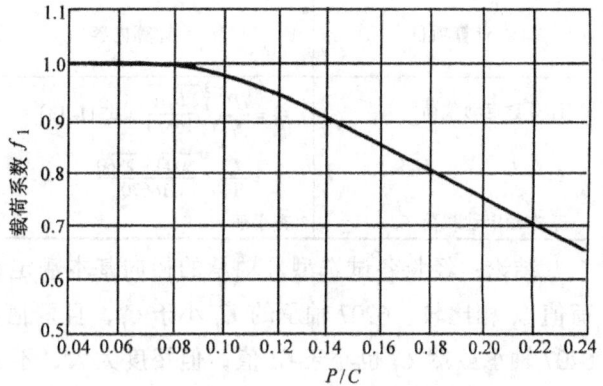

图 11-17　载荷系数 $f_1$

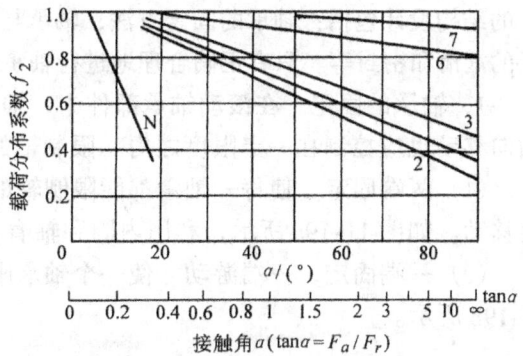

图 11-18　载荷分布系数 $f_2$

1—调心球轴承　2—调心滚子轴承　3—圆锥滚子轴承　6——深沟球轴承　7—角接触球轴承　N—圆柱滚子轴承

**例题 11-1**　试选择某传动装置中用深沟球轴承。已知轴颈 $d=35\text{mm}$，轴的转速 $n=2860\text{r/min}$，轴承径向载荷 $F_r=1600\text{N}$，轴向载荷 $F_a=800\text{N}$，载荷有轻微冲击，预期使用寿命 $L_h'=5000\text{h}$。

**解**　由于轴承型号未定，$C_{0r}$、$e$、$X$、$Y$ 值都无法确定，必须进行试算。以下采用预选轴承的方法。

预选 6207 与 6307 两种深沟球轴承方案进行计算，由手册查得轴承数据如下：

| 方案 | 轴承型号 | $C_r/\text{N}$ | $C_{0r}/\text{N}$ | $D/\text{mm}$ | $B/\text{mm}$ | $n_{\lim}/$（$\text{r}\cdot\text{min}^{-1}$） |
|---|---|---|---|---|---|---|
| 1 | 6207 | 25500 | 15200 | 72 | 17 | 8500 |
| 2 | 6307 | 32200 | 19200 | 80 | 21 | 8000 |

计算步骤与结果列于下表：

| 计算项目 | 计算内容 | 计算结果 | |
|---|---|---|---|
| | | 6207 轴承 | 6307 轴承 |
| $F_a/C_{0r}$ | $F_a/C_{0r}=800/C_{0r}$ | 0.053 | 0.042 |
| $e$ | 查表 11-7（用内插法求出） | 0.256 | 0.24 |
| $F_a/F_r$ | $F_a/F_r=800/1600$ | $0.5>e$ | $0.5>e$ |
| $X$、$Y$ | 查表 11-7（$Y$ 值用内插法求出） | $X=0.56$，$Y=1.74$ | $X=0.56$，$Y=1.85$ |
| 载荷系数 $f_P$ | 查表 11-8 | 1.1 | 1.1 |
| 当量动载荷 $P$ | $P=f_P\,(XF_r+YF_a)$（式 11-11）$=1.1\times(1600X+800Y)$ | 2517N | 2614N |

（续）

| 计算项目 | 计算内容 | 计算结果 | |
|---|---|---|---|
| | | 6207 轴承 | 6307 轴承 |
| 计算额定动载荷 $C_j$ | $C_j = \dfrac{P}{f_t}\sqrt[3]{\dfrac{L_h' n}{16670}}$ （式 11-13） $= \dfrac{P}{1}\sqrt[3]{\dfrac{5000 \times 2860}{16670}}$ | 23917N | 24839N |
| 基本额定动载荷 $C_r$ | 查手册 | $C_j < 25500$ | $C_j < 32200$ |

结论：经将各试选型号轴承的径向基本额定动载荷的计算值 $C_j$ 与其径向基本额定动载荷值 $C_r$ 相比较，6207 轴承的 $C_j$ 小于 $C_r$，且两值比较接近，故 6207 轴承适用。6307 轴承和 6407 轴承虽然 $C_j$ 也小于 $C_r$ 值，但裕度太大，不宜选用。

（七）滚动轴承部件的结构设计

设计滚动轴承部件时，除了要正确选择轴承类型和型号外，还要进行结构设计。轴承部件的结构设计包括：轴承的固定方法；轴承与轴和轴承座的配合；轴承游隙的调整和预紧；轴承的润滑和密封等。只有正确合理地进行轴承部件的结构设计，才能保证滚动轴承正常工作。

1. 轴承的固定 在滚动轴承部件中，轴和轴承在工作时，相对机座不允许有径向移动，轴向移动也应控制在一定限度之内。限制轴的轴向移动有两种方式：

（1）两端固定 使每一轴承都能限制轴的单向移动，两个轴承合在一起就能限制轴的双向移动。如图 11-19a 所示，利用内圈和轴肩、外圈和轴承盖限制轴的移动。

（2）一端固定，一端游动 使一个轴承限制轴的双向移动，另一个轴承可以游动。如图 11-19b 所示。

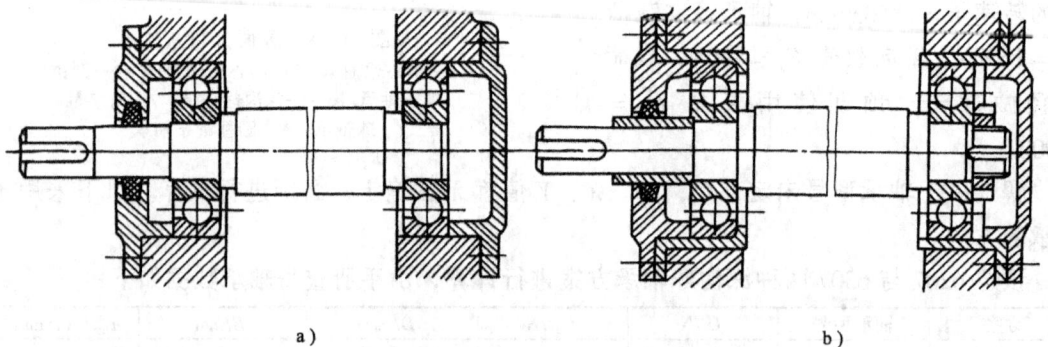

a )                    b )

图 11-19 滚动轴承的固定方式

对于工作温度较高的长轴，应采用第二种方式；对于工作温度不高的短轴，可采用第一种方式，但在外圈处也应留出少量的膨胀量，一般为 0.25 ~ 0.4mm，以备轴的伸长。间隙的大小可以用在端盖端面处加调整垫片的办法控制。

2. 轴承的配合 滚动轴承与轴及轴承座的配合将影响轴承游隙的大小。轴承未安装时的游隙称为原始游隙，装上后，由于过盈所引起的内圈膨胀和外圈收缩，会使轴承的游隙减小。

轴承游隙过大，不仅影响它的旋转精度，也影响它的寿命。只有当游隙为零时，图 11-12 所示的载荷分布规律才是正确的。如果游隙很大，在极限情况下，可能只有最下方的一个滚动体受力，轴承的承载能力将大大降低。

通常，回转圈的转速越高、载荷越大、工作温度越高，应采用较紧的配合；游动圈或经常拆卸的轴承则应采用较松的配合。轴承孔与轴的配合取（特殊的）基孔制，轴承外圈与孔的配合取基轴制。回转圈与机器旋转部分的配合一般用 $n6$、$m6$、$k6$、$js6$；固定圈和机器不动部分的配合则用 $J7$、$J6$、$H7$、$G7$ 等。关于配合和公差的详细资料可参考有关手册。

3. 滚动轴承游隙的调整　轴承游隙 $\delta$ 过大，将使承受载荷的滚动体数量减少，轴承的寿命降低。同时，还会降低轴承的旋转精度，引起振动和噪声，当载荷有冲击时，这种影响尤为显著。轴承游隙过小，轴承容易发热和磨损，也会降低轴承的寿命。因此，选择适当的游隙，是保证轴承正常工作，延长使用寿命的重要措施之一。

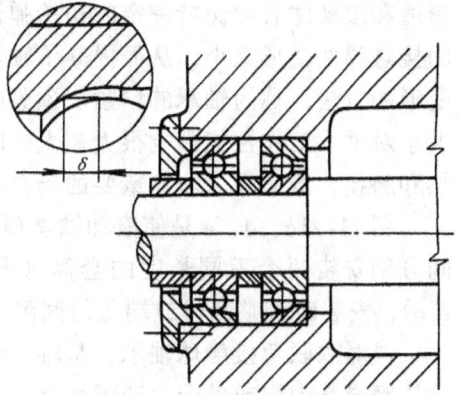

图 11-20　滚动轴承游隙的调整

许多轴承都要在装配过程中控制和调节游隙，方法是使轴承内、外圈作适当的相对轴向位移。如图 11-20 所示，调整端盖处垫片的厚度，即可调节配置在同一支座上两轴承的游隙 $\delta$。

4. 滚动轴承的预紧　当深沟球轴承或角接触轴承受轴向载荷 $F_a$ 时，内、外圈将产生相对轴向位移（图 11-21a），因此，消除了内、外圈与滚动体间的游隙，并在内、外圈滚道

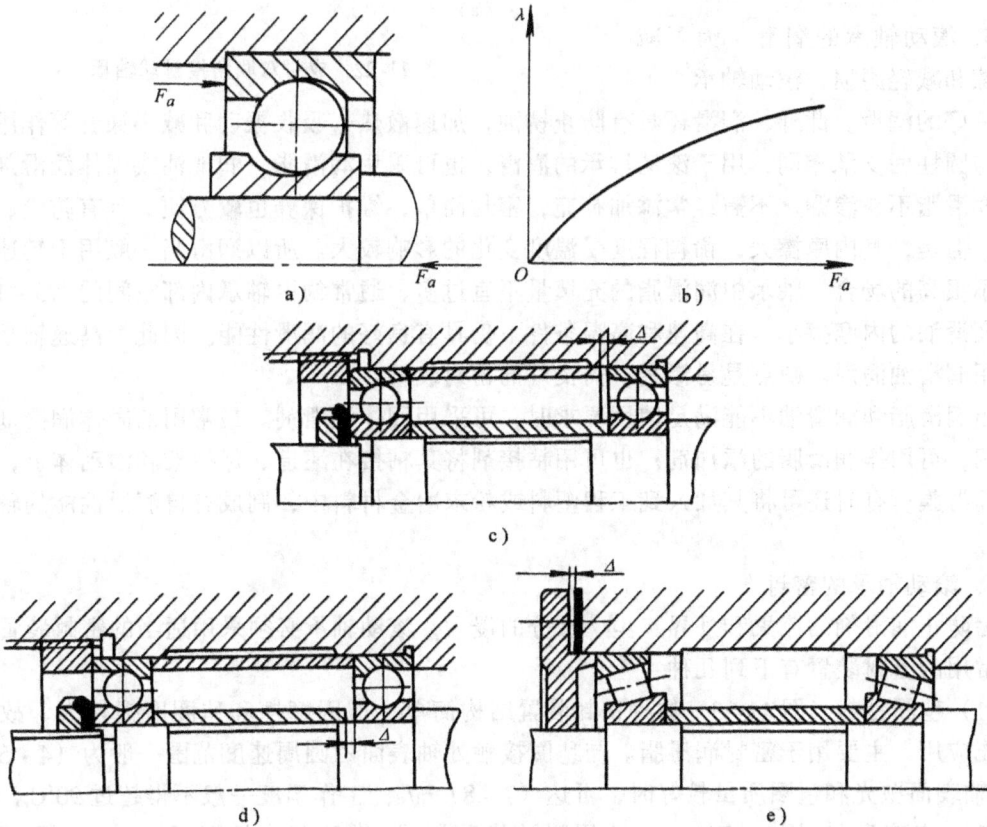

图 11-21　滚动轴承的预紧

与滚动体的接触表面产生弹性变形 λ。随着轴向载荷的增大，弹性变形也随之增大，但是，由于接触表面的面积也随着增大，所以弹性变形的增量随载荷的增加而减小，即轴承刚性将随载荷的增大而逐渐提高。载荷与变形的关系参看图 11-21b。

对于精密机械中的轴承，可根据上述载荷—变形特性，在装配轴承时，使轴承内、外圈滚道和滚动体表面保持一定的初始弹性变形，因而在工作载荷作用下，轴承既无游隙且产生的接触弹性变形又小，从而提高了轴承的旋转精度。这种在装配时使轴承产生初始接触弹性变形的方法，称为轴承的预紧。预紧时，轴承所受的载荷称为轴承的预加载荷。预加载荷的大小对轴承工作性能影响很大，太小时，对提高轴承刚性的作用不大；太大时，轴承容易发热和磨损，寿命降低。在重要的场合，预加载荷的大小应通过试验确定。

图 11-21c、d、e 是使滚动轴承预紧的几种典型结构。在两个轴承的内圈之间和外圈之间分别安装两个不同长度的套筒（图 11-21c、d），或控制轴承端盖上垫片的厚度（图 11-21e），安装时调整螺母或端盖使间隙 Δ 为零，都可产生一定的预加载荷。

成对双联角接触球轴承，是轴承厂磨窄其内圈或外圈、选配组合后，成套供应的。安装时，用外力使其内圈并紧（图 11-22a）或外圈并紧（图 11-22b），即可使轴承预紧。

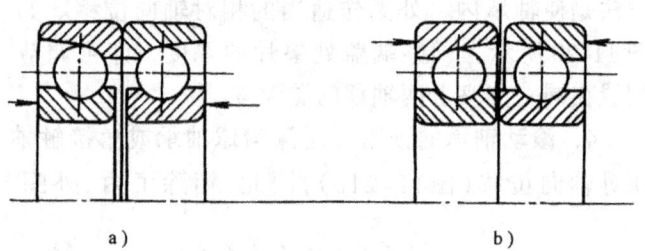

图 11-22　成对双联角接触球轴承

5. 滚动轴承的润滑　为了减小摩擦和减轻磨损，滚动轴承必须维持良好的润滑。此外，润滑还具有防止锈蚀，加速散热，吸收振动和减小噪音等作用。

与圆柱面支承相同，用于滚动轴承的润滑，也可采用润滑脂、润滑油或固体润滑剂。

润滑脂不易渗漏，不需经常添加补充，密封简单，维护保养也较方便，且有防尘、防潮能力。但是，其内摩擦大，稀稠程度受温度变化的影响较大。所以润滑脂一般用于转速和温度都不很高的场合。轴承中润滑脂的充填量不宜过多，通常约占轴承内部空间的 $1/3 \sim 1/2$。

润滑油的内摩擦小，在高速和高温条件下仍具有良好的润滑性能。因此，高速轴承一般均采用润滑油润滑。缺点是易渗漏，需良好的密封装置。

当润滑脂和润滑油不能满足使用要求时，可采用固体润滑剂。最常用的固体润滑剂是二硫化钼，可用作润滑脂的添加剂；也可用粘接剂将其粘接在滚道、保持架和滚动体上，形成固体润滑膜；有时还可将其加入到工程塑料或粉末冶金材料中，制成有自润滑性能的轴承零件。

6. 滚动轴承的密封

为防止润滑剂的流失和外界灰尘、水分的侵入，滚动轴承必须采用适当的密封装置。

常用的密封装置有下列几种：

(1) 毡圈密封（图 11-23）这种密封装置结构简单，但因摩擦和毡圈磨损较大，故高速时不能应用。主要用于密封润滑脂。与毡圈接触处轴表面的圆周速度范围一般为（4~5）m/s，当轴表面抛光和毡圈质量较好时，可达（7~8）m/s，工作温度一般不得超过 90℃。

(2) 皮碗密封（图 11-24）　皮碗用耐油橡胶制成，借助其弹性压紧在轴上，可用于密

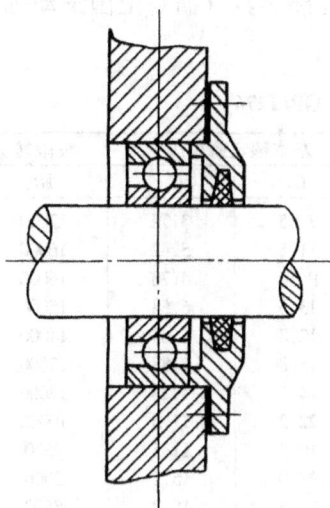

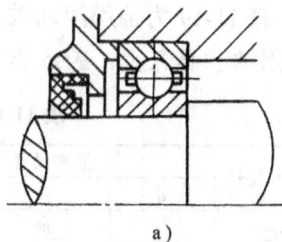

a)

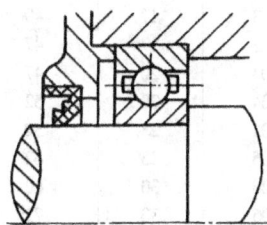

b)

图 11-23 毡圈密封 图 11-24 皮碗密封

封润滑脂或润滑油，轴表面与皮碗接触处的圆周速度一般不超过 7m/s，当轴表面抛光时，可达 15m/s，工作温度为 –40～100℃。安装皮碗时应注意密封唇的方向，用于防止漏油时，密封唇应向着轴承（图 11-24a）；用于防止外界污物侵入时，密封唇应背着轴承（图 11-24b）。

（3）间隙密封（图 11-25）　这种密封靠轴与轴承盖之间充满润滑脂的微小间隙（0.1～0.3mm）实现（图 11-25a）。间隙密封如用于密封润滑油时，轴上应加工出沟槽（图 11-25b），以便把沿轴向流出的油甩出后通过小孔流回轴承。

（4）迷宫密封（图 11-26）　这种密封装置是由转动件与固定件曲折的窄缝形成，窄缝中注满润滑脂，可用以密封润滑脂或润滑油。迷宫密封的径向间隙一般为 0.2～0.5mm，轴向间隙为 1～2.5mm，轴径大时，间隙应较大。这种密封装置的效果最好，使用时不受圆周速度的限制，且圆周速度愈高，密封效果愈好。

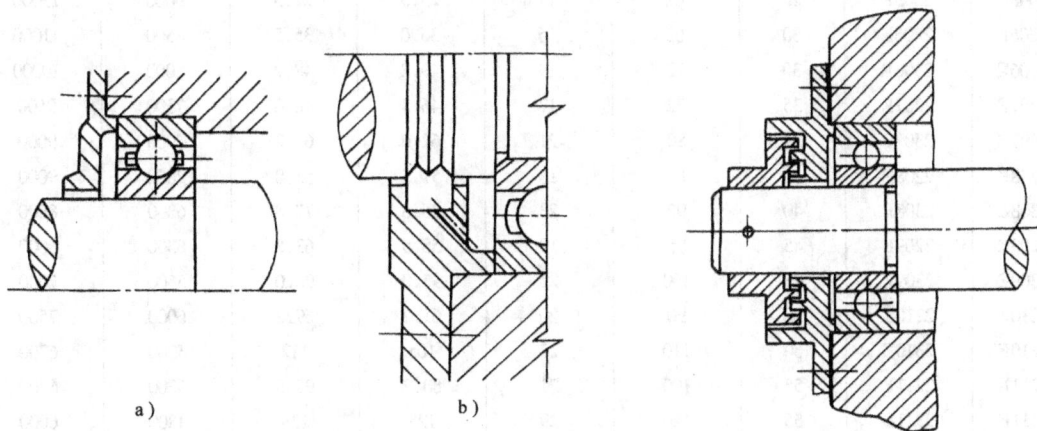

a) b)

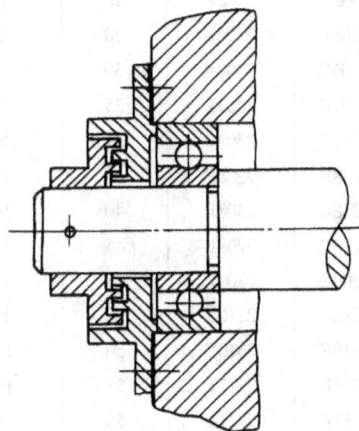

图 11-25　间隙密封 图 11-26　迷宫密封

表 11-15 ～ 表 11-19 为常用滚动轴承尺寸和主要性能参数（摘自全国滚动轴承产品样本，机械工业部洛阳轴承研究所，1995 年）。

表 11-15　深沟球轴承　GB/T276

| 轴承代号 | 原轴承代号 | 基本尺寸/mm | | | 基本额定载荷/kN | | 极限转速/ (r·min$^{-1}$) | |
|---|---|---|---|---|---|---|---|---|
| | | $d$ | $D$ | $B$ | $C_r$ | $C_{0r}$ | 脂 | 油 |
| 6202 | 202 | 15 | 35 | 11 | 7.65 | 3.72 | 17000 | 22000 |
| 6302 | 302 | 15 | 42 | 13 | 11.5 | 5.42 | 16000 | 20000 |
| 6203 | 203 | 17 | 40 | 12 | 9.58 | 4.78 | 16000 | 20000 |
| 6303 | 303 | 17 | 47 | 14 | 13.5 | 6.58 | 15000 | 19000 |
| 6204 | 204 | 20 | 47 | 14 | 12.8 | 6.65 | 14000 | 18000 |
| 6304 | 304 | 20 | 52 | 15 | 15.8 | 7.88 | 13000 | 17000 |
| 6205 | 205 | 25 | 52 | 15 | 14.0 | 7.88 | 12000 | 16000 |
| 6305 | 305 | 25 | 62 | 17 | 22.2 | 11.5 | 10000 | 14000 |
| 6206 | 206 | 30 | 62 | 16 | 19.5 | 11.5 | 9500 | 13000 |
| 6306 | 306 | 30 | 72 | 19 | 27.0 | 15.2 | 9000 | 12000 |
| 6207 | 207 | 35 | 72 | 17 | 25.5 | 15.2 | 8500 | 11000 |
| 6307 | 307 | 35 | 80 | 21 | 33.2 | 19.2 | 8000 | 10000 |
| 6208 | 208 | 40 | 80 | 18 | 29.5 | 18.0 | 8000 | 10000 |
| 6308 | 308 | 40 | 90 | 23 | 40.8 | 24.0 | 7000 | 9000 |
| 6209 | 209 | 45 | 85 | 19 | 31.5 | 20.5 | 7000 | 9000 |
| 6309 | 309 | 45 | 100 | 25 | 52.8 | 31.8 | 6300 | 8000 |
| 6210 | 210 | 50 | 90 | 20 | 35.0 | 23.2 | 6700 | 8500 |
| 6310 | 310 | 50 | 110 | 27 | 61.8 | 38.0 | 6000 | 7500 |
| 6211 | 211 | 55 | 100 | 21 | 43.2 | 29.2 | 6000 | 7500 |
| 6311 | 311 | 55 | 120 | 29 | 71.5 | 44.8 | 5300 | 6700 |
| 6212 | 212 | 60 | 110 | 22 | 47.8 | 32.8 | 5600 | 7000 |
| 6312 | 312 | 60 | 130 | 31 | 81.8 | 51.8 | 5000 | 6300 |

表 11-16　圆柱滚子轴承　GB/T283

| 轴承代号 | 原轴承代号 | 基本尺寸/mm | | | 基本额定载荷/kN | | 极限转速/ (r·min$^{-1}$) | |
|---|---|---|---|---|---|---|---|---|
| | | $d$ | $D$ | $B$ | $C_r$ | $C_{0r}$ | 脂 | 油 |
| N204E | 2204E | 20 | 47 | 14 | 25.8 | 24.0 | 12000 | 16000 |
| N304E | 2304E | 20 | 52 | 15 | 29.0 | 25.5 | 11000 | 15000 |
| N205E | 2205E | 25 | 52 | 15 | 27.5 | 26.8 | 11000 | 14000 |
| N305E | 2305E | 25 | 62 | 17 | 25.5 | 22.5 | 9000 | 12000 |
| N206E | 2206E | 30 | 62 | 16 | 36.0 | 35.5 | 8500 | 11000 |
| N306E | 2306E | 30 | 72 | 19 | 49.2 | 48.2 | 8000 | 10000 |
| N207E | 2207E | 35 | 72 | 17 | 46.5 | 48.0 | 7500 | 9500 |
| N307E | 2307E | 35 | 80 | 21 | 62.0 | 63.2 | 7000 | 9000 |
| N208E | 2208E | 40 | 80 | 18 | 51.5 | 53.0 | 7000 | 9000 |
| N308E | 2308E | 40 | 90 | 23 | 76.8 | 77.8 | 6300 | 8000 |
| N209E | 2209E | 45 | 85 | 19 | 58.5 | 63.8 | 6300 | 8000 |
| N309E | 2309E | 45 | 100 | 25 | 93.0 | 98.0 | 5600 | 7000 |
| N210E | 2210E | 50 | 90 | 20 | 61.2 | 69.2 | 6000 | 7500 |
| N310E | 2310E | 50 | 110 | 27 | 105 | 112 | 5300 | 6700 |
| N211E | 2211E | 55 | 100 | 21 | 80.2 | 95.5 | 5300 | 6700 |
| N311E | 2311E | 55 | 120 | 29 | 128 | 138 | 4800 | 6000 |
| N212E | 2212E | 60 | 110 | 22 | 89.8 | 102 | 5000 | 6300 |
| N312E | 2312E | 60 | 130 | 31 | 142 | 155 | 4500 | 5600 |

表 11-17　单列角接触球轴承　GB/T292

| 轴承代号 | 原轴承代号 | 基本尺寸/mm | | | 基本额定载荷/kN | | 极限转速/ (r·min⁻¹) | |
|---|---|---|---|---|---|---|---|---|
| | | $d$ | $D$ | $B$ | $C_r$ | $C_{0r}$ | 脂 | 油 |
| 7204C | 36204 | 20 | 47 | 14 | 14.5 | 8.22 | 13000 | 18000 |
| 7204AC | 46204 | 20 | 47 | 14 | 14.0 | 7.82 | 13000 | 18000 |
| 7204B | 66204 | 20 | 47 | 14 | 14.0 | 7.85 | 13000 | 18000 |
| 7205C | 36205 | 25 | 52 | 15 | 16.5 | 10.5 | 11000 | 16000 |
| 7205AC | 46205 | 25 | 52 | 15 | 15.8 | 9.88 | 11000 | 16000 |
| 7205B | 66205 | 25 | 52 | 15 | 15.8 | 9.45 | 9500 | 14000 |
| 7206C | 36206 | 30 | 62 | 16 | 23.0 | 15.0 | 9000 | 13000 |
| 7206AC | 46206 | 30 | 62 | 16 | 22.0 | 14.2 | 9000 | 13000 |
| 7206B | 66206 | 30 | 62 | 16 | 20.5 | 13.8 | 8500 | 12000 |
| 7207C | 36207 | 35 | 72 | 17 | 30.5 | 20.0 | 8000 | 11000 |
| 7207B | 46207 | 35 | 72 | 17 | 29.0 | 19.2 | 80000 | 11000 |
| 7207AC | 66207 | 35 | 72 | 17 | 27.0 | 18.8 | 7500 | 10000 |
| 7208C | 36208 | 40 | 80 | 18 | 36.8 | 25.8 | 7500 | 10000 |
| 7208AC | 46208 | 40 | 80 | 18 | 35.2 | 24.5 | 7500 | 10000 |
| 7208B | 66208 | 40 | 80 | 18 | 32.5 | 23.5 | 6700 | 9000 |
| 7209C | 36209 | 45 | 85 | 19 | 38.5 | 28.5 | 6700 | 9000 |
| 7209AC | 46209 | 45 | 85 | 19 | 36.8 | 27.2 | 6700 | 9000 |
| 7209B | 66209 | 45 | 85 | 19 | 36.0 | 26.2 | 6300 | 8500 |
| 7210C | 36210 | 50 | 90 | 20 | 42.8 | 32.0 | 6300 | 8500 |
| 7210AC | 46210 | 50 | 90 | 20 | 40.8 | 30.5 | 6300 | 8500 |
| 7210B | 66210 | 50 | 90 | 20 | 37.5 | 29.0 | 5600 | 7500 |
| 7211C | 36211 | 55 | 100 | 21 | 52.8 | 40.5 | 5600 | 7500 |
| 7211AC | 46211 | 55 | 100 | 21 | 50.5 | 38.5 | 5600 | 7500 |
| 7211B | 66211 | 55 | 100 | 21 | 46.2 | 36.0 | 5300 | 7000 |
| 7212C | 36212 | 60 | 110 | 22 | 61.0 | 48.5 | 5300 | 7000 |
| 7212AC | 46212 | 60 | 110 | 22 | 58.2 | 46.2 | 5300 | 7000 |
| 7212B | 66212 | 60 | 110 | 22 | 56.0 | 44.5 | 4800 | 6300 |

表 11-18  单列圆锥滚子轴承  GB/T297

| 轴承代号 | 原轴承代号 | 基本尺寸/mm | | | | 基本额定载荷/kN | | 极限转速/(r·min⁻¹) | | 计算系数 | | |
|---|---|---|---|---|---|---|---|---|---|---|---|---|
| | | $d$ | $D$ | $T$ | $B$ | $C_r$ | $C_{0r}$ | 脂 | 油 | $e$ | $Y$ | $Y_0$ |
| 30204 | 7204E | 20 | 47 | 15.25 | 14 | 28.2 | 30.5 | 8000 | 10000 | 0.35 | 1.7 | 1.0 |
| 30304 | 7304E | 20 | 52 | 16.25 | 15 | 33.0 | 33.2 | 7500 | 9500 | 0.30 | 2.0 | 1.1 |
| 32304 | 7604E | 20 | 52 | 22.25 | 21 | 42.8 | 46.2 | 7500 | 9500 | 0.30 | 2.0 | 1.1 |
| 30205 | 7205E | 25 | 52 | 16.25 | 15 | 32.2 | 37.0 | 7000 | 9000 | 0.37 | 1.6 | 0.9 |
| 33205 | 7305E | 25 | 52 | 22 | 22 | 47.0 | 55.8 | 7000 | 9000 | 0.35 | 1.7 | 0.9 |
| 31305 | 7605E | 25 | 62 | 18.25 | 17 | 40.5 | 46.0 | 6300 | 8000 | 0.83 | 0.7 | 0.4 |
| 30206 | 7206E | 30 | 62 | 17.25 | 16 | 43.2 | 50.5 | 6000 | 7500 | 0.37 | 1.6 | 0.9 |
| 32206 | 7506E | 30 | 62 | 21.25 | 20 | 51.8 | 63.8 | 6000 | 7500 | 0.37 | 1.6 | 0.9 |
| 30306 | 7306E | 30 | 72 | 20.75 | 19 | 59.0 | 63.0 | 5600 | 7000 | 0.31 | 1.9 | 1.1 |
| 30207 | 7207E | 35 | 72 | 18.25 | 17 | 54.2 | 63.5 | 5300 | 6700 | 0.37 | 1.6 | 0.9 |
| 32207 | 7507E | 35 | 72 | 24.25 | 23 | 70.5 | 89.5 | 5300 | 6700 | 0.37 | 1.6 | 0.9 |
| 30307 | 7307E | 35 | 80 | 22.75 | 21 | 75.2 | 82.5 | 5000 | 6300 | 0.31 | 1.9 | 1.1 |
| 30208 | 7208E | 40 | 80 | 19.75 | 18 | 63.0 | 74.0 | 5000 | 6300 | 0.37 | 1.6 | 0.9 |
| 32208 | 7508E | 40 | 80 | 24.75 | 23 | 77.8 | 97.2 | 5000 | 6300 | 0.37 | 1.6 | 0.9 |
| 30308 | 7308E | 40 | 90 | 25.25 | 23 | 90.8 | 108 | 4500 | 5600 | 0.35 | 1.7 | 1.0 |
| 30209 | 7209E | 45 | 85 | 20.75 | 19 | 67.8 | 83.5 | 4500 | 5600 | 0.40 | 1.5 | 0.8 |
| 32209 | 7509E | 45 | 85 | 24.75 | 23 | 80.8 | 105 | 4500 | 5600 | 0.40 | 1.5 | 0.8 |
| 30309 | 7309E | 45 | 100 | 27.25 | 25 | 108 | 130 | 4000 | 5000 | 0.35 | 1.7 | 1.0 |
| 30210 | 7210E | 50 | 90 | 21.75 | 20 | 73.2 | 92.0 | 4300 | 5300 | 0.42 | 1.4 | 0.8 |
| 32210 | 7510E | 50 | 90 | 24.75 | 23 | 82.8 | 108 | 4300 | 5300 | 0.42 | 1.4 | 0.8 |
| 30310 | 7310E | 50 | 110 | 29.25 | 27 | 130 | 158 | 3800 | 4800 | 0.35 | 1.7 | 1.0 |
| 30211 | 7211E | 55 | 100 | 22.75 | 21 | 90.8 | 115 | 3800 | 4800 | 0.40 | 1.5 | 0.8 |
| 32211 | 7511E | 55 | 100 | 26.75 | 25 | 108 | 142 | 3800 | 4800 | 0.40 | 1.5 | 0.8 |
| 30311 | 7311E | 55 | 120 | 31.5 | 29 | 152 | 188 | 3400 | 4300 | 0.35 | 1.7 | 1.0 |
| 30212 | 7212E | 60 | 110 | 23.75 | 22 | 102 | 130 | 3600 | 4500 | 0.40 | 1.5 | 0.8 |
| 32212 | 7512E | 60 | 110 | 29.75 | 28 | 132 | 180 | 3600 | 4500 | 0.40 | 1.5 | 0.8 |
| 30312 | 7312E | 60 | 130 | 33.5 | 31 | 170 | 210 | 3200 | 4000 | 0.35 | 1.7 | 1.0 |

表 11-19  推力球轴承  GB301

| 轴承代号 | 原轴承代号 | 基本尺寸/mm | | | 基本额定载荷/kN | | 极限转速/(r·min⁻¹) | |
|---|---|---|---|---|---|---|---|---|
| | | $d$ | $D$ | $T$ | $C_a$ | $C_{0a}$ | 脂 | 油 |
| 51204 | 8204 | 20 | 40 | 14 | 22.2 | 37.5 | 3800 | 5300 |
| 51304 | 8304 | 20 | 47 | 18 | 35.0 | 55.8 | 3600 | 4500 |
| 51205 | 8205 | 25 | 47 | 15 | 27.8 | 50.5 | 3400 | 4800 |
| 51305 | 8305 | 25 | 52 | 18 | 35.5 | 61.5 | 3000 | 4300 |
| 51206 | 8206 | 30 | 52 | 16 | 28.0 | 54.2 | 3200 | 4500 |
| 51306 | 8306 | 30 | 60 | 21 | 42.8 | 78.5 | 2400 | 3600 |
| 51207 | 8207 | 35 | 62 | 18 | 39.2 | 78.2 | 2800 | 4000 |
| 51307 | 8307 | 35 | 68 | 24 | 55.2 | 105 | 2000 | 3200 |
| 51208 | 8208 | 40 | 68 | 19 | 47.0 | 98.2 | 2400 | 3600 |
| 51308 | 8308 | 40 | 78 | 26 | 69.2 | 135 | 1900 | 3000 |
| 51209 | 8209 | 45 | 73 | 20 | 47.8 | 105 | 2200 | 3400 |
| 51309 | 8309 | 45 | 85 | 28 | 75.8 | 150 | 1700 | 2600 |
| 51210 | 8210 | 50 | 78 | 22 | 48.5 | 112 | 2000 | 3200 |
| 51310 | 8310 | 50 | 95 | 31 | 96.5 | 202 | 1600 | 2400 |
| 51211 | 8211 | 55 | 90 | 25 | 67.5 | 158 | 1900 | 3000 |
| 51311 | 8311 | 55 | 105 | 35 | 115 | 242 | 1500 | 2200 |
| 51212 | 8212 | 60 | 95 | 26 | 73.5 | 178 | 1800 | 2800 |
| 51312 | 8312 | 60 | 110 | 35 | 118 | 262 | 1400 | 2000 |

### 二、其它类型的滚动摩擦支承

#### （一）填入式滚珠支承

在精密机械中，常常由于结构上的原因，采用图 11-27 所示的填入式滚珠支承。在这种支承中，一般没有保持架和内圈，因此，可获得较小的径向外廓尺寸。

填入式滚珠支承的安装结构如图 11-28 所示。当外圈为单独制成的零件，并利用螺纹和支承板联接时，则运动件的轴向位置和支承的间隙都比较容易调整。

除了小型的填入式滚珠支承外，在光学机械仪器中广泛采用图 11-29 所示的特种填入式滚珠支承。其结构紧凑，常被用作镜筒和圆形工作台的支承。在图示的结构中，为保证安装时的对中，在外圈和筒体之间，采用圆柱面定位。外圈用螺纹压圈轴向压紧。

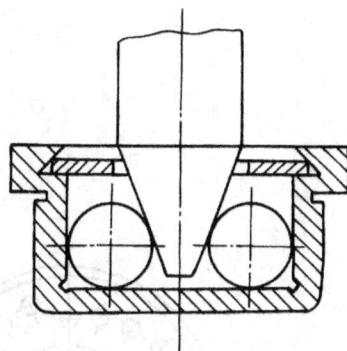

图 11-27　填入式滚珠支承

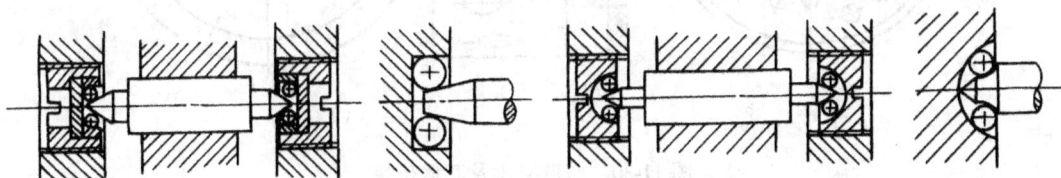

图 11-28　填入式滚珠支承的安装结构

#### （二）密珠支承

这是一种非标准的滚动摩擦支承，座圈上均无滚动体的滚道（图 11-30a）。支承的保持架如图 11-30b 和 c 所示，滚珠放在保持架的孔内。由图可见，密珠支承滚珠的排列与标准滚动轴承不同，其上的滚珠有规律地、均匀地分布在内、外圈表面上。与滚动轴承相比，密珠支承的滚珠数量多，每粒滚珠在运动时的滚道互不重复。所以内、外环和滚珠的局部误差对支承旋转精度的影响较小。此外，滚珠经过研磨选配，并使其与内、外圈之间有微量的过盈配合，因此，密珠支承可达到很高的旋转精度。

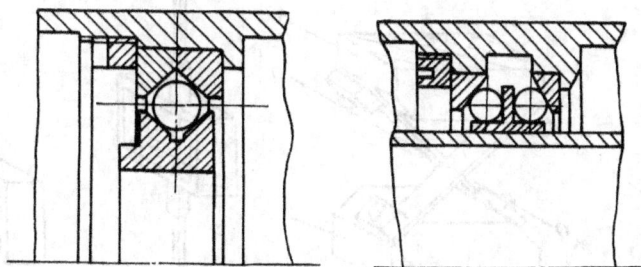

图 11-29　光学机械仪器中特种填入式滚珠支承

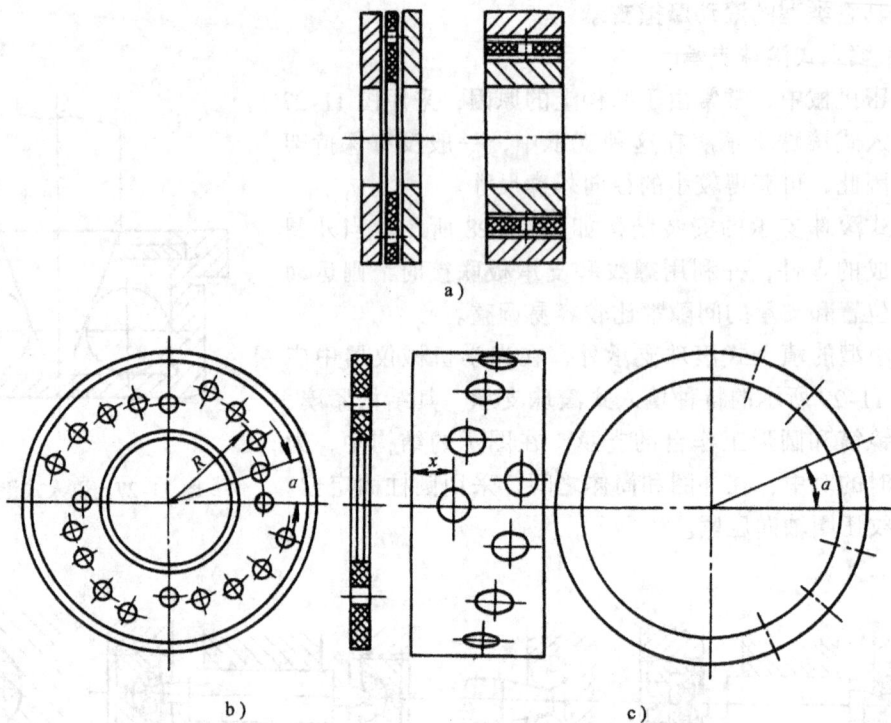

a)

b)                                        c)

图 11-30　密珠支承及其保持架

## 第四节　弹性摩擦支承

　　弹性摩擦支承，简称弹性支承，是一种只具有弹性摩擦的支承。因此，支承的摩擦力矩极小。在精密机械中，最常用的弹性支承形式有：

　　①悬簧式（图 11-31a）；②十字形片簧式（图 11-31b）；③张丝式（图 11-31c）；④吊丝式

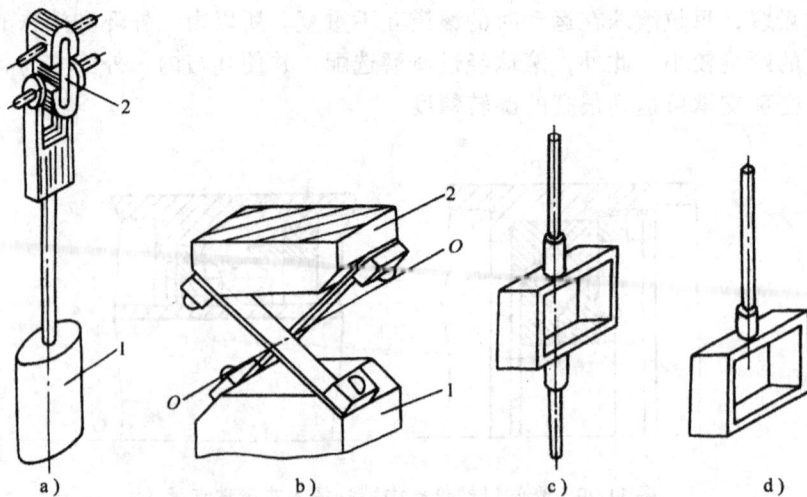

a)                    b)                    c)              d)

图 11-31　弹性支承的型式

（图 11-31d）。

悬簧式弹性支承由片簧 2 和夹持片簧的上夹和下夹组成，通常上夹固定在支座上，而下夹用来悬挂运动件 1。

十字形片簧式弹性支承（简称十字形弹性支承）是由等长度、等宽度和厚度，并交叉成十字形的一对片簧所组成。这对片簧的两个端部与运动件 1 相连，而另两个端部与基座 2 相连。采用十字形弹性支承时，运动件的转动中心大致位于片簧的交叉轴线 $OO'$ 上。

张丝式和吊丝式弹性支承的主要组成部分是矩形或圆形截面的金属丝。运动件由两根金属丝（张丝）拉住或用一根金属丝（吊丝）悬挂起来，使其能绕金属丝的轴线转动。在这种弹性支承中，金属丝除起支承的作用外，常常是产生反作用力矩的弹性元件。此外，在电工测量仪表中，往往又用它作为导电元件。

张丝和吊丝通常经过一中间弹性元件，然后再固定在基座上（图 11-32a）。这样，可保护张丝和吊丝，使其在受到偶然动力作用时不致损坏。把张丝、吊丝 1 固定在中间弹性元件 2 或其它零件上时，可用钎焊的方法（图 11-32a）或锥销夹紧（图 11-32b）。用钎焊固定方法以获得很好的电接触性能。但钎焊时容易引起张丝和吊丝的末端退火，使其弹性变坏。用夹紧固定方法不会影响其弹性，但结构比较复杂，电接触性能不好。

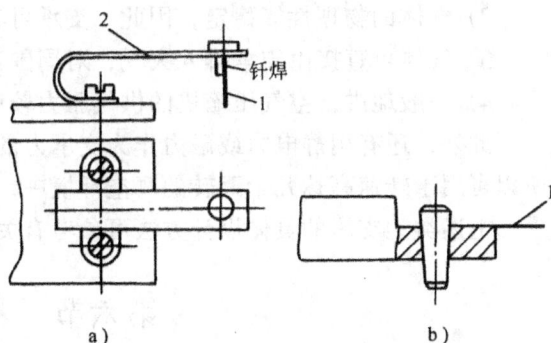

图 11-32　张丝和吊丝的固定结构

弹性支承有下列优点：

1）弹性支承中只产生极小的弹性摩擦，因此，运动件与承导件之间几乎可认为没有摩擦。

2）弹性支承中没有磨损，使用寿命长。

3）支承中无间隙，不会给传动带来空回。

4）支承中无相对滑动或滚动，因此不需施加润滑剂，维护简单。

5）可在各种使用条件下工作，如真空、高温、高压和具有射线等。

6）结构简单，成本低。

缺点是：

1）运动件转角有限制（一般不超过 $2\pi$ rad）；

2）转动中心是变化的（指悬簧式和十字形片簧式弹性支承）。

# 第五节　流体摩擦支承及其它形式支承

流体摩擦支承，是指支承的运动件和承导件之间，具有一层流体膜，当运动件转动时，流体膜各层之间产生摩擦阻力的一种支承。

按流体膜形成方法的不同，流体摩擦支承可分为

（1）动压支承　依靠运动件与承导件的相对转动形成流体膜。动压支承在起动、制动和

低速状态下，往往不能形成流体膜，此时，支承中将出现半干摩擦和干摩擦，使支承的摩擦和磨损增大。因此，应用受到一定限制。

(2) 静压支承　由外界供压设备供给一定压力的流体，在运动件和承导件之间形成流体膜。其形成与运动件的转速无关。静压支承可在各种工作条件下运转，应用较广。由于静压支承需要一套供压设备和过滤系统，因此成本较高。

按支承中流体的不同，流体摩擦支承又可分为

①液体摩擦支承；②气体摩擦支承。

气体摩擦支承与液体摩擦支承相比，有下列特点：

1) 气体的粘度较小，因此，气体摩擦支承具有较小的摩擦力矩和较高的工作转速，有的气体摩擦支承的转速可高达 $(4～5)×15^5$ r/min。

2) 气体的物理性能稳定，因此，支承可在高温或低温工作条件下运转。

3) 气体可直接由支承排入大气，对周围工作环境不会污染。

4) 一般地讲，空气压缩机的供气压力较低，因此，气体摩擦支承的承载能力较低。

此外，还有用静电力或磁力作为支承力的静电支承和磁力支承。它们由于无摩擦介质，所以可用于转速高达几十万转的真空环境中，如陀螺仪中。

上述类型支承的具体设计方法可参考有关设计手册或资料。

# 第六节　精密轴系

在精密机械中，当要求零部件精确地绕某一轴线转动时，常常通过滑动摩擦支承、滚动摩擦支承、流体摩擦支承，以及它们之间的组合来实现，这种以支承为主体所形成的部件，称为精密轴系。它具有旋转精度高、工作载荷小和转速低等特点。对精密轴系的要求有：

(1) 旋转精度　即轴系运转中的置中精度和方向精度。轴系的置中精度常用运动件某一截面中心的偏移量表示；轴系的方向精度常用运动件中心线的偏转角表示。

(2) 刚度　刚度的大小将影响轴系的旋转精度，因此要求轴系有足够的刚度，通常轴系刚度用实验的方法测定。

(3) 转动的灵便性　即转动灵活、平稳、没有阻滞现象。

下面介绍几种最常见的精密轴系。

## 一、圆柱形轴系

典型结构如图 11-33 所示。轴套 3 用螺母 2 压紧在支承座 6 上，轴系的柱形轴 1 在轴套 3 内旋转，而度盘 4 又以轴套 3 的外圆为承导面作旋转运动。轴系的轴向载荷由滚珠 7 承受，螺钉 5 用以防止柱形轴的轴向窜动。为便于制造和装配，以及减小轴系的摩擦力矩，通常将轴套 3 的中部切深，以减小接触面积。这种轴系的特点是结构简单，容易得到较高的制造精度。

影响圆柱形轴系旋转精度的因素，主要是柱形轴和轴套之间的间隙、几何形状误差和温度变化等。

(一) 间隙的影响

柱形轴和轴套之间的间隙，使柱形轴转动时，其轴线有可能产生偏转，偏转角 $\Delta\Psi$（图 11-34）可用下式求出

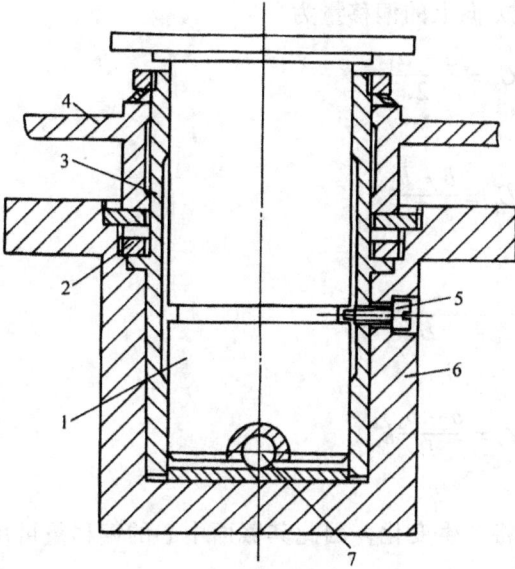

图 11-33  圆柱形轴系的结构

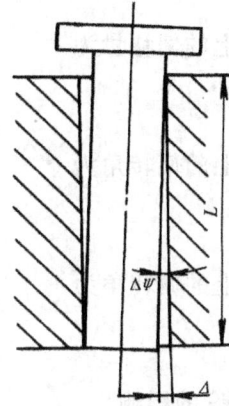

图 11-34  方向精
度计算简图

$$\Delta \Psi = \frac{\Delta}{L} k_s \qquad (11\text{-}18)$$

式中　$\Delta$——柱形轴和轴套之间的间隙；

$L$——轴套的工作长度；

$k_s$——将弧度化为秒的换算系数，其值为 $k_s = 206265''/\mathrm{rad}$。

由于柱形轴可以向左右两个方向偏转，所以偏转角也可用 $\pm \Delta \Psi$ 表示。由上式可见，要提高轴系的方向精度，可减少柱形轴和轴套之间的间隙 $\Delta$，或增大其工作长度。但是，减小间隙受到精密加工工艺水平的限制，当轴和轴套的表面几何形状误差较大时，间隙过小，将使轴系转动不灵便。

（二）零件圆度的影响

圆度对轴系旋转精度的影响如图 11-35 所示。$O'$ 为柱形轴的中心，$a_1$、$b_1$ 为柱形轴的长径和短径；$O$ 为轴套的中心，$a$、$b$ 为轴套的长径和短径。通常，圆度和间隙是同时存在的。

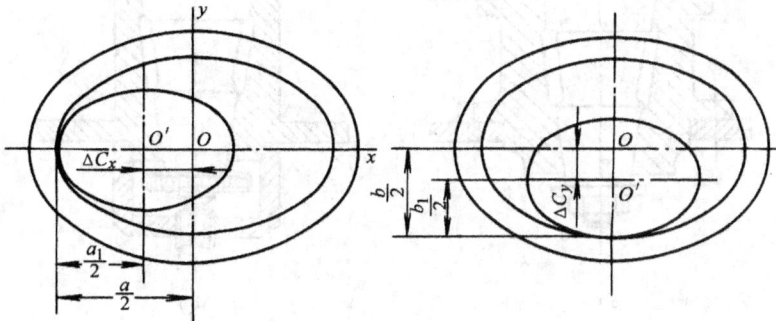

图 11-35  圆度对轴系精度的影响

由图 11-35 可见，柱形轴中心在 $X$ 轴方向上的偏移量为

$$\Delta C_x = \frac{a - a_1}{2} \qquad (11\text{-}19)$$

在 $y$ 轴方向上的偏移量为

$$\Delta C_y = \frac{b - b_1}{2} \qquad (11\text{-}20)$$

在 $x$ 轴方向上的偏转角为

$$\Delta \Psi_x = \frac{a - a_1}{L} k_s \qquad (11\text{-}21)$$

在 $y$ 轴方向上的偏转角为

$$\Delta \Psi_y = \frac{b - b_1}{L} k_s \qquad (11\text{-}22)$$

（三）温度的影响

温度变化时，轴和轴套之间的间隙也将产生变化，因此其截面中心的偏移量可用下式计算

$$\Delta C = \frac{\Delta + d\,(\alpha_1 - \alpha_2)\,(t - t_0)}{2} \qquad (11\text{-}23)$$

式中　$d$——柱形轴的公称直径；

　　　$\Delta$——制造、装配后，柱形轴和轴套之间的间隙；

　　　$t_0$——轴系制造时的温度；

　　　$t$——轴系工作时的最高或最低温度；

$\alpha_1$、$\alpha_2$——柱形轴和轴套材料的线膨胀系数。

温度变化时，如间隙增大，则偏移量也随之增大；如间隙减小，将影响轴系转动的灵便性。

**二、圆锥形轴系**

是由锥形轴和带圆锥孔套，以及其它的零件所组成（图 11-36）。在精密机械中，圆锥形轴系通常用作竖轴，且主要承受轴向载荷。

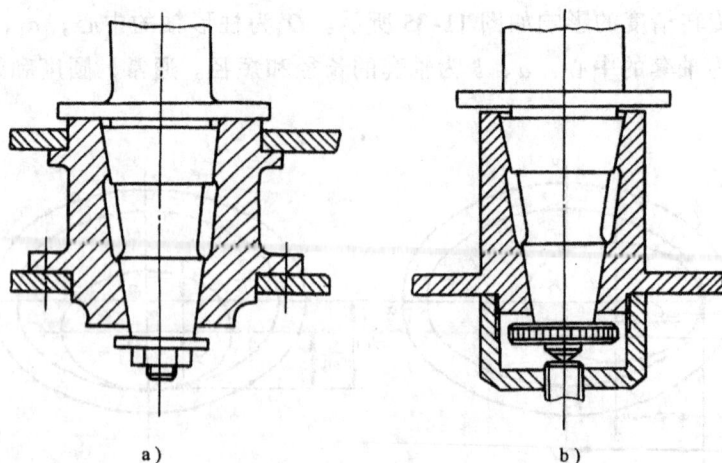

a)　　　　　　　　b)

图 11-36　圆锥形轴系

当锥形轴和轴套之间有间隙，以及锥形轴和轴套有圆度误差时，将影响轴系的置中精度和方向精度。锥形轴截面中心的偏移量 $\Delta C$（图 11-37），可用下式求得

$$\Delta C \approx \frac{\Delta d_k + \Delta d_z}{2} + \frac{\Delta n}{2\cos\alpha} \qquad (11\text{-}24)$$

式中　$\Delta d_k$——锥孔的圆度误差；

　　　$\Delta d_z$——锥形轴的圆度误差；

　　　$\Delta n$——轴套和轴之间的法向间隙；

　　　$\alpha$——轴和轴套的圆锥半角。

锥形轴的偏转角可用下式求得

$$\Delta\Psi = \frac{\Delta C}{L}k_s \qquad (11\text{-}25)$$

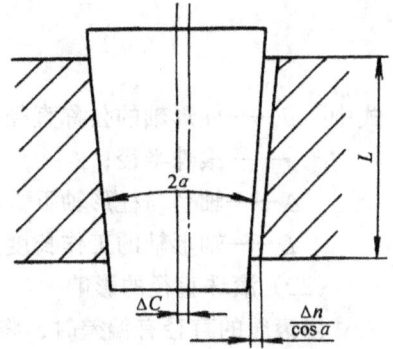

图 11-37　圆锥形轴系精度计算简图

从式（11-24）和式（11-25）可看出，在其它条件相同的情况下，锥角越小，则轴系的方向精度和置中精度越高。通常，其圆锥半角 $\alpha$ 在 $2°50' \sim 6°$ 范围内选取。

圆锥形轴系受轴向载荷 $F_a$ 时，作用在接触面上的法向压力 $2F_n$（图 11-38）应为

$$2F_n = \frac{F_a}{\sin\alpha} \qquad (11\text{-}26)$$

由于圆锥形轴系的锥角选取较小，即使轴向载荷不大，也会在接触面间产生很大的压力，增大轴系的摩擦和磨损。为了改善这种情况，常利用附加的轴肩（图 11-36a）或止推螺钉（图 11-36b）等承受轴向载荷，这时锥形表面主要用来保证旋转精度。

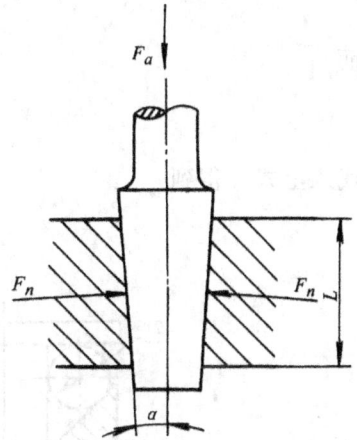

图 11-38　圆锥形轴系力的分解简图

圆锥形轴系的主要优点是其间隙可以调整，当锥形轴和轴套的形状误差极小时，轴系可通过调整间隙得到较高的置中精度和方向精度。

图 11-36b 中，止推螺钉的位移 $S$ 与轴系间隙变化的关系式为

$$S = \frac{\Delta - \Delta'}{\tan\alpha} \qquad (11\text{-}27)$$

式中　$\Delta$——调整前轴系的间隙；

　　　$\Delta'$——调整后轴系的间隙。

### 三、填入式滚珠轴系

典型结构如图 11-39 所示，置中精度与方向精度主要与间隙、滚珠直径偏差有关。

#### （一）间隙的影响

填入式滚珠轴系具有自动定心的作用，其轴的转动中心 $O$ 位于柱形轴的中心线和滚珠、内锥面接触点法线的交点上。所以，柱形轴的实际工

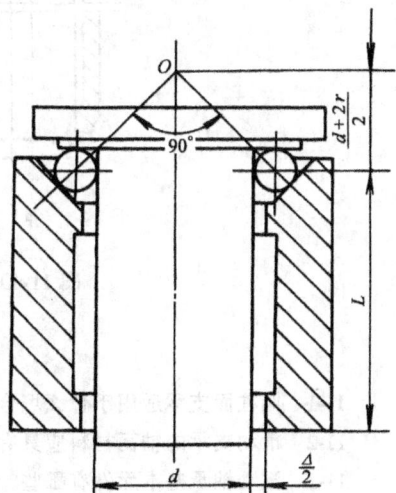

图 11-39　间隙对精度影响的计算简图

作长度为 $L+(d+2r)/2$（图 11-39），因此，中心线的偏转角为

$$\Delta\Psi = \frac{\Delta}{2\left(L+\dfrac{d+2r}{2}\right)}k_s \tag{11-28}$$

式中    $d$——柱形轴的公称直径；

      $r$——滚珠半径；

      $\Delta$——轴套与柱形轴下方的间隙；

      $L$——轴形轴的工作长度。

（二）滚珠直径的影响

当滚珠的直径有偏差时，将使轴心产生偏移（图 11-40a），如果偏移量 $\Delta C$ 小于轴系中下方间隙值 $\Delta$ 的一半时，则轴的中心线可以不产生偏斜。

由图 11-40b 可得下列关系式，即

$$2\Delta C + r_2 = E + r_1$$

而

$$E = \frac{r_1 - r_2}{\tan 22.5°}$$

代入上式，得到

$$\Delta C = \frac{1}{2}(r_1 - r_2)\left(1 + \frac{1}{\tan 22.5°}\right) \tag{11-29}$$

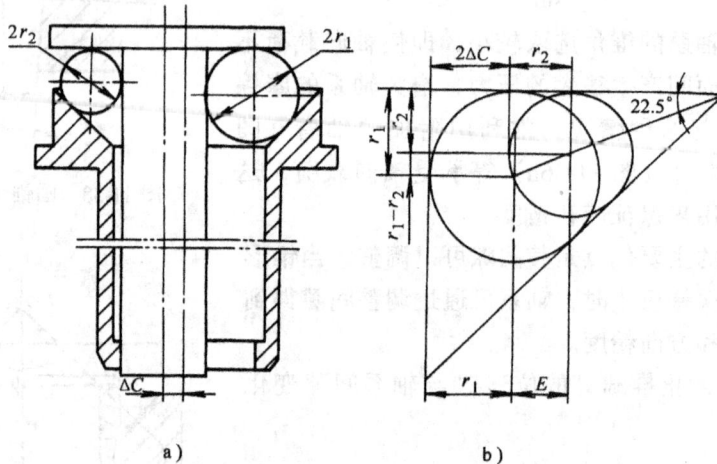

图 11-40 滚珠直径偏差对精度影响的计算简图

### 思考题及习题

11-1 圆柱面支承适用于什么场合？

11-2 滑动支承的轴瓦材料应具有什么性能？试举几种常用的轴瓦材料。

11-3 滚动轴承基本元件有哪些？各起什么作用？

11-4 根据轴承的代号，指出它的类型，精度等级，内径尺寸？6210/P63，NN3012K/P5，32209，7307AC/P2，23224。

11-5 球轴承和滚子轴承各有什么特点？适用于什么场合？

11-6　滚动轴承的寿命和额定寿命是什么含义？何谓基本额定动载荷？何谓当量动载荷？

11-7　角接触轴承的内部轴向力是怎样产生的？

11-8　轴在工作中会产生热胀冷缩，为此两端轴承应采取何措施？

11-9　为什么要调整轴承游隙？如何调整？

11-10　预紧滚动轴承起什么作用？预紧方法有哪些？

11-11　滚动轴承的润滑和密封方式有哪些？各有什么特点？

11-12　一滚动轴承型号为 6210，受径向力 $F_r = 5000N$，转速 $n = 970r/min$，工作中有轻微冲击，常温下工作，试计算轴承的寿命。

11-13　角接触轴承的安装方式如下图所示，两轴承型号为 7000C，已知作用于轴上径向载荷 $F_R = 3000N$，轴向载荷 $F_A = 300N$，试求轴承 Ⅰ 和 Ⅱ 的轴向载荷 $F_{a1}$ 和 $F_{a2}$。

11-14　一轴上有一对 6313 深沟球轴承，轴承上载荷 $F_{r1} = 5500N$，$F_{a1} = 2700N$，$F_{r2} = 6400N$，$F_{a2} = 0$；$n = 1250r/min$，运转时有轻微冲击，预期寿命 $L_h \geqslant 5000h$，静载荷安全系数 $S_0 \geqslant 1.2$，试分析轴承是否合用。

11-15　已知轴颈直径 $d = 40mm$，转速 $n = 2000r/min$。轴承上径向载荷 $F_r = 1700N$，轴向载荷 $F_a = 700N$。要求寿命 $L_h = 12000h$，有轻微冲击，常温下工作，试选定深沟球轴承的型号。

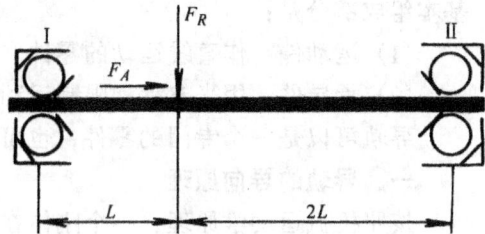

图 11-41　题 11-13 图

11-16　弹性支承有何特点？

11-17　何谓精密轴系？它有何特点？

# 第十二章　直线运动导轨

## 第一节　概　述

直线运动导轨的作用是用来支承和引导运动部件按给定的方向作往复直线运动。导轨的基本组成部分是：

（1）运动件　作直线运动的零件。

（2）承导件　用来支承和限制运动件，使其按给定方向作直线运动的零件。

导轨可以是一个专门的零件，也可以是一个零件上起导向作用的部分。

**一、导轨的导向原理**

按照机械运动学原理，一个刚体在空间有六个自由度，即沿 x、y、z 轴移动和绕它们转动（图 12-1a）。对于直线运动导轨，必须限制运动件的五个自由度，仅保留沿一个方向移动的自由度。

导轨的导向面有棱柱面和圆柱面两种基本型式。

以棱柱面相接触的零件只有沿一个方向移动的自由度，如图 12-1b、c、d 所示的棱柱面导轨，运动件只能沿 x 方向移动。棱柱面由几个平面组成，但从便于制造、装配和检验出发，平面的数目应尽量少，图 12-1 中的棱柱面导轨由两个窄长导向平面组成。

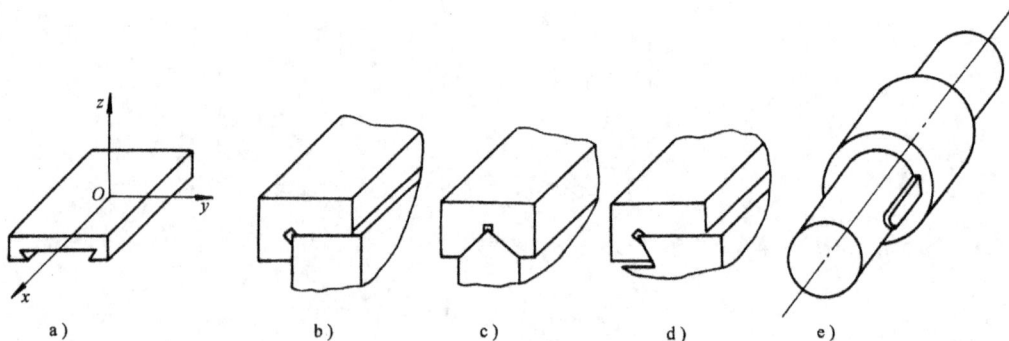

图 12-1　导轨的导向原理

限制运动件自由度的面，可以集中在一根导轨上，为提高导轨的承载能力和抵抗倾复力矩的能力，绝大多数情况是采用两根导轨。

以圆柱面相配合的两个零件，有绕圆柱面轴线转动及沿此轴线移动的两个自由度，在限制转动这一自由度后，则只有沿其轴线方向移动的自由度（图 12-1e）。

**二、导轨的分类**

按摩擦性质，导轨可分为滑动摩擦导轨、滚动摩擦导轨、弹性摩擦导轨、流体摩擦导轨等四类。

按结构特点，导轨又可分为力封式（开式）和自封式（闭式）两类。力封式导轨必须借助于外力（例如重力或弹力）才能保证运动件和承导件导轨面间的接触，从而保证运动件按给定方向作直线运动；自封式导轨则依靠导轨本身的几何形状保证运动件和承导件导轨面间的接触。

### 三、导轨的基本要求

1. 导向精度高　导向精度是指运动件按给定方向作直线运动的准确程度，它主要取决于导轨本身的几何精度及导轨配合间隙。导轨的几何精度可用线值或角值表示。

（1）导轨在垂直平面和水平面内的直线度　如图 12-2a、b 所示，理想的导轨面与垂直平面 *A-A* 或水平面 *B-B* 的交线均应为一条理想直线，但由于存在制造误差，致使交线的实际轮廓偏离理想直线，其最大偏差量 $\Delta$ 即为导轨全长在垂直平面（图 12-2a）和水平面（图 12-2b）内的直线度误差。

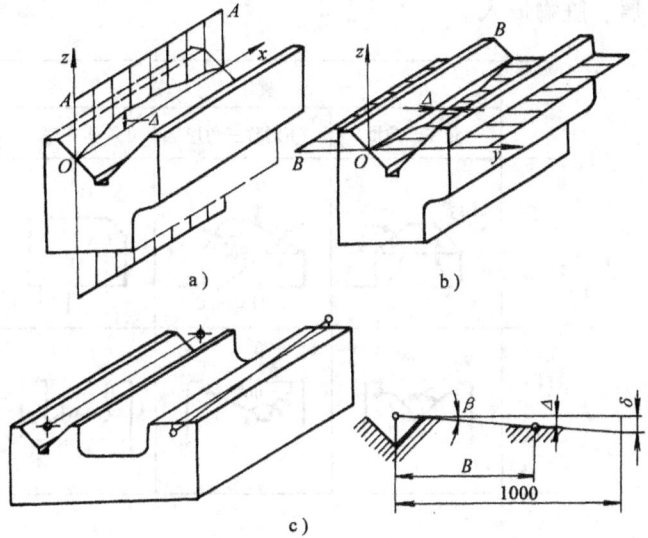

图 12-2　导轨的几何精度

（2）导轨面间的平行度　图 12-2c 所示为导轨面间的平行度误差。设 V 形导轨没有误差，平面导轨纵向有倾斜，由此产生的误差 $\Delta$ 即为导轨间的平行度误差。导轨间的平行度误差一般以角度值表示，这项误差会使运动件运动时发生"扭曲"。

2. 运动轻便、平稳、低速时无爬行现象　导轨运动的不平稳性主要表现在低速运动时导轨速度的不均匀，使运动件出现时快时慢、时动时停的爬行现象。爬行现象主要取决于导轨副中摩擦力的大小及其稳定性。为此，设计时应合理选择导轨的类型、材料、配合间隙、配合表面的几何形状精度及润滑方式。

3. 耐磨性好　导轨的初始精度由制造保证，而导轨在使用过程中的精度保持性则与导轨面的耐磨性密切相关。导轨的耐磨性主要取决于导轨的类型、材料、导轨表面的粗糙度及硬度、润滑状况和导轨表面压强的大小。

4. 对温度变化的不敏感性　即导轨在温度变化的情况下仍能正常工作。导轨对温度变化的不敏感性主要取决于导轨类型、材料及导轨配合间隙等。

5. 足够的刚度　在载荷的作用下，导轨的变形不应超过允许值。刚度不足不仅会降低导向精度，还会加快导轨面的磨损。刚度主要与导轨的类型、尺寸以及导轨材料等有关。

6. 结构工艺性好　导轨的结构应力求简单、便于制造、检验和调整，从而降低成本。

## 第二节　滑动摩擦导轨

滑动摩擦导轨的运动件与承导件直接接触。其优点是结构简单、接触刚度大；缺点是摩擦阻力大、磨损快、低速运动时易产生爬行现象。

**一、滑动摩擦导轨的类型及结构特点**

按导轨承导面的截面形状，滑动导轨可分为圆柱面导轨和棱柱面导轨（图 12-3）。其中凸形导轨不易积存切屑、脏物，但也不易保存润滑油，故宜作低速导轨，例如车床的床身导轨。凹形导轨则相反，可作高速导轨，如磨床的床身导轨，但需有良好的保护装置，以防切屑、脏物掉入。

| | 棱 柱 形 | | | | 圆 形 |
|---|---|---|---|---|---|
| | 对称三角形 | 不对称三角形 | 矩 形 | 燕尾形 | |
| 凸形 | 45° 45° | 90° 15°~30° | | 55° 55° | |
| 凹形 | 90°~120° | 65°~70° 90° | | 55° 55° | |

图 12-3  滑动摩擦导轨截面形状

**（一）圆柱面导轨**

圆柱面导轨的优点是导轨面的加工和检验比较简单，易于达到较高的精度；缺点是对温度变化比较敏感，间隙不能调整。

在图 12-4 所示的结构中，支臂 3 和立柱 5 构成圆柱面导轨。立柱 5 的圆柱面上加工有螺纹槽，转动螺母 1 即可带动支臂 3 上下移动，螺钉 2 用于锁紧，垫块 4 用于防止螺钉 2 压伤圆柱表面。

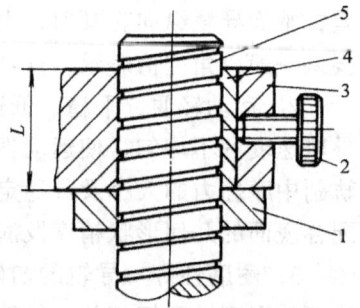

圆柱面导轨，在多数情况下，运动件的转动是不允许的，为此，可采用各种防转结构。最简单的防转结构是在运动件和承导件的接触表面上作出平面、凸起或凹槽。图 12-

图 12-4  圆柱面导轨

5a、b、c 是这种防转结构的几个例子。利用辅助导向面可以更好地限制运动件的转动（图 12-5d），适当增大辅助导向面与基本导向面之间的距离，可减小由导轨间的间隙所引起的转角误差。当辅助导向面也为圆柱面时，即构成双圆柱面导轨（图 12-5e），它既能保证较高的导向精度，又能保证较大的承载能力。

为了提高圆柱面导轨的精度，必须正确选择圆柱面导轨的配合。当导向精度要求较高时，常选用 H7/f7 或 H7/g6 配合。当导向精度要求不高时，可选用 H8/f7 或 H8/g7 配合。若仪器在温度变化不大的环境下工作，可按 H7/h6 或 H7/js6 配合加工，然后再进行研磨直到能够平滑移动时为止。

导轨的表面粗糙度可根据相应的精度等级决定。通常，被包容零件外表面的粗糙度小于

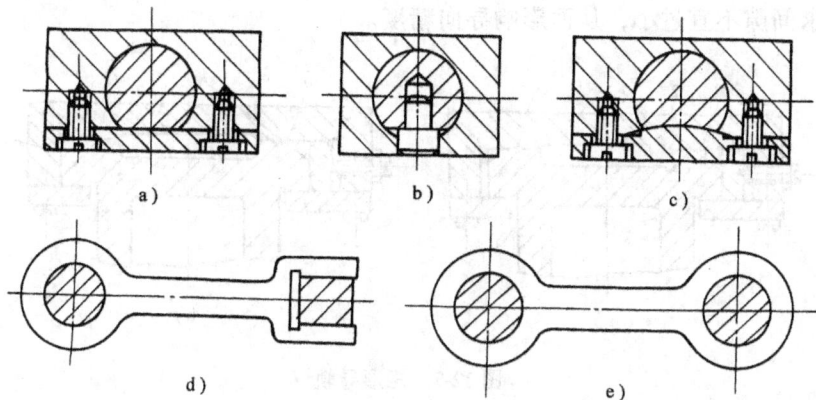

图 12-5　有防转结构的圆柱面导轨

包容件的内表面的粗糙度。

（二）棱柱面导轨

常用的棱柱面导轨有三角形导轨、矩形导轨、燕尾形导轨以及它们的组合式导轨。

1．双三角形导轨（图 12-6a）　两条导轨同时起着支承和导向作用，故导轨的导向精度高、承载能力大，两条导轨磨损均匀，磨损后能自动补偿间隙，精度保持性好。但这种导轨的制造、检验和维修都比较困难，因为它要求四个导轨面都均匀接触，刮研劳动量较大。此外，这种导轨对温度变化比较敏感。

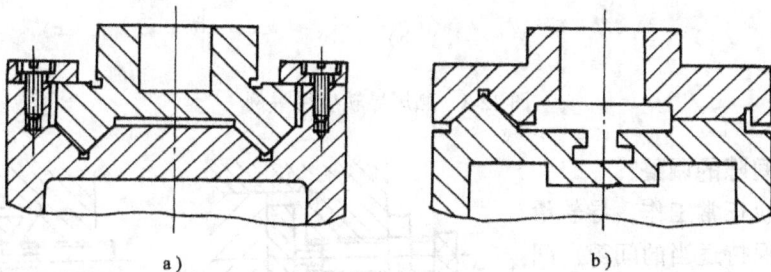

图 12-6　三角形导轨

2．三角形—平面导轨（图 12-6b）　这种导轨保持了双三角形导轨导向精度高、承载能力大的优点，避免了由于热变形所引起的配合状况的变化，且工艺性比双三角形导轨大为改善，因而应用很广。缺点是两条导轨磨损不均匀，磨损后不能自动调整间隙。

3．矩形导轨　矩形导轨可以做得较宽，因而承载能力和刚度较大。优点是结构简单、制造、检验、修理较易。缺点是磨损后不能自动补偿间隙，导向精度不如三角形导轨。

图 12-7 所示结构是将矩形导轨的导向面 A 与承载面 B、C 分开，从而减小导向面的磨损，有利于保持导向精度。图 12-7a 中的导向面 A 是同一导轨的内外侧，两者之间的距离较小，热膨胀变形较小，可使导轨的间隙相应减小，导向精度较高。但此时两导轨面的摩擦力将不相同，因此应合理布置驱动元件的位置，以避免工作台倾斜或被卡住。图 12-7b 所示结构以两导轨面的外侧作为导向面，克服了上述缺点，但因导轨面间距离较大，容易受热膨胀

的影响，要求间隙不宜过小，从而影响导向精度。

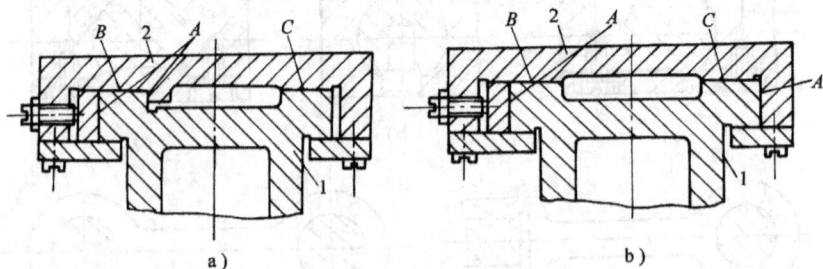

图 12-7　矩形导轨

4．燕尾导轨　主要优点是结构紧凑、调整间隙方便。缺点是几何形状比较复杂，难于达到很高的配合精度，并且导轨中的摩擦力较大，运动灵活性较差，因此，通常用在结构尺寸较小及导向精度与运动灵便性要求不高的场合。图 12-8 为燕尾导轨的应用举例，其中图 12-8c 所示结构的特点是把燕尾槽分成几块，便于制造、装配和调整。

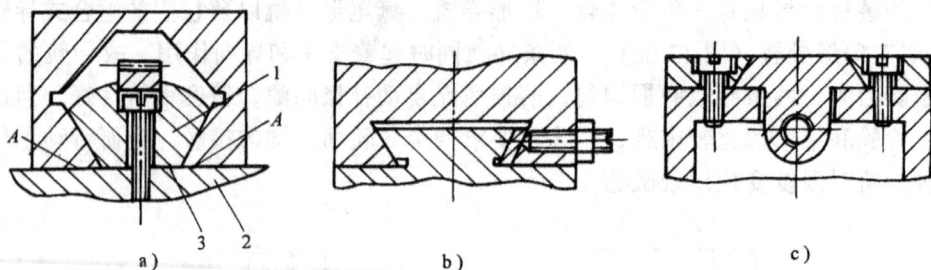

图 12-8　燕尾导轨应用举例

## 二、导轨间隙的调整

为保证导轨正常工作，导轨滑动表面之间应保持适当的间隙。间隙过小会增大摩擦力，间隙过大又会降低导向精度。为此常采用以下办法，以获得必要的间隙。

1．采用磨、刮相应的结合面或加垫片的方法，以获得合适的间隙。如图 12-8a 所示生物显微镜的燕尾导轨，为了获得合适的间隙，可在零件 1 与 2 之间加上垫片 3 或采取直接铲刮承导件与运动件的结合面 A 的办法达到。

2．采用平镶条调整（图 12-9）。平镶条为一平行六面体，其截

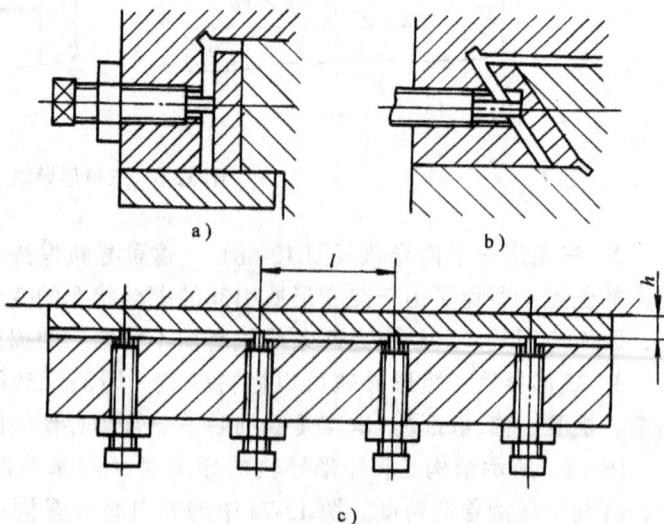

图 12-9　平镶条调整导轨间隙

面形状为矩形（图12-9a）或平行四边形（图12-9b）。调整时，只要拧动沿镶条全长均匀分布的几个螺钉，便能调整导轨的侧向间隙，调整后再用螺母锁紧。平镶条制造容易，但镶条在全长上只有几个点受力，容易变形，故常用于受力较小的导轨。缩短螺钉间的距离（$l$），加大镶条厚度（$h$）有利于镶条压力的均匀分布，当 $l/h = 3 \sim 4$ 时，镶条压力基本上均匀分布（图12-9c）。

3. 采用斜镶条调整（图12-10）　斜镶条的侧面磨成斜度很小的斜面，导轨间隙是用镶条的纵同移动来调整的，为了缩短镶条长度，一般将其放在运动件上。

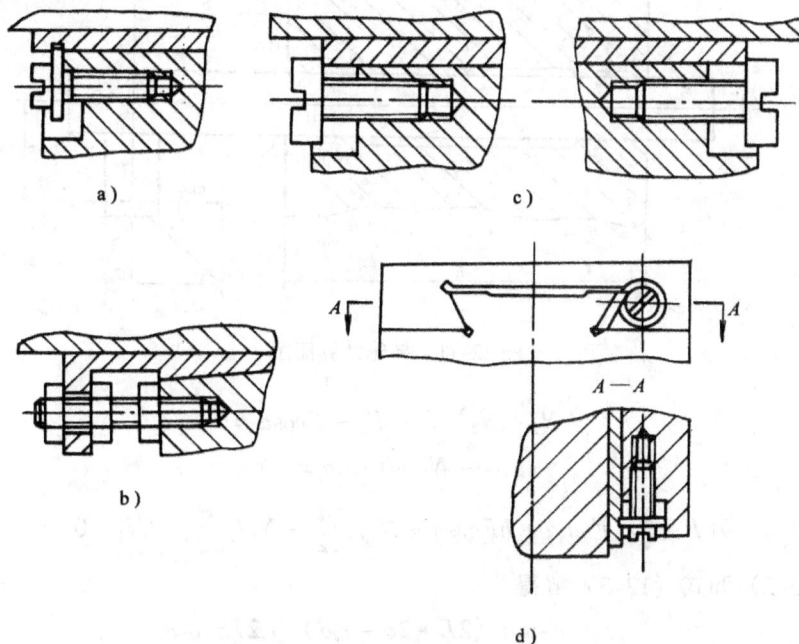

图 12-10　用斜镶条调整导轨间隙

图12-10a的结构简单，但螺钉凸肩与斜镶条的缺口间不可避免地存在间隙，可能使镶条产生窜动。图12-10b所示的结构较为完善，但轴向尺寸较长，调整也较麻烦。图12-10c为由斜镶条两端的螺钉进行调整，镶条的形状简单，便于制造。图12-10d为用斜镶条调整燕尾导轨间隙的实例。

斜镶条愈长，斜度应愈小，以免一端过薄，表12-1可供参考。

表 12-1　斜镶条的斜度

| 斜镶条长度/mm | < 500 | 500 ~ 750 | > 750 |
|---|---|---|---|
| 斜镶条斜度 | 1:50 | 1:75 | 1:100 |

与平镶条相比，斜镶条调整容易，受力均匀，但镶条与导轨上的斜面制造较难，装配时需刮研或配磨镶条的两个工作面，以达到配合良好的目的。

**三、驱动力方向和作用点对导轨工作的影响**

设计导轨时，必须合理确定驱动力的方向和作用点，使导轨的倾复力矩尽可能小。否则，将使导轨中的摩擦力增大，磨损加剧，从而降低导轨运动灵便性和导向精度，严重时甚至使导轨卡住而不能正常工作。因此，需要研究运动件不被卡住的条件。

设驱动力作用在通过导轨轴线的平面内，驱动力 $F$ 的方向与导轨运动方向的夹角为 $\alpha$，作用点离导轨轴线的距离为 $h$（图 12-11），为了便于计算，略去运动件与承导件间的配合间隙和运动件重力的影响。由于驱动力 $F$ 将使运动件倾转，可认为运动件与承导件的两端点压紧，正压力分别为 $N_1$、$N_2$，相应的摩擦力为 $N_1 f_v$，$N_2 f_v$。如果载荷为 $F_a$，则力系的平衡条件为

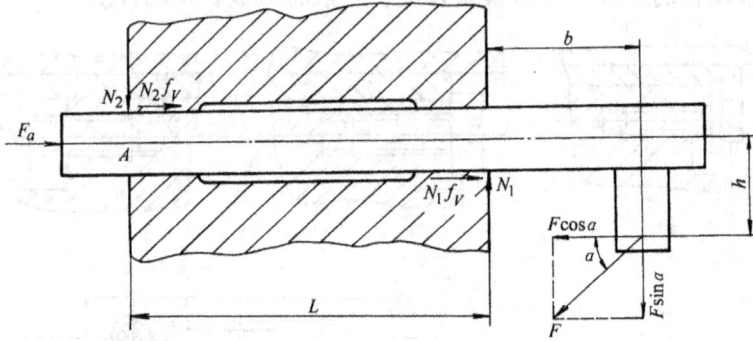

图 12-11 导轮计算简图

$$\sum F_x = 0 \qquad\qquad (N_1 + N_2)\, f_v + F_a - F\cos\alpha = 0 \qquad\qquad (12\text{-}1)$$

$$\sum F_y = 0 \qquad\qquad N_2 - N_1 + F\sin\alpha = 0 \qquad\qquad (12\text{-}2)$$

$$\sum M_A = 0 \qquad (L + b)\, F\sin\alpha + hF\cos\alpha + N_2 f_v \frac{d}{2} - N_1 f_v \frac{d}{2} - LN_1 = 0 \qquad (12\text{-}3)$$

由式（12-2）和式（12-3）解得

$$N_1 = \frac{F\sin\alpha\ (2L + 2b - f_v d)\ + 2Fh\cos\alpha}{2L}$$

$$N_2 = \frac{F\sin\alpha\ (2b - f_v d)\ + 2Fh\cos\alpha}{2L}$$

将 $N_1$、$N_2$ 代入式（12-1），得

$$F = \frac{F_a}{\cos\alpha\left(1 - f_v \dfrac{2h}{L}\right) - f_v \sin\alpha\left(1 + \dfrac{2b}{L} - \dfrac{f_v d}{L}\right)} \qquad (12\text{-}4)$$

欲能驱动运动件，驱动力 $F$ 应为有限值。因此，保证运动件不被卡住的条件是

$$\cos\alpha\left(1 - f_v \frac{2h}{L}\right) - f_v \sin\alpha\left(1 + \frac{2b}{L} - \frac{f_v d}{L}\right) > 0$$

当 $d/L$ 很小时，上式 $f_v d/L$ 项可略去，则有

$$\tan\alpha < \frac{L - 2f_v h}{f_v\ (L + 2b)} \qquad\qquad (12\text{-}5)$$

当 $h = 0$ 时，即驱动力 $F$ 的作用点在运动件的轴线上，由式（12-5）可得运动件正常运动的条件为

$$\frac{L}{b} > \frac{2f_v \tan\alpha}{1 - f_v \tan\alpha} \qquad\qquad (12\text{-}6)$$

当 $\alpha = 0$ 时，即驱动力 $F$ 平行于运动件轴线，由式（12-5）可得

$$2f_V \frac{h}{L} < 1$$

为了保证运动灵活，建议设计时取

$$2f_V \frac{h}{L} < 0.5 \tag{12-7}$$

当 $h$ 及 $\alpha$ 均为零时，即驱动力 $F$ 通过运动件轴线，由式（12-4）可得 $F = F_a$，此时驱动力不会产生附加的摩擦力，导轨的运动灵活性最好，设计时应力求符合这种情况。

上述公式中，$f_V$ 为当量滑动摩擦系数，对于不同的导轨，$f_V$ 值为

矩形导轨　　　　　　　　$f_V = f$

燕尾形和三角形导轨　　　$f_V = f/\cos\beta$ $\left.\right\}$ $\tag{12-8}$

圆柱面导轨　　　　　　　$f_V = 4f/\pi = 1.27f$

式中　$f$——滑动摩擦系数；

　　　$\beta$——燕尾轮廓角或三角形底角。

对于不同截面形状的组合导轨，由于两根导轨的摩擦力不同，驱动运动件的驱动元件（螺旋副、齿轮-齿条或其它传动装置）的位置应随之不同。例如对图 12-12 所示的三角形-平面组合导轨，因三角形导轨上的摩擦力要比平面导轨大，摩擦力的合力作用在 $O$ 点，且 $c > b$，因此，驱动元件的位置应该设在 $O$ 点，从而消除运动件移动时转动的趋势，使运动件移动平稳而灵活。

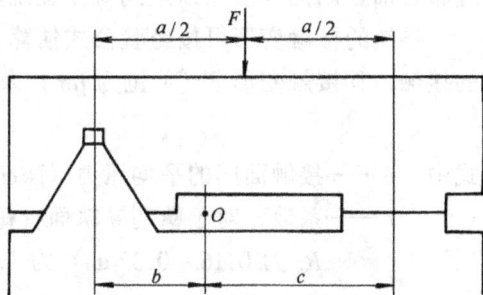

图 12-12　三角形—平面导轨

**四、温度变化对导轨间隙的影响**

滑动摩擦导轨对温度变化比较敏感。由于温度的变化，可能使自封式导轨卡住或造成不能允许的过大间隙。为减小温度变化对导轨的影响，承导件和运动件最好用膨胀系数相同或相近的材料。

如果导轨在温度变化大的条件下工作（如大地测量仪器或军用仪器等），在选定精度等级和配合以后，应对温度变化的影响进行验算。

为了保证导轨在工作时不致卡住，导轨中的最小间隙值 $\Delta_{\min}$ 应大于或等于零。

导轨的最小间隙可用下式计算

$$\Delta_{\min} = D_{2\min}\left[1 + \alpha_2\left(t - t_0\right)\right] - D_{1\max}\left[1 + \alpha_1\left(t - t_0\right)\right] \tag{12-9}$$

式中　$D_{2\min}$——包容件在制造温度时的最小直径或最小直线尺寸；

　　　$D_{1\max}$——被包容件在制造温度时的最大直径或最大直线尺寸；

　　$\alpha_1$、$\alpha_2$——被包容件与包容件材料的线膨胀系数；

　　　$t_0$——导轨制造时的温度；

　　　$t$——导轨工作时的最高或最低温度。

为保证导轨的工作精度，导轨副中的最大间隙 $\Delta_{\max}$ 应小于或等于允许间隙 $[\Delta_{\max}]$，即

$$\Delta_{max} \leqslant [\Delta_{max}] \tag{12-10}$$

导轨中的最大间隙可用下式计算

$$\Delta_{max} = D_{2max} [1 + \alpha_2 (t - t_0)] - D_{1min} [1 + \alpha_1 (t - t_0)] \tag{12-11}$$

式中　$D_{2max}$——包容件在制造温度时的最大直径或最大直线尺寸；

　　　$D_{1min}$——被包容件在制造温度时的最小直径或最小直线尺寸。

### 五、导轨的刚度计算

为了保证机构的工作精度，设计时应保证导轨的最大弹性变形量不超过允许值。必要时应进行导轨的刚度计算或验算。由于导轨主要受静载荷作用，故导轨的刚度主要是指静刚度。

如果忽略机座变形对导轨刚度的影响（设机座为绝对刚体），则导轨的刚度主要取决于在载荷作用下，导轨运动件和承导件的弯曲变形和它们工作面间接触变形的大小。

在计算导轨的弯曲变形时，可将与导轨运动件连成一体的工作台简化成梁，按工程力学中梁的变形公式进行简化计算。为了提高导轨的刚度，除必要时增大导轨尺寸外，常采用合理布置加强筋的办法，以达到既保证刚度又减轻重量的目的。

导轨的接触变形可按经验公式估算，对于名义接触面积不超过 $100 \sim 150 cm^2$ 的钢和铸铁的接触，其接触变形 $\delta$（单位为 $\mu m$）为

$$\delta = c\sqrt{p} \tag{12-12}$$

式中　$p$——接触面间的平均压力（$N/cm^2$）；

　　　$c$——系数，对于精刮导轨面（每 $25mm \times 25mm$ 在 16 点以上）和磨削导轨面（粗糙度 $R_a$ 为 $0.16 \sim 0.32\mu m$）为 $1.47 \sim 1.94$，研磨表面（粗糙度 $R_a$ 为 $0.01 \sim 0.02\mu m$）为 $0.69$。

当具有微观不平度的两导轨面接触时，首先发生接触的是两个表面上相互对着且高度最大的轮廓峰，此时接触变形较大，接触刚度较小。随着压力的增大，接触面积增加，接触刚度也随之提高，只有当压力达到一定数值，实际接触面积足够大时，接触刚度才趋于稳定。实际接触面积只是名义接触面积的一部分。

### 六、提高导轨耐磨性的措施

为使导轨在较长的使用期间内保持一定的导向精度，必须提高导轨的耐磨性。由于磨损速度与材料性质、加工质量、表面压强、润滑及使用维护等因素直接有关，故欲想提高导轨的耐磨性，须从这些方面采取措施。

#### （一）合理选择导轨的材料及热处理

用于导轨的材料，应具有耐磨性好，摩擦系数小，并具有良好的加工和热处理性质。常用的材料有：

铸铁　如 HT200、HT300 等，均有较好的耐磨性。采用高磷铸铁（含磷量质量分数高于 0.3%）、磷铜钛铸铁和钒钛铸铁作导轨，耐磨性比普通铸铁分别提高 $1 \sim 4$ 倍。

铸铁导轨的硬度一般为 $180 \sim 200 HBS$。为提高其表面硬度，采用表面淬火工艺，表面硬度可达 55HRC，导轨的耐磨性可提高 $1 \sim 3$ 倍。

钢　常用的有碳素钢（40、50、T8A、T10A）和合金钢（20Cr、40Cr）。淬硬后钢导轨的耐磨性比一般铸铁导轨高 $5 \sim 10$ 倍。要求高的可用 20Cr 制成，渗碳后淬硬至 $56 \sim 62 HRC$；

要求低的用 40Cr 制成，高频淬火硬度至 52～58HRC。钢制导轨一般做成条状，用螺钉及销钉固定在铸铁机座上，螺钉的尺寸和数量必须保证良好的接触刚度，以免引起变形。

有色金属　常用的有黄铜、锡青铜、超硬铝（LC₄）、铸铝（ZL₆）等。

塑料　聚四氟乙烯具有优良的减摩、耐磨和抗振性能，工作温度适应范围广（－200～＋280℃），静、动摩擦系数都很小，是一种良好的减摩材料。在以聚四氟乙烯为基体的塑料导轨性能良好，它是一种在钢板上烧结球状青铜颗粒并浸渍聚四氟乙烯塑料的板材，如图 12-13 所示。导轨板的厚度为 1.5～3mm，在多孔青铜颗粒上面的聚四氟乙烯表层厚为 0.025mm。这种塑料导

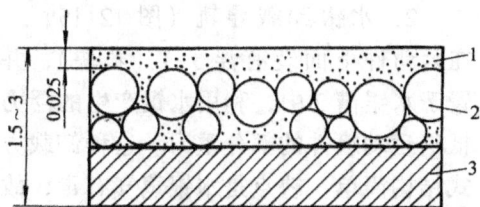

图 12-13　塑料导轨板截面示意图
1—聚四氟乙烯层　2—烧结的多孔青铜颗粒　3—钢板

轨板既有聚四氟乙烯的摩擦特性，又具有青铜和钢铁的刚性与导热性，装配时可用环氧树脂粘接在动导轨上。这种导轨用在数控机床、集成电路制板设备上，可保证较高的重复定位精度和满足微量进给时无爬行的要求。

在实际应用中，为减小摩擦阻力，常用不同材料匹配使用。例如圆柱面导轨一般采用淬火钢—非淬火钢、青铜或铸铝；棱柱面导轨可用钢—青铜，淬火钢—非淬火钢，钢—铸铁等。

导轨经热处理后，均需进行时效处理，以减小其内应力。

（二）减小导轨面压强

导轨面的平均压强越小，分布越均匀，则磨损越均匀，磨损量越小。导轨面的压强取决于导轨的支承面积和负载，设计时应保证导轨工作面的最大压强不超过允许值[⊖]。为此，许多精密导轨，常采用卸载导轨，即在导轨截荷的相反方向给运动件施加一个机械的或液压的作用力（卸载力），抵消导轨上的部分载荷，从而达到既保持导轨面间仍为直接接触，又减小导轨工作面的压力。一般卸载力取为运动件所受总重力的 2/3 左右。

1. 静压卸载导轨（图 12-14）　在运动件导轨面上开有油腔，通入压力为 $P_s$ 的液压油，

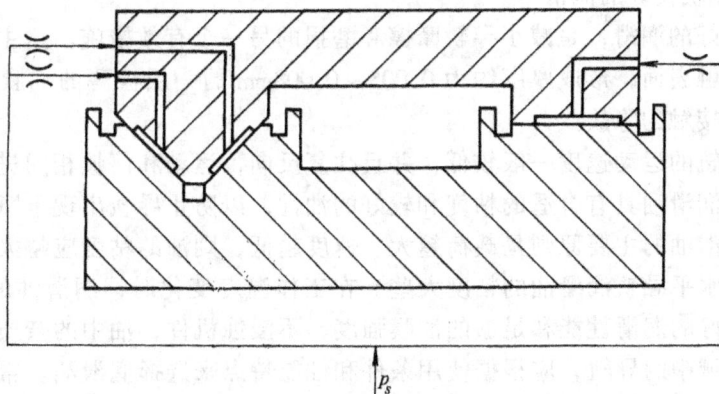

图 12-14　静压卸载导轨原理

---

⊖　压强的允许值可参考《金属切削机床》或有关资料。

对运动件施加一个小于运动件所受载荷的浮力，以减小导轨面的压力。油腔中的液压油经过导轨表面宏观与微观不平度所形成的间隙流出导轨，回到油箱。

2．水银卸载导轨（图 12-15）在运动件下面装有浮子 1（木块），并置于水银槽 2 中，利用水银产生的浮力抵消运动组件的部分重力。这种卸载方式结构简单，缺点是水银蒸气有毒，故必须采取防止水银挥发的措施。

3．机械卸载导轨（图 12-16）选用刚度合适的弹簧，并调节其弹簧力，以减小导轨面直接接触处的压力。

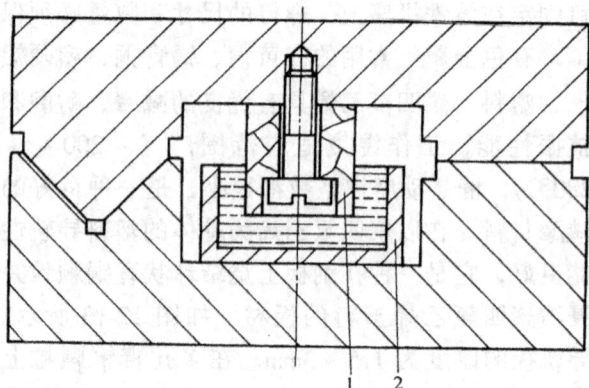

图 12-15　水银卸载导轨原理

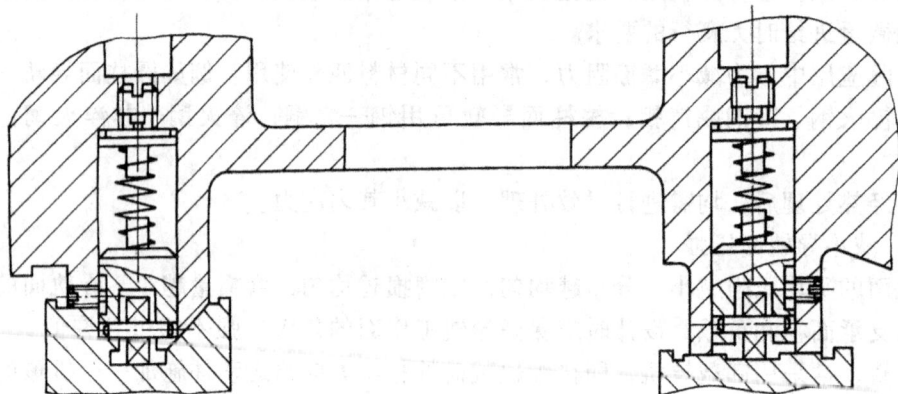

图 12-16　机械卸载导轨

（三）保证导轨良好的润滑

保证导轨良好的润滑，是减小导轨摩擦和磨损的另一个有效措施。这主要是润滑油的分子吸附在导轨接触表面，形成厚度约为 0.005～0.008mm 的一层极薄的油膜，从而阻止或减少导轨面间直接接触的缘故。

由于滑动导轨的运动速度一般较低，并且往复反向，运动和停顿相间进行，不易形成油楔，因此，要求润滑油具有合适的粘度和较好的油性，以防止导轨出现干摩擦现象。

选择导轨润滑油的主要原则是载荷越大、速度越低，则油的粘度应越大；垂直导轨的润滑油粘度，应比水平导轨润滑油的粘度大些。在工作温度变化时，润滑油的粘度变化要小。润滑油应具有良好的润滑性能和足够的油膜强度，不浸蚀机件，油中的杂质应尽量少。

对于精密机械中的导轨，应根据使用条件和性能特点来选择润滑油。常用的润滑油有机油，精密机床液压导轨油和变压器油等。还有少数精密导轨，选用润滑脂进行润滑。

关于润滑方法，对于载荷不大、导轨面较窄的精密仪器导轨，通常只需直接在导轨上定期地用手加油即可，导轨面也不必开出油沟。对于大型及高速导轨，则多用手动油泵或自动润滑，并在导轨面上开出合适形状和数量的油沟，以使润滑油在导轨工作表面上分布均匀。

（四）提高导轨的精度

提高导轨精度主要是保证导轨的直线度和各导轨面间的相对位置精度。导轨的直线度误差都规定在对导轨精度有利的方向上，如精密车床的床身导轨在垂直面内的直线度误差只允许上凸，以补偿导轨中间部分经常使用而产生向下凹的磨损。

适当减小导轨工作面的粗糙度，可提高耐磨性，但过小的粗糙度不易贮存润滑油，甚至产生"分子吸力"，以致撕伤导轨面。粗糙度一般要求 $R_a \not> 0.32\mu m$。

### 七、导轨主要尺寸的确定

导轨的主要尺寸有运动件和承导件的长度、导轨宽度、两导轨之间的距离、三角形导轨的顶角等。

增大导轨运动件长度 $L$，有利于提高导轨的导向精度和运动灵活性，但却使工作台的尺寸和重量加大。因此，设计时一般取 $L = (1.2 \sim 1.8) a$，其中 $a$ 为两导轨之间的距离。如结构允许，则可取 $L \geqslant 2a$。承导件的长度则主要取决于运动件的长度及工作行程。

导轨宽度 $B$ 可根据载荷 $F$ 和允许压强 $[p]$ 求出。

$$B = \frac{F}{[p] L}$$

两导轨之间的距离 $a$ 减小，则导轨尺寸减小，但导轨稳定性变差。设计时应在保证导轨工作稳定的前提下，减小两导轨之间的距离。

三角形导轨的顶角，一般取为 90°

## 第三节  滚动摩擦导轨

滚动摩擦导轨是在运动件和承导件之间放置滚动体（滚珠、滚柱、滚动轴承等），使导轨运动时处于滚动摩擦状态。

与滑动摩擦导轨比较，滚动导轨的特点是：①摩擦系数小，并且静、动摩擦系数之差很小，故运动灵便，不易出现爬行现象；②定位精度高，一般滚动导轨的重复定位误差约为 $0.1 \sim 0.2\mu m$，而滑动导轨的定位误差一般为 $10 \sim 20\mu m$。因此，当要求运动件产生精确微量的移动时，通常采用滚动导轨；③磨损较小，寿命长，润滑简便；④结构较为复杂，加工比较困难，成本较高；⑤对脏物及导轨面的误差比较敏感。

### 一、滚动导轨的类型及结构特点

滚动摩擦导轨按滚动体的形状可分为滚珠导轨、滚柱导轨、滚动轴承导轨等。

（一）滚珠导轨

图 12-17 和图 12-18 是滚珠导轨的两种典型结构型式。在 V 形槽（V 形角一般为 90°）中安置着滚珠，隔离架 1 用来保持各个滚珠的相对位置，固定在承导件上的限动销 2 与隔离架上的限动槽构成限动装置，用来限制运动件的位移，以免运动件从承导件上滑脱。

图 12-17 中的 $OO$ 轴为滚珠的瞬时回转轴线，由于 $a$、$b$、$c$ 三点的速度与运动件的速度相等，但 $c$ 点的回转半径 $r_m$ 大于 $a$、$b$ 两点的回转半径 $r_n$，因此，右排滚珠的速度小于左排滚珠的速度。为了避免由于隔离架的限制而使滚珠产生滑动，把隔离架右排的分珠孔制成平椭圆形。

V 形滚珠导轨的优点是工艺性较好，容易达到较高的加工精度，但由于滚珠和导轨面是

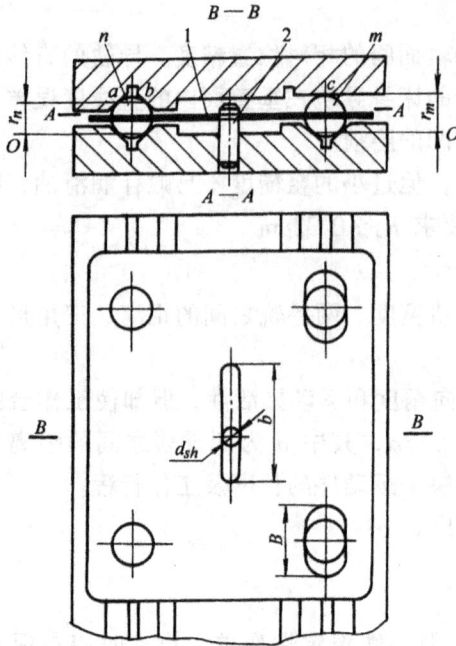

图 12-17　力封式滚珠导轨

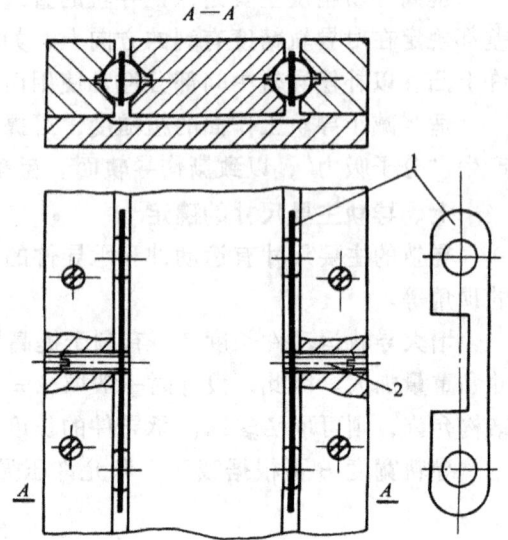

图 12-18　自封式滚珠导轨

点接触，接触应力较大，容易压出沟槽，如沟槽的深度不均匀，将会降低导轨的精度。为了改善这种情况，可采取如下措施：

1）预先在 V 形槽与滚珠接触处研磨出一窄条圆弧面的浅槽，从而增加了滚珠与滚道的接触面积，提高了承载能力和耐磨性，但这时导轨中的摩擦力略有增加。

2）采用双圆弧滚珠导轨(图

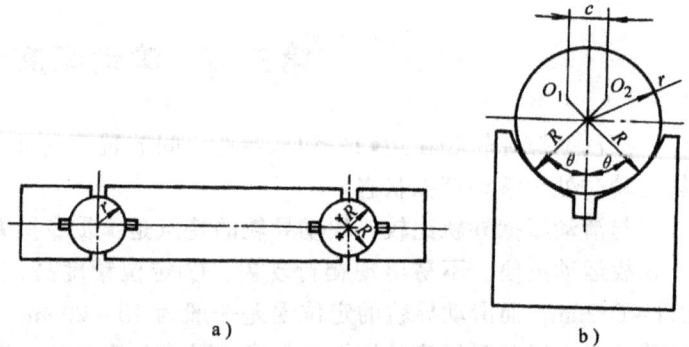

图 12-19　双圆弧导轨

12-19a)。这种导轨是把 V 形导轨的 V 形滚道改为圆弧形滚道，以增大滚动体与滚道接触点的综合曲率半径，从而提高导轨的承载能力、刚度和使用寿命。双圆弧导轨的缺点是形状复杂，工艺性较差，摩擦力较大，当精度要求很高时不易满足使用要求。

为使双圆弧滚珠导轨既能发挥接触面积较大，变形较小的优点，又不致于过分增大摩擦力，应合理确定双圆弧滚珠导轨的主要参数（图 12-19b）。根据使用经验，滚珠半径 $r$ 与滚道圆弧半径 $R$ 之比常取为 $r/R = 0.90 \sim 0.95$，接触角 $\theta = 45°$。

导轨两圆弧的中心距 $C$ 为

$$C = 2 (R - r) \sin\theta$$

图 12-20 是滚珠导轨的另一种结构，其中的 $A$、$B$、$C$ 是三对淬火钢制成的圆杆，圆杆经过仔细的研磨和检验，以保证必要的直线度。运动件下面固定的矩形杆 $F$ 也用淬火钢制

成，$D$ 和 $E$ 是滚珠。这种导轨的优点是运动灵便性较好，耐磨性较好，圆杆磨损后，只需将其转过一个角度即可恢复原始精度。

当要求运动件的行程很大或需要简化导轨的设计和制造时，可采用滚珠循环式导轨。图 12-21 是这种导轨的结构简图，它由运动件 1、滚珠 2、承导件 3 和返回器 4 组成。运动件上有工作滚道 5 和返回滚道 6，与两端返回器的圆弧槽面滚道接通，滚珠在滚道中循环滚动，行程不受限制。

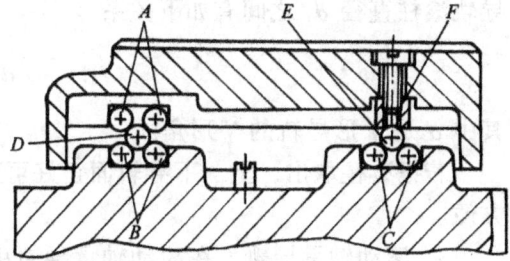

图 12-20　滚珠导轨

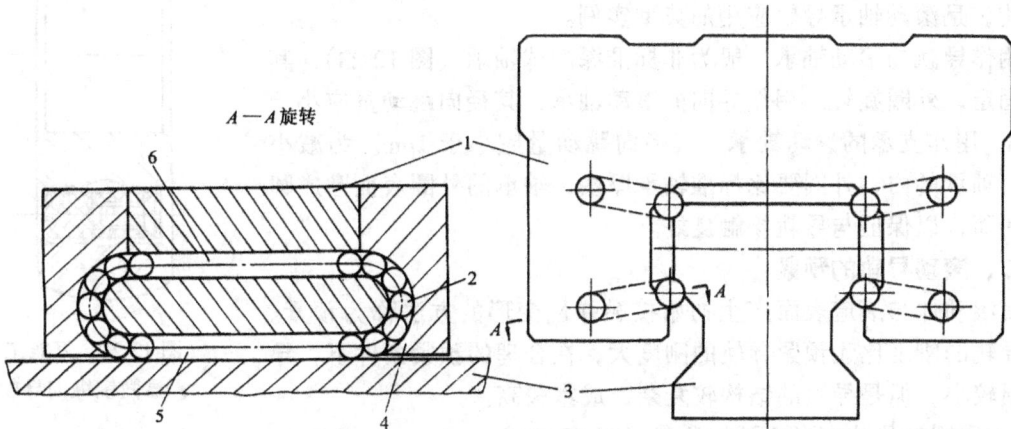

图 12-21　滚珠循环式滚动导轨的结构简图

为了保证滚珠导轨的运动精度和各滚珠承受载荷的均匀性，应严格控制滚珠的形状误差和各滚珠间的直径差。例如 19JA 万能工具显微镜横向滑板滚珠导轨，滚珠间的直径不均匀度和滚珠的圆度误差均要求在 $0.5\mu m$ 以内。

（二）滚柱导轨与滚动轴承导轨

为了提高滚动导轨的承载能力和刚度，可采用滚柱导轨或滚动轴承导轨。这类导轨的结构尺寸较大，常用在比较大型的精密机械上。

1. 交叉滚柱 V—平导轨　如图 12-22a 所示，在 V 形空腔中交叉排列着滚柱，这些滚柱的直径 $d$ 略大于长度 $b$，相邻滚柱的轴线互相垂直交错，单数号滚柱在 $AA_1$ 面间滚动（与 $B_1$ 面不接触），双数号滚柱在 $BB_1$ 面间滚动（与 $A_1$ 面不接触），右边的滚柱则在平面导轨上运动。这种导轨不用保持架，可增加滚动体数目，提高导轨刚度。

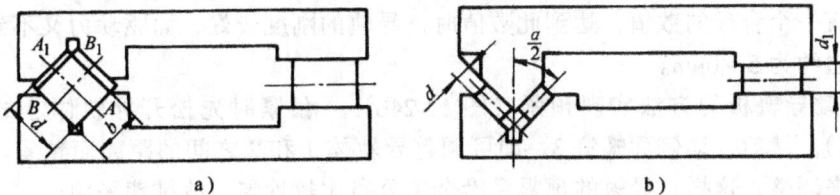

a)　　　　　　　b)

图 12-22　滚柱导轨

2. V—平滚柱导轨（图12-22b）　这种导轨加工比较容易，V形导轨滚柱直径 $d$ 与平面导轨滚柱直径 $d_1$ 之间有如下关系

$$d = d_1 \sin \frac{\alpha}{2}$$

其中 $\alpha$ 是 V 形导轨的 V 形角。

若把滚柱取出，上、下导轨面正好可互相研配，所以加工比较方便。

3. 滚动轴承导轨　在滚动轴承导轨中，滚动轴承不仅起着滚动体的作用，而且本身还代替了运动件或承导件。这种导轨的主要特点是摩擦力矩小，运动灵活，调整方便。万能工具显微镜纵向导轨结构，是滚动轴承导轨应用的典型实例。

用作导轨的滚动轴承一般为非标准深沟球轴承（图12-23），其内圈固定，外圈旋转。用作导向的滚动轴承，其径向跳动量应小于 $0.5\mu m$，用作支承的滚动轴承，其径向跳动量应小于 $1\mu m$。为减小变形，轴承的内、外圈要比标准轴承厚些，轴承的外圈表面磨成圆弧形曲面，以保证与导轨接触良好。

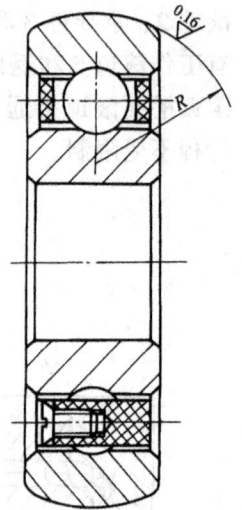

图 12-23　万能工具显微镜纵向导轨

**二、滚动导轨的预紧**

使滚动体与滚道表面产生初始接触弹性变形的方法称为预紧。预紧导轨的刚度比无预紧导轨的刚度大，在合理的预紧条件下，导轨磨损较小，但是导轨的结构较复杂，成本较高。

1. 采用过盈装配形成预加负载（图12-24a）

装配导轨时，根据滚动体的实际尺寸 $A$，刮研压板与滑板的接合面或在其间加上一定厚度的垫片，从而形成包容尺寸 $A-\Delta$（$\Delta$ 为过盈量）。

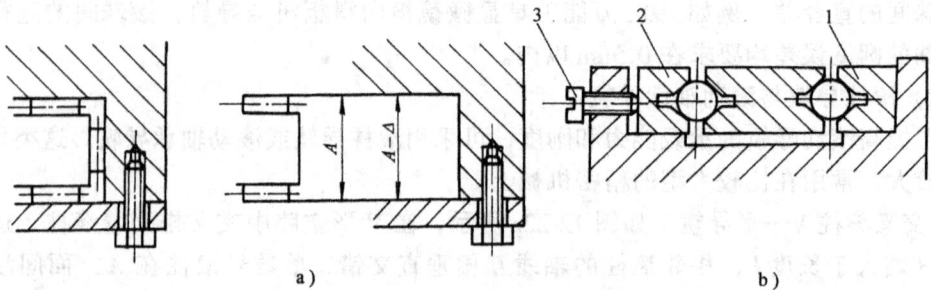

a)　　　　　　　　　　　　　　　　　b)

图 12-24　滚动导轨预紧方法

过盈量有一个合理的数值，达到此数值时，导轨的刚度较好，而驱动力又不致过大。过盈量一般每边约为 $5\sim6\mu m$。

2. 用移动导轨板的方法实现预紧（图12-24b）　预紧时先松开导轨体 2 的联接螺钉（图中未画出），然后拧动侧面螺钉 3，即可调整导轨体 1 和 2 之间的距离而预紧。此外，也可用斜镶条来调整，这样，导轨的预紧量沿全长分布比较均匀，故推荐采用。

**三、导轨主要参数的确定**

（一）运动件的长度

在满足导轨最大位移 $S_{max}$ 的前提下，应尽可能减小运动件的长度 $L$。由图 12-25 可知

$$L = e + l + ab$$

而

$$ab = a'b' = a'c + cb' = e + \frac{S_{max}}{2}$$

因此

$$L = 2e + l + \frac{S_{max}}{2} \qquad (12-13)$$

式中　$L$——运动件的最短长度；

　　　$e$——保险量，一般取 $e = 5 \sim 10\text{mm}$。

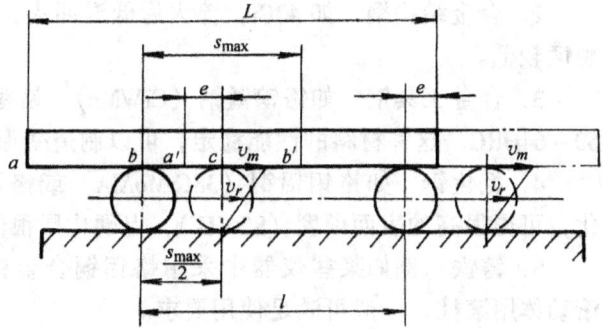

图 12-25　运动件长度计算简图

（二）隔离架限动槽长度 $b$ 和平椭圆长度 $B$（见图 12-17）

隔离架的速度与左边滚道滚珠中心的移动速度相同，为运动件移动速度之半。当运动件移动 $S_{max}$ 时，隔离架只移动 $S_{max}/2$。因此

$$b = \frac{1}{2} S_{max} + d_{sh} \qquad (12-14)$$

式中　$d_{sh}$——限动销的直径。

$$B = d + 0.1 S_{max} \qquad (12-15)$$

式中，$d$——滚珠直径。

（三）滚动体的大小和数量

滚动体的大小和数量应根据单位接触面积上的容许压力计算确定。在结构允许的条件下，应优先选用直径较大的滚动体。这是因为：①增大滚动体直径可以提高导轨的承载能力。对于滚珠导轨，其承载能力与滚珠数目 $z$ 及滚珠直径 $d$ 的平方成正比，因此增大滚珠直径 $d$ 比增加滚珠数目 $z$ 有利；而对滚柱导轨，增大滚柱直径 $d$ 与增加滚柱数目 $z$ 的效果相同。②增大滚动体直径，有利于提高导轨的接触刚度。对于滚柱导轨，为减小导轨横截面内平行度误差及滚柱圆柱度误差对接触刚度的影响，滚柱的长度 $b$ 不应超过 30mm，长径比 $b/d < 1.5$。③增大滚动体直径，可以减小导轨的摩擦阻力。因此滚柱直径最好不小于 6mm，并尽可能不用滚针导轨，如需采用，滚针直径应不小于 4mm。

如滚动体的数目 $z$ 太少，会降低导轨的承载能力，制造误差将显著地影响运动件的位置精度；滚动体数目太多，则会增大负载在滚动体上分布的不均匀性，反而会降低刚度。实验表明，为使各滚动体承受的载荷比较均匀，合理的滚动体数目为：对于滚柱导轨，$z < G/(4b)$；对于滚珠导轨，$z \leqslant G/(9.5\sqrt{d})$。式中，$G$ 为导轨所承受的运动组件的重力（N）；$b$ 为滚柱长度（mm）；$d$ 为滚珠直径（mm）。

**四、滚动导轨的材料和热处理**

对滚动导轨材料的主要要求是硬度高、性能稳定以及良好的加工性能。

滚动体的材料一般采用滚动轴承钢（GCr15），淬火后硬度可达到 60 ~ 66HRC。

常用的导轨材料有：

1. 低碳合金钢　如 20Cr，经渗碳（深度 1 ~ 1.5mm）淬火，渗碳层硬度可达 60 ~

63HRC。

2. 合金结构钢　如 40Cr，淬火后低温回火，硬度可达 45 ~ 50HRC，加工性能良好，但硬度较低。

3. 合金工具钢　如铬钨锰钢（CrWMn）、铬锰钢（CrMn），淬火后低温回火，硬度可达 60 ~ 64HRC，这种材料的性能稳定，可以制造变形小，耐磨性高的导轨。

4. 氮化钢　如铬钼铝钢（38CrMoAlA）或铬铝钢（38CrAl），经调质或正火后，表面氮化，可得很高的表面硬度（850HV），但硬化层很薄（0.5mm 以下），加工时应注意。

5. 铸铁　例如某些仪器中采用铬钼铜合金铸铁，硬度可达 230 ~ 240HBS，加工方便，滚动体用滚柱，一般可满足使用要求。

### 五、镶装式导轨结构

用螺钉把导轨固定在机座上的结构，叫做镶装式导轨结构。导轨的材料一般用钢，而机座用铸铁制成。

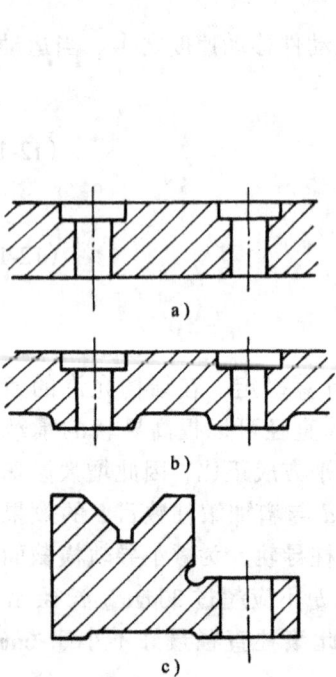

图 12-26　镶装式导轨形状

a) 无凸台　b) 有凸台　c) 带 V 形槽

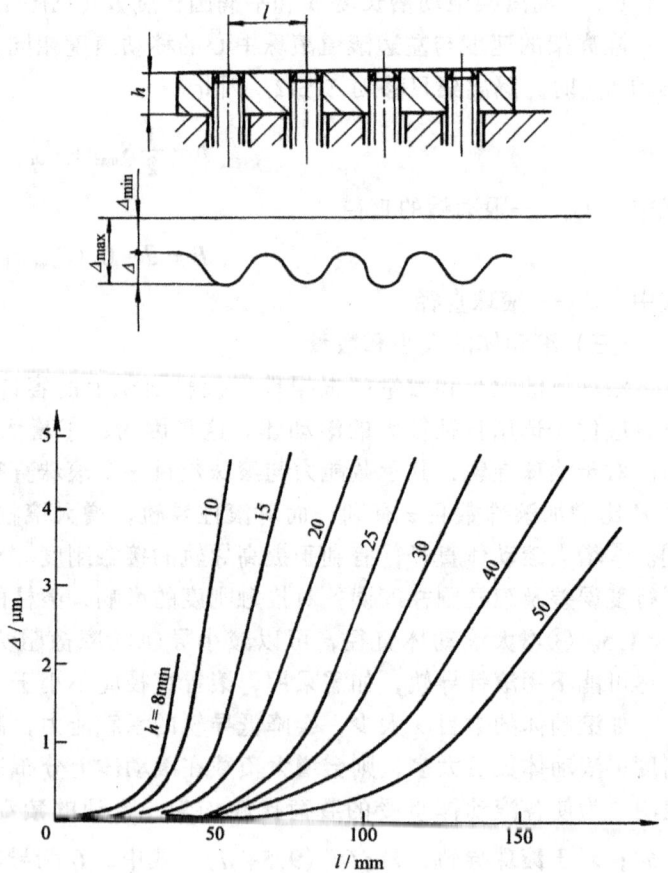

图 12-27　镶装式导轨变形示意图

镶装式导轨的截面形状如图 12-26 所示。图 12-26a 中所示导轨全长与机座接触，当用螺钉固紧时，由于螺钉周围的压力和变形比螺钉之间要大些，故导轨将产生不均匀的变形（图 12-27），由此产生的导轨直线度误差为 $\Delta = \Delta_{max} - \Delta_{min}$。理论计算和实验研究表明，增大导轨厚度 $h$，减小螺钉间距 $l$，可以有效地减小导轨的直线度误差 $\Delta$。图 12-26b 所示导轨是靠凸台与机座相接触，拧紧螺钉时，导轨没有不均匀的接触变形。图 12-26c 所示导轨，螺钉压紧部分的刚度较低，V 形槽部分刚度较高，这样，压紧部分的变形对导轨的影响较小。

螺钉间距和凸台长度的推荐值见表 12-2。

**表 12-2　螺钉间距和凸台长度推荐值**　　　　　（单位：mm）

| 导　轨　厚　度 | | 10 | 15 | 20 | 25 | 30 | 40 | 50 |
|---|---|---|---|---|---|---|---|---|
| 固定导轨的螺钉间距 | 无凸台 | 30~32 | 40~45 | 55 | 65 | 75 | 90 | 110 |
| | 有凸台 | 38~40 | 50~55 | 65~70 | 75~80 | 85~90 | 105~110 | 125~135 |
| 凸　台　长　度 | | 16~20 | 21~26 | 27~32 | 32~38 | 35~43 | 45~54 | 55~65 |

为了保证导轨与机座有较高的接触刚度，选用的螺钉直径必须能保证在接触面上产生的压力在 $3 \sim 3.5 \mathrm{N/mm^2}$ 范围内。表 12-3 列出当达到上述压力条件时，每个固定螺钉对应的接触面积，可供选择螺钉直径时参考。

**表 12-3　每个固定螺钉对应的接触面积**

| 螺　钉　规　格 | M6 | M8 | M10 | M12 | M16 |
|---|---|---|---|---|---|
| 对应的接触面积/cm² | ≤8~10 | ≤15~20 | ≤25~30 | ≤35~40 | ≤50~60 |

对于镶装式导轨，常在导轨固定在机座后，再进行最后的精密加工，以进一步提高导轨的精度。

## 第四节　弹性摩擦导轨

图 12-28a 是弹性摩擦导轨的一种结构形式，工作台（运动件）由一对相同的平行片簧支承，当受到驱动力 $F$ 作用时，片簧产生变形，使工作台在水平方向产生微小位移 λ。

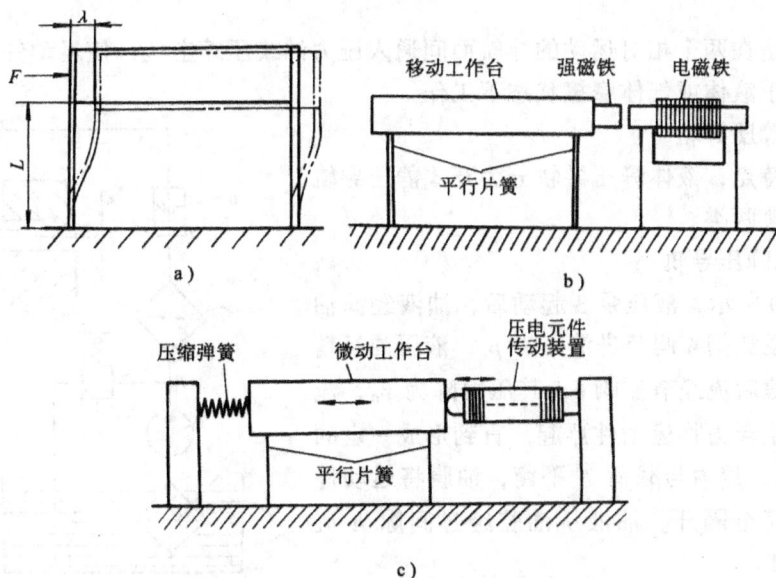

图 12-28　平行片簧弹性导轨

设片簧的长度为 $L$、宽度为 $b$、厚度为 $h$，则弹性导轨在运动方向上的刚度 $F'$ 为

$$F' = \frac{2bh^3 E}{L^3} \tag{12-16}$$

式中，$E$——片簧材料的弹性模量。

图 12-28b、c 分别为平行片簧导轨在电磁驱动和电致伸缩驱动微动工作台中的应用举例。

图 12-29a 是另一种结构形式的弹性摩擦导轨。在一块板材上加工出孔和开缝，使圆弧的切口处形成弹性支点（即柔性铰链）与剩余的部分成为一体，组成一平行四边形机构。当在 $AC$ 杆上加一力 $F$，由于四个柔性铰链的弹性变形，使 $AB$ 杆（与运动件相连）在水平方向产生位移 $\lambda$（图 12-29b）。这种结构的弹性导轨在微动工作台中得到了广泛的应用。

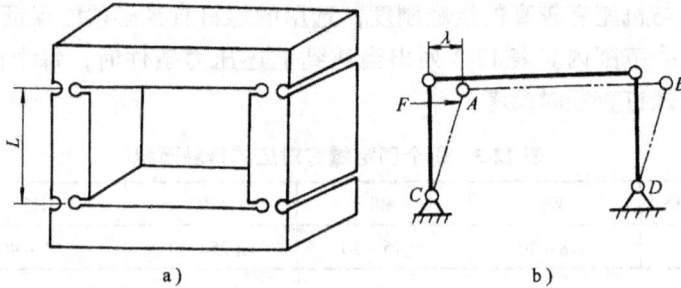

图 12-29　柔性铰链弹性导轨的工作原理

弹性摩擦导轨的优点是：①摩擦力极小；②没有磨损，不需润滑；③运动灵便性高；④当运动件的位移足够小时，精度很高，可以达到极高的分辨率。

弹性导轨的主要缺点是运动件只能作很小的移动，这就大大限制了其使用范围。

# 第五节　静压导轨简介

静压导轨是在两个相对运动的导轨面间通入压力油或压缩空气，使运动件浮起，以保证两导轨面间处于液体或气体摩擦状态下工作。

## 一、液体静压导轨

根据结构特点，液体静压导轨分为开式静压导轨和闭式静压导轨两类。

（一）开式静压导轨

如图 12-30 所示，液压泵 3 起动后，油液经滤油器 2 吸入，用溢流阀 4 调节进油压力 $p_s$，液压油经精密滤油器 5 过滤后流经节流阀 6，其压力降为 $p_0$，流入导轨油腔产生浮力将运动件浮起，直到形成一定的原始间隙 $h_0$ 时，浮力与载荷 $F$ 平衡，油膜将运动件 7 与承导件 8 完全隔开。油液从油腔经过间隙 $h$ 流出，回到油箱 1。

当载荷 $F$ 增大时，运动件下沉，间隙 $h_0$ 减小，回

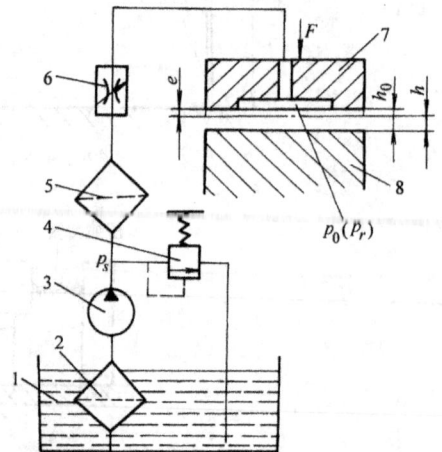

图 12-30　开式静压导轨工作原理

油阻力增大，流量减小，油腔压力增大。当运动件下沉某一距离 $e$ 时，导轨间隙减小至 $h$（$h = h_0 - e$），油腔压力增至 $p_r$，其所形成的浮力重新与载荷 $F$ 平衡，从而将运动件的下沉限制在一定的范围内，保证导轨在液体摩擦状态下工作。开式静压导轨结构简单，但承受倾复力矩的能力较差。

（二）闭式静压导轨

图 12-31 为闭式静压导轨的工作原理图。图 a 为两侧没有采用静压，图 b 是两侧采用了静压。现以图 b 为例说明闭式静压导轨的工作原理。3 为承导件，当运动件 2 受到倾复力矩 $M$ 后，导轨间隙 $h_3$、$h_4$ 增大，$h_1$、$h_6$ 减小，由于各相应节流阀 1 的作用，$p_{r3}$、$p_{r4}$ 减小，而 $p_{r1}$、$p_{r6}$ 增大，它们作用在运动件的力，形成一个与倾复力矩相反的力矩，从而使运动件保持平衡。当承受载荷 $F$ 时，则导轨间隙 $h_1$、$h_4$ 减小，$h_3$、$h_6$ 增大，由于各相应节流阀的作用，$p_{r1}$、$p_{r4}$ 增大，而 $p_{r3}$、$p_{r6}$ 减小，从而形成了向上的承载力，与载荷 $F$ 平衡。同理，侧向载荷可由左、右两侧静压油腔所产生的压力差来平衡。

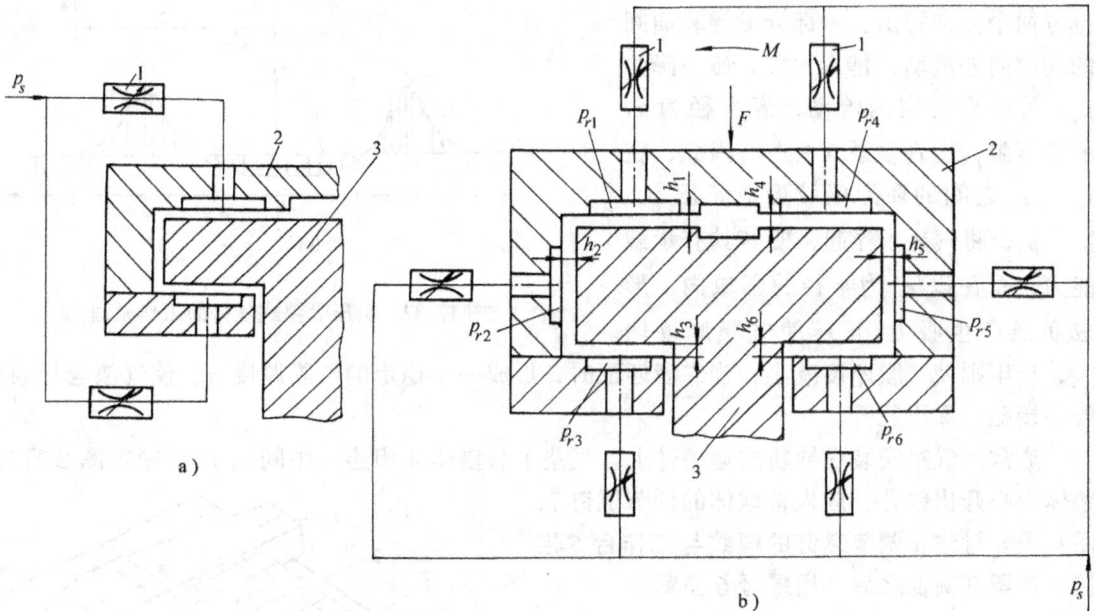

图 12-31　闭式静压导轨工作原理

液体静压导轨的优点是：①摩擦系数很小（起动摩擦系数可小至 0.0005），可使驱动功率大大降低，运动轻便灵活，低速时无爬行现象；②导轨工作表面不直接接触，基本上没有磨损，能长期保持原始精度，寿命长；③承载能力大，刚度好；④摩擦发热小，导轨温升小；⑤油液具有吸振作用，抗振性好。

静压导轨的缺点是：结构较复杂，需要一套供油设备，油膜厚度不易掌握，调整较困难，这些都影响静压导轨的广泛使用。

**二、气体静压导轨**

气体静压导轨是由外界供压设备供给一定压力的气体将运动件与承导件分开，运动件运动时只存在很小的气体层之间的摩擦，摩擦系数极小，适用于精密、轻载、高速的场合，在精密机械中的应用愈来愈广。

气体静压导轨按结构形式的不同可分为开式、闭式和负压吸浮式气垫导轨三种。下面只对负压吸浮式气垫导轨作一简单介绍。

负压吸浮式气垫导轨是一种适用于高精度、高速度、轻载的新型空气静压导轨，它是利用负压吸浮式平面气垫在工作面上不同区域同时存在正压（浮力）和负压（吸力）的特点，使运动件和承导件之间形成一定厚度的气体膜。负压吸浮式气垫的工作原理如图 12-32 所示，图 a 为气垫的结构，图 b 为气垫工作面上的压力分布。

10 为承导件。气源 3 产生的压力 $p_s$ 经直径为 $d$ 的节流孔流入气腔，气流分两个方向排出：一部分沿导轨面间的间隙向外流动，排入大气，压力降为 $p_a$；另一部分向内流动，经半径为 $r_1$ 的负压腔，由真空泵 9 抽走。因此，在 $r_d$ 与 $r_2$ 之间的环形区域形成正压 $p_k$、$p_1$、$p_2$，将气垫 1 浮起，使其具有承载能力，而在以 $r_1$ 为半径的圆域内，形成负压产生吸力。正压使气膜厚度增

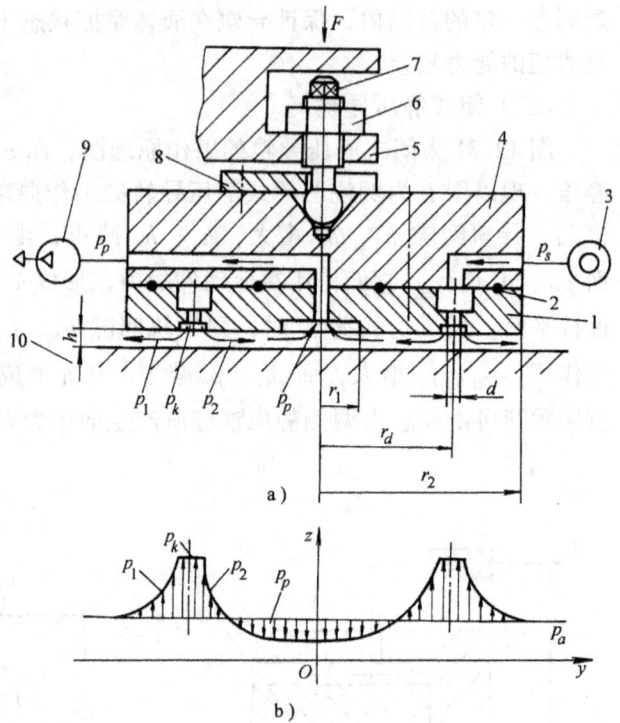

图 12-32　负压吸浮式气垫的工作原理

大，负压则使气膜厚度减小，当二者匹配时，形成一个稳定的气膜厚度 $h$，使气垫与导轨面既不接触，又不脱开。

通常，气垫安装在导轨的运动件上。气垫 1 与垫体 4 相连，中间用 O 形密封圈 2 密封。垫体中心开出锥孔，放入带球体的调节螺钉 7，用夹板 8 封住。调节螺钉的螺纹与工作台 5 连接，在调好高低之后，用螺母 6 锁紧。

图 12-33 为负压吸浮式气垫导轨的一种结构型式，图中 1 为 $x$ 向导轨，2 为 $y$ 向导轨，3 为负压吸浮式气垫（在 $x$ 向导轨上设置了 5 个气垫，$y$ 向导轨上设置了 6 个气垫），4 为花岗岩基座。这种导轨属于两坐标空气静压导轨，$x$ 向导轨沿着基座运动时同时吸着 $y$ 向导轨一起运动，而 $y$ 向导轨可沿着 $x$ 向导轨的垂直侧面运动，由于 $x$、$y$ 向导轨是在同一平面上运动，故有利于简化结构，提高精度。

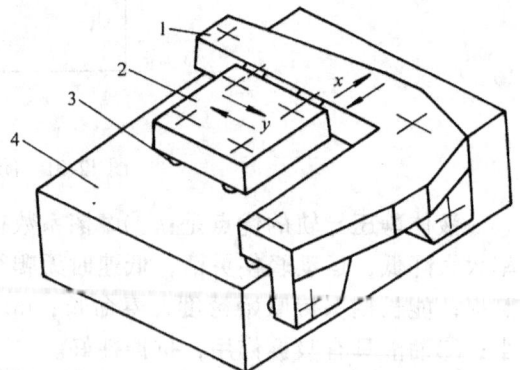

图 12-33　两坐标负压吸浮式气垫导轨

## 思考题及习题

12-1 在导轨的结构设计中，为什么要尽量减小驱动元件与导轨面间的距离 $h$（图 12-11）？

12-2 在图 12-12 所示结构中，已知两导轨间的距离为 $a$，载荷 $F$ 作用在两导轨的中间，三角形导轨的顶角为 90°，试确定驱动元件的作用点离三角形导轨的距离 $b$。

12-3 在图 12-7b 中，设工作台导轨的长度为 $L$，驱动力 $F_d$ 平行于导向面 $A$，$F_d$ 的作用点离两导轨中点的距离为 $X$，试计算当 $X$ 为多大时导轨将被卡住（计算时不考虑机座 1 上、下导轨面处的摩擦力）？

12-4 在图 12-25 中，已知运动件的长度 $L = 200$mm，$l = 150$mm，保险量 $e = 10$mm，限动销的直径 $d_{sh} = 8$mm，求限动槽的长度 $b$（参见图 12-17）。

12-5 在图 12-17 中，导轨的 V 形角为 90°，试推导隔离架上平椭圆长度的计算公式 $B \approx d + 0.1S_{max}$。

12-6 图 12-17 所示之滚珠导轨，如只从定位原理考虑，在两根导轨上只用三粒滚珠支承即可，为什么实际的滚珠导轨很少采用这种结构形式，而是在两根导轨间放置多粒滚珠？

12-7 试从理论上分析滚柱导轨的承载能力与滚柱数目 $Z$ 及滚柱直径 $d$ 成正比。

12-8 试推导图 12-28a 所示之弹性导轨的刚度计算公式 $F' = 2bh^3 E/L^3$。

12-9 滑动摩擦导轨为什么在低速条件下易出现爬行现象？

12-10 在导轨设计中，应如何考虑减小磨损及由磨损带来的影响？

# 第十三章 弹性元件

## 第一节 概　述

材料在外力的作用下产生变形,外力去除后可恢复其原状的性能,称为材料的弹性。利用材料的弹性性能,能完成各种功能的零件或部件称为弹性元件。

在精密机械中,常见弹性元件的类型有下列几种:

(1) 片簧　用矩形截面的金属薄片制成的弹簧 (图 13-1a)。

(2) 平面涡卷簧 (以下简称平卷簧)　用金属带绕制成的平面螺线形的弹簧 (图 13-1b)。

(3) 螺旋弹簧　用圆形或非圆形截面的金属线材制成的空间螺旋形的弹簧 (图 13-1c)。

(4) 压力弹簧管　用薄壁管制成的圆弧形中空管,并具有椭圆形或扁平形截面的弹性元件 (图 13-1d)。

(5) 波纹管　用圆柱形薄壁筒制成的带有环状波纹的弹性元件 (图 13-1e)。

(6) 膜片　用圆形薄片制成的带有同心环状波纹 (有时不带波纹) 的弹性元件 (图 13-1f)。

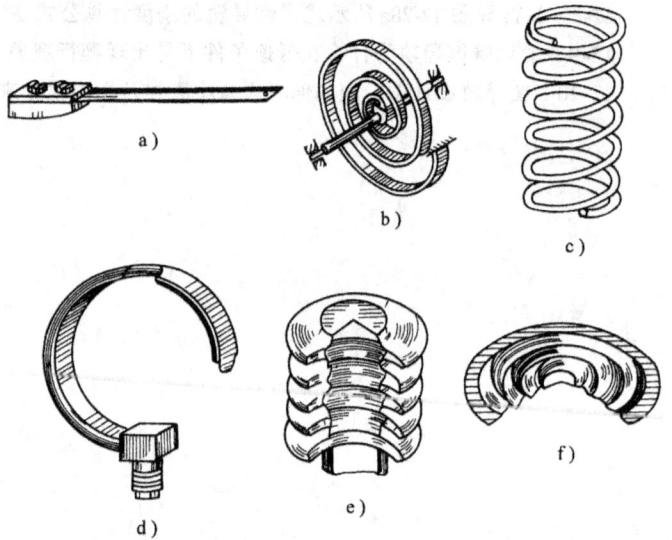

图 13-1　弹性元件类型

上述类型的弹性元件,按照它们的用途可分为两大类:

(1) 测量弹性元件　用来把某些物理量的变化 (如力、压力、温度等) 转变成弹性元件的变形,以便进行测量。

(2) 力弹簧　用来作为传动系统的能源,或者完成结构力封闭。

由于弹性元件的结构简单、价格低廉、工作可靠,所以成为精密机械中应用比较广泛的零件之一。

## 第二节　弹性元件的基本特性

**一、弹性元件的基本特性**

作用在弹性元件上的力、压力或温度等与变形的关系,称为弹性元件的特性。弹性元件

的特性可用解析式表示。即

$$\left.\begin{array}{l}\lambda = f\ (F)\\\lambda = f\ (p)\\\lambda = f\ (t)\end{array}\right\} \tag{13-1}$$

式中　$\lambda$——弹性元件的变形；

　　　$F$——作用在弹性元件上的力；

　　　$p$——作用在弹性元件上的压力；

　　　$t$——作用在弹性元件上的温度。

弹性元件的特性也可用线图表示，其特性曲线有直线的，也有曲线的（图13-2a）。特性曲线与理想直线的最大偏差 $\Delta\lambda_{max}$ 和弹性元件的最大变形 $\lambda_{max}$ 的百分比称为弹性元件特性的非线性度（图13-2b、c）。即

$$\Delta\lambda_x = \frac{\Delta\lambda_{max}}{\lambda_{max}} \times 100\% \tag{13-2}$$

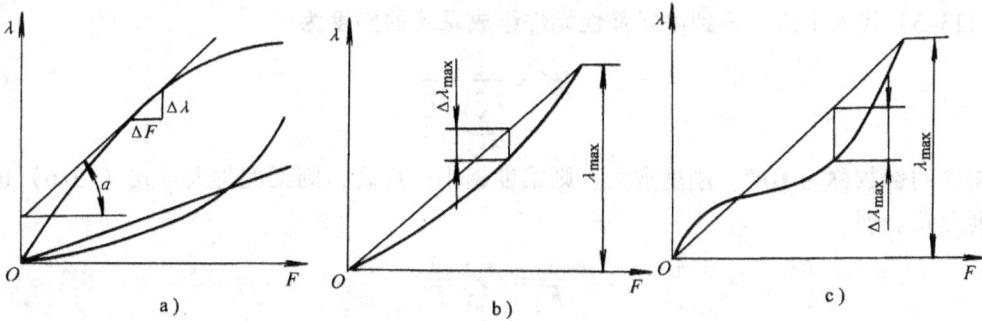

图 13-2　弹性元件特性曲线

弹性元件的另一性能指标是刚度。当弹性元件具有非线性特性时，作用在弹性元件上的载荷增量与其产生变形增量的比值在变形增量趋于零时的极限，称为弹性元件的刚度。即

$$F' = \lim_{\Delta\lambda\to 0}\left(\frac{\Delta F}{\Delta\lambda}\right) = \frac{\mathrm{d}F}{\mathrm{d}\lambda}$$

当弹性元件具有线性特性时，其刚度等于常数。这时刚度即为弹性元件产生单位变形时，所需施加的载荷，即

$$F' = \frac{F}{\lambda} \tag{13-3}$$

刚度也可用图解法求得，它等于弹性元件特性曲线上过给定点切线倾斜角 $\alpha$ 的余切值（图 13-2a），即

$$F' = \frac{\mathrm{d}F}{\mathrm{d}\lambda} = \cot\alpha$$

如果由若干个线性特性的弹性元件并联使用（图 13-3a），在载荷 $F$ 的作用下，同时进入工作状态，并且变形均为 $\lambda$ 时，可以认为，各弹性元件上所单独承受的载荷相应为 $F_i$。因此

$$F = F_1 + F_2 + \cdots + F_n = \sum_{i=1}^{n} F_i \tag{13-4}$$

由式（13-3）可知，每个弹性元件所承受的载荷为

$$F_i = F'_i \lambda$$

代入式（13-4），得

$$F = \lambda \sum_{i=1}^{n} F'_i$$

上式表明，并联弹性元件组成的系统，其刚度等于每个弹性元件刚度之和。

$$F' = \frac{F}{\lambda} = \sum_{i=1}^{n} F'_i \qquad (13\text{-}5)$$

如果若干个线性特性的弹性元件串联使用（图13-3b），则每个弹性元件所受的载荷相同，系统的总变形 $\lambda$ 为各个元件变形之和。即

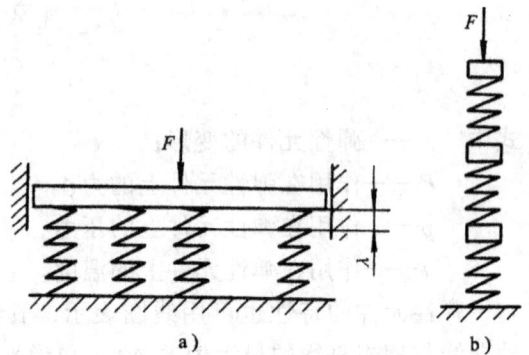

图 13-3　弹性元件组合系统的刚度计算

$$\lambda = \lambda_1 + \lambda_2 + \cdots + \lambda_n = \sum_{i=1}^{n} \lambda_i$$

将式（13-3）代入上式，得到串联弹性元件组成系统的刚度为

$$F' = \frac{1}{\sum\limits_{i=1}^{n} \dfrac{1}{F'_i}} \qquad (13\text{-}6)$$

刚度的倒数称为柔度。刚度愈大，则柔度越小；反之，则柔度越大。式（13-6）也可写成下列形式。即

$$\frac{1}{F'} = \sum_{i=1}^{n} \frac{1}{F'_i}$$

上式表明，串联弹性元件组成的系统，其柔度应等于每个弹性元件的柔度之和。

## 二、影响弹性元件特性的因素

影响弹性元件特性的因素，可以从各种弹性元件的特性解析式中看出。例如，对于圆柱螺旋弹簧，其特性式为

$$\lambda = \frac{8D_2^3 n}{Gd^4} F = f\,(D,\ d,\ n,\ G) \qquad (13\text{-}7)$$

式中　$F$、$\lambda$——弹簧所受的载荷和变形量；

　$D_2$、$d$、$n$——弹簧中径、簧丝直径和有效工作圈数；

　　　　$G$——材料切变模量。

（一）几何尺寸参数的影响

由式（13-7）可以看出，螺旋弹簧的特性与其几何尺寸参数（$D_2$、$d$、$n$）有关。因此，弹簧制造后，几何尺寸参数的误差将使特性（或刚度）发生变化。如变化量用弹簧的变形量表示，根据式（1-15）和式（13-7）可知，则由此而引起特性的相对误差 $\delta\lambda_z$ 为

$$\delta\lambda_z = \frac{\Delta\lambda_z}{\lambda} = 3\,\frac{\Delta D_2}{D_2} - 4\,\frac{\Delta d}{d} + \frac{\Delta n}{n} \qquad (13\text{-}8)$$

式中　$\Delta D_2/D_2$——弹簧中径的相对误差；

　　$\Delta n/n$——弹簧工作圈数的相对误差；

　　$\Delta d/d$——簧丝直径的相对误差。

由于弹簧几何尺寸参数的误差而引起的特性误差，通常可以采用调整的方法予以消除，使弹簧特性满足要求，例如，从结构上调节弹簧的工作圈数，可以消除弹簧中径 $D_2$ 和簧丝直径 $d$ 的误差而引起的特性误差。

（二）温度的影响

由式（13-7）还可以看出，弹簧的特性还与材料的切变模量有关。当周围环境的温度发生变化时，切变模量的变化可近似用下式确定：

$$G_t = G_0 \ (1 + \alpha_G \Delta t) \tag{13-9}$$

式中　$G_t$——温度为 $t$ 时材料的切变模量；

　　　$G_0$——标准温度 $t_0$ 时材料的切变模量；

　　　$\alpha_G$——切变模量的温度系数；

　　　$\Delta t$——温度差；$\Delta t = t - t_0$。

温度变化引起切变模量的相对变化为

$$\frac{\Delta G}{G_0} = \alpha_G \Delta t$$

因此，由式（13-7）可知，温度变化而引起特性的相对误差为

$$\delta \lambda_w = -\frac{\Delta G}{G_0} = -\alpha_G \Delta t$$

弹性模量和温度之间也有类似的关系式。即

$$E_t = E_0 \ (1 + \alpha_E \Delta t)$$

因此，元件在拉压或弯曲状态下工作，由于温度变化而引起其特性的相对误差为

$$\delta \lambda_w = -\frac{\Delta E}{E_0} = -\alpha_E \Delta t$$

弹性元件常用材料的温度系数是负值，例如，磷青铜的 $\alpha_E = -4.8 \times 10^{-4} 1/℃$，不锈钢的 $a_E = -3.5 \times 10^{-4} 1/℃$。所以，温度降低时，弹性元件的弹性模量增加，变形量减小；反之，则变形量增加。为了减少温度变化对弹性元件特性的影响，可采用 $\alpha_E$（或 $\alpha_G$）值极小的材料，如含 $w_{Ni} = 42\%$、$w_{Cr} = 5 \sim 6\%$，$w_{Fe} 48\%$ 的 Elinvar 合金（Ni42CrTiAl），其 $\alpha_E = 0.01 \times 10^{-4} 1/℃$；或采用补偿的方法，如用热双金属产生与温度变化成正比的变形或力，以补偿弹性元件因温度变化而引起的变形的误差。

（三）弹性滞后和弹性后效的影响

所谓弹性滞后，是指在弹性范围内，加载与去载时特性曲线不相重合的现象。如图 13-4 所示，当作用到弹性元件上的力由零增大到 $F_0$ 时，弹性元件的特性曲线为曲线 I，而当作用力由 $F_0$ 减小到零时，特性曲线为曲线 II。

所谓弹性后效，是指载荷改变后，不是立刻完成相应的变形，而是在一定时间间隔中逐渐完成的。如图 13-5 所示，当作用到弹性元件上的力由零突增至 $F_0$ 时，变形首先由零增大到 $\lambda_1$，然后在载荷不变的情况下继续变形，直到变形增大到 $\lambda_0$ 为止，反之，如果载荷由 $F_0$ 突减至零，弹性元件的变形也是先由 $\lambda_0$ 迅速地减至 $\lambda_2$，然后继续减小，直到变形等于零时为止。

产生滞后和后效的原因比较复杂，研究结果表明，其大小与弹性元件内的最大应力，所用材料的金相组织与化学成分，以及弹性元件的加工与热处理过程等有关。在设计测量弹性

元件时，一般可通过选取较大的安全系数、合理地选定结构和元件的联接方法（以减小应力集中）、采用特殊合金等，以减小弹性滞后和弹性后效。

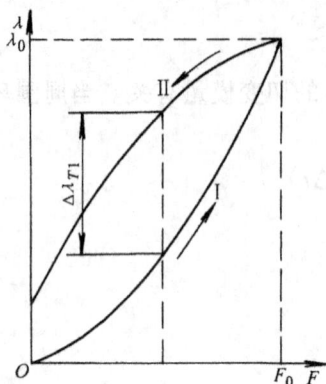

图 13-4　弹性滞后现象

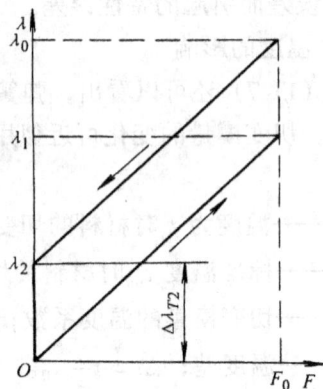

图 13-5　弹性后效现象

# 第三节　螺旋弹簧

## 一、螺旋弹簧的功能和种类

螺旋弹簧是用金属线材绕制成空间螺旋线形状的弹性元件，用来将沿轴线方向的力或垂直于轴线平面内的力矩转换为弹簧两端的相对位移（沿轴线方向的轴向位移或垂直于轴线的平面上的角位移）。或者相反，将两端的相对位移转换为作用力或力矩。由于螺旋弹簧制造简单、价格低廉，以及在机构中所占空间小，安装和固定简单，工作可靠，因而得到了广泛的应用。螺旋弹簧簧丝的截面通常是圆形或矩形，也有少数用方形截面、菱形截面簧丝或用细钢丝拧成的钢丝绳绕制螺旋弹簧。

在精密机械中，簧丝截面为圆形的圆柱形螺旋弹簧应用最为广泛，因此，本节仅对这种类型弹簧进行讨论。

圆柱形螺旋弹簧（简称弹簧）根据载荷作用方式的不同，有下面三种型式：

1）拉伸弹簧（代号——L型），见图 13-6a。

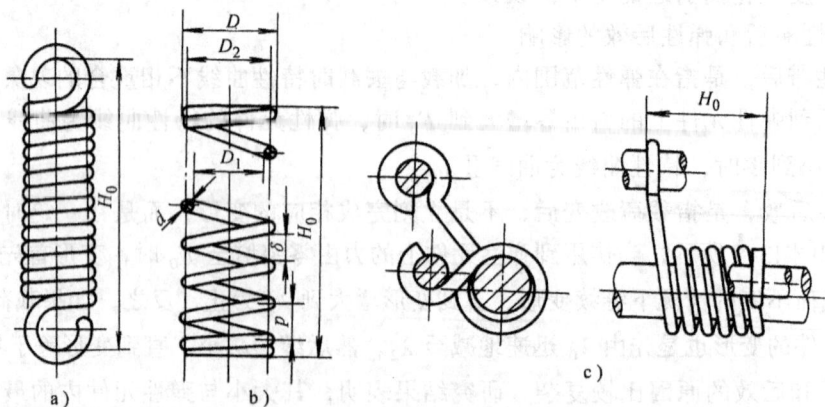

图 13-6　圆柱形螺旋弹簧的型式

2）压缩弹簧（代号——Y 型），见图 13-6b。

3）扭转弹簧（代号——N 型），见图 13-6c。

## 二、弹簧材料

弹簧材料应具有高的弹性极限、疲劳极限、冲击韧性和良好的热处理性能。几种主要弹簧材料的使用性能见表 13-1。碳素弹簧钢丝的拉伸强度极限见图 13-7。

表 13-1　主要弹簧材料的使用性能

| 类别 | 代号 | 许用切应力 $[\tau_T]$ /(N·mm⁻²) | | | 许用弯曲应力 $[\sigma_b]$ /(N·mm⁻²) | | 切变模量 $G$/ (N·mm⁻²) | 弹性模量 $E$/ (N·mm⁻²) | 推荐硬度范围/HRC | 推荐使用温度/℃ | 特性及用途 |
|---|---|---|---|---|---|---|---|---|---|---|---|
| | | Ⅰ类弹簧 | Ⅱ类弹簧 | Ⅲ类弹簧 | Ⅱ类弹簧 | Ⅲ类弹簧 | | | | | |
| 钢丝 | 65 70 65Mn | $0.3\sigma_B$ | $0.4\sigma_B$ | $0.5\sigma_B$ | $0.5\sigma_B$ | $0.625\sigma_B$ | $(d=0.5\sim4)$ 81 400~ 78 500 $(d>4)$ 78 500 | $(d=0.5\sim4)$ 203 000~ 201 000 $(d>4)$ 196 000 | — | -40~120 | 强度高，性能好，适用于做小弹簧 |
| | 60Si2Mn 60Si2MnA | 471 | 628 | 785 | 785 | 981 | 80 000 | 200 000 | 45~50 | -40~200 | 弹性好，回火稳定性好，易脱碳，用于受大载荷的弹簧 |
| | 65Si2MnWA | 559 | 745 | 932 | 950 | 1190 | 80 000 | 200 000 | 47~52 | -40~250 | 强度高，耐高温，弹性好 |
| | 50CrVA 30W4Cr2VA | 450 | 600 | 750 | 750 | 940 | 80 000 | 200 000 | 43~47 | -40~500 | 高温时强度高，淬透性好 |
| | 1Cr18Ni9 1Cr18Ni9Ti | 330 | 440 | 550 | 550 | 690 | 73 000 | 197 000 | — | -250~300 | 耐腐蚀，耐高温，工艺性好，适用于做小弹簧($d<$10mm) |
| 不锈钢丝 | 4Cr13 | 450 | 600 | 750 | 750 | 940 | 77 000 | 219 000 | 48~53 | -40~300 | 耐腐蚀，耐高温，适用于做大弹簧 |
| | Cr17Ni7Al Cr15 Ni7-Mo2Al | 480 | 640 | 800 | 800 | 1000 | 75 000 | 187 000 | — | 300 | 强度、硬度很高，耐腐蚀，耐高温，加工性能好，适用于形状复杂、表面状态要求高的弹簧 |
| | Ni36CrTiAl | 450 | 600 | 750 | 750 | 940 | 77 000 | 20 000 | — | -40~250 | 弹性模量、强度、耐蚀性、抗磁性均高，适用于精密仪表弹性元件 |

（续）

| 类别 | 代号 | 许用切应力 $[\tau_T]$ /(N·mm$^{-2}$) | | | 许用弯曲应力 $[\sigma_b]$ /(N·mm$^{-2}$) | | 切变模量 $G$/ (N·mm$^{-2}$) | 弹性模量 $E$/ (N·mm$^{-2}$) | 推荐硬度范围/HRC | 推荐使用温度/℃ | 特性及用途 |
|---|---|---|---|---|---|---|---|---|---|---|---|
| | | Ⅰ类弹簧 | Ⅱ类弹簧 | Ⅲ类弹簧 | Ⅱ类弹簧 | Ⅲ类弹簧 | | | | | |
| 不锈钢丝 | Ni42CrTi | 420 | 560 | 700 | 700 | 880 | 67 000 | 19 000 | — | -60~100 | 恒弹性,耐腐蚀,加工性能好,适用于灵敏弹性元件,如游丝 |
| | Co40CrNiMo | 500 | 667 | 843 | 834 | 1020 | 78 000 | 200 000 | — | -40~400 | 耐腐蚀,高强度,无磁,低后效,高弹性 |
| 铜合金丝 | QSi3-1 | 265 | 353 | 441 | 441 | 549 | 40 200 | 93 200 | 90~100 HBS | -40~120 | 耐腐蚀,防磁好 |
| | QSn4-3 | | | | | | 39 200 | | | | |
| | QSn6.5-0.1 | | | | | | 39 200 | | | | |
| | QBe2 | 353 | 441 | 549 | 549 | 735 | 42 200 | 12 950 | 37~40 | | 耐腐蚀,防磁、导电性及弹性好 |

注：1. 按受力循环次数 $N$ 不同,弹簧分为三类；Ⅰ类 $N>10^6$；Ⅱ类 $N=10^3~10^5$ 以及受冲击载荷的；Ⅲ类 $N<10^3$。
2. 碳素弹簧钢丝 65、70 钢按力学性能不同分为 Ⅰ、Ⅱ、Ⅱa、Ⅲ四组,Ⅰ组强度最高,依次为 Ⅱ、Ⅱa、Ⅲ组。
3. 碳素弹簧钢丝的拉伸强度极限 $\sigma_B$ 见图 13-7。
4. 弹簧的工作极限应力 $\tau_{lim}$：Ⅰ类 $\leqslant 1.67\,[\tau_T]$；Ⅱ类 $\leqslant 1.25\,[\tau_T]$ Ⅲ类 $\leqslant 1.12\,[\tau_T]$。
5. 表中许用切应力为压缩弹簧的许用值,拉伸弹簧的许用应力为压缩弹簧的80%。
6. 强压处理的弹簧,其许用应力可增大25%；喷丸处理的弹簧,其许用应力可增大20%。
7. 轧制钢材的力学性能与钢丝相同。

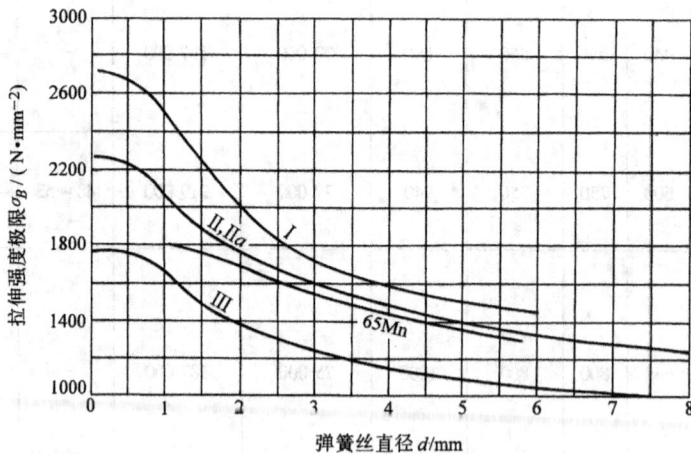

图 13-7　碳素弹簧钢丝（65、70 钢）的拉伸强度极限

在选择弹簧材料时,应考虑到弹簧的使用条件、功用及重要程度。所谓使用条件是指载荷性质、大小及其循环特性,工作温度和周围介质情况等。钢是最常用的弹簧材料。受力较小而又要求防腐、防磁等特性时,可以采用有色金属。非金属弹簧材料主要是橡胶,近年来,正发展用塑料制造弹簧。软木、空气也可用作弹簧材料。

碳素弹簧钢丝优先选用的直径系列（>8mm 未列）如下（单位为 mm）：0.1，0.15，0.2，0.25，0.3，0.35，0.4，0.45，0.5，0.6，1，1.2，1.6，2，2.5，3，3.5，4，4.5，5，6，8。

### 三、圆柱螺旋压缩弹簧

#### （一）特性线

为了清楚地表示弹簧在工作中，其作用载荷与变形之间的关系，需要绘出弹簧的特性线，以此作为弹簧设计和生产过程中进行检验或试验时的依据。等节距圆柱螺旋弹簧的特性线是一直线。

图 13-8 中 $H_0$ 是压缩弹簧不受外力时的自由长度，弹簧在工作前，通常预受一压缩力 $F_1$，以使其可靠地稳定在安装位置上。$F_1$ 力称为弹簧的最小载荷。在最小载荷下，弹簧的长度为 $H_1$，弹簧的压缩量为 $\lambda_1$。当弹簧受到最大工作载荷 $F_{max}$ 时，弹簧压缩量增至 $\lambda_{max}$，弹簧长度降至 $H_2$。$\lambda_{max}$ 与 $\lambda_1$ 之差即为弹簧的工作行程 $\lambda_h$，$\lambda_h = \lambda_{max} - \lambda_1 = H_1 - H_2$。$F_3$ 是弹簧的极限载荷，亦即在 $F_3$ 作用下弹簧丝内的应力达到了弹簧材料的屈服极限，这时相应的弹簧长度为 $H_3$，压缩量为 $\lambda_3$。

弹簧的最小载荷通常取为：$F_1 = （0.1 \sim 0.5） F_{max}$。弹簧的最大载荷 $F_{max}$ 则由机构的工作条件决定。实用中，一般不希望弹簧失去直线的特性关系，所以最大载荷小于极限载荷，通常应满足 $F_{max} \leq 0.8 F_3$ 的要求。

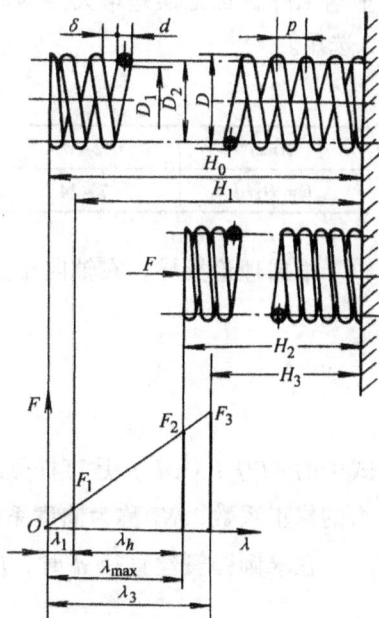

图 13-8　压缩弹簧及其特性线

#### （二）强度计算

压缩弹簧在轴向载荷 $F$ 作用下，在簧丝任意截面上，将作用有转矩 $T$、弯矩 $M_b$ 切向力 $F_Q$ 和法向力 $F_N$（图 13-9a），并且

$$\left. \begin{array}{l} T = F\dfrac{D_2}{2}\cos\gamma \\[2mm] M_b = F\dfrac{D_2}{2}\sin\gamma \\[2mm] F_Q = F\cos\gamma \\[2mm] F_N = F\sin\gamma \end{array} \right\} \quad (13\text{-}10)$$

式中的 $\gamma$ 为弹簧的螺旋升角。由于 $\gamma$ 角一般都不大（对于压缩弹簧，$\gamma \approx 5° \sim 9°$），所以计算时可将 $M_b$ 和 $F_N$ 忽略不计。因此，在弹簧丝中起主要作用的外力是转矩

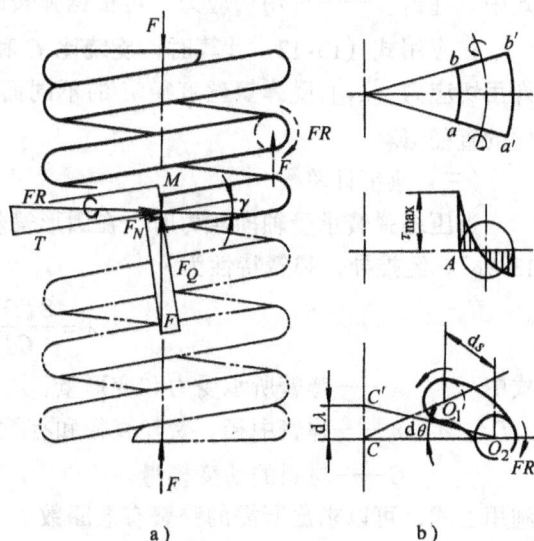

图 13-9　压缩弹簧的受力分析和变形

340

$T$ 和切向力 $F_Q$。在初步计算时，又可设 $\gamma \approx 0$，故可取 $T = FD_2/2$ 和 $F_Q = F$。这种简化对计算准确性影响不大。

压缩弹簧中簧丝的受力情况就如同一个受转矩 $T$ 和切向力 $F_Q$ 作用的曲梁。当取出一段簧丝，在簧丝截面上相应产生扭转切应力和切应力，这两种应力的合成并由于簧丝曲度的存在，簧丝靠近弹簧轴线的内侧应力比外侧大，如图 13-8b 所示。弹簧中径 $D_2$ 与簧丝直径 $d$ 之比称为旋绕比 $C$（又称弹簧指数），即 $C = D_2/d$。当其它条件相同时，$C$ 值愈小，弹簧丝内、外侧的应力差愈悬殊，材料利用率愈低；反之，$C$ 值过大，应力过小，弹簧卷制后将有显著回弹，加工误差增大。因此，通常 $C = 4 \sim 16$，不同簧丝直径推荐用旋绕比考参照表 13-2 选用。

表 13-2　旋绕比 $C$ 的荐用值

| $d$/mm | 0.2~0.4 | 0.5~1 | 1.1~2.2 | 2.5~6 | 7~16 |
|---|---|---|---|---|---|
| $C = D_2/d$ | 7~14 | 5~12 | 5~10 | 4~9 | 4~8 |

根据理论推导，在轴向压力作用下，压缩弹簧的最大切应力可按下式计算

$$\tau_{max} = K_1 \frac{8FD_2}{\pi d^3} \tag{13-11}$$

$$K_1 = \frac{4C-1}{4C-4} + \frac{0.615}{C}$$

式中的 $8FD_2/(\pi d^3)$ 是直杆受纯转矩时的切应力。$K_1$ 可理解为弹簧丝曲率和切向力对切应力的修正系数，$K_1$ 称为曲度系数。

在求圆弹簧丝直径 $d$ 时，应以 $F_{max}$ 代 $F$，并以 $D_2 = Cd$ 代入式（13-11），得

$$d = 1.6\sqrt{\frac{F_{max} K_1 C}{[\tau_T]}} \tag{13-12}$$

式中　$[\tau_T]$——许用切应力，可根据弹簧的材料和工作特点按表 13-1 规定选取。

在应用式（13-12）计算时，旋绕比 $C$ 和直径 $d$ 有关，当选用碳素弹簧钢丝材料时，其许用切应力 $[\tau_T]$ 随弹簧丝直径 $d$ 的不同而不同，故必须采用试算的方法，才能得出弹簧丝的直径 $d$。

（三）刚度计算

当压缩弹簧承受轴向压力时，在圆形簧丝截面上作用有转矩 $T$，从而产生扭转变形（图 13-9b）。经推导，弹簧特性为

$$\lambda = \frac{8FD_2^3 n}{Gd^4} = \frac{8FC^3 n}{Gd} \tag{13-13}$$

式中　$F$、$\lambda$——弹簧所承受力和变形量；
　$D_2$、$d$、$n$——弹簧中径、簧丝直径和有效工作圈数；
　　　$G$——材料的切变模量。
利用上式，可以求出所需的弹簧有效圈数

$$n = \frac{G\lambda d}{8FC^3} \tag{13-14}$$

如果 $n < 15$，则取 $n$ 为 0.5 圈的倍数；如果 $n > 15$，则取 $n$ 为整圈数。弹簧的有效圈数最少为 2 圈。

由式 (13-13)，得弹簧刚度

$$F' = \frac{Gd^4}{8D_2^3 n} = \frac{Gd}{8C^3 n} \tag{13-15}$$

由上式可知，旋绕比 $C$ 值的大小对弹簧刚度影响很大。当其他条件相同时，$C$ 值愈小的弹簧，刚度愈大，亦即弹簧愈硬；反之则愈软。

（四）稳定性计算

压缩弹簧的高径比（自由高度与中径之比）$b = H_0/D_2$ 较大的情况下，当载荷达到一定值时，弹簧会突然发生侧向弯曲（图 13-10），使弹簧刚度突然降低，这种现象称为压缩弹簧的失稳，这是弹簧正常工作所不允许的。

压缩弹簧的稳定性与弹簧两端的支承情况（图 13-11）有关。为了保证弹簧不失稳，一般应满足下列条件：当弹簧两端固定时 $b < 5.3$；当弹簧一端固定，另一端回转时 $b < 3.7$；当弹簧两端回转时 $b < 2.6$。

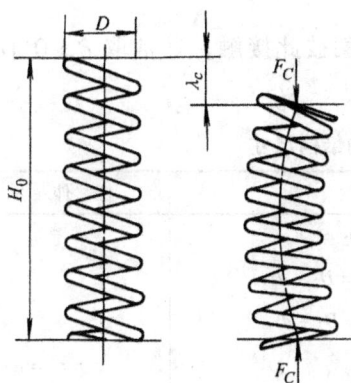

图 13-10　压缩弹簧的失稳

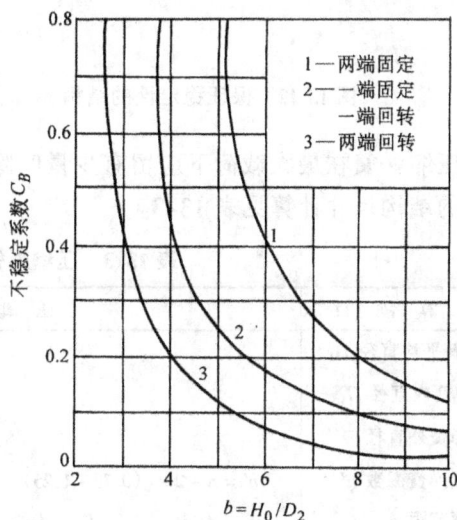

图 13-11　不稳定系数曲线

如果高径比 $b$ 不满足上述要求时，则应进行稳定性计算，以使弹簧最大工作载荷 $F_{max}$ 小于或等于保持弹簧稳定的临界载荷 $F_C$，即

$$F_{max} \leqslant F_C = C_B F' H_0$$

式中　$C_B$——不稳定系数，可由图 13-11 查取；

　　　$F'$——弹簧刚度；

　　　$H_0$——弹簧自由高度。

如果 $F_{max} > F_C$，则应重新选择参数，改变 $b$ 值，使其小于允许值。如果受结构条件限制不能改变参数时，为了保证弹簧的稳定性，应设置导杆（图 13-12a）或导套（图 13-12b）。

（五）结构尺寸的计算

压缩弹簧两端各有 0.75～1.25 圈与弹簧座相接触的支承圈，俗称死圈，死圈不参加弹簧变形，其端面应垂直于弹簧轴线。常见并紧死圈的端部形式见图 13-13。在受变载荷的重要场合中，应采用并紧磨平端。死圈的磨平长度应不小于一圈弹簧圆周长度的 1/4，末端厚度应 $\approx 0.25d$，此处 $d$ 为弹簧丝直径。

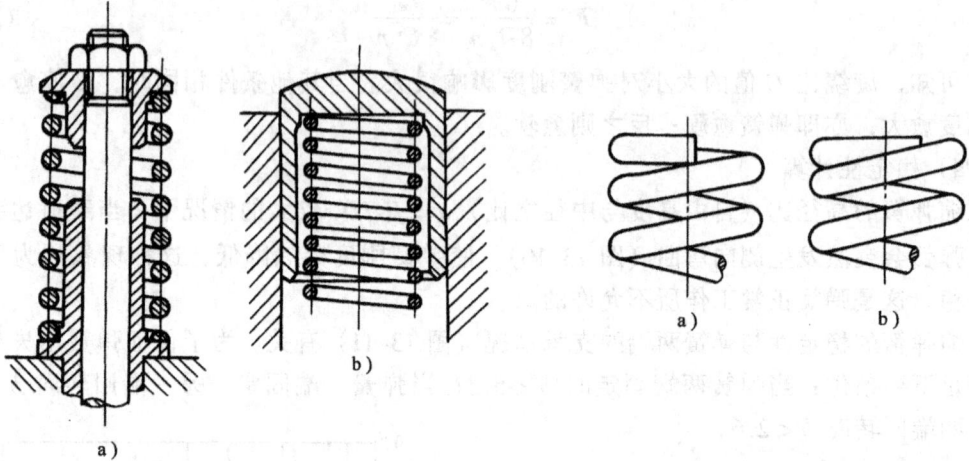

图 13-12 保证稳定性的结构

图 13-13 压缩弹簧的端部结构形式

a）并紧不磨平端 b）并紧磨平端

压缩弹簧在最大载荷下应留有少量间隙 $\delta$，以免各圈彼此接触，通常取 $\delta \geqslant 0.1d$。压缩弹簧的结构尺寸计算见表 13-3。

表 13-3 压缩弹簧和拉伸弹簧的结构尺寸

| 计 算 项 目 | 压 缩 弹 簧 | | 拉 伸 弹 簧 |
|---|---|---|---|
| 弹簧平均直径 $D_2$ | | $D_2 = Cd$ | |
| 弹簧内直径 $D_1$ | | $D_1 = D_2 - d$ | |
| 弹簧外直径 $D$ | | $D = D_2 + d$ | |
| 实际弹簧圈数 $n'$ | $n' = n + 2 \times (0.75 \sim 1.25)$ | | $n' = n$ |
| 弹簧节距 $p$<br>（在自由状态下） | $p = d + \dfrac{\lambda_{max}}{n} + \delta \approx \dfrac{D_2}{3} \sim \dfrac{D_2}{2}$ | | $p \approx d$ |
| 弹簧螺旋角 $\gamma$ | $\gamma = \arctan\dfrac{p}{\pi D_2} \approx 6° \sim 9°$ | | |
| 弹簧自由长度 $H_0$<br>（参看图） | 并紧不磨平端：<br>$H_0 = np + (n' - n + 1)d$<br>并紧磨平端：<br>$H_0 = np + (n' - n - 0.5)d$<br>$L = \dfrac{\pi D_2 n'}{\cos \gamma}$ | 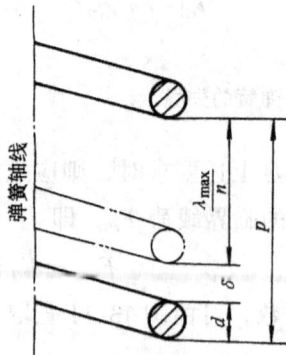 | $H_0 = nd +$ 挂钩尺寸 |
| 弹簧展开长度 $L$ | | | $L = \pi D_2 n +$ 挂钩展开长度 |

## 四、圆柱螺旋拉伸弹簧

图 13-14a 所示为一圆柱形拉伸弹簧。拉伸弹簧分无初拉力和有初拉力两种，如果 $F$ 代表拉力，$\lambda$ 代表拉伸量，则前一种弹簧的特性线（图 13-14b）和压缩弹簧完全相同。后一种弹簧则不同，它在自由状态下就受有初拉力 $F_0$ 的作用。初拉力是由于卷制弹簧时使各弹簧

圈并紧和回弹而产生的，有初拉力弹簧的特性线见图 13-14c。利用三角形相似原理，可在图中增加一段假想的变形量 $x$，那么，它的特性线显然又和无初拉力的完全相同。在一般情况下初拉力 $F_0$ 约具有下列值：$d \leqslant 5mm$ 的，$F_0 \approx F_3/3$；$d > 5mm$ 的，$F_0 \approx F_3/4$。$F_0$ 也可用下式计算

$$F_0 = \frac{\pi d^3}{8D_2}\tau' \tag{13-16}$$

式中　$\tau'$——拉伸弹簧的初切应力，可由图 13-15 两曲线间的范围内查出。

拉伸弹簧簧丝直径的计算公式与压缩弹簧相同。拉伸弹簧的弹簧圈数可用下式计算（无初拉力的，$F_0 = 0$）

$$n = \frac{G\lambda d^4}{8\left(F - F_0\right)D_2^3} \tag{13-17}$$

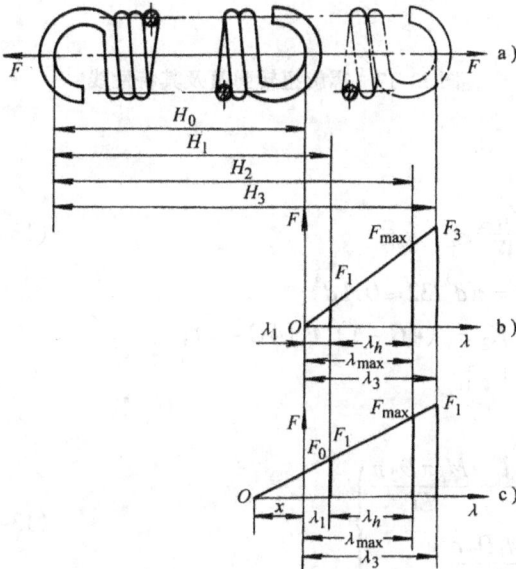

图 13-14　拉伸弹簧及其特性线

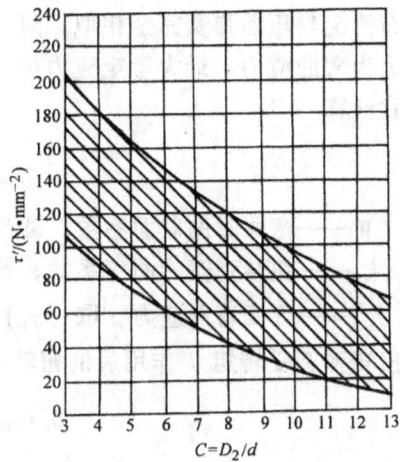

图 13-15　拉伸弹簧的初切应力 $\tau'$ 范围

拉伸弹簧的端部做有挂钩，以便安装和加载。挂钩形式见图 13-16。左面两种挂钩的弯曲应力较大，只能用在中小载荷和不甚重要的地方。有圆锥形过渡端的挂钩弯曲应力较小，而且可以转动到任何方向。当受载较大，最好采用螺旋块式挂钩，但价格较贵。拉伸弹簧的结构尺寸见表 13-3。

**五、圆柱螺旋扭转弹簧**

扭转弹簧的特性线见图 13-17，其意义与压缩弹簧相同，只是扭转弹簧所

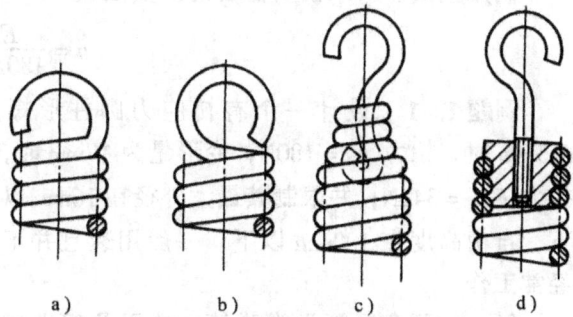

图 13-16　拉伸弹簧的端部结构形式

a) 半圆钩环　b) 圆钩环　c) 可转钩环　d) 可调钩环

受外力为转矩 $T$，所产生的变形为扭转角 $\phi$。至于最小转矩和最大转矩，最大转矩与极限转矩间的关系仍可参考压缩弹簧中所给的数值。

在垂直于弹簧轴线平面内受一转矩 $T$ 作用的扭转弹簧，在其弹簧丝的任一截面上将作用着：弯矩 $M_b = T\cos\gamma$ 和转矩 $T' = T\sin\gamma$（图 13-17）。由于螺旋角很小，所以转矩 $T'$ 可以忽略不计，并可认为 $M_b \approx T$。因此，扭转弹簧的弹簧丝中主要受弯矩 $M_b$ 的作用。

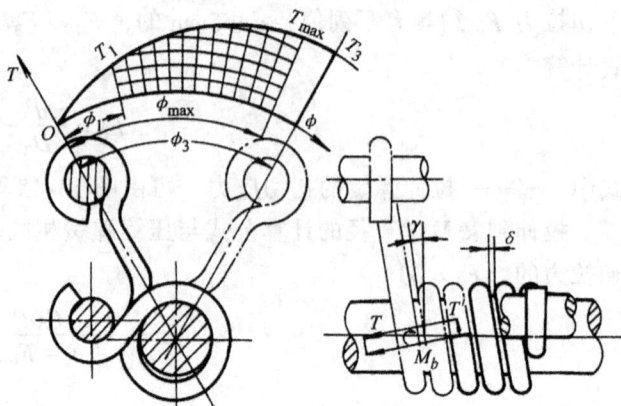

图 13-17　螺旋扭转弹簧及其特性线

由此可知，扭转弹簧应按受弯矩的曲梁来计算，在它的任一面上的应力分布情况与压缩弹簧完全相似，只是应力为弯曲应力。最大弯矩应力可按下式计算

$$\sigma_{b\max} = K_2 \frac{M_{b\max}}{W} \leqslant [\sigma_b] \tag{13-18}$$

式中　$W$——弯曲时的截面系数，圆弹簧丝 $W = \pi d^3/32 \approx 0.1 d^3$；

$K_2$——扭转弹簧的曲度系数，圆弹簧丝 $K_2 = (4C-1)/(4C-4)$；

$[\sigma_b]$——许用弯曲应力，取 $[\sigma_b] = 1.25[\tau]$。

扭转弹簧受转矩 $T$ 作用后的扭转变形为

$$\left.\begin{aligned} \phi \ (\mathrm{rad}) &= \frac{M_b l}{EI} = \frac{M_b \pi D_2 n}{EI} \\ \phi \ (°) &= \frac{180 M_b D_2 n}{EI} \end{aligned}\right\} \tag{13-19}$$

式中　$I$——弹簧丝截面的轴惯性矩，圆弹簧丝 $I = \pi d^4/64$

利用上式，可求出所需要的弹簧圈数

$$n = \frac{EI\phi°}{180 M_b D_2} \tag{13-20}$$

**例题 13-1**　设计一个有初应力圆柱形螺旋拉伸弹簧。数据如下：当弹簧变形量为 6.5mm 时，拉力 $F_1 = 180$N；变形量为 17mm 时，拉力 $F_{\max} = 340$N；并限制其最大外径在 16mm 以下，自由高度在 100mm 以下。一般用途且并不经常工作。

**解**　按题意属第Ⅲ类弹簧，选用Ⅱ组碳素弹簧钢丝。按照材料规格，假设 $d = 2.2$、$2.5$、$2.8$、3mm 四种计算方案，为对方案作比较，采用列表法进行。

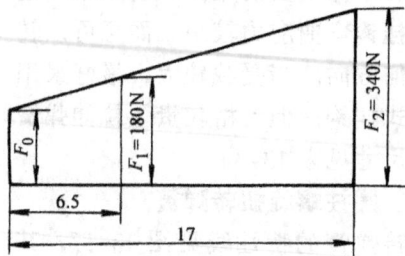

图 13-18　计算简图

| 计算项目 | 计算依据 | 单位 | 计算方案 | | | |
|---|---|---|---|---|---|---|
| | | | 1 | 2 | 3 | 4 |
| 1.计算簧丝直径 | | | | | | |
| (1)假设簧丝直径 $d$ | | mm | 2.2 | 2.5 | 2.8 | 3 |
| (2)假设弹簧平均直径 $D_2$ | | mm | 12 | 12 | 12 | 12 |
| (3)旋绕比 $C$ | $C = D_2/d$ | | 5.45 | 4.8 | 4.29 | 4 |
| (4)曲度系数 $K_1$ | $K_1 = \dfrac{4C-1}{4C-4} + \dfrac{0.615}{C}$ | | 1.28 | 1.33 | 1.37 | 1.404 |
| (5)材料强度极限 | 查图 13-7 | N/mm² | 1720 | 1680 | 1640 | 1600 |
| (6)许用扭应力 $[\tau]$ | 查表 13-1,$[\tau]=0.8\times0.5\sigma_B$ | N/mm² | 688 | 672 | 656 | 640 |
| (7)簧丝直径计算值 $d_j$ | $d_j = \sqrt{\dfrac{8F_{max}K_1C}{\pi[\tau]}}$ | mm | 2.96 | 2.86 | 2.79 | 2.76 |
| | 3、4 两计算方案。$d_j \le d$,为可用予选方案 | | | | | |
| 2.验算初拉力 | $F_0 = \dfrac{\lambda_{max}F_1 - \lambda F_{max}}{\lambda_{max}-\lambda_1}$ | N | — | — | 81 | 81 |
| 计算初应力 | $\tau_0 = K_1\dfrac{8F_0D_2}{\pi d^3}$ | N/mm² | | | 156 | 163 |
| | 查图 13-15,均符合初应力推荐值的规范 | | | | | |
| 3.确定弹簧有效圈数 $n$ | $n = \dfrac{\lambda_{max}GD_2}{8(F_{max}-F_0)C^4}$ (括号内为圆整值) | 圈 | | | 23.25 (24) | 28.41 (29) |
| 4.校核弹簧外廓尺寸 | | | | | | |
| (1)弹簧外径 $D$ | $D = D_2 + d$ | mm | — | — | 14.8<16 | 15<16 |
| (2)弹簧自由高度 | $H_0 = (n+1)d + 2D_1$ (设采用整圈钩环) | mm | | | 88.4 | 108 |
| | 根据题设自由高度的限制,应选用第 3 计算方案 | | | | | |
| 5.其他结构尺寸参数计算(略) | | | | | | |
| (1)工作极限载荷 $F_3$ | — | N | — | — | — | — |
| (2)弹簧展开长度 $L$ 等 | — | mm | — | — | — | — |

# 第四节  游  丝

## 一、游丝的种类、要求和材料

用于精密机械中的游丝可分为以下两种:

(1)测量游丝  电工测量仪表中产生反作用力矩的游丝和钟表机构中产生振动系统恢复力矩的游丝都属于这一类。这一类游丝是测量链的组成部分,因此,实现给定的特性方面有较高的要求。

(2)接触游丝  千分表、百分表中,产生力矩使传动机构中各零件相互保持接触的游丝属于这一类。这一类游丝对特性要求不严。

游丝应能满足的要求为：①能实现给定的弹性特性；②滞后和后效现象较小；③特性不随温度变化而改变；④具有好的防磁性和抗蚀性；⑤游丝的重心位于几何中心上；⑥游丝的圈间距离相等，在工作过程中没有碰圈现象；⑦若兼作导电元件时，则游丝的材料应有较小的电阻系数。

应该按照游丝在机构中的作用，以及工作条件来决定对游丝的要求。由于测量游丝对精度有直接影响，因而测量游丝在上述几方面应有较高的要求。

为了实现上述要求，应合理设计游丝的结构和尺寸参数，采用完善的制造工艺以及正确地选用材料。

制造游丝最常用的材料是锡青铜（QSn4-3）和恒弹性合金（Ni42CrTi）。锡青铜有良好的加工性，较好的导电性，而且熔炼容易，成本低。因此，它成为电工仪表和机械仪表中游丝的重要材料。在钟表机构中，为了减小环境温度对特性的影响，采用恒弹性合金作为制造游丝的材料。铍青铜具有较高的强度，用它制造的游丝可以在实现给定特性条件下减轻重量，使游丝具有较好的振动稳定性。

**二、游丝的结构**

游丝内外端固定方法如图 13-19 所示。游丝的外端固定常采用可拆联接，例如锥销楔紧（图 13-19a），以便调节游丝的长度，获得给定的特性。内端固定常用冲榫的方法铆在游丝套上（图 13-19b）。在电工测量仪表中，游丝除了用作测量元件外，常常又是导电元件，为了减小联接处的电阻，端部固定常用钎焊的方法（图 13-19c）。

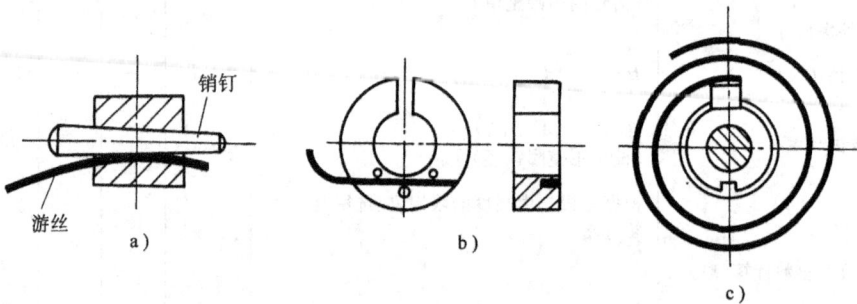

图 13-19 游丝端部的固定方法

**三、游丝的特性**

游丝截面在力矩作用下产生变形，其特性公式为

$$M = \frac{EI_a}{L}\psi - \frac{Ebh^3}{12L}\varphi \tag{13-21}$$

式中　$M$——作用在游丝轴上的力矩；

$\varphi$——游丝转角；$L$、$b$、$h$ 为游丝长度、宽度、厚度；

$E$——材料的弹性模量。

**四、游丝的设计**

游丝是通用的弹性元件之一。我国机械仪表用游丝有国家标准（GB12159—90），该标准适用于在机械仪表中产生反作用力矩及消除传动机构空回的游丝。可根据给定的条件直接选用。当标准游丝不能满足使用要求时，应进行非标准游丝的设计与计算。

设计游丝时，原始数据通常为最大游丝力矩 $M_2$ 和最大游丝转角 $\varphi_2$（或最小游丝力矩 $M_1$ 和最小游丝转角 $\varphi_1$）以及游丝的用途和安装空间。要求确定游丝的宽度 $b$、厚度 $h$、长度 $L$（圈数 $n$）及其它结构参数。

1. 按结构条件初定游丝长度 $L$

如图 13-20 所示，游丝的长度为

$$L = \pi n \frac{D_1 + D_2}{2} \tag{13-22}$$

式中　$D_1$、$D_2$——游丝外径和内径，根据结构条件确定；

　　　　$n$——游丝圈数，为了减小游丝工作时偏心现象，一般推荐游丝转角 $\varphi \geqslant 2\pi$ 时，取 $n = 10 \sim 14$；$\varphi < 2\pi$ 时，$n = 5 \sim 10$。

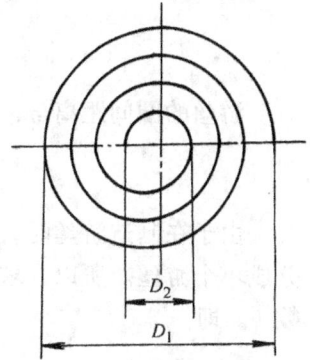
图 13-20　游丝计算简图

2. 根据特性条件确定游丝宽度 $b$ 和厚度 $h$，式（13-21）可以写成

$$M = \frac{E \, (b/h) \, h^4}{12L} \varphi = \frac{Euh^4}{12L} \varphi \tag{13-23}$$

式中　$u$——游丝的宽厚比，$u = b/h$。

设计时推荐按下列数值范围选取：对滞后和后效要求较高的游丝，例如电工仪表游丝，取 $u = 8 \sim 15$；对滞后和后效要求不高的游丝，例如接触游丝，$u = 4 \sim 8$；在振动条件下工作的游丝，$u$ 宜取最小值，例如手表游丝 $u = 3.5$。航空航天仪表和汽车拖拉机仪表上的游丝也都取较小的宽厚比。

由式（13-23）得

$$h = \sqrt[4]{\frac{12LM}{uE\varphi}} \tag{13-24}$$

$$b = uh \tag{13-25}$$

当采用标准游丝时，尚需将计算出的 $h$、$b$ 值圆整为标准值。

3. 根据强度条件校验最大应力　游丝的强度条件为

$$\sigma_b = \frac{6M}{bh^2} \leqslant [\sigma_b] \tag{13-26}$$

式中　$[\sigma_b]$——许用弯曲应力，$[\sigma_b] = \sigma_B/S_\sigma$。

游丝材料的力学性能和安全系数见表 13-4。

**表 13-4　游丝材料的力学性能和安全系数**

| 材料的力学性能 | | | 安　全　系　数 $S_\sigma$ | | |
|---|---|---|---|---|---|
| 材料名称 | 弹性模量 $E$/（N·mm$^{-2}$） | 抗拉强度极限 $\sigma_B$/（N·mm$^{-2}$） | | | |
| 锡青铜 QSn4-3 | $1.2 \times 10^5$ | $500 \sim 600$ | 测量游丝 | | $5 \sim 10$ |
| 铍青铜 QBe2 | $1.15 \times 10^5$（经淬火） | $588 \sim 735$（经冷作硬化） | 接触游丝 | 静载荷 | $2 \sim 2.5$ |
| | $1.32 \times 10^5$（经回火） | $1180$（经回火） | | 变载荷 | $3 \sim 4$ |

4. 确定游丝长度 $L$，圈数 $n$ 和圈间距离 $a$　在前面的计算中，游丝的厚度 $h$ 和宽度 $b$

均已圆整，故需按特性要求确定游丝长度 $L$ 和圈数 $n$ 即

$$L = \frac{Ebh^3}{12M}\varphi$$

$$n = \frac{2L}{\pi(D_1 + D_2)}$$

游丝的圈间距离 $a$，可按下式计算

$$a = \frac{D_1 - D_2}{2n} \tag{13-27}$$

由于在制造游丝时，是将几根游丝带料紧密地盘绕在心轴上，经过热处理定型，然后再分成单个游丝。所以，求出圈间距离 $a$ 后，便能确定出制造游丝时，应同时盘绕的游丝个数 $k$。即

$$k = \frac{a}{h} \tag{13-28}$$

为了保证游丝工作时不产生圈间接触，$a$ 值不宜过小。为此，通常 $k \geqslant 3$。

## 第五节  片  簧

片簧是用带材或板材制成的各种片状的弹簧。

### 一、片簧的分类和用途

片簧按其外形，可分为：直片簧（图 13-21a）；弯片簧（图 13-21b、c）。

按其截面形状，可分为：等截面片簧（图 13-22）；变截面片簧（图 13-23）。

按其安装情况，又可分为：有初应力片簧（图 13-24a）；无初应力片簧（图 13-24b）。

片簧主要用于弹簧工作行程和作用力均不大的情况下，图 13-21a 所示是片簧的典型用途之一，它用于继电器中的电接触点。当安放片簧的结构空间较小，而又必须增大片簧的工作长度时，可采用弯片簧。图 13-21b 所示是棘轮、棘爪的防反转装置，图 13-21c 用于转轴转动 90° 的定位器。由图可以看出，弯片簧可以任意调整固定端与载荷作用点之间的位置，

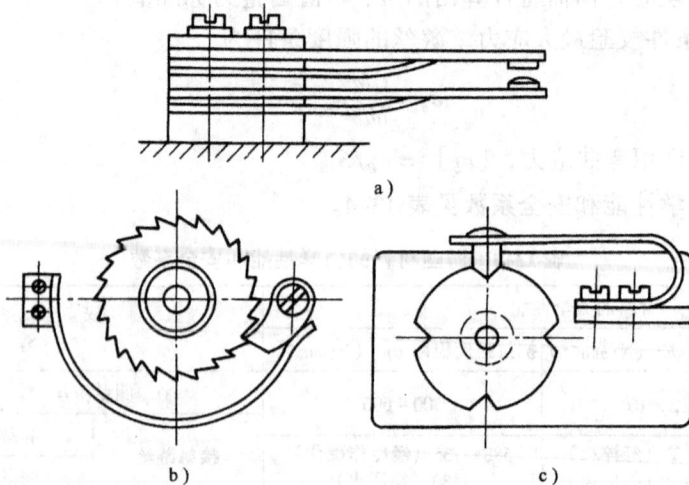

图 13-21  片簧的典型应用

使片簧的实际工作长度能够按需要增加到必要的尺寸。

弯片簧的计算可参照工程力学中的曲梁公式进行。

**二、直片簧的结构和种类**

直片簧外形和固定处结构如图 13-22 所示。图 13-22a 是最常用的用螺钉固定的方法，采用两个螺钉的目的，是为了防止片簧转动。如果由于位置关系不容许这样排列螺钉时，也可采用如图 13-22b 所示的结构。

当只用一个螺钉固定片簧时，为防止片簧的转动，可采用图 13-22c 或 d 所示的结构。

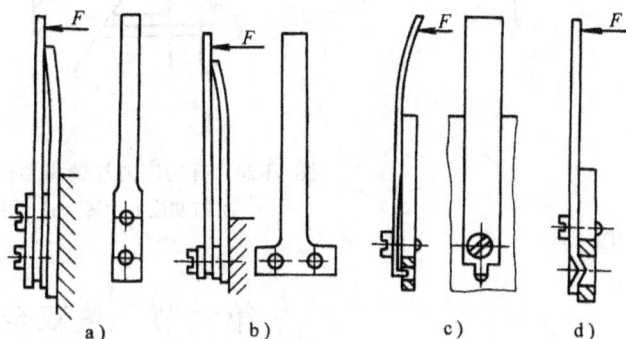

图 13-22　直片簧外形与结构

固定片簧用的垫片的边缘均应作成圆角。

当片簧的固定部分宽于工作部分时，两部分应采用圆角光滑衔接，以减小应力集中。

当片簧用作电接触点弹簧时，应用绝缘材料使片簧和基座、螺钉绝缘（图 13-21a）。

直片簧按其截面形状，可分为等截面和变截面两种。变截面片簧的截面，沿其长度方向是变化的（图 13-23）。图 13-23a、b 所示的变截面片簧，工程力学中已证明过，在载荷的作用下，沿长度方向，表层各处的应变是相同的。所以常在其上粘贴应变丝，用来进行力和力矩的测量，图 13-23c 是其具体应用。

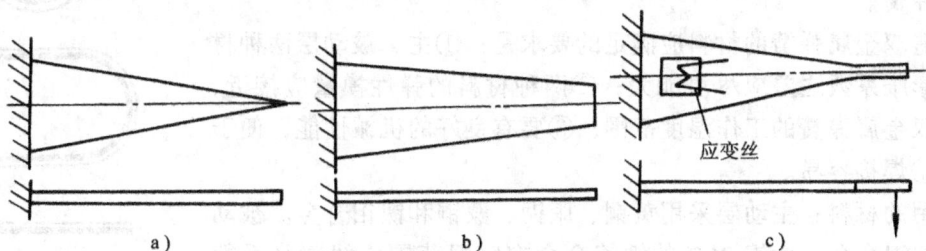

应变丝

图 13-23　变截面直片簧

直片簧按其安装情况，可分为有初应力（图 13-24a）和无初应力（图 13-24b）两种。

受单向载荷作用的片簧，通常采用有初应力片簧。如图 13-24a 所示，1 为有初应力片簧的自由状态，安装时，在刚性较大的支片 $A$ 作用下，产生了初挠度而处于位置 2。当外力小于 $F_1$ 时，片簧不再变形，只有当外力大于 $F_1$ 时，片簧才与支片 $A$ 分离而变形，所以有初应力片簧在振动条件下仍能可靠工作（当惯性力不大于 $F_1$ 时）。此外，从图 13-24 中还可以看出，在同样工作要求下（即在载荷 $F_2$ 作用下，两种片簧从安装位置产生相同的挠度 $\lambda_2$），有初应力片簧安装时已有初挠度 $\lambda_1$，所以在载荷 $F_2$ 作用下，总挠度 $\lambda = \lambda_1 + \lambda_2$，因此片簧弹性特性具有较小的斜率。如因制造、装配引起片簧位置的误差相同时（例如等于 $\pm \Delta$），则有初应力片簧中所产生的力的变化，将比无初应力片簧要小。

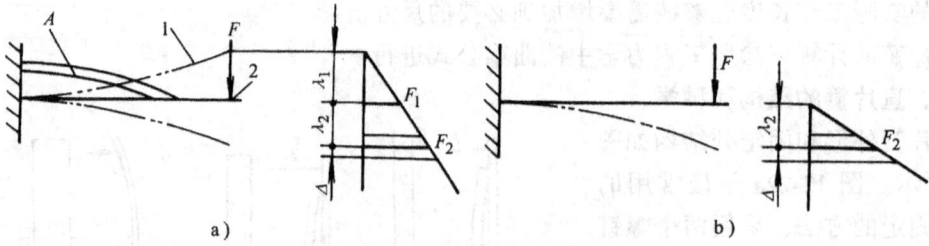

图 13-24　有初应力片簧和无初应力片簧的特性

a) 有初应力片簧　b) 无初应力片簧

## 第六节　热双金属弹簧

热双金属是用两个具有不同线膨胀系数的薄金属片钎焊而成。其中，线膨胀系数高的一层叫做主动层，低的一层叫做从动层。受热时，两金属片因线膨胀系数不同而有不同数量的伸长。但由于两片彼此焊在一起，所以使热双金属片产生弯曲变形。因此，利用热双金属制成的弹簧，就可以把温度的变化转变为弹簧的变形；如果其位移受到限制时，则可把温度的变化转变为力。

在精密机械中，热双金属弹簧的应用很广，它除了用作温度测量元件外，尚可用作温度控制元件和温度补偿元件。

热双金属弹簧可以做成各种形状。图 13-25 中是常用的几种热双金属弹簧。

制造双金属弹簧的材料应满足的要求是：①主、被动层两种材料的线膨胀系数之差应尽可能大；②两种材料的弹性模量应接近，以扩大双金属弹簧的工作温度范围；③要有良好的机械性能，便于加工；④焊接容易。

常用的材料：主动层采用黄铜、康铜、蒙铜和镍钼合金。被动层采用铁镍合金。含镍 36% 的铁镍合金在室温范围内线膨胀系数几乎等于零，因此得名叫不变钢（或称因钢）。工作温度超过 150℃时，不变钢线膨胀系数增加较快，这时，采用含 $w_{Ni}$ 40% ~ 46%的铁镍合金可以得到较小的线膨胀系数。

下面给出热双金属弹簧的变形和温度变化之间的关系和计算公式。

图 13-26 为长度等于 $\Delta l$ 的一微小段双金属弹簧，当温度升高时，它变成了一段圆弧。此段圆弧对应的中心角为 $\Delta\varphi$，则

$$\Delta\varphi = \frac{6\,(\alpha_1 - \alpha_2)\,\Delta l\,(t_1 - t_0)}{\dfrac{(E_1 h_1^2 - E_2 h_2^2)^2}{E_1 E_2 h_1 h_2\,(h_1 + h_2)} + 4\,(h_1 + h_2)} \tag{13-29}$$

式中　$h_1$、$h_2$——主、被动层的厚度；

　　　　$\alpha_1$、$\alpha_2$——主、被动层材料的线膨胀系数；

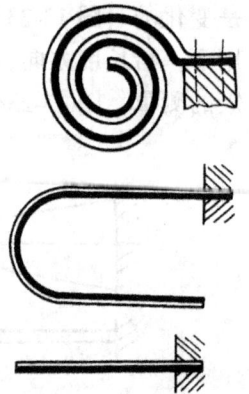

图 13-25　热双金属弹簧

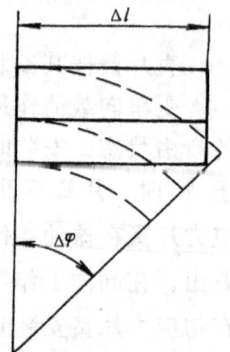

图 13-26　一小段热双金属弹簧的变形

$E_1$、$E_2$——主、被动层材料的弹性模量；

$t_0$、$t_1$——变形前、后的温度。

由上式可以看出，如果设计时能满足 $E_1 h_1^2 = E_2 h_2^2$，则双金属片灵敏度最高。在此条件下

$$\Delta\varphi = \frac{3}{2}\frac{\alpha_1 - \alpha_2}{h_1 + h_2}\Delta l\ (t_1 - t_0) \tag{13-30}$$

式（13-29）、式（13-30）给出了微小段双金属弹簧在温度变化时的变形规律。由此，可以求得任何形状的双金属弹簧在温度变化时的变形。

例如，对于直片式双金属弹簧，温度变化时，其自由端的位移求法如下（图13-27）：

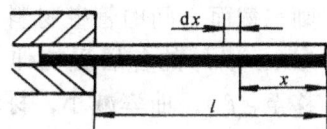

图 13-27　直片热双金属弹簧变形计算图

$$S = \int_0^l \frac{3}{2}\frac{\alpha_1 - \alpha_2}{h_1 + h_2}\ (t_1 - t_0)\ x\mathrm{d}x = \frac{3}{4}\frac{\alpha_1 - \alpha_2}{h_1 + h_2}l^2\ (t_1 - t_0)$$

$$\tag{13-31}$$

式中　$l$——双金属弹簧的长度。

双金属弹簧已经系列化，设计时应根据结构要求以及灵敏度要求适当选择。

# 第七节　其它弹性元件简介

## 一、弹簧管

弹簧管（又称包端管，图13-28）是一个弯成圆弧形的空心管。它的截面形状通常为椭圆或扁圆形，但也有 D 形、8 字形等其它的非圆截面形状（图13-29）。管子截面的布置是使截面短轴位于管子的对称平面内。

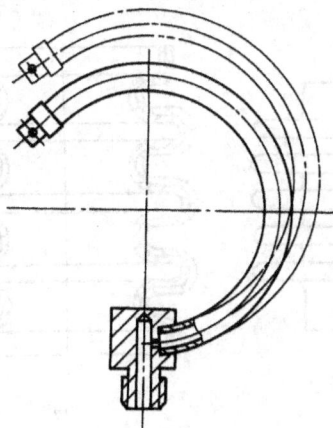

图 13-28　压力弹簧管

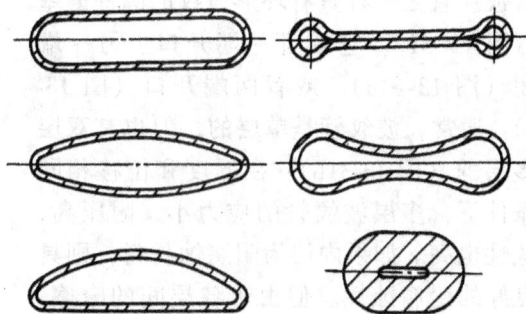

图 13-29　弹簧管截面形状

弹簧管的开口端，焊在带孔接头中并固定在仪表基座上，而封闭端自由，其上有一耳圈用于与传动机构连接。当从开口端通入压力 $p$ 时，管子曲率减小，自由端产生位移，故弹簧管常用作测量压力的灵敏元件。当自由端的位移受到限制时，则它将把压力转变为集中力。

352

弹簧管的工作原理如下：任意非圆截面的管子，在内压力的作用下，其截面将力图变为圆形。现从管子中截取中心角为 dγ 的一小段（图 13-30），当通入压力 p 后，截面变圆。长轴变短，短轴变长。如果二截面夹角 dγ 不变，则二截面之间的管壁材料，在中性层 xx 以外的各层受拉伸（例如 ef 移至 e'f'），曲率减小，材料受拉伸应力。而中性层以内的各层受压缩（例如 ki 移至 k'i'），曲率增大，材料受压缩应力。这样就产生弹性恢复力矩，力图恢复各层的原来长度，从而迫使截面产生旋转角 dφ，使管子夹角 dγ 减小，曲率半径增大。如果管子一端固定，自由端便产生位移，直至达到弹性平衡为

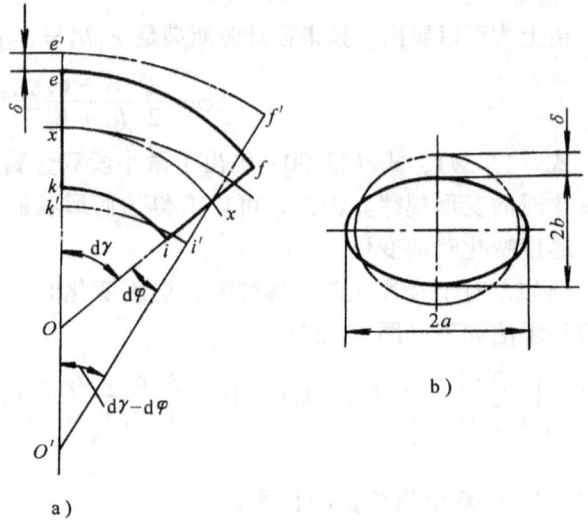

图 13-30 弹簧管的工作原理

止。如果封闭端固定，管子变形受到限制，则在封闭端产生曳力。

制造弹簧管的主要材料有：测量的压力不大而对迟滞要求不高的，可采用黄铜、锡青铜；测量压力较高者采用合金弹簧钢；若要求强度高、迟滞小而特性稳定的，可用铍青铜和恒弹性合金；在高温和腐蚀性介质中工作的弹簧管，可用镍铬不锈钢制造。

弹簧管测量压力范围较大，同时能给出较大位移量和曳力。因此，弹簧管适用于机械放大式仪表。但是，弹簧管容易受振动、冲击的影响。

**二、波纹管**

波纹管是一种具有环形波纹的圆柱薄壁管（图 13-31）。它或者一端开口、另一端封闭（图 13-31a），或者两端开口（图 13-31b）。通常，波纹管是单层的，但也有双层或多层的（图 13-31b）。在厚度和位移相同的条件下，多层波纹管的应力小，耐压高，耐久性也高。如果内层为耐腐蚀材料，则具有良好的耐腐蚀性。但由于各层间的摩擦，故多层波纹管的滞后误差加大。

在压力或轴向力的作用下，波纹管将伸长或缩短。在横向力作用下，波纹管将在轴向平面内弯曲。由于波纹管在很大的变形范

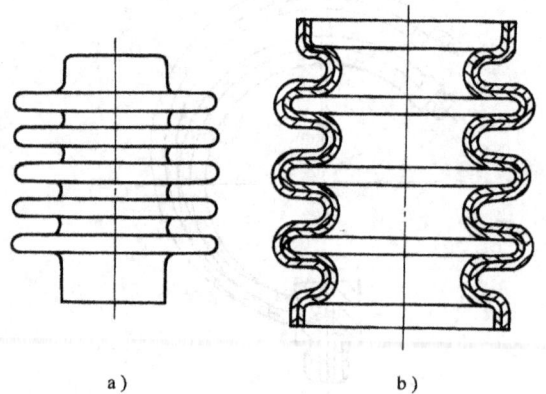

图 13-31 波纹管

围内与压力具有线性关系，有效面积比较稳定，因而波纹管被广泛用作测量或控制压力的敏感元件。考虑到波纹管的滞后误差较大以及刚度较小，所以，当它用作敏感元件时，常与螺旋弹簧组合使用。除此以外，波纹管还广泛用作密封元件（图 13-32a）、介质分隔元件（图 13-32b）、导管挠性联接元件（图 13-32c）等。

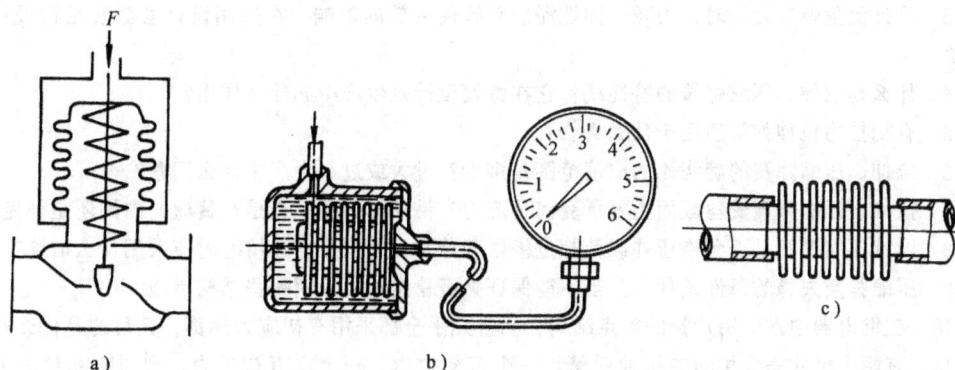

图 13-32 波纹管应用

制造波纹管的主要材料有黄铜、锡青铜、铍青铜及不锈钢等。黄铜的弹性较低，滞后和后效较大，因此，只用于不重要的波纹管。

### 三、膜片、膜盒

膜片是一种周边固定的圆形弹性薄片。根据轴向截面形状不同，膜片分为平膜片（图 13-33a）和波纹膜片（图 13-33b）。二者的区别是前者的截面形状是平的，而后者则具有波纹。为了便于膜片 1 与机构的其它零件连接，可以在膜片中心焊上硬心 2。两个膜片对焊起来，就组成膜盒。几个膜盒连起来，就构成膜盒组（图 13-33c）。

在压差 $p$ 的作用下，膜片、膜盒中心将产生位移 $\lambda$，根据 $\lambda$ 可判断压差的大小，因此，在仪器仪表中，膜片、膜盒被广泛地用作测量压力的弹性敏感元件。当膜片中心的位移受到限制时，膜片便将压力转换成集中力以克服外力的作用。

膜片的材料分为金属和非金属两种。金属材料主要有黄铜、锡青铜、锌白铜、铍青铜和不锈钢等。非金属材料主要有橡胶、塑料、卡普隆和石英等。波纹膜片大多用金属材料制造。

有关片簧热双金属弹簧、弹簧管、波纹管、膜片和膜盒等详细的设计计算内容，可参阅文献〔2〕。

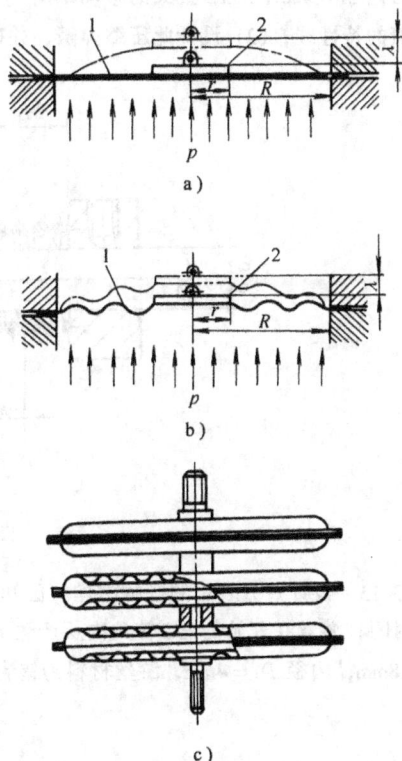

图 13-33 膜片、膜盒

### 思考题及习题

13-1 什么是弹性元件特性？影响弹性元件特性的因素是什么？

13-2 由若干个弹性元件组成的串联或并联系统，其系统刚度如何求出？

13-3 设计测量弹性元件时，为减少弹性滞后和弹性后效的影响，在选用设计参数及结构设计方面应注意什么？

13-4 什么是拉伸、压缩弹簧的特性线？它在弹簧设计及生产中起什么作用？

13-5 有初拉力拉伸弹簧适用于什么场合？

13-6 拉伸、压缩弹簧的旋绕比的取值范围是多少？过大或过小会产生什么问题？

13-7 拉伸、压缩弹簧簧丝截面主要承受何种应力？易损坏的危险点是在簧丝的内侧还是外侧？

13-8 设计压缩弹簧是否允许压并载荷超过极限载荷？如果发生上述情况时应采用什么措施？

13-9 压缩弹簧失稳的条件是什么？当不能保证弹簧稳定时可采用哪些结构措施？

13-10 在继电器中常应用片簧的触点结构，而且几乎全部采用有初应力片簧，其目的是什么？

13-11 有两个尺寸完全相同的拉伸弹簧，一个有初拉力，一个没有初拉力。现对有初拉力的弹簧实测，结果如下：$F_1 = 20N$，$H_1 = 100mm$；$F_2 = 30N$，$H_2 = 120mm$。两个弹簧自由长度均为80mm，试计算

(1) 初拉力 $F_0$ 为多少？

(2) 同样用 $F_2 = 30N$ 的拉力拉伸无初应力弹簧，其长度 $H_2$ 为多少？

13-12 图13-34为锥形摩擦离合器，锥半角 $\theta = 30°$，锥面平均直径为 $D_m = 58mm$，摩擦系数 $f = 0.15$，传递力矩 $M = 480N \cdot mm$，拨叉的移动距离 $\lambda_h = 5mm$，操纵拨叉的最大作用力 $F_{max} = 80N$。求解：(1) 绘制压缩弹簧的特性线；(2) 设计此压缩弹簧，并确定安装尺寸 $H_1$。

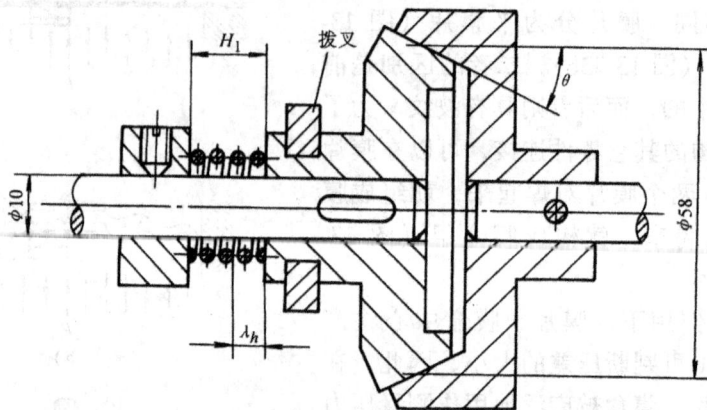

图 13-34 题 13-12 图

13-13 设计百分表用的接触游丝。已知：游丝的总转角为 $\varphi = 5\pi/2$ 为了使接触游丝能可靠地保证结构的力封闭，游丝在开始的 $\pi/2$ 转角内所产生的力矩 $M_{min} = 54 \times 10^{-3} N \cdot mm$，根据游丝的安装空间，选定外径 $D_1 = 18mm$，内径 $D_2 = 4mm$，游丝材料为锡青铜，$\sigma_b = 600N \cdot mm^{-2}$，弹性模量 $E = 1.2 \times 10^5 N \cdot mm^{-2}$。

# 第十四章 联 接

## 第一节 概 述

任何精密机械都是由一定数量的零、部件所组成。为了便于制造、装配、维修、调整和运输，常采用各种不同的联接方法，将这些零、部件组合成一整体。

根据被联接零件的性质，联接可分为机械零件与机械零件的联接（简称机械零件的联接），光学零件与机械零件的联接（包括光学零件之间的联接）。

根据联接结构的特点，联接又可分为可拆联接和永久联接（不可拆联接）。

可拆联接的特点是，如果把这种联接拆开，构成联接的所有零件都不会损坏。永久联接的特点是，如果把这种联接拆开，则构成联接的所有零件中，至少有一个或一个以上的零件会遭受严重损坏。

同永久联接比较，可拆联接的主要优点是反复装拆而不致影响联接的性能。这个优点，从装配、调整和维修的角度来看，是很重要的。但可拆联接的成本往往高于永久联接，并且，在振动和颠簸的情况下，易产生自松的可能。为防止自松现象的发生，常须附加防松装置。此外，可拆联接在结构上也往往不如永久联接紧凑。

无论设计可拆联接或永久联接，均应满足下列基本要求：

1) 保证足够的联接强度；
2) 保证足够的联接精度，即保证被联接件之间具有足够准确的相互位置；
3) 保证联接结构的可靠性，即保证在振动和冲击的条件下不松动；
4) 联接方便，工艺性好；
5) 对于某些联接结构，尚须满足其他一些特殊要求，如密封性、导电性等。

## 第二节 机械零件的联接

### 一、可拆联接

主要有螺钉（包括螺栓）和螺纹联接、销钉联接和键联接等。

（一）螺钉和螺纹联接

螺钉（包括螺栓）联接和螺纹联接是精密机械中应用最广的一种可拆联接。

螺钉和螺纹联接的基本要素都是螺纹。不同之处是螺钉联接利用联接零件（螺钉、螺栓、螺母和垫圈等）把被联接零件联接在一起（图 14-1a、b、c），而螺纹联接则利用被联接零件本身所具有的螺纹，直接进行联接（图 14-1d）。

螺栓联接（图 14-1a）用于被联接零件不太厚的情况。把螺栓穿过两个或更多的被联接零件的光孔，然后拧上螺母构成联接。而螺钉联接（图 14-1b）是用于被联接零件之一太厚，或由于结构原因，不便安装螺母时，直接在该被联接零件上制出螺孔，把螺钉拧入，构成联接。如果带螺孔的被联接零件的材料强度较低（如铸铁或轻合金等），则为了避免经常装拆而使螺孔受到损坏，可采用双头螺栓联接（图 14-1c）。

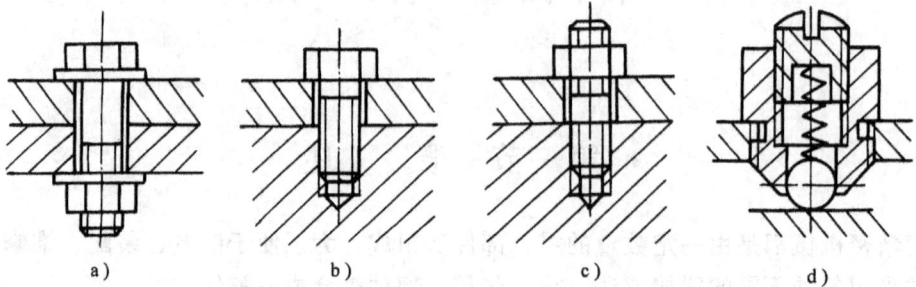

图 14-1　螺钉和螺纹联接

1. 联接螺纹的主要类型　在精密机械中，联接螺纹主要使用粗牙和细牙普通螺纹，有时采用特种细牙螺纹。

粗牙螺纹与细牙螺纹的区别，在于当公称直径相同时，细牙螺纹具有较小的螺距和螺纹深度。这个特点使得细牙螺纹适于作薄壁零件（如光学仪器中镜筒等）和薄板零件上的螺纹。同时，由于细牙螺纹的螺旋升角较小，因而有较强的防松能力。

此外，有时还使用各种专门用途的联接螺纹。主要有：

（1）目镜螺纹　它是一种特殊用途的梯形螺纹，牙型角 60°，专用于目镜与镜框之间的联接。为了转动均匀、轻快和在转角不大（一般小于 360°）的情况下，得到较大的轴向移动，目镜螺纹常制成多头螺纹。

（2）显微镜物镜螺纹　它是国际通用特殊标准螺纹，牙型角 55°，专用于显微镜上物镜组件与镜管的联接。为了便于更换不同倍率的物镜，各国标准相同。

（3）圆柱管螺纹　它是多用于水、煤气管路，以及润滑和电气管路系统的联接，螺纹牙型角 55°。圆柱管螺纹的公称直径不等于螺纹大径，而近似等于管子的孔径。

各种螺纹的形状和尺寸多已标准化，选用时可查阅有关标准和手册。

2. 螺钉联接零件的型式及应用

螺钉联接零件主要有螺钉、螺栓、螺母和垫圈等。由于具体使用条件不同，这些零件的式样也是多种多样的，而且其中绝大多数已标准化，选用时可见参考文献〔19〕。

在精密机械中所用的螺钉联接零件，由于考虑到防锈和美观等因素，其表面常进行电镀（如镀铬、镀锌）或发黑等处理。

在精密机械中，螺钉除用于联接零件和固定零件两种基本用途外，有时，还用于其他目的，例如可用来调节零件的位置（图 14-2a）；作为转动零件的心轴（图 14-2b）；以及与直线运动零件组成导轨（图 14-2c）等。

3. 螺钉联接的结构设计

（1）联接零件型式的选定　用于精密机械中螺钉联接零件的类型较多，常用的有圆柱头螺钉（图 14-3）、球面圆柱头螺钉（图 14-7）和沉头螺钉（图 14-8d）等。

圆柱头螺钉是应用最广的螺钉之一。加大螺钉头的直径，可以提高螺丝刀槽的强度，适用于联接需要经常拆装的情况。此外，由于相应地增大了支承面，在拧紧螺钉时，不易损坏被联接零件的表面。因此，一般可不用垫圈，并适用于固定有色金属及其合金等较软材料制成的零件。

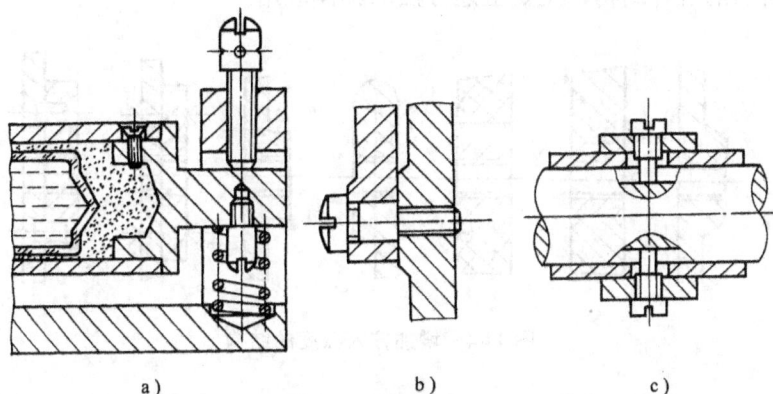

图 14-2　螺钉特殊用途举例

球面圆柱头螺钉外形美观，但螺丝刀槽强度较弱，拧紧力矩大时容易损坏。

当螺钉位于仪器的外表面时，最好使用沉头或半沉头螺钉。其中半沉头螺钉比较美观。此外，由于沉头螺钉的钉头沉入被联接零件中，不致妨碍其它零件的工作，因此，在仪器内部的螺钉联接，亦常采用沉头螺钉。应注意的是沉头或半沉头螺钉本身有定位的作用。

由于螺钉联接零件的类型较多，尺寸范围较大，故可根据被联接件的具体结构和尺寸以及设计要求选定。

（2）确定螺钉直径、长度、数量及排列形式　在精密机械中，联接所受载荷一般较小，设计时主要是由结构条件来确定螺钉的直径和数量。只有在受力较大时，才进行必要的强度计算或验算，具体方法可参阅文献［3］。

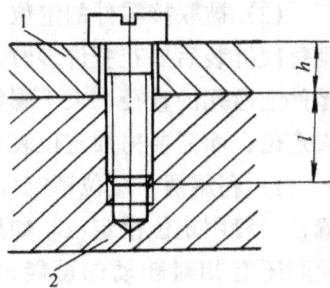

图 14-3　螺钉联接

螺钉的长度，取决于通孔的被联接零件 1 的厚度 $h$ 和螺钉拧入零件 2 的深度 $l$（图 14-3）。

零件 1 的最小厚度 $h_{min}$ 应稍大于螺钉的螺尾或退刀槽的长度。螺尾或退刀槽长度约等于 1.5～2 个螺距。

零件 1 的厚度亦不宜过大，否则螺钉长度将会过大。当零件 1 过厚时可用钉头沉入零件 1 的方法解决。

为保证螺钉联接的强度，螺钉的拧入深度必须足够。一般按下列关系确定：当拧入钢或青铜中时，取 $l=d$；当拧入铸铁中时，取 $l=（1.25～1.5）d$；当拧入铝合金中时，取 $l=（1.5～2.5）d$。式中 $d$ 为螺钉的公称直径。当受力很小时，可适当减少其拧入深度，但应不小于 2.5 个螺矩。

当联接结构已经选定，并确定了拧入深度后，螺钉长度便可求出，计算出的长度应圆整为标准长度。

在精密机械中，常会遇到零件 2 厚度不够，不能使联接具有必要的拧入深度的情况，这时可用下述方法来获得必要的拧入深度。

1）如螺孔零件 2 用强度较高的材料制成，可以局部增加螺孔处的厚度。

2）如零件2用轻合金或塑料等强度较低的材料制成，或者局部增加螺孔处的厚度，或者在螺孔处镶入用强度较高的材料制成的套管零件，在套管内表面切制出螺纹。

图14-4所示的各种结构，就是上述方法的具体应用。

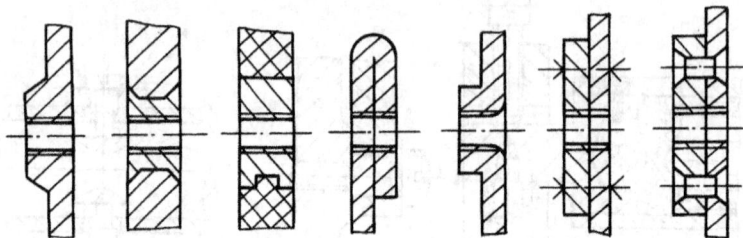

图14-4　增加拧入深度的结构

螺钉的数目不宜太多，主要由被联接零件的结构形状和尺寸而定。当螺钉沿圆周排列时，不少于3个即可，联接窄的片状零件时，可用1个或2个，但对于大而薄的零件，要求密封的零件，螺钉的数目应适当增多。

在确定螺钉的排列形式时，除应考虑扳手空间的大小（最小值可由设计手册查得）外，还应考虑到制造方便。例如在平面接合中，螺钉的布置一般按直线排列，并沿接合面的几何中心线对称分布，在圆柱面接合中，则按圆周均匀分布。

此外，如果所选定的螺钉类型和尺寸规格较多时，则应作适当的调整，使整个结构中采用的螺钉类型和规格尽可能少，以利于装配管理。

（3）被联接零件的定位　为使被联接零件有精确而固定的位置，必须设法予以定位。否则每次拆装后要花费许多时间调整，且不易保证精度。在螺钉（螺栓）联接中，一般被联接零件上通孔的直径，大于螺钉杆直径（铰制孔用螺栓例外）。因此，不能依靠联接零件本身来定位，而需另加定位装置。主要有下列两种情况：

1）利用两个定位销定位。例如图14-5是平面接合的例子，为使两平面有精确的相互位置，一般用定位销定位。如用一个定位销，两平面间还有相对转动的可能，为避免这种情况发生，一般采用两个定位销。不难看出，两个定位销的中心距离越大（其他条件相同时），定位精度也越高。因此，在用两个定位销定位的结构中，两个定位销多是对角配置的。

2）利用圆柱配合面和一个定位销定位。例如图14-6所示结构，圆柱配合面实际上相当于一个大直径的圆柱定位销。因此只需再有一个定位销便能完全定位。

在只用一个螺钉的螺钉联接中，被联接零件有相对偏转的可能性。如须避免这种偏转，可用如图14-7所示的防转结构。

（4）螺钉联接的防松　一般联接用的单头普

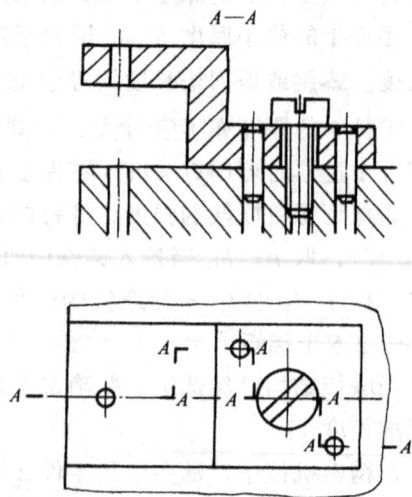

图14-5　用定位销定位结构

通螺纹，其升角都小于诱导摩擦角，即满足自锁条件。但这种自锁性能只是在静载荷的情况下才是可靠的，而在振动和变载荷的情况下，由于螺纹间的摩擦系数有所降低，并且有可能出现短时卸载现象，螺钉联接常产生自动松脱。因此，对于在变载荷下工作的螺钉联接，应根据具体情况采用合理的防松装置。

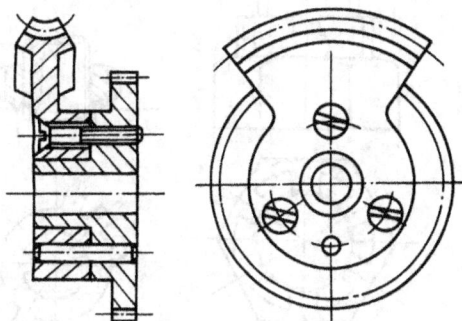

图 14-6　用圆柱配合面定位结构

常用的防松方法和典型结构有：

1) 用增加摩擦力的方法防松。这种方法主要是靠零件的弹力来保持螺纹表面间具有足够的正压力，从而产生足够的摩擦力以防止螺纹零件间的相对转动。图14-8为这种防松装置的几种常用结构。图 a 为双螺母防松装置，图 b 为切口螺母装置，图 c 为用橡皮垫圈防松装置，图 d 为用螺旋弹簧防松装置，图 e 为用弹簧垫圈防松装置。

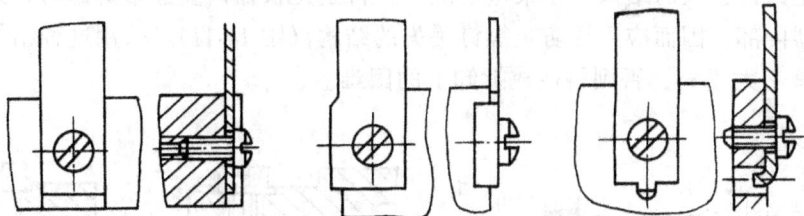

图 14-7　单个螺钉联接的防转结构

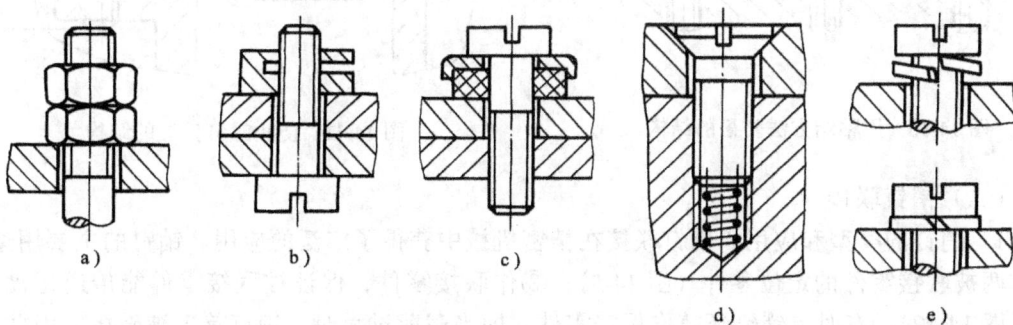

图 14-8　用增加摩擦力防松的结构

2) 用机械固定的方法防松。这种防松结构的特点是用机械固定的方法把螺母与螺钉（螺栓）联成一体，消除它们之间相对转动的可能性。图14-9是几种常见的机械固定方法的防松结构。图 a 为槽形螺母和开口销防松装置，图 b 为圆螺母用带翅垫片防松装置，图 c 为单耳止动垫片防松装置，图 d 为用点冲方法防松。

3) 用粘结方法防松。图14-10是用漆和胶等粘合剂把螺钉头或螺母粘结在被联接零件上。利用这种方法不仅能够防松，并且还具有防腐蚀的作用。这种方法一般只用于小尺寸的螺钉联接的防松。

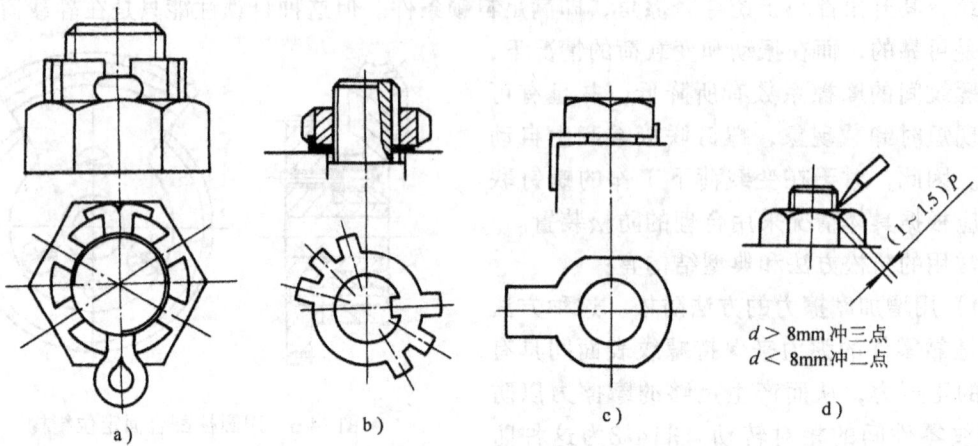

图 14-9　用机械固定方法防松的结构

（5）防止螺钉丢失的结构　在某些情况下，特别是仪器需要经常拆卸时，螺钉有可能丢失或掉入仪器内部，因而应采用防止螺钉丢失的结构（图 14-11）。采用这种结构时，必须注意应该使距离 $x$ 大于 $x_1$，否则将造成拆卸上的困难。

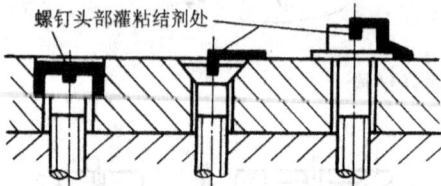

图 14-10　用粘结方法防松的结构

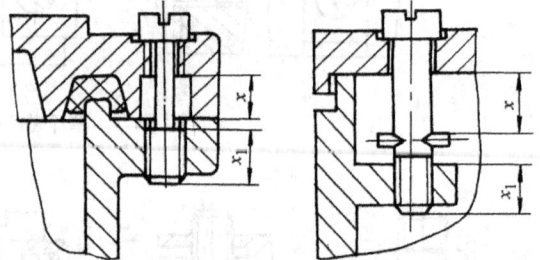

图 14-11　防止螺钉丢失的结构

（二）销钉联接

1. 销钉的类型和应用　销钉联接在精密机械中获得了广泛的应用。销钉的主要用途有：①作两被联接零件的定位零件（图 14-5）；②作联接零件，保证被联接零件能传递运动和转矩（图 14-12）。有时，销钉还兼作保安零件，即当载荷过大时，销钉首先被破坏，因此保全了别的重要零件。此时销钉的尺寸必须根据过载时被剪断的条件来确定。

销钉一般用强度极限不低于 $490 \sim 588 \text{N/mm}^2$ 的碳钢（如 35、45 钢）制造。大多数销钉已经标准化，其中以圆柱销和圆锥销应用最为广泛。

圆柱销的结构简单，制造时易于达到较高的精度，因此它主要用作定位销。销钉是靠过盈固定在被联接零件上，不宜多次拆卸，否则会破坏联接的牢固性和精确性。

圆锥销主要用作联接零件，用来传递一定的转矩。圆锥销具有 1:50 的锥度，因斜度很小，在承受横向力时，可以自锁。有时也作为定位零件。优点是能经受多次拆装而不影响联接的性能，缺点是销钉孔加工需用锥形铰刀铰制。

2. 销钉联接的结构设计

(1) 选定销钉类型　根据具体结构要求，结合各种类型销钉的特点，进行选择。

(2) 确定销钉尺寸　用作联接零件的销钉，其尺寸通常按结构条件选定。表 14-1 可供设计时参考。

**表 14-1　销钉与被联接零件的尺寸**　　　　　　　　　（单位：mm）

| | $D$ | 1.5 ~ 2 | 2 ~ 3 | 3 ~ 4 | 4 ~ 5 | 5 ~ 6 | 6 ~ 8 | 8 ~ 11 | 11 ~ 17 |
|---|---|---|---|---|---|---|---|---|---|
| | $d$ | 0.6 | 0.8 | 1.0 | 1.26 | 1.6 | 2.0 | 3.0 | 4.0 |
| | $L_1$ | 1.5 | 2.0 | 2.5 | 3.0 | 3.5 | 4.0 | 6.0 | 7.0 |
| | $L_2$ | 1.2 | 1.5 | 1.8 | 2.0 | 2.5 | 3.0 | 4.0 | 5.0 |

如果销钉在工作时传递较大的载荷或兼作保安零件，则需按剪切强度进行计算或验算。用作定位零件的销钉尺寸，可按结构选定，而定位精度则靠配合保证。

(3) 销钉联接的防松　由于振动和冲击、温度急剧变化，以及装配质量不好等原因，圆柱销钉和圆锥销钉都可能产生松脱，为防止这种现象的发生，必要时应采用防松结构，如图 14-12 所示。

**（三）键联接**

键主要是用于轴和轴上零件（如齿轮、带轮）之间的联接，实现周向固定以传递转矩。由于它的结

图 14-12　采用防松环的防松结构

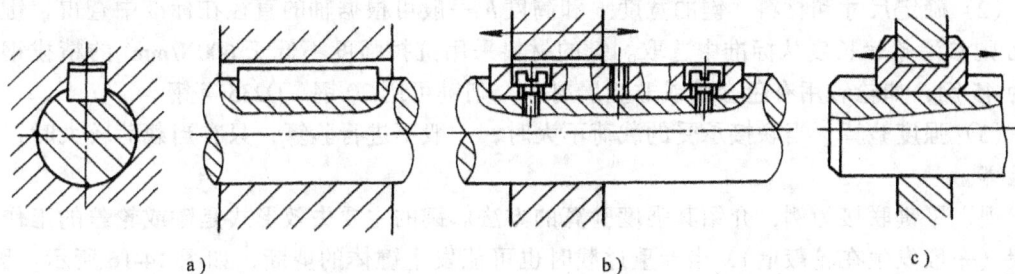

构简单、工作可靠和装拆方便，所以在各种精密机械中得到广泛的应用。

1. 键的类型、特点和应用　键是标准零件，按其形状和装配方式的不同，键分为两大类：①平键和半圆键；②斜键（楔键和切向键）。

(1) 平键和半圆键　平键两侧是工作面，根据用途不同，平键分为普通平键（图 14-13a)、导向平键（简称导键，图 14-13b) 和滑键（图 14-13c)。平键通常制成圆头（A 型）或方头（B 型），也有制成单圆头（一端圆头，另一端方头，C 型）。但 C 型键应用较少，主要用于轴端固定。

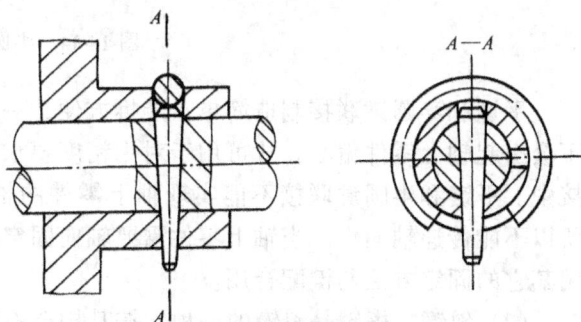

a)　　　　　　　　　　b)　　　　　　　　　　c)

图 14-13　平键联接

　　普通平键用于轮毂与轴没有相对轴向移动的联接（静联接）中，导键和滑键用于轮毂需要沿轴向移动的联接（动联接）中，其中导键要用螺钉固定在轴上（图14-13b），它中部的螺纹孔是为了取出导键而设置的。当轮毂需要沿轴移动的距离较大时，以采用滑键为宜（图14-13c）。如果采用导键，则键要很长，制造困难。

　　半圆键也是靠两个侧面工作的（图14-14a）。它的优点是工艺性好，缺点是轴上的键槽较深。它主要用于锥形轴的辅助装置联接（图14-14b），也常用于载荷较小的联接。

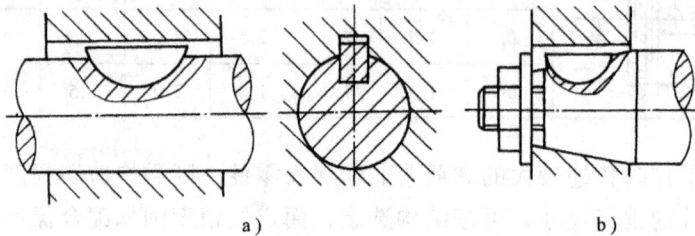

图 14-14　半圆键联接

　　平键和半圆键联接制造简单，装拆方便，一般情况下不会引起轴上零件偏心，故可用于对中精度要求较高的联接中。平键和半圆键联接不能实现轴上零件的轴向固定，所以不能传递轴向力。当轴上零件需要轴向固定时，需采用其它的固定方法与键配合用。

　　（2）斜键　楔键是斜键的一种，按其构造不同可分为普通楔键和钩头楔键两种（图14-15）。楔键的上下两面都是工作面，键的上表面和轮毂键槽的底面各有1:100的斜度。把键打入后，其上下工作面分别与轮毂和轴上键槽底面压紧，靠摩擦力来传递转矩，并能承受单方向的轴向力。

　　由于楔键打入时，迫使轴和轮毂产生偏心，因而仅适用于定心精度要求不高，转速较低的联接中。

　　2．键联接的设计与计算

　　（1）选型　根据具体的结构要求，选定键的类型。

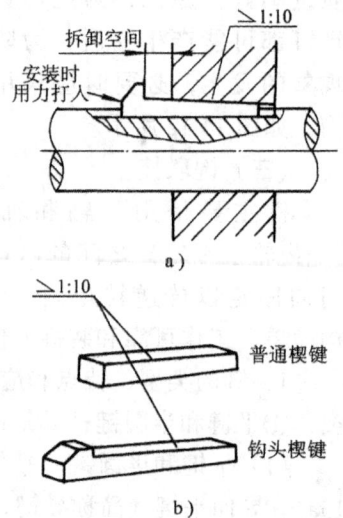

图 14-15　楔键联接

　　（2）确定尺寸和材料　键的宽度 $b$ 和高度 $h$ 一般可根据轴的直径在标准中查得，键的长度 $L$ 则参考轮毂长度从标准中选取。键的材料采用抗拉强度不低于 $600N/mm^2$ 的精拔钢，通常为45钢，如轮毂用有色金属或非金属材料，则键可用20钢、Q235等钢。

　　（3）强度验算　当联接承受的载荷不大时，一般不进行验算，只有当载荷较大时，才进行验算。

　　现以平键联接为例，介绍其强度验算的方法。键的主要失效形式是键或轮毂的工作面的压溃（一般发生在轮毂上），当严重过载时也可能发生键体的剪断，如图14-16所示。因此，应按挤压强度和剪切强度条件对平键联接进行强度校核计算。

　　挤压强度条件

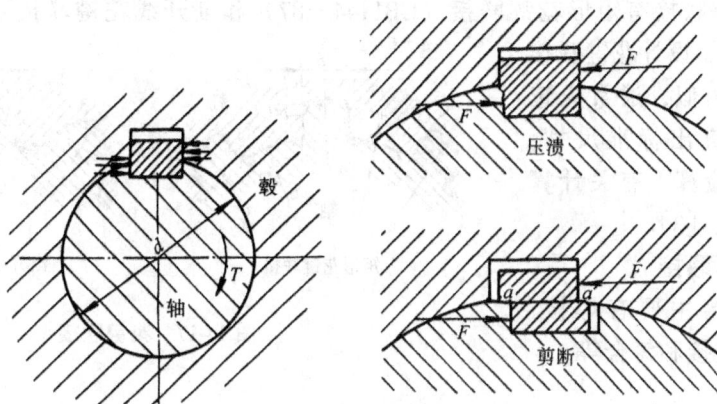

图 14-16　平键联接的计算简图

$$\sigma_P = \frac{F}{kl} = \frac{2T}{dkl} \leqslant [\sigma_P]$$

剪切强度条件

$$\tau = \frac{F}{bl} = \frac{2T}{dbl} \leqslant [\tau]$$

式中　$F$——挤压或剪切力；

$T$——传递的转矩；

$d$——轴径；

$b$——键宽；

$l$——键的工作长度（普通平键：A 型 $l = L - b$，B 型 $l = L$，$L$ 为键的长度）；

$k$——键与轮毂槽的接触高度，近似可取 $k = h/2$，$h$ 为键的高度；

$[\sigma_P]$——许用挤压应力；

$[\tau]$——许用剪切应力。

键联接的许用应力，见表 14-2。

表 14- 2　键联接的许用应力

| 种类 | 联接方式 | 轮毂材料 | 载 荷 性 质 | | |
| --- | --- | --- | --- | --- | --- |
| | | | 载荷平稳 | 轻微冲击 | 冲击 |
| $[\sigma_P]$ | 静联接 | 钢 | 125 ~ 150 | 100 ~ 120 | 50 ~ 90 |
| | | 铸铁 | 70 ~ 80 | 50 ~ 60 | 30 ~ 40 |
| $[p]$ | 动联接 | 钢 | 50 | 40 | 30 |
| $[\tau]$ | 静联接 | 钢 | 120 | 90 | 60 |

注：动联接的 $[p]$ 值，实际是限制工作表面压强，以减轻表面磨损和保证良好的润滑。

此外，在某些精密机械和大型仪器中有时采用花键联接。它是在轴和轮毂孔内周向均布制成多个键齿所构成的联接，齿的侧面是工作面，依靠轴和轮毂上纵向凸出的齿相互挤压来传递转矩。花键联接比平键联接具有承载能力高，对轴的削弱小，联接零件与轴的对中性好，导向精度高等优点。它用于定心精度要求高，载荷较大，或轴上零件需经常滑移的场合。

常用的花键联接有矩形花键联接（GB1144—87）和渐开线花键联接（GB3478.1—83），如图 14-17 所示。设计花键联接与设计键联接相似，通常先选联接的类型，查出标准尺寸，然后再作强度验算。有关计算公式可参阅文献 [3]。

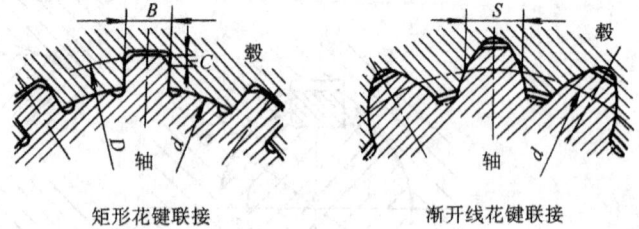

矩形花键联接      渐开线花键联接

图 14-17　花键联接

### 二、不可拆联接

不可拆联接主要有焊接、铆接、压合、胶接和铸合等。

**（一）焊接**

焊接是现代工业生产中一种重要的金属联接方法，它是利用加热（有时还需要加压），使两个以上的金属件在联接处的原子或分子结合的一种不可拆联接方法。

按照加热的方法和焊接过程的特点，焊接可分为三大类：熔焊（气焊、电弧焊、电渣焊等）、压焊（电阻焊、摩擦焊、感应焊、冷压焊等）、钎焊。

在精密机械与仪器中应用普遍的是电阻焊与钎焊。下面仅就电阻焊和钎焊的特点与应用予以论述。

1. 电阻焊　电阻焊又称为接触焊，是利用电流通过焊件时产生的电阻热，把焊件加热到塑化（软化）状态，再加压力形成焊接头。根据焊接头的形状，电阻焊可分为点焊、缝焊、对焊三种。

（1）点焊　点焊是利用电流通过圆柱形电极和搭接的两焊件产生的电阻热，在焊件间形成一个个的焊点来联接焊件的。点焊的主要优点是生产率高、成本低。其次，在焊接时，通电流的时间很短（约 0.1～0.2s），焊件只有在电极夹持下的极小部分材料达到较高温度，因而焊件在焊接后的变形及物理性质的变化均很小。缺点是不能得到气密性的联接。此外，焊件表面将留下很难除去的电极痕迹。

点焊主要应用于焊接薄板零件。焊件的厚度一般为 0.05～6mm，有时可扩大达到 10mm（精密电子器件）至 30mm（框架）。采用双面点焊时，焊件厚度最好相等，若厚度不等，焊件厚度不应超过 1:3。焊件数目最好是两件。一般不超过三件。如果焊件厚度不同，应把最薄的零件放在中间。

（2）缝焊　缝焊是在点焊的基础上发展起来的，采用滚盘作电极，边焊边滚，焊点彼此互相重叠一部分就形成一条有密封性的焊缝。缝焊主要用于需要获得气密性的联接。焊接零件的厚度，对于钢制零件在 2mm 以下，对于有色金属在 1.5mm 以下。

（3）对焊　对焊是把焊件整个接触面焊接在一起的联接。先加压，使两焊件端面压紧，再通电加热，对焊可用于各种截面形状的型材和零件的焊接，但相互联接处的截面形状和尺寸应相同或相近。

近年来，由于加热技术的发展，如电子束加热，脉冲等离子加热，激光加热等技术的日益完善，已能将加热范围集中于很小的区域，相应地发展了一些新的焊接技术，如等离子弧焊，电子束焊接，激光焊接技术等，并已在航空、航天工业，核能工业，电子工业、仪器、仪表工业领域得到较好的应用。如脉冲激光焊可以实现薄片（0.2mm 以上）、薄膜的焊接。

2. 钎焊　钎焊是利用钎料把零件联接在一起，钎焊时，使熔化了的钎料充满焊件焊接处的间隙中，当焊料凝固后形成焊缝。

钎焊与一般焊接不同之处是钎焊时焊件本身不熔化，钎料的熔点低于焊件金属的熔点。因此，钎焊的加热温度较低，焊件的变形及材料性能的变化均很小，并且用易熔钎料钎焊零件，还能用加热的方法将零件拆卸，并可重新钎焊。因此钎焊得到广泛的应用。钎焊的缺点是接头强度低，耐热能力较差，从而在应用上受到一定的限制。

根据钎料的熔点不同，钎料可分为两类：

（1）易熔钎料（软钎料） 熔点在 $400\sim450℃$ 以下。主要是各种不同成分的锡铅合金。易熔钎料对大多数金属具有良好的润湿性，能用于钎焊大多数金属，首先是铜、铁及其合金。易熔钎料的塑性好，有较高的疲劳性能。但由于强度较低（一般为 $20\sim100N/mm^2$），所以只能钎焊机械强度要求不高的零件。

（2）难熔钎料（硬钎料） 熔点在 $450\sim500℃$ 以上。难熔钎料的强度一般较高，有的可达 $500N/mm^2$。用于精密机械与仪器中的硬钎料主要是铜基钎料（常用铜锌合金钎料），银基钎料（常用银铜锌合金钎料）。

钎焊过程中，熔化了的钎料与焊件表面金属分子相互渗透形成过渡层将零件联接在一起。要保证钎焊质量，必须使接触表面上金属分子的相互渗透作用顺利进行，因此在钎焊时，要使用钎剂清除焊件表面的氧化膜及其它脏物，并保护联接表面不受氧化，改进钎料的润湿能力及流动性。

用易熔钎料钎焊，常用氯化锌或氯化锌与其它物质的混合物等作钎剂。

用难熔钎料钎焊，通常用硼砂或硼砂与硼酸的混合物作钎剂。

钎焊铝和铝合金时，需用专用钎剂，一般以氯化物的二元或三元混合物为基体，再加入适量的氟化物组成。

各种钎料和钎剂，选用时可参阅有关的手册和资料。

（二）铆接

铆接是利用铆钉或被联接件之一上起铆钉作用的铆接颈产生局部塑性变形，形成铆钉头，把零件联接在一起的方法（图 14-18）。

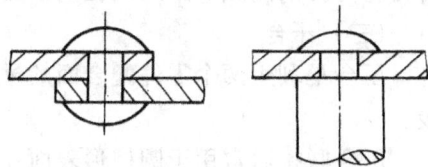

图 14-18　铆钉和铆接颈联接

在制成铆钉头的过程中，由于铆接力的作用，被联接零件的联接处也会发生变形，为了尽量减少被联接零件在铆接时的损伤，应注意下列原则：

1）铆钉材料的弹性模量小于被联接零件的弹性模量，且被联接零件的弹性模量应尽可能大，而铆钉材料的弹性模量要尽可能小。

2）尽可能增大被联接零件的支承面。

3）尽可能减小铆接力。

为了增大被联接零件的支承面，可采用垫圈。

有时，由于工艺或结构上的理由，需用直径较大的铆钉或铆接头，这时为减小铆接力，可在铆钉或铆接颈的端面上制出锥形坑（图 14-19）。

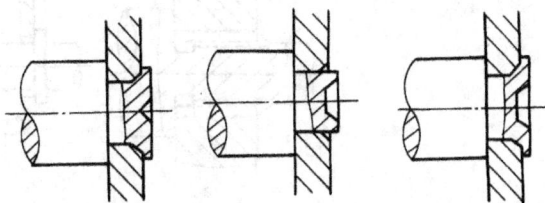

图 14-19　减小铆接力的铆接结构

在仪器制造中，常需用铆接法联接不能承受较大冲击力的零件，例如玻璃、塑料、陶瓷等零件，这时可采用扩铆法。把铆钉或铆接颈制成空心的（图14-20和图14-21）。这样不但能减小铆接时的冲击力，且能得到较大的支承面。根据被联接零件的结构特点，也可把材料向里收合而完成联接，这种联接方法一般称为收铆或滚边（图14-22）。

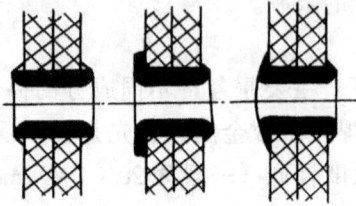

图 14-20  用空心铆钉铆接

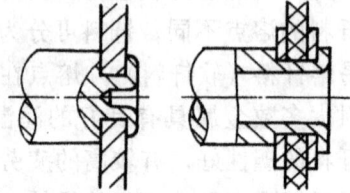

图 14-21  空心铆接颈铆接

铆钉的类型很多，且多数已经标准化。

通常用来制造铆钉的材料有低碳钢、紫铜、黄铜、铝和铝合金等。空心铆钉通常用黄铜制造。选用时，铆钉材料最好和被联接件的金属材料类似。

通常由于铆钉杆的直径比被联接件的铆钉孔小 $0.1 \sim 0.5mm$，因此在铆接中，铆钉镦粗往往会产生轴线偏移和倾斜现象，造成被联接件相对位置变化。为保证联接精度，可采取减小铆钉杆与孔的间隙、采用定位面或定位零件、或在铆接时采用定位夹具等方法。

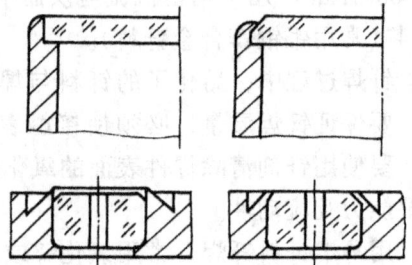

图 14-22  收铆铆接结构

（三）压合

压合是利用两个零件配合面的过盈，把一个零件压入另一个零件构成的联接称为压合联接。

压合联接通常用于圆柱形表面零件的联接，因为圆柱形表面能比较经济地达到较高的加工精度。压合后，配合面上应力分布较为均匀。

在精密机械中常采用的压合联接有光面压合联接（图14-23）和滚花压合联接（图14-24）两类。

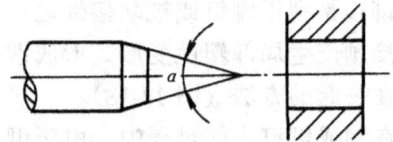

图 14-23  光面压合联接

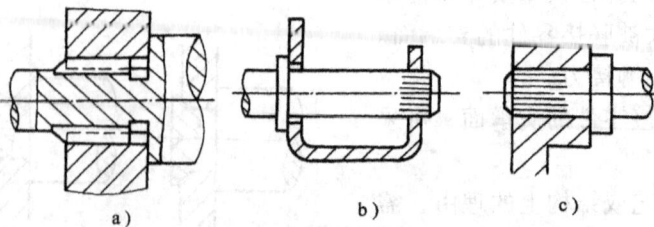

a）   b）   c）

图 14-24  滚花压合联接

1. 光面压合联接　光面压合联接是指被联接的零件表面为光滑圆柱形。在压合前，零件轴的直径略大于孔的直径，两者直径之差（过盈）将直接影响联接强度。

光面压合联接的压入方法有：①在常温下压入；②加热包容件（孔）；③冷却被包容件（轴）；④加热包容件，同时冷却被包容件。在精密机械与仪器制造中常采用常温下压入。

光面压合联接是一种可以达到很高精度的联接方法。这种联接的精度主要决定于轴和孔的形状误差。为了获得较高的联接精度，联接应有足够的压入长度。通常，压入部分的长度可根据下列数据选定：

轴径 $d$　　　　　　　$< 2mm$　　　　　$4mm$　　　　　$> 4mm$
压入长度　　　　　$(1.5 \sim 3)\, d$　　　$(1 \sim 2)\, d$　　　$5mm + 0.5d$

2. 滚花压合联接　滚花压合联接是指在被联接零件之一上滚有花纹的压合联接。当联接面的尺寸较小时，按照过盈配合公差制造配合面比较困难，而成本也较高。因此，当需要用压合联接方法联接小尺寸零件时，常采用滚花压合联接。

考虑到滚花工艺，一般花纹都滚压在较硬的轴类零件上，压入以后，轴上一部分凸起的花纹嵌入圆柱孔的内表面，将零件联接在一起。当轴上滚压花纹后，花纹顶圆直径将大于轴的原始直径，直径增加的数值与零件的材料和花纹的节距有关，材料越硬，直径的增加越小，设计时常取直径增加值为 $\Delta d = (0.25 \sim 0.5)\, p$，$p$ 为节距。钢质零件（含碳量 $0.35\% \sim 0.4\%$）滚花前后直径的变化数值列于表 14-3。

**表 14-3　滚花前后轴颈直径变化**　　　　　　　　　（单位：mm）

| 轴颈直径 | 花纹节距 | 滚花后直径增大 | | 过　盈 | |
|---|---|---|---|---|---|
| | | 最小 | 最大 | 最小 | 最大 |
| $1.5 \sim 2.8$ | 0.3 | 0.06 | 0.12 | 0.04 | 0.12 |
| $3 \sim 4.5$ | 0.5 | 0.08 | 0.15 | 0.06 | 0.15 |
| $5 \sim 8$ | 0.6 | 0.12 | 0.20 | 0.09 | 0.20 |

滚花压合承受轴向力的能力不高，当有轴向力的情况下，须有另外的支承面（如轴肩）来受轴向力（图 14-24a、b、c）。

与光面压合比较，滚花压合联接的精度较低。为了提高被联接件的同轴度，一般情况下可在压合时使用定心夹具，以获得必要的同轴度。如果要求被联接件的轴向位置比较准确，则可用轴肩来保证。为使轴肩与孔的端面紧密贴合，滚花部分与轴肩应隔开一些距离（图 14-24b、c）。

（四）铸合

铸合是把尺寸较小但具有一定性能要求的零件（嵌件）铸入另一零件（称为基本零件）的一种联接方法。

嵌件一般是用金属或合金制成，如钢、青铜、黄铜等。基本零件可以是金属材料，如铝合金、锌合金、铸造黄铜等，也可以是非金属材料，如塑料、玻璃、陶瓷等。

对于某些零件（如仪表外壳、手柄、按钮等），塑料具有一系列优点：密度小、绝缘性和抗腐蚀性强、价廉、外表美观和压制后表面具有较小的粗糙度值，而无需进一步机械加工。但塑料的强度低，为克服这一缺点，可把强度较高的金属嵌件与塑料铸合在一起，构成最常用的铸合联接。

所有铸合联接结构均应保证：在力或力矩作用下，嵌件和基本零件不致产生相对移动或转动。

为防止相对移动，可在嵌件上作出任意形状的凸块或凹坑。为防止相对转动，可在嵌件上滚花。滚花的节距可参考下列数据选取：

当镶嵌件直径≤5mm时，滚花节距≥0.5mm；

当镶嵌件直径＞5mm时，滚花节距≥0.8mm。

图15-25所示，为能够满足上述要求的一些结构。

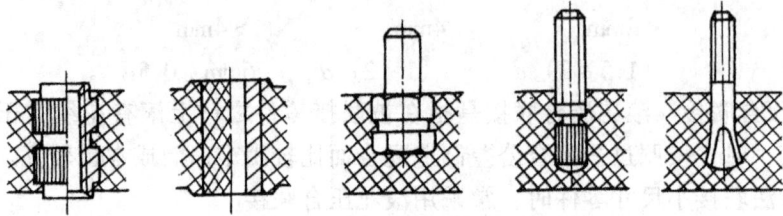

图14-25  铸合联接结构举例

（五）胶接

胶接是利用胶粘剂把零件粘合在一起的联接方法。与其它形式的联接比较，胶接有下列优点：

1）可以胶接各种金属材料，也可以胶接非金属材料，以及把金属材料和非金属材料胶接在一起。

2）胶接表面光滑、平整、美观，胶接处应力分布均匀，避免了铆接、焊接、螺钉联接时存在的应力集中现象。

3）胶接时，被联接零件一般不需要加热，即使需要加热，加热温度也较低，这就保证了被联接零件材料性质不致改变。因而，联接极薄的零件时，也不致产生变形。

4）胶接能满足如绝缘、密封、防腐蚀等使用要求，有的胶接还能达到很高的透明度，这对于光学零件的联接极为重要。

5）胶接结构简单，重量轻，不削弱零件的强度。

胶接的缺点主要有：

1）随着使用温度的增高，胶结的强度会降低。

2）胶接的表面须经仔细的清洁处理。

3）胶接固化的时间一般比较长，胶接后不能立即使用。

胶接在精密机械与仪器制造中应用日益广泛。图14-26为测角仪光学度盘的固定结构实例，若采用机械固定法（图14-26a），则零件精度要求甚高，而且度盘的压紧程度不易控制，改为胶接结构（图14-26b），将使度盘固定大为简化。

图14-27为另外几种胶接结构的实例，图14-27a、b为塑料零件的胶接，图14-27c

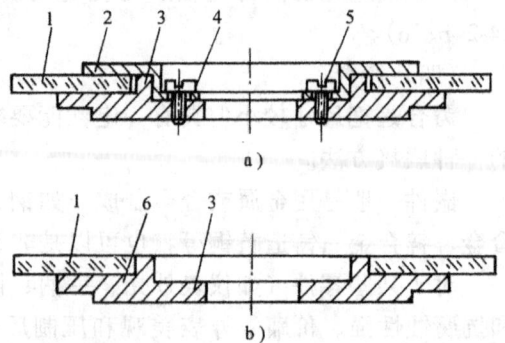

图14-26  光学度盘的固定结构
1—度盘  2—纸垫  3—底座  4—压板
5—螺钉  6—胶层

为天平刀口支承的胶接，图 14-27d 为光学零件的胶接。

不同种类的胶粘剂，具有不同的物理和力学性能（如耐热性、抗腐蚀性、强度等），并且它们能粘合的材料也是不同的，所以应根据被联接零件材料及工作条件正确选择。胶粘剂的种类很多，选用时可参阅有关资料和手册。

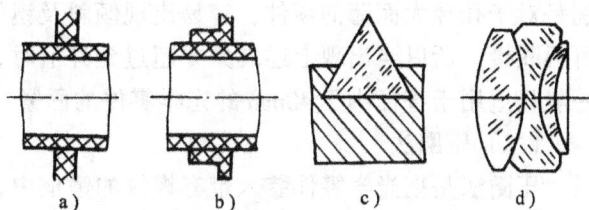

图 14-27　胶接结构

# 第三节　机械零件与光学零件的联接

## 一、联接的特点和应满足的要求

任何光学机械仪器都是由一些光学零件和机械零件所组成，而光学零件组成的光学系统不能离开机械结构而独立成为一个实用性的光学仪器，必须用机械零件把光学零件联接固紧起来。在光学机械仪器设计中、由于光学零件的几何形状、表面状态、内应力分布、光学零件在系统中的相互位置及联接固紧的可靠性都直接影响光学仪器的工作性能。为了确保光学系统的成像质量，在机械零件与光学零件联接的结构设计中，应满足下列要求：

1）联接要牢固可靠，并在保证光学零件在系统中相对位置的同时，又不致引起光学零件的变形和内应力。

2）便于装配、调整，并保证装调前后光学零件有彻底清洗的可能性。

3）保证有效通光孔径不受镜框切割。

4）应能减小或消除当温度变化时，由于光学零件与机械零件联接材料线膨胀系数不同而产生的附加内应力。

5）尽可能不用软木、纸片等有机材料与光学零件相接触，以防止光学零件生霉，必须采用时，应采取防霉处理。

在光学仪器中光学零件的固紧方法很多，按光学零件的形状不同，可分为圆形光学零件的固紧和非圆形光学零件的固紧两大类。

## 二、圆形光学零件的固紧

圆形光学零件包括透镜、分划板、滤光镜、圆形保护玻璃和圆形反射镜等。常用的固紧方法有滚边法、压圈法、弹性元件法、电镀法和胶接法。

（一）滚边法

滚边法是将光学零件装入金属镜框中，在专用机床上用专用工具把镜框上预先制出的凸边滚压弯折包在光学零件的倒角上，使光学零件与镜框固紧（图 14-28）。

滚边法的主要优点是：结构简单紧凑，几乎不需要增加轴向尺寸，也

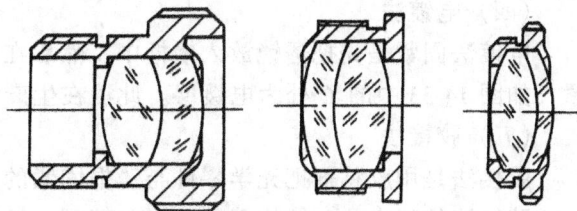

图 14-28　滚边固紧结构

无需附加的零件就可以把光学零件固紧，对通光孔径影响不大。但滚边时不易保证质量，特别是对于孔径大而薄的零件，容易出现倾斜及镜面受力不均匀的现象。由于滚边法是属于不可拆联接，所以当出现上述现象并超过允许值时，光学零件与镜框都要报废。因此，滚边法一般只适用于直径小于 40mm 的光学零件的固紧。

（二）压圈法

压圈法是把光学零件装入带有螺纹的镜框中，然后用制有螺纹的压圈拧入镜框，将光学零件压紧（图 14-29）。

螺纹压圈有外螺纹压圈（图 14-29a）和内螺纹压圈（图 14-29b）两种。如镜筒的径向尺寸受到限制，应选用外螺纹压圈固紧；如轴向尺寸受到限制，则选用内螺纹压圈固紧。由于外螺纹压圈加工容易，故使用较多。

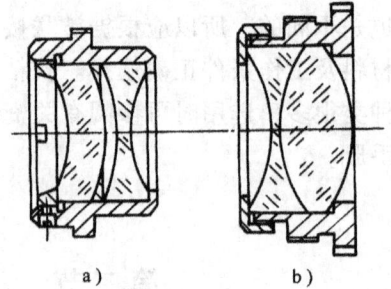

图 14-29　压圈固紧

压圈法固紧的优点是结构可拆、装调方便；还可以装入其它隔圈和弹性压圈，用以调整光学零件与镜框的相对位置，并适用于多透镜组的装配固紧（图 14-30）。其缺点是固紧为刚性联接，因此，在压紧透镜时，在镜面上的压力可能不均匀（当压圈端面不垂直于轴线时），且对温度变化的适应能力也较差。

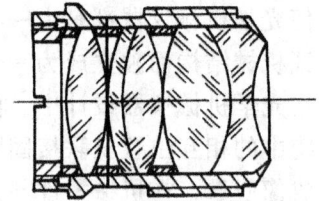

图 14-30　多镜组装配结构

压圈固紧多用于透镜的直径和厚度均较大的情况，透镜直径在 80mm 以上时，一般采用压圈固紧，直径在 40～80mm 时，优先采用，透镜直径在 10mm 以下一般不采用。

（三）弹性元件法

弹性元件法是利用开口的弹性卡圈或弹性压板等弹性零件，使光学零件与镜框固紧。

开口的弹簧卡圈是用直径为 0.4～1.0mm 的弹簧钢丝制成，一般只用于固紧同轴度和牢固性要求不高的光学零件。如保护玻璃、滤光镜及其它不重要的光学零件。图 14-31 所示为弹性卡圈固紧的结构。

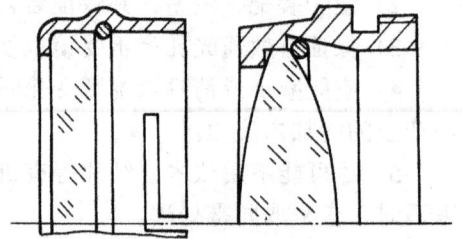

图 14-31　弹性卡圈固紧

当光学零件的直径较大时，可用弹性压板固紧。弹性压板用厚度为 0.3～0.5mm 的弹性钢板制成。联接结构如图 14-32 所示。

（四）电镀法

电镀法固紧是先把透镜放入镜框中，然后在镜框的端部镀上一层金属（如铜）将透镜固紧，如图 14-33 中的 $C$ 处为电镀层。此法在生产实际中一般用以固紧显微镜的前透镜片。

（五）胶接法

胶接法是用胶粘剂把光学零件与镜框固紧的方法（图 14-34）。

胶接法的特点是：结构简单、工艺简便，且胶接时无需另加压紧零件。

**三、非圆形光学零件的固紧**

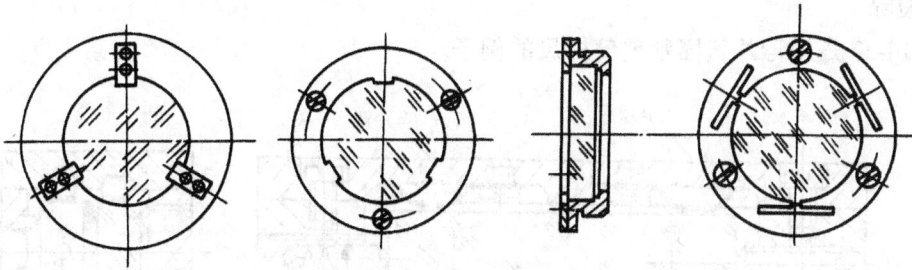

图 14-32　弹性压板固紧结构

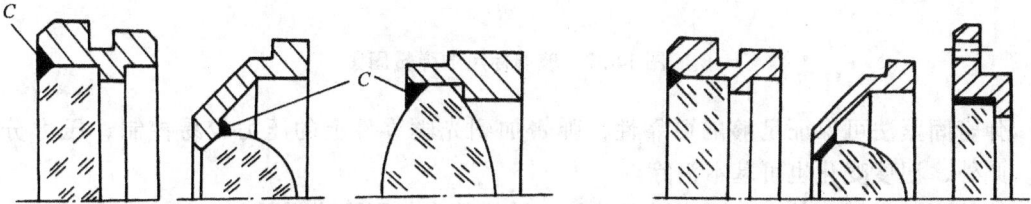

图 14-33　电镀法固紧

图 14-34　胶接法固紧

　　非圆形光学零件有各种棱镜、反射镜、保护玻璃及玻璃刻尺等。由于形状各异，用途不一，因而固紧结构的形式也各有不同，但常见的固紧方法有夹板固紧、平板和角铁固紧、弹簧固紧和胶粘固紧等。

　　夹板固紧多用于固紧具有平行于非工作面的任何棱镜。图 14-35 为夹板固紧直角棱镜的例子。为了防止棱镜在座板上移动，用了三个定位板。压紧棱镜的夹板固紧在两根圆杆上。为了使棱镜上受的压力分布均匀，在夹板下垫有软木垫片。

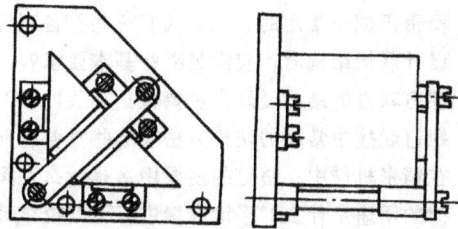

　　图 14-36 为用平板和角铁固紧直角棱镜的例子。图 14-36a 的结构用以固紧高度不超过 20～25mm 的棱镜，为了使压紧力分布均匀，角铁下面常垫以厚度为 0.5～1mm 的弹性片。当棱镜尺寸较大时，应采用图 14-36b 的固紧结构。它是在靠近棱镜底部压紧棱镜，因此角铁高度较小，温度变化产生的影响也可以减小。缺点是需要在棱镜上开槽，致

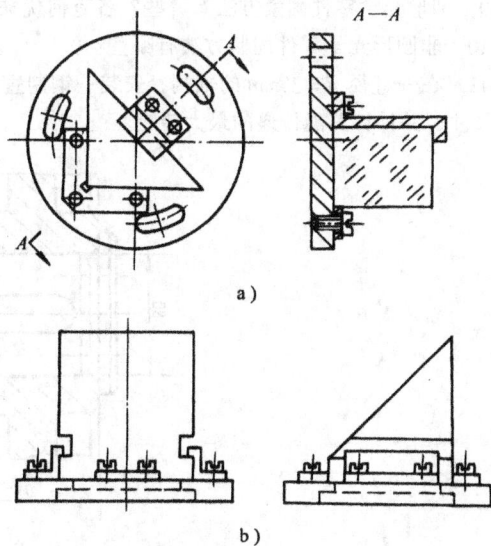

图 14-35　夹板固紧

a)

b)

图 14-36　平板和角铁固紧

使加工复杂。

图 14-37 是用弯片簧固紧玻璃标尺的例子。

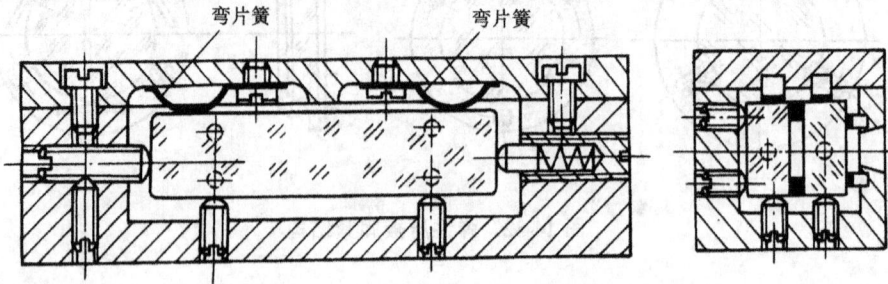

图 14-37　玻璃标尺的弹簧固紧

弹簧固紧法可保证足够的可靠性，弹簧加到光学零件上的压力较易控制，压力分布均匀。此外，温度变化也可基本消除。

胶粘固紧常用于粘接非圆形平板玻璃。结构特点与圆形光学零件胶接法相似。

## 思考题及习题

14-1　精密机械中常用的联接方式有哪些？各有何特点？

14-2　设计联接结构时，应满足哪些基本要求？

14-3　螺钉联接的结构设计，主要包括哪些内容？

14-4　螺钉联接中常用的防松方法有哪些？各有何特点？

14-5　在精密机械中，销钉的主要用途是什么？圆柱销和圆锥销各有何优点，用于何种场合？

14-6　键的用途是什么？平键联接进行强度校核计算包括哪些内容？试分别列出其强度条件？

14-7　精密机械中常用的不可拆联接有哪些主要类型？并简述其各自的特点和适用场合？

14-8　在机械零件与光学零件联接的结构设计中，应满足哪些基本要求？

14-9　圆形光学零件固紧方法有哪些？各有何优缺点？

14-10　非圆形光学零件固紧方法有哪些？

14-11　在一直径 $d = 35$mm 的轴端，安装一钢制直齿圆柱齿轮（见图 14-38），轮毂宽度 $B = 1.5d$，试选择键的尺寸，并计算其能传递的最大转矩。

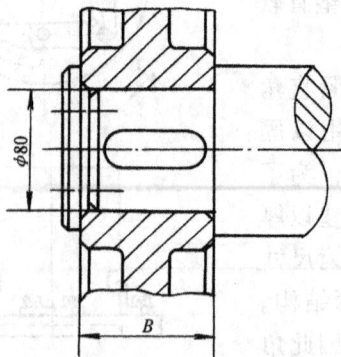

图 14-38　题 14-11 图

# 第十五章 仪器常用装置

## 第一节 概　述

常用装置包括有微动装置、锁紧装置、示数装置和隔振器等。在某些情况下，它们往往是构成精密机械和仪器的不可缺少地组成部分或重要的部件。

微动装置一般用于精确、微量地调节某一部件的相对位置。如：在显微镜中，调节物体相对物镜的距离（即"调焦"），使物象在视场中清晰，便于观察；在仪器的读数系统中，调整刻度尺的零位，如在万能测长仪中，用摩擦微动装置调整刻度尺的零位；还可用于仪器工作台的微调，如万能工具显微镜中工作台的微调装置。

锁紧装置是利用摩擦力或其他方法，把精密机械上某一运动部件紧固在所需位置的一种装置。在精密机械的使用过程中，往往把精密机械的某一部件调到所需要的合适位置后，要用锁紧装置锁紧。例如在使用某些类型的工具显微镜测量工件时，需先调整显微镜筒的高低位置以进行粗调焦，在大致差不多时就需锁紧悬臂，以使粗调焦后的位置固定下来，进行微调动作。

仪器中的示数装置是用来指示工作结果数据或引入给定数据的。例如各种测量仪器的示数装置用来指示测量的结果；各种计算仪器的示数装置用来指示计算的结果；照相仪器的快门示数装置则用来引入所需的曝光时间等。示数装置的这些作用，使它成为仪器的重要组成部分。

各种精密机械，在使用过程中，常常受到振动的作用，而不能正常工作。例如，高精度等级的天平，如果环境振动的振幅超过 $0.6\mu m$，会使测量结果受到影响。此外，在振动的作用下，会使零部件磨损加剧，甚至损坏。在这种情况下，可以采取隔振措施。通常，隔振措施可分为两类：

（1）积极隔振　隔离产生振动的机械（即振动源），使振动源传出的振动减小。

（2）消极隔振　隔离不产生振动的机械，使外界振动源传入的振动减小。

精密机械常用的隔振措施，大部分属于消极隔振。在精密机械和安装基座之间，加入某种带有弹性元件的装置。这种装置与精密机械形成有一定固有频率的振动系统（简称隔振系统）。只要经过正确的设计，即可隔离外界振动，消除或减弱其影响。这种装置被称为隔振器。

本章将重点介绍各种常用装置设计时应满足的基本要求，工作原理和典型结构。

## 第二节　微 动 装 置

**一、设计时应满足的基本要求**

微动装置性能的好坏，在一定程度上影响精密机械的精度和操作性能。因此，对微动装置的基本要求是：

1）应有足够的灵敏度，使微动装置的最小位移量能满足精密机械的使用要求。

2）传动灵活、平稳，无空回产生。

3）工作可靠，调整好的位置应保持稳定。

4）若微动装置包括在仪器的读数系统中，则要求微动手轮的转动角度与直线微动（或角度微动）的位移量成正比。

5）微动手轮应布置得当，操作方便。

6）要有良好的工艺性，并经久耐用。

**二、常用微动装置**

**（一）螺旋微动装置**

螺旋微动装置结构简单，制造较方便，在精密机械中应用广泛。

图 15-1 为万能工具显微镜工作台的微动装置。它由螺母 2、调节螺母 3、微动手轮 4、螺杆 5 和滚珠 6 等组成。整个装置固定在测微外套 1 上。旋转微动手轮 4 时，螺杆 5 顶动工作台，实现工作台的微动。

螺旋微动装置的最小微动量 $S_{min}$ 为

$$S_{min} = P\frac{\Delta\varphi}{360°} \quad (15\text{-}1)$$

式中　$P$——螺杆的螺距；

图 15-1　螺旋微动装置

$\Delta\varphi$——人手的灵敏度，即人手轻微旋转手轮一下，手轮的最小转角。在良好的工作条件下，当手轮的直径为 $\phi15 \sim \phi60mm$ 时，$\Delta\varphi$ 为 $1° \sim 1/4°$ 手轮的直径大，灵敏度也高些。

由式（15-1）可知，为进一步提高螺旋微动装置的灵敏度，可以增大手轮或减小螺距。但手轮太大，不仅使微动装置的空间体积增大而且由于操作不灵便反而使灵敏度降低。若螺距太小，则加工困难，使用时也易磨损。因此在某些仪器中，采用差动螺旋、螺旋—斜面或螺旋—杠杆等传动，来提高微动装置的灵敏度。

图 15-2 是在电接触量仪中应用的差动螺旋微动装置。图中螺杆 1 为主动件，从动件为可移动螺母 2 及与其联接在一起的滑杆 3，4 为固定螺母。螺杆 1 上有两段螺纹 $A$ 和 $B$，其螺距分别为 $P_1$、$P_2$（$P_2 > P_1$）。若两段螺纹均为右旋，则可移动螺母的真正位移为

$$s = (P_2 - P_1)\,n \quad (15\text{-}2)$$

式中　$n$——螺杆 1 的转数。

图中的压力弹簧是用来消除螺杆与螺母间的轴向间隙，使传动过程中不会产生空回。

**（二）螺旋—斜面微动装置**

图 15-3 为检定测微计精度的螺旋斜面微动装置示意图。图中 1 为标准斜面体，3 为螺旋测微器，拉力弹簧 4 使斜面体与测微螺旋可靠地接触。当螺旋测微器移动 $s$ 距离时，被检测

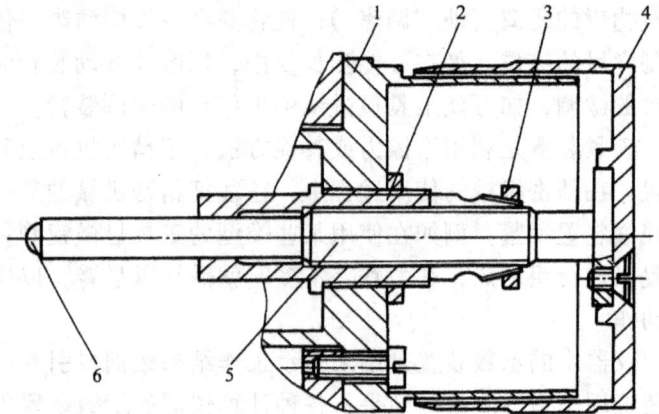

微计 *2* 的测杆位移量为

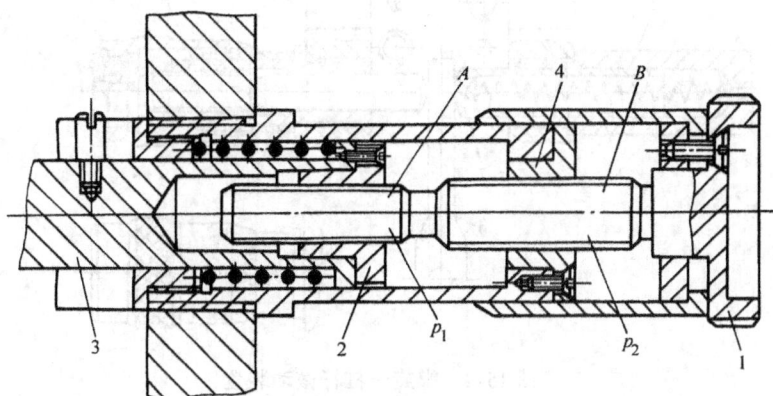

图 15-2 差动螺旋微动装置

$$S' = S\tan\alpha \qquad (15\text{-}3)$$

式中　α——斜面体的倾斜角。

$S'$ 可在螺旋测微器上读出。α 越小，测微
螺杆螺距越小，则微动灵敏度越高，若取
$\tan\alpha = 1/50$，则当螺旋测微器 3 的微分筒转动
一格，使测微螺杆轴向位移 0.01mm 时，被检
测微计测杆位移量 $S'$ 为 0.01mm × 1/50 =
0.0002mm。在该装置中，螺旋测微器微分筒
的转角与测微计测杆的位移，应严格成正比
例关系。所以，斜面体的斜角 α 应准确，其
上下平面和基准 5 的上平面均应精细加工，
斜面体移动的方向精度也要求较高，否则将
影响检定精度。

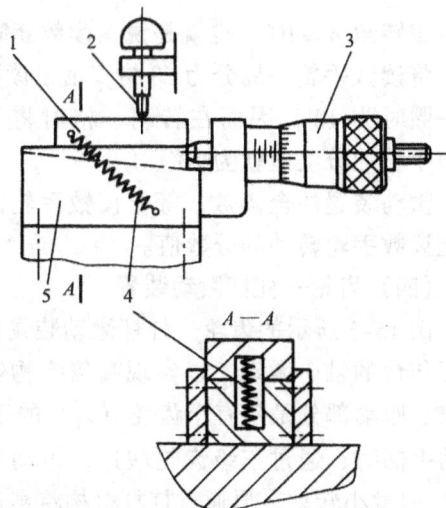

图 15-3 螺旋—斜面微动装置

（三）螺旋—杠杆微动装置

图 15-4 所示为测角仪上应用的螺旋杠杆微动装置。它由固定的支架 2、固定套筒 1、滑
动套筒 7、弹簧 8、螺杆 3、读数手轮 4、带导向套的螺母 6 和读数分划筒 5 组成。

仪器回转部分的摆动杆 9 的末端，放在滑动套筒 7 和螺杆 3 之间。转动与螺杆相连接的
手轮 4，摆杆 9 便绕其中心偏转。因摆杆回转中心在仪器回转部分的轴线上，所以摆杆 9 偏
转时，仪器回转部分也随之微量转动。

在不动的读数分划筒 5 上刻有测定手轮 4 整转的粗读分划线，在读数手轮 4 上则刻有分
转数的精读分划线。压缩弹簧 8 的恢复力可用来消除螺杆、螺母间的轴向间隙。

在某些仪器中，常用微动手轮直接读数。现以此装置为例，讨论分度值的计算方法。

设摆动杆臂长 $L = 102$mm，测微螺杆的螺距 $P = 0.3$mm，试计算读数手轮的分度值。

由于螺杆转动一圈时，它就沿轴向移动了一个螺距 $P = 0.3$mm，这样，摆动杆 9 将对原
始位置偏转 α 角的正切为

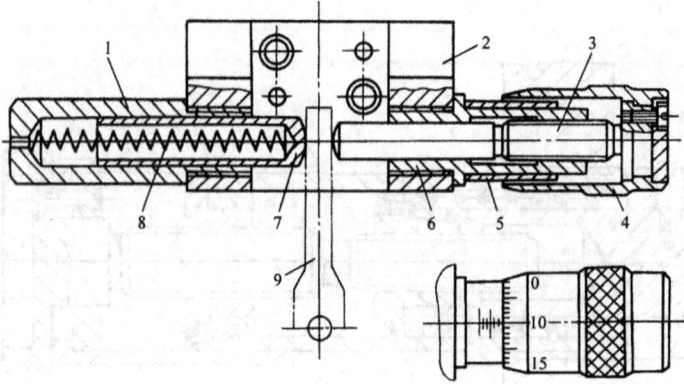

图 15-4  螺旋—杠杆微动装置

$$\tan\alpha = \frac{P}{L} = \frac{0.3}{102} = 0.0029$$

所以偏转角 $\alpha \approx 10'$。也就是说，读数套筒的分度值为 $10'$。

将读数手轮一周分为 60 格，由于读数手轮转动一圈时为 $10'$，因而在转动一格时将等于 $10''$。读数手轮的分度值就为 $10''$。

微动装置的全读数，等于读数手轮的整转数加上读数手轮转动的分数值。

（四）齿轮—杠杆微动装置

图 15-5 所示的齿轮—杠杆微动装置用于显微镜工作台的轴向微动，以实现高倍率物镜的精确调焦。原动部分是带有小齿轮（$z_1$）的手柄轴 1，转动手柄时，通过三级齿轮减速，带动扇形齿轮（$z_6$）的微小转动，再通过杠杆机构将扇形齿轮的微小转动，变为工作台 2 的上下微动。工作台内的压缩弹簧所产生的推力，可用以消除齿轮副的间隙所产生的空回误差。

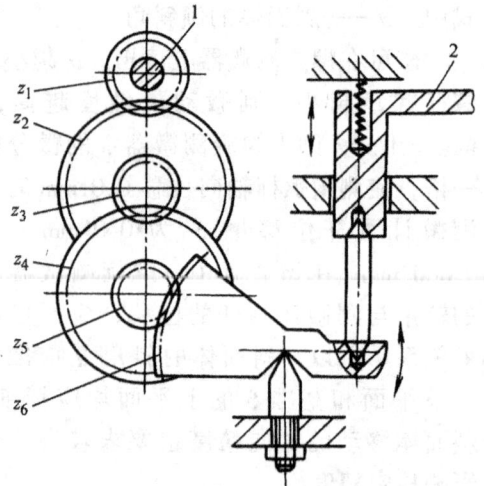

图 15-5  齿轮—杠杆微动装置

# 第三节  锁紧装置

## 一、设计时应满足的基本要求

1）锁紧时，被锁部件的正确位置不被破坏。

2）锁紧后的工作过程中，被锁部件不会产生微动走位现象。

3）锁紧力应均匀，大小可以调节。

4）结构简单，操作方便，制造修理容易。

## 二、常用锁紧装置

常见的锁紧装置有径向受力和轴向受力两种。

（一）径向受力的锁紧装置

图 15-6 是精密机械中常见的顶紧式径向受力锁紧装置。拧紧锁紧螺钉 1，通过垫块 2 压紧轴 3，从而把支架 4 锁紧在轴 3 上。垫块 2 的作用是为了避免锁紧螺钉损伤轴 3 的表面。该锁紧装置的缺点是被锁紧的零件单面受力。锁紧时，由于 3 和 4 之间的间隙被挤到一边，所以被锁紧件的轴线会微量移动。而且当中间轴为薄壁筒时，锁紧力还会造成中间薄壁筒的变形。

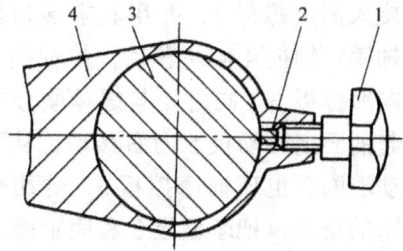

图 15-6 顶紧式锁紧装置

图 15-7 是夹紧式径向受力锁紧装置。当拧紧锁紧螺母 1 时，带有开口的支架 2 夹紧轴 3，实现锁紧的目的。由于这种锁紧装置的锁紧力比较均匀地分布在整个圆周上，因此，即使中间轴是薄壁筒，也不会引起薄壁筒的变形。但是，由于支架 2 和轴 3 之间存在间隙，锁紧时，故支架 2 相对于轴 3 会产生不大的相对转动。支架 2 的中心相对于轴 3 的中心也会产生微量移动。

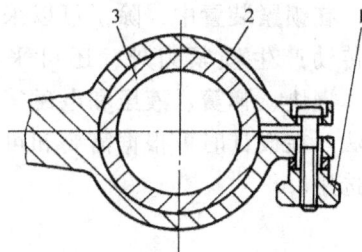

图 15-7 夹紧式锁紧装置

以上两种锁紧装置共同的优点是结构简单，制造容易，但由于锁紧时，被锁部件会产生微动，所以不能用于要求锁紧定位精度较高的地方。

图 15-8 是用在 1″光学分度头上的"三点自位均匀收缩薄壁套"锁紧装置。它克服了上述两种锁紧装置的缺点。

这种装置由两个圆环组成，其中一个薄壁套 3 固装在分度头壳体的前盖上，与主轴回转中心线同轴，分度头主轴就套在此薄壁套的孔内。其配合间隙很小，但应使主轴能在薄壁套内灵活转动。另一个是锁紧环 2（它可以在径向浮动），它的内孔上有三条等分的槽，槽内各嵌有一块锁紧块 1，三个锁紧块均和薄壁套的外圆接触，其中一块被锁紧环上的螺钉 4 顶住。这样，旋紧锁紧手轮 5 时，就能通过螺钉

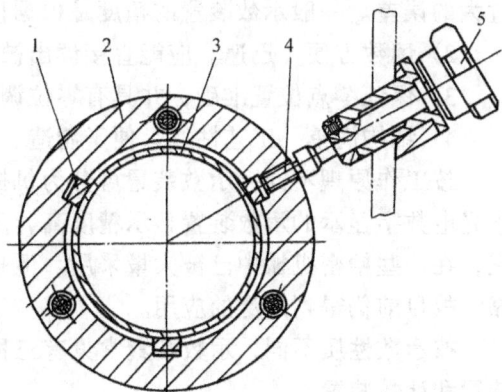

图 15-8 三点自位均匀收缩薄壁套锁紧装置

4 顶紧锁块。由于锁紧环是浮动的，因此当螺钉 4 前进时，锁紧环在相反的方向上带动另外两块锁紧块同时压向薄壁套，这样就能通过三个位置上的锁紧块均匀地压缩薄壁套，使它产生径向收缩，将主轴锁紧。由于锁紧作用是靠薄壁套弹性变形获得的，因此锁紧摩擦力矩均匀地分布在主轴上，同时，三个夹紧点均匀自位、同步地向心收缩，因而能避免锁紧时的主轴微转现象和单面受力改变主轴回转轴线的现象。这种锁紧装置性能稳定，能符合 1″光学分度头的精度要求。

（二）轴向受力锁紧装置

图 15-9 是光学经纬仪上用来把横轴 1 和横轴固定微动板 5 紧固在一起的轴向受力锁紧

装置。锁紧时，转动手柄 7，螺杆 8 被
旋入固定螺母 6，并用其末端顶推横
轴固定轴柄 4 向左移动，使轴柄 4 压
向摩擦板 3。同时，与螺母联接在一
起的固定微动板 5 向右移动，从而推
动涨圈 2 也压向摩擦板 3，这两个作
用的结果，把摩擦板 3 和固定微动板
5 紧固在一起，从而实现锁紧横轴 1
的目的。

在锁紧装置中，除了可以采用螺
旋传动产生锁紧力外，还可采用凸
轮、楔块、弹簧、液压和电磁等其它
方法。在设计时可根据需要和可能条
件选用。

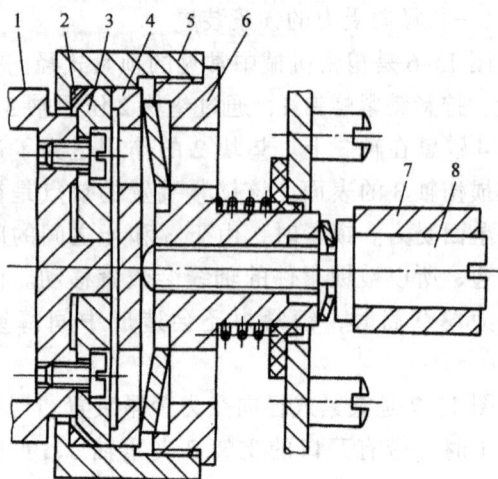

图 15-9　轴向受力锁紧装置

# 第四节　示　数　装　置

**一、设计时应满足的基本要求**

1）保证足够的精度。由示数装置读取或引入的数据必须足够精确，否则会给仪器带来过大的误差。一般示数装置的精度是根据仪器总精度提出的，并与总精度相适应。

2）读数方便、迅速。应能直接读出被测物理量或引入量的数值，而无需任何换算。

3）保证零点位置准确，并具有零位调整的可能性。

4）结构简单、工艺性好，便于制造、安装和调整。

按工作原理不同，示数装置可分为机械式、光学机械式、电子式或光电式示数装置。由于光电数字显示的示数装置显示精度高，反应速度快，故随着电子技术和光电技术的迅速发展，在一些精密机械中已被大量采用。但是由于机械式示数装置的原理和结构简单，使用可靠，故目前仍得到广泛的应用。

按示数性质不同，示数装置常见有三种类型，即标尺指针（指标）示数装置、自动记录装置和计数装置。

本节主要介绍标尺指针示数装置。其他类型示数装置可参阅文献 [1]，或有关参考资料。

**二、标尺指针示数装置**

标尺指针（指标）示数装置主要由标尺和指针（或指标）组成。利用标尺与指针（指标）的相对运动来完成示数工作。其示数特点是读取被测量的瞬时值。

（一）标尺

1. 标尺的类型　标尺是标尺指针示数装置的基本零件之一，也是示数装置示数的基准件。常见的标尺类型有：直标尺、圆盘标尺、鼓轮标尺及螺旋标尺等（见图 15-10）。

直标尺是按直线排列分度的标尺，它与指针（或指标）之间的相对运动为直线运动（图15-10a）。

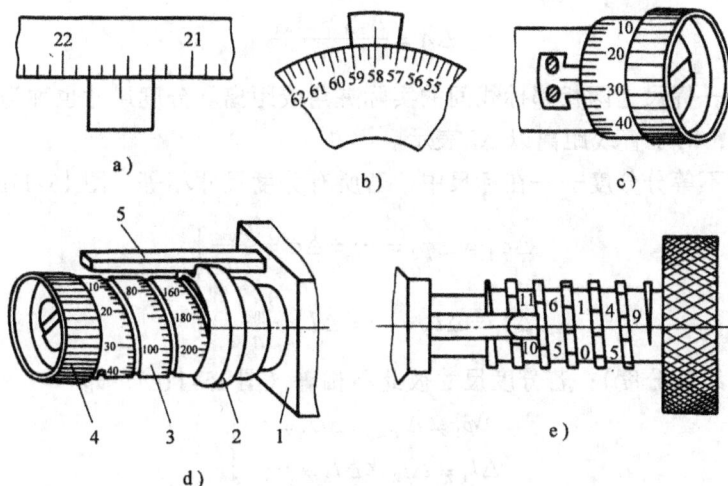

图 15-10　标尺类型

圆盘标尺通常称为度盘，是在平面上按圆周或圆弧分度的标尺（图 15-10b）。有时在同一度盘上有若干排标尺，以表示不同的量程或用来测量不同的参数。标尺与指针（指标）之间的相对运动为转动。

圆柱标尺是将标尺呈环状刻在圆柱面或圆锥面上（15-10c），标尺与指针（或指标）之间的相对运动为转动。

螺旋标尺是将标尺呈螺旋状刻在圆柱面上。工作时一般为标尺转动，指标平行于圆柱母线作相应移动（图 15-10d）。图中 1 为支座、4 为手轮，指标 2 的内部有一销钉被卡在标尺 3 的螺旋槽内，标尺 3 转动时，指标 2 由于受导杆 5 的限制，只沿标尺 3 的轴线移动，指标指示的标尺上的数值，即为读数。此外，也有指标不动而标尺既转动又作相应移动的结构（15-10e）。

2．标尺的基本参数及其选定

（1）标尺的基本参数　如果用 $A$ 表示被测量的大小，用 $\varphi$ 和 $l$ 分别表示相应的指针转角（圆盘标尺）和指标位移（直标尺），则标尺参数可定义如下。

示值下限——标尺的开始标线所代表的被测量的最小值（$A_{min}$）。在大多数仪器中，$A_{min}$ =0。但也有些仪器的最小被测量不等于零，这时称为无零标尺。

示值上限——标尺最后标线所代表的被测量的最大值（$A_{max}$）。

示值范围——标尺上全部刻度所代表的被测量的数值（$A_{max} - A_{min}$）。

标度角——对应于示值范围的指针转角，即开始标线与最后标线之间的夹角（$\varphi_{max}$）。

标度长度——指针末端（或指标）对应示值范围的线位移，即开始标线与最后标线之间的弧距或距离（$l_{max}$）。

分度——标尺上相邻两标线的间隔。通常分度也称为刻度或分划，而标线也称为刻线、分划线或格线。

分度值——标尺上每一个分度（即一格）所代表被测量的数值。分度值也称为刻度值、分划值或格值。分度值的大小等于示值范围除以标尺的分度数 $n$，即

$$\Delta A = \frac{A_{max} - A_{min}}{n} \tag{15-4}$$

分度尺寸——标尺上两相邻标线间的实际夹角或距离。分度尺寸也称为分划间隔，对于角度以 $\Delta\varphi$ 表示，对于直线距离以 $\Delta l$ 表示。

等分分度和不等分分度——在标尺中，若所有分度尺寸相等（图 15-11a、b），即

$$\left.\begin{array}{l} \Delta\varphi_1 = \Delta\varphi_2 = \cdots = \Delta\varphi = \dfrac{\varphi_{max}}{n} \\[2mm] \Delta l_1 = \Delta l_2 = \cdots = \Delta l = \dfrac{l_{max}}{n} \end{array}\right\} \tag{15-5}$$

或

称为等分分度（线性分度）；若分度尺寸彼此不相等（图 15-11c），即

$$\left.\begin{array}{l} \Delta\varphi_1 \neq \Delta\varphi_2 \neq \Delta\varphi_3 \neq \cdots \\[2mm] \Delta l_1 \neq \Delta l_2 \neq \Delta l_3 \neq \cdots \end{array}\right\} \tag{15-6}$$

或

则称为不等分分度（非线性分度或不均匀分度）。

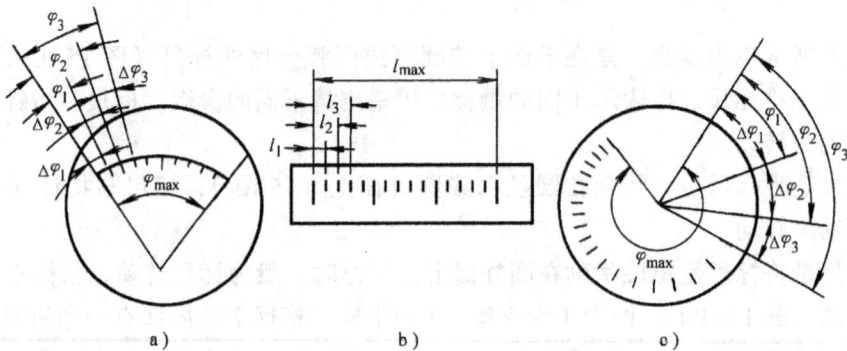

图 15-11　等分标尺与不等分标尺

在设计仪器的示数装置时，常希望得到等分分度的标尺，因其读数方便，且在整个标度范围内，读数精度一致，此外，制造也比较简单。

但是，并不是所有仪器都是等分分度的标尺，这是由于有的仪器难于获得等分分度标尺，或者在某些情况下，需要把标尺某一区域的分度放大，以便在这个区域中可以更准确地读数。

（2）基本参数的选定　对于任何一种标尺，均包含如下基本参数，即分度尺寸、标线尺寸、分度值、标度角或标度长度。下面分别阐述这些参数的选择。

1）分度尺寸的选定　分度尺寸的大小是影响读数误差和标尺几何尺寸的重要因素，分度尺寸太小时，读数非常困难，同时，读数误差亦显著增大。图 15-12 所示是平均读数误差与分度尺寸关系的经验曲线。由图可看出，当分度尺寸小于 1mm 时，读数误差将增长得很快。分度尺寸过大时，标尺长度随之增大。一般情形可取分度尺寸 $\Delta l = 1 \sim 2.5$mm，而经常采用 $\Delta l = 1$mm。

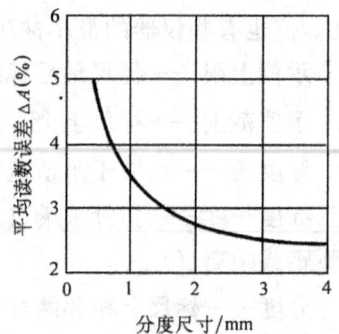

图 15-12　分度尺寸对读数
误差的影响
$\Delta A$——分度值

在精密仪器中，常需要在较小的标尺上刻出很多的分度，因此，分度尺寸很小。为了便于读数并保证足够的读数精度，可采用光学放大装置将标尺的分度尺寸放大，放大后的分度尺寸的影像，也应根据前述原则考虑。例如在光学比较仪中，标尺的分度尺寸等于0.08mm，而标尺的影像则被目镜放大12倍，因此，见到的分度尺寸是$0.08 \times 12 \approx 1mm$。

2）分度值的选定　标尺的分度值应根据仪器的允许误差来选择。分度值不应比仪器的允许误差大得太多，否则不能足够准确地读取示数。反之，分度值取得过小，只是在读数时可读得精细一些，但仪器的误差并不因此而改变。因此，在仪器误差一定时，把分度值定得过小是没有意义的。一般来说，分度值$\Delta A$可取等于或略大于仪器允许误差。例如，当$\Delta l \approx$ 1~2.5mm时，可取

$$\Delta A = 2\Delta Y \tag{15-7}$$

式中　$\Delta Y$——仪器的允许误差。

应该指出，取$\Delta A = 2\Delta Y$是根据指针处于两标线之间时，操作人员能估读到一个分度的1/2，即能估读出的值为$\Delta A/2$，为使估读值与仪器精度匹配，故取$\Delta A/2 = \Delta Y$，即$\Delta A = 2\Delta Y$完全能与仪器精度相适应。当分度尺寸较小时，则可取$\Delta A = \Delta Y$。而对分度尺寸较大的标尺，由于估读精度高,分度值也可取得大些。实际上一般操作人员的估读精度可达一个分度的1/5，因此，在这个范围内适当把分度值取得大些，仍然是合理的。

此外，为了读数方便和不致读错，分度值最好从下列数值中选取：

$$1 \times 10^n; \quad 2 \times 10^n; \quad 5 \times 10^n$$

其中、$n$为任意正、负整数或零。

图15-13为具有不同分度值的几种标尺，其中图a的分度值为$1 \times 10^0 = 1$，图b为$2 \times 10^1 = 20$，图c为$5 \times 10^{-1} = 0.5$，图d则为分度值不正确的标尺。

3）标线尺寸的选定　标线宽度应根据分度尺寸来选择。当指针（或指标）位于两个相邻标线之间时，则读数需要用眼来估计。此时，读数误差将取决于标线宽度与分度尺寸的关系，图15-14为用试验方法得到的关系曲线。可以看出，当标线宽度为分度尺寸的10%时，平均读数误差最小。因此，标线宽度最好取为分度尺寸的10%左右。远距离读数的，则应适当地增加标线宽度。

为了读数方便，标线常取不同的长度。例如，逢"5"的标线较一般标线长，而逢"10"的标线更长一些（图15-13a）。一般情况下，短、中、长三种标线长度之比可取为1:1.5:2或1:1.3:1.7；若只有两种标线长度可取为1:1.5或1:2。其中最短标线长度可取为分度尺寸的两倍。

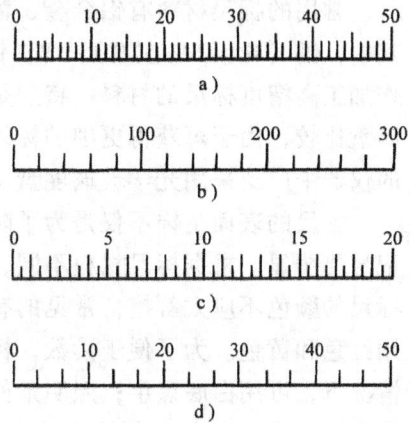

图15-13　标尺分度值举例

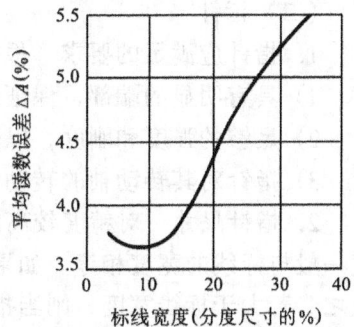

图15-14　标线宽度对读数
误差的影响
$\Delta A$—分度值

4）标度角或标度长度的确定　当分度值$\Delta A$选定后，标尺的总分度数$n$可由下式求出

$$n = \frac{A_{\max} - A_{\min}}{\Delta A} \qquad (15\text{-}8)$$

根据上式求出总分度数 $n$，并选定分度尺寸 $\Delta l$ 后，可用下式算出标度长度 $l_{\max}$：

$$l_{\max} = n\Delta l \qquad (15\text{-}9)$$

标度角可由下式求得

$$\varphi_{\max} = \frac{l_{\max}}{r} \qquad (15\text{-}10)$$

式中　　$r$——标度圆半径，即由指针末端到其转动中心的距离。

此外，为了读数方便，在多数标尺上标有相应的数字，即每隔若干分度有一附有数字的标线，数字标线间的分度数通常取为 5 或 10。数字笔划宽度不得小于 0.01mm，一般等于标线宽度。分度数值很大的标尺，可在标尺上部或下部刻上 ×100 等字样，这样，标尺标线上的数字就可以比较简单。

3．标尺的材料和精饰　对标尺材料的要求，主要是良好的耐腐蚀和加工性能，以及较高的抗变形能力。此外，在有抗磁性要求的仪器中，还要求材料具有抗磁性能。

常用的标尺材料有铝合金、黄铜、青铜、锌白铜、银、结构钢和不锈钢、玻璃、纸等。其中，银（含铜6%左右）、锌白铜（镍为15%、锌约20%、余为铜）和光学玻璃，均可用作加工高精度标尺的材料。特别是光学玻璃（K7、K10、BaK7、BaF1 等）制造的度盘，与金属盘比较，由于可获得更细的标线和达到更高的精度，照明条件亦好，所以在中等精度以上的仪器中广泛采用光学玻璃度盘。

标尺的表面精饰不仅是为了防腐和美观，更主要是便于读数。标尺表面不应反光，标尺记号要明显。根据标尺材料不同，常用的方法有喷砂、涂漆、氧化、镀镍、镀铬和镀银等。标尺的颜色不应太鲜艳，常见的有黑色、白色、灰色、褐色和乳黄色等。特殊记号和标线可用红色和黄色。为了便于读数，标线的颜色与标尺的颜色应成强烈对比。在照明条件良好的情况下，可用白底黑字；照明条件不好时，可用黑底白字；夜间使用又不能照明的仪器，标线应涂以发光材料。须涂发光材料的标线，截面建议是矩形的，宽度和深度都应不小于0.5mm。

（二）指针

1．指针应满足的要求　根据使用情况，指针应满足下列要求：

1）具有明显的端部，保证读数方便、迅速、准确。

2）足够的强度和刚度，以使指针工作稳定和受到冲击时不产生永久变形。

3）指针对其转动轴的转动惯量应尽可能小，以减小阻尼时间。

2．指针尺寸　对精度较高的仪器，为保证足够的读数精度，指针（或指标）末端的宽度一般与标线的宽度相等。如果小于标线宽度，则指针在标线宽度范围内的移动不易看出，反之，若大于标线宽度，则当指针落于两标线之间时，估读精度将会降低。

指针的长度取决于标尺的尺寸。为了读数方便，指针不应全部覆盖最短标线，一般覆盖长度取为最短标线长度的 1/4～3/4。而指标线的长度则随标尺线的类型不同而不同。当标尺标线只有一种长度时，指标线的长度取为等于标尺标线长度；当有两种长度时，取为两种标线长度的平均值；当有三种长度时，取为中等长度标线的长度。

3．指针的形状和材料　指针形状应随仪器的精度及读数时的距离大小而定。需临近精读的仪器，可采用刀形末端指针（图 15-15a），须在一定距离（0.5～1m）外读数时，可采用矛形（图 15-15b）和杆形（图 15-15c）。指标的形状，则多采用图 15-15d 所示的标线形或尖三角形。

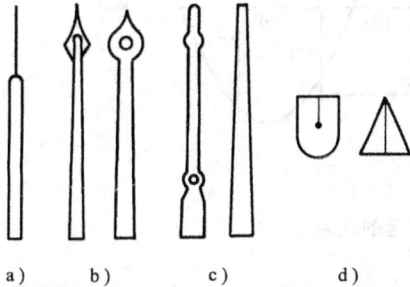

图 15-15 指针形状

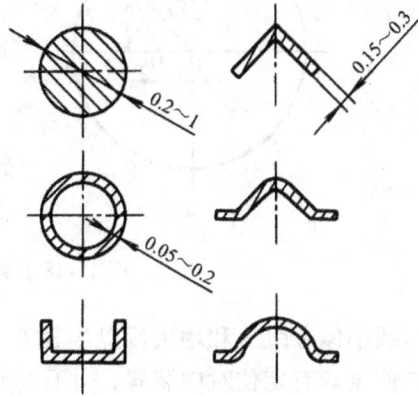

图 15-16 指针的断面形状

指针不仅应具有足够的强度和刚度。为了减小阻尼时间，还应使指针的转动惯量尽可能小。为此，指针断面形状常采用如图 15-16 所示的形状。同时，采用密度较小的材料，如铝或铝合金等，也可采用塑料、有机玻璃等非金属材料制造。

指针的固定，应考虑装拆和调整的方便。常用的固定方法有圆锥面配合或用紧定螺钉联接（图 15-17）。由于指针一般很薄，故通常把指针铆在指针套管上，通过套管再装在指针轴上。

（三）示数装置的误差及减小误差的方法

示数装置的误差是仪器误差的一部分，设计时应根据仪器的精度提出对示数装置误差大小的要求，一般说来，示数装置误差不超过仪器总误差的 1/3。

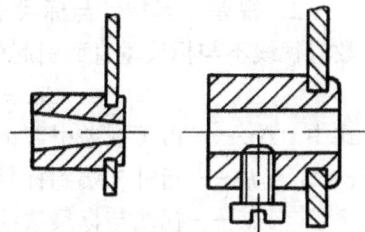

图 15-17 指针的固定

根据误差产生的原因不同，示数装置误差主要有两类：

1）由于标尺和指针等制造不准确引起的误差。例如，①标尺分度不准确；②标线粗细不一致或有偏斜；③指针形状不准确（如指针弯曲变形）；④度盘偏心等。

2）由读数时产生的视差而引起的误差。由于度盘偏心和视差常是引起示数误差的诸多因素中的主要因素，故着重对它们进行讨论。

1. 度盘偏心所引起的误差　如图 15-18a 所示，设指针的回转中心 $B$ 与度盘中心 $A$ 不相重合，两者间有一偏心距 $e$，度盘的半径为 $R$。当指针转动 $\varphi$ 角时，由于存在偏心距 $e$，在度盘上指示的角度为 $\angle DAC$，两者之差 $\Delta\varphi$ 即为示数误差。在 $\Delta ABD$ 中，由正弦定理得

$$\frac{e}{\sin\Delta\varphi} = \frac{R}{\sin(180° - \varphi)}$$

通常 $\Delta\varphi$ 很小，$\sin\Delta\varphi \approx \Delta\varphi$，而 $\sin(180° - \varphi) = \sin\varphi$ 故

$$\Delta\varphi = \left(\frac{e}{R}\right)\sin\varphi \tag{15-11}$$

由式（15-11）看出，为减小偏心所引起的误差，可采取以下两种方法：

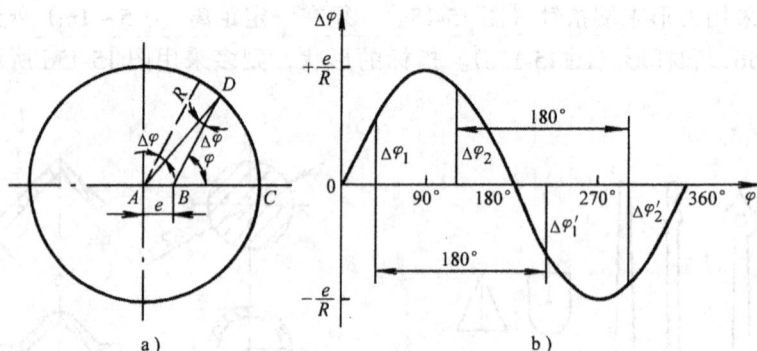

图 15-18　度盘偏心所引起的误差

（1）减小偏心距 $e$ 和增大度盘半径 $R$　这就要求提高度盘和指针的加工和装配精度，在结构上应使度盘有定位对中装置，并且尽可能的增大度盘半径。但这种办法受到工艺和结构尺寸条件的限制。

（2）采用双边读数法　由图 15-18b 可看出，度盘偏心引起的示数误差相隔 180°处的数值大小相等，方向相反，例如 $\Delta\varphi_1 = -\Delta\varphi_1'$，$\Delta\varphi_2 = -\Delta\varphi_2'$ 等等。因此，如果在度盘上相隔 180°的两处读数，并取这两个读数的算术平均值作为最后读数，就可消除度盘偏心引起的误差。在一些精密仪器中，如经纬仪、光学分度头和测角仪等，常用这种方法来消除偏心的影响。

2. 视差　当指针与标尺不在同一平面的情况下，由于读数时视线不与标尺垂直而引起的误差称为视差。由图 5-19 可得

$$\Delta x = h\tan\alpha \qquad (15\text{-}12)$$

式中　$\Delta x$——由于视差引起的读数误差；

　　　 $h$——指针末端到标尺平面的距离；

　　　 $\alpha$——视线与标尺法线的夹角。

由于视差所引起的读数误差，决定于指针末端到标尺平面的距离 $h$ 和视线与标尺法线间夹角 $\alpha$ 的大小。因此，为减小或消除视差常用下述两种方法：

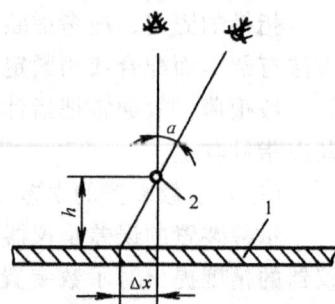

图 15-19　视差

1）在设计示数装置的结构时，尽量使指针靠近标尺。如在计量尺上为使尺的厚度 $h$ 减小，常制成斜坡式（图 15-20a）。有的仪器还采用指针和标尺在同一平面的结构（图 15-20b）。

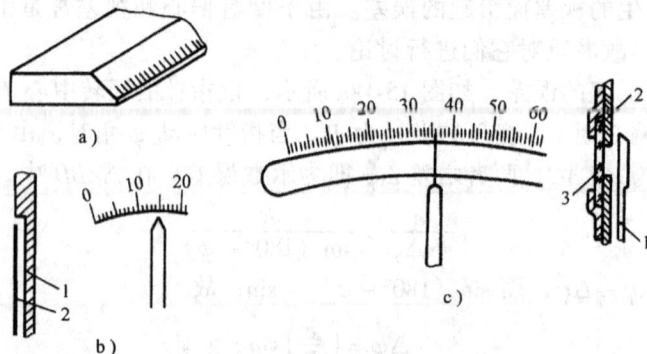

图 15-20　减小视差的结构举例

1—指针　2—标尺　3—反射镜

2）读数时，尽可能使视线沿标尺的法线方向。为此，有些仪器采用反视差结构的示数装置。例如带镜标尺（图 15-20c）就是典型的例子。当观察到指针与其在反射镜中的影象重合时再进行读数，便能保证视线沿标尺的法线方向。

# 第五节　隔　振　器

## 一、带有隔振器系统的运动特性及其设计

图 15-21 为带有隔振器系统（即隔振系统）的示意图。精密机械 2 通过隔振器固装在基座 1 上，隔振器由弹簧 3 和阻尼器 4 组成。如果基座 1 按正弦规律振动，则

$$Z_1 = A\sin\omega_j t \tag{15-13}$$

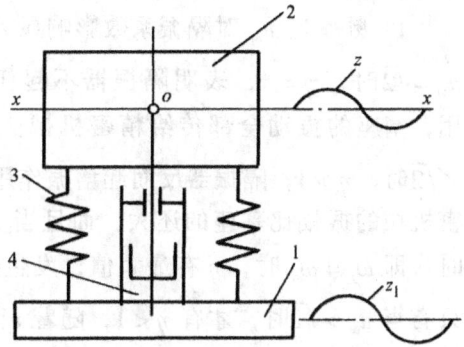

图 15-21　隔振系统的示意图

式中　$Z_1$——基座相对其原始位置的位移；

　　　$A$——基座振动的振幅；

　　　$\omega_j$——基座振动的角频率；

　　　$t$——时间。

设精密机械的质量为 $m$，重心 $W$ 相对于坐标轴 $x-x$ 的位移为 $Z$，则其运动的微分方程为

$$m\frac{\mathrm{d}^2 Z}{\mathrm{d}t^2} + r\frac{\mathrm{d}}{\mathrm{d}t}\left[Z - Z_1\right] + K_z(\omega)\left[Z - Z_1\right] = 0 \tag{15-14}$$

式中　$r$——隔振器的阻尼系数；

$K_z(\omega)$——隔振器在位移 $Z$ 方向上的动刚度，亦即产生 $Z$ 向单位变形所需的交变力。

解式（15-14），可得隔振系统的运动特性

$$Z = Q\mathrm{e}^{-\zeta\omega_n t}\sin\left(\sqrt{1-\zeta^2}\,\omega_n t + \varphi\right) +$$

$$A\sqrt{\frac{1+4\zeta^2 u_\omega^2}{(1-u_\omega^2)^2 + 4\zeta^2 u_\omega^2}}\sin(\omega_j t - \varphi_z) \tag{15-15}$$

式中　$Q$、$\varphi$——由起始条件决定的常数；

　　　$\omega_n$——系统的固有角频率，$\omega_n = \sqrt{K_z(\omega)/m}$；

　　　$\zeta$——系统的阻尼比，$\zeta = r/(2m\omega_n)$；

　　　$t$——时间；

　　　$u_\omega$——频率比，$u_\omega = \omega_j/\omega_n$；

　　　$\varphi_z$——相位差，$\varphi_z = \arctan 2u_\omega^3\zeta/\left[(1-u_\omega^2) + 4\zeta^2 u_\omega^2\right]$。

从式（15-15）可看出，精密机械 2 的振动由两部分组成；一部分为固有振动（式中第一项），振动角频率为 $\sqrt{1-\zeta^2}\,\omega_n$；另一部分为强迫振动（式中第二项），振动角频率为 $\omega_j$。

如果精密机械所受到的仅为有一定周期的外界振动作用，则固有振动将逐渐衰减而消失。最后，振动将为

$$Z = A\sqrt{\frac{1+4\zeta^2 u_\omega^2}{(1-u_\omega^2)^2 + 4\zeta^2 u_\omega^2}}\sin(\omega_j t - \varphi_z) \tag{15-16}$$

即精密机械作强迫振动，其振动频率等于基座振动的角频率，两者间有一相位差 $\varphi_z$。

为了衡量隔振系统的设计效果，通常用精密机械振动振幅与基座振动振幅的比值来判断，这个比值又称隔振系数 $\eta$

$$\eta = \sqrt{\frac{1 + 4\zeta^2 u_\omega^2}{(1 - u_\omega^2)^2 + 4\zeta^2 u_\omega^2}} \tag{15-17}$$

对于不同频率比 $u_\omega$ 和阻尼比 $\zeta$，隔振系数的数值如图 15-22 所示。从图中看出：

1）频率比 $u_\omega$ 对隔振系数影响显著，当 $u_\omega = \sqrt{2}$ 时，$\eta = 1$，表明隔振器不起任何作用，基座的振动全部传给精密机械；当 $u_\omega \angle \sqrt{2}$ 时，$\eta > 1$，隔振器反而起增振作用，精密机械的振幅比基座的还大，而且当 $u_\omega = 1$ 时，即 $\omega_j = \omega_n$ 时，$\eta$ 有最大值，发生共振。只有当 $u_\omega > \sqrt{2}$ 时，才有 $\eta < 1$，随着 $u_\omega$ 的增大而 $\eta$ 却变小，即隔振效果好；但 $u_\omega$ 亦不应过大，否则隔振器刚度很小，弹簧太软，对固有振动的衰减能力大为降低，而且 $u_\omega$ 增大到一定程度后，$\eta$ 的下降就不显著了，通常 $u_\omega$ 的选用范围是 $u_\omega = 2.5 \sim 5$，即系统的固有角频率是基座振动角频率的 $0.2 \sim 0.4$。

2）阻尼比 $\zeta$ 对隔振系数也有一定的影响。随着 $\zeta$ 的减小，$\eta$ 相应地变小，隔振效果提高。但是为了衰减固有振动，阻尼作用是必要的，故通常选取 $\zeta < 0.1$。

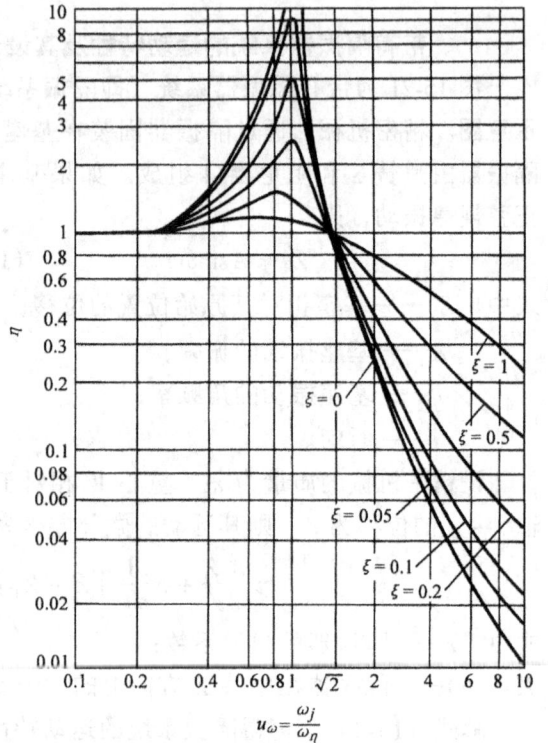

图 15-22　隔振系数 $\eta$ 曲线图

设计隔振系统时，隔振系数 $\eta$ 是给定的，所以，可利用图 15-22 确定 $u_\omega$，也可利用计算方法确定 $u_\omega$。当采用计算方法时，考虑到绝大多数隔振器的 $\zeta < 0.1$，因此，隔振系数 $\eta$ 可以用下式表示：

$$\eta = \sqrt{\frac{1}{(1 - u_\omega^2)^2 + 4\zeta^2 u_\omega^2}} \tag{15-18}$$

所以，频率比 $u_\omega$ 可近似利用下式确定

$$u_\omega = \sqrt{\frac{1}{\eta} + 1} \tag{15-19}$$

然后利用下列关系，计算隔振器应具有的动刚度

$$\frac{\omega_j}{\sqrt{\frac{K_z(\omega)}{m}}} = u_\omega$$

即
$$K_z(\omega) = \frac{m\omega_j^2}{u_\omega^2}$$
(15-20)

## 二、隔振器的类型、选用及其布置

在精密机械中，最常用的隔振器是弹簧隔振器和橡胶隔振器两种基本类型。

1. 弹簧隔振器　这种隔振器如图 15-23 所示，由于弹簧材料的内摩擦很小，有时在弹簧内填充卷状的钢丝网，以增加其阻尼作用。实验指出：弹簧隔振器动刚度和静刚度的差别是不大的。

2. 橡胶隔振器　橡胶是一种高分子材料。根据实验，橡胶的静态弹性模量与动态弹性模量有相当大的差别，所以使橡胶隔振器的动刚度与静刚度也有相当大的差别，通常橡胶隔振器的动刚度约为静刚度的 2.2～2.8 倍。图 15-24 为橡胶隔振器的几种型式。它除具有良好的弹性外，还具有一定的阻尼作用。橡胶隔振器与弹簧隔振器相比，另一优点是经过特殊的设计，可以使隔振器在几个方向都能隔振。图 15-24c 所示的橡胶隔振器，其橡胶部分的结构，是由环形部分和筒形部分所组成，环形部分用以隔

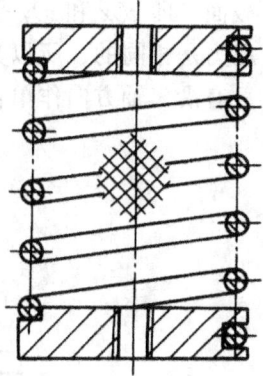

图 15-23　弹簧隔振器

离轴向振动；而筒形部分则可用以隔离平面上的振动和摆动，采用这种隔振器可使隔振系统的结构简化。橡胶隔振器的缺点是当环境温度改变时，橡胶弹性也随之改变，当温度降低时，系统的隔振系数 $\eta$ 将增大，当温度很低时（例如 $-50～-60℃$），由于橡胶失去弹性，橡胶隔振器实际上已不起隔振作用了。

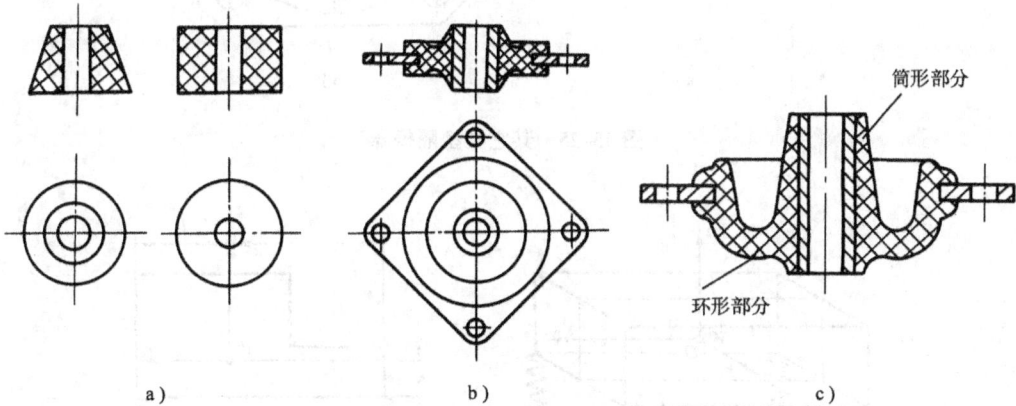

图 15-24　橡胶隔振器

除上述两种基本类型外，有时，还把弹簧和橡胶结合起来使用（图 15-25）。图 15-25a 为圆柱螺旋弹簧橡胶隔振器，弹簧用来隔离振动，橡胶套则用来承受较强的冲击载荷。图 15-25b 为圆锥螺旋弹簧橡胶隔振器，这种隔振器经过设计，适用于机械的质量是可变的，当机械的重量增加时，圆锥弹簧下端直径较大的那些圈就与底面相接触，其有效圈数减小，所以圆锥弹簧的刚度增大，因此可使隔振系统的固有频率基本上保持不变。

隔振器是一种通用零件，由专业工厂生产，有多种型式和规格供使用者选用。选用时，除使隔振器的动刚度满足使用要求外，还应使每个隔振器所承受的最大载荷低于其额定载

荷。

　　隔振器的布置应根据机械的形状、重心位置来考虑。对于规则形状的精密机械（图 15-26a），在有足够稳定性的前提下，通常希望用最少数量的隔振器获得隔振效果，所以采用四个性能相同的隔振器，隔振器的布置，在 $x$ 向和 $y$ 向上均对称于通过机械重心 $O$ 的垂直中截面（即 $zOx$ 和 $zOy$ 平面）。显然，基座振动时，四个性能相同的隔振器产生的弹性力和阻尼力是相同的，所以其合力必然通过机械的重心。因此，当基座作 $z$ 向振动时，隔振系统也只有沿 $z$ 轴方向作单自由度的振动。

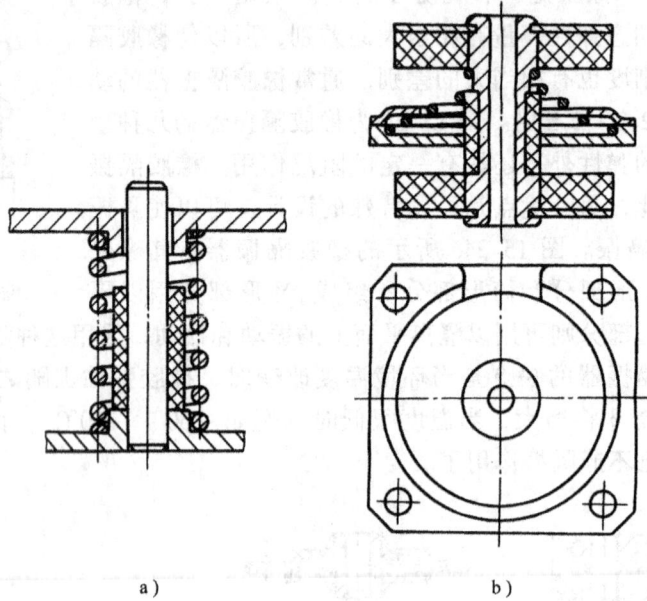

a)　　　　　　b)

图 15-25　其它类型隔振器

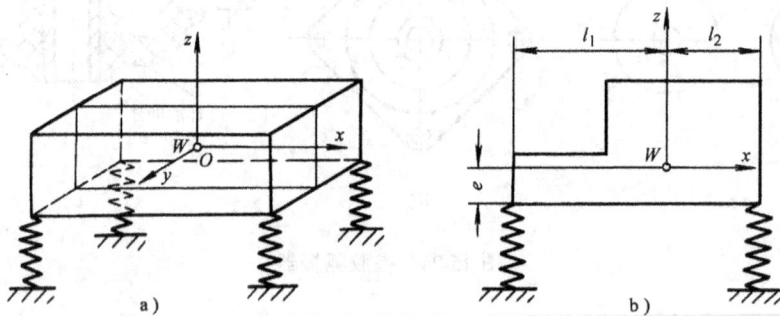

a)　　　　　　b)

图 15-26　隔振器的布置

　　对于不规则外形的机械，或者其上具有可动的零部件，这时隔振器的布置，不容易同过重心的垂直中截面相对称。假设隔振器在 $y$ 轴方向上与通过重心的垂直中截面对称，在 $x$ 轴方向上不对称（图 15-26b），即 $l_1 \neq l_2$，则基座作 $z$ 向振动，仪器具有三个自由度振动，即除 $z$ 向振动外，尚有 $x$ 向振动和绕 $y$ 轴的旋转振动。

## 思考题及习题

15-1 设计微动装置时，应满足哪些基本要求？

15-2 图 15-2 所示的差动螺旋微动装置中，螺旋弹簧起何作用？紧定螺钉起何作用？为了实现差动，螺杆 1 上两段螺纹应有何要求？

15-3 教材中介绍了哪几种锁紧装置？各有何特点？

15-4 何谓分度值？分度尺寸和分度？

15-5 仪器中最常用的分度尺寸是多少？分度值一般怎样确定？

15-6 标尺常用材料有哪些？其中哪些常用来制造高精度标尺？

15-7 合理的指针断面形状应满足什么条件？

15-8 减小度盘偏心所引起误差的办法是什么？

15-9 减小和消除视差的方法有哪些？

15-10 何谓隔振系数？影响其数值大小的因素有哪些？

15-11 在精密机械中，常用的隔振器有哪些？各有何特点？

# 第十六章　机械的计算机辅助设计

## 第一节　概　　述

计算机辅助设计（CAD）是指专业人员在计算机系统支持下，对产品进行绘图、分析计算和编写有关技术文件等设计活动的总称。CAD 将计算机的快速性、准确性及存储量大等特点和设计人员的思维与综合分析能力结合起来，从而加快设计与制造过程，加快新产品开发，提高产品的竞争能力。CAD 是一种人机交互系统，借助于计算机的硬件配置和相应的系统软件，结合用户开发的应用软件，对设计问题进行实时处理，有效地完成预定的设计任务。

CAD 这门新兴学科随着计算机软、硬件的发展而日趋完善，这种新的设计方法也是我国大力推广的一项新技术，它已成为专业技术人员的强有力的工具。计算机辅助设计是人和计算机结合成一体来进行设计，人机结合既可以发挥人的主导作用，又可以充分利用计算机的能力，其结果比单独由人或完全依靠计算机来完成设计要好得多。计算机能完成的工作由计算机进行，计算机无法完成或不能完成的工作就由人来进行，两者能力的结合正是计算机辅助设计的优越性所在。

从以上分析，不难看出计算机辅助设计有如下优点：

1) 提高了设计的工作效率，缩短设计周期，加快产品的更新换代。在机械产品设计中，一般可节省 2/3 的时间。

2) 提高了设计质量。由于人和计算机的交互作用，使产品设计在较短时间内达到最优化。

3) 使设计人员从繁琐重复的设计劳动中摆脱出来，有利于新技术的开发研究。

4) 有利于产品标准化、系列化、通用化。在 CAD 中通过改变输入参数，可以使系列设计很方便地实现。

5) 有利于计算机辅助制造（CAM）的发展，通过 CAD/CAM 实现产品设计制造一体化。

近年来，应用计算机辅助设计和制造技术对飞机、汽车、建筑、机械等进行外形、结构设计和制造日趋广泛，在机械工程部门中，计算机辅助设计已广泛用于计算分析、绘制技术文件和仿真技术领域。在产品设计中运用 CAD 技术，对加速产品更新换代、提高质量和经济效益均具有十分重要的意义。

本章将简要介绍有关计算机辅助机械设计的系统构成、方法以及机械优化设计问题。

## 第二节　计算机辅助设计系统的原理与构成

计算机辅助设计系统形式繁多，但基本上可以分为硬件和软件两部分。

### 一、计算机辅助设计系统的硬件

CAD 系统硬件主要有主机、存储设备、输入和输出设备等几部分，如图 16-1 所示。

（一）计算机主机

主机是整个计算机系统的核心，主要由三部分组成：运算器、控制器和主存储器（内存）。运算器负责执行指令所规定的算术运算和逻辑运算。控制器负责解释指令、控制指令的执行顺序、访问存储器等。

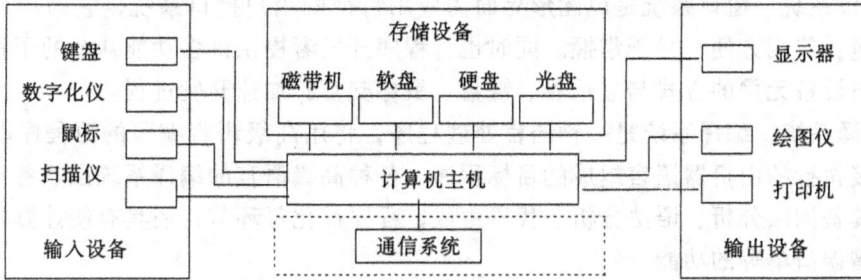

图 16-1　计算机辅助设计系统的硬件构成

内存用来存放指令和数据，一般包括 ROM（只读存储器）和 RAM（随机存储器）两部分。ROM 主要用于存放操作系统等固定不变的程序，而 RAM 可以进行信息的读写，因此适合用于存放数据和各种应用程序。

（二）外存储器

外存储器用于存放程序、数据等重要信息，当需要使用这些信息时，由操作系统将它们存入内存。与内存相比，外存的存储量大，存储速度较慢。最常用的有磁盘、磁带和光盘。

（三）输入设备

输入设备的作用是把外界信息输送到计算机中去，供计算机进行运算和处理。常用的输入设备有键盘、鼠标、数字化仪和扫描仪等。

（四）输出设备

计算机辅助设计系统的常用输出设备有显示器、打印机和绘图仪等。

**二、计算机辅助设计系统的软件**

计算机辅助设计系统的软件按照功能可以分为系统软件、支撑软件和应用软件三类，如图 16-2 所示。

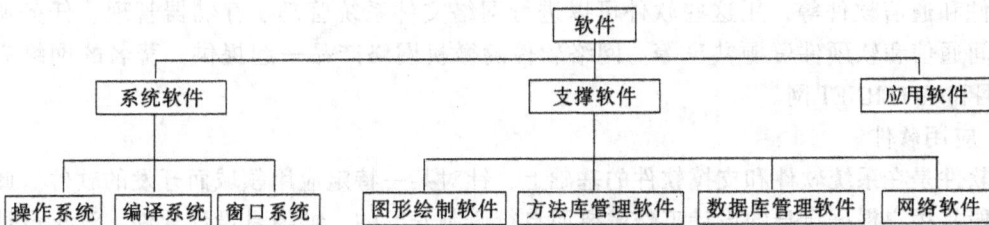

图 16-2　计算机辅助设计系统的软件构成

（一）系统软件

系统软件直接配合硬件工作，并对其它软件起支撑作用。主要有操作系统、窗口系统及编译系统。

1. 操作系统　操作系统是对计算机系统硬件及配置的各种软件进行全面控制和管理的程序集合。其功能有两个，一是合理组织计算机系统的工作流程，负责对计算机系统内的所有软件和硬件资源进行监控和调度，使它们协调一致，高效率地运行；二是为用户使用计算机提供良好的界面。操作者通过操作系统控制和操纵计算机系统，常见的操作系统有 UNIX、OS/2、MSDOS 等。

2. 窗口系统　窗口系统是以图形界面为应用特征的用户接口系统，它为用户提供良好的操作环境，使用方便，易于掌握。同时也为程序开发者提供许多功能众多的子程序，允许开发者用与设备无关的方式与显示器、键盘、鼠标交互，加速开发过程。

3. 编译系统　编译系统是一种语言处理程序，将用高级语言编写的源程序翻译成计算机能够直接执行的由机器语言组成的目标程序。各种高级语言的编译系统虽然各不相同，但基本上都具备词法分析、语法分析、代码生成、程序优化等环节，还具有使计算机输出源程序清单和错误清单等的功能。

（二）支撑软件

支撑软件是指支持 CAD 应用软件的通用性实用程序库及软件开发中的软件工具，它是为了满足 CAD 用户的共同需要而开发的通用软件，是 CAD 软件系统的核心。由于具有通用性、广泛性，基本实现了商业化，可以在市场上选购。

1. 图形绘制软件　绘制机械设计图样的图形绘制软件是 CAD 系统最为基本的支撑软件，目前国内应用最普遍的图形软件是美国 AUTODESK INK，开发的 AutoCAD。

2. 方法库　将各种各样的常用程序包汇总存储在计算机的外存，形成一个比较大的程序库，这就是方法库。例如在机械设计中要经常用到有限元分析、优化设计、数据的插入、方程求根等，把这些共同的程序部分收集整理，可以编成适合各类用户使用的程序包，为用户节省大量的程序设计的时间和空间。

3. 数据库　在计算机辅助设计中，需要把手册和资料中大量的数表、线图数据事先存放起来。为了存放这些数据，需要建立一个大的数据库。数据库是存放在计算机系统里的由数据库管理系统统一管理的数据集合，它可以为多个用户使用。数据库要求具有独立性、共享性、可靠性和保密性，它是计算机辅助设计系统的一个极为重要的组成部分。

4. 网络软件　现代通信网络的发展使网络型 CAD 系统逐步成为主要的使用环境之一。在微机网络工程中，网络系统软件是必不可少的。网络系统软件包括服务器操作系统、文件服务器软件和通信软件等，用这些软件可以进行网络文件系统管理、存储器管理、任务调度、用户间通信和软硬件资源共享等。网络软件随微机网络产品一起提供，著名的网络有 NOVELL 网和 INTERNET 网。

（三）应用软件

应用软件是在系统软件和支撑软件的基础上，针对某一特定应用领域而开发的软件。此类软件一般是用户根据自身的设计工作需要而自行研制开发的，如模具设计软件、汽车设计制造专用软件等。另外，专家系统也可以被认为是一种应用软件，它是模拟该领域内具有丰富专门知识和实践经验的专家，在解决问题时思考、推理与判断的过程而编制的智能程序，解决工业设计应用问题，如圆柱齿轮减速机设计专家系统。CAD 应用软件将运用专家系统的方法，使 CAD 进一步向智能化、自动化方向发展。

# 第三节 表格和线图的处理

在机械设计中，通常要引用一系列的数表、线图以及各种标准和规范。所以，在计算机辅助设计之前，要把设计中所需要的表格、曲线等有关的资料存入计算机中，以便在设计时由计算机按要求自动检索和调用，结合程序进行运算、加工处理和输出。下面简要介绍有关CAD对数据表格、线图处理的一般方法和程序框图。

## 一、表格的处理

机械设计中使用的数表可以分为一元、二元和多元数表。

### (一) 一元数表的程序化

数表中的数据只与一个变量有关，此类数表为一元数表。对这类表格程序化常用的方法是用一维数组的检索形式来完成，如表16-1所示，对于不同的轴径 $D$，所选用的平键和相应的键槽尺寸是不同的。

表 16-1　平键和键槽尺寸（摘自 GB1095—79）　　　　（单位：mm）

| 参 数 名 称 | 序 号 | 轴径 $d$ | 键宽 $b$ | 键高 $h$ |
|---|---|---|---|---|
| 程序变量名称 | $I$ | $D(I)$ | $B(I)$ | $H(I)$ |
| 数 | 1 | >8~10 | 3 | 3 |
| | 2 | >10~12 | 4 | 4 |
| | ⋮ | ⋮ | ⋮ | ⋮ |
| 据 | 7 | >38~44 | 12 | 8 |
| | 8 | >44~50 | 14 | 9 |

对此表，采用一维整型有序表查找法检索与轴径 $D$ 对应的键宽 $b$ 和键高 $h$，程序框图如图16-3所示。程序中，数组 d[n]、b[n]、h[n] 分别存放表16-1中的轴径范围 $D(I)$、键宽 $B(I)$ 以及键高 $H(I)$，$D$ 为待检索的轴径，$B$、$H$ 为检索到的与 $D$ 相对应的键宽和键高。

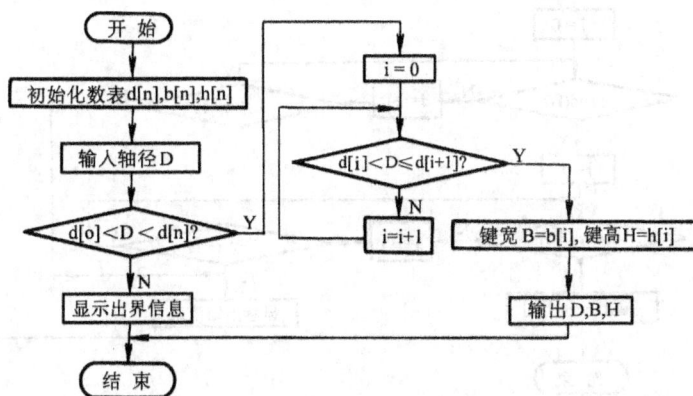

图 16-3　平键和键槽尺寸检索程序框图

### (二) 二元数表的程序化

二元数表的数据与两个变量有关，其处理方法和步骤基本上与一元数表相似，对数表的处理用二维数组。以表 16-2 为例，$D$、$d$ 分别为大、小轴径，$r$ 为轴肩处的圆角半径。对于不同的轴径，其轴肩处的应力集中系数是不同的。

表 16-2　轴肩圆角处的理论应力集中系数 $\alpha$

| | $\alpha$ | | | | | | | | | |
|---|---|---|---|---|---|---|---|---|---|---|
| | $D/d$ | | | | | | | | | |
| $r/d$ | 6.0 | 3.0 | 2.0 | 1.50 | 1.20 | 1.10 | 1.05 | 1.03 | 1.02 | 1.01 |
| 0.04 | 2.59 | 2.40 | 2.33 | 2.21 | 2.09 | 2.00 | 1.88 | 1.80 | 1.72 | 1.61 |
| 0.10 | 1.88 | 1.80 | 1.73 | 1.68 | 1.62 | 1.59 | 1.53 | 1.49 | 1.44 | 1.36 |
| 0.15 | 1.64 | 1.59 | 1.55 | 1.52 | 1.48 | 1.46 | 1.42 | 1.38 | 1.34 | 1.26 |
| 0.20 | 1.49 | 1.46 | 1.44 | 1.42 | 1.39 | 1.38 | 1.34 | 1.31 | 1.27 | 1.20 |
| 0.25 | 1.39 | 1.37 | 1.35 | 1.34 | 1.33 | 1.31 | 1.29 | 1.27 | 1.22 | 1.17 |
| 0.30 | 1.32 | 1.31 | 1.30 | 1.29 | 1.27 | 1.26 | 1.25 | 1.23 | 1.20 | 1.14 |

程序采用二维有序数表查找法检索与结构参数 $D/d$、$r/d$ 相关的应力集中系数 $\alpha$，程序框图如图 16-4 所示。程序中 d [m]、r [n] 数组分别存放比值 $D/d$、$r/d$，而二维数组 a [n] [m] 存放与之对应的应力集中系数 $\alpha$，$D$、$R$ 为待检索轴径的两项值 $D/d$、$r/d$，$A$ 为检索得到的理论应力集中系数。

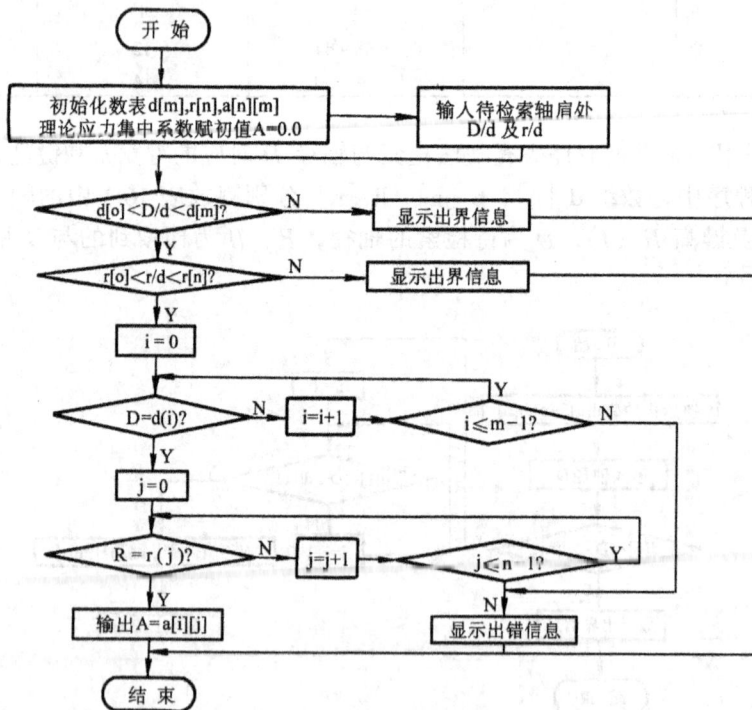

图 16-4　轴肩圆角处的理论应力集中系数检索程序框图

（三）多元数表的程序化

当数据与两个以上的变量有关时，数表为多元数表，这种数表在机械设计中较少见。在机械 CAD 中，一般将其转化为一元数表或二元数表进行处理。

## 二、线图的处理

对线图经计算机化的处理，就是将线图用最接近的函数表示出来，然后根据建立的数学模型进行计算机编程。

### （一）函数插值

插值的基本思想是，在插值点 $x$ 附近选取几个合适的插值节点 $x_1$，$x_2$，$\cdots$ $x_n$，用这些节点构造某个简单的函数 $Y = P(x)$ 作为列表函数 $f(x)$ 的近似表达式，然后通过计算 $P(x)$ 值可以得到 $f(x)$ 在插值点 $x$ 的函数近似值。即根据给定函数 $f(x)$ 的列表值，求得一个反映 $f(x)$ 特性而且计算比较简单的函数 $P(x)$，并且使得

$$f(x_i) = P(x_i) \qquad i = 1, 2\cdots, n \text{ 成立}$$

$P(x)$ 是 $f(x)$ 的插值函数，最常用的插值函数是代数多项式，多项式的次数一般不超过 $n-1$ 次。下面介绍几种常用的插值方法。

1. 线性插值　线性插值就是两点插值。已知两端点函数值 $y_1 = f(x_1)$，$y_2 = f(x_2)$，要求构造一个一次函数式 $P_1(x)$，使其满足 $P_1(x_1) = y_1$，$P_1(x_2) = y_2$。

由解析几何两点式可知

$$y = P_1(x) = \frac{x - x_2}{x_1 - x_2} y_1 + \frac{x - x_1}{x_2 - x_1} y_2$$

$$(16-1)$$

这种插值有一定误差，但当节点间隔不大而且插值精度要求不高时，可以满足要求。其程序流程图如图 16-5 所示。

框图中 n 为给定的插值节点数，x [n] 为存放各节点上自变量数据的数组，要求数据由小到大排列；y 为存放相应节点处函数值的数组；t 为插值点自变量的数值；f 为插值点 t 处的函数值。

插值点区间是这样确定的：当 t < x [1] 时，取最初两点 y [1] 及 y [2] 连成直线进行线性插值（外插），此时取 i=1；当 t > x [n-2]

图 16-5　线性插值法程序框图

时，取最后两点 y [n-1] 与 y [n] 两点连成直线进行插值，此时取 i = n-1；当插值点落在 x [i] 与 x [i+1] 之间时，则取 y [i] 与 y [i+1] 两点连成直线进行内插，此时取 i=i。

2. 抛物线插值　在函数 $f(x)$ 上取三个节点 $x_1$，$x_{i+1}$，$x_{i+2}$ （$i = 1, 2, \cdots, n-2$），过三个节点作抛物线 $y = P_2(x)$，有

$$y = P_2(x) = \frac{(x - x_{i+1})(x - x_{i+2})}{(x_i - x_{i+1})(x_i - x_{i+2})} y_i + \frac{(x - x_i)(x - x_{i+2})}{(x_{i+1} - x_i)(x_{i+1} - x_{i+2})} y_{i+1} +$$

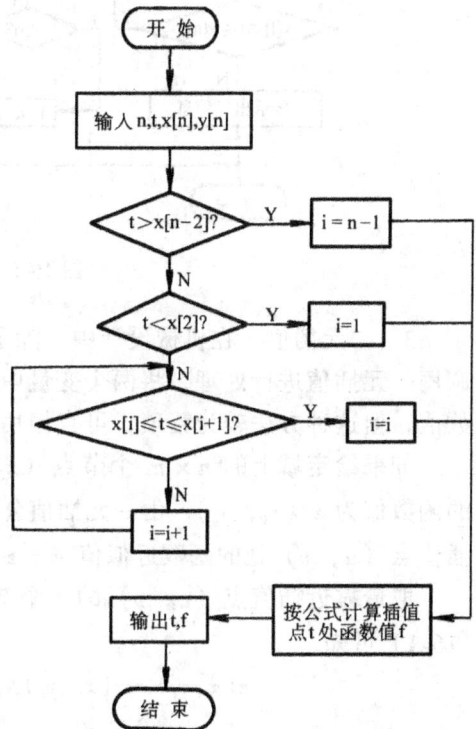

$$\frac{(x-x_i)(x-x_{i+1})}{(x_{i+2}-x_i)(x_{i+2}-x_{i+1})}y_{i+2}$$

为了提高插值精度，尽量靠近插值点 $x$ 取三个节点，若 $x$ 在节点 $x_s$，$x_{s+1}$ 之间，用下面方法来判定 $i$ 的取值

$$i = \begin{cases} 1 & \text{当 } x \leqslant x_2 \text{ 时} \\ s & \text{当 } x_s < x \leqslant x_{s+1}, \ x - x_s \geqslant x_{s+1} - x \text{ 时 } (s = 2, 3, \cdots, n-2) \\ s-1 & \text{当 } x_s < x \leqslant x_{s+1}, \ x - x_s < x_{s+1} - x \text{ 时 } (s = 2, 3, \cdots, n-2) \\ n-2 & \text{当 } x \geqslant x_{n-2} \text{ 时} \end{cases}$$

图 16-6 为抛物线插值法的程序框图，图中各符号的意义与线性插值法相同。

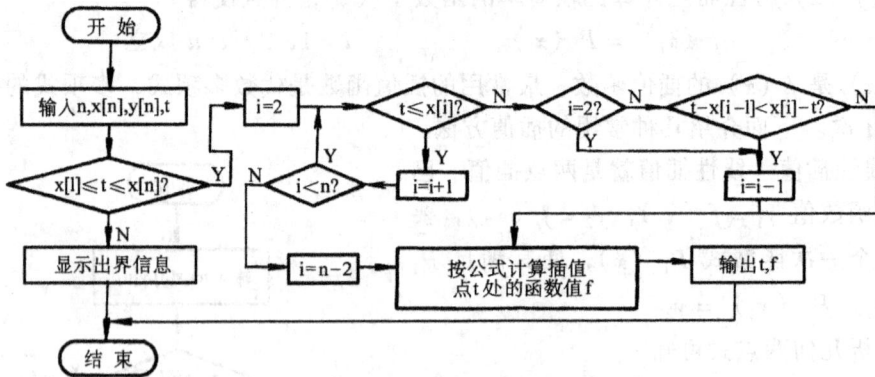

图 16-6　抛物线插值法程序框图

3．二元插值　在机械设计中，除了一元插值外，还常常用到二元插值。二元插值可以调用一元插值进行处理，将两个变量中的一个看成不变量，然后运用一元插值的方法求解函数值，但这种方法较为繁琐，可直接用二元插值公式进行处理。

如果给定域上的 $n \times m$ 个节点 $(x_i, y_j)$ $(i = 0, 1, \cdots, n-1; j = 0, 1, \cdots, m-1)$ 的函数值为 $z(x_i, y_j)$，由一元插值公式可以推导出二元插值公式 $z(x, y)$，并计算指定插值点 $(u, v)$ 处的函数近似值 $w = z(u, v)$。

取最靠近插值点 $(u, v)$ 的 4 个节点 $(x_i, y_j)$ $(i = I, I+1; j = J, J+1)$，由公式 (16-1) 可知

$$z(x, y_j) = z(x_i, y_j)A_1(x) + z(x_{i+1}, y_j)A_2(x)$$
$$z(x, y_{j+1}) = z(x_i, y_{j+1})A_1(x) + z(x_{i+1}, y_{j+1})A_2(x)$$
$$z(x, y) = z(x, y_j)B_1(y) + z(x, y_{j+1})B_2(y)$$
$$= z(x_i, y_j)A_1(x)B_1(y) + z(x_{i+1}, y_j)A_2(x)B_1(y) +$$
$$z(x_i, y_{j+1})A_1(x)B_2(y) + z(x_{i+1}, y_{j+1})A_2(x)B_2(y)$$

式中　$A_1(x) = \dfrac{x - x_{i+1}}{x_i - x_{i+1}}$，$A_2(x) = \dfrac{x - x_i}{x_{i+1} - x_i}$；$B_1(y) = \dfrac{y - y_{j+1}}{y_j - y_{j+1}}$；$B_2(y) = \dfrac{y - y_j}{y_{j+1} - y_j}$

所以有二元拟线性插值

$$z(x, y) = \sum_{i=I}^{I+1} \sum_{j=J}^{J+1} \left( \prod_{\substack{u=I \\ u \neq i}}^{I+1} \frac{x - x_u}{x_i - x_u} \right) \left( \prod_{\substack{u=J \\ u \neq j}}^{J+1} \frac{y - y_u}{y_j - y_u} \right) z(x_i, y_j) \tag{16-2}$$

同理，取最靠近插值点（$u$，$v$）的 9 个节点（$x_i$，$y_j$）（$i = I$，$I+1$，$I+2$；$j = J$，$J+1$，$J+2$），可以由一元抛物线插值公式推导出二元抛物线插值公式

$$z(x, y) = \sum_{i=I}^{I+2} \sum_{j=J}^{J+2} \left( \prod_{\substack{u=I \\ u \neq i}}^{I+2} \frac{x - x_u}{x_i - x_u} \right) \left( \prod_{\substack{u=J \\ u \neq j}}^{J+2} \frac{y - y_u}{y_j - y_u} \right) z(x_i, y_j) \tag{16-3}$$

二元拟线性插值法程序框图如图 16-7 所示。

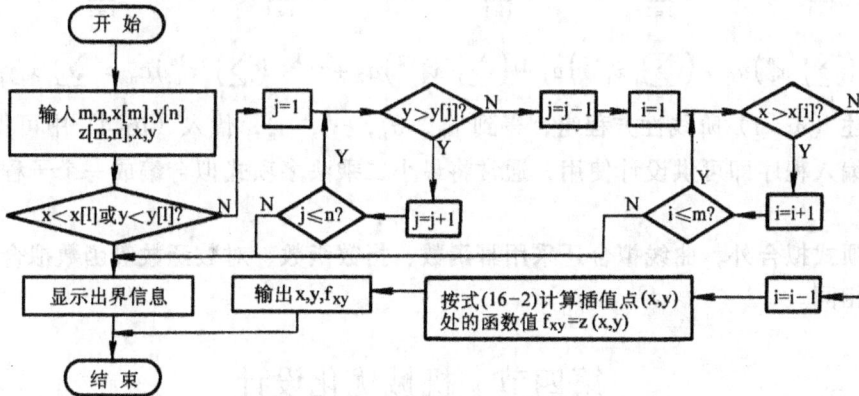

图 16-7　二元拟线性插值法程序框图

**（二）数据拟合**

在机械设计中，线图的处理一般有以下三种方法：

1）利用线图原来的公式，将公式直接编入程序使用。

2）在线图上选择合适的节点，将线图离散化，成为数表，然后利用前面所介绍的列表函数插值化处理的方法，将所得数表进行程序化处理。

3）用曲线拟合的方法求得线图的经验公式，然后将公式编入程序使用。

下面简要介绍第三种方法：

已知由线图离散所得的 $m$ 个点为（$x_i$，$y_i$）（$i = 1$，$2$，$\cdots$，$m$），如果其经验公式为 $y = f(x)$，则已知点的函数偏差分别为 $e_i = f(x_i) - y_i$（$i = 1$，$2$，$\cdots$，$m$），偏差平方和为 $\sum_{i=1}^{m} e_i^2 = \sum_{i=1}^{m} [f(x_i) - y_i]^2$。

根据最小二乘法原则，拟合所得的经验公式 $y = f(x)$ 必须使拟合曲线与各节点偏差的平方和为最小，这就是最小二乘法拟合。

若有拟合多项式为

$$y = f(x) = a_0 + a_1 x + a_2 x^2 + \cdots + a_n x^n \tag{16-4}$$

一般节点数 $m \geq n$，则节点偏差平方和为

$$\sum_{i=1}^{m} e_i^2 = \sum_{i=1}^{m} (f(x_i) - y_i)^2 = \sum_{i=1}^{m} [(a_0 + a_1 x_i + a_2 x_i^2 + \cdots a_n x_i^n) - y_i]^2 = F(a_0, a_1, \cdots, a_n)$$

只要求得 $a_0$，$a_1$，$\cdots$，$a_n$，即可得到拟合公式 $y = f(x)$。

由微分学可知，要使 $F(a_0, a_1, \cdots, a_n) = \sum_{i=1}^{m} e_i^2$ 为最小，则 $F(a_0, a_1, \cdots, a_n)$ 对 $a_0$，$a_1$，$\cdots$，$a_n$ 的一阶偏导分别为零，即 $\partial F/\partial a_j = 0$ $(j = 0, 1, 2, \cdots, n)$。

经过变换整理可以得到

$$
\left.
\begin{aligned}
\left(\sum_{i=1}^{m} x_i^0\right)a_0 + \left(\sum_{i=1}^{m} x_i^1\right)a_1 + \left(\sum_{i=1}^{m} x_i^2\right)a_2 + \cdots + \left(\sum_{i=1}^{m} x_i^n\right)a_n &= \sum_{i=1}^{m} x_i^0 y_i \\
\left(\sum_{i=1}^{m} x_i^1\right)a_0 + \left(\sum_{i=1}^{m} x_i^2\right)a_1 + \left(\sum_{i=1}^{m} x_i^3\right)a_2 + \cdots + \left(\sum_{i=1}^{m} x_i^{1+n}\right)a_n &= \sum_{i=1}^{m} x_i^1 y_i \\
\left(\sum_{i=1}^{m} x_i^n\right)a_0 + \left(\sum_{i=1}^{m} x_i^{n+1}\right)a_1 + \left(\sum_{i=1}^{m} x_i^{n+2}\right)a_2 + \cdots + \left(\sum_{i=1}^{m} x_i^{2n}\right)a_n &= \sum_{i=1}^{m} x_i^n y_i
\end{aligned}
\right\}
\tag{16-5}
$$

解上述 $(n+1)$ 阶线性方程组，得到 $a_0$，$a_1$，$\cdots$，$a_n$，代入（16-4）中可得经验公式。将此公式编入程序即可供设计使用，通常将最小二乘法多项式拟合编成一个子程序，供设计时调用。

除多项式拟合外，曲线拟合还采用幂函数、指数函数、对数函数等函数拟合，方法与多项式拟合相同。

# 第四节  机械优化设计

机械优化设计是根据设计要求，寻找到机械零部件及机构的工作特性与各个设计参数之间的数学关系，利用数学规划的方法，借助于计算机进行高速计算和逻辑判断，从一切可能的设计方案中，自动寻找能够满足预定要求的最优化的设计方案。它能综合处理并最大限度地满足从不同角度提出的、有时甚至相互矛盾的技术指标，因而是现代设计理论中尤其是精密机械和仪器设计中的一个重要组成部分。

下面简要介绍优化设计的数学模型、过程和方法。

## 一、优化设计的术语

### （一）实际问题及数学模型抽象

例如，设计一个如图 16-8 所示的梯形槽，在材料尺寸已定时使其容积最大。已知板料尺寸宽度 $b$ 为 24 mm，长度 $L$ 为 50 mm。板长 即为槽的长度，而槽长一定时，若其截面积最大，则其容积也最大。

图 16-8  梯形槽截面示意图

根据梯形截面公式，得到槽的横截面积 $A$ 为

$$
A = \frac{1}{2}\left[(24 - 2x) + (24 - 2x + 2x\cos\alpha)\right]x\sin\alpha = f(x, \alpha)
\tag{16-6}
$$

若上式有极大值存在，则按二元函数求极值的方法，可以求得最大截面积 $A$ 所对应的 $x$ 值及 $\alpha$ 值。在实际加工时按照这项结果取值，就可以获得最大容积的槽。

以上问题可以简写为　　$\max f(x, \alpha)$

它表示了具有变量 $x$、$\alpha$ 的求截面积 $A$ 极大化的模型，max 表示极大化，这是一个非线

性的问题。

由上例可以看出，优化设计数学模型的建立，主要是根据设计任务、技术要求以及有关的技术知识。数学模型概括地表达了有关设计问题的全部要求，它是选择优化方法的主要根据。

（二）设计变量

设计变量是设计最终所需确定的各项独立参数，如上例中的 $x$、$\alpha$。设计变量可以看作是空间某点的坐标值，一组设计变量可以代表一个矢量，所以代表一个设计方案的设计变量也称为设计矢量，矢量的端点称为设计点，设计点的集合构成设计空间，机械设计中的设计变量都为实数，所以其设计空间为实欧氏空间。

优化设计的任务就是确定设计变量的最优值，以求得到最优方案。设计变量的个数就是所需求解的维数。$n$ 个设计变量分别表示 $n$ 个坐标轴，构成了 $n$ 维空间，$n$ 维空间中的某一个点代表一个设计方案。于是选择最佳设计变量的工程问题就转变为搜索 $n$ 维空间中最优点的寻优问题。

设计变量有连续量和离散量。对于一维离散型的设计变量，比如齿轮的齿数必须是整数，模数必须符合国家标准。在优化设计中除采用整数规划求解外，还常常先将变量看作连续量进行优化，然后圆整成整数或标准值，以求得一个实用的最优方案。

（三）目标函数

以所选定的设计变量为自变量，以所要求的性能指标为因变量，并按一定的关系（如几何关系、物理关系等）所建立起来的函数式，即为目标函数。它反映了设计性能要求与设计变量之间的关系，如式（16-6）所示。根据目标函数的函数值大小，可以评价设计质量的优劣。

如果在一项设计任务中只需要满足一个性能指标或设计准则，据此而建立的目标函数为单目标函数。如果在同一项设计中需要满足一个以上的性能指标或设计准则，则可以分别建立一个以上的目标函数表达式，并称之为多目标函数。

（四）约束条件

设计过程中进行方案选择时，首先要求方案满足设计要求，并在允许的范围内，然后才能在这些许可的方案中寻优。因此在设计空间中要给方案寻优规定一个范围，这个范围是由设计要求和各种限制条件所构成的，称之为约束条件。约束条件通常是以函数式的形式表示的，包括常量约束与方程约束两类。常量约束亦称为边界约束，它表明设计变量的允许取值范围。方程约束亦称为性能约束，它是以所选定的设计变量为自变量，以要求加以限制的性能参数为因变量，按照一定的关系所建立的函数式，常常用来限制某些设计性能。方程约束又可以分为不等式约束和等式约束两大类。

在所需求解的问题中，有时无约束，而有时则是有约束的，分别称为无约束优化问题和约束优化问题。在机械设计中，多数属于约束优化问题。有时有约束问题可以通过变换，转换为无约束问题进行寻优求解。

对于约束优化问题，其设计点在 $n$ 维实欧氏空间中的集合被分为两个部分：一部分是满足所有设计约束条件的设计点集合，称为可行设计区域，简称可行域；其余部分则为非可行域。可行域内的所有设计点为可行设计点，否则为非可行设计点。当某一设计点位于某项不等式约束的边界上时，称为边界设计点，是该项约束所允许的极限设计方案，也是可行设计点。

## 二、优化设计的数学模型

优化设计一般可以分为两个方面：首先将设计对象抽象成数学模型，然后选择合适的最优化方法进行数值处理。所建立的数学模型是否正确，是优化设计的关键所在。数学模型是在确定结构方案（总体布局或零件的结构形式）和优化目标之后建立的，在建立数学模型之前，应该审核所确定的结构方案是否合理。有时可以同时确定几种不同的设计方案，分别建立数学模型并进行优化处理，将它们的结果进行比较，从中选出最好的方案。

对于一个具有多个设计变量的优化设计问题，可以表述为以下的数学模型。

设有 $n$ 个设计变量，可以抽象为一个 $n$ 维的空间矢量，即

$$X = (x_1, x_2, \cdots, x_n)^T$$

在满足一定的约束条件（设计限制）下

$$\left.\begin{array}{l} a_i \leqslant x_i \leqslant b_i \ i = 1, 2, \cdots, n \\ g_j(X) \geqslant 0 \ j = 1, 2, \cdots, m \\ h_k(X) = 0 \ k = 1, 2, \cdots, p \end{array}\right\}$$

使目标函数 $F_l(X)$（$l = 1, 2, \cdots, q$）为极小的点 $X^* = (x_1^*, x_2^*, \cdots, x_n^*)^T$ 称为最优点，它表示一个优化设计方案。由此而得的目标函数值 $F^* = F(X^*)$ 为最优解。通常把最优点和最优解统称为最优解。

如果 $l = 1$，称为单目标函数；当 $l \geqslant 2$ 时，则为多目标函数。在约束条件中，如果仅有 $g_j(X) \geqslant 0$（或者是 $g_j(X) \leqslant 0$），称为不等式约束；如果仅有 $h_k(X) = 0$，则称为等式约束；如果仅有 $a_i \leqslant x_i \leqslant b_i$，则称为常量约束。

由于机械设计所涉及的目标函数和约束条件大多为非线性函数，且 $\max F(X) = \min[-F(X)]$，故研究和分析优化设计的数学问题，将偏重于非线性极小化方面。又由于利用一定的数学方法，可以将多目标函数转换为单目标函数，有约束的模型可以转化为无约束的模型，因此单目标函数、无约束极小问题成为探讨优化设计的基础。

## 三、优化设计过程

所谓优化设计，就是根据设计模型和初始设计参数，采用一定的优化方法编制计算程序，利用计算机进行数值运算，求出优化的参数和优化的性能指标。

在计算机辅助设计中，为适应计算机的特点，优化方法大都采用数值迭代法进行计算。这种方法具有简单的逻辑结构，能够进行反复运算，逐渐达到具有足够精度的近似最优解。

迭代法寻优的基本思路是：在设计空间中任选一个初始设计点 $X^{(0)}$，从这个初始点出发，按照某一优化方法所规定的算法，沿适当的方向和步长进行搜索，找到一个使目标函数值有所改进的设计点 $X^{(1)}$，使得 $f(X^{(1)}) < f(X^{(0)})$，然后再从 $X^{(1)}$ 点开始，仍然按照同一算法找到 $X^{(2)}$，使得 $f(X^{(2)}) < f(X^{(1)})$，这样一步一步找下去，直到求出函数 $f(X)$ 的极小值点为止。当相邻两次迭代点的距离或目标函数值的变化量已达到充分小，满足给定的迭代精度要求时，迭代过程中止，最后所得的迭代点即为理论最优点的近似最优点。

优化算法的迭代过程可以概括地表述为以下形式。对于目标函数 $f(X)$，设计变量 $X = (x_1, x_2, \cdots, x_n)^T$，如果以上次迭代点 $X^{(k)}$ 为起点，沿一个选定的方向 $P^{(k)}$，使目标函数 $f(X)$ 沿 $P^{(k)}$ 方向下降，然后沿该方向选择最佳步长 $h_k$，使得

$$\min_{h} f\left(X^{(k)} + hP^{(k)}\right) = f\left(X^{(k)} + h_k P^{(k)}\right)$$

得到优于 $X^{(k)}$ 的新的迭代点

$$X^{(k+1)} = X^{(k)} + h_k P^{(k)}$$

再从 $X^{(k+1)}$ 出发，选择目标函数下降方向 $P^{(k+1)}$，再决定该方向上的最佳步长 $h_{k+1}$，进行新一轮的迭代运算，直至得到满足预定精度的最优解 $X^* = \left(x_1^*, x_2^*, \cdots, x_n^*\right)^T$。这样就把一个多变量寻优问题转化为一系列单变量（即步长 $h$）寻优问题。

迭代过程中，搜索方向 $P^{(k)}$ 的确定是由所选定的具体优化方法规定的，正是搜索方向选择规则的不同导致了不同的优化方法。

迭代过程中迭代步长 $h$ 的确定选用以下两种方法之一。①最佳步长。在沿坐标轴方向的搜索中，利用一维优化方法来确定沿该方向上具有最小目标函数值的步长，即 $\min_{h} f\left(X^{(k)} + hP^{(k)}\right) = f\left(X^{(k)} + h_k P^{(k)}\right)$；②加速步长。选择一个较小的初始步长，先沿正向作试探性的一维搜索，若目标函数值下降，则以倍增的速度加大步长，直到函数值保持下降的最后一个步长，若试探时函数值增大，则改沿步长的反向进行步长加速。

如果预先给定的允许误差为 $\varepsilon$，迭代终止的准则通常有以下几种：

（1）点距准则　相邻两次迭代点之间的距离充分小，即 $\| X^{(k+1)} - X^{(k)} \| \leqslant \varepsilon$。

（2）函数下降量准则　相邻两次迭代点之间的函数下降量已达到充分小，即

$$\left| f\left(X^{(k+1)}\right) - f\left(X^{(k)}\right) \right| \leqslant \varepsilon \quad \text{或} \quad \left| \frac{f\left(X^{(k+1)}\right) - f\left(X^{(k)}\right)}{f\left(X^{(k+1)}\right)} \right| \leqslant \varepsilon 。$$

（3）梯度准则　目标函数在迭代处的梯度已充分小，即 $\| \nabla f\left(X^{(k+1)}\right) \| \leqslant \varepsilon$。

为了便于形象化地表达优化设计的过程，现以二元函数为例进行分析和说明。

（一）等值线和优化点

等值线又称为等高线，它是表达二元函数值大小及其变化规律的一种直观图形。二元函数几何图形为一空间曲面。如果依次令：

$$f\left(x_1, x_2\right) = C_i \qquad i = 1, 2, \cdots, n$$

式中的 $C_i$ 为常数。由此可以得到一系列的平面曲线：

$$f\left(x_1, x_2\right) = C_1, f\left(x_1, x_2\right) = C_2, \cdots, f\left(x_1, x_2\right) = C_n$$

这些曲线投影于 $x_1$、$x_2$ 坐标轴所构成的平面内，则得到一组等值线，如图 16-9 所示。它们也相当于在 $C$ 轴上过 $C_i$ 点所作的平行于 $x_1$、$x_2$ 平面的诸平面与空间曲面的交线在 $x_1$、$x_2$ 平面上的投影，而且形象地表达了函数值的大小及其变化规律，$C_1 > C_2 > C_3 > \cdots > C^*$，$X^*$ 点即为函数值的极小点，$C^*$ 表示该点的函数值。可以证明，对于二元函数，如果有极值点存在，则在该点附近的等值线为一族共心椭圆。

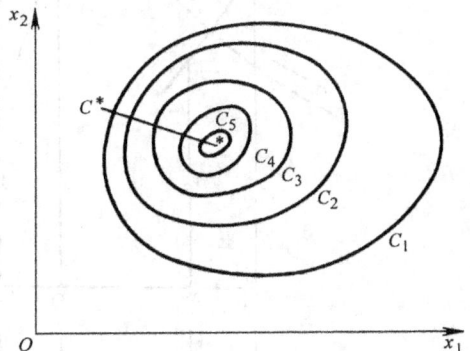

图 16-9　二元函数等值线示意图

由此可见，在图 16-9 所示的 $x_1$、$x_2$ 坐标轴所构成的设计场内，椭圆族的中心 $X^*$ 即为优化设计的方案所在。

（二）优化设计过程的形象表达

仍以二元函数为例，已知该函数的极小值点 $X^*$ 及其附近的等值线族（图 16-10）。

在图 16-10 中 $x_0$ 代表任选的一组设计参数，极小化的过程就是从 $x_0$ 点开始按照一定的方向，以一定的步长，一步一步地接近 $X^*$ 点，直到满足要求的条件为止。

具体优化过程可表示为：从 $x_0$ 点开始，先沿 $x_1$ 轴方向前进，由于 $C_1 > C_2 > C_3 > \cdots > C^*$（图 16-9），所以每走一步以后，函数值都有所改善，但到达 $x_{15}$ 时，函数值反而增大，则停止前进并退回到 $x_{14}$ 点，沿 $x_2$ 轴方向一步一步前进。这就是择优、搜索、迭代的一种过程。

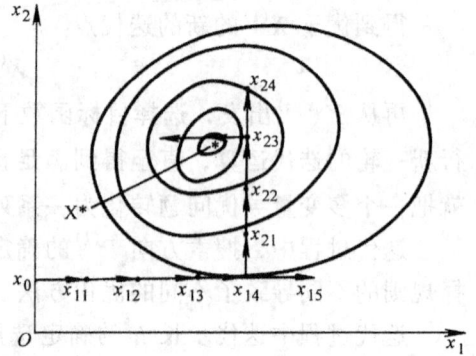

图 16-10　二元函数优化设计过程

由上述分析可以看出，优化设计过程也就是按照一定的方向，一步一步地接近优化点 $X^*$ 的过程。因此，优化设计的根本问题可以归结为：如何确定搜索方向、如何确定每一步的步长及如何制定收敛判别条件等。而优化设计过程的工作量将取决于设计变量的多少，目标函数和约束条件的繁简以及所选用的优化方法。以下简要介绍几种有关优化的方法。

**四、优化方法和应用**

优化设计中迭代方法的核心是确定搜索方向和最佳步长。最佳步长可以通过一维搜索过程来进行计算，而最佳步长的确定方法不同，产生了不同的优化方法。

按照优化过程涉及的设计变量的多少，可以分为一维最优化方法和多维最优化方法。

（一）一维最优化方法

一维最优化方法用于搜索一维目标函数 $f(x)$ 的最优点 $x^*$ 和最优点函数值 $f^* = f(x^*)$。它是优化方法中最简单、最基础的方法，不仅可以直接用来解决一元函数 $y = f(x)$ 的寻优问题，更常用于多维优化问题在给定方向上寻找最优步长的一维搜索。

1. 确定搜索区间　如图 16-11 所示，在求解一维最优化问题时，首先要确定搜索区间

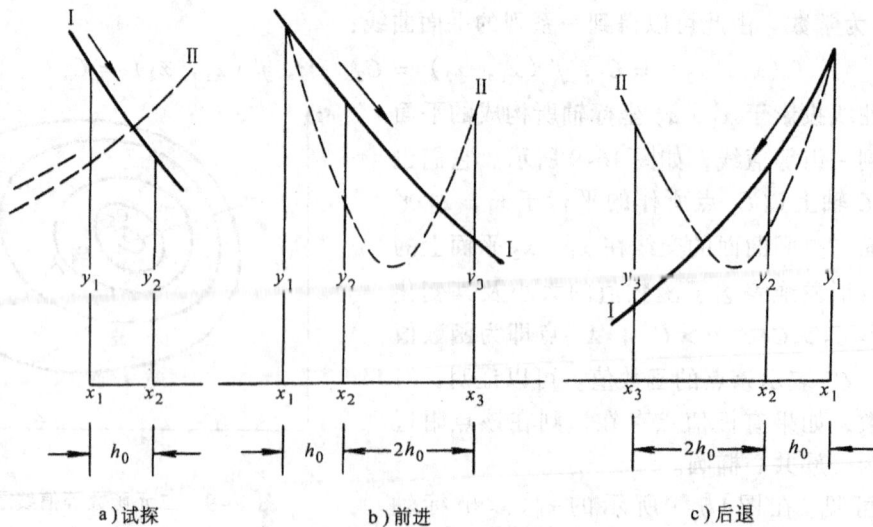

a）试探　　　　　　　b）前进　　　　　　　c）后退

图 16-11　用进退法确定搜索区间

$[x_1, x_3]$，然后在搜索区间内寻找极小值点 $x^{(k)}$，搜索区间应为单峰区间，因而在搜索区间内有唯一的最优点，即极小值点 $x^{(k)}$。搜索区间的确定方法有外推法和进退法等，下面介绍用进退法来确定搜索区间的步骤。

(1) 试探运算（图 16-11a） 确定初始点 $x_1$ 及初始步长 $h_0$，令 $h \leftarrow h_0$，前进点 $x_2 \leftarrow x_1 + h$，两点函数值 $y_1 = f(x_1)$，$y_2 = f(x_2)$。若 $y_1 > y_2$，则极小点必定在 $x_1$ 的右边，应作前进运算，如图中实线 I；若 $y_1 < y_2$，则极小点必定在 $x_1$ 的左边，应作后退运算，如图中虚线 II。

(2) 前进运算（图 16-11b） 将步长 $h$ 增加两倍，即令 $h \leftarrow 2h$，并计算新点 $x_3 \leftarrow x_2 + h$ 的目标函数 $y_3 = f(x_3)$。若 $y_3 > y_2$，即有 $y_1 > y_2 < y_3$，则函数 $y = f(x)$ 在区间 $[x_1, x_3]$ 内必有极小点，取此区间作为初始搜索区间 $[a, b]$，如图中虚线 II；若 $y_3 < y_2$，即有 $y_1 > y_2 > y_3$，如图中实线 I，则应作置换：$x_1 \leftarrow x_2$，$y_1 \leftarrow y_2$，$x_2 \leftarrow x_3$，$y_2 \leftarrow y_3$，并令步长再加倍，即 $h \leftarrow 2h$，重新计算新点 $x_3 \leftarrow x_2 + h$ 的目标函数 $y_3 = f(x_3)$，重复上述比较过程。直到最后的三点函数值依次构成两端大、中间小的情况时，取两个端点构成的区间 $[x_1, x_3]$ 作为函数的初始搜索区间 $[a, b]$。

(3) 后退运算（图 16-11c） 步长取为负值，即 $h \leftarrow -h_0$，点 $x_1$ 和 $x_2$ 互换，即 $x_3 \leftarrow x_1$，$y_3 \leftarrow y_1$，$x_1 \leftarrow x_2$，$y_1 \leftarrow y_2$，$x_2 \leftarrow x_3$，$y_2 \leftarrow y_3$，然后将步长加倍，即 $h \leftarrow 2h$，得到新点 $x_3 \leftarrow x_2 + h$ 及其函数值 $y_3 = f(x_3)$。若 $y_3 > y_2$，即有 $y_1 > y_2 < y_3$，则函数 $y = f(x)$ 在区间 $[x_3, x_1]$ 内必有极小点，取此区间作为初始搜索区间 $[a, b]$，如图中虚线 II；若 $y_3 < y_2$，即有 $y_1 > y_2 > y_3$，如图中实线 I，则应作置换：$x_1 \leftarrow x_2$，$y_1 \leftarrow y_2$，$x_2 \leftarrow x_3$，$y_2 \leftarrow y_3$，并令步长再加倍，即 $h \leftarrow 2h$，重新计算新点 $x_3 \leftarrow x_2 + h$ 和函数值 $y_3 = f(x_3)$，重复上述比较过程，直到最后的三点函数值满足 $y_1 > y_2 > y_3$ 时，取两个端点构成的区间 $[x_3, x_1]$ 作为函数的初始搜索区间 $[a, b]$。

进退法确定初始搜索区间的流程图如图 16-12 所示。

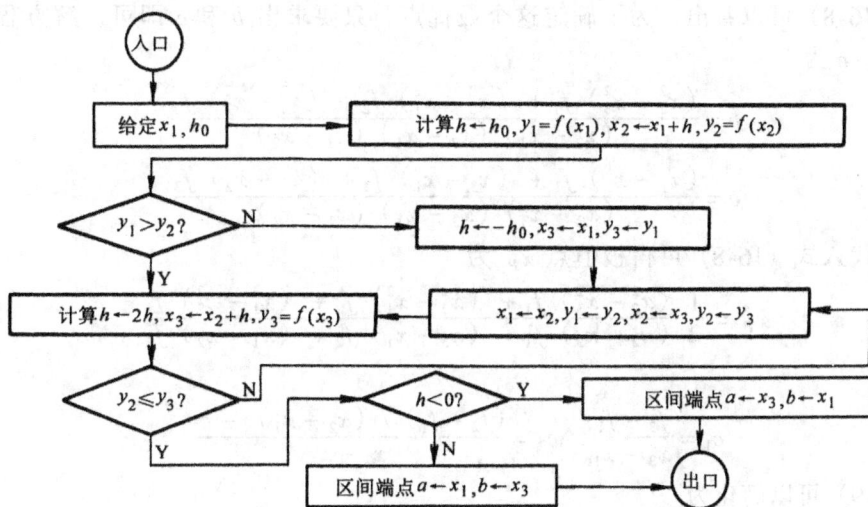

图 16-12 进退法确定初始搜索区间流程图

**例题 16-1** 试用进退法确定函数 $f(x) = x^2 - 6x + 9$ 的一维优化初始单峰区间 $[a, b]$。设初始点 $x_0 = 0$，初始步长 $h_0 = 1$。

**解** 首先计算

$$h = h_0 = 1, \quad x_1 = x_0 = 0, \quad y_1 = f(x_1) = 9$$
$$x_2 = x_1 + h = 1, \quad y_2 = f(x_2) = 4$$

因为 $y_2 < y_1$，所以进行前进运算

$$2h = 2 \Rightarrow h, \quad x_3 = x_2 + h = 3, \quad y_3 = f(x_3) = 0$$

因为 $y_2 > y_3$，再进行如下计算：

$$x_2 = 1 \Rightarrow x_1, \quad y_2 = 4 \Rightarrow y_1, \quad x_3 = 3 \Rightarrow x_2, \quad y_3 = 0 \Rightarrow y_2$$
$$2h = 4 \Rightarrow h, \quad x_3 = x_2 + h = 7, \quad y_3 = f(x_3) = 16$$

这时，有 $y_2 < y_3$，所以取得单峰区间：$x_1 = 1 \Rightarrow a$，$x_3 = 7 \Rightarrow b$，得到初始单峰区间 $[a, b] = [1, 7]$。

在确定了搜索区间以后，在该区间内找到极小值点即最优点的方法有二次插值法、格点法和黄金分割法等。

2. 二次插值法 设一维目标函数 $f(x)$ 的初始搜索区间为 $[a, b]$，取区间的两端点分别为 $x_1$ 和 $x_3$，另外取区间的中点为 $x_2$，即 $x_2 = 0.5(x_1 + x_3)$，则 $x_1$，$x_2$，$x_3$ 三点的函数值满足关系式 $f_1 > f_2 < f_3$，如图 16-13a 所示，利用这三点及相应的函数值作二次插值公式

$$p(x) = a + bx + cx^2 \tag{16-7a}$$

来逼近原目标函数。在三个插值点处有

$$\left. \begin{array}{l} p(x_1) = a + bx_1 + cx_1^2 = f_1 \\ p(x_2) = a + bx_2 + cx_2^2 = f_2 \\ p(x_3) = a + bx_3 + cx_3^2 = f_3 \end{array} \right\} \tag{16-7b}$$

对式（16-7a）求导，并令其为零，可以得到近似极小值点

$$x_P^* = -b/(2c) \tag{16-8}$$

由式（16-8）可以看出，为了确定这个最优点，只要求出 $b$ 和 $c$ 即可，解方程组（16-7b）可得 $b$、$c$ 为

$$b = \frac{(x_2^2 - x_3^2) f_1 + (x_3^2 - x_1^2) f_2 + (x_1^2 - x_2^2) f_3}{(x_2 - x_3)(x_3 - x_1)(x_1 - x_2)}$$

$$c = \frac{(x_2 - x_3) f_1 + (x_3 - x_1) f_2 + (x_1 - x_2) f_3}{(x_2 - x_3)(x_3 - x_1)(x_1 - x_2)}$$

将上式代入式（16-8）可得极值点 $x_P^*$ 为

$$x_P^* = \frac{1}{2} \frac{(x_2^2 - x_3^2) f_1 + (x_3^2 - x_1^2) f_2 + (x_1^2 - x_2^2) f_3}{(x_2 - x_3) f_1 + (x_3 - x_1) f_2 + (x_1 - x_2) f_3} \tag{16-9}$$

令

$$c_1 = \frac{f_3 - f_1}{x_3 - x_1}, \quad c_2 = \frac{(f_2 - f_1)/(x_2 - x_1) - c_1}{x_2 - x_3} \tag{16-10}$$

式（16-9）可以简化为

$$x_P^* = \frac{1}{2}\left(x_1 + x_3 - \frac{c_1}{c_2}\right) \tag{16-11}$$

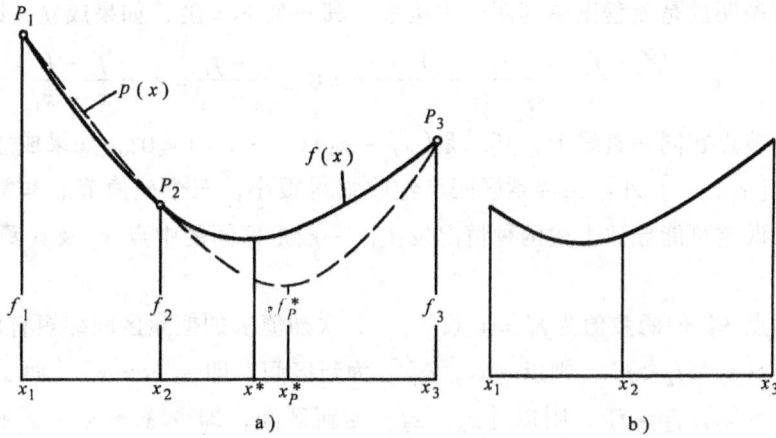

图 16-13　二次插值法求极小点

如果相继两次插值函数极值点 $x_P^{*(k-1)}$ 与 $x_P^{*(k)}$ 充分接近，其间距小于预先给定的迭代精度 $\varepsilon$，即

$$\left| x_P^{*(k)} - x_P^{*(k-1)} \right| \leqslant \varepsilon \quad (k \geqslant 2)$$

即可终止迭代过程，把 $P(x)$ 的极小值点 $x^*$ 看成是 $f(x)$ 在 $[x_1, x_3]$ 区间的近似极小值点，即 $x^* = x_p^{*(k)}$，$f^* = f(x_p^{*(k)})$ 为函数 $f(x)$ 的近似最优点；否则在保持 $f(x)$ 为严格单峰函数（函数值两头大、中间小）的前提下，缩短搜索区间，构成新的搜索区间和新的三个插值点，如图 16-13b 所示，再继续按照上述方法进行二次插值运算，直到满足精度要求为止。二次插值法流程图如图 16-14 所示。

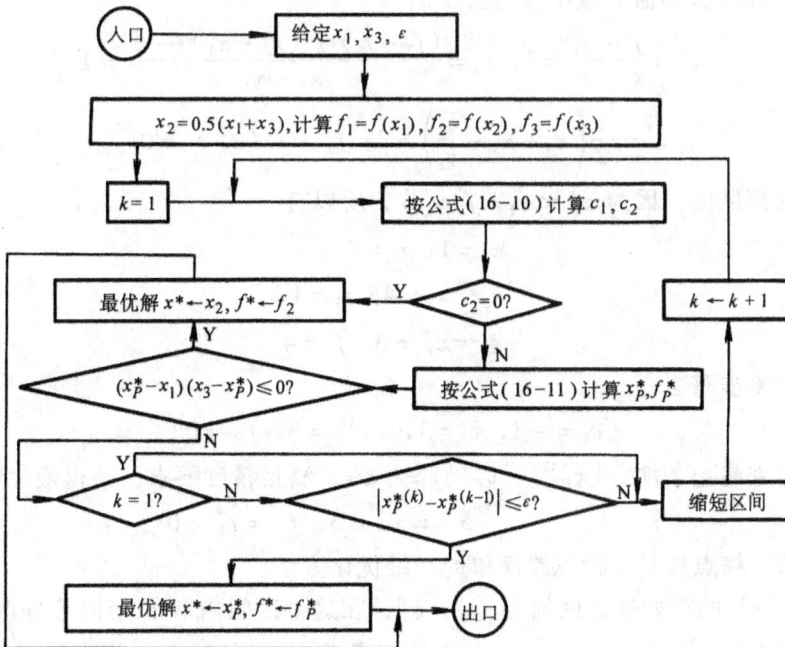

图 16-14　二次插值法流程图

需要特别说明的是流程图中的两个决策框。其一是 $c_2 = 0$?，如果成立，则有

$$c_2 = \frac{(f_2 - f_1) / (x_2 - x_1) - c_1}{x_2 - x_3} = 0 \Rightarrow \frac{f_2 - f_1}{x_2 - x_1} = c_1 = \frac{f_3 - f_1}{x_3 - x_1}$$

说明三个插值节点在同一直线上；其二是 $(x_P^* - x_1)(x_3 - x_P) \leqslant 0$?，如果成立，说明极值点 $x_P^*$ 落在区间 $[x_1, x_3]$ 外。当搜索区间已经收缩得很小，三个插值节点非常靠近时，由于计算机的舍入误差可能导致上述两种情况发生。一般把区间的中点 $x_2$ 及其函数值 $f_2$ 作为最优解输出。

如果极值点 $x_P^*$ 的函数值为 $f_P^* = f(x_P^*)$，二次插值法的搜索区间缩短有以下四种情况：

1）若 $x_P^* > x_2$，$f_2 < f_P^*$，则以 $[x_1, x_P^*]$ 为新区间，即令 $x_3 \leftarrow x_P^*$，而 $x_1, x_2$ 不变；

2）若 $x_P^* > x_2$，$f_2 \geqslant f_P^*$，则以 $[x_2, x_3]$ 为新区间，即令 $x_1 \leftarrow x_2$，$x_2 \leftarrow x_P^*$，而 $x_3$ 不变；

3）若 $x_P^* \leqslant x_2$，$f_2 \geqslant f_P^*$，则以 $[x_1, x_2]$ 为新区间，即令 $x_3 \leftarrow x_2$，$x_2 \leftarrow x_P^*$，而 $x_1$ 不变；

4）若 $x_P^* \leqslant x_2$，$f_2 < f_P^*$，则以 $[x_P^*, x_3]$ 为新区间，即令 $x_1 \leftarrow x_P^*$，而 $x_2, x_3$ 不变；

**例题 16-2** 用二次插值法求函数 $f(x) = (x-3)^2$ 的最优解。初始区间为 $[1, 7]$，精度为 $\varepsilon = 0.01$。

**解** 1）初始插值节点

$$x_1 = a = 1, \ f_1 = f(x_1) = 4$$
$$x_2 = 0.5(a+b) = 4, \ f_2 = f(x_2) = 1$$
$$x_3 = b = 7, \ f_3 = f(x_3) = 16$$

2）计算二次插值的极小点与极小值

$$c_1 = \frac{f_3 - f_1}{x_3 - x_1} = 2, \ c_2 = \frac{(f_2 - f_1)/(x_2 - x_1) - c_1}{x_2 - x_3} = 1$$

$$x_P^{*(1)} = \frac{1}{2}\left(x_1 + x_3 - \frac{c_1}{c_2}\right) = 3, \ f_P^* = f(x_P^*) = 0$$

3）缩短区间；因为 $x_P^* < x_2$，$f_2 > f_P^*$，所以有

$$x_1 = 1, \ f_1 = 4$$
$$x_3 \leftarrow x_2 = 4, \ f_3 = 1$$
$$x_2 \leftarrow x_P^* = 3, \ f_2 = 4$$

4）重复步骤2

$$c_1 = -1, \ c_2 = 1, \ x_P^{*(2)} = 3, \ f_P^* = 0$$

5）检查终止条件：$|x_P^{*(2)} - x_P^{*(1)}| = 0 < \varepsilon$，满足精度要求，获得最优解

$$x^* = x_P^* = 3, \ f^* = f_P^* = 0$$

**3. 格点法** 格点法是一种思路简单的一维优化方法。

设函数 $f(x)$ 的初始搜索区间为 $[a, b]$，在这个区间内取 $n$ 个内等分点 $x_1, x_2, \cdots, x_n$，各点的函数值为 $y_1, y_2, \cdots, y_n$，比较函数值的大小，找出其中的最小值 $y_m = \min\{y_i, i=1, 2, \cdots, n\}$，于是在 $y_m$ 所对应的点 $x_m$ 的左右两相邻点 $x_{m-1}$ 和 $x_{m+1}$ 之间构成了包

含 $f(x)$ 的极小点 $x^*$ 在内的缩短了的新区间。如果新区间长度还不能满足预定的迭代精度，则把此区间作为新的初始搜索区间，重复进行以上步骤，进一步缩短区间，直到区间长度满足迭代精度要求，此时的 $x_m$ 和 $y_m$ 就是具有足够精度的一维最优解。

4. 黄金分割法　黄金分割法是通过对分割点函数值的比较来逐次缩短区间的。

如果已知函数 $f(x)$ 的初始搜索区间 $[a, b]$，在初始区间内按照一定规则对称选取两个内分点 $x_1$ 和 $x_2$，其函数值分别为 $y_1$ 和 $y_2$，比较 $y_1$ 和 $y_2$ 的大小：当 $y_1 < y_2$ 时，极小点一定在 $[a, x_2]$ 区间内，所以取这个区间为缩短了的新区间；当 $y_1 \geq y_2$ 时，极小点一定在 $[x_1, b]$ 区间内，所以取这个区间为缩短了的新区间。经过两个内分点函数值的比较，区间缩短一次。在新区间内保留了一个内点 $x_1$ 或 $x_2$，所以下次搜索只需按对称规律增补一个内点，重复上述函数值的比较，反复进行，区间可以逐渐缩短，当最终区间长度满足预定的迭代精度要求或区间缩短次数达到足够大时，可将最终区间的中点及其函数值作为最优解。

为了加快区间缩短的速率，黄金分割法的内分点的选取原则是：每次区间缩短都具有相同的区间缩短率（新区间长度与原始区间长度的比值）。按照这个原则，它的区间缩短率应该为 0.618，所以黄金分割法又称为 0.618 法。

（二）多维最优化方法

机械最优化问题一般可以分为无约束最优化问题和有约束最优化问题两种类型，下面分别介绍这两种方法。

1. 无约束最优化方法　无约束最优化方法是最优化方法中最重要、最基本的方法，而且约束最优化问题常常转换成无约束最优化问题进行寻优求解。

无约束最优化问题的寻优方法有以下两大类：①直接利用目标函数值的变化规律，确定迭代方向和步长，搜索目标函数的最优点，称之为直接寻优法或数值计算法；②利用目标函数导数的变化规律与函数值的关系，确定迭代方向和步长，寻求目标函数的最优解，称之为间接寻优法或解析法。间接寻优法由于充分利用了函数的解析性质，因此收敛速度较快。如果目标函数 $f(X)$ 具有简单而且明确的数学表达式，则可由计算函数的导数确定 $f(X)$ 的

最优点。但在实际问题中，多变量函法，在这种情况下，可数往往相当复杂，有时甚至写不出它的解析表达式，难以应用这一类方以利用无需求导数的直接寻优法来求解目标函数的最优解。

无约束最优化方法很多，常用的有直接寻优法中的坐标轮换法、单纯形法，间接寻优法中的梯度法、牛顿法和变尺度法等。

（1）坐标轮换法　坐标轮换法的基本思路是：对多变量函数的一个变量沿其坐标轴进行一维搜索，其余各变量均固定不动，并依次轮换对各坐标轴进行一维搜索。完成第一轮搜索后，再重新进行第二轮搜索，直到找出目标函数在全域上的极小点为止，以达

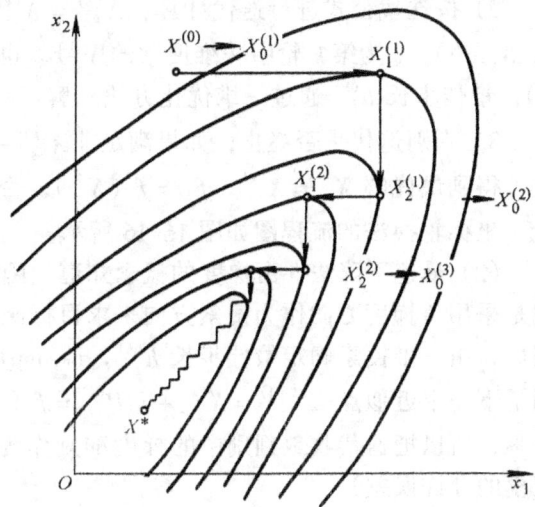

图 16-15　坐标轮换法的搜索过程

到将一个多维无约束最优化问题转化为一系列一维问题进行求解的目的。坐标轮换法又称为变量轮换法。

以二元函数为例，设其等值线为：$f(x_1, x_2) = C_i$，$(i = 1, 2, \cdots, n)$，如图 16-15 所示。假设以单位坐标矢量 $e_1 = (1, 0)^T$，$e_2 = (0, 1)^T$ 分别代表两个坐标轴的方向矢量，则 $e_1$、$e_2$ 就是寻优过程的依次迭代方向。

坐标轮换法的搜索迭代过程如下：

任取起始点 $X^{(0)} = (x_1^{(0)}, x_2^{(0)})$ 作为第一轮迭代的始点 $X_0^{(1)}$，首先沿第一个坐标轴 $x_1$ 的方向 $e_1$ 进行一维搜索，用一维优化方法确定最佳步长 $h_1^{(1)}$，得到第一轮搜索的第一个迭代点 $X_1^{(1)} = x_0^{(1)} + h_1^{(1)} e_1$，即固定 $x_2 = x_2^{(0)}$，利用一维优化法，求以 $x_1$ 为变量的目标函数 $f(x_1, x_2^{(0)})$ 的最优点 $X_1^{(1)}$，$X_1^{(1)} = (x_1^{(1)}, x_2^{(0)})$，并得到目标函数的极小值 $\min\limits_{x_1} f(x_1, x_2^{(0)}) = f(x_1^{(1)}, x_2^{(0)})$。显然 $f(X_1^{(1)}) < f(X_0^{(1)})$，点 $X_1^{(1)}$ 比点 $X_0^{(1)}$ 为"优"。再从点 $X_1^{(1)} = (x_1^{(1)}, x_2^{(0)})$ 出发，沿第二个坐标轴 $x_2$ 的方向 $e_2$ 再进行一维搜索，确定其最佳步长 $h_2^{(1)}$，得到第一轮搜索的第二个迭代点 $X_2^{(1)} = X_1^{(1)} + h_2^{(1)} e_2$，即固定 $x_1 = x_1^{(1)}$，求以 $x_2$ 为变量的目标函数 $f(x_1^{(1)}, x_2)$ 的最优点，即 $\min\limits_{x_2} f(x_1^{(1)}, x_2) = f(x_1^{(1)}, x_2^{(1)})$，得到新点 $X_2^{(1)} = (x_1^{(1)}, x_2^{(1)})$。显然 $f(X_2^{(1)}) < f(X_1^{(1)})$，点 $X_2^{(1)}$ 比点 $X_1^{(1)}$ 为"优"。

对于上述二维问题，目标函数沿两个坐标轴方向 $e_1$、$e_2$ 分别进行一次一维搜索后，就完成了第一轮迭代。如果第一轮迭代的始点 $X_0^{(1)}$ 和终点 $X_2^{(1)}$ 的间距不满足迭代精度要求，则以 $X_2^{(1)}$ 为新一轮迭代的始点，重复以上迭代步骤，继续坐标轮换寻优，直到某一轮迭代的始点和终点之间的间距满足预定的精度要求为止，此时的迭代终点即为目标函数的最优点。

对于 $n$ 个变量的目标函数，其计算方法类似，一般计算步骤如下：

1) 任意选择一初始点 $X^{(0)} = (x_1^{(0)}, x_2^{(0)}, \cdots, x_n^{(0)})^T$ 作为第一轮迭代的始点 $X_0^{(1)}$，设 $n$ 个坐标轴的方向分别为单位坐标矢量 $e_1 = (1, 0, \cdots, 0)^T$，$e_2 = (0, 1, 0, \cdots, 0)^T$，$e_n = (0, 0, \cdots, 1)^T$；

2) 按迭代公式进行迭代计算：$X_i^{(k)} = X_{i-1}^{(k)} + h_i^{(k)} e_i$，式中 $k$ 为迭代轮数的序号（$k = 1, 2, 3, \cdots$），$i$ 为第 $k$ 轮中一维搜索的序号，也就是沿第 $i$ 个坐标轴进行搜索（$i = 1, 2, \cdots, n$），最佳步长 $h_i^{(k)}$ 通过一维优化方法求解；

3) 判别迭代是否终止；如果满足 $\| X_n^{(k)} - X_0^{(k)} \| \leqslant \varepsilon$（$\varepsilon$ 为给定的迭代精度），则迭代终止，得到最优解 $X^* = X_n^{(k)}$，$f^* = f(X^*)$，否则令 $k \leftarrow k + 1$，重复步骤②、③。

坐标轮换法的流程图如图 16-16 所示。

（2）最速下降法　由梯度的概念知道，函数值改变最快的方向是梯度方向。最速下降法就是采用负梯度方向作为搜索方向来求目标函数的极小值。当 $X^{(k)}$ 处的最速下降方向 $P^{(k)}$ 知道后，由一维搜索确定最佳步长 $h^{(k)}$，即 $\min f(X^{(k)} + h_k P^{(k)}) = f(x^{(k)}) + h_k$，这样就得到了下一个近似点 $X^{(k+1)} = X^{(k)} + h_k P^{(k)} = f(X^{(k)}) + h_k P^{(k)}$。由于在极小值点 $X^*$ 处的梯度为零，所以把迭代收敛判别中的梯度准则作为迭代收敛的判别准则（$\varepsilon > 0$ 是预先给定的梯度模的允许误差）

$$\| \nabla f(X^{(k)}) \| \leqslant \varepsilon$$

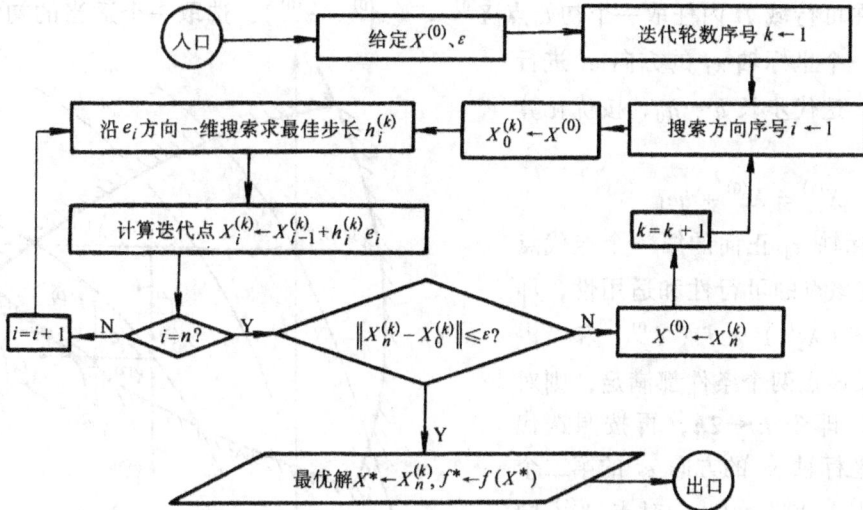

图 16-16　坐标轮换法的流程图

若上式成立，则停止迭代，得到近似最优解 $X^* = X^{(k)}$。

最速下降法的寻优思路清晰，每次迭代比较简单，即使 $X^{(0)}$ 远离 $X^*$，仍能接近最优点。但这种方法收敛速度较慢，只是在最初几步迭代中下降速度很快，因此最速下降法通常与其它方法结合使用，如共轭梯度法。

2．约束最优化方法　根据对约束条件的处理方法不同，可以将约束优化方法大致归纳为直接求解法和间接求解法两大类：

①直接法。此法对于只有不等式约束的优化问题有效。其基本思想是设法使每次迭代得到的新点都限制在可行域内，并逐渐降低目标函数值，最后直接获得一个在可行域内的优化设计方案。在迭代过程中，每次迭代产生的迭代点都要进行可行性和适用性条件的检查。可行性条件是指新迭代点必须在可行域内，适用性是指新迭代点的目标函数值必须较前一点是下降的。有代表性的如约束坐标轮换法、约束随机方向法、复合形法和可行方向法等。

②间接法。此法对于解决等式约束和不等式约束均有效。其基本思想是按照一定的原则构造一个新的目标函数，以新函数的最优解来逐步逼近原约束问题的最优解。这样通过一定形式的变换，将约束优化问题转化为一系列无约束优化问题，然后直接采用无约束优化方法进行寻优求解。属于这类方法的有罚函数法、拉格朗日乘子法和消元法等。

（1）约束坐标轮换法　约束坐标轮换法属于直接求解法，其基本思想与无约束坐标轮换法类同。两者之间的差别主要在于：①一维搜索的迭代步长不是采用最佳步长，而是采用加速步长。因为采用最佳步长得到的迭代点往往超出了可行域而成为非可行点；②对于每个迭代点要同时进行其可行性和适用性的检查。

仍然以二维优化问题来描述这种约束坐标轮换法。设 $f(x_1, x_2) = C_i$，（$i = 1, 2, \cdots, n$）为其等值线，$D$ 为由其约束条件构成的可行域，如图 16-17 所示。假设以单位坐标矢量 $e_1 = (1, 0)^T$，$e_2 = (0, 1)^T$ 分别代表两个坐标轴的方向矢量，则 $e_1$、$e_2$ 就是寻优过程的依次迭代方向。

坐标轮换法的搜索迭代过程如下：

首先在可行域 $D$ 内任取一个初始点 $X^{(0)} = (x_1^{(0)}, x_2^{(0)})$，选取一个适当的初始步长 $h_0$，然后沿第一个坐标轴 $x_1$ 的方向 $e_1$ 进行一维搜索，迭代步长 $h \leftarrow h_0$，按优化算法的迭代式

$$X_1^{(1)} = X^{(0)} + he_1$$

得到沿坐标轴 $x_1$ 正向的第一个迭代点 $X_1^{(1)}$。检查该点的可行性和适用性，即是否满足 $f(X_1^{(1)}) < f(X^{(0)})$ 和 $X_1^{(1)} \in D$。如果该点两个条件都满足，则对步长加倍，即令 $h \leftarrow 2h$，再按照迭代式得到沿坐标轴 $x_1$ 的方向 $e_1$ 的第二个迭代点 $X_2^{(1)} = X^{(0)} + he_1$，对点 $X_2^{(1)}$ 同样进行可行性和适用性的检查。如果两者都满足，则步长加倍，$h \leftarrow 2h$，再按优化算法迭代式

$$X_i^{(1)} = X^{(0)} + he_1, \quad i = 1, 2, 3, \cdots$$

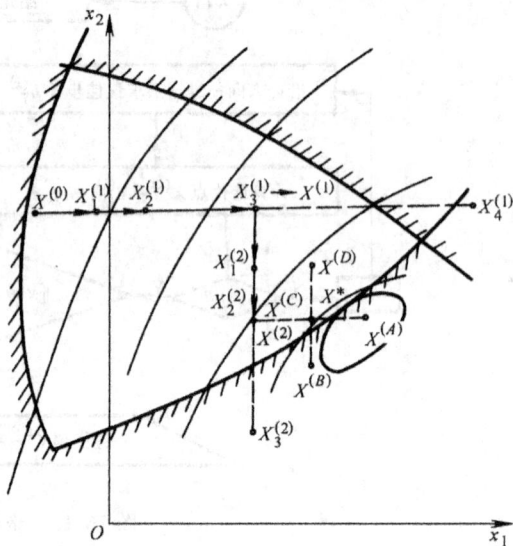

图 16-17　二维约束坐标轮换法搜索过程

得到一系列沿坐标轴 $x_1$ 迭代点 $X_i^{(1)}$（$i=1, 2, 3, \cdots$），每获得一个迭代点，都要进行可行性和适用性的检查。如果两个条件均满足，则继续向下迭代，否则改变迭代搜索方向。如图 16-19 中，当迭代到达点 $X_4^{(1)}$ 时，该点已不符合可行性，超越了设计的可行域，则取其前一个迭代点 $X_3^{(1)}$ 作为沿坐标轴 $x_1$ 的方向 $e_1$ 搜索的终点 $X^{(1)}$。并以此点为始点，沿第二个坐标轴 $x_2$ 的方向 $e_2$ 进行搜索，由图中函数等值线所示情况可知，由 $X^{(1)}$ 点沿 $x_2$ 轴正向搜索是目标函数值增加的方向，显然不满足适用性条件，所以改沿其负向进行迭代搜索，即令步长 $h \leftarrow -h_0$，进行新的迭代

$$X_i^{(2)} = X^{(1)} + he_2, \quad i = 1, 2, 3, \cdots$$

其方法和过程与沿坐标轴 $x_1$ 的迭代搜索相同，以加速步长迭代，直到不能同时满足可行性和适用性条件为止，获得沿 $e_2$ 方向的迭代终点 $X^{(2)}$。

如此不断地循环进行沿各个坐标轴方向的迭代搜索，使迭代终点序列逐渐逼近约束函数的最优点 $X^*$。

如果迭代点到达 $X^{(k)}$ 时出现以下的情况，无论迭代搜索沿 $e_1$ 或者 $e_2$ 方向，也无论是正向步长 $h_0$ 还是负向步长 $-h_0$，得到的 $X^{(k)}$ 的四个相邻迭代点 $X^{(A)}$、$X^{(B)}$、$X^{(C)}$、$X^{(D)}$ 都无法同时满足可行性和适用性条件，此时就取 $X^{(k)}$ 作为约束最优点 $X^*$ 输出。如果想获得更高的迭代精度，可将初始步长缩短 $h_0 \leftarrow 0.5h_0$，然后再继续进行迭代，直到满足 $h_0 \leqslant \varepsilon$（$\varepsilon$ 为预知精度），即可停止迭代并输出最优解。

对于 $n$ 维约束的优化问题，其迭代过程是相同的。

（2）罚函数法　罚函数法属于约束优化方法中的间接法。按照一定的原则构造一个包含原目标函数和约束条件的新目标函数，将有约束多维最优化问题转变成无约束最优化问题后求解，这是一种使用比较广泛的最优化方法。

设有可调参数 $r^{(k)}$，$m^{(k)}$，称其为罚因子，将等式约束和不等式约束函数分别乘上不同的罚因子后，与原始目标函数构成新的目标函数，这个新的目标函数为一个广义的增广函数，一般称为惩罚函数，简称罚函数。这样，新的目标函数中既包含了原始目标函数，也包含了约束函数。在对这个罚函数进行无约束优化求解过程中，通过不断调整罚因子，就可以使新目标函数的最优解逐渐逼近原始目标函数的最优解。罚函数又有内点法、外点法和混合法三种。

在此要特别指出的是，对于某些具体的优化问题，有时选择的寻优方法可能导致不是真正最优解的伪最优解，原因可能是选择的初始点或初始步长不合适，可以重新选择进行计算；或者是因为该寻优方法选择不当，可选择更合适的方法。若要了解更详细的内容，可参考有关最优化设计的专业书籍。

（三）优化设计步骤

综合以上的分析讨论，可以看出，精密机械优化设计过程大致包括以下几个步骤：

1）建立数学模型，将精密机械（或系统）的设计问题转化为数学规划问题，选取设计变量，建立目标函数，确定约束条件。

2）选择最优化计算方法。

3）按照算法编写程序。

4）利用计算机选出最优的设计方案（结构参数）。

5）对优选出的最优设计方案（结构参数）进行分析判断，审查其是否符合设计要求和工程实际。

# 第五节　设　计　举　例

在上一节中，简要介绍了有关机械优化设计的一些基本概念和方法，本节将以设计曲柄摇杆机构为例来说明其具体用法。

设计一个曲柄摇杆机构，其结构示意图如图 16-18 所示，这是一个平面铰链四杆机构。

（一）设计变量的确定

铰链四杆机构按照主、从动构件给定的角度关系进行结构设计时，各杆的长度按照同一比例进行缩放不会影响各杆之间角度的对应关系，所以，为简单起见，把曲柄 $AB$ 的长度作为单位长度，即设 $l_1 = 1$，其余三

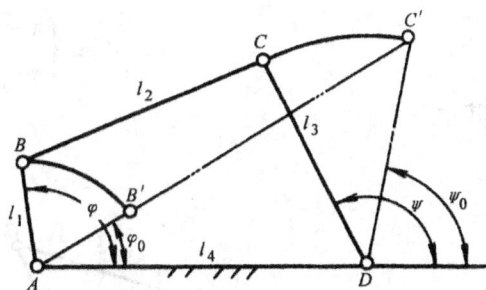

图 16-18　曲柄摇杆机构结构示意图

杆的长度用其相对长度 $l_2$、$l_3$、$l_4$ 来表示，它们表示各杆相对于曲柄长度的倍数，实际设计时可以根据需要按照倍数进行调整。

$\varphi_0$、$\psi_0$ 分别对应于摇杆在右工作极限位置时曲柄 $AB$ 和摇杆 $CD$ 的位置角，在这个位置时，曲柄与连杆形成一条直线，然后，无论曲柄如何转动，摇杆也不会超越这一位置。从图 16-18 可以看出，$\varphi_0$、$\psi_0$ 是各杆长度的函数，由各杆长度所决定，因此有如下关系式

$$\left.\begin{aligned}\varphi_0 &= \arccos\left(\frac{(l_1+l_2)^2-l_3^2+l_4^2}{2\,(l_1+l_2)\,l_4}\right)\\[2mm]\psi_0 &= \arccos\left(\frac{(l_1+l_2)^2-l_3^2-l_4^2}{2l_3l_4}\right)\end{aligned}\right\} \tag{16-12}$$

由此可以看出，在本设计中的独立变量只有 $l_2$、$l_3$、$l_4$ 三个。为了进一步简化设计，缩减设计变量，预先在三个设计变量中选择一个，根据机构的设计许用空间给定一个预选长度，在本例中预选机架杆长度 $l_4 = 5$。

因此，在本例中需要设计的参数只有两个相对杆长 $l_2$、$l_3$，将其定为设计变量，即

$$X = (x_1,\ x_2)^T = (l_2,\ l_3)^T \tag{16-13}$$

（二）目标函数的建立

以机架 $AD$ 为基线，$\varphi_0$、$\psi_0$ 分别对应于摇杆 $CD$ 在右工作极限位置时曲柄 $AB$ 和摇杆 $CD$ 的位置角，要求设计的曲柄摇杆机构。当曲柄 $AB$ 在 $\varphi_0$ 到 $\varphi_0 + \pi/2$ 之间转动时，实现摇杆 $CD$ 的输出角 $\psi$ 与曲柄的转角 $\varphi$ 之间具有如下的函数关系式

$$\psi = \psi_0 + \frac{2}{3\pi}\,(\varphi - \varphi_0)^2$$

这是从动件摇杆 $CD$ 的期望输出角。

把曲柄从 $\varphi_0$ 到 $\varphi_0 + \dfrac{\pi}{2}$ 的工作区间分成 $n$ 等分，则摇杆输出角也有相应的点与之对应。将各个等分点的标号记为 $i$，则曲柄在各等分点的转角为

$$\varphi_i = \varphi_0 + \frac{\pi}{2}\,\frac{i}{n} \qquad (i = 0,\ 1,\ 2,\ \cdots,\ n) \tag{16-14}$$

相应的期望输出角为

$$\psi_i = \psi_0 + \frac{2}{3\pi}\,(\varphi_i - \varphi_0)^2 \qquad (i = 0,\ 1,\ 2,\ \cdots,\ n) \tag{16-15}$$

由图 16-19 可知，机构的实际输出角 $\psi_s$ 为

$$\psi_{si} = \begin{cases} \pi - \alpha_i - \beta_i & 0 \leqslant \varphi_i \leqslant \pi \\ \pi - \alpha_i + \beta_i & \pi < \varphi_i \leqslant 2\pi \end{cases} \tag{16-16}$$

其中

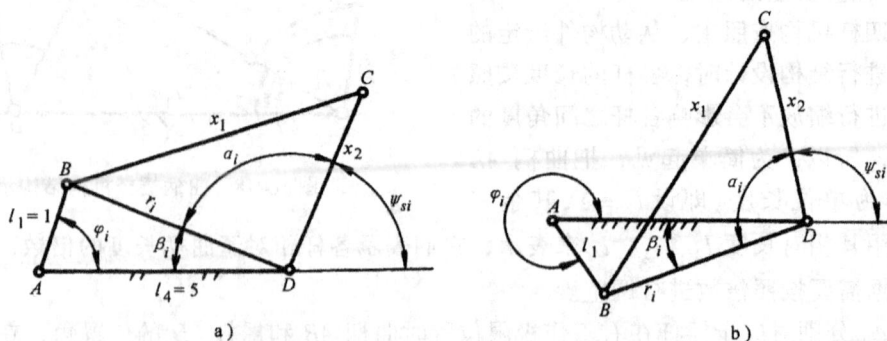

图 16-19　曲柄摇杆机构的实际输出角关系图

$$\alpha_i = \text{arc } \cos\left(\frac{r_i^2 + l_3^2 - l_2^2}{2r_i l_3}\right) = \text{arc } \cos\left(\frac{r_i^2 + x_2^2 - x_1^2}{2r_i x_2}\right)$$

$$\beta_i = \text{arc } \cos\left(\frac{r_i^2 + l_4^2 - l_1^2}{2r_i l_4}\right) = \text{arc } \cos\left(\frac{r_i^2 + 24}{10r_i}\right)$$

$$r_i = \sqrt{l_1^2 + l_4^2 - 2l_1 l_4 \cos\varphi_i} = \sqrt{26 - 10\cos\varphi_i}$$

对于本机构的优化，采用使机构输出角的偏差平方和为最小的原则进行设计，所以取机构在各等分点的输出角的偏差平方和作为目标函数，求该目标函数的最小值，即

$$F(X) = F_0(l_2, l_3) = \sum_{i=0}^{n}(\psi_i - \psi_{si})^2 \tag{16-17}$$

（三）约束条件的确立

本设计有两个方面的限制，一是在给定的机构运动范围内，机构的最小传动角不得小于许用值，此处取为 $[\gamma] = 45°$，所以有 $\gamma_{\min} \geq [\gamma] = 45°$；二是必须保证铰链四杆机构满足曲柄存在的条件。

1. 满足最小传动角条件　图 16-20 所示为机构两个最小传动角位置示意图，由图示可以得到最小传动角表达式为

$$\cos\gamma = \frac{(l_1 + l_4)^2 - l_2^2 - l_3^2}{2l_2 l_3} = \frac{36 - x_1^2 - x_2^2}{2x_1 x_2} \leq \cos 45° \qquad （图 a）$$

$$\cos\gamma = \frac{l_2^2 + l_3^2 - (l_4 - l_1)^2}{2l_2 l_3} = \frac{x_1^2 - x_2^2 - 16}{2x_1 x_2} \leq \cos 45° \qquad （图 b）$$

将其整理，得到约束条件为

$$g_1(X) = x_1^2 + x_2^2 + 1.414x_1 x_2 - 36 \geq 0 \tag{16-18}$$

$$g_2(X) = -x_1^2 - x_2^2 + 1.414x_1 x_2 + 16 \geq 0$$

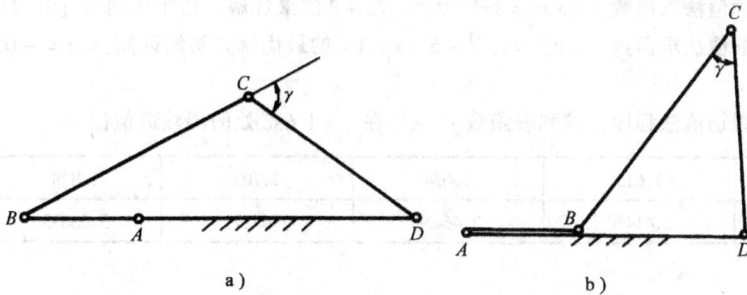

图 16-20　曲柄摇杆机构最小传动角位置示意图

2. 满足曲柄存在条件　曲柄摇杆机构具有曲柄的条件为

$$l_2 \geq l_1, \quad l_3 \geq l_1, \quad l_1 + l_2 \leq l_3 + l_4, \quad l_1 + l_3 \leq l_2 + l_4, \quad l_1 + l_4 \leq l_2 + l_3$$

在本设计中写成约束条件为

$$g_3(X) = x_1 - 1 \geq 0$$

$$g_4(X) = x_2 - 1 \geq 0$$

$$g_5(X) = x_1 + x_2 - 6 \geq 0$$

$$g_6(X) = x_2 - x_1 + 4 \geq 0$$

$$g_7 (X) = x_1 - x_2 + 4 \geqslant 0$$

对所有的约束条件进行二维作图分析可知，约束 $g_3 (X) \sim g_7 (X)$ 均为消极约束，它们不对优化问题的可行域产生实效的作用，实际上，优化问题可行域只是由两个约束条件 $g_1 (X)$ 和 $g_2 (X)$ 构成。综上所述，由式（16-12）～式（16-18）可以构造得到曲柄摇杆机构的最优化设计的数学模型为

$$\min F (X) = \sum_{i=0}^{n} (\psi_i - \psi_{si})^2$$
$$g_1 (X) = x_1^2 + x_2^2 + 1.414 x_1 x_2 - 36 \geqslant 0$$
$$g_2 (X) = - x_1^2 - x_2^2 + 1.414 x_1 x_2 + 16 \geqslant 0$$

这是一个二维不等式约束优化问题，选用约束坐标轮换法进行寻优求解，并取迭代初始点为 $X^{(0)} = (4.5, 4.0)^T$，迭代初始步长 $h_0 = 0.01$，经计算可以得到最优解输出为

$$X^* = \begin{bmatrix} l_2^* \\ l_3^* \end{bmatrix} = \begin{bmatrix} 4.14 \\ 2.31 \end{bmatrix}, \quad F^* = F (X^*) = 0.00763$$

$$\varphi_0 = 26°4'20'', \quad \psi_0 = 99°50'04''$$

其中 $l_2^*$、$l_3^*$ 为相对杆长的最优解，在实际设计中，可以根据结构需要按比例进行调整得到曲柄摇杆机构的四个实际杆长 $l_1$、$l_2$、$l_3$、$l_4$；$F^*$ 为摇杆实际输出角和期望输出角之间的偏差平方和。

## 思考题及习题

1. 某工厂生产一个容积为 $7850 \text{cm}^3$ 的平底、无盖的圆柱形容器，要求消耗原材料最少。试用优化设计方法列出数学模型，并用求导方法求出它的最优解。

2. 试用进退法确定函数 $f (x) = 3x^3 - 8x + 9$ 的初始单峰区间。设初始点 $x_0 = 0$，初始步长 $h_0 = 0.1$。

3. 试用二次插值法求函数 $f (x) = 8x^3 - 2x^2 - 7x + 3$ 的最优解。初始区间为 $[0, 2]$，精度 $\varepsilon = 0.05$。

4. 试用二次插值法求函数 $f (x) = e^{x+1} - 5 (x + 1)$ 的最优解。初始区间为 $a = -0.5$，$b = 2.5$，精度 $\varepsilon = 0.005$。

5. 编制抛物线插值法程序，求列表函数 $f (x)$ 在 $x = 1.682$ 处的函数近似值。

| $x$ | 1.615 | 1.634 | 1.702 | 1.828 | 1.921 |
|---|---|---|---|---|---|
| $y = f (x)$ | 2.41450 | 2.46459 | 2.65271 | 3.03035 | 3.34066 |

# 参 考 文 献

1　庞振基，傅雄刚主编．精密机械零件．北京：机械工业出版社，1989
2　庞振基，张弼光主编．仪表零件及机构．天津：天津大学出版社，1991
3　邱宣怀主编．机械设计（第四版）．北京：高等教育出版社，1997
4　东南大学机械学学科组郑文纬，吴克坚主编．机械原理（第七版）．北京：高等教育出版社，1997
5　孙桓，陈作模主编．机械原理（第五版）．北京：高等教育出版社，1996
6　上海工业大学史美堂主编．金属材料及热处理．上海：上海科学技术出版社，1980
7　金属机械性能编写组．金属机械性能（修订本）．北京：机械工业出版社，1982
8　廖念钊等编．互换性与技术测量．北京：中国计量出版社，1996
9　李柱主编．互换性与测量技术基础．北京：中国计量出版社，1985
10　孔德音，李敬杰主编．互换性与技术测量．天津：天津科学技术出版社，1985
11　黄锡恺、郑文纬主编．机械原理（1981年修订版）．北京：人民教育出版社，1981
12　上海交通大学、清华大学、上海机械学院合编．精密机械与仪器零件部件设计．上海：上海交通大学出版社，1989
13　杨可桢，程光蕴主编．机械设计基础．北京：高等教育出版社，1995
14　沈继飞主编．机械设计．上海：上海交通大学出版社，1994
15　徐祥和主编．电子精密机械设计．北京：国防工业出版社，1986
16　何献忠等著．精密机械零件综合设计．北京：兵器工业出版社，1991
17　初允绵主编．仪表结构设计基础．北京：机械工业出版社，1990
18　董国耀主编．机械制图．北京：北京理工大学出版社，1998
19　庞振基主编．精密机械及仪表零件手册．北京：机械工业出版社，1993
20　朱龙根主编．简明机械零件设计手册．北京：机械工业出版社，1997
21　孟宪源主编．现代机构手册．北京：机械工业出版社，1994
22　徐灏主编．机械设计手册．北京：机械工业出版社，1992
23　齿轮手册编委会编．齿轮手册．北京：机械工业出版社，1990
24　王振华主编　使用轴承手册．上海：上海科学技术文献出版社，1996
25　吕克主编．最新国内外轴承代号对照手册．北京：机械工业出版社，1998
26　毛英泰主编．误差理论与精度分析．北京：国防工业出版社，1982
27　黄瑞清，王世佐编著．计算机辅助机械零件设计．上海：上海交通大学出版社，1991
28　张锡安，郝永平，吴连生编著．机械CAD基础与应用．北京：兵器工业出版社，1990
29　刘惟信，孟嗣宗编著．机械最优化设计．北京：清华大学出版社，1986
30　张言羊等编．机械零件的计算机辅助设计．北京：高等教育出版社，1986
31　Иванов М.Н.Детали Машин·Школа：Издательство Высшая，1976